全国水利水电高职教研会规划教材

# 桥梁工程与施工技术

主　编　余丹丹
主　审　谭建领

中国水利水电出版社
www.waterpub.com.cn

## 内 容 提 要

本书以桥梁工程及施工过程为核心，依据桥梁结构设计、施工的新规范、新标准，全面阐述了桥梁的分类组成、结构构造及施工的工艺及要点。本书是高职高专系列教材之一，为道路与桥梁工程技术专业教材。全书分为8个学习项目，较系统地介绍了桥梁基本知识、钢筋混凝土和预应力混凝土梁式桥、圬工和钢筋混凝土拱桥、其他主要桥型、桥面系及附属工程、桥梁基础工程、桥梁墩台、涵洞。为了便于学习中更好地了解和掌握核心内容，每个学习项目正文前有学习目标，正文后有项目小结及项目测试题。

本书既可作为道路桥梁工程技术专业、工程监理专业、工程造价专业、工程检测等专业的教材，也可作为交通土建类相关专业及路桥工程技术人员的参考用书。

图书在版编目（CIP）数据

桥梁工程与施工技术 / 余丹丹主编. -- 北京 : 中国水利水电出版社, 2014.3(2019.1重印)
全国水利水电高职教研会规划教材
ISBN 978-7-5170-1787-5

Ⅰ. ①桥… Ⅱ. ①余… Ⅲ. ①桥梁施工－技术－高等职业教育－教材 Ⅳ. ①U445.4

中国版本图书馆CIP数据核字(2014)第045549号

| | |
|---|---|
| 书 名 | 全国水利水电高职教研会规划教材<br>**桥梁工程与施工技术** |
| 作 者 | 主编 余丹丹 主审 谭建领 |
| 出版发行 | 中国水利水电出版社<br>（北京市海淀区玉渊潭南路1号D座 100038）<br>网址：www.waterpub.com.cn<br>E-mail：sales@waterpub.com.cn<br>电话：（010）68367658（营销中心） |
| 经 售 | 北京科水图书销售中心（零售）<br>电话：（010）88383994、63202643、68545874<br>全国各地新华书店和相关出版物销售网点 |
| 排 版 | 中国水利水电出版社微机排版中心 |
| 印 刷 | 北京印匠彩色印刷有限公司 |
| 规 格 | 184mm×260mm 16开本 21.25印张 504千字 |
| 版 次 | 2014年3月第1版 2019年1月第2次印刷 |
| 印 数 | 3001—5000册 |
| 定 价 | **53.00元** |

# 编审委员会

# 前　言

qianyan

本书为全国高职高专道路桥梁工程技术专业规划教材之一，是根据教育部制定的高职高专道路桥梁工程技术专业的基本要求，并结合目前教学改革发展的需要，以及在实际工程中专业的最新动态编写的。

《桥梁工程与施工技术》是道路桥梁工程技术专业高职教学的一门主干课程。尤其是针对道路桥梁工程技术专业高职教育，主要培养的是面向施工第一线的高素质技能型专门人才。本书注意到职业教育的特点和内容，以实用、实际、实效为原则，依据现行有关标准规范，并充分考虑到教学规律，与《道路勘测设计》、《道路工程》等课程教材有较好的衔接和分工，以便学生系统学习。全书共8个学习项目，包括：桥梁基本知识，钢筋混凝土和预应力混凝土梁式桥，圬工和钢筋混凝土拱桥，其他主要桥型，桥面系及附属工程，桥梁基础工程，桥梁墩台，涵洞。

本书由余丹丹（湖北水利水电职业技术学院）主编，谭建领（黄河水利职业技术学院）主审，胡晓敏（湖北水利水电职业技术学院）、唐鹏（安徽水利水电职业技术学院）、冯战（湖南水利水电职院）为副主编，方怀霞（湖北水利水电职业技术学院）、严筱（云南省交通规划设计研究院）、王小成（苏州市规划设计研究院有限责任公司）参编。全书共8个学习项目，学习项目1由余丹丹、王小成编写，学习项目2、学习项目7由胡晓敏编写，学习项目3由唐鹏编写，学习项目4、学习项目5由冯战编写，学习项目6由余丹丹、严筱编写，学习项目8由方怀霞编写。全书由余丹丹统稿。

本书在编写过程中，参阅了许多相关教材和技术文献，在此一并对有关专家和作者致以诚挚的谢意。

由于编写人员水平有限，不妥之处在所难免，敬请使用本书的教师和读者给予批评指正。

**编者**

2013年11月

# 目　　录

# 学习项目1 桥 梁 基 本 知 识

**学习目标**

本项目应掌握桥梁的组成与分类及建设程序等基本情况，并了解桥梁工程施工的基本方法与特点；熟悉桥梁施工常备式结构及主要机具设备。

## 学习单元1.1 桥梁建设发展概况

### 1.1.1 桥梁建设概况

桥梁定义为跨越河流、山谷等障碍物并被用来作为行人、汽车或其他交通工具通行的结构物。桥涵一方面要保证桥上的交通运行、渠道和管路通过，而且也要保证桥下水流的宣泄、船只的通航或车辆的通行。

在现代高等级公路以及城市高架道路的修建中，桥梁往往是保证全线早日通车的关键。在经济上，一般来说桥梁和涵洞的造价平均占公路总造价的10%～20%，而且随着公路等级的提高，其所占比例还会加大。就其数量上来说，即使在地形不复杂的地段，每千米路线上一般也有2～3座桥涵，据统计截至2012年年底，我国公路桥梁的数量已达71.34万座。同时桥涵施工也是保证全线通车的咽喉，因此正确地进行桥涵设计与施工，对于加快施工进度，降低工程费用，保证工程质量和促进科学技术发展，都有着极其重要的作用。

1. 我国桥梁建设概况

我国的桥梁建筑在历史上是辉煌的，古代的桥梁不但数量惊人，类型也丰富多彩，几乎包括了所有近代桥梁中的最主要形式。所用的材料多是一些天然材料，例如，土、石、木、砖等。根据史料记载，在3000年前的周文王时期，我国就在渭河上架设过大型浮桥。据考证，在秦汉时期我国就开始大量建造石桥。隋唐时期，是我国古代桥梁的兴盛年代，其间在桥梁形式、结构构造方面有着很多创新。宋代之后，建桥数量大增，桥梁的跨越能力、造型和功能又有所提高，充分表现了我国古代工匠的智慧和艺术水平。

举世闻名的河北省赵县的赵州桥，如图1.1所示，就是我国古代石拱桥的杰出代表。该桥在隋大业初年（605年左右）为李春父子所创建，是一座空腹式的圆弧形石拱桥，全桥长50.82m，净跨37.02m，宽9m，拱矢高度7.23m。赵州桥在拱圈两肩各设有两个跨度不等的腹拱，这样既能减轻桥身自重、节省材料，又便于排洪、增加美观。赵州桥采用纵向并列砌筑，将主拱圈分为28圈，每圈由43块拱石组成，每块拱石重1t左右，用石灰浆砌筑。赵州桥至今仍保存完好。

我国是最早有吊桥的国家，迄今至少已有3000年的历史。据记载，到唐朝中期，我国就用铁链建造吊桥，至今尚保留下来的古代吊桥有四川泸定县的大渡河铁索桥（1706

年）等，如图 1.2 所示。该铁索桥跨长约 100m，宽约 2.8m，由 13 条锚固于两岸的铁链组成，1935 年中国工农红军长征途中曾强渡此桥，由此更加闻名。

图 1.1　赵州桥

图 1.2　泸定大渡河铁索桥

新中国成立后，我国的公路建设事业突飞猛进，桥梁建设取得了很大的成就。1957 年，第一座长江大桥——武汉长江大桥的胜利建成，结束了我国万里长江无桥的状况，标志着我国建造大跨度钢桥的现代化桥梁水平提高到新的起点，如图 1.3 所示。大桥的正桥为三联 3×128m 的连续钢桁梁，下层为双线铁路，上层公路桥面宽 18m，两侧各设 2.25m 人行道，包括引桥在内全桥总长为 1670.4m。

图 1.3　武汉长江大桥

1969 年我国又胜利建成了举世瞩目的南京长江大桥，这是我国自行设计、制造、施工，并使用国产高强钢材的现代化大型桥梁。该桥上层为公路桥，下层为双线铁路，包括，引桥在内，铁路桥梁全长 6772m，公路桥梁全长为 4589m。桥址处水深流急，河床地质极为复杂，大桥桥墩基础的施工非常困难。南京长江大桥的建成，显示出我国的建桥技术已达到世界先进水平，也是我国桥梁史上又一个重要标志。

钢筋混凝土与预应力混凝土的梁式桥，在我国也获得了很大的发展。对于中小跨径的梁桥（跨径为 5～25m），已广泛采用配置低合金钢筋的装配式钢筋混凝土板式或肋板式梁式的标准化设计，它不但经济适用，并且施工方便，能加快建桥速度。我国装配式预应力

混凝土简支梁桥的标准化设计，跨径达40m。1997年建成的主跨为270m的虎门大桥辅航道桥是中国跨度最大的预应力混凝土梁桥，其跨度世界排名第三位。

斜拉桥，由于其结构合理，跨度能力大，用材指标低和外形美观等优点发展迅速，目前我国已建成斜拉桥如南京长江二桥，为主跨628m的钢箱梁；武汉白沙洲长江大桥，采用主跨为618m的混合梁；连接南通市和苏州市的苏通长江公路大桥，主跨为1088m，其跨度世界界排名第一，如图1.4所示；香港昂船洲大桥主跨为1018m，其跨度世界排名第二。

图1.4　苏通长江公路大桥

图1.5　润扬长江大桥

悬索桥的跨越能力在各类桥型中是最大的。我国于1999年9月建成通车的江阴长江大桥，主跨1385m，其跨度世界排名第五，是中国第一座跨度超过千米的钢箱梁悬索桥。该桥在沉井、地下连接墙、锚碇、挂索等工程施工中创造的经验，将会推动我国悬索桥施工技术的进一步发展。2005年建成的江苏润扬长江大桥，主跨1490m，其跨度世界排名第三，其全部由中国人自己设计、施工、监理、管理，所用建筑材料和设备也绝大部分由我国自行制造或生产，被国际桥梁专家称为“中国奇迹”，如图1.5所示。我国香港的青马大桥，全长2160m，主跨1377m，为公铁两用双层悬索桥，是香港21世纪标志性建筑，它把传统的造桥技术升华至极高的水平，宏伟的结构令世人赞叹，在世界171项工程大赛中荣获“建筑业奥斯卡奖”。

此外，还有深港西部通道、珠港澳大桥等一批世界级桥梁正在建设中，它们的建成将会再次吸引世界的目光，并极大地丰富世界桥梁宝库。

2. 国外桥梁建设成就

纵观世界桥梁建筑发展的历史，国外资本主义时代，工业革命促使生产力大幅度增长，从而促进了桥梁建筑技术方面空前的发展，期间也不乏耀眼的明星桥梁。

1998年4月竣工的日本明石海峡大桥是日本神户和獭户内海中大岛淡路岛之间的明石海峡上的一座大跨径悬索桥，主跨径为1991m，为当前世界同类桥梁之首，其桥塔高度也为世界之冠，两桥塔矗立于海面以上300m。桥塔下基岩为花岗岩，但埋置很深，在距海平面150m以下，如图1.6所示。

美国金门大桥主跨为1280m的悬索桥，其桥身的颜色为国际橘，此色既和周边环境协调，又可使大桥在金门海峡常见的大雾中显得更醒目。由于这座大桥新颖的结构和超凡

脱俗的外观，它被国际桥梁工程界广泛认为是美的典范，更被美国建筑工程师协会评为现代的世界奇迹之一。它也是世界上最上镜的大桥之一，如图1.7所示。

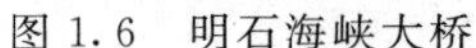

图1.6 明石海峡大桥

图1.7 金门大桥

前南斯拉夫克罗地区的克尔克1号桥，桥跨390m，是世界上除中国四川万县长江大桥外跨度第二大的钢筋混凝土拱桥，该桥于1980年建成。

世界上最高最长的大桥——法国米约大桥于2004年12月正式投入使用。法国人希望这座像是用一连串惊叹号建成的恢弘建筑能够成为另一座“埃菲尔铁塔”，让全世界叹为观止。这座有史以来最高的桥梁也是法国一条连接巴黎、郎格多克以及西班牙巴塞罗那的高速公路的重要组成部分。米约大桥的设计者是大名鼎鼎的英国建筑师福斯特爵士，其最高点比埃菲尔铁塔还高18m。米约大桥就像三座斜拉桥，由七根巨型塔柱紧紧连接起来，在两个高原上绵延曲折2.4km。

纵观大跨度桥梁的发展趋势，可以看到世界桥梁建设必将迎来更大规模的建设高潮，同时对桥梁技术的发展方向提出了更新的要求。

### 1.1.2 桥梁建设发展趋势

1. 大跨度桥梁向更长、更大、更柔的方向发展

研究大跨度桥梁在气动、地震和行车动力作用下结构的安全和稳定性，将截面做成适应气动要求的各种流线形加劲梁，增大特大跨度桥梁的刚度；采用以斜缆为主的空间网状承重体系；采用悬索加斜拉的混合体系；采用轻型而刚度大的复合材料做加劲梁，采用自重轻、强度高的碳纤维材料做主缆。

2. 新材料的开发和应用

新材料应具有高强、高弹模、轻质的特点，研究超高强硅烟和聚合物混凝土、高强双相钢丝钢纤维增强混凝土、纤维塑料等一系列材料取代目前桥梁用的钢和混凝土。

3. 采用现代化计算机辅助手段

在设计阶段采用高度发展的计算机辅助手段，进行有效的快速优化和仿真分析，运用智能化制造系统在工厂生产部件，利用GPS和遥控技术控制桥梁施工。

4. 大型深水基础工程

目前世界桥梁基础尚未超过100m深海基础工程，下一步需进行100～300m深海基础的实践。

5. 自动监测与管理系统的运用

桥梁建成交付使用后，将通过自动监测和管理系统保证桥梁的安全和正常运行，一旦发生故障或损伤，将自动报告损伤部位和养护对策。

6. 重视桥梁美学及环境保护

桥梁是人类最杰出的建筑之一，举世闻名的美国旧金山金门大桥、澳大利亚悉尼港桥、英国伦敦桥、日本明石海峡大桥、中国上海杨浦大桥、南京长江二桥、香港青马大桥，这些著名大桥都是一件件宝贵的空间艺术品，成为陆地、江河、海洋和天空的景观，成为城市标志性建筑。因此，21世纪的桥梁结构必将更加重视建筑艺术造型，重视桥梁美学和景观设计，重视环境保护，达到人文景观同环境景观的完美结合。

在20世纪桥梁工程大发展的基础上，描绘21世纪的宏伟蓝图，桥梁建设技术将有更大、更新的发展。

**【思　考　题】**

• 总结国内外部分具有代表意义的明星桥梁，并叙述它们的特点。

# 学习单元1.2　桥梁组成及分类

## 1.2.1　桥梁的组成

为了跨越各种障碍（如河流、沟谷或其他线路等），必须修建各种类型的桥梁与涵洞，一般桥梁通常是由上部结构、下部结构、支座和附属设施四个部分组成的，如图1.8、图1.9所示。

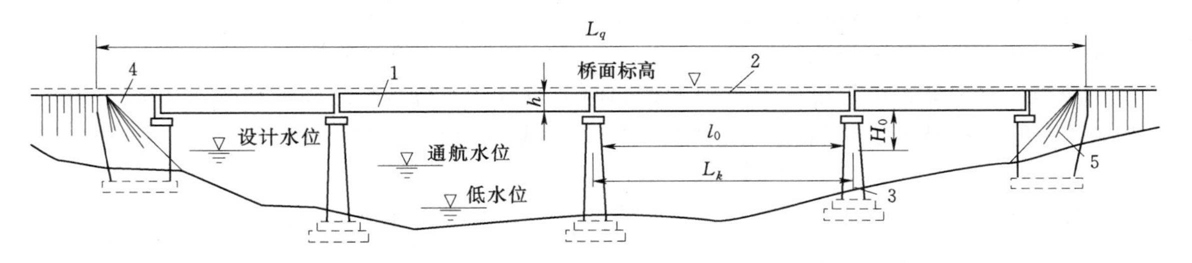


图1.8　梁桥的基本组成

1—主梁；2—桥面；3—桥墩；4—桥台；5—锥形护坡

上部结构，又称桥跨结构，包括承重结构和桥面系，是路线跨越障碍（如河流、山谷等）的结构物，习惯上是指支座以上跨越桥孔的结构物总称。它的主要作用是承受车辆荷载，并将其通过支座传给墩台。

下部结构，包括桥墩和桥台，是支承桥跨结构并将结构重力和车辆荷载等作用传至地基土层的结构物。通常设置在桥梁两端的称为桥台，它除了上述作用外，还与路堤相衔接，以抵抗路堤土侧压力，防止路堤填土的滑坡和坍落。

桥墩和桥台使全部作用效应传至地基的底部奠基部分，通常称为基础。它是确保桥梁

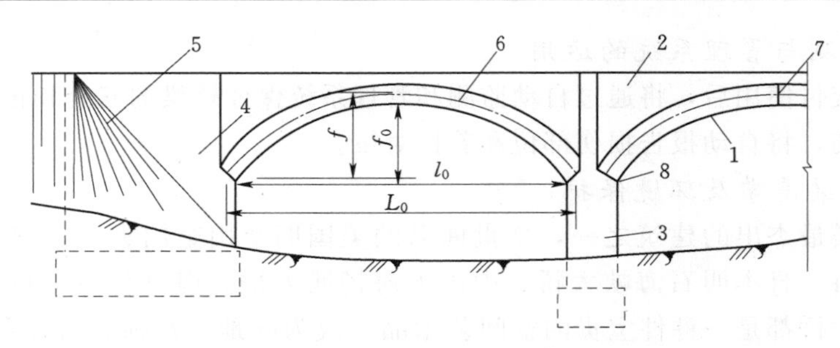


图 1.9　拱桥的基本组成

1—拱圈；2—拱上建筑；3—桥墩；4—桥台；5—锥形护坡；
6—拱轴线；7—拱顶；8—拱脚

能安全使用的关键。由于基础往往深埋于土层之中，并且一般需在水下施工，故也是桥梁建筑施工中比较困难的部分。

梁桥中在桥跨结构与桥墩或桥台的支承处所设置的传力装置，称为支座，它不仅要传递很大的作用效应，并且要保证桥跨结构能产生一定的位移。

在路堤与桥台衔接处，一般还在桥台两侧设置砌筑的锥形护坡，以保证路堤迎水部分边坡的稳定。

在桥梁建筑工程中，除了上述基本结构外，根据需要还常常修筑护岸、导流结构物等附属工程。

### 1.2.2　桥梁的主要尺寸和术语名称

河流中水位是变动的，在枯水季节的最低水位称为低水位；洪峰季节河流中的最高水位称为高水位。桥梁设计中按规定的设计洪水频率计算所得的高水位，称为设计洪水位。

对于通航河道，尚需确定通航水位（设计通航水位，即在各级航道中能保持船舶正常航行时的水位）。通航水位包括设计最高通航水位和设计最低通航水位，是各级航道代表性船舶对正常运行的航道维护管理和有关工程建筑物的水位设计依据。

净跨径对于梁式桥是设计洪水位上相邻两个桥墩（或桥台）之间的净距，用 $l_0$ 表示，如图 1.8 所示；对于拱式桥是每孔拱跨两个拱脚截面最低点之间的水平距离，如图 1.9 所示。

计算跨径对于有支座的梁桥，是指桥跨结构相邻两个支座中心之间的距离，用 $L_0$ 表示。对于图 1.9 所示的拱式桥，是指两相邻拱脚截面形心点之间的水平距离。因为拱圈（或拱肋）各截面形心点的连线称为拱轴线，故也就是拱轴线两端点之间的水平距离。桥跨结构的力学计算是以计算跨径为基准的。

标准跨径 $L_k$，为梁式桥、板式桥以两桥墩中线间桥中心线长度或桥墩中线与桥台台背前缘间的距离；拱桥和涵洞为净跨径。根据《公路桥涵设计通用规范》（JTG D60—2004）规定，当标准设计或新建桥涵的跨径在 50m 及以下时，宜采用标准跨径。桥涵标准跨径有 0.75m、1.0m、1.25m、1.5m、2.0m、2.5m、3.0m、4.0m、5.0m、6.0m、8.0m、10m、13m、16m、20m、25m、30m、35m、40m、45m、50m。

总跨径是多孔桥梁中各孔净跨径的总和，也称桥梁孔径（$\sum l_0$），它反映了桥下宣泄洪水的能力。

桥梁全长简称桥长，为桥梁两岸桥台侧墙或八字墙尾端间的距离，用 $L_q$ 表示。对于无桥台的桥梁为桥面系行车道的全长。在一条线路中，桥梁和涵洞总长的比重反映它们在整段线路建设中的重要程度。

桥梁高度简称桥高，是指桥面与低水位之间的高差，或为桥面与桥下线路路面之间的距离，用 $H$ 表示。桥高在某种程度上反映了桥梁施工的难易性。

桥下净空高度是设计洪水位或设计通航水位至桥跨结构最下缘之间垂直距离，用 $H_0$ 表示，它应保证能安全排泄洪，并不得小于该河流通航所规定的最小净空高度。

建筑高度是指桥上行车路面（或轨顶）标高至桥跨结构最下缘之间的距离，用 $h$ 表示。容许建筑高度指公路（或铁路）定线中所确定的桥面（或轨顶）标高，对通航净空顶部标高之差。

拱桥矢高和矢跨比——从拱顶截面下缘至过起拱线的水平线间的垂直距离，称为净矢高（$f_0$）；从拱顶截面形心至过拱脚截面形心的水平线间的垂直距离，称为计算矢高（$f$），计算矢高与计算跨径之比（$f/L_0$），称为拱圈的矢跨比（或称拱矢度）。

### 1.2.3　桥梁的分类

1. 桥梁的基本体系

桥梁结构的基本体系包括梁式体系、拱式体系、刚架桥、悬索式与组合体系。

（1）梁式体系。梁式体系是一种在竖向荷载作用下无水平反力的结构，梁作为承重结构以它的抗弯能力来承受荷载的。梁分简支梁、连续梁、悬臂梁和固端梁等，如图1.10所示。

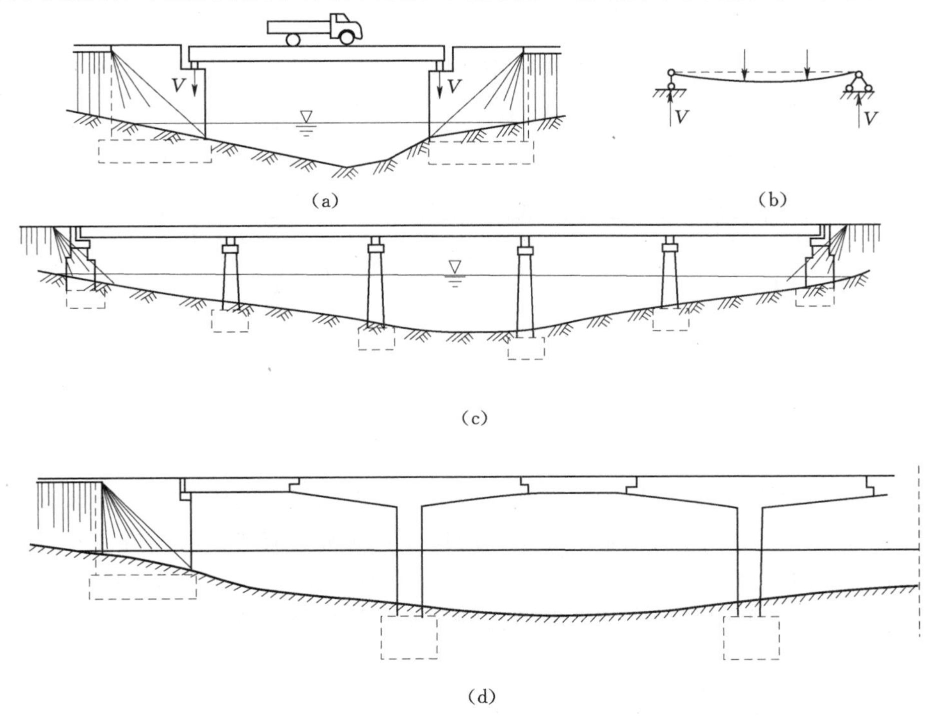


图1.10　梁式桥

(a) 简支梁桥；(b) 受力简图；(c) 连续梁桥；(d) 悬臂梁桥

（2）拱式体系。拱式体系的主要承重结构是拱肋（或拱圈），在竖向荷载作用下，拱圈主要承受压力，但也承受弯矩。可采用抗压能力强的圬土材料来修建。墩台除受竖向压力和弯矩外，还承受水平推力，如图1.11所示。

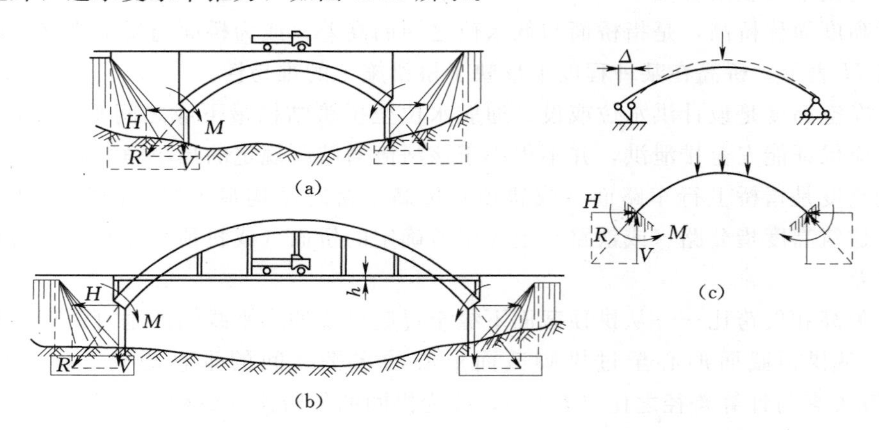


图1.11　拱式桥

（a）上承式；（b）中承式；（c）受力简图

（3）刚架桥。刚架桥是介于梁与拱之间的一种结构体系，它是由受弯的上部梁（或板）结构与承压的下布墩（或桩柱）体结合在一起的结构。由于梁和柱的刚性连续，梁因柱的抗弯刚度而得到卸载作用，整个体系是压弯站构，也是推力结构。刚架分直腿刚架与斜腿刚架。

刚架的桥下净空比拱桥大，在同样净空要求下可修建较小的跨径，如图1.12所示。

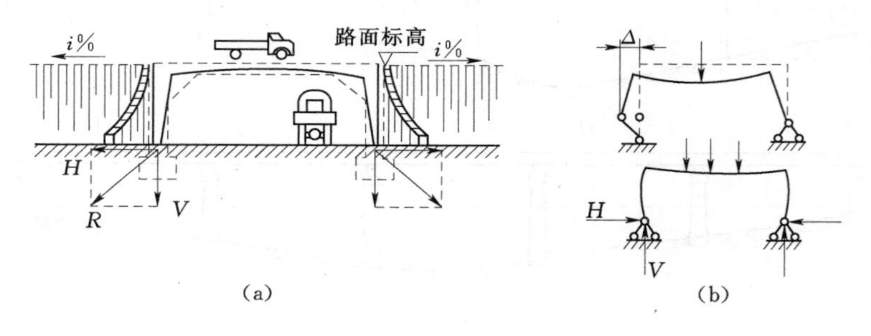


图1.12　刚架桥

（a）刚架桥；（b）受力简图

（4）悬索桥。传统的悬索桥均用悬挂在两边塔架上的强大缆索作为主要承重结构。在竖向荷载作用下，通过吊杆使缆索承受很大的拉力，通常都需要在两岸桥台的后方修筑非常巨大的锚碇结构，如图1.13所示。悬索桥也是具有水平反力（拉力）的结构。悬索桥的跨越能力在各类桥型中是最大的，但结构刚度差，整个悬索桥的发展历史也是争取刚度的历史。

（5）组合体系。

1）梁、拱组合体系。这类体系有系杆拱、桁架拱、多跨拱梁结构等，它们是利用梁的受弯与拱的承压特点组成联合结构。其中梁和拱都是主要承重构件，两者相互配合共同

受力，如图1.14所示。

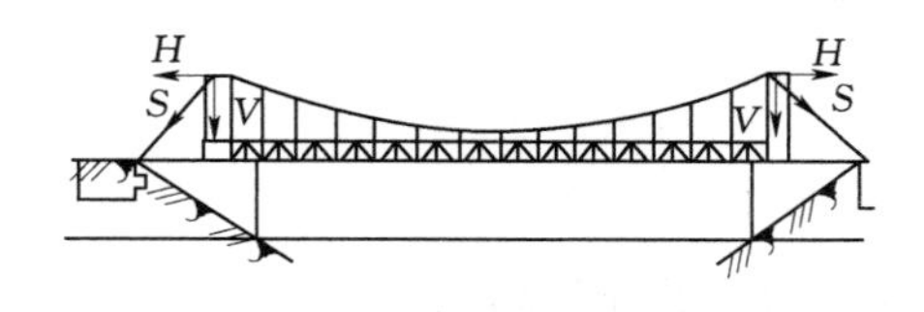


图1.13　悬索桥

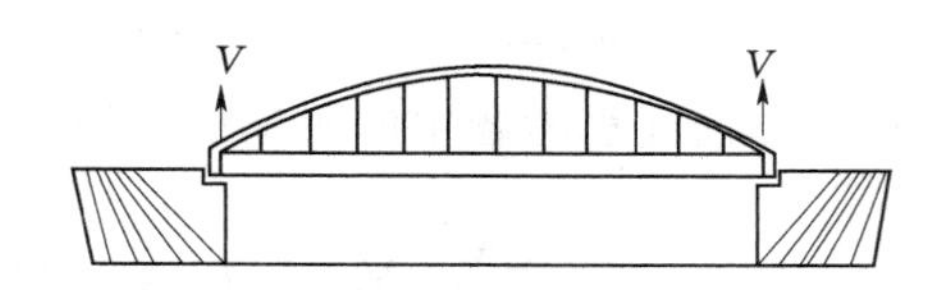


图1.14　系杆拱桥

2）斜拉桥。斜拉桥也是一种主梁与斜缆相结合的组合体系，如图1.15所示。悬挂在塔柱上的被张紧的斜缆将主梁吊住，使主梁像多点弹性支承的连续梁一样工作，这样既发挥厂高强材料的作用，又显著减小了主梁截面，使结构减轻而增大跨径。

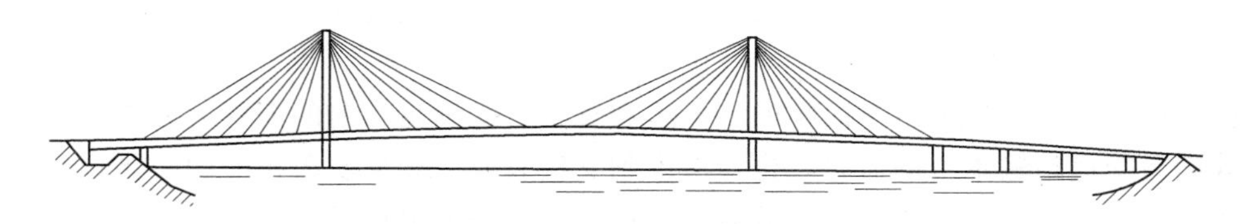

图1.15　斜拉桥

2. 桥梁的其他分类方法简介

（1）按用途分为公路桥、铁路桥、公路铁路两用桥、农用桥、人行桥、运水桥（渡槽）及其他专用桥梁（如通过管路、电缆等）。

（2）按桥梁全长和跨径不同分为特大桥、大桥、中桥、小桥和涵洞。《公路工程技术标准》（JTG B01—2003）规定的划分标准见表1.1。

**表1.1　桥涵分类**

| 桥涵分类 | 多孔跨径总长 $L$/m | 单孔跨径 $L_k$/m | 桥涵分类 | 多孔跨径总长 $L$/m | 单孔跨径 $L_k$/m |
|---|---|---|---|---|---|
| 特大桥 | $L>1000$ | $L_k>150$ | 小桥 | $8\leqslant L\leqslant 30$ | $5\leqslant L_k<20$ |
| 大桥 | $100\leqslant L\leqslant 1000$ | $40\leqslant L_k\leqslant 150$ | 涵洞 | — | $L_k<5$ |
| 中桥 | $30<L<100$ | $20\leqslant L_k<40$ | | | |

（3）按上部结构所用的材料可分为木桥、钢筋混凝土桥、预应力混凝土桥、圬工桥（包括砖、石、混凝土桥）和钢桥。

（4）按跨越障碍的性质可分为跨河桥、跨线桥（立体交叉），高架桥和栈桥。

（5）按上部结构的行车遭位置分为上承式桥、下承式桥和中承式桥。桥面布置在主要承重结构之上者称为上承式桥，桥面布置在主要承重结构之下为下承式桥，桥面布置在主要承结构中间的为中承式桥。

（6）按特殊使用条件分为开启桥、浮桥、漫水桥等。

## 【思　考　题】

- 总结前述思考题中的明星桥梁的类型。

# 学习单元1.3　桥梁设计建设程序

### 1.3.1　桥梁设计基本要求

桥梁设计必须在因地制宜的前提下，积极采用新结构、新设备、新材料、新工艺，认真学习国内外的先进技术，充分利用国际最新科学技术成就，把学习外国和自己独创结合起来。只有这样才能提高我国的桥梁建设水平，赶超世界先进水平。

1. 使用上的要求

桥梁设计要求能保证行车的畅通、舒适和安全；既满足当前的需要，又照顾今后的发展；既满足交通运输本身的需要，也要考虑到支援农业、满足农田排灌的需要；通航河流上的桥梁，应满足航运的要求；靠近城市、村镇、铁路及水利设施的桥梁还应结合各有关方面的要求，考虑综合利用。桥梁还应考虑战备，适应国防的要求。

2. 经济上的要求

桥梁设计方案必须进行技术经济比较，一般地说，应使桥梁的造价最低，材料消耗最少。然而，也不能只按建筑造价作为全面衡量桥梁经济性的指标，还要考虑到桥梁的使用年限、养护和维修费用等因素。

3. 设计上的要求

整个结构及各部分构件在制造、运输安装和使用过程中应具有足够强度、刚度、稳定性和耐久性，应积极采用新结构、新技术、新材料、新工艺。

4. 施工上的要求

桥梁结构应便于制造和架设。应尽量采用先进的工艺技术和施工机械，以利于加快施工速度，保证工程质量和施工安全。

5. 美观上的要求

一座桥梁应具有优美的外形，应与周围的景观相协调。城市桥梁和游览地区的桥梁，可较多地考虑建筑艺术上的要求。合理的结构布局和轮廓是美观的主要因素，绝不应把美观片面地理解为豪华的细部装饰。

6. 环境保护和可持续发展的要求

桥梁设计必须考虑环境保护和可持续发展的要求，包括生态、水、空气、噪声等方面，应从桥位选择、桥跨布置、基础方案、墩身形状、上部结构施工方法、施工组织设计等多方面考虑环保要求，采取必要的工程控制措施，建立环境检测系统，将不利影响减至最小。施工完成后，遭受施工破坏的植被应进行恢复或对桥梁周边景观进一步美化。

### 1.3.2　桥梁设计建设程序

桥梁的规划设计需考虑的因素很多，涉及工程地区的政治、经济、文化以及人文环

境，特别是对于工程比较复杂的大、中桥梁，桥梁的规划设计是一个综合性的系统工程。因此，必须建立一套严格的管理体制和有序的工作程序。在我国，基本建设程序分为前期工作和三阶段设计两个大步骤，它们的关系如图1.16所示。

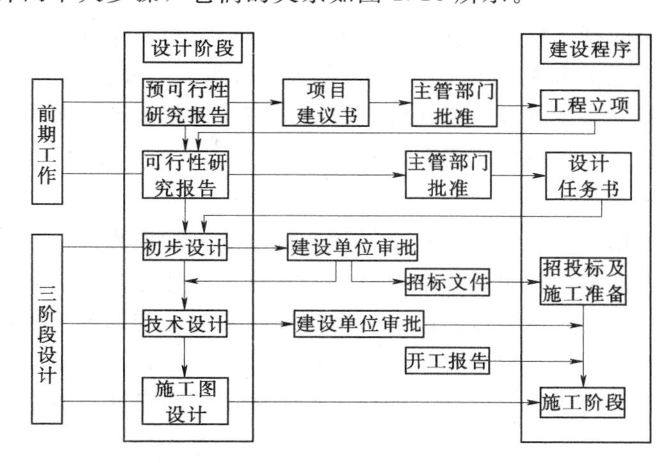


图1.16 设计阶段与建设程序关系图

1. 预可行性研究阶段

预可行性研究（简称“预可”）阶段着重研究建桥的必要性以及宏观经济上的合理性。在“预可”阶段研究形成的“预可工程可行性研究报告书”（简称“预可报告”）中，应从经济、政治、国防等方面，详细阐明建桥理由和工程建设的必要性与重要性，同时初步探讨技术上的可行性。对于区域性线路上的桥梁，应以建桥地点（渡口等）的车流量调查（计及国民经济逐年增长）为立论依据。

“预可”阶段的主要工作目标是解决建设项目的上报立项问题，因而，在“预可报告”中，应编制几个可能的桥型方案，并对工程造价、资金来源、投资回报等问题作初步估算和设想。设计方将“预可报告”交业主后，由业主据此编制“项目建议书”并报上级主管审批。

2. 工程可行性研究阶段

在“项目建议书”被审批确认后，应着手工程可行性研究（简称“工可”）阶段的工作。在这一阶段，着重研究选用和补充制订桥梁的技术标准，包括：设计荷载标准、桥面宽度、通航标准、设计车速、桥面纵坡、桥面平纵曲线半径等，应与河道、航运、规划等部门共同研究，以共同协商确定相关的技术标准。

在“工可”阶段，应提出多个桥型方案，并按交通运输部《公路基本建设工程投资估算编制办法》估算造价，对资金来源和投资回报等问题应基本落实。

3. 初步设计

初步设计应根据批复的可行性研究报告、勘测设计合同和初测、初勘或定测、详勘资料编制。初步设计的目的是确定设计方案，应通过多个桥型方案的比选，推荐最优方案，报上级审批。在编制各个桥型方案时，应提供平、纵、横面布置图，标明主要尺寸，并估算工程数量和主要材料数量，提出施工方案，编制设计概算，提供文字说明和图表资料。

初步设计经批复后，即成为施工准备、编制施工图设计文件和控制建设项目投资等的依据。

4. 技术设计

对于技术上复杂的特大桥、互通式立交或新型桥梁结构，需进行技术设计。技术设计应根据初步设计批复意见和勘测设计合同的要求，对重大、复杂的技术问题通过科学试验、专题研究、加深勘探调查及分析比较，进一步完善批复桥型方案的总体和细部各种技术问题以及施工方案，并进行修正工程预算。

5. 施工图设计

施工图设计应根据初步设计（或技术设计）批复意见和勘测设计合同，进一步对所审定的修建原则、设计方案、技术措施加以具体和深化。在此阶段，必须对桥梁各种构件进行详细的结构计算，并且确保强度、刚度、稳定性、裂缝、变形等各种技术指标满足规范要求，同时应绘制施工详图，提出文字说明及施工组织计划，并编制施工图预算。

国内一般的桥梁采用两阶段设计，即初步设计和施工图设计。对于技术简单、方案明确的小型桥梁，也可采用一阶段设计，及施工图设计。对于技术复杂的大型桥梁，在初步设计之后，还需增加一个技术设计阶段。在这一阶段，要针对全部技术难点，进行抗风、抗震、受力复杂部位等的试验、计算及结构设计，然后再作施工图设计。

**【思　考　题】**

- 我国桥梁建设设计阶段一般为哪几个阶段。

## 学习单元1.4　公路桥梁上的作用

桥梁结构设计的主要内容之一就是荷载的选定和计算。我国《公路桥涵设计通用规范》（JTG D60—2004），以下简称《桥规》（JTG D60—2004），将桥梁结构承受的各种荷载和外力统称为作用。作用使桥梁结构产生内力、变形或裂缝，这些内力、变形、裂缝统称为作用效应。根据它们作用的性质和影响程度的不同，将桥梁作用归纳为永久作用、可变作用和偶然作用三类。公路、城市桥梁各类作用见表1.2。

表1.2　作用分类表

| 序　号 | 作用分类 | 作用名称 |
|---|---|---|
| 1 | 永久作用 | 结构重力（包括结构附加重力） |
| 2 | | 预加力 |
| 3 | | 土的重力 |
| 4 | | 土侧压力 |
| 5 | | 混凝土收缩及徐变作用 |
| 6 | | 水的浮力 |
| 7 | | 基础变位作用 |

续表

| 序　　号 | 作用分类 | 作　用　名　称 |
|---|---|---|
| 8 | 可变作用 | 汽车荷载 |
| 9 | | 汽车冲击力 |
| 10 | | 汽车离心力 |
| 11 | | 汽车引起的土侧压力 |
| 12 | | 人群荷载 |
| 13 | | 汽车制动力 |
| 14 | | 风荷载 |
| 15 | | 流水压力 |
| 16 | | 冰压力 |
| 17 | | 温度（均匀温度和梯度温度）作用 |
| 18 | | 支座摩阻力 |
| 19 | 偶然作用 | 地震作用 |
| 20 | | 船舶或漂流物的撞击作用 |
| 21 | | 汽车撞击作用 |

### 1.4.1　永久作用

永久作用亦称恒载，它是在设计使用期内，其作用位置和大小、方向不随时间变化或其变化与平均值相比可忽略不计的作用。永久作用包括：结构物自重、桥面铺装和附属设备的重力、作用于结构上的土重及土侧压力、基础变位作用、水浮力、长期作用于结构上的预应力，以及混凝土收缩和徐变作用。

结构自重、桥面铺装及附属设备等附加重力均属结构重力，结构重力标准值可按常用材料的重度计算。

对于公路桥梁，结构物的自重往往占全部设计荷载的很大部分，例如，当桥梁跨径为20～150m时，结构自重占30%～60%，跨径越大，其所占比重越高。因此，采用轻质、高强材料来减小桥梁结构的自重，应是桥梁建设发展的方向。

### 1.4.2　可变作用

可变作用是在设计使用期内，其作用位置和大小、方向随时间变化，且其变化值与平均值相比不可以忽略的作用，如各种车辆荷载等。

桥梁设计中需考虑的可变作用有汽车荷载和人群荷载。同时，对于汽车荷载，应计及其冲击力、制动力和离心力。对于所有车辆荷载，尚应计算其所引起的土侧压力。

此外，可变作用还包括支座摩阻力、温度（均匀温度和梯度温度）作用、风荷载、流水压力和冰压力等。

每一种车辆都有许多不同的型号和载重等级，而且随着交通运输事业的发展，车辆的载质量也将不断增大，因此就需要确定一种既能代表目前车辆情况和将来发展需要，又能便于在设计中应用的简明统一的荷载标准，作为桥梁设计计算的依据。我国在对现有车型、行车规律等进行大量实地观测和调查研究的基础上，根据汽车工业的发展和国防建设的需要，2004年颁布的《桥规》(JTG D60—2004) 规定了设计公路桥涵或其他受车辆影响的构造物所用的荷载标准。

以下简要介绍桥梁设计中常用的汽车荷载及其影响力和人群荷载。其他可变作用的详细计算方法，可查阅《桥规》(JTG D60—2004) 的相应条文。

1. 汽车荷载

公路桥涵设计时，汽车荷载的计算图式、荷载等级及其标准值、加载方法和纵横向折减等应符合下列规定。

(1) 汽车荷载分为公路-Ⅰ级和公路-Ⅱ级两个等级。

(2) 汽车荷载由车道荷载和车辆荷载组成。车道荷载由均布荷载和集中荷载组成。桥梁结构的整体计算采用车道荷载，桥梁结构的局部加载、涵洞、桥台和挡土墙土压力等的计算采用车辆荷载。车辆荷载与车道荷载的作用不得叠加。

(3) 各级公路桥涵设计的汽车荷载等级应符合表1.3的规定。

**表1.3　各级公路桥涵设计的汽车荷载等级**

| 公路等级 | 高速公路 | 一级公路 | 二级公路 | 三级公路 | 四级公路 |
|---|---|---|---|---|---|
| 汽车荷载等级 | 公路-Ⅰ级 | 公路-Ⅰ级 | 公路-Ⅱ级 | 公路-Ⅱ级 | 公路-Ⅱ级 |

二级公路为干线公路且重型车辆多时，其桥涵设计可采用公路-Ⅰ级汽车荷载。四级公路且重型车辆少时，其桥涵设计所采用的公路-Ⅱ级车道荷载的效应可乘以0.8的折减系数，车辆荷载的效应可乘以0.7的折减系数。

(4) 车道荷载的计算图示如图1.17所示。

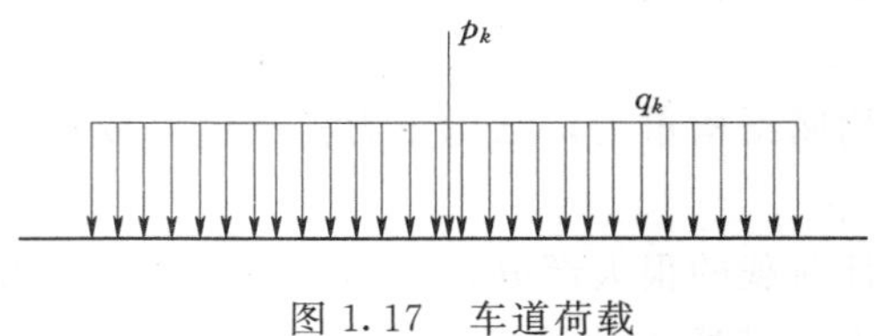

图1.17　车道荷载

1) 公路-Ⅰ级车道荷载的均布荷载标准值 $q_k=10.5\text{kN/m}$；集中荷载标准值按以下规定选取：

桥梁计算跨径小于等于5m，$p_k=180\text{kN}$；

桥梁计算跨径等于或大于50m，$p_k=360\text{kN}$；

桥梁计算跨径在5～50m之间时，$p_k$ 采用直线内插法求得。

计算剪力效应时，上述集中荷载标准值 $p_k$ 应乘以1.2的系数。

2) 公路-Ⅱ级车道荷载的均布荷载标准值 $q_k$ 和集中荷载标准值 $p_k$ 按公路-Ⅰ级车道荷载的0.75倍采用。

3) 车道荷载的均布荷载标准值应满布于使结构产生最不利效应的同号影响线上，集中荷载标准值只作用于相应影响线中一个最大影响线峰值处。

(5) 公路-Ⅰ级和公路-Ⅱ级汽车荷载采用相同的车辆荷载标准值，车辆荷载的立面、平面布置如图1.18所示，其主要技术指标规定见表1.4。

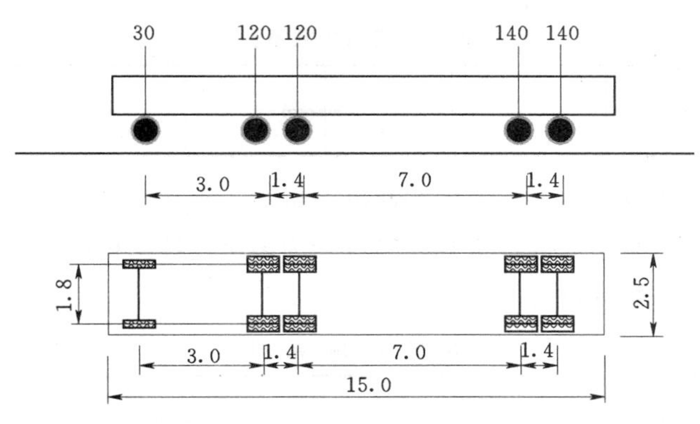


图1.18　车辆荷载布置图（荷载单位：kN；尺寸单位：m）

**表1.4**　**车辆荷载主要技术指标**

| 项　　目 | 单　　位 | 技　术　指　标 |
|---|---|---|
| 车辆重力标准值 | kN | 550 |
| 前轴重力标准值 | kN | 30 |
| 中轴重力标准值 | kN | 2×120 |
| 后轴重力标准值 | kN | 2×140 |
| 轴距 | m | 3+1.4+7+1.4 |
| 轮距 | m | 1.8 |
| 前轮着地宽度及长度 | m | 0.3×0.2 |
| 中、后轮着地宽度及长度 | m | 0.6×0.2 |
| 车辆外形尺寸（长×宽） | m | 15×2.5 |

（6）车道荷载横向分布系数应根据设计车道数按图1.19所示布置车辆荷载进行计算。

（7）桥涵设计车道数应符合表1.5的规定。多车道桥梁上的汽车荷载应考虑多车道折减。当桥涵设计车辆数大于或等于2时，由汽车荷载产生的效应应按表1.6规定的多车道横向折减系数进行折减，但折减后的效应不得小于两条设计车道的荷载效应。

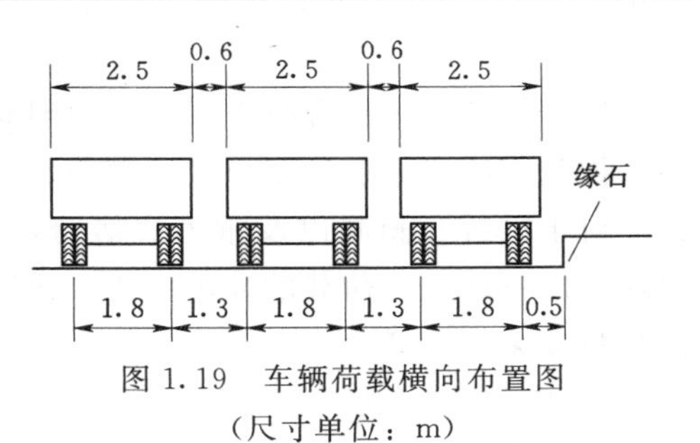


图1.19　车辆荷载横向布置图（尺寸单位：m）

**表1.5**　**桥梁设计车道数**

| 桥面宽度 $W$/m | | 桥涵设计车道数（条） |
|---|---|---|
| 单向行驶桥梁 | 双向行驶桥梁 | |
| $W<7.0$ | | 1 |
| $7.0\leqslant W<10.5$ | $6.0\leqslant W<14.0$ | 2 |
| $10.5\leqslant W<14.0$ | | 3 |
| $14.0\leqslant W<17.5$ | $14.0\leqslant W<21.0$ | 4 |
| $17.5\leqslant W<21.0$ | | 5 |
| $21.0\leqslant W<24.5$ | $21.0\leqslant W<28.0$ | 6 |
| $24.5\leqslant W<28.0$ | | 7 |
| $28.0\leqslant W<31.5$ | $28.0\leqslant W<35.0$ | 8 |

**表 1.6** 多车道横向折减系数

| 设计车道数目 | 2 | 3 | 4 | 5 | 6 | 7 | 8 |
|---|---|---|---|---|---|---|---|
| 横向折减系数 | 1.00 | 0.78 | 0.67 | 0.60 | 0.55 | 0.52 | 0.50 |

(8) 对于大跨径桥梁，应考虑车道荷载纵向折减。当桥梁计算跨径大于 150m 时，应按表 1.7 规定的纵向折减系数进行折减。当桥梁为多跨连续结构时，整个结构应按其最大计算跨径的纵向折减系数进行折减。

**表 1.7** 纵向折减系数

| 计算跨径 $L$/m | $150 \leqslant L < 400$ | $400 \leqslant L < 600$ | $600 \leqslant L < 800$ | $800 \leqslant L < 1000$ | $L \geqslant 1000$ |
|---|---|---|---|---|---|
| 纵向折减系数 | 0.97 | 0.96 | 0.95 | 0.94 | 0.93 |

2. 汽车荷载冲击力

车辆行驶过程中，由于桥面不平整、车轮不圆及发动机振动等原因，会引起桥梁结构振动，从而使桥梁结构承受比静荷载要大的竖向荷载作用，这种动力效应称为车辆荷载冲击力。

《桥规》(JTG D60—2004) 将这种车辆荷载冲击力以动力系数 $(1+\mu)$ 予以考虑，按下述方法计算：

当 $f<1.5\text{Hz}$ 时，$\mu=0.05$；

当 $1.5\text{Hz} \leqslant f \leqslant 14\text{Hz}$ 时，$\mu=767\ln f-0.0157$；

当 $f>14\text{Hz}$ 时，$\mu=0.450$。

式中 $f$——结构基频，Hz；

$\mu$——冲击系数。

对于钢桥、钢筋混凝土和预应力混凝土桥、混凝土桥和砖石拱桥等的上部构造以及支座、橡胶支座或钢筋混凝土柱式墩台，应计算汽车荷载的冲击力。

对于拱桥、涵洞以及重力式墩台，当填料厚度（包括路面厚度）大于或等于 50cm 时，可以不计汽车荷载的冲击作用。汽车荷载的局部加载及在 T 梁、箱梁悬臂板上的冲击系数 $\mu$ 采用 1.3。

3. 汽车离心力

车辆在弯道桥梁上行驶时会产生离心力，曲线半径越小，离心力越大，当弯桥的曲线半径小于或等于 250m 时，应计算汽车荷载引起的离心力。离心力标准值为车辆荷载（不计冲击力）标准值乘以离心力系数 $C$。离心力系数按下式计算：

$$C=\frac{V^2}{127R} \tag{1.1}$$

式中 $V$——设计速度，km/h，按桥梁所在路线设计速度采用；

$R$——曲线半径，m。

离心力的着力点在桥面以上 1.2m 处。多车道时，车辆荷载标准值也应乘以表 1.6 规定的横向折减系数。

4. 汽车引起的土侧压力

汽车荷载作用在桥台或挡土墙后填土上，引起填土的破坏棱体对桥台或挡土墙产生土

侧压力，土侧压力可按下式换算成等代均布土层厚度 $h$(m)，公式如下：

$$h=\frac{\sum G}{Bl_0\gamma} \tag{1.2}$$

式中　$\gamma$——土的重度，$kN/m^3$；

$l_0$——桥台或挡土墙后填土的破坏棱体长度，m；

$B$——桥台横向全宽或挡土墙的计算长度，m；

$\sum G$——布置在 $B\times l_0$ 面积内的车轮的总重力，kN。

计算涵洞顶车辆荷载引起的竖向土压力时，车轮荷载按其着地面积的边缘向下作30°角扩散分布。

5. 汽车制动力

桥上汽车制动力是车辆在制动时为克服车辆的惯性力而在路面与车辆之间发生的滑动摩阻力。制动力大小与车辆和路面间的摩阻系数及汽车荷载大小有关，考虑到制动常常只出现在一部分车辆上，且制动力只有同向行驶的汽车才能叠加，《桥规》(JTG D60—2004) 规定：一个设计车道的制动力标准值按布置在加载长度内车道荷载的10%计，但公路-Ⅰ级汽车荷载的制动力不得小于165kN，公路-Ⅱ级汽车荷载的制动力不得小于90kN。同向行驶双车道的制动力为一个设计车道制动力的2倍，同向行驶三车道的制动力为一个设计车道制动力的2.34倍，同向行驶四车道的制动力为一个设计车道制动力的2.68倍。

制动力的着力点在桥面以上1.2m处，计算墩台时，可移至支座中心线或支座底座面上。计算刚构桥、拱桥时，制动力的着力点可移至桥面上，但不计因此而产生的竖向力和力矩。

6. 人群荷载

设计有人行道的桥梁结构，人群荷载的取值规定如下：

当桥梁计算跨径 $L\leqslant 50$m 时，人群荷载标准值取 $3.0kN/m^2$；

当桥梁计算跨径 $L\geqslant 150$m 时，人群荷载标准值取 $2.5kN/m^2$；

当桥梁计算跨径在50～150m之间时，人群荷载标准值可由线性内插法求得。

对跨径不等的连续结构，计算跨径以最大者为准。城镇、郊区行人密集地区的公路桥梁，人群荷载标准值取前述规定值的1.15倍；专用人行桥梁，人群荷载标准值为 $3.5 kN/m^2$。

人群荷载在横向应布置在人行道的净宽度内，在纵向施加于使结构产生最不利荷载效应的区段内。

人行道板（局部构件）可以一块板为单元，按标准值 $4.0kN/m^2$ 的均布荷载计算。计算人行道栏杆时，作用在栏杆立柱顶上的水平推力标准值取0.75kN/m，作用在栏杆扶手上的竖向力标准值取1.0kN/m。

### 1.4.3　偶然作用

偶然作用是指桥梁结构设计基准期内不一定出现，而一旦出现其量值很大且持续时间较短的作用。桥梁设计考虑的偶然作用有地震作用、船舶或漂流物的撞击作用和汽车的撞击作用。

1. 地震作用

地震作用主要是指地震时强烈的地面运动引起的结构惯性力。地震作用的强弱不仅与地震时地面运动的强烈程度有关，还与结构的动力特性（频率与振型）有关。过去大多用烈度大小来表示地震作用的强弱，现行《桥规》（JTG D60—2004）不再采用地震烈度的概念，取而代之为地震动峰值加速度系数。公路桥梁的抗震设防起点为地震动峰值加速度等于0.1$g$。地震动峰值加速度大于或等0.1$g$地区的公路桥梁，应进行抗震设计。地震作用的计算和结构抗震设计应符合《公路工程抗震设计细则》（JTG/T B02—01—2008）的规定。

2. 船舶或漂流物的撞击作用

跨越江、河、海湾的桥梁，必须考虑船舶或漂流物对桥梁墩台的撞击作用：由于精确地确定船舶或漂流物与桥梁的相互作用力十分困难，因而在可能的条件下，应采用实测资料进行计计算。当缺乏实际调查资料时，船舶撞击作用标准值可按《桥规》（JTG D60—2004）中的规定数值采用。

对于桥梁结构，必要时可以考虑汽车的撞击作用。汽车撞击力标准值大小应按《工程桥涵设计规范》（JTG D60—2004）第4.4.3条中的数值采用。

**【思　考　题】**

- 桥梁作用的分类。

# 学习单元1.5　桥梁施工方法特点及常备式结构机具

## 1.5.1　桥梁施工方法的发展

随着世界各国技术、经济的进步，交通事业有了很大的发展，交通量的猛增和人们物质文化水平的提高，对道路和桥梁的要求也越来越高，就桥梁而言主要表现为：

(1) 对桥梁功能的要求越来越高。例如，桥梁的跨越能力、通过能力、承载能力及行车的舒适性等要求日益提高。

(2) 对桥梁造型的艺术要求越来越高。特别是城市桥梁，往往作为城市的象征，其建筑造型成为重要的评价指标。

(3) 对桥梁的环保要求越来越高。例如，行车污染和噪声限制等。

(4) 对桥梁的施工速度、施工质量和施工管理水平的要求普遍提高，施工中普遍采用大型施工机具、设备以加快施工速度。

桥梁设计与施工应尽量做到经济实效、技术先进、安全舒适、美观实用、快速优质的要求。当前，桥梁施工技术的发展和进步主要表现在以下几个方面：

(1) 对于中小跨径的桥梁构件更多地考虑了工厂（现场）预制，采用标准化设计的装配式结构。该方法有助于提高工业化的施工程度，施工质量高，施工速度快。目前我国在简支体系的桥梁中普遍采用装配式结构，其中装配式简支T形梁跨径达到50m。

(2) 悬臂施工技术在大跨径桥梁中得到普遍应用，其施工效率较高，特别是预应力混

凝土结构，可以充分利用预应力结构的受力特点，而得以迅速发展。目前采用悬臂施工技术修件的预应力梁式桥跨径已达270m，钢筋混凝土拱桥达420m，钢拱桥达550m，斜拉桥达900m。

（3）桥梁机具设备向着大功能、高效率和自动控制的方向发展，尤其是深水基础的施工机具、大型起吊设备、长大构件的运输装置、大吨位的预应力张拉设备、大型移动模架等。这些施工设备对加快施工速度和提高施工效率起着重要的作用。

（4）依据桥梁结构的体系、跨径、材料和结构的受力状况可以更方便、合理地选择最合适的施工方法。桥梁施工技术的发展，能够更好地满足设计的要求，桥梁设计与施工之间的关系更加密切。

（5）桥梁施工应积极推广使用经过鉴定的新技术、新工艺、新结构、新材料、新设备。施工中做到安全生产、文明施工，减少环境污染，严格执行施工技术规范及有关操作规程。

### 1.5.2　桥梁施工与各因素的关系

桥梁施工包括合理选择施工方法，进行必要的施工验算，选择或设计、制作施工机具设备，选购与运输建筑材料，安排水、电、动力、生活设施以及施工计划、组织与管理等方面的工作。由于影响桥梁施工的因素很多，这就要求桥梁施工中应合理处理好各种因素，确保桥梁施工顺利进行。

1. 施工与设计的关系

桥梁施工与设计有着密切的关系，特别是对于体系复杂的桥梁，往往不能一次按图纸完成结构的施工，需要进行施工中的体系转化。因此在考虑设计方案时，要考虑施工的可行性、经济性和合理性；在技术设计中要计算施上各阶段的强度（应力）、变形和稳定性，桥梁设计要同时满足施工阶段和运营阶段的各项要求。在施工中，通过各种途径来校核与验证设计的准确性，形成设计与施工相互配合、相互约束、不断发展的关系。

桥梁施工应严格按照设计图纸完成。在施工之前，施工人员应对设计图纸、说明书、工程预算及施工计划和有关的技术文件进行详细的研究，掌握设计的内容和要求。根据施工现场的情况，确定施工方案，编制施工计划，购置施工设备和材料进行施工。

2. 施工与工程造价

近年来，在国内外桥梁工程建设中，材料费用在整个工程造价中的比例有所下降，而施工费和劳动力工资所占的比例在不断上升，特别是特大跨径和结构比较复杂的桥梁尤其显著。因此施工费用对工程造价起着举足轻重的作用。

影响桥梁施工费用的主要因素是构件的制造费用、架设费用和工期。桥梁施工是将大量的原材料进行运输、制作和拼装，要使用大量的劳动力和机具进行长时间的野外作业，为了缩短工期，确保经济而又安全施工，则在桥梁设计中充分考虑结构便于制作和架设；在施工中制定周密的施工计划，缩短工期，减少施工管理费用，降低桥梁造价。另外，通过缩短工期，早日通车可以获得较大经济效益和社会效益。

为确保施工质量，加快施工速度，降低工程造价，应从以下几个方面加以考虑：

（1）提高施工队伍的素质，培养技术熟练、应变能力强的施工技术专业人员。

（2）提高施工机械化程度，做到机具设备配套，使用效率高。

（3）组织专业化施工，使技术力量、机具设备得到充分利用。

（4）加强施工的科学管理，做到文明施工。使工程质量、工期、费用处于最优的组合状态。

3. 桥梁施工组织管理

桥梁施工主要是指施工技术。在进行桥梁初步设计时就应确定工程的基本施工方法；在工程施工中，结合已有的机具设备和施工能力，制定各施工阶段的施工程序和施工文件。

桥梁施工组织管理是在施工管理上制定周密的施工计划，确保在规定的工期内优质地完成设计图纸所要求的内容，桥梁施工组织设计一般包括以下内容：

（1）编制依据。

（2）工程概况。

（3）施工准备工作及设计。

（4）各分部（项）工程的施工方案和施工方法。

（5）制定工程进度计划。根据合同条件及施工技术要求，依照工期及气象、水文等条件，制定分项、分部工程进度计划和整体进度计划，确保按期完工，它是施工组织管理的总纲领。

（6）安排人事劳务计划。根据各施工阶段的进度和施工内容，确保各阶段所需的技术人员、技工及劳务工的计划；同时确定工程管理机构和职能部门，各负其责。

（7）临时设施计划。根据施工进展情况，合理设置临时设施。生产性临时设施包括构件预制厂、施工便道（便桥）、运辖线路等；非生产性临时设施包括办公室、仓库、宿舍等。

（8）机具设备使用计划。包括各施工阶段所需机具设备的种类、数量、使用时间等，以便制定机具设备的购置、制作和调拨计划。

（9）材料及运输计划。根据总施工计划编制材料供应计划，安排材料、设备和物资的运输计划。

（10）工程财务管理。包括工程的预算、资金的使用概算、各种承包合同、施工定额、消耗定额等方面的管理。

（11）安全、质量与卫生管理（文明施工）。桥梁的施工技术与组织管理在内容上是有区别的，但在实际工作中的关系是密切的。施工技术是保证工程能按照设计进行施工，而只有严格的组织管理才能圆满地按照承包合同完成施工任务。

### 1.5.3 桥梁施工方法选择

选择桥梁的施工方法，应充分考虑桥位处的地形、环境，安装方法的安全性、经济件和施工速度。因此在进行桥梁设计时需对桥位现场条件进行详细调查，掌握现场的地理环境、地质、气象水文条件。施工现场的条件不仅为选择正确、合理的施工方法提供依据，同时还直接涉及到桥型方案的选择和布置。

在选择施工方法时，应根据以下条件综合考虑：

（1）使用条件。选择施工方法时应考虑桥梁的类型、跨径、桥梁高度、桥下净空要求、平面场地的限制、结构形式等。

（2）施工条件。主要考虑工期要求、起重能力和机具设备要求、施工期间是否封闭交

通、临时设施选用、施工费用等。

(3) 自然环境条件。主要考虑山区或平原、地质条件及软弱土层的状况、对河道和交通的影响。

(4) 社会环境影响。对施工现场环境的影响包括公害、污染、景观影响，对现场的交通阻碍等。

各类桥梁施工方法的选择可参照表1.8。

**表1.8　各类桥梁可选择的主要施工方法**

| | 简支梁桥 | 悬臂梁桥 | 连续梁桥 | 刚架桥 | 拱桥 | 斜拉桥 | 悬索桥 |
|---|---|---|---|---|---|---|---|
| 现场浇筑 | √ | √ | √ | √ | √ | √ | |
| 预制安装 | √ | √ | | √ | √ | √ | √ |
| 悬臂施工 | | √ | √ | √ | √ | √ | √ |
| 转体施工 | | √ | | √ | √ | √ | |
| 顶推施工 | | | √ | | √ | √ | |
| 逐孔架设 | | √ | √ | √ | √ | | |
| 横移施工 | √ | √ | √ | | | √ | |
| 提升与浮运施工 | √ | √ | √ | | | √ | |

### 1.5.4　桥梁施工的常备式结构

施工设备和机具是桥梁施工技术中的一个重要课题，施工设备和机具的优劣往往决定了桥梁施工技术的先进与否；反过来，桥梁施工技术的发展，也要求各种施工设备和机具不断更新和改造，以适应施工技术的发展。

现代大型桥梁施工设备和机具主要有：

(1) 各种常备式结构，包括万能杆件、贝雷梁等。

(2) 各种起重机具设备，包括千斤顶、吊机等。

(3) 混凝土施工设备，包括拌和机、输送泵、振捣设备等。

(4) 预应力锚具及张拉设备，包括张拉千斤顶、锚夹具、压浆设备等。

桥梁施工设备和机具种类繁多，在进行施工组织设计和规划时，应根据施工对象、工期要求、劳动力分布等情况，合理地选用和安排各种施工设备和机具，以期发挥其很大的功效和经济效益，确保高质量、高效率和安全如期完成施工任务。

此外，桥梁的施工实践证明，施工设备选用的正确与否，也是保证桥梁施工安全的一个重要条件，许多重大事故的发生，常常与施工设备陈旧或者使用不当有关。

1. 钢板桩

钢板桩用于开挖深基坑和水中进行桥梁墩台的基础施工时，为了抵御坑壁的土压力和水压力，必须采用钢板桩，有时需做成钢板桩围堰。

2. 钢管脚手架（支架）

常用的钢管脚手架有扣件式、螺栓式和承插式三种。扣件式钢管脚手架的特点是拆装方便，搭设灵活，能适应结构物平、立面的变化。螺栓式钢管脚手架的基本构造形式与扣件式钢管脚手架大致相同，所不同的是用螺栓连接代替扣件连接。承插式钢管脚手架是在

立杆上承插短管，在横杆上焊以插栓，用承插方式组装而成。钢管脚手架一般用于安装桥梁施工用模板、支架和拱架等临时设施。

3．常备模板

拼装式钢模板、木模板和钢木组合模板的构造基本相同，整套模板均有底模、侧模和端模三部分组成。

整体式模板是预制工厂的常备结构，常用于桥梁预制厂进行标准定型构件的施工。特别是在中小跨径装配式简支梁（板）的预制施工中得到普遍应用。

4．万能杆件

钢制万能杆件用于拼装桁架、墩架、塔架和龙门架等，作为桥梁墩台、索塔的施工脚手架，或作为吊车主梁以安装各种预制构件。必要时可以作为临时的桥梁墩台和桁架。万能杆件具有拆装容易、运输方便、利用率高、构件标准化、适应性强的特点。

目前我国桥梁施工中使用的万能杆件类型包括：甲型（M型）、乙型（N型）和西乙型。万能杆件一般由长弦杆、短弦杆、斜杆、立杆、斜撑、角钢、节点板等组成。

用万能杆件拼装桁架时，其高度分为2m、4m、6m及以上。当高度为2m时，腹杆为三角形；当高度为4m时，腹杆为菱形；高度超过6m时，腹杆做成多斜杆形式，如图1.20所示。

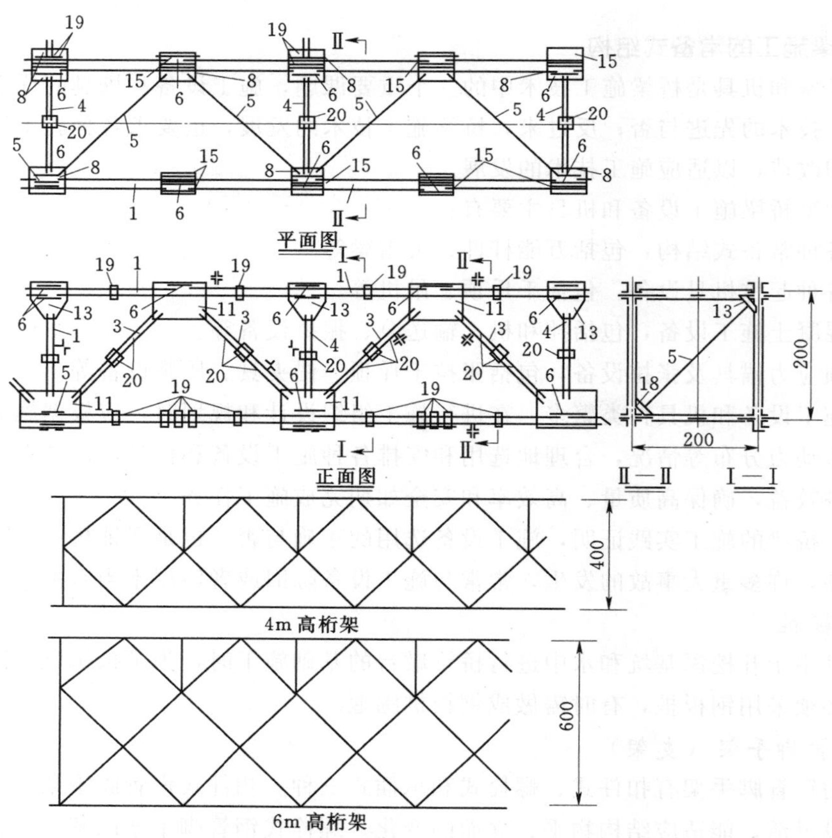


图1.20　万能杆件拼装桁架示意图（单位：cm）

5. 贝雷梁

贝雷梁有进口和国产两种规格。国产贝雷梁其桁节用16锰钢，销子用铬锰钛钢，插销用钢制造，焊条用T505x型，桥面板和护轮用松木或杉木。

装配式公路钢桥为半穿式桥梁，其主梁用每节3m长的贝雷桁架用销子连接而成。两边主梁间用横梁联系，每节桁架的下弦杆上设置2根横梁，横梁上放置4组纵梁，靠边搁置的2组纵梁为有扣纵梁。纵梁上铺木质桥面板，用扣纵梁上的扣子固定桥面板的位置。桥面板的两端安设护轮木，用护木螺栓通过护轮木长方孔与纵梁扣子相连接，将桥面板压紧在纵梁上。

为增加贝雷桁架的强度，主梁可以数排并列或双层叠放，如图1.21所示。各种组合的贝雷桁架习惯先“排”后“层”称呼。

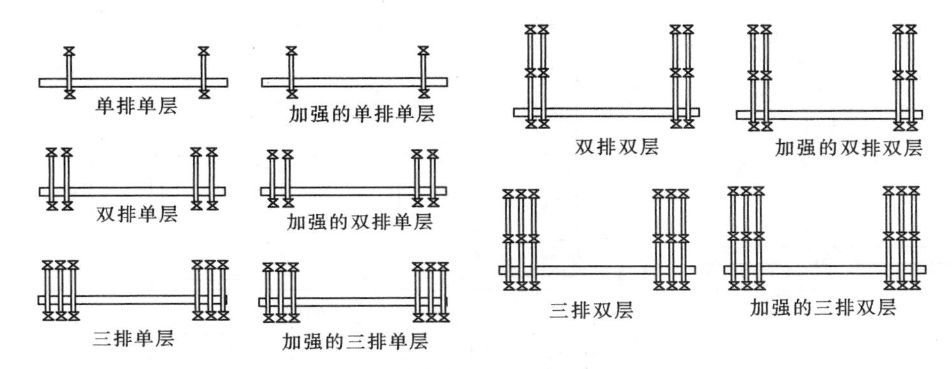


图1.21　各种桁架组合图

6. 施工挂篮

施工挂篮是悬臂施工必需的施工设备。施工挂篮可采用万能杆件、贝雷梁等构件拼装而成。

挂篮设计应满足自重轻、充分利用常备构件、结构简单、受力明确、运行方便、坚固稳定、便于装拆、工艺操作安全、方便。

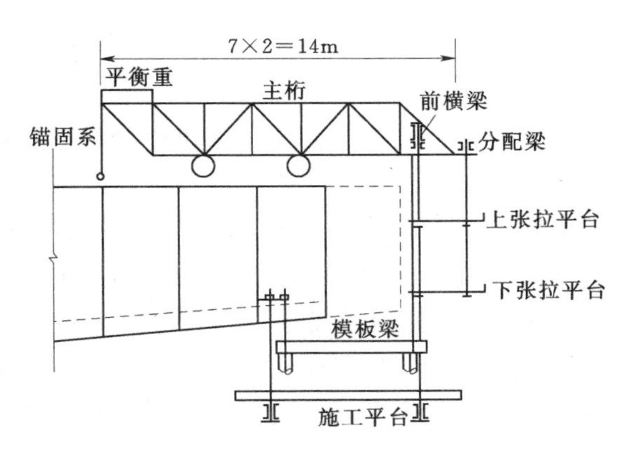


图1.22　挂篮示意图

施工时应注意挂蓝在移动时及浇筑混凝土时的安全度。挂篮的移动和装拆是借助于卷扬机来进行的。卷扬机设于主桁架的后侧，如图1.22所示。辅助设备还包括锚固系、平衡重、台车系、张拉平台和模板梁等。

### 1.5.5　桥梁施工的主要机具设备

1. 起重机具

(1) 龙门架。龙门架是一种最常见的垂直起吊设备。在龙门架顶横梁上设行车时，可横向运输重物、构件；在龙门架两腿下缘设有滚轮并置于铁轨上时，可在轨道上纵向运

输：如在两腿下设能转向的滚轮时，可在任何方向实现水平运输。龙门架通常设于构件预制场，进行构件的移运和施工材料、施工设备的运输；或设在桥墩顶、墩旁安装梁体。常见的龙门架种类有钢木混合龙门架、拐脚龙门架和装配式钢桁架（贝雷）拼装的龙门架。图 1.23 为公路装配式钢桁架（贝雷）拼装的龙门架示例。

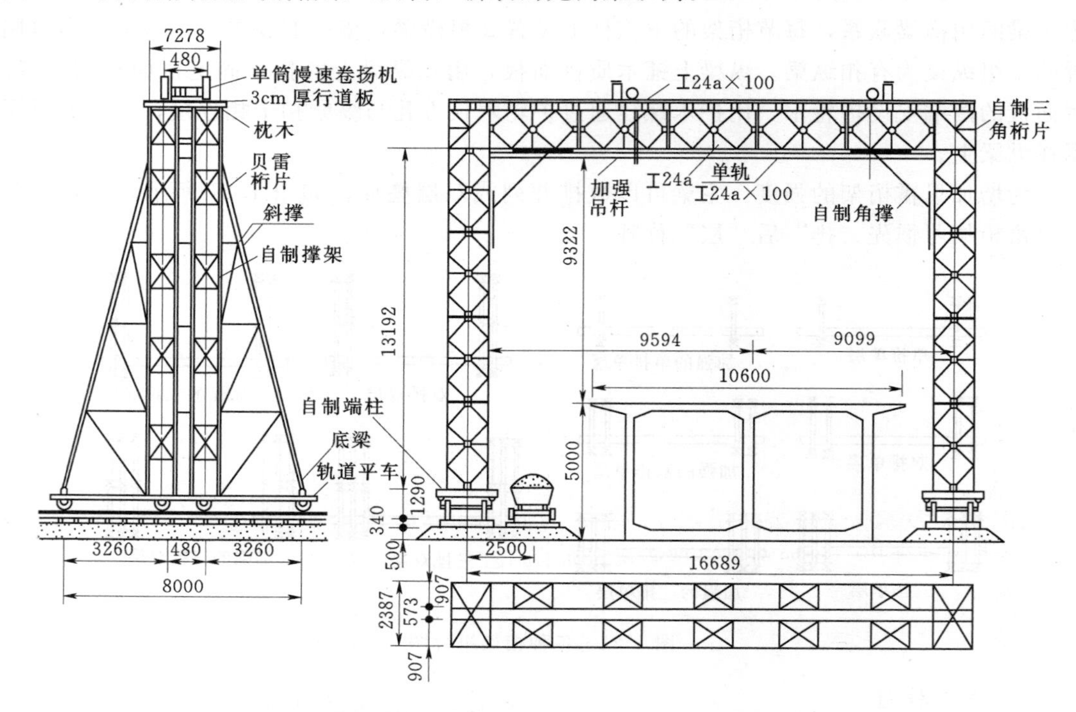


图 1.23 装配式钢桁架（贝雷）拼装的龙门架（单位：mm）

(2) 浮吊。在通航河流上修建桥梁，浮吊船是重要的工作船。常用的浮吊有铁驳轮船浮吊和用木船、型钢及人字扒杆等拼成的简易浮吊。

(3) 缆索起重机。缆索起重机适用于高差较大的垂直吊装和架空纵向运输，吊运量从几吨到几十吨，纵向运距从几十米到几百米。

缆索起重机是由主索、天线滑车、起重索、牵引索、起重及牵引绞车、主索地锚、塔架、风缆、主索平衡滑轮、电动卷扬机、手摇绞车、链滑车及各种滑轮等部件组成。在吊装拱桥时，缆索吊装系统除了上述部件外，还有扣索、扣索排架、扣索地锚、扣索绞车等部件。

1) 主索。主索亦称承重索或运输天线。它横跨桥墩，支承在两侧塔架的索鞍上，两端锚固于地锚。吊运构件的行车支承于主索上。

2) 起重索。起重索主要用于控制吊装构件的升降（即垂直运输），端与卷扬机滚筒相连，另一端固定于对岸的地锚上。当行车在主索上沿桥跨往复运行时，可保持行车与吊钩间的起重索长度不随行车的移动而变化，如图 1.24 所示。

3) 牵引索。为拉动行车沿桥跨方向在主索上移动（即水平运输），故需一对牵引索，分别连接两台卷扬机上，也可合拴在一台双滚筒卷扬机上，便于操作。

4）结索。结索用于悬挂分索器，使主索、起重索、牵引索不致相互干扰。它仅承受分索器重力及自重。

5）扣索。当拱箱（肋）分段吊装时，为了暂时固定分段拱箱（肋）所用的钢丝绳称为扣索。扣索的一端系在拱箱（肋）接头附近的扣环上，另一端通过扣索排架或过河天扣索固定于地锚上。为便于调整扣索的长度，可设置手摇绞车及张紧索，如图1.25所示。

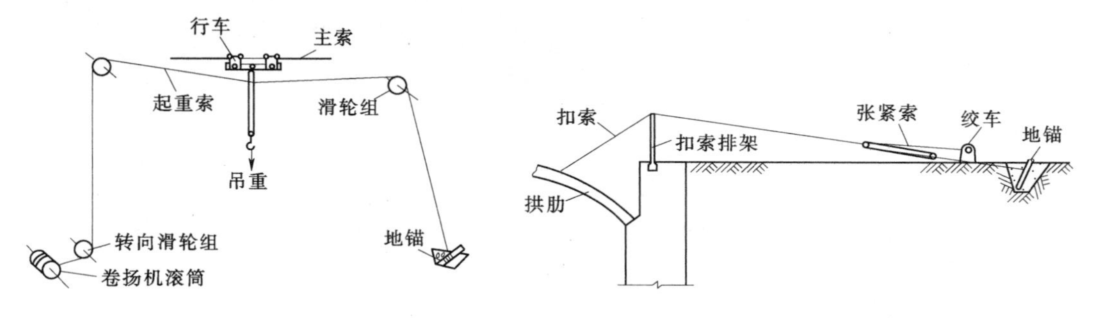


图1.24　起重索　　　　图1.25　扣索

6）缆风索。缆风索亦称浪风索，用来保证塔架的纵向稳定性及拱肋安装就位后的横向稳定性。

7）塔架及索鞍。塔架是用来提高主索的临空高度及支承各种受力钢索的结构物，塔架一般采用钢结构，塔架顶上设置索鞍，如图1.26所示，为放置主索、起重索、扣索用。

8）地锚。地锚亦称地垄或锚碇，用于锚固主索、扣索、起重索及绞车等。地锚的可靠性对缆索吊装的安全性有决定性影响，设计和施工都必须高度重视。按照承载能力的大小及地形、地质条件的不同，地锚的形式和构造可以是多种多样的。还可以利用桥梁墩、台做锚碇，这样能节约材料，否则需设置专门的地锚。如图1.27为片石混凝土构成的卧式地锚。在地锚中预留索槽，其尾锚碇板后锚梁用19根43号钢轨组成半圆形，轨面用ф20圆钢嵌实。

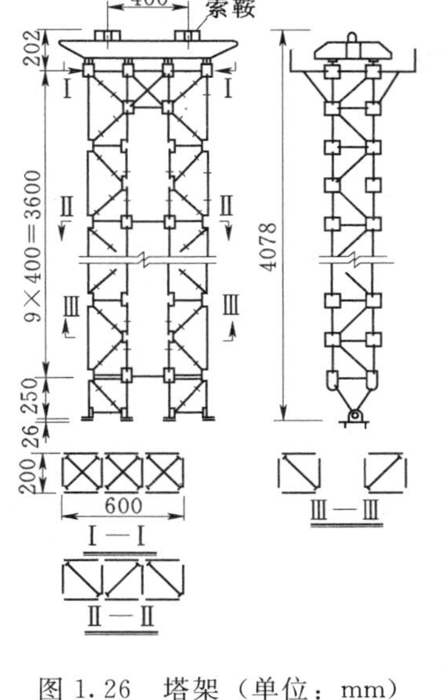


图1.26　塔架（单位：mm）

9）电动卷扬机及手摇绞车。该设备主要用于做牵引、起吊等的动力装置。电动卷扬机速度快，但不易控制，一般多用于起重索和牵引索。对于要求精细调整钢束的部位，多采用手摇绞车，以便于操纵。

10）其他附属设备。其他附属设备有在主索上行驶的行车（又称跑马车）、起重滑车组、各种倒链葫芦、法兰螺栓、钢丝卡子（钢丝轧头）、千斤绳、横移索等。

(4) 架桥机。目前我国使用的架桥机类型很多，其构造和性能也各不相同。只常见的有单梁式架桥机和双梁式架桥机两种。图1.28为架桥机示意图。

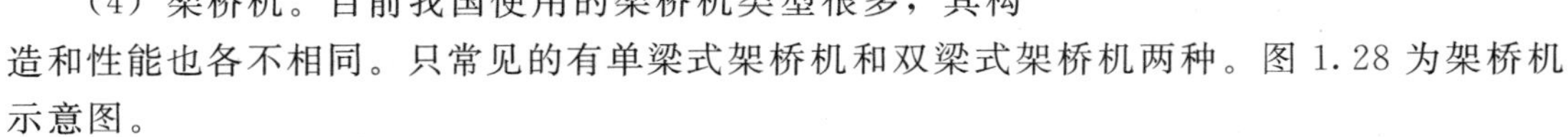

采用架桥机架设桥梁，主要有以下特点：

1）架桥机支承在桥梁墩台上，并自行前移，施工机械化程度高，施工方便。

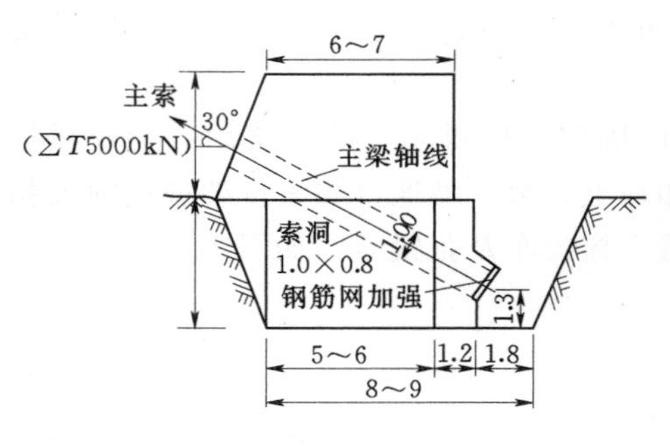


图 1.27 地锚

图 1.28 架桥机

2）轴重小，能自动在桥上行驶并进行纵横向对位。

3）梁体直接通过运梁平车运输至架桥机处，不需中间换梁，减少起吊设备。

4）架桥施工速度快。

5）不受地形限制。

2. 起重设备

（1）千斤顶。千斤顶用于起落高度不大的起重，例如顶升梁体。千斤顶按其构造不同可分为螺旋式千斤顶、油压式千斤顶和齿条式千斤顶三大类。

使用油压千斤顶时，可用几台同型千斤顶协同共顶一重物，使其同步上升。其办法是将各千斤顶的油路以耐高压管连通，使各千斤顶的工作压力相同，则各千斤顶均分起重。

（2）千斤绳。千斤绳用于捆绑重物起吊或固定滑车、绞车。

（3）卡环。卡环也称卸扣或开口销环，一般用圆钢锻制而成，用于连接钢丝绳与吊钩、环链条之间及用于千斤绳捆绑物体时固定绳套。卸扣装卸方便，较为安全可靠。卡环分螺旋式、销子式、半自动式三种。

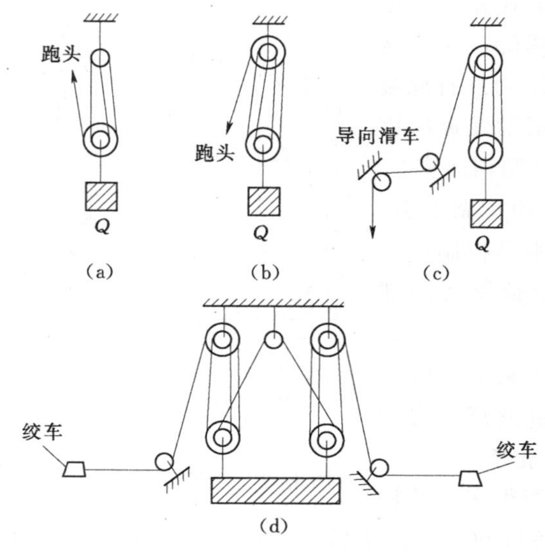


图 1.29 滑车组示意图

(a) 跑头从动滑车引出；(b) 跑头从定滑车引出；(c) 有导向滑车的滑车组；(d) 双联滑车组

（4）滑车。滑车又称滑轮或葫芦。

（5）滑车组。滑车组由定滑车和动滑车组成，它既能省力又可改变力的方向。滑车组种类如图 1.29 所示。

（6）钢丝绳。钢丝绳一般由几股钢丝子绳和一根绳芯拧成。绳芯用防腐、防锈润滑油搔透过的有机纤维芯或软钢丝芯组成，而每股钢丝绳是由许多根直径为 0.4～3.0mm、强度为 1.4～2.0GPa 的高强度钢丝组成。

（7）卷扬机。卷扬机亦称绞车，分为手摇绞车和电动绞车。

3. 混凝土施工设备

桥梁施工中，常用的混凝土施工设备有混凝土搅拌机、混凝土泵、振捣器等。

（1）混凝土搅拌机。混凝土搅拌机分

为自落式和强制式两种。自落式一般用于拌制塑性混凝土和低流动性混凝土。其生产能力低，质量差，但具有机动灵活的特点，较多用于施工现场拌制小批量混凝土。强制式一般用于拌制干硬性、轻骨料混凝土或低流动性混凝土。其生产能力大，拌和质量好，一般用于大型混凝土拌和站。

（2）混凝土泵。混凝土泵是利用管道输送混凝土的机械设备。根据其工作原理分为机械式活塞泵、液压式活塞泵和挤压式泵三种。其特点是机动灵活，所需劳动力少，管道布置方便。

（3）振捣器。振捣器分为插入式、附着式和平板式三种。振捣器的种类、功率与配置，受混凝土稠度、梁的截面形状与尺寸大小、模板种类、振捣器的输出功率以及振捣频率等多种因素所影响，所以必须根据工作条件选择适宜的振捣器与相应的布置方法。

（4）混凝土运输机具。混凝土的运输机具设备应根据结构物特点、混凝土浇筑量、运距、现场道路情况以及现有机具设备等条件进行选择。

混凝土的水平运输机具包括手推车、翻斗车、自卸汽车、搅拌车、输送泵等。

混凝土的垂直运输机具包括升降机、卷扬机、塔式起重机、吊车、输送泵等。

4. 预应力张拉和锚固设备

（1）锚具与连接器。锚具是保证预应力混凝土结构安全可靠的技术关键之一，尤其是后张法预应力的传递主要借助锚具传递和承受。因此，要求锚具必须有可靠的锚固性能，足够的刚度和强度，使用简便迅速。

锚具的形式繁多，按其所锚固的预应力筋不同分为粗钢筋锚具、钢丝束锚具以及钢绞线锚具。按其锚固受力原理不同可分为摩阻型锚具、承压型锚具和靠黏结力锚固的锚具。摩阻型锚具通常是由带圆模形内孔的锚圈和圆锥形的锚塞或圆锥形夹片组成，是借助张拉钢筋的回缩带动锚塞或夹片将钢筋模拉紧而锚固的。这类锚具应用较广，吨位较大，但这类锚具预应力损失较大，要重复张拉不方便。承压型锚具是利用钢筋的镦粗头或螺纹承压进行锚固的。这类锚具应力损失较小，连接较方便，在未灌浆之前可重复张拉，但它对顶应力钢材下料要求很精确。

（2）千斤顶。各种锚具需配置相应的张拉设备及各自适用的张拉千斤顶。目前国内常用的预应力用液压千斤顶有：拉杆式千斤顶、台座式千斤顶、穿心式千斤顶和锥锚式千斤顶等。预应力用液压千斤顶分类及代号，见表1.9。

**表1.9　　预应力用液压千斤顶分类及代号**

| 型　式 | 拉杆式 | 穿　心　式 | | | 锥锚式 | 台座式 |
|---|---|---|---|---|---|---|
| | | 双作用 | 单作用 | 拉杆式 | | |
| 代号 | YDL | YDCS | YDC | YDCL | YDZ | YDT |

1）台座式千斤顶。在先张法预应力台座上用来施加预应力或用于起重、顶推作业。该千斤顶结构合理，使用方便，安全可靠，使用范围较广。YSD型台座式千斤顶如图1.30所示。

2）穿心式千斤顶。千斤顶中轴线上有通长的穿心孔，可以穿入预应力筋或拉杆。主要适用于群锚及JM锚预应力张拉，还可配套拉杆、撑脚，用于镦头锚具等。如图1.31

所示的 YC60 穿心式千斤顶。

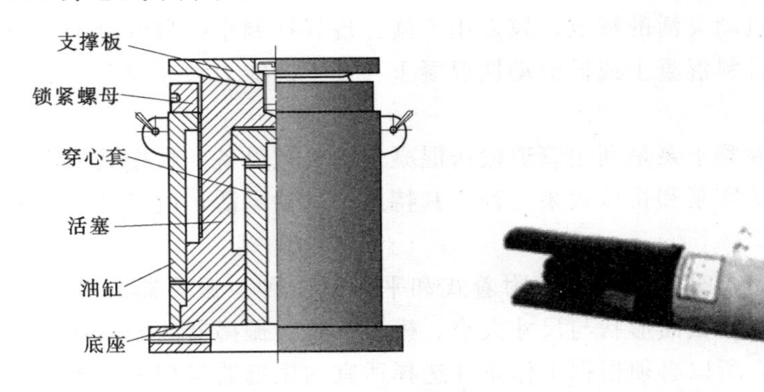


图 1.30　YSD 型台座式千斤顶构造示意图

图 1.31　YC60 穿心式千斤顶

3）锥锚式千斤顶。TD60 型锥锚式千斤顶是一种具有张拉、顶压与退楔的三作用千斤顶，如图 1.32 所示。

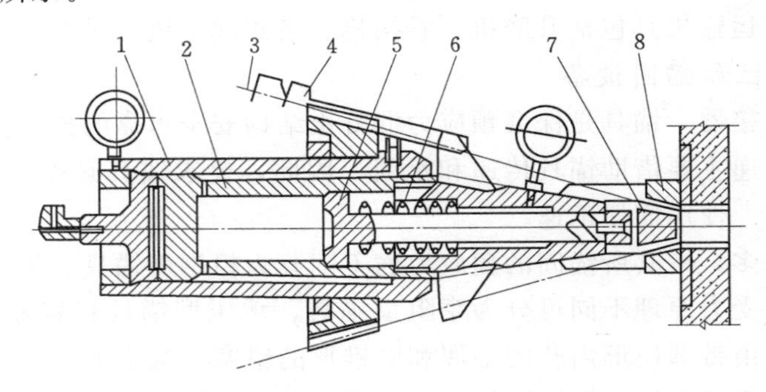


图 1.32　TD 型千斤顶构造图

1—张拉缸；2—顶压缸；3—钢丝；4—楔块；5—活塞杆；6—弹簧；7—锚塞；8—锚环（圈）

（3）预应力施工其他设备。

1）制孔器。目前，国内桥梁预应力混凝土构件预留孔道所用的制孔器主要有两种：抽拔橡胶管与螺旋金属波纹管。

a. 抽拔橡胶管。浇筑混凝土前，在钢丝网胶管内事先穿入钢筋（称芯棒），再将胶管连同芯棒一起放入模板内，与钢筋骨架绑扎成整体，待浇筑混凝土达到一定强度后，抽去芯棒，再拔出胶管，形成预留孔道。采用抽拔橡胶管形成预留孔道时，要选择合适的抽拔时间。一般抽拔时间要在混凝土初凝和终凝之间。若过早抽拔，混凝土容易塌陷而堵塞孔道，过迟则抽拔困难，甚至会拔断胶管。

b. 螺旋金属波纹管。在浇混凝土之前，将波纹管按筋束设计位置，利用定位筋将波纹管与钢筋骨架绑扎牢固，再浇筑混凝土，混凝土结硬后即可形成孔道。这种金属波纹管，一般采用铝材经卷管机压波后卷成。具有质量轻、纵向弯曲性能好、径向刚度大、弯折方便、接头少、连接简单、与混凝土黏结性好等优点，它是后张预应力混凝土孔道成形用的理想材料。

2）穿索机。在桥梁悬臂施工和尺寸较大的构件中，一般都采用后穿法穿束。对于大跨桥梁有的筋束很长，人工穿束十分吃力，故采用穿索机穿束。

穿索机有两种类型：一是液压式，二是电动式，桥梁中多用前者。它一般采用单根钢绞线穿入，穿束时应在钢绞线前端套一子弹形帽子，以减小穿束阻力。穿束机由电动机带动用四个托轮支承的链板，钢绞线置于链板上，并用四个与托轮相对应的压紧轮压紧，则钢绞线就可借链板的转动向前穿入构件的预留孔中。最大推力为3kN，最大水平传递距离可达150m。

3）孔道压浆机。后张法预应力混凝土构件，预应力筋张拉锚固完成后，应尽早进行孔道压浆工作，以防预应力钢筋锈蚀，并使筋束与梁体混凝土结合为一整体。压浆机是由水泥浆搅拌桶、储浆桶和压送浆的泵及供水系统组成。压浆机的最大工作压力可达1.5MPa，可压送的最大水平距离为150m，最大竖直高度为40m。

## 项 目 小 结

本项目主要介绍了桥梁的基本知识、桥梁上的作用、桥梁的施工特点及施工常用的机械设备和机具等内容。

重点讲述：

1. 桥梁的组成及分类：由上部结构、下部结构、支座和附属设置组成。

2. 桥梁建设设计的基本步骤：一般采用初步设计、技术设计、施工图设计三个阶段。

3. 桥梁上的作用有：永久作用、可变作用和偶然作用。

4. 桥梁施工方法的选择：现场浇筑、预制安装、悬臂施工、转体施工、顶推施工、逐孔架设、横移施工、提升与浮运施工等。

5. 各种常备式结构，包括钢板柱、钢管脚手架、拼装式常备模板、万能杆件、贝雷梁、施工挂篮等。

6. 各种起重机具设备，包括龙门桨、浮吊、缆索起重机、架桥机、龙门架、千斤顶、吊机、钢丝绳、卷扬机等。

## 项 目 测 试

1. 试述桥梁发展趋势。

2. 桥梁由哪几部分组成的？

3. 桥梁的基本体系分类有哪些？

4. 桥梁上的作用有哪些？分别有什么特点？

5. 选择桥梁施工方法的原则是什么？

6. 预应力筋常见的锚固方式有哪些？

# 学习项目2　钢筋混凝土和预应力混凝土梁式桥

**学习目标**

本项目应掌握混凝土梁式桥受力特点及构造，能够识读梁式桥施工图，了解钢筋混凝土简支梁桥主梁荷载横向分布计算及活载、恒载内力计算的基本方法；熟悉钢筋混凝土梁桥就地现浇及预制装配式的施工，熟悉先张法和后张法的施工设备、工艺流程及控制要点；了解悬臂施工法、顶推施工法、逐孔施工法等主要工艺流程。

## 学习单元2.1　梁式桥特点及构造

### 2.1.1　混凝土梁式桥概述

梁桥是指在垂直荷载作用下，支座只产生垂直反力而无水平反力的结构，梁作为主要承重结构，主要承受弯矩和剪力。公路与城市道路中建造的梁桥大多采用钢筋混凝土或预应力混凝土结构，统称为混凝土梁桥。混凝土梁桥具有造型简单、适应工业化施工、经济及耐久性好等许多优点，特别是预应力技术的应用，为现代装配式结构提供了最有效的接头和拼装手段，使得混凝土梁桥得到了广泛应用，这种桥型已成为我国中小跨径桥梁的主要结构型式。目前，预应力混凝土简支梁桥的跨径已达到50～70m，连续梁桥的跨径达120～150m。

### 2.1.2　板桥的特点与分类

板桥是小跨径钢筋混凝土桥中最常用的形式之一。由于它在建成以后外形上像一块薄板，故习惯称之为板桥。

#### 2.1.2.1　板桥的优缺点

1. 优点

（1）建筑高度小，适用于桥下净空受限制的桥梁，与其他类型的桥梁相比，可以降低桥头引道路堤高度和缩短引道长度。

（2）外形简单，制作方便。

（3）做成装配式板桥的预制构件时，质量轻，架设方便。

2. 缺点

跨径不宜过大，跨径超过一定限度时，截面显著加高，从而导致自重加大，由于截面材料使用得不经济，使板桥建筑高度小的优点也因之被抵消。因此，通过实践，简支板桥的经济合理跨径一般限制在13～15m以下。

#### 2.1.2.2　板桥的分类

板桥可分为钢筋混凝土板桥及预应力混凝土板桥，其截面形式包括整体式矩形实心

板、装配式实心板、空心板及异形板等。

#### 2.1.2.3　整体式简支板桥的构造

整体式矩形实心板，如图 2.1 所示，具有形状简单、施工方便、建筑高度小等优点，但施工时需现浇混凝土，受季节气候影响，又需模板与支架。从受力要求看，截面材料不经济、自重大，所以只在钢筋混凝土板桥中使用。有时为了减轻自重，也可将截面受拉区稍加挖空做成肋式的板截面，如图 2.2 所示。

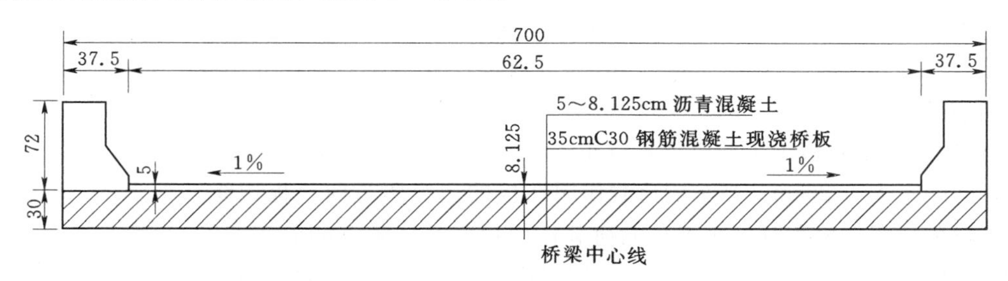


图 2.1　整体式矩形实心板（尺寸单位：cm）

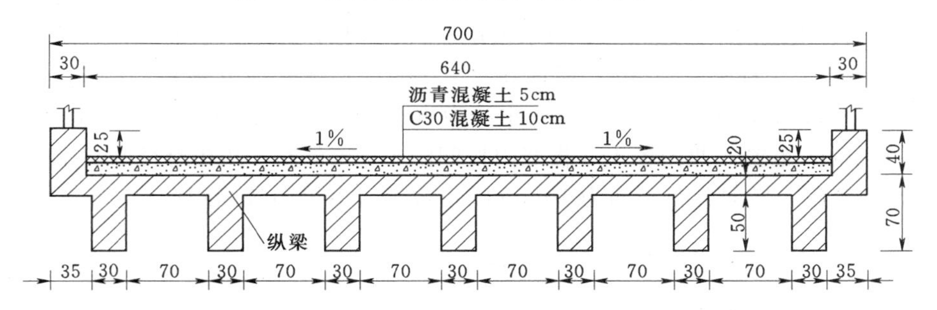


图 2.2　肋式板截面（尺寸单位：cm）

1. 整体式正交板桥的受力特点

（1）在均布恒载作用下，桥跨板基本处于单向受力状态，其跨中截面单位宽度上的弯矩 $M_x$ 可像简支梁跨中弯矩那样进行确定，而与之正交截面单位宽度上的弯矩 $M_y$ 比弯矩 $M_x$ 小得多。

（2）当车轮荷载作用在板中时，桥跨板处于双向受力状态。其跨中截面弯矩 $M_x$ 沿板横向（$y$ 轴方向）是非均匀分布的，如图 2.3 所示，$M_x$ 随着距荷载作用点的距离增加而减小。而横向弯矩 $M_y$ 虽大于均布荷载作用下的该值，但与 $M_x$ 相比仍然很小。

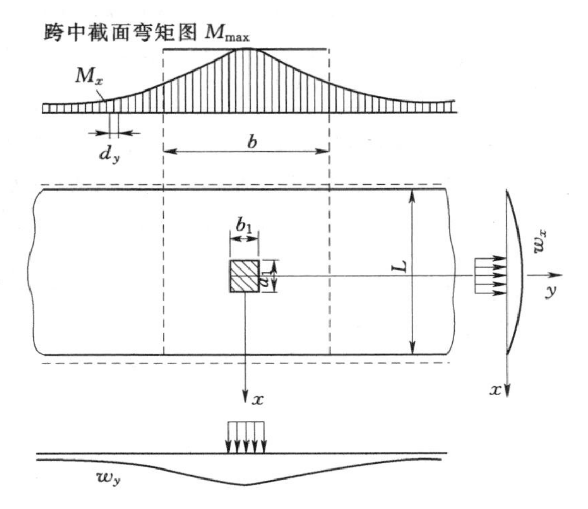


图 2.3　车轮荷载作用下板的受力状态

（3）当车轮荷载作用在自由边附近时，$M_x$ 和 $M_y$ 的分布规律与荷载作用在板中类似，但 $M_x$ 值较大，而 $M_y$ 值较小。

根据上述受力特点，实际工程中整体式正交板桥通常作为单向板考虑，采用更为实用的简化计算方法确定其内力，例如折算宽度法假定车轮荷载引起的跨中弯矩 $M_x$ 由板的折算宽度 $b$ 来承担，折算宽度 $b$ 取车轮荷载的有效分布宽度。由此计算单位板宽度上的弯矩，最终确定板受力钢筋数量。

2. 构造与设计

整体式正交简支板桥的板厚通常取跨径的1/20～1/15，但不宜小于10cm。其配筋应与受力特点吻合。因此，除纵向受力主筋需通过计算确定外，还需布置一定数量的横向钢筋以承受车轮荷载引起的横向弯矩 $M_y$（可通过计算确定）和防止混凝土收缩及温度变化引起的裂缝。

《桥规》规定，板中主筋直径不宜小于10mm，间距不大于20cm，分布筋直径不宜小于8mm，间距不大于20cm。当车辆荷载作用在板的边缘附近时，板边缘截面上的 $M_x$ 的值较大（车轮荷载有效分布宽度小于车辆荷载作用板中心线附近的分布宽度），因此在板边缘的1/6板宽内主筋配筋量通常增加15%，同时应考虑布置适量边缘构造钢筋。此外，整体式板主拉应力较小，不需设置弯起钢筋，但通常还是将部分主筋在1/4～1/6跨径处按照30°或45°弯起，但通过支点的不弯起主筋，每米板宽不少于3根，并不少于主钢筋面积的1/4。

如图2.4所示为标准跨径6m，桥面净宽8.5m的整体式简支板桥的构造与配筋。该桥计算跨径为5.96m，板厚32cm。纵向主筋为直径20mm的Ⅱ级钢筋，在中间2/3板宽内按间距12.5cm布置，两侧各1/6板宽内按间距11cm布置，并在跨径两端1/4～1/6的范围内按30°弯起。横向分布钢筋为10mm的Ⅰ级钢，沿纵向按间距20cm布置。

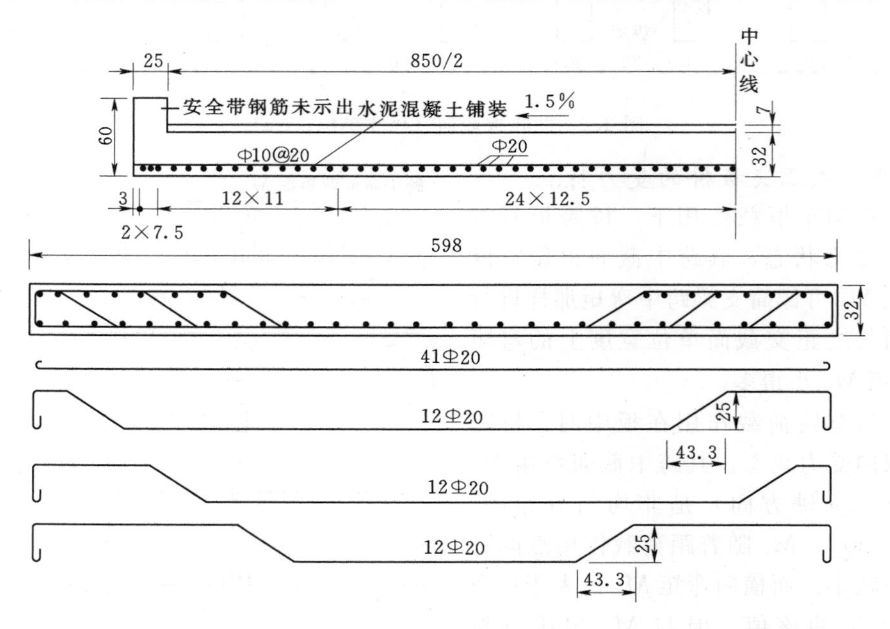


图2.4　整体式简支板桥构造示例（单位：尺寸cm；钢筋直径mm）

### 2.1.2.4　装配式简支板桥的构造

装配式板桥一般由数块一定宽度的实心或空心预制板组成。各板利用板间企口缝填充

混凝土相连接。在荷载作用下，每块板相当于单向受力的梁式窄板，除在主跨径方向承受弯曲外，还承受通过板间接缝（铰缝）传递剪力而引起的扭转。因此，每块预制板除承受本板内的荷载外，还承受相邻板块作用而引起的竖向剪力和其他内力作用。

由于其他内力与竖向剪力相比对确定板的内力影响很小，所以设计中多采用铰接板（梁）法确定其板中内力。板中主要受力钢筋的数量由计算得到的内力确定，此外，在板中布置适量的构造钢筋以承受计算时忽略的某些内力。

装配式简支板桥的横截面形式，主要有实心板和空心板两种，空心板使用较多。

1. 装配式空心板桥

为了减轻自重，充分发挥材料的性能，在跨径6～13m钢筋混凝土板桥及跨径10～16m的预应力混凝土板桥的标准图中，采用空心板截面，板厚为40～85cm。空心板的顶板和底板厚度应不小于8cm，空洞端部应予以填封，以保证施工质量和承载的需要。

如图2.5所示为标准跨径16m、净宽2×11m、板厚为0.7m的预应力混凝土空心板桥的一般横断面图，半幅桥面由12块板组成，板间隙1cm。

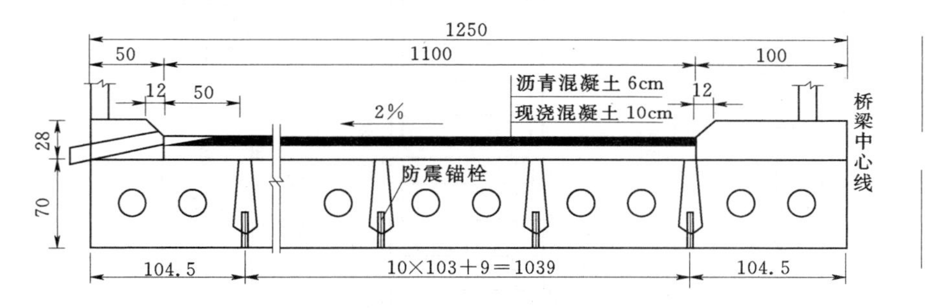


图2.5　空心板截面（尺寸单位：cm）

装配式预制空心板截面中间挖空形式很多，如图2.6所示为几种常用的空心板截面形式，挖成单个较宽的孔洞，挖空体积最大，块件质量最轻，但顶板需满足一定的厚度，且在顶板内要布置一定数量的横向受力钢筋。如图2.6（a）所示的顶板略呈微弯形，可以节省一些钢筋，但模板较图2.6（b）所示复杂些。如图2.6（c）所示挖成两个正圆孔，其挖空体积较小。如图2.6（d）所示的芯模由两个半圆及两块侧模板组成，对不同厚度的板只要更换两块侧模板就能形成空形，它挖空体积较大，适用性也较好。

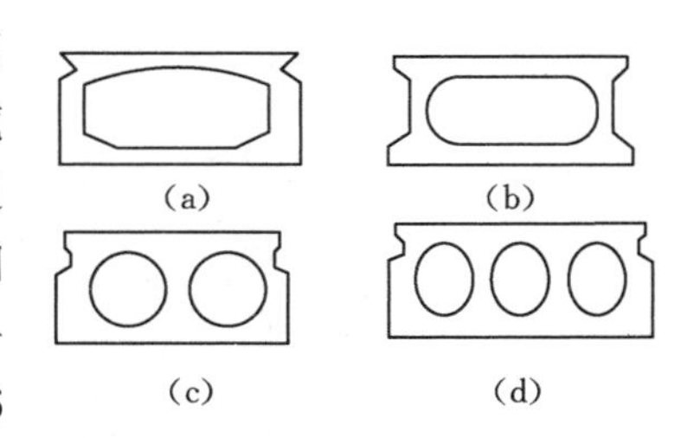


图2.6　空心板截面的挖空形式

如图2.7所示为标准跨径16m，装配式先张法预应力混凝土空心板桥中板配筋图，设计荷载汽车超20级，挂车120（1985年桥梁规范），桥面行车道净宽2×11m。预应力钢筋采用16Φ<sup></sup>15（7Φ5）钢绞线，标准强度1500MPa。图中N2～N9号是钢绞线，预应力筋应考虑其有效长度，有效长度范围以外的部分，采取有效措施进行有效处理，失效范围的预应力筋可用硬塑料管套住，使预应力筋与混凝土不结合。预制板顶面混凝土要进行正规的拉毛处理，以使现浇桥面混凝土与其结合。图2.7中的14号筋与5号主筋绑扎在一起，上端在块件预制时紧贴侧模，脱模后扳出。

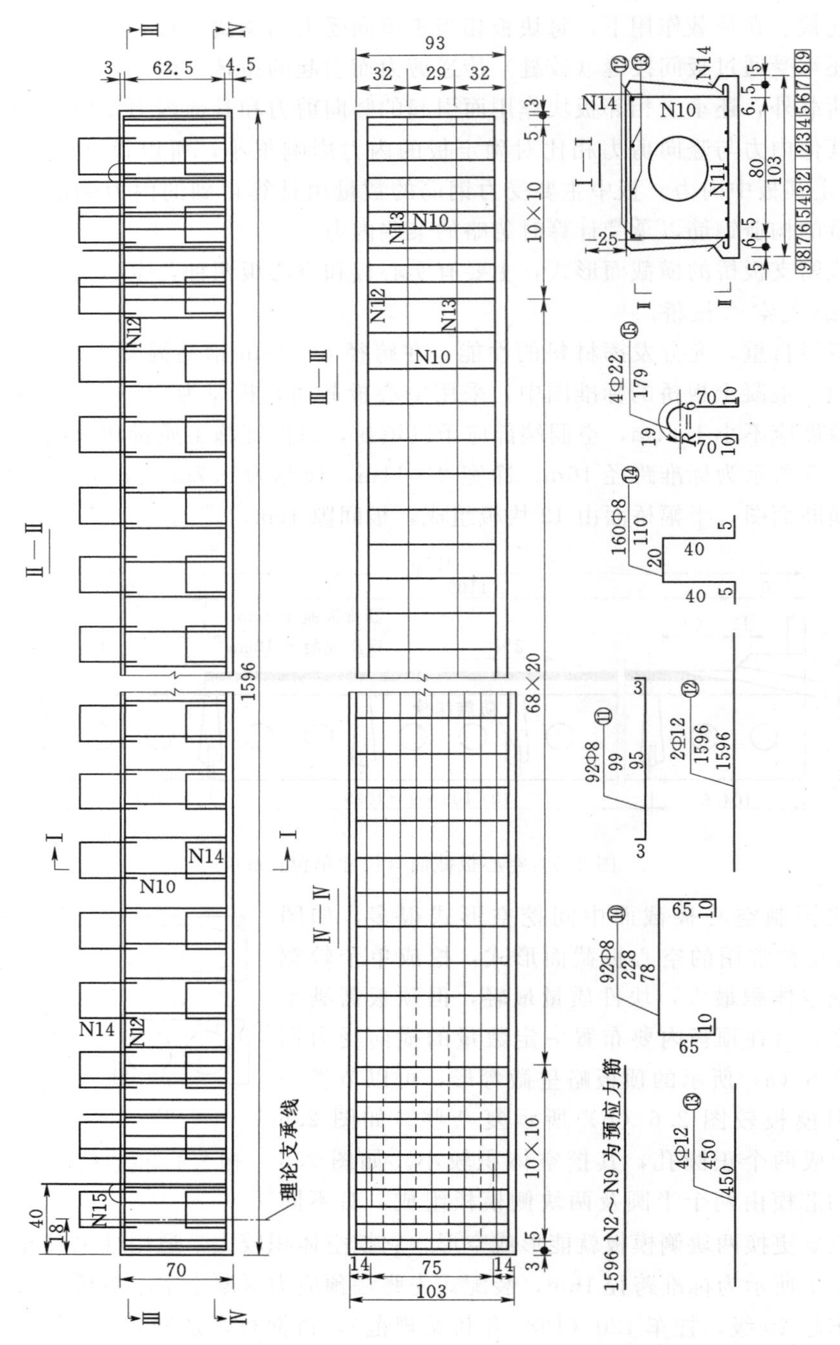

图 2.7 跨径 16m 装配式预应力混凝土空心板钢筋图
（尺寸单位：cm；直径：mm）

2. 装配式板桥的横向连接

为了使装配式板块组成整体，共同承受车辆荷载，在块件之间必须具有横向连接的构造。常用的连接方法有企口混凝土铰连接和钢板焊接连接。

(1) 企口混凝土铰连接。企口式混凝土铰常采用的形式如图2.8所示。为使桥面铺装层与主板共同受力，将预制板中的$N1$钢筋伸出以与相邻板的同样钢筋互相绑扎，再浇筑在铺装层内；将相邻板的底层箍筋$N2$伸入铰缝绑扎，铰缝内用C30以上的细骨料混凝土填实。

(2) 钢板连接。钢板连接一般采用在预制板顶面沿纵向两侧边缘每隔0.8～1.5m，预埋一块钢板，如图2.9所示。连接时将钢盖板与相邻预制板顶面对应的预埋钢板焊接在一起。通常在跨中部分钢板连接布置较密，而两端支点部分较稀疏。实践证明这两种连接能够很好地传递横向剪力使各板块共同受力。在国外，通常以横向预应力方式连接，使装配式板桥的受力特性接近于整体式板桥。

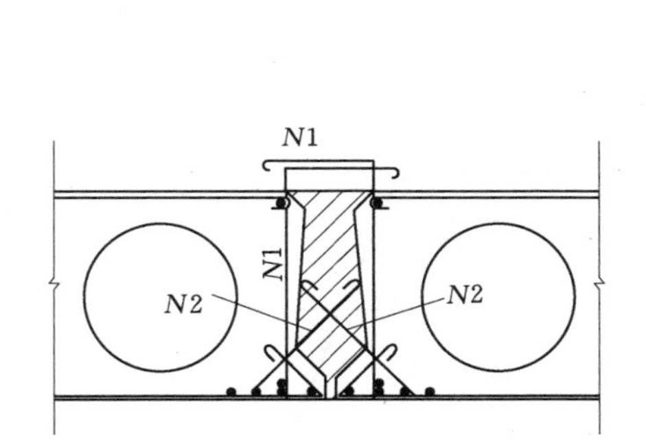


图2.8　企口式混凝土铰构造

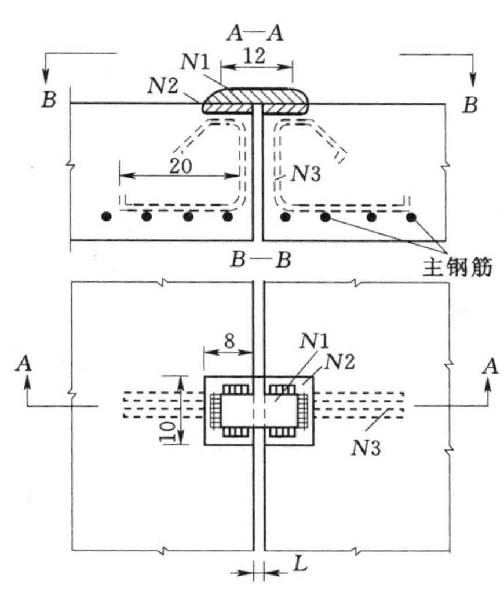


图2.9　钢板连接构造（尺寸单位：cm）

### 2.1.2.5　斜板桥的构造

由于桥址处地形的限制，需将桥梁做成斜交。斜交板桥的板的支承轴线的垂直线与桥纵轴线的夹角称为斜交角，如图2.10所示。

1. 斜板桥的受力特点

(1) 荷载有向两支承边之间最短距离方向传递的趋势，如图2.10所示。在较宽的斜板中部，其最大主弯矩方向（即在垂直于该方向的截面上没有扭矩）几乎接近与支承边正交。其次，无论对宽的或窄的斜板，其两侧的主弯矩方向虽接近平行于自由边，但仍有向支承边垂线方向偏转的趋势。

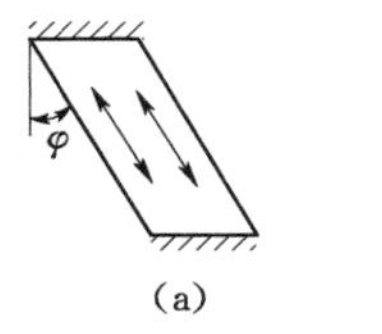


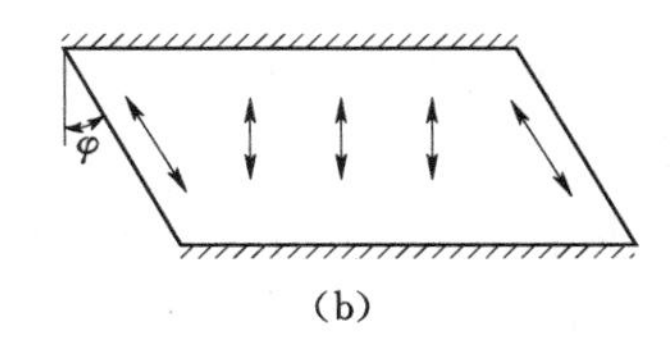


图2.10　斜板的最大主弯矩方向

(2) 各角点受力情况可以用比拟连续梁的工作来描述，如图2.11所示。在斜板Z形条带$A-B-C-D$上各点的受力情况，可以用三跨连续梁来比拟，在钝角$B$、$C$处产生较大的负弯矩，其方向垂直于钝角的二等分线；同时，在$B$、$C$点的反力也较大，锐角$A$、$D$点的反力较小，当斜交角与斜的跨宽比都较大时，锐角便有向上翘起的趋势。此时若固定锐角角点，势必导致板内有较大的扭矩。

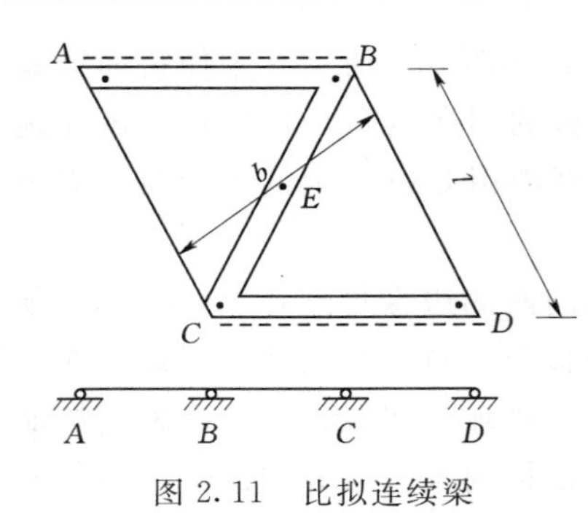

图 2.11　比拟连续梁

（3）在均布荷载下，当桥轴线方向的跨长相同时，斜板桥的最大跨内弯矩比正桥要小，跨中弯矩的折减主要取决于斜交角 $\phi$ 和抗弯刚度与抗扭刚度的比值 $K$。在 $K \geqslant 10$ 且 $\phi \leqslant 20°$ 时，斜桥可按正桥计算；在 $5 \leqslant K \leqslant 10$ 且 $\phi \leqslant 15°$ 时，可按正桥设计斜桥；在 $0 \leqslant K \leqslant 5$ 且 $\phi \leqslant 10°$ 时，可按正桥设计斜桥。这样，二者间主要控制截面的内力误差不超过 5%。跨内纵向最大弯矩或最大应力的位置，随着斜交角 $\phi$ 的变大，而自中央向钝角方向移动。

（4）在上述同样的情况下，斜板桥的跨中横向弯矩比正桥的却要大，可以认为横向弯矩增加的量，相当于跨径方向弯矩减少的量。由于斜交引起的纵向弯矩的折减系数可查公路设计手册《梁桥》（上册）第一篇附表（二）。

（5）斜板桥的跨中剪力比相同跨径的正板桥大。

2. 斜板桥的构造

如图 2.12 所示，斜板桥的钢筋可按下列规定布置。

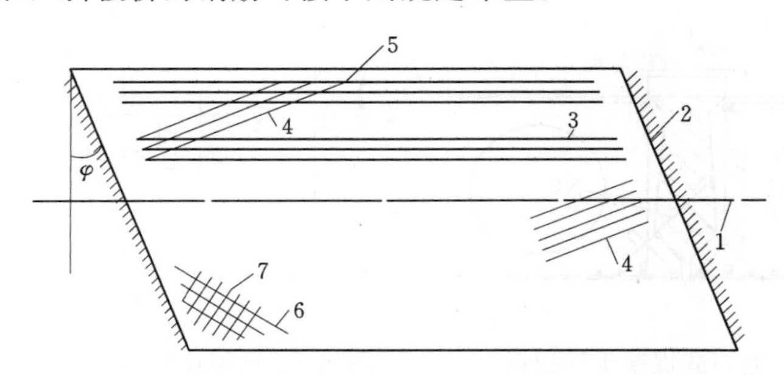

图 2.12　斜板桥钢筋布置

1—桥纵轴线；2—支承轴线；3—顺桥纵轴线钢筋；4—与支承轴线正交钢筋；5—自由边钢筋带；6—垂直于钝角平分线的钝角钢筋；7—平行于钝角平分线的钝角钢筋

（1）对于整体式斜板桥，当斜交角 $\phi \leqslant 15°$ 时，主筋平行于桥纵轴线方向布置；当斜交角 $\phi > 15°$ 时，主筋宜垂直于板的支座轴线方向布置。此时，在板的自由边上下应各设一条不少于 3 根平行于自由边的钢筋带，并用箍筋箍牢在钝角部位靠近板顶的上层，应布置垂直于钝角平分线的加强筋。在钝角部位靠近板底的下层，应布置平行于钝角平分线的加强筋。加强钢筋的直径不小于 12mm，间距为 100～150mm，布置于钝角两侧 1～1.5m 边长的扇形面积内。

（2）斜板的分布钢筋宜垂直于主筋方向设置，其直径不小于 8mm，间距不大于 200mm，分布钢筋的面积不宜小于板截面积的 0.1%，在斜板的支座附近宜设平行于支座轴线的分布钢筋，或将分布钢筋向支座方向呈扇形分布，过渡到平行于支承轴线。

（3）预制斜板的主筋可与桥纵轴线平行，其钝角部位的加强筋布置与整体式斜板桥相同。

### 2.1.3　简支梁桥的构造及特点

简支梁桥具有受力明确、构造简单、施工方便等优点，是中、小跨径桥梁应用最广的桥型。按施工方法分为整体式简支梁桥和装配式简支梁桥两类。

如图2.13所示为一个典型的装配式简支梁桥的构造布置。上部构造由主梁、横隔梁、桥面板、桥面系等部分组成。主梁是桥梁的主要承重结构；横隔梁保证各根主梁相互连成整体，以提高桥梁的整体刚度；主梁的上翼缘构成桥面板，组成行车（人）平面，承受车辆（人群）荷载的作用。这类桥梁可采用整体现浇和预制装配两种不同的方式进行施工。

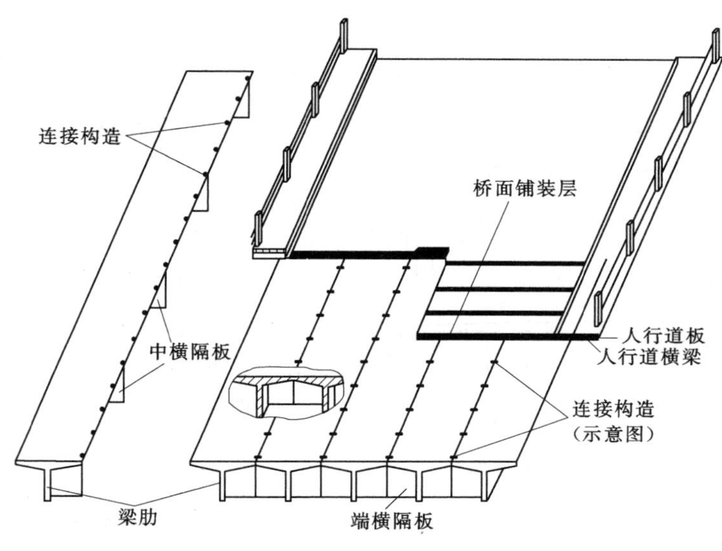


图2.13　简支梁桥概貌

#### 2.1.3.1　整体式简支梁桥

整体式梁桥具有整体性好、刚度大、易于做成复杂形状等优点，多数在桥孔支架模板上现场浇筑，也有整体预制、整孔架设的个别情况。

常用的整体式简支T形梁桥的横截面如图2.14所示。在保证抗剪、稳定的条件下主梁的肋宽为梁高的1/6～1/7，但不宜小于14cm，以利于浇筑混凝土，当肋宽有变化时，其过渡段长度不小于12倍肋宽差。主梁高度通常为跨径的1/8～1/15。为了减小桥面板的跨径（一般限制在2～3m之内），还可以在两根主梁之间设置次纵梁，如图2.14（b）所示。为了合理布置主钢筋，梁肋底部可做成马蹄形。

整体式简支梁桥桥面板的跨中板厚不应小于10cm。桥面板与梁肋衔接处一般都设置承托结构，承托长高比一般不大于3。

#### 2.1.3.2　装配式简支T形梁桥

装配式简支梁主梁的横截面形式，可分为Ⅱ形［图2.15（a）］、T形［图2.15（b）～（d）］和箱形［图2.15（e）］三种。

装配式T形梁桥是使用最为普遍的结构形式，其优点是制造简单、整体性好、接头也方便。其构造布置是在给定桥的设计宽度的条件下，选择主梁的截面形式，确定主梁的间距（片数）和桥跨结构所需横隔梁的数量，进而确定各构造部分的细部尺寸。

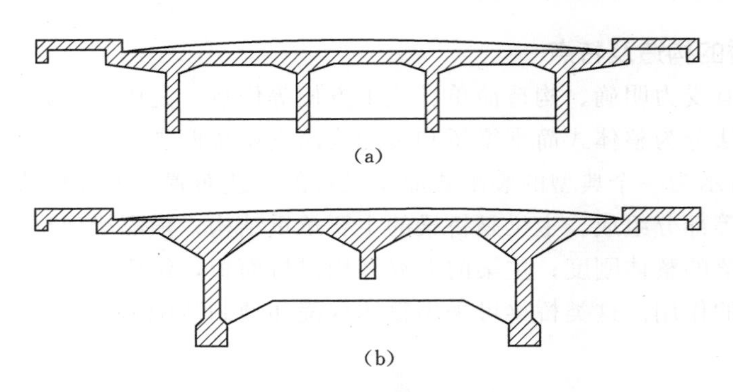


图 2.14 整体式梁桥横截面

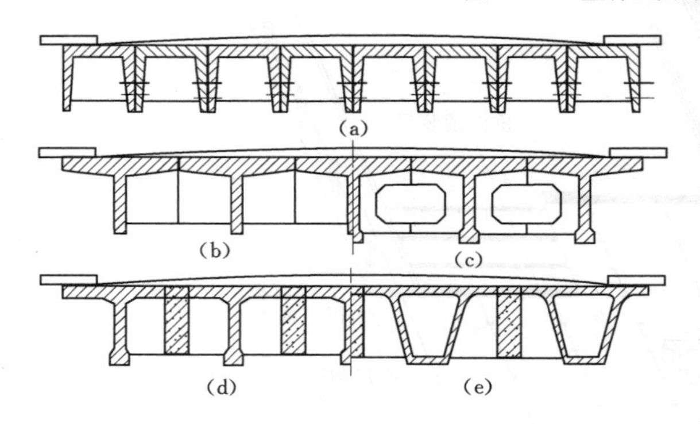


图 2.15 装配式梁桥横截面

### 1. T形梁桥主梁的构造

国内外建造的装配式简支梁桥的主梁截面大多采用T形截面。因T形截面适合于简支梁的受力特点，即只承受单向弯矩。对于跨径较大的简支梁桥，为了减轻单片主梁的吊装重量，主梁也常采用T形截面，但主梁上翼缘间需加入一段现浇混凝土，使各主梁连接成整体，并构成桥面板，或在预制主梁上现浇整体桥面板。虽然主梁采用I形截面，但最终的桥梁横截面与采用T形截面主梁构成的桥梁横截面差别不大。

(1) 主梁间距（或片数）的确定。对一定的桥面宽度而言，主梁间距小，主梁片数就多，而T梁翼板挑出亦短；反之，间距大，主梁片数少，翼板挑出长。如何解决，要综合考虑材料的用量、预制工作量和运输、吊装等因素的影响。一般来讲，如果没有起重能力的限制，对跨径较大的桥梁，主梁片数应适当减少，材料用量比较经济，且可减少预制工作量，缩短工期。

目前，我国编制的装配式T形简支梁桥标准设计常用的主梁间距是1.6～2.2m。在工程应用中，主梁间距已达2.5m。

(2) 主梁高度与主梁细部尺寸。如表2.1所示为常用的简支梁桥主梁尺寸的经验数值，跨径较大时应取较小的比值；反之则应取较大的比值。

**表 2.1　　装配式简支梁桥主梁尺寸**

| 桥梁型式 | 适用跨径/m | 主梁间距/m | 主梁高度 | 主梁肋宽度/m |
|---|---|---|---|---|
| 钢筋混凝土简支梁 | $8<l<20$ | 1.5～2.2 | $(1/11\sim1/18)l$ | 0.16～0.2 |
| 预应力混凝土简支梁 | $20<l<50$ | 1.8～2.5 | $(1/14\sim1/25)l$ | 0.18～0.2 |

主梁梁高如果不受高度限制，选用高一些的可节省配筋。

主梁的肋宽必须满足截面抗剪和抗主拉应力的强度要求，同时应考虑梁肋的稳定性，梁肋内主筋的布置和浇筑混凝土施工所需的最小肋宽。目前常用的肋宽为15～18cm，当

主梁间距小于2m时，梁肋为全长等肋宽，当主梁间距大于2m时，通常在梁端2～5m范围内梁肋逐步加宽，以满足该部位的抗剪要求。

2. 横隔梁

（1）横隔梁的构造。横隔梁在装配式T形梁中起着保证各根主梁相互连接成整体的作用。调查表明，T形梁桥的端横隔梁是必须设置的，它不但有利于制造、运输和安装阶段构件的稳定性，而且能显著加强全桥的整体性；设置中横隔梁的梁桥，荷载横向分布比较均匀，且可以减轻翼板接缝处的纵向开裂现象。故当T形梁的跨径稍大时（一般在13m以上），在跨径内除设端横隔梁外，再增设1～3道中横隔梁。

横隔梁的高度应保证具有足够的抗弯刚度，通常可做成主梁高度的3/4左右。梁肋下部，成马蹄形加宽时，横隔梁延伸至马蹄的加宽处，如图2.15（c）、（d）所示。从梁体在运输和安装阶段的稳定要求来看，端横隔梁应做成与主梁同高，但为便于安装和检查支座，端横隔梁底部又应与主梁底缘之间留有一定的空隙，如何选择视施工的具体情况而定。横隔梁的肋宽，通常采用12～16cm，且宜做成上宽下窄和内宽外窄的楔形，以便脱模。

（2）横隔梁的横向连接。

1）钢板焊接连接。如图2.16所示为常用的主梁间中横隔梁的连接构造形式。在每一块横隔板的上缘布置两根受力钢筋（N1），下缘配置四根受力钢筋（N1），采用钢板连接成骨架。接头钢板设在横隔梁的两侧，同时在上下钢筋骨架中加焊锚固钢板的短钢筋（N2、N3）。钢板厚一般不小于10mm。当T形梁安装就位后，即在横隔梁的预埋钢板上再加焊接钢板使连成整体。端横隔梁的焊接钢板接头构造与中横隔梁者相同，但由于其外侧（靠近墩台一侧）不好施焊，故焊接接头只设于内侧。相邻横隔梁之间的缝隙最好用水泥砂浆填满，所有外露钢板也应用水泥灰浆封盖。

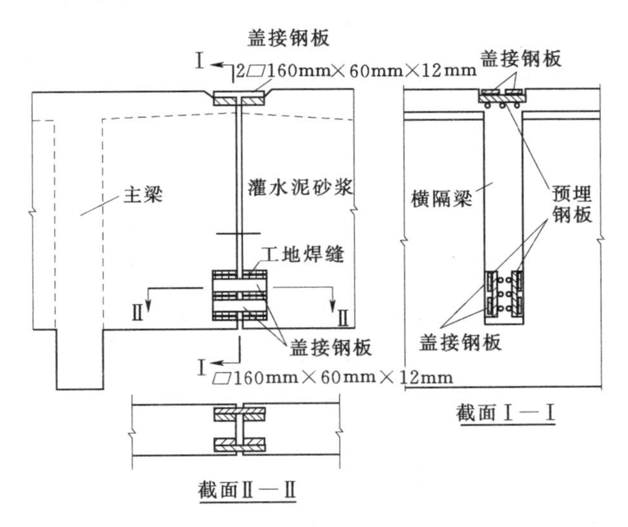


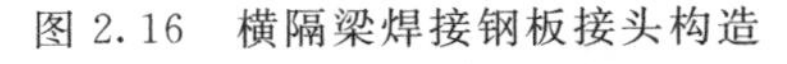


图2.16　横隔梁焊接钢板接头构造

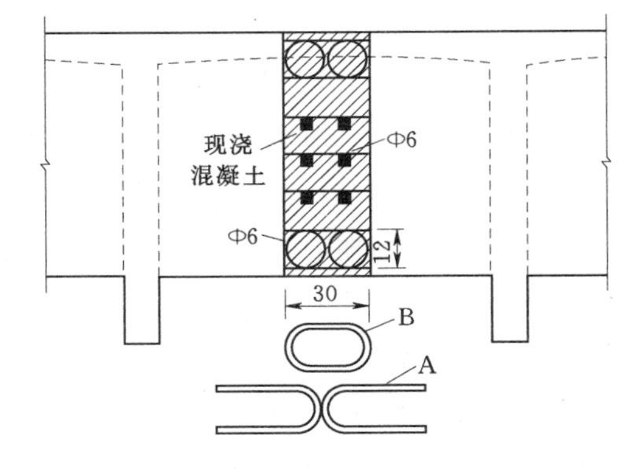


图2.17　扣环式湿接头（尺寸单位：cm）

2）扣环式湿接头。如图2.17所示为扣环式湿接头的构造。横隔梁在预制时在接缝处伸出钢筋扣环A，安装时在相邻构件的扣环两侧再安上腰圆形的接头扣环B，在形成的圆环内插入短分布筋后就现浇混凝土封闭接缝，接缝宽度约为 0.2～0.5m。这种连接构造往往用于现浇纵向湿接头的连接构造中（图 2.15）。

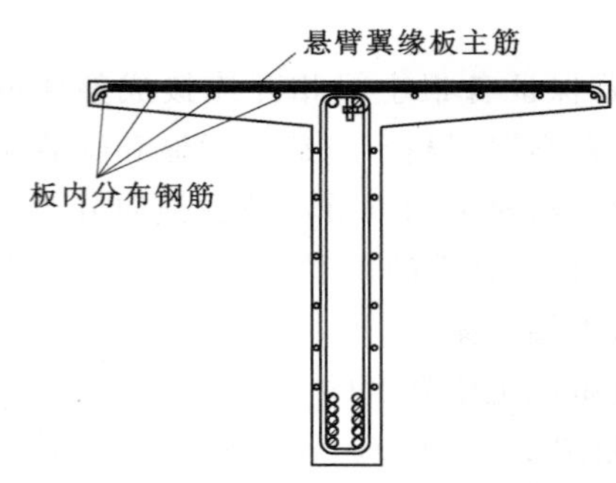


图 2.18　主梁间距 1.6m 的桥面板钢筋布置

3. 桥面板

（1）桥面板的构造。对于 T 形简支梁，主梁翼板宽度视主梁间距而定，在实际预制时，翼板的宽度应比主梁中距小 2cm，以便在安装过程中易于调整 T 梁的位置和制作上的误差。主梁翼板除承受自重和桥面恒载外，主要承受由车轮引起的局部荷载。根据其受力特点，一般做成变厚度板，其厚度随主梁间距而定，边缘厚度不宜小于 6cm。主梁间距小于 2.0m 的铰接梁桥，板边缘厚度可采用 8cm（桥面铺装不参与受力）或 6cm（桥面铺装通过预埋的连接钢筋与翼缘板共同受力）；主梁间距大于 2.0m 的刚接梁桥，桥面板的跨中厚度一般不小于 15cm，边缘板边厚度不小于 10cm。如图 2.18 所示为主梁间距 1.6m 的桥面板钢筋布置。

如图 2.19 所示为主梁间距 2.2m 的 T 形梁桥的桥面板钢筋布置。板上缘承受负弯矩，《桥规》（JTG D60—2004）规定，受力钢筋直径不小于 10mm，间距不大于 20cm；在垂直于主筋方向布置分布钢筋，分布钢筋设在主钢筋的内侧，其直径不小于 8mm，间距不大于 20cm，截面面积不宜小于板截面的 0.1%。在主钢筋的弯折处，应布置分布钢筋。在有横隔板的部位，应增加分布钢筋的截面面积，以承受集中轮载作用下的局部负弯矩，所有增加的分布钢筋应从横隔板轴线伸出 $L/4$（$L$ 为横隔板的跨径）的长度。

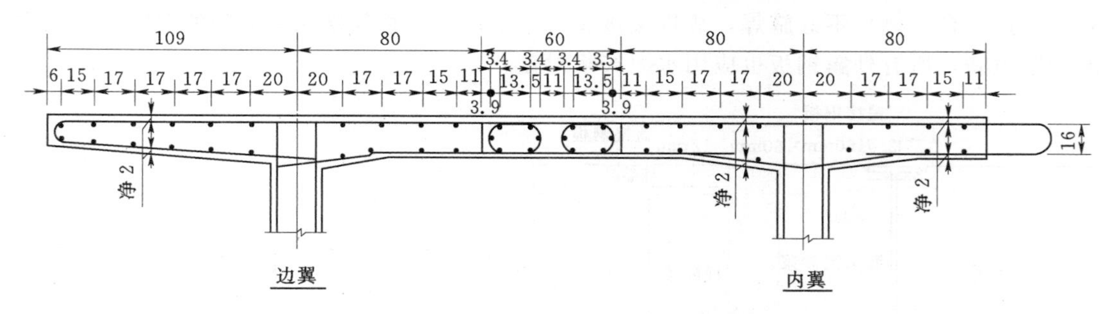


图 2.19　主梁间距 2.2m 的桥面板钢筋布置（尺寸单位：cm）

（2）桥面板的横向连接。通常在设有横隔梁的装配式 T 形梁桥中，均借助横隔梁和翼缘板的接头使所有主梁连接成整体。对于缺少横隔梁的主梁，应在翼缘板上加设接头和加强桥面铺装，使其横向连成整体。接头要有足够的强度，以保证结构的整体性，并使其在运营过程中不致因荷载反复作用和冲击作用而发生松动。

1）刚性接头。该接头既可承受弯矩，也可承受剪力，如图 2.20 所示。图 2.20（a）所示为在铺装层内配置受力钢筋，并将冀缘板内预留的横向钢筋伸出和梁肋顶上增设Ⅱ形钢筋锚固于铺装层中；图 2.20（b）所示为翼板用钢板连接，接缝处铺装混凝土内放置上下两层钢筋网。

如图 2.21 所示为翼缘板内伸出的扣环接头钢筋构造（图 2.19 所示装配式 T 梁相应

的接头构造平面）。

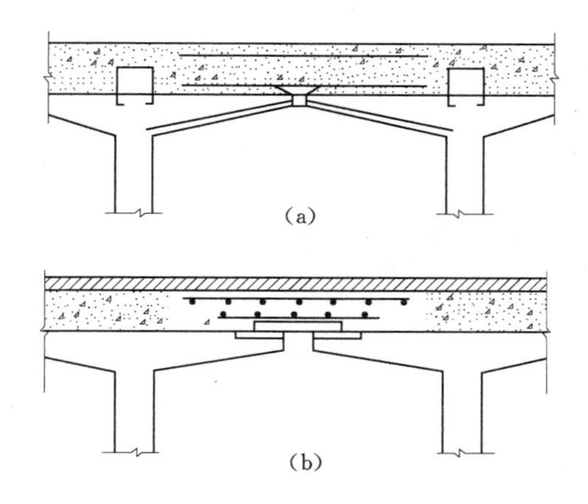


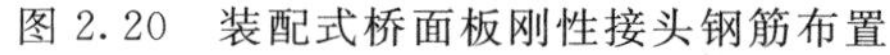


图 2.20　装配式桥面板刚性接头钢筋布置

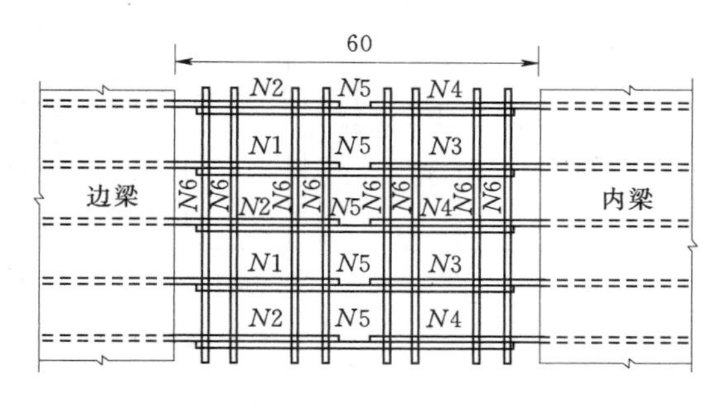


图 2.21　桥面板湿接缝平面（尺寸单位：cm）

2）铰接接头。该接头只能承受剪力，如图 2.22 所示。图 2.22（a）所示为钢板铰接接头；图 2.22（b）所示为企口式铰接接头；图 2.22（c）所示为企口式焊接接头。

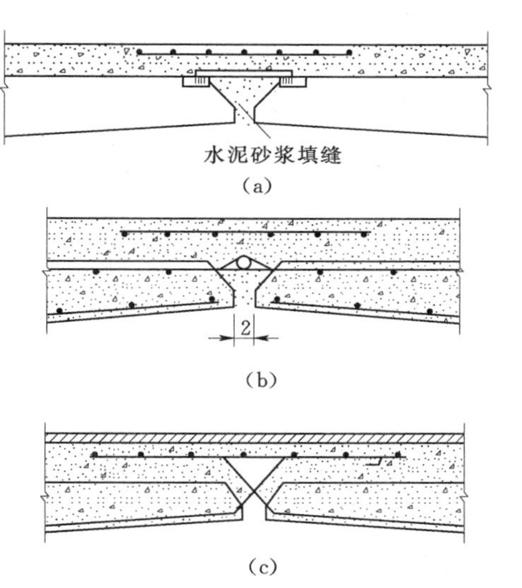


图 2.22　桥面板铰接接头（单位：cm）

4. 装配式钢筋混凝土简支 T 形梁桥举例

如图 2.23～图 2.25 所示为标准跨径 20m 的装配式钢筋混凝土简支 T 形梁桥的纵、横截面布置及主梁钢筋布置图。主梁间距为 2.2m，其预制宽度为 1.6m，吊装后铰缝宽为 60cm。

主梁钢筋骨架中，每根梁内主筋为 8 根Φ32 的 HRB335 钢筋，其中最下层的 4 根 N1 将通过梁端支承中心，其余 8 根则按梁的抗剪要求从不同位置弯起。设在梁顶部的Φ22 架力钢筋在梁端向下弯起并与主筋 N1 相焊接。箍筋采用Φ8@140，但在支座附近加倍。附加斜筋采用Φ16 的 R235 级钢筋，其具体位置要通过计算确定。防收缩钢筋采用邵的 R235 级钢筋，按下密上疏的要求布置。所有钢筋的焊缝均为双面焊。

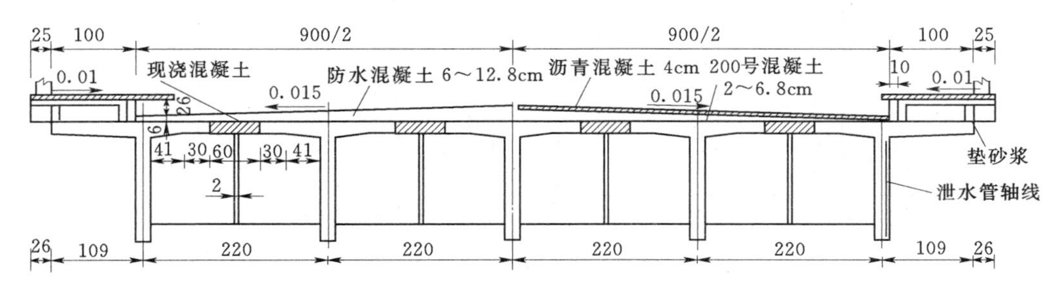


图 2.23　标准跨径为 20m 的装配式钢筋混凝土简支 T 形梁桥的横断面布置（尺寸单位：cm）

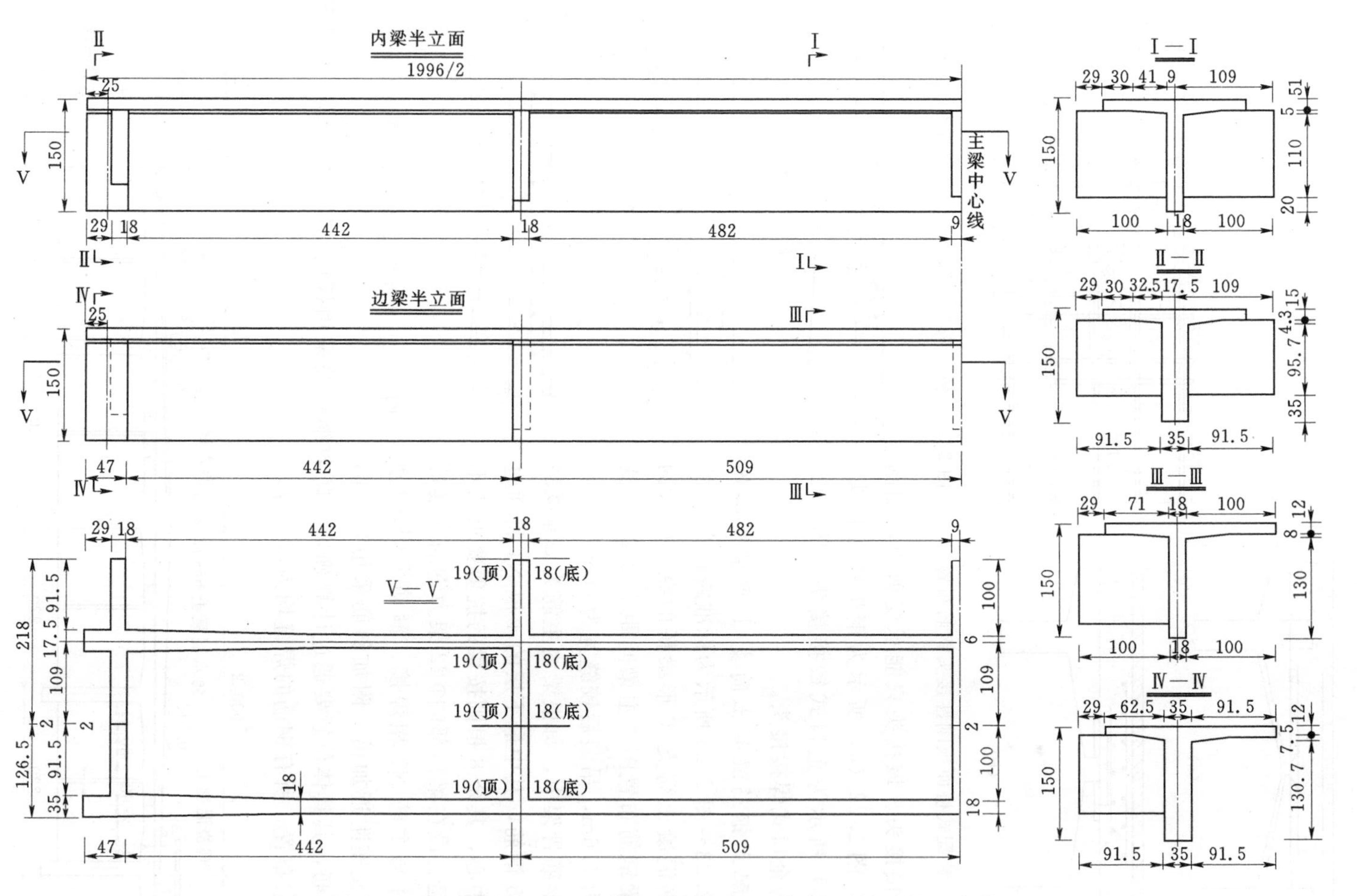


图 2.24　标准跨径为 20m 的装配式钢筋混凝土简支 T 形梁桥的一般构造
（单位：cm）

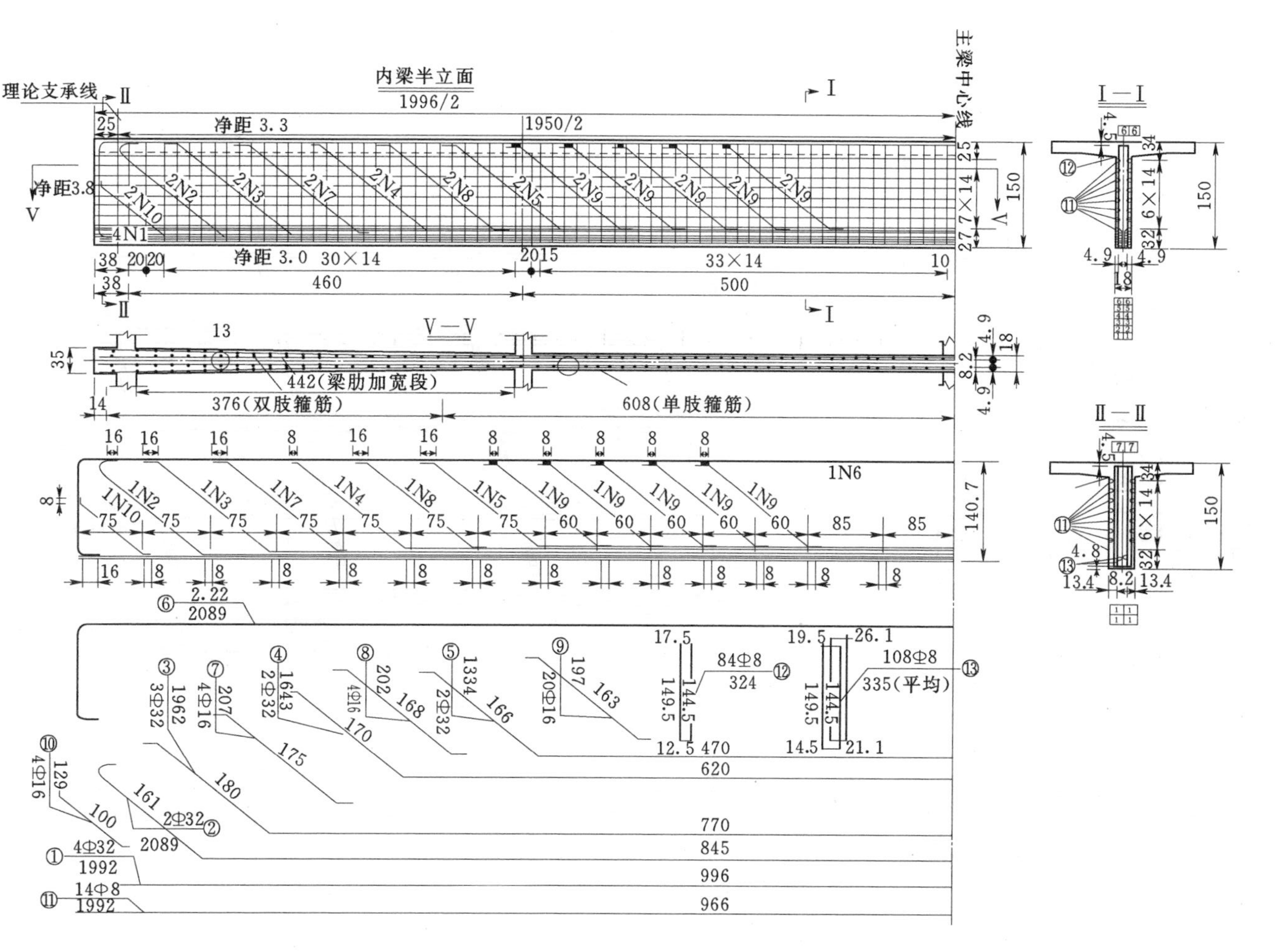


图 2.25 标准跨径为 20m 的装配式钢筋混凝土简支 T 形梁桥的钢筋布置

(单位：cm；钢筋直径：mm)

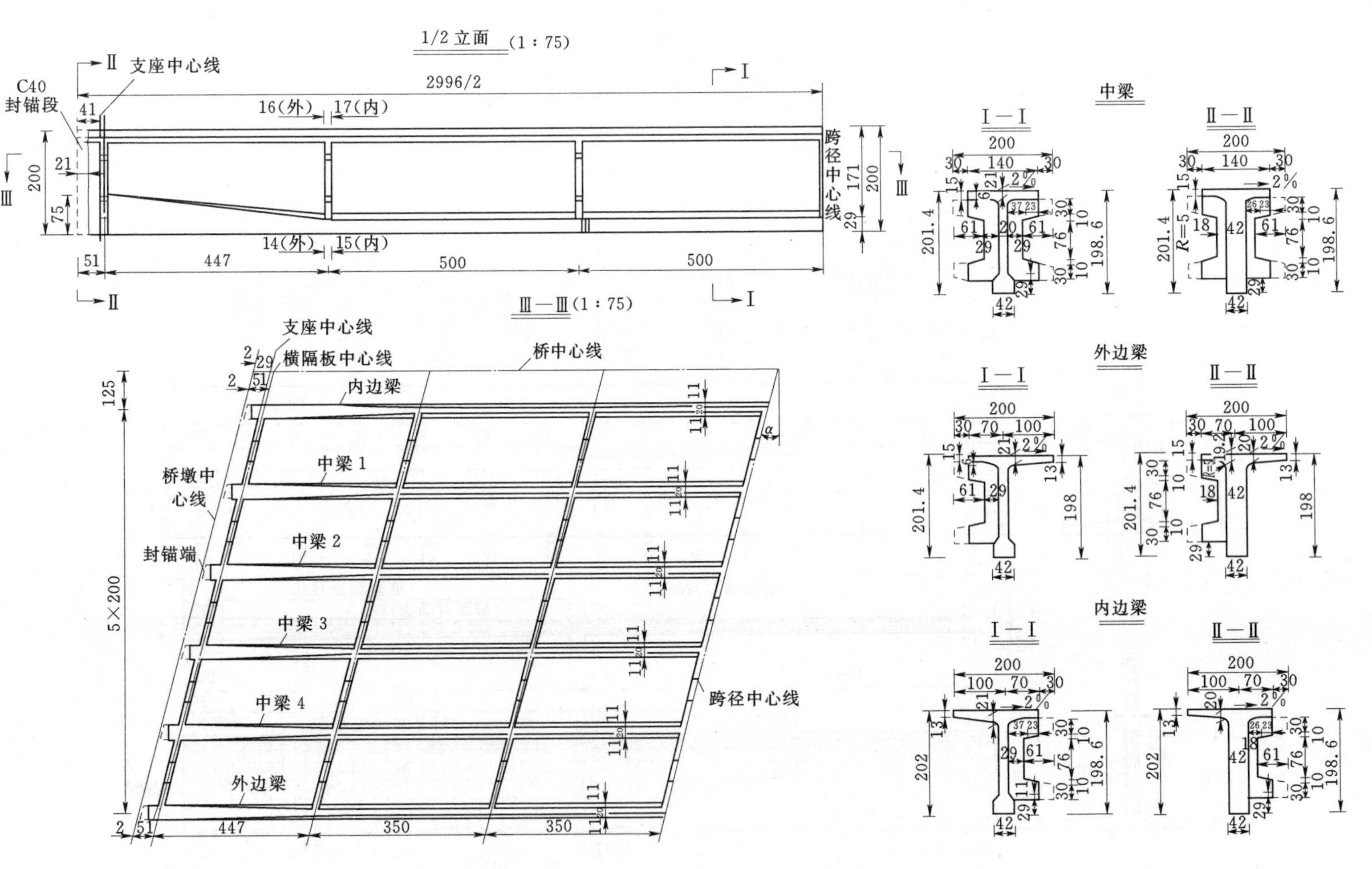


图 2.26　装配式预应力混凝土简支 T 形梁桥的一般构造(尺寸单位:cm)

5. 装配式预应力混凝土简支 T 梁桥举例

如图 2.26～图 2.28 所示为标准跨径 30m 的装配式预应力混凝土简支 T 梁的一般构造、预应筋布置及锚具图。荷载等级为公路一级。

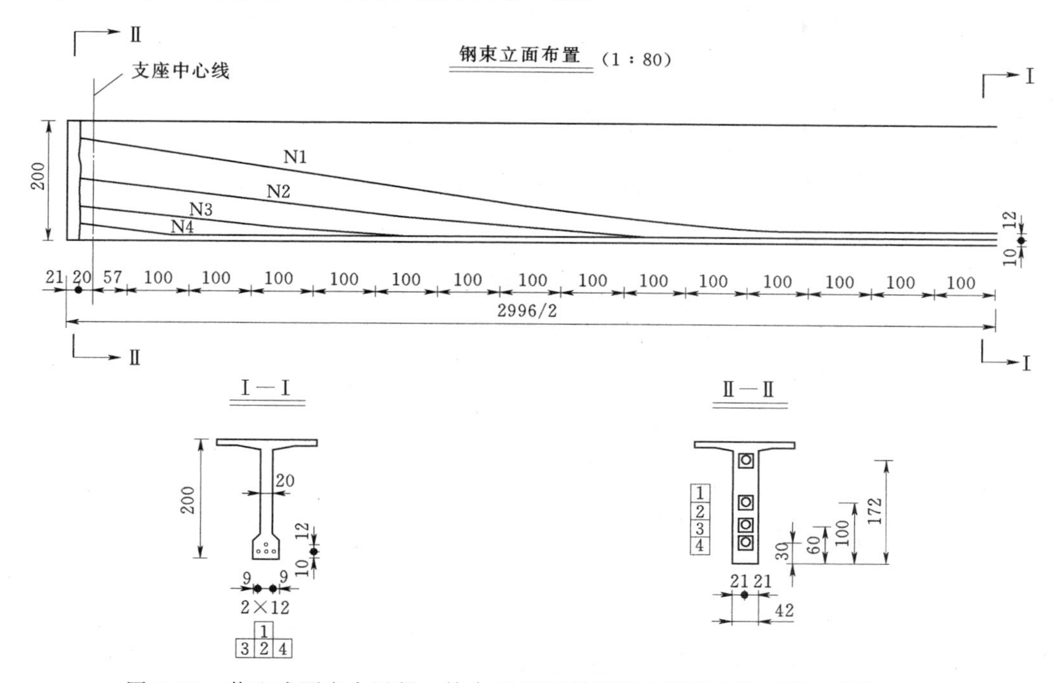


图 2.27　装配式预应力混凝土简支 T 形梁的预应力钢束布置（尺寸单位：cm）

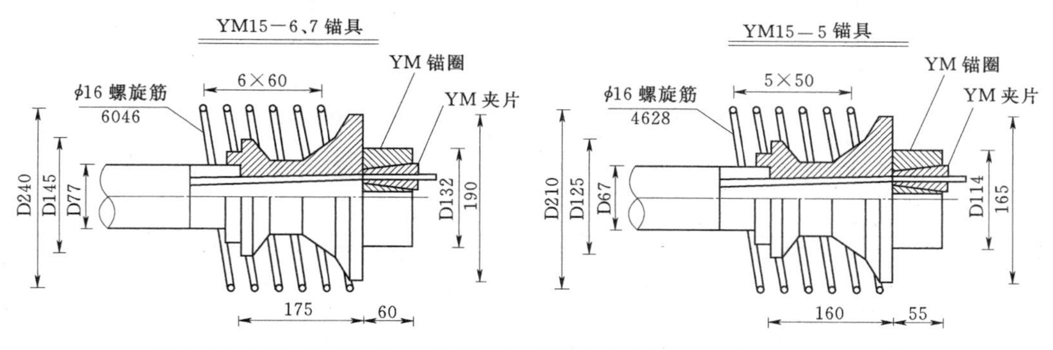


图 2.28　装配式预应力混凝土简支 T 形梁的锚具构造（尺寸单位：mm）

### 2.1.4　组合梁桥

组合梁桥也是一种装配式的桥跨结构，即用纵向水平缝将桥梁的梁肋部分与桥面板（翼板）分隔开来，使单梁的整体截面变成板与肋的组合截面。施工时先架设梁肋，再安装预制板（有时采用微弯板以节省钢筋），最后在接缝内或连同在板上现浇一部分混凝土使结构连成整体。目前国内外采用的组合式梁桥有两种形式：工形组合梁桥，如图 2.29（b）所示，和箱形组合梁桥图 2.29（c）所示。前者适用于钢筋混凝土简支梁桥，后者则只适用于预应力混凝土梁桥。其优点在于可以显著减轻预制构件的重量，便于集中制造和运输吊装。

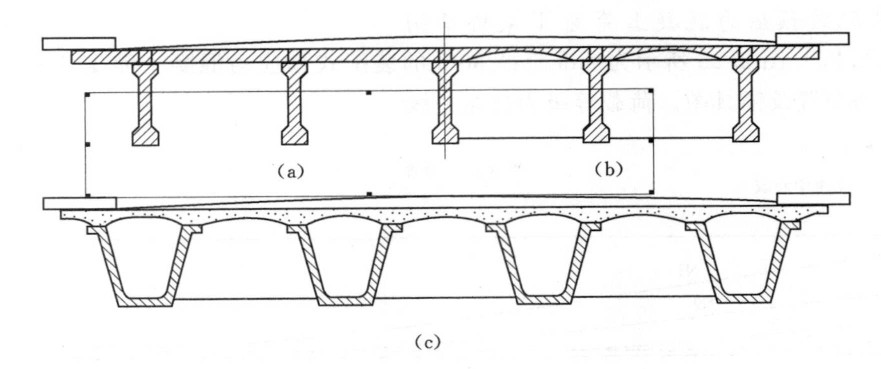


图2.29　组合梁桥横截面

在组合梁中，梁与现浇板的结合面处，板的厚度不应小于15cm，当梁顶伸入板中时，梁顶以上板的厚度不应小于10cm。

组合梁是分阶段受力的，在梁肋架设后，所有迟后安装的预制板和现浇桥面混凝土（甚至现浇横隔梁）的重量，连同梁肋本身的自重，都要由尺寸较小的预制梁肋来承受。这与装配式T形梁由主梁全截面来承受全部恒载不同，因而组合梁梁肋的上下缘应力远大于T形梁上下缘的应力。

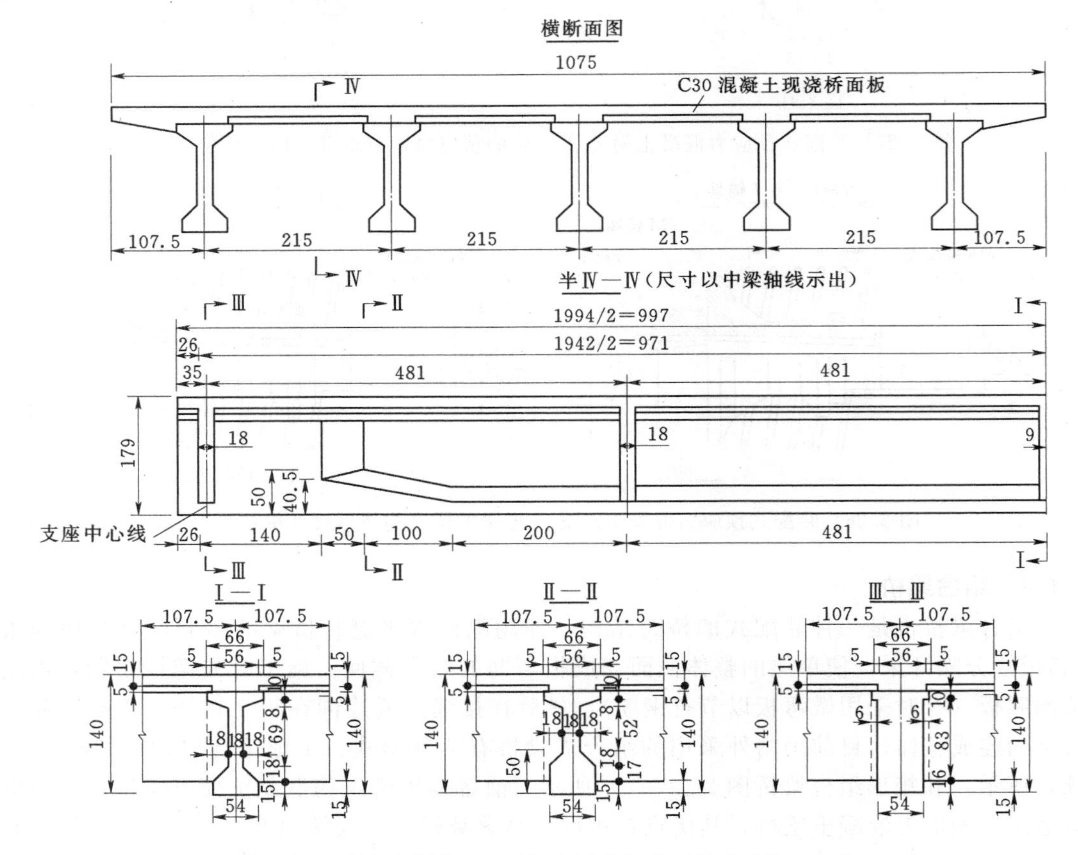


图2.30　预应力混凝土I形组合梁桥构造（尺寸单位：cm）

如图 2.30 所示为一五片式预应力混凝土工形组合梁桥的实例。该桥标准跨径为 20m，荷载等级为汽车—20 级，挂车—100，桥面宽为净—9m+2×1m 人行道。先预制 C50I 形梁和桥面底板，吊装就位后，再现浇 C30 横隔板和桥面板。

【思　考　题】

- 梁式桥的受力特点。

# 学习单元 2.2　简支梁桥设计计算

## 2.2.1　主梁内力计算

### 2.2.1.1　活载内力计算

1. 荷载横向分布的概念

如图 2.31 所示，梁桥的上部结构由承重结构（①～④号主梁）及传力结构（横隔梁、行车道板）两大部分组成，各片主梁靠横隔梁和行车道板连成空间整体结构。当桥上作用荷载（桥面板上作用两个车轴，前轴轴重为 $P_1$，后轴轴重为 $P_2$）时，各片主梁共同参与工作，形成了各片主梁之间的内力分布。

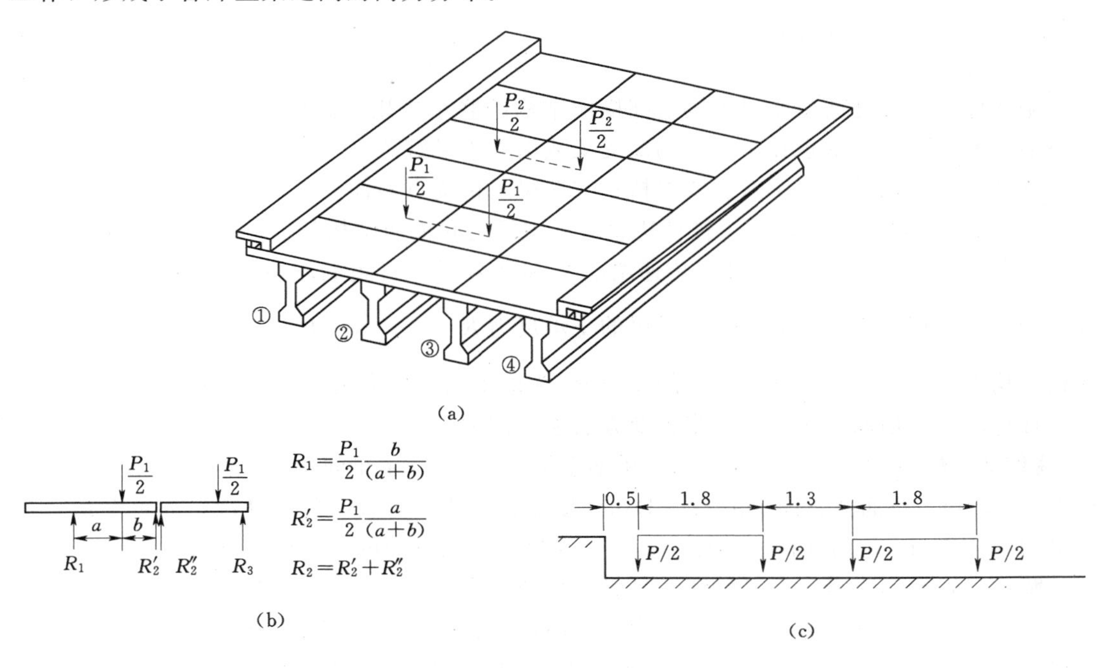


图 2.31　横向分布系数的概念（尺寸单位：m）

(a) 荷载布置示意；(b) 横向分布系数的概念；(c) 车辆荷载的横向布置

在计算恒载时，除主梁的自重外，一般将桥面铺装、人行道、栏杆等的重量近似平均分配给各片主梁，即计算出桥面铺装、人行道、栏杆等的总重量除以梁的片数（本例为 4

片梁），得到每片主梁承担的桥面铺装、人行道、栏杆的重量。由于人行道、栏杆等构件一般位于边梁上（①、④号主梁），精确计算时，也可考虑它们的重量在各梁间的分布，即中梁（②、③号主梁）也分担一部分人行道、栏杆的重量。

在计算活载时，需要考虑活载在各片主梁间的分布。汽车荷载所引起的各片主梁的内力大小与桥梁的横断面形式、荷载的作用位置有关，因此求解汽车荷载作用下各主梁的内力是一个空间问题，目前广泛采用的方法是将复杂的空间问题转化为平面问题。

汽车荷载的横向分布系数应按设计车道数布置车辆荷载进行计算。车辆荷载的横向布置如图2.31（c）所示。对于汽车荷载，最外车轮距人行道缘石之距不得小于0.5m，汽车荷载的横向轮距为1.8m，两列汽车荷载车轮的横向间距不得小于1.3m。

如图2.31（b）所示，在汽车荷载的作用下，①号边梁所分担的荷载：$R_1=\frac{P_1}{2}\times\frac{b}{a+b}=\frac{b}{2(a+b)}P_1$，①号边梁所分担的荷载$R_1$为轴重$P_1$的$\frac{b}{2(a+b)}$。若将第$i$号梁所承担的力$R_i$表示为系数$m_i$与轴重$P$的乘积（$R_i=m_i\times P$），则$m_i$成为第$i$号梁的荷载横向分布系数。由此，1号梁的横向分布系数$m_1=\frac{b}{2(a+b)}$。

桥梁的构造特点不同，横向分布系数的计算方法也不同，本节将着重介绍几种常用的横向分布系数的计算方法。

2. 荷载横向分布的计算

（1）杠杆法。

基本原理：杠杆法忽略了主梁之间横向结构的联系作用，假设桥面板在主梁上断开，把桥面板看作沿横向支承在主梁上的简支梁或简支单悬臂梁。

杠杆法的适用条件：①双肋式梁桥；②多梁式桥支点截面。

如图2.31（b）所示，由于杠杆法忽略了主梁之间横向结构的联系作用，当桥上作用汽车荷载时，左边的轮重$P_1/2$仅传递给①号和②号梁，右边的轮重$P_1/2$传递给②号梁和③号梁。根据静力平衡条件，①号梁的支承反力$R_1=\frac{b}{2(a+b)}P_1$，②号梁支承的相邻2块板上均作用荷载，则该梁所支承的反力$R_2$为两个支承反力之和，$R_2=R_2'+R_2''$。

杠杆法计算横向分布系数的步骤及方法参见例2.1。

**【例2.1】** 如图2.32（a）所示，桥梁主梁宽2.2m（主梁间中心距为2.2m），计算跨径$L=19.5$m。桥面宽：净9m+2×1.0m人行道；设计荷载：公路Ⅱ级，人群荷载：标准值为3.0kN/m$^2$；用杠杆法计算①、②、③号梁支点截面的荷载横向分布系数。

**解：**（1）绘制①号、②号梁和③号梁的荷载反力影响线［图2.32（b）、（c）、（d）］。

绘制①号梁的反力影响线的方法为：应用杠杆法的原理，当单位荷载$P=1$作用于①号梁位时，①号梁所承受的荷载反力（影响线纵标）$R_1=1$；当单位荷载$P=1$作用于②号梁位时，①号梁所承受的荷载反力（影响线纵标）$R_1=0$；将1、2点连接直线，即得①号梁的荷载反力影响线。

（2）确定荷载的横向最不利的布置，如图2.32（b）、（c）所示。

应用《结构力学》的原理，确定荷载的最不利布置。

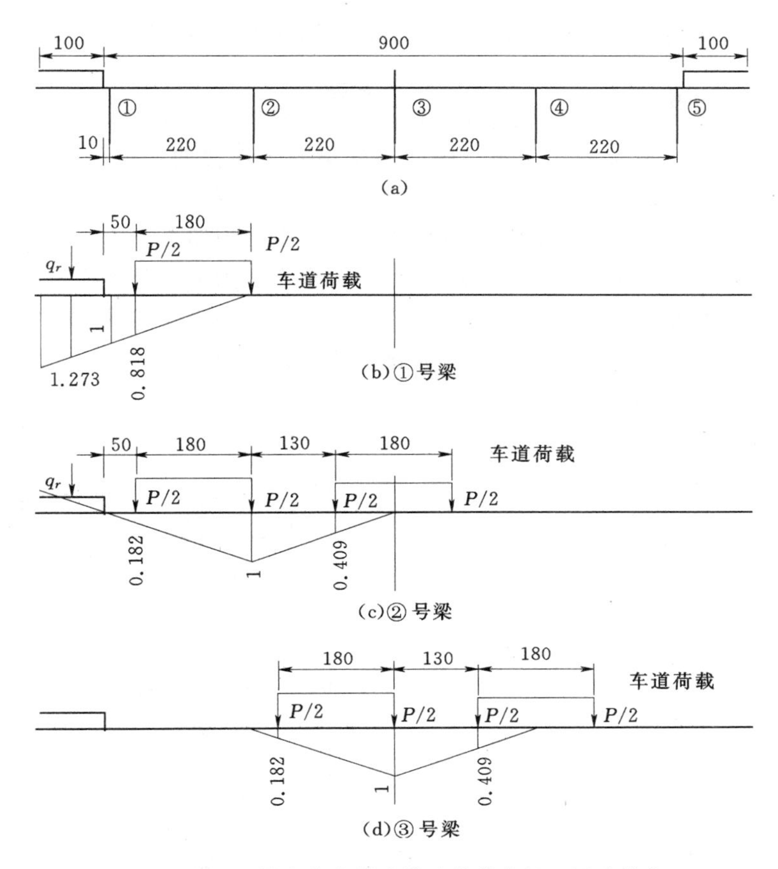


图2.32　各主梁的横向分布影响线及荷载布置（尺寸单位：cm）

（3）线性内插法计算对应于荷载位置的影响线纵标 $\eta_i$。

（4）计算主梁在汽车荷载和人群荷载作用下的横向分布系数见表2.2。

**表2.2**　　**杠杆法计算①、②号梁的横向分布系数**

| 梁　号 | 荷　载 | 横向分布系数 |
|---|---|---|
| ① | 汽车 | $m_{0q}=0.818/2=0.409$ |
| | 人群 | $m_{0r}=1.273$ |
| ② | 汽车 | $m_{0q}=(0.182+1+0.409)/2=0.796$ |
| | 人群 | $m_{0r}=0$ |

对于汽车荷载：轮轴＝1/2轴重。

汽车荷载的横向分布系数 $m_{0q}=\sum\frac{1}{2}\eta_i=\frac{1}{2}\sum\eta_i$，（即主梁所承担的反力是一列车轴重 $m_{0q}$倍）。

对于人群，单侧人群荷载的集度 $q=3.0\text{kN/m}^2\times$单侧人行道宽，其分布系数为人群荷载重心位置的荷载横向分布影响线坐标 $m_{0r}-\eta_r$。

在人群荷载作用下，②号梁的横向分布系数 $m_{0r}=0$，这是因为人群荷载对②号梁将

引起负反力，故在人行道上未加人群荷载。③号梁的横向分布系数计算结果同②号梁，计算过程略。

（2）刚性横梁法。根据试验观测和理论分析，当桥的宽跨比 $B/L\leqslant 0.5$，且主梁间具有可靠连接时，在汽车荷载的作用下，中间横隔梁的弹性挠曲变形与主梁的变形相比很小，因此可假定中间横隔梁像一根无穷大的刚性梁一样保持直线形状，如图 2.33 所示。由于此法假定横隔梁为无限刚性，称为刚性横梁法，也称为偏心受压法。

如图 2.33 和图 2.34（a）所示，第 $i$ 号梁的抗弯惯矩为 $I_i$，弹性模量均为 $E$，各主梁关于桥梁中心线对称布置。在跨中截面，单位荷载 $P=1$ 作用点至桥梁中心线之距为 $e$，由于假定横隔梁近似为刚性，故可将荷载简化为两部分［图 2.34（b）］：作用于桥梁中心线的中心荷载 $P=1$；偏心力矩 $M=1\times e$。

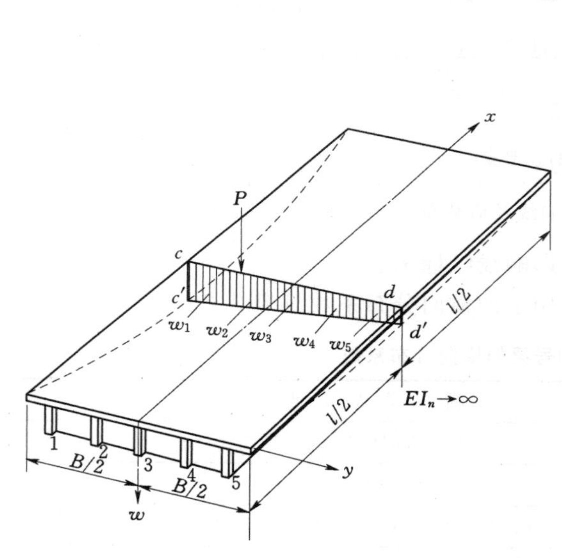


图 2.33 刚性横梁法梁桥的挠曲变形

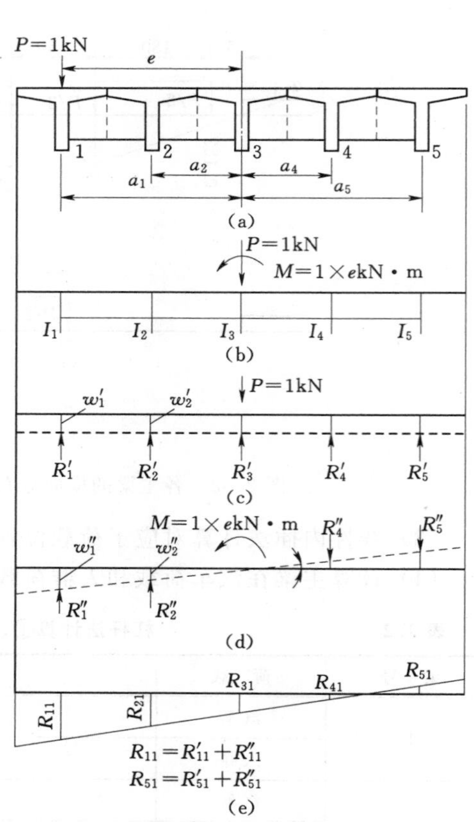


图 2.34 偏心荷载 $P=1$ 作用下各主梁的荷载分布

计算时分别求出在中心荷载 $P=1$ 作用下各主梁的内力［图 2.34（c）］和在偏心力矩 $M=1\times e$ 作用下各主梁的内力［图 2.34（d）］，然后将两者叠加［图 2.34（e）］，即可求得偏心荷载 $P=1$ 作用时各主梁所分配的内力值。

1）中心荷载 $P=1$ 作用下，各主梁的分配的荷载 $R_i'$ 由于假定中间横隔梁是刚性的，故各主梁产生的挠度相等［图 2.34（c）］，即

$$w_1'=w_2'=\cdots=w_n' \tag{2.1}$$

作用于简支梁跨中的荷载与挠度的关系为

$$w_i'=\frac{R_i'l^3}{48EI_i}\text{或}R_i'=\alpha I_i w_i' \tag{2.2}$$

$$\alpha=\frac{48E}{l^3}=\text{常数}$$

式中　$l$——简支梁的计算跨径。

由式（2.1）和式（2.2），各号梁所分配的反力按其抗弯刚度分配为

$$R'_i=\frac{I_i}{\sum_{i=1}^{n}I_i} \tag{2.3}$$

2）偏心力矩 $M=1\times e$ 作用下，各主梁的荷载 $R''_i$。在偏心力矩 $M=1\times e$ 作用下，桥的横截面将产生绕中心点 $O$ 的转角 $\phi$ [图 2.34（d）]，$a_i$ 为 $i$ 号梁中心距桥梁中心线的距离，各主梁产生的竖向挠度 $w''$ 为

$$w''_i=a_i\tan\varphi \tag{2.4}$$

由式（2.2），可知主梁所受荷载与挠度的关系为

$$R''_i=\alpha I_i w''_i \tag{2.5}$$

将式（2.4）代入式（2.5）中得

$$R''_i=\alpha I_i w''_i=\alpha I_i a_i\tan\varphi=\gamma a_i I_i \tag{2.6}$$

$$\gamma=\alpha\tan\varphi$$

由静力学中的力矩平衡条件：

$$\sum_{i=1}^{n}R''_i a_i=\gamma\sum_{i=1}^{n}a_i^2 I_i=1\times e$$

则

$$\gamma=\frac{e}{\sum_{i=1}^{n}a_i^2 I_i} \tag{2.7}$$

式中对于已经确定的桥梁截面，$\sum_{i=1}^{n}a_i^2 I_i=a_1^2 I_1+a_2^2 I_2+\cdots+a_n^2 I_n$ 是一个常数。

将式（2.7）代入式（2.6）得

$$R''_i=\frac{ea_i I_i}{\sum_{i=1}^{n}a_i^2 I_i} \tag{2.8}$$

注意，当所计算的主梁与 $P=1$ 作用位置在桥梁中心线的同一侧时，$(e\cdot a_i)$ 的符号为“+”，反之为“－”。

3）各主梁所分配的总荷载。将式（2.3）与式（2.8）叠加，可得偏心荷载 $P=1$ 作用时，第 $i$ 号梁所承受的总荷载为

$$R_i=\frac{I_i}{\sum_{i=1}^{n}I_i}+\frac{ea_i I_i}{\sum_{i=1}^{n}a_i^2 I_i} \tag{2.9}$$

对于简支梁，若各梁截面均相同，即 $I_i=I$，$I_{Ti}=I_T$，可得偏心荷载 $P=1$ 作用时，第 $i$ 号梁所承受的荷载为

$$R_i = \frac{1}{n} + \frac{ea_i}{\sum_{i=1}^{n} a_i^2} \tag{2.10}$$

式中　$n$——主梁的根数。

由式（2.10）可得出，当各主梁截面相同时，$n$ 和 $\sum_{i=1}^{n} a_i^2$ 为常数，当 $a_i e$ 最大时，第 $i$ 号梁所承受的荷载最大。

**【例 2.2】** 已知某简支梁桥其计算跨径 $l=19.50\text{m}$，荷载位于跨中，桥梁横向布置如图 2.35（a）所示汽车荷载为公路Ⅰ级，试求：①号边梁中梁的 $m_{cq}$，$m_{cr}$。

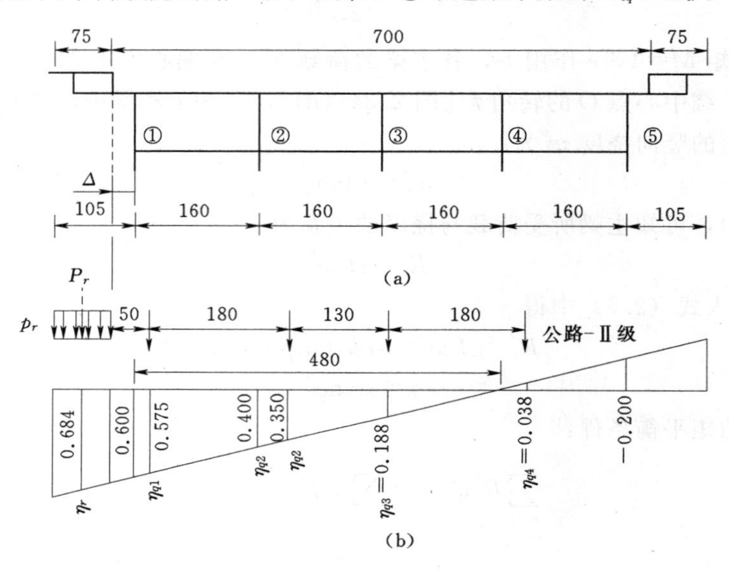


图 2.35　例 2.2 图

**解：** 由于 $\frac{l}{B}=\frac{19.50}{5\times1.60}=2.4>2$，该简支梁桥荷载横向分布系数宜采用偏心压力法。

$$\sum_{i=1}^{5} a_i^2 = a_1^2 + a_2^2 + a_3^2 + a_4^2 + a_5^2 = (2\times1.60)^2 + 1.60^2 + 0 + (-1.60)^2 + (-2\times1.60)^2 = 25.60\text{m}^2$$

绘制①号梁影响线，如图 2.35（b）所示。

$$\eta_{11} = \frac{1}{n} + \frac{a_1^2}{\sum_{i=1}^{n} a_i^2} = \frac{1}{5} + \frac{(2\times1.60)^2}{25.60} = 0.20 + 0.40 = 0.60$$

$$\eta_{15} = \frac{1}{n} - \frac{a_1 a_5}{\sum_{i=1}^{n} a_i^2} = 0.20 - 0.40 = -0.20$$

求横向分布系数

$$m_{cq}=\frac{1}{2}\sum\eta_q=\frac{1}{2}\cdot(\eta_{q1}+\eta_{q2}+\eta_{q3}+\eta_{q4})$$
$$=\frac{1}{2}\cdot\frac{\eta_{11}}{x}(x_{q1}+x_{q2}+x_{q3}+x_{q4})$$
$$=\frac{1}{2}\times\frac{0.60}{4.80}\times(4.60+2.80+1.50-0.30)=0.538$$

$$m_{cr}=\eta=\frac{\eta_{11}}{x}\cdot x_r=0.60\times\left(4.80+0.30+\frac{0.75}{2}\right)=0.684$$

(3) 荷载横向分布系数沿桥跨的变化。在前述的荷载横向分布系数计算的诸多方法中，杠杆法适用于计算荷载位于支点截面处的横向分布系数（$m_0$），其他方法适用于计算荷载位于跨中截面处的横向分布系数（$m_c$）。

当荷载位于桥跨其他位置时的荷载横向分布系数计算是相当繁琐的，目前在实际设计中可作如下处理：

对于无中间横隔梁或仅有一根中横隔梁的情况，跨中部分采用不变的 $m_c$，从离支点 $l/4$ 处起至支点（横向分布系数 $m_0$）的区段内 $m_x$ 呈直线形过渡；对于有多根内横隔梁的情况，跨中部分采用不变的 $m_c$，从第一根内横隔梁起至支点，$m_x$ 从 $m_c$ 直线过渡到 $m_0$ [图 2.36（b）]，$m_0$ 可能大于也可能小于 $m_c$。由此，当活载车列沿桥梁纵向作用不同位置时，主梁的横向分布系数沿桥梁纵向发生变化，在计算简支梁支点最大剪力时，由于车辆的重轴一般作用于靠近支点区段，而靠近支点区段的横向分布系数沿桥梁纵向变化较大 [图 2.36（b）]，通常需考虑荷载在该部分横向分布系数变化的影响，而其余部分（跨内 $l/4$ 处至远端支点）则取用不变的 $m_c$ 计 [图 2.36（c）]。

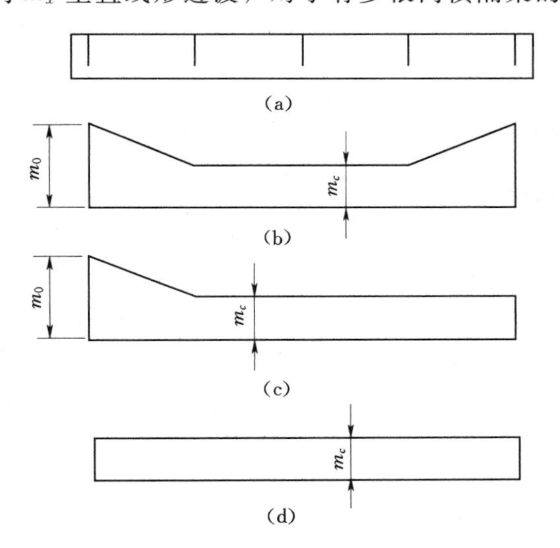


图 2.36　计算支点剪力、跨中弯矩时横向分布系数沿桥跨的变化

(a) 主梁；(b) 横向分布系数沿梁跨的变化；(c) 计算支点剪力时的横向分布系数的简化；(d) 计算跨中弯矩时的横向分布系数的简化

在计算简支梁跨中最大弯矩与剪力时，由于车辆的重轴一般作用于跨中区段，而横向分布系数在跨中区段的变化不大，为了简化计算，通常采用不变的跨中横向分布系数 $m_c$ 计算，如图 2.36（d）所示。

其他截面的弯矩剪力计算，一般也可取用不变的 $m_c$。但对于中梁来说，$m_0$ 与 $m_c$ 的差值可能较大，且其内横梁又少于 3 根时，应计及 $m_x$ 沿跨径的变化。

对于跨内其他截面的主梁剪力，也可视具体情况计及 $m_x$ 沿跨径的变化。

3. 活载内力计算

(1) 跨中截面。如图 2.37（b）所示。当计算简支梁各截面的最大弯矩和跨中最大剪力时，可近似取用不变的跨中横向分布系数 $m_c$ 计算，

$$\left.\begin{aligned}&\text{汽车荷载：}\quad S_q=(1+\mu)\xi m_{cq}(P_k y_k+q_k\Omega)\\&\text{人群荷载：}\quad S_r=m_{cr}q_r\Omega\end{aligned}\right\}\tag{2.11}$$

式中　$S_q$、$S_r$——跨中截面由汽车荷载、人群荷载引起的弯矩或剪力；

$\mu$——汽车荷载冲击系数；

$\xi$——多车道桥梁的车道荷载折减系数；

$m_{cq}$、$m_{cr}$——跨中截面汽车荷载、人群荷载的横向分布系数；

$P_K$ 和 $q_K$——汽车车道荷载的集中荷载和均布荷载标准值；

$y_K$——计算内力影响线纵标的最大值，将集中荷载标准值作用于影响线纵标的最大的位置处，即为荷载的最不利布置；

$q_r$——荷载集度，一般均取单侧人行道计算，$q_r$＝人群荷载标准值×单侧人行道宽；

$\Omega$——跨中截面计算内力影响线面积。

跨中截面弯矩影响线的面积［图2.37（c）］：

$$\Omega_M=\frac{l^2}{8}\tag{2.12}$$

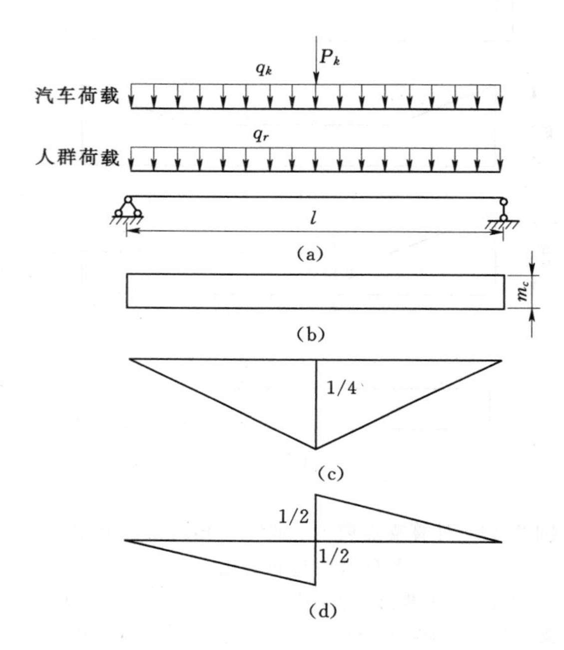


图2.37　跨中内力计算图

（a）汽车荷载和人群荷载；（b）沿梁跨的横向分布系数；（c）跨中弯矩影响线；（d）跨中剪力影响线

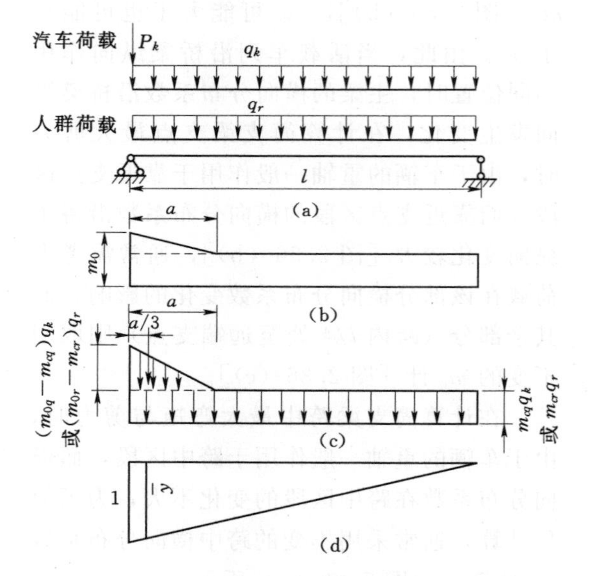


图2.38　支点剪力计算图

（a）汽车荷载和人群荷载；（b）沿梁跨的横向分布系数；（c）梁上荷载分成两部分；（d）支点剪力影响线

（2）支点截面剪力。对于支点截面的剪力或靠近支点截面的剪力，需计入由于荷载横向分布系数在梁端区段内发生变化所产生的影响［图2.38（b）］，以支点截面为例，其计算公式为

$$Q_A=Q'_A+\Delta Q_A\tag{2.13}$$

式中　$Q'_A$——由式（2.11）按不变的 $m_c$ 计算的内力值，在图2.38（c）中 $Q'_A$ 为由均布荷载 $m_{cq}$、$q_k$，$m_{cr}$、$q_r$ 引起的内力值，$m_{cq}$、$q_k$，$m_{cr}$、$q_r$ 的含义同式（2.11）；

$\Delta Q_A$——考虑靠近支点处横向分布系数的变化而引起的内力增（减）值。

1）汽车荷载。

a. 由集中荷载 $P_K$ 引起的支点截面剪力 $Q_{ql}$，当 $m_{0q}>m_{cq}$ 时，将集中荷载 $P_K$、作用于支点截面处，引起的支点截面剪力最大，如图2.38（b）所示。为

$$Q_{q1}=(1+\mu)\xi m_{0q}P_K\times 1=(1+\mu)\xi m_{0q}P_K \tag{2.14}$$

当 $m_{0q}<m_{cq}$ 时，设集中荷载 $P_K$ 作用于距左支点 $x$ 位置处，列出支点剪力 $Q_{q1}$ 与 $x$ 的关系式，求得 $Q_{ql}$ 的极大值，也可近似将集中荷载 $P_K$ 作用于支点截面计算。

b. 由均布荷载 $q_K$ 引起的支点截面剪力 $Q_{q2}$ 为

$$Q_{q2}=(1+\mu)\xi\left[m_{cq}q_K\frac{l}{2}+\frac{a}{2}(m_{0q}-m_{cq})q_K\overline{y}\right] \tag{2.15}$$

当 $m_{0q}<m_{cq}$ 时，括号中的第二项为负值。

c. 汽车荷载引起的支点截面剪力为

$$Q_q=Q_{q1}+Q_{q2} \tag{2.16}$$

2）人群荷载。人群荷载为均布荷载，由其引起的支点剪力与由汽车荷载的均布荷载 $q_K$ 引起的支点截面剪力计算方法相同。

由人群荷载引起的剪力为

$$Q_r=m_{cr}q_r\frac{l}{2}+\frac{a}{2}(m_{0r}-m_{cr})q_r\overline{y} \tag{2.17}$$

式中　$m_{cr}$、$m_{or}$——人群荷载跨中、支点截面的横向分布系数；

$q_r$——单侧人行道人群荷载的集度；$a$、$\overline{y}$ 的含义如图2.38所示。

**【例2.3】** 梁式钢筋混凝土简支梁桥，桥梁宽：(净 9+2×1.0)m，设计荷载公路Ⅱ级，人群荷载3.0kN/m²，计算跨径19.5m，冲击系数 $\mu=0.4442$，①号梁的荷载横向分布系数见表2.3，计算①号梁在汽车荷载和人群荷载作用下的跨中弯矩和支点截面剪力。

**表2.3　①号梁的荷载横向分布系数**

| 梁　号 | 自跨中至 $l/4$ 段的分布系数 $m_c$ | | 支点的分布系数 $m_0$ | |
|---|---|---|---|---|
| | 汽车荷载 | 人群 | 汽车荷载 | 人群 |
| ① | 0.611 | 0.599 | 0.409 | 1.273 |

**解：**（1）汽车车道荷载标准值。

查《桥规》（JTG D60—2004），桥面净宽=9m，车辆双向行驶，$7.0\leqslant w\leqslant 14.0$，横向布置车队数为2，不考虑折减系数，$\xi=1$。

公路-Ⅰ级车道荷载：

计算跨径 $l=19.5$m，位于5～50m之间；

集中荷载标准值 $P_K=180+\dfrac{19.5-5}{50-5}\times(360-180)=238$kN；

均布荷载标准值 $q_K=10.5$kN/m。

公路-Ⅱ级车道荷载为公路-Ⅰ级车道荷载的0.75倍，则

$P_K=238\times0.75=178.5\text{kN}$，$q_K=10.5\times0.75=7.875\text{kN/m}$；

计算剪力效应时，集中荷载标准值应乘以1.2的系数，则计算剪力时，集中荷载标准值：

$P_K=178.5\times1.2=212.4\text{kN}$，均布荷载标准值 $q_K=7.875\text{kN/m}$。

（2）跨中弯矩。

跨中弯矩影响线的最大纵标：$y_k=\frac{l}{4}=\frac{19.5}{4}=4.875\text{m}$

跨中弯矩影响线的面积：$\Omega_M=\frac{l^2}{8}=\frac{19.5^2}{8}=47.531\text{m}^2$

车道荷载作用下1号主梁跨中弯矩：

$$M_q=(1+\mu)\xi m_{cq}(P_K y_K+q_K\Omega)$$

$$=(1+0.4442)\times1\times0.611\times(178.75\times4.875+7.875\times47.531)=1099.22\text{kN}\cdot\text{m}$$

人群荷载集度：$q_r=3.0\times1.0=3.0\text{kN/m}$

人群荷载作用下弯矩：$M_r=m_{cr}q_r\Omega=0.599\times3.0\times47.531=85.41\text{kN}\cdot\text{m}$

（3）支点剪力。支点截面剪力计算需考虑荷载横向分布系数沿桥纵向的变化，支点截面取 $m_0$，$l/4\sim l$ 取 $m_c$，支点～$l/4$ 段的横向分布系数按直线变化。

1）汽车荷载。

由于 $m_{0q}<m_{cq}$，设集中荷载 $P_K$ 作用于距左支点 $x$ 位置处，则

$$Q_{q1}=(1+\mu)\xi m_{cq}P_K y_K=(1+\mu)\xi P_K\times\left[m_{0q}+\frac{x}{a}(m_{cq}-m_{0q})\right]\times\frac{l-x}{l}$$

$$=1.4442\times1\times212.4\times\left[0.409+\frac{x}{19.5/4}\times(0.611-0.409)\right]\times\frac{19.5-x}{19.5}$$

由 $\frac{\mathrm{d}Q_{q1}}{\mathrm{d}x}=0$

即可解得 $x=5.74\text{m}>a=19.5/4=4.875\text{m}$

取 $x=a=4.875\text{m}$

荷载作用于距左支座 $l/4$ 位置处，相应的横向分布系数 $m_{xq}=m_{cq}=0.611$，将 $x=4.875\text{m}$ 代入上式，则

$$Q_{q1}=1.4442\times1\times212.4\times0.611\times\frac{19.5-4.875}{19.5}=140.57\text{kN}$$

$$Q_{q2}=(1+\mu)\xi\left[m_{cq}q_K\frac{l}{2}+\frac{a}{2}(m_{0q}-m_{cq})q_K\overline{y}\right]$$

$$=1.4442\times1\times\left[0.611\times7.875\times\frac{19.5}{2}+\frac{4.875}{2}\times(0.409-0.611)\times7.875\times\frac{11}{12}\right]$$

$$=62.62\text{kN}$$

$$Q_q=Q_{q1}+Q_{q2}=140.57+62.62=203.19\text{kN}$$

2）人群荷载。

$$Q_r=m_{cr}q_r\frac{l}{2}+\frac{a}{2}(m_{0r}-m_{cr})q_r\overline{y}$$

$$=0.599\times3.0\times\frac{19.5}{2}+\frac{1}{2}\times\frac{19.5}{4}\times(1.273-0.599)\times3.0\times1.0\times\frac{11}{12}=22.03\text{kN}$$

#### 2.2.1.2 恒载内力计算

计算恒载时，通常将跨内横隔梁、桥面铺装的重量、人行道和栏杆的重量平均分配给各梁，因此，对于等截面梁桥的主梁，其计算恒载为均布荷载。精确计算时，可将横隔梁作为集中力考虑，将人行道和栏杆的重量横向分配给各主梁。

如图 2.39 所示，以一片主梁为研究对象，其承受的恒载集度为 $g$，$A$ 截面弯矩 $M$ 和剪力 $Q$ 分别为

$$M_x=\frac{gl}{2}x-gx\frac{x}{2}=\frac{gx}{2}(l-x) \tag{2.18}$$

$$Q_x=\frac{gl}{2}-gx=\frac{g}{2}(l-2x) \tag{2.19}$$

式中 $x$——计算截面到支点截面的距离，m；

$l$——计算跨径，m；

$g$——恒载集度，kN/m。

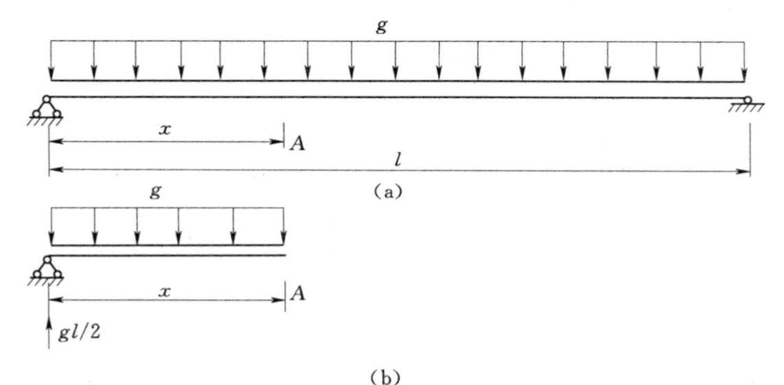


图 2.39 简支梁任一 A 截面的内力计算

(a) 简支梁承受恒载；(b) 截面法计算内力

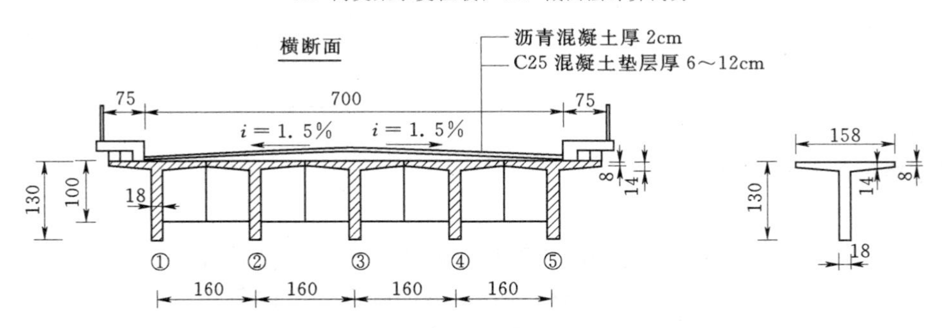


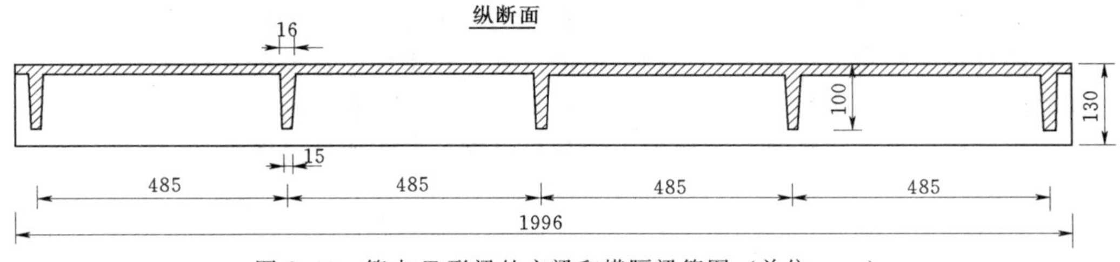


图 2.40 简支 T 形梁的主梁和横隔梁简图（单位：cm）

**【例 2.4】** 一座五梁式装配式钢筋混凝土简支梁桥的主梁和横隔梁截面如图 2.40 所示，计算跨径 $l=\sim 19.5$m。求边主梁的恒载内力。已知每侧的栏杆及人行道构件重量的作用力为 5kN/m。

**解：**（1）计算恒载集度（表 2.4）。

**表 2.4**　　**恒　载　集　度**

| 项目 | | 恒载集度 |
|---|---|---|
| 主　梁 | | $g_1=\left[0.18\times 1.30+\left(\dfrac{0.08+0.14}{2}\right)\times(1.60-0.18)\right]\times 25=9.76\text{kN/m}$ |
| 横隔梁 | 对于边主梁 | $g_2=\left\{\left[1.00-\left(\dfrac{0.08+0.14}{2}\right)\right]\times\left(\dfrac{1.60-0.18}{2}\right)\right\}\times\dfrac{0.15+0.16}{2}\times 5\times 25/19.50=0.63\text{kN/m}$ |
| | 对于中主梁 | $g_2^1=2\times 0.63=1.26\text{kN/m}$ |
| 桥面铺装层 | | $g_3=\left[0.02\times 7.00\times 23+\dfrac{1}{2}(0.06+0.12)\times 7.00\times 24\right]/5=3.67\text{kN/m}$ |
| 栏杆和人行道 | | $g_4=5\times 2/5=2.00\text{kN/m}$ |
| 合计 | 对于边主梁 | $g=\sum g_1=9.76+0.63+3.67+2.00=16.06\text{kN/m}$ |
| | 对于中主梁 | $g^1=9.76+1.26+3.67+2.00=16.69\text{kN/m}$ |

（2）恒载内力计算：利用式（2.18、2、19）（表 2.5）。

**表 2.5**　　**边 主 梁 恒 载 内 力**

| 截面位置 $x$ ＼ 内力 | 剪　力　$Q$/kN | 弯　矩　$M$/（kN·m） |
|---|---|---|
| $x=0$ | $Q=\dfrac{16.06}{8}\times 19.5=156.6$　(162.7) | $M=0$　(0) |
| $x=\dfrac{l}{4}$ | $Q=\dfrac{16.06}{2}\left(19.5-2\times\dfrac{19.5}{4}\right)=78.3$　(81.4) | $M=\dfrac{16.06}{2}\times\dfrac{19.5}{4}\times\left(19.5-\dfrac{19.5}{4}\right)=572.5$ (595.0) |
| $x=\dfrac{l}{2}$ | $Q=0$　(0) | $M=\dfrac{1}{8}\times 16.06\times 19.5^2=763.4$　(793.3) |

**注**　括号内值为中主梁内力。

### 2.2.1.3　挠度和预拱度计算

1. 桥梁挠度的验算

对于一座钢筋混凝土或预应力混凝土梁桥，除了要对主梁进行持久状况承载能力极限状态的强度计算或应力验算，以确定结构具有足够的强度安全储备外，还要对正常使用极限状态下梁的变形（裂缝和挠度）进行验算，以确保结构具有足够的刚度。若桥梁发生过大的变形，不但会导致高速行车困难，加大车辆的冲击作用，引起桥梁的剧烈振动和使行人不适，而且可能使桥面铺装层和结构的辅助设备招致损坏，甚至危及桥梁的安全。

钢筋混凝土和预应力混凝土受弯构件在正常使用极限状态下的挠度，可根据给定构件的刚度，用结构力学方法计算。由结构力学分析可知，受弯构件挠度为

$$f=\int_0^l\frac{\overline{M}_1 M}{B}\mathrm{d}x \tag{2.20}$$

式中　$\overline{M}_1$——在挠度计算点作用单位力时产生的弯矩；

$M$——荷载产生的弯矩；

$B$——受弯构件的刚度。

对于钢筋混凝土构件抗弯刚度为

$$B=\frac{B_0}{\left(\frac{M_{cr}}{M_s}\right)^2+\left[\left(1-\frac{M_{cr}}{M_s}\right)^2\right]\frac{B_0}{B_{cr}}} \tag{2.21}$$

其中

$$M_{cr}=\gamma f_{tk}W_0 \tag{2.22}$$

$$B_0=0.95E_cI_0$$

$$B_{cr}=E_cI_{cr}$$

$$\gamma=\frac{2S_0}{W_0}$$

式中　$B$——开裂构件等效截面的抗弯刚度；

$B_0$——全截面的抗弯刚度；

$B_{cr}$——开裂截面的抗弯刚度；

$M_{cr}$——开裂弯矩；

$\gamma$——构件受拉区混凝土塑性影响系数；

$S_0$——全截面换算截面重心轴以上（或以下）部分面积对重心轴的面积矩；

$W_0$——换算截面抗裂边缘的弹性抵抗矩；

$I_0$——全截面换算截面惯性矩；

$I_{cr}$——开裂截面换算截面惯性矩；

$f_{tk}$——混凝土轴心抗拉强度标准值。

预应力混凝土构件根据构件不允许开裂和允许开裂，计算其抗弯刚度，参见《桥规》(JTG D60—2004)。

桥梁的挠度，按产生的原因可分成永久作用挠度和可变作用挠度。永久作用挠度（包括预应力、混凝土徐变和收缩作用）是恒久存在的，其产生的挠度与持续时间相关，可分为短期挠度和长期挠度。恒载挠度并不表征结构的刚度特性，它不难通过施工时预设的反向挠度（预拱度）来加以抵消，使竣工后的桥梁达到理想的线型。

可变作用挠度是临时出现的，在最不利的荷载位置下，挠度达到最大值，随着活载的移动，挠度逐渐减小，可变作用挠度的不断变化，梁产生反复变形，变形的幅度（即挠度）越大，可能发生的冲击和振动作用也越强烈，对行车的影响也越大。因此在桥梁设计中，需验算可变作用的挠度以体现结构的刚度特性。

受弯构件在使用阶段考虑荷载长期效应的影响的长期挠度值为

$$f_c=f\eta_0 \tag{2.23}$$

式中　$f$——按荷载短期效应组合和抗弯刚度计算的挠度值，短期效应组合中汽车荷载频遇值为汽车荷载标准值（不考虑冲击系数）的0.7倍，恒载以及人群荷载的频遇值等于其标准值；

$\eta_0$——挠度长期增长系数，C40以下混凝土时，$\eta_0=1.60$；C40～C80混凝土时，$\eta_0=1.45\sim1.35$，中间强度等级可按直线内插取用。计算预应力混凝土简支梁预加力反拱值时，取为2.0。

钢筋混凝土和预应力混凝土受弯构件，可变作用频遇值产生的长期最大挠度不应超过计算跨径的1/600；梁式桥主梁的悬臂端不应超过悬臂长度的1/300。

2. 桥梁施工预拱度

为了消除恒载挠度而设置的预拱度（指跨中的反向挠度），其值通常取等于全部恒载和一半静活载所产生的竖向挠度值，这意味着在常遇荷载情况下桥梁基本上接近直线状态。对于位于竖曲线上的桥梁，应视竖曲线的凸起（或凹下）情况，适当增加（或减少）预拱度值，使竣工后的线型与竖曲线接近一致。

受弯构件的预拱度可按下列规定设置。

（1）钢筋混凝土受弯构件。

1）当由荷载短期效应组合并考虑荷载长期效应影响产生的长期挠度不超过计算跨径的1/1600时，可不设预拱度。

2）当不符合上述规定时应设预拱度，且其值应按结构自重和1/2可变荷载频遇值计算的长期挠度值之和采用。

（2）预应力混凝土受弯构件。

1）当预加应力产生的长期反拱值大于按荷载短期效应组合计算的长期挠度时，可不设预拱。

2）当预加应力的长期反拱值小于按荷载短期效应组合计算的长期挠度时应设预拱度，其值应按该项荷载的挠度值与预加应力长期反拱值之差采用。

对自重相对于活载较小的预应力混凝土受弯构件，应考虑预加应力反拱值过大可能造成的不利影响。因此要严格控制初张拉的混凝土强度和弹性模量，结合荷载产生的向下挠度和合理控制预加应力，避免桥面隆起甚至开裂破坏。

### 2.2.2　桥面板的计算

#### 2.2.2.1　桥面板的计算模型

混凝土梁桥的行车道板（也称桥面板）直接承受车辆荷载，在构造上，它与主梁梁肋和横隔梁连接在一起，这样既保证了主梁的整体作用，又将车辆荷载传给主梁。梁格系构造和桥面板的支承形式如图2.41所示。

对整体式梁桥来说，具有主梁和横隔梁的简单梁格［图2.41（a)］，以及具有主梁、横梁和内纵梁的复杂梁格［图2.41（b)］，行车道板都是周边支承的板。当板的长边与短边之比$l_a/l_b \geqslant 2$时，荷载的绝大部分会沿短边方向传递，沿长跨方向传布的荷载将不足6%。$l_a/l_b$之比值越大，向$l_a$跨度方向传递的荷载也越少。由此，通常把长宽比等于和大于2的周边支承板看作仅由短跨承受荷载的单向受力板（简称单向板），在短跨方向布置受力钢筋，而在长跨方向适当配置一些分布钢筋。对于长宽比小于2的板，则称为双向板，需按两个方向的内力分别配置受力钢筋。

对于常见的$l_a/l_b \geqslant 2$的装配式T形梁桥，有下列两种情况：

（1）翼缘板的边缘是自由边，实际为三边支承的板，但可把其看作像边梁外侧的翼缘板一样，作为沿短跨一端嵌固而另一端为自由端的悬臂板。如图2.41（c）所示。

（2）相邻翼缘板板端互相做成铰接接缝，行车道板应按一端嵌固，另一端铰接的铰接悬臂板进行计算。如图2.41（d）所示。

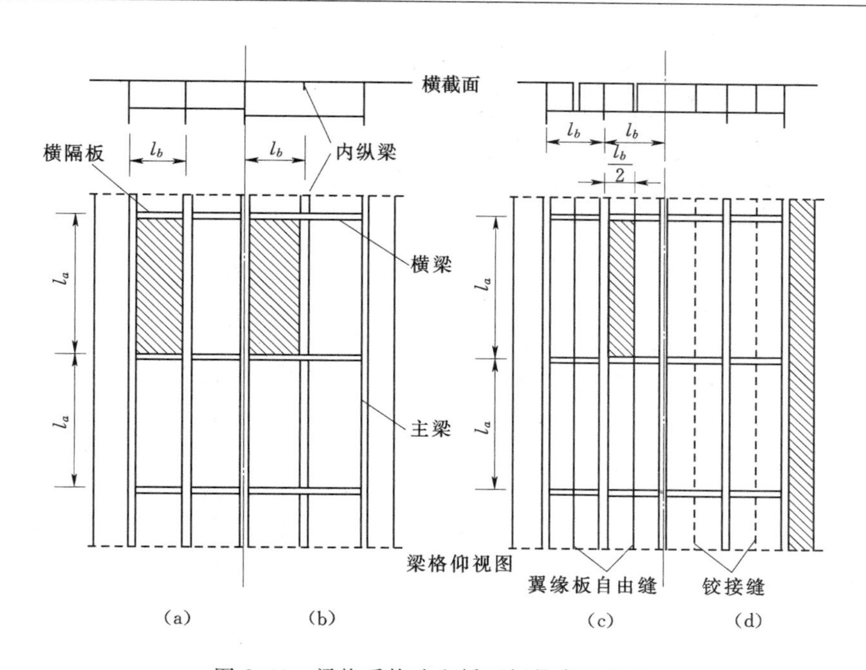


图2.41　梁格系构造和桥面板的支承形式

(a) 具有主梁和横隔梁的梁格系；(b) 具有主梁、横隔梁和内一纵梁的梁格系；
(c) 端边为自由边的T梁翼缘板；(d) 端边为铰接的T梁翼缘板

实际工程中最常遇到的行车道板受力图式有：单向板、悬臂板和铰接悬臂板三种，下面将分别予以介绍。

双向受力的行车道板，由于用钢量稍大，构造较复杂，目前已很少使用。

**2.2.2.2　车轮荷载在板上的分布**

如图2.42所示，作用在桥面上的车轮荷载，与桥面的接触面近似于椭圆，为便于计算，通常把此接触面看作 $a_2 \times b_2$ 的矩形（$a_2$ 为沿行车方向车轮的着地长度；$b_2$ 为垂直于行车方向的车轮的着地宽度），车辆荷载的前轮、中后轮的着地长度及宽度 $a_2$、$b_2$ 的值可从我国《桥规》(JTG D60—2004) 中查得，显然，车轮沿行车方向的着地长度 $a_2$ 一般小于车轮的着地宽度 $b_2$。

车轮荷载在桥面铺装层中呈45°角扩散到行车道板上，则作用于行车道板顶面的矩形荷载压力面的边长为

行车方向：
$$a_1 = a_2 + 2H \tag{2.24}$$

垂直于行车方向：
$$b_1 = b_2 + 2H \tag{2.25}$$

式中　$H$——铺装层的厚度。

设 $P$ 为车辆荷载的轴重，由于车辆荷载的一个车轴有两个车轮，一个车轮重为 $P/2$，则车轮荷载承压面的面积为 $a_1 b_1$，由一个车轮引起的桥面板上的局部分布荷载的应力为

$$q = \frac{\frac{P}{2}}{a_1 b_1} = \frac{P}{2a_1 b_1} \tag{2.26}$$

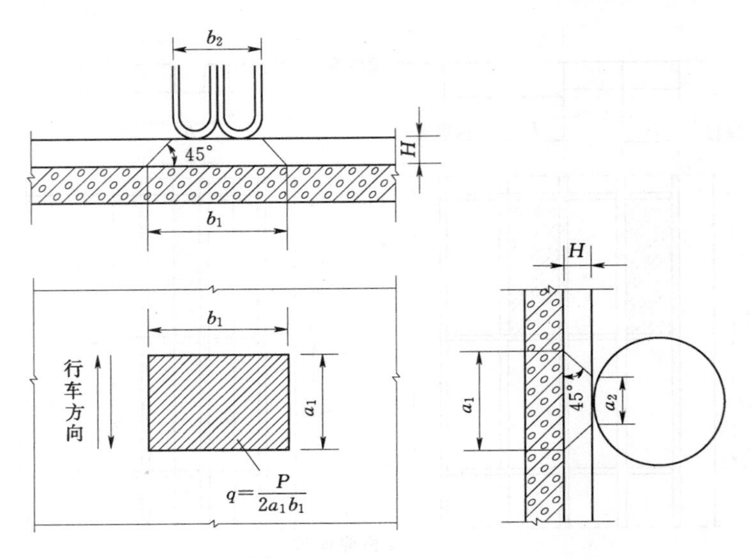


图 2.42　车轮荷载在桥面铺装中的 45°角扩散

### 2.2.2.3　板的有效工作宽度

桥面板在局部分布荷载的作用下，不仅直接承压部分（承压面 $a_1 \times b_1$）的板带参与工作，而且与其相邻的部分板带也分担一部分荷载。因此，在桥面板荷载的计算中，需确定板的有效工作宽度（也称荷载有效分布宽度）。下面分单向板和悬臂板来说明板的有效工作宽度的概念和计算方法。

1. 单向板

单向板的受力状态如图 2.43 所示，跨径为 $l$ 的单向板，其上作用以 $a_1 \times b_1$ 为分布面

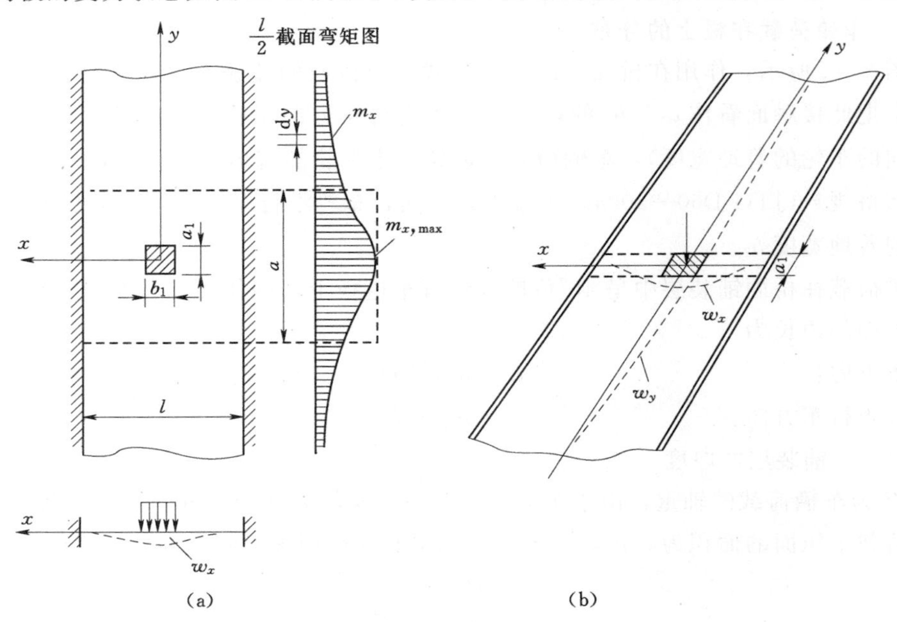


图 2.43　单向板的受力状态

积的荷载，板在计算跨径 $x$ 方向和垂直于计算跨径的 $y$ 方向分别产生挠曲变形 $w_x$ 和 $w_y$。板条沿 $y$ 方向单位宽度所分担弯矩 $m_x$(kN·m/m) 呈铃形分布，在荷载中心处，板条负担的弯矩最大（其值为 $m_{x,\max}$），离荷载越远的板条所承受的弯矩越小。

如果以 $a\times m_{x,\max}$ 的矩形面积等代曲线图形面积，即

$$a\times m_{x,\max}=\int m_x \mathrm{d}y=M$$

则得弯矩图的换算宽度（荷载的有效工作宽度）为

$$a=\frac{M}{m_{x,\max}} \tag{2.27}$$

式中 $a$——板的有效分布宽度；

$M$——车轮荷载产生的跨中总弯矩；

$m_{x,\max}$——荷载中心处的最大单宽弯矩值，kN·m/m。

单向板的荷载有效分布宽度如图 2.44 所示。《桥规》(JTG D60—2004) 中对单向板的荷载有效分布宽度 $a$ 规定如下。

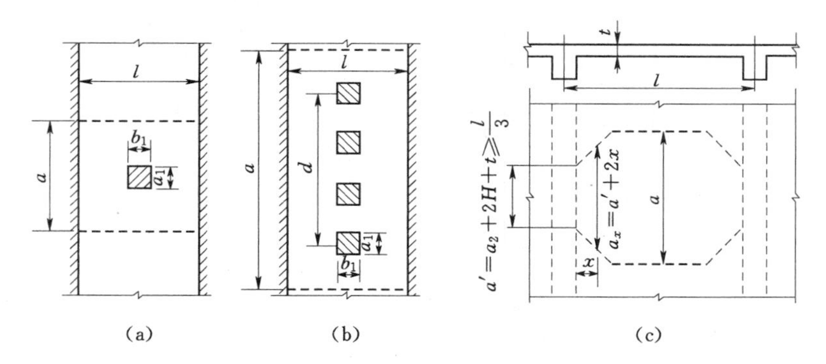


图 2.44 单向板的荷载有效分布宽度

(1) 车轮在板的跨中。对于一个车轮荷载 [图 2.44 (a)]：

$$a=a_1+\frac{l}{3}=a_2+2H+\frac{l}{3}\geqslant\frac{2}{3}l \tag{2.28}$$

对于两个或几个靠近的相同的车轮荷载，当按式 (2.28) 计算的各相邻荷载的有效分布宽度发生重叠时，车重取其总和，分布宽度按边轮分布外缘计算 [图 2.44 (b)]，即

$$a=a_1+d+\frac{l}{3}=a_2+2H+d+\frac{l}{3}\geqslant\frac{2}{3}l+d \tag{2.29}$$

(2) 车轮在板的支承处：

$$a'=a_1+t=a_2+2H+t\geqslant\frac{l}{3} \tag{2.30}$$

(3) 荷载靠近板的支承处：

$$a_x=a'+2x\leqslant a \tag{2.31}$$

式中 $a$——板的计算跨径；

$d$——最外两个车轮荷载的中心距离，如果只有两个相邻荷载计算时，$d$ 为相邻车辆荷载的轴距；

$t$——板的厚度；

$x$——荷载作用点至支承边缘的距离。

式（2.31）表明：荷载由支承处向板的跨中方向移动时，相应的有效分布宽度可近似地按 45°线过渡。对于不同位置时的单向板有效分布宽度图形如图 2.44（c）所示。由图可知，荷载越靠近跨中，板的有效分布宽度越宽，荷载的作用影响范围越大。

2. 悬臂板

悬臂长为 $l_0$ 的悬臂板，其端部作用以 $a_1 \times b_1$ 为分布面积的荷载，则在悬臂根部沿 $y$ 方向单宽板条的弯矩 $m$ 分布情况如图 2.45 所示。根据弹性板理论，当板端作用集中力 $P$ 时，单宽板条的最大负弯矩 $m_{x,\max} \cong -0.465P$，而荷载引起的总弯矩 $M_0 = -Pl_0$，因此，由式（2.27），按最大负弯矩值换算的有效工作宽度为

$$a = \frac{M_0}{m_{x,\max}} = \frac{-Pl_0}{-0.465P} = 2.15l_0 \tag{2.32}$$

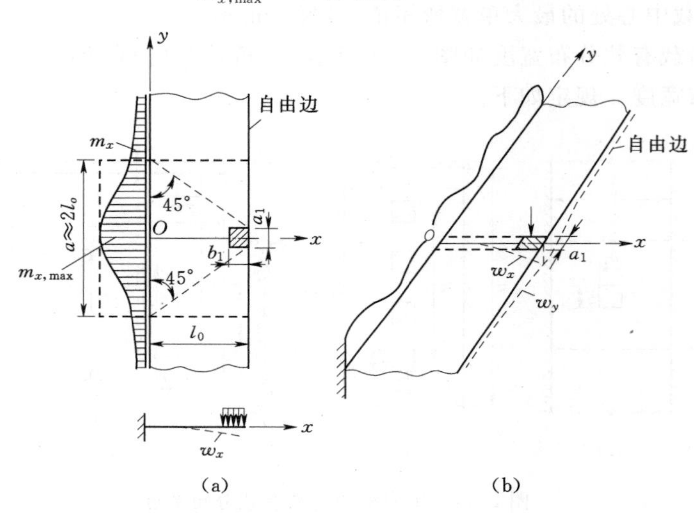


图 2.45　悬臂板的受力状态

可见，悬臂板的有效工作宽度近似等于悬臂长度的 2 倍，即荷载可近似按 45°角向悬臂板支承处分布。

如图 2.46 所示，悬臂板的荷载有效分布宽度为

$$a = a_1 + 2b' = a_2 + 2H + 2b' \tag{2.33}$$

式中　$b'$——承重板上的荷载压力面外侧边缘至悬臂板根部的距离。

由式（2.33）的几何含义，实际计算时，可自荷载压力面外侧边缘的两个顶点，分别向悬臂板根部作 45°射线，两射线与悬臂板根部交点之间的距离即为荷载有效分布宽度。

对于荷载靠近板边的最不利情况，$b'$ 即为悬臂板的跨径 $l_0$，则

$$a = a_1 + 2l_0 \tag{2.34}$$

#### 2.2.2.4　桥面板的内力计算

实心矩形截面桥面板，一般由弯矩控制设计，设计时通常取 1m 板条进行计算。而单向板或悬臂板，一般先计算出板的有效工作宽度 $a$，再计算单宽板条上的荷载及其引起的弯矩。

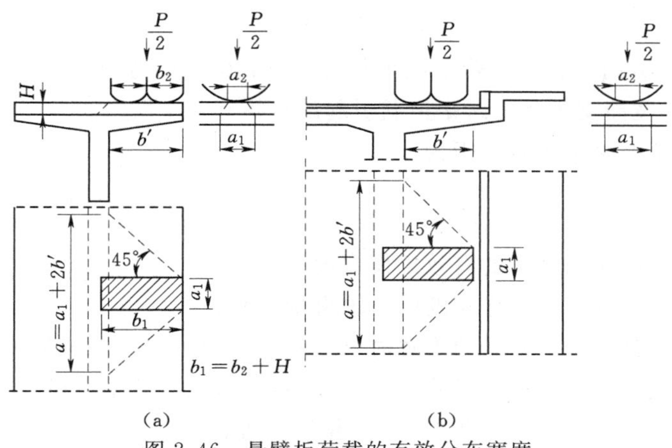


图 2.46　悬臂板荷载的有效分布宽度

1. 多跨连续单向板的内力

如图 2.47（a）所示，常见的桥面板实际上是支承在一系列弹性支承上的多跨连续板，板与梁肋整体相连，因此各主梁的不均匀弹性下沉和梁肋本身的扭转刚度必然会影响到桥面板的受力，所以桥面板的实际受力情况是非常复杂的，现行《公路钢筋混凝土及预应力混凝土桥涵设计规范》（JTG D62—2004）采用简化方法计算。

（1）弯矩。首先计算出跨度相同的简支板在恒载和活载下的跨中弯矩 $M_0$，再乘以相应的修正系数，得出支点、跨中截面的设计弯矩，弯矩修正系数可根据板厚 $t$ 和梁肋高度 $h$ 的比值来选用。

1）当 $t/h<1/4$ 时（即主梁的抗扭能力大者）：

$$\left.\begin{aligned}&\text{跨中弯矩}\quad M_{\text{中}}=+0.5M_0\\&\text{支点弯矩}\quad M_{\text{支点}}=-0.7M_0\end{aligned}\right\}\tag{2.35}$$

2）当 $t/h\geqslant 1/4$ 时（即主梁的抗扭能力小者）：

$$\left.\begin{aligned}&\text{跨中弯矩}\quad M_{\text{中}}=+0.7M_0\\&\text{支点弯矩}\quad M_{\text{支点}}=-0.7M_0\end{aligned}\right\}\tag{2.36}$$

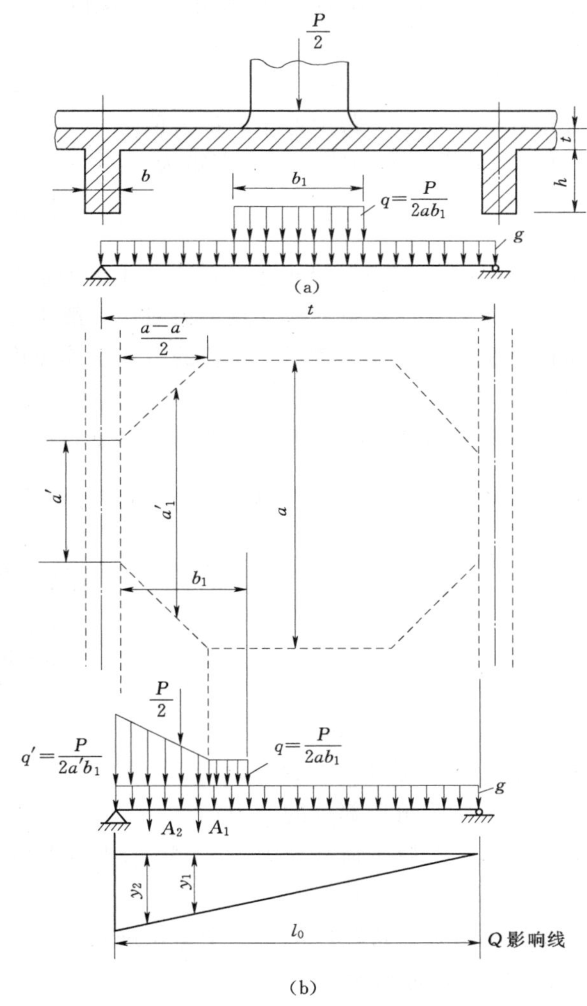


图 2.47　单向板内力计算图式

（a）跨中弯矩；（b）支点剪力

$$M_0=M_{0P}+M_{0g}$$

式中 $M_{0P}$——1m 宽简支板条的跨中汽车及人群荷载引起的弯矩；

$M_{0g}$——1m 宽简支板条的跨中恒载引起的弯矩。

1m 宽简支板条的跨中活载弯矩为

$$M_{0P}=(1+\mu)\times\left(\frac{P}{4a}\times\frac{l}{2}-\frac{p}{4a}\times\frac{b_1}{4}\right)=(1+\mu)\times\frac{P}{8a}\times\left(l-\frac{b_1}{2}\right) \tag{2.37}$$

式中 $a$——车辆荷载作用时板的有效工作宽度；

$P$——相应于板的有效工作宽度的车轴重量之和；

$l$——板的计算跨径，当梁肋不宽时（如窄肋 T 形梁），取梁肋中距；当主梁肋部宽度较大时（如箱形梁肋），取梁肋间的净距与板厚之和，即 $l=l_0+t\leqslant l_0+b$（$l_0$ 为板的净跨，$t$ 为板厚，$b$ 为梁肋宽度）；

$1+\mu$——车辆荷载的冲击系数，一般情况下，当板的计算跨径小于 5m 时，$1+\mu=1.3$。

如果板的跨径较大，可能还有其他车轮作用于桥面板的跨径内，此时应按结构力学的方法布置荷载，求得跨中弯矩的最大值。

1m 宽简支板条的跨中恒载弯矩为

$$M_{0g}=\frac{1}{8}gl^2 \tag{2.38}$$

式中 $g$——1m 宽板条沿板条长度方向上的恒载集度。

（2）剪力。计算单向板支点剪力时，一般不考虑板和主梁的弹性固结作用，荷载应尽量靠近梁肋边缘布置。考虑了相应的有效工作宽度后，每米板宽承受的分布荷载计算如图 2.47（b）所示。

对于跨内只有一个车轮荷载的情况，支点剪力 $Q_s$ 的计算公式为

$$Q_s=\frac{gl_0}{2}+(1+\mu)(A_1y_1+A_2y_2) \tag{2.39}$$

其中

$$A_1=qb_1=\frac{P}{2ab_1}\times b_1=\frac{P}{2a}$$

$$A_2=\frac{1}{2}(q'-q)\times\frac{1}{2}(a-a')=\frac{1}{2}\left(\frac{P}{2a'b_1}-\frac{P}{2ab_1}\right)\times\frac{1}{2}(a-a')$$
$$=\frac{P}{8aa'b_1}\times(a-a')^2$$

式中 $A_1$——矩形部分的合力；

$A_2$——三角形部分的合力；

$y_1$、$y_2$——对应于荷载合力 $A_1$、$A_2$ 的支点剪力影响线纵坐标值；

$l_0$——板的净跨径。

如行车道板的跨径内不止一个车轮进入时，需计算其他车轮的影响。

2. 悬臂板的内力

（1）铰接悬臂板。对于装配式 T 形梁，梁间相邻翼缘板边互相成为铰接构造的桥面板，则按铰接悬臂板计算板的内力。

如图 2.48（a）所示，相邻翼缘板边互相成为铰接构造的桥面板结构称为一次超静定结构。绘制截面内力影响线的方法为：利用结构力学的“力法”原理，去掉赘余铰约束，代以赘余剪力，建立“力法”方程，解得当 $P=1$ 单位荷载作用于不同位置时的赘余剪力，由此求得 $P=1$ 单位荷载作用于不同位置时的截面内力（内力影响线纵标）。在截面内力影响线上加载，可计算铰接悬臂板的最大内力，但寻求荷载作用的最不利位置并计算相应的影响线（纵标或面积）非常繁琐。为简化计算，可将铰接悬臂板视为板端自由的悬臂板以计算内力值。当所加荷载为正对称时，由于赘余的剪力为反对称内力，赘余剪力为 0，此时将铰接悬臂板看作板端自由的悬臂板计算，所得内力值是精确的。实际计算时，在板的铰缝处加车轮轮载（对称荷载）通常为最不利荷载位置。

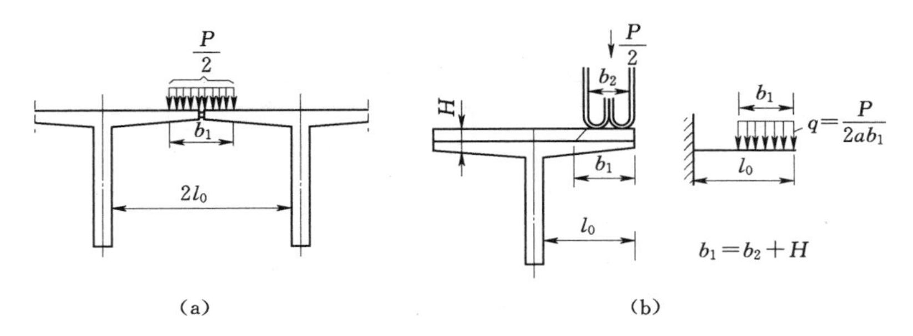


图 2.48　悬臂板计算图式

（a）相邻翼缘板沿板边作成铰接的桥面板；（b）沿板边纵缝不相连的自由悬臂板

1）弯矩。计算悬臂根部活载弯矩 $M_{sp}$ 时，最不利的荷载位置是把车轮荷载对中布置在铰接处。如行车道板的跨径内不止一个车轮进入时，还需计算其他车轮的影响。

如图 2.48（a）所示，在有效分布宽度 $a$ 内，总轴重为 $P$，轴重 $P/2$。将铰接悬臂板视为板端自由的悬臂板，以一片梁作为研究对象，每片梁分担 $P/4$，每米宽板条为 $\frac{P}{4a}$（$a$ 为板的有效工作宽度），其合力作用点至悬臂根部之距为 $l_0-\frac{b_1}{4}$。

每米宽板条为的活载弯矩为

$$M_{sp}=(1+\mu)\frac{P}{4a}\left(l_0-\frac{b_1}{4}\right) \tag{2.40}$$

每米宽板条为的恒载弯矩为

$$M_{sg}=-\frac{1}{2}gl_0^2 \tag{2.41}$$

2）剪力。悬臂根部的剪力可以偏安全地按一般悬臂板的图式计算，计算方法参见［例 2.5］。

（2）自由悬臂板。

1）弯矩。如图 2.48（b）所示，对于沿板边纵缝不相连的自由悬臂板，在计算根部最大弯矩时将车轮荷载靠板的边缘布置，此时 $b_1=b_2+H$（因为车轮荷载的一侧为板的自由边，荷载仅能在板的另一侧呈 45°角扩散，故 $H$ 前的系数为 1）。如行车道板的跨径内不只车轮进入时，需计算其他车轮的影响。

每米宽板条的活载弯矩为

$$\left.\begin{aligned} M_{sp} &= -(1+\mu)\times\frac{1}{2}ql_0^2 = -(1+\mu)\times\frac{P}{4ab_1}l_0^2, (b_1\geqslant l_0\ \text{时}) \\ \text{或}\quad M_{sp} &= -(1+\mu)qb_1\left(l_0-\frac{b_1}{2}\right) = -(1+\mu)\times\frac{P}{2a}\left(l_0-\frac{b_1}{2}\right), (b_1<l_0\ \text{时}) \end{aligned}\right\} \quad (2.42)$$

每米宽板条的恒载弯矩用式（2.41）计算。

2）剪力：剪力计算略。

**【例 2.5】** 计算图 2.49 所示 T 梁翼板所构成的铰接悬臂板的设计内力。设计荷载：公路-Ⅱ级。桥面铺装为 5cm 沥青混凝土面层（容重为 $21\text{kN/m}^3$）和 15cm 防水混凝土垫层（容重为 $25\text{kN/m}^3$）。

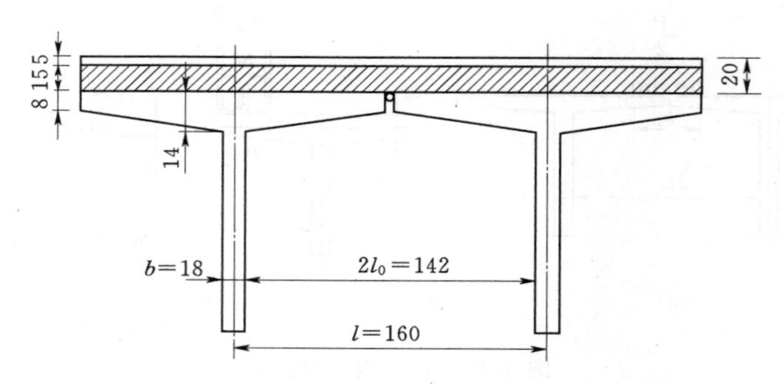


图 2.49　铰接悬臂行车道板（尺寸单位：cm）

**解：**（1）恒载内力（以纵向 1m 宽的板进行计算）。

1）每米板上的恒载集度：

沥青混凝土面层：$g_1=0.05\times1.0\times21=1.05\text{kN/m}$

防水混凝土垫层：$g_2=0.15\times1.0\times25=3.75\text{kN/m}$

T 形梁翼板自重：$g_3=\dfrac{0.08+0.14}{2}\times1.0\times2.5=2.75\text{kN/m}$

合计：$g=g_1+g_2+g_3=7.55\text{kN/m}$

2）每米宽板条的恒载内力：

弯矩：$M_{sg}=-\dfrac{1}{2}gl_0^2=-\dfrac{1}{2}\times7.55\times0.71=-1.90\text{kN}\cdot\text{m}$

剪力：$Q_{sg}=gl_0=7.55\times0.71=5.36\text{kN}$

（2）公路-Ⅱ级车辆荷载产生的内力。

公路-Ⅱ级车辆荷载纵、横向布置如图 2.50 所示。

将公路-Ⅱ级车辆荷载的两个 140kN 轴重的后轮（轴间距 1.4m）沿桥梁的纵向，作用于铰缝轴线上为最不利荷载。由《桥规》（JTG D60—2004）查得重车后轮的着地长度 $a_2=0.2\text{m}$，着地宽度 $b_2=0.6\text{m}$，车轮在板上的布置及其压力分布图形如图 2.51 所示，铺装层总厚 $H=0.05+0.15=0.20\text{m}$，则板上荷载压力面的边长为

$$a_1=a_2+2H=0.2+2\times0.20=0.6\text{m}$$

$$b_1=b_2+2H=0.6+2\times0.20=1.0\text{m}$$

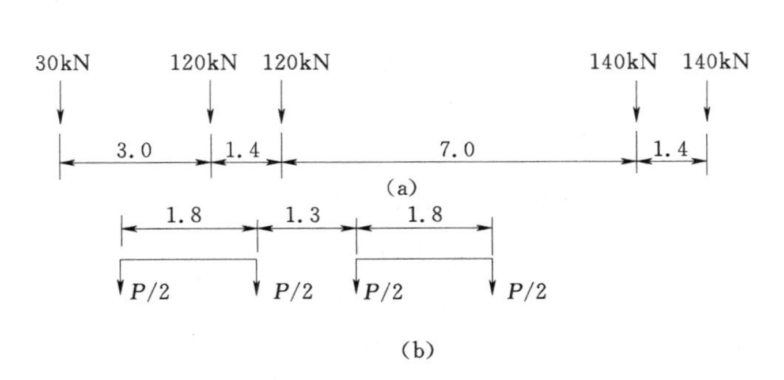


图 2.50　公路-Ⅱ级车辆荷载（尺寸单位：m）
（a）纵向布置；（b）横向布置

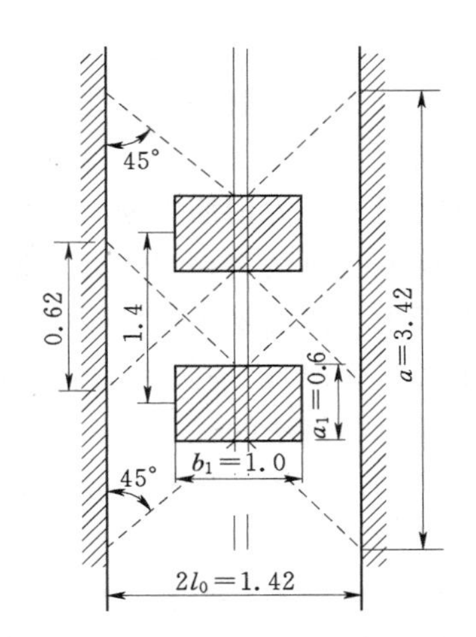


图 2.51　车辆荷载两个后轴轮载作用于铰缝轴线上（尺寸单位：m）

由图 2.50（a）可知：重车后轴两轮的有效分布宽度重叠，重叠的长度为

$$(0.3+0.71)\times 2-1.4=0.62\text{m}$$

则铰缝处纵向两个车轮对于悬臂根部的有效分布宽度：

$$a=a_1+d+2l_0=0.6+1.4+2\times 0.71=3.42\text{m}$$

冲击系数 $1+\mu=1.3$。

作用于每米宽板条上的弯矩为

$$M_{sp}=-(1+\mu)\frac{P}{4a}\left(l_0-\frac{b_1}{4}\right)=1.3\times\frac{2\times 140}{4\times 3.42}\times\left(0.71-\frac{1.0}{4}\right)=-12.24\text{kN}\cdot\text{m}$$

（$P$ 为在有效分布宽度内作用于铰缝的轴重之和，本例中为 $2\times 140\text{kN}=280\text{kN}$）

相应于每米宽板条活载最大弯矩时的每米宽板条上的剪力为

$$Q_{sp}=(1+\mu)\frac{P}{4a}=1.3\times\frac{2\times 140}{4\times 3.42}=26.61\text{kN}$$

## 学习单元 2.3　钢筋混凝土简支梁桥施工

钢筋混凝土简支梁桥的施工总体上分为预制安装和就地浇筑两种方法。

预制安装是将桥梁上部结构利用纵、横向竖缝和水平缝划分为预制单元，事先在桥梁预制场（厂）进行构件的制作，待桥梁下部结构施工完毕后，利用运输和吊装设备将预制构件安装就位，最后通过横隔梁（板）、铰接缝等联结系连接成为整体。

随着我国桥梁施工吊运设备能力的不断提高，预应力技术的普遍应用，在中小跨径的简支体系桥梁中预制安装法得到了普遍的推广。

预制安装施工的优点是：上下部结构可平行施工，工期短；混凝土收缩徐变的影响小，质量宜于控制；专业化的施工程度高，有利于组织文明施工。其缺点是：需要专门的预制场地，临时占地多；构件需大型的运输和吊装设备，对安装能力要求高；装配式预制构件之间的受力钢筋中断时需作接缝处理，结构的整体性差。

就地浇筑法是在梁体处搭设支架（模架），在其上安装模板、绑扎钢筋、就地浇筑梁体混凝土，待混凝土达到规定强度等级后（预应力混凝土构件需张拉预应力筋）拆除模板和支架（模架），一次完成梁体的施工。

就地浇筑法的优点是：无须预制场地，临时用地少；不需大型起吊、运输设备，施工设备简单；梁体一次整体浇筑，受力主筋不中断，桥梁整体性好。其缺点是：施工工期长，需待下部结构施工完毕后方可进行上部结构的施工；施工作业面大，工序多且交叉作业，施工质量不易控制；施工受季节气候影响较大，特别是雨季、冬季施工，对混凝土的施工质量影响较大；预应力混凝土结构由于混凝土体积大，构件收缩、徐变引起的应力损失比较大；施工中的支架、模板耗用量大，施工费用高；另外支架会影响排洪、通航，施工期间可能受到洪水和漂流物的威胁。

### 2.3.1　支架与模板的施工

模板、支架是桥梁施工中的临时结构，对梁体的制作十分重要。模板、支架不仅控制着梁体尺寸的精度，直接影响施工进度和混凝土的浇筑质量，而且还影响到施工安全：在我国桥梁施工中，曾出现许多由于支架坍塌造成重大安全事故事件的发生，因此在桥梁施工中必须高度重视支架的安全问题。

模板、支架的制作、安装应符合以下基本要求：

（1）在计算荷载作用下，具有足够的强度、刚度和稳定性，能可靠地承受施工过程中可能产生的各项荷载，保证施工安全及结构物各部分形状、尺寸准确。

（2）在模板选用上宜优先使用胶合板和钢模板。

（3）模板板面之间应平整，接缝严密不漏浆，保证结构物外露面外观美观、线条流畅，可设倒角。

（4）结构简单，制作、拆卸方便。

#### 2.3.1.1　模板、支架的分类与构造

1. 模板

按照制作材料分类，桥梁施工常用的模板有木模板、钢模板、钢木结合模板和竹胶板等。按照模板的装拆方法分类，可分为零拼式模板、分片装拆式模板、整体装拆式模板等。

钢模板一般由钢面板和加劲骨架焊接而成。通常钢板厚度取用 4～8mm，骨架由水平肋和竖向肋构成，肋由钢板或角钢制成。另外，为保证浇筑混凝土时的整体稳定性及尺寸准确，横向应设置一定数量的拉杆或支撑。图 2.52、图 2.53 分别为 T 形梁、箱形梁模板构造示意图，预制简支空心板一般采用充气胶囊作为芯模。对于整体现浇的梁体，外露模板一般采用大面积的竹胶板以保证混凝土外观质量，内模板可采用简易的木模板或竹胶板。

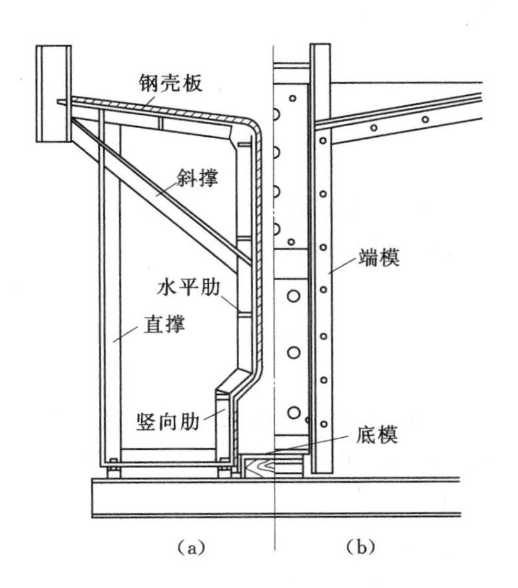


图 2.52　T 形梁模板的组成

(a) 中梁模板剖面；(b) 边梁模板剖面

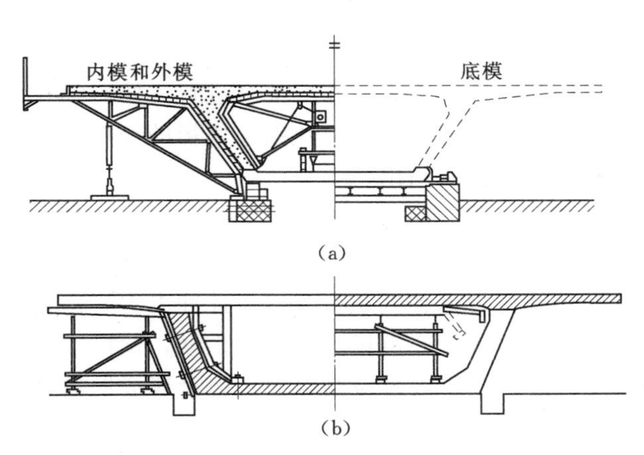


图 2.53　箱形梁模板的组成

(a) 滑动支撑内模；(b) 简易支撑内模

2. 支架

支架按其构造分为支柱式、梁式和梁—支柱式支架。按材料可分为木支架、钢支架、钢木结合支架和万能杆件拼装支架等，如图 2.54 所示。

(1) 支柱式支架，如图 2.54 (a)。支柱式支架构造简单，可用于陆地和不通航的河道以及桥墩不高的小跨径桥梁。

支架可采用由万能杆件拼装满布式支架或采用由排架和纵梁等构件组成的支架。排架由枕木和桩、立柱和盖梁组成。一般排架间距 4m，桩的入土深度按施工设计确定，但一般不少于 3m。当水深大于 3m，桩要用拉杆加强，同时要在纵梁下安置卸架装置。

(2) 梁式支架，如图 2.54 (b) 所示。根据跨径的不同，梁可采用工字梁、钢板梁或钢桁梁。一般工字梁用于跨径小于 10m，钢板梁用于跨径小于 20m，钢桁架梁用于跨径大于 20m 的桥梁。

(3) 梁—支柱式支架，如图 2.54 (c) 所示。当桥梁较高，跨径较大或桥下有通航、泄洪及行车要求时，可采用梁—支柱式支架。

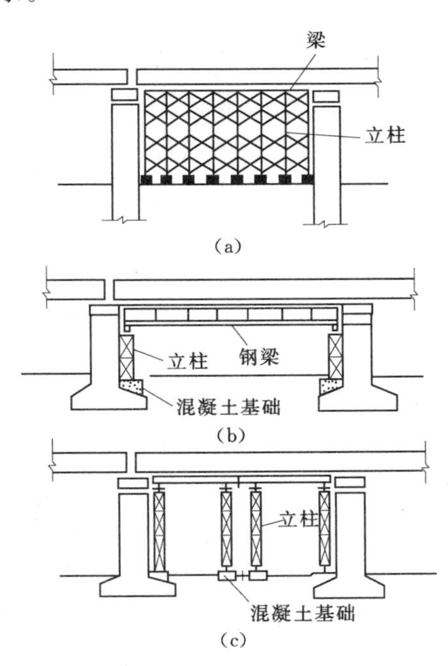


图 2.54　支架示意图

(a) 支柱式支架；(b) 梁式支架；(c) 梁—支柱式支架

安装模板、支架前需计算模板、支架的强度和稳定性，还应考虑作用在模板、支架的风力；设于水中的支架，尚应考虑水流压力、流冰压力

和船只及漂浮物等冲击力荷载；在正常通行的路段搭设支架还应考虑汽车荷载的撞击力。

#### 2.3.1.2　模板、支架的安装要点

1. 模板

模板和钢筋安装工作应配合进行，妨碍绑扎钢筋的模板应待钢筋安装完毕后安设。模板不应与脚手架联结，避免引起模板的变形。安装侧模板时应采取可靠的措施予以固定，防止模板移位和凸出。

模板安装完毕后，应对其平面位置、顶部标高、节点联系、预埋件位置以及纵横向稳定性进行检查，符合要求后方可浇筑混凝土。

当结构自重和汽车荷载（不计冲击力）产生的向下挠度超过跨径的1/1600时，钢筋混凝土梁、板的底模板应设置预拱度，预拱度值等于结构自重和汽车荷载（不计冲击力）产生挠度。预拱度沿桥跨纵向一般设置成抛物线或圆曲线。

中小跨径的空心板采用充气胶囊作为芯模时，应保证胶囊在浇筑过程中不漏气，从开始浇筑至胶囊放气时止，充气压力始终保持不变。浇筑混凝土时为防止胶囊上浮和偏位，应采取有效措施加固，并应对称均衡进行浇筑。

在浇筑混凝土的过程中应随时检查模板的变形情况，出现异常情况应采取措施进行处理。

2. 支架

支架安装时应考虑预留施工拱度，在确定施工拱度值时，应考虑以下因素：

（1）支架承受施工荷载引起的弹性挠度。

（2）超静定结构由于混凝土收缩、徐变及温度变化引起的挠度。

（3）承受推力的墩台，由于墩台水平位移引起的拱圈挠度。

（4）由结构重力和1/2个汽车荷载（不计冲击力）产生的弹性挠度。

（5）受载后由于杆件接头的挤压和卸落设备压缩而产生的非弹性变形。

（6）支架基础受载后的沉陷。

为保证支架基础具有足够的承载力，在安装支架前应对地基进行处理。地基处理的方式立根据上部结构的断面尺寸及支架和拱架的形式对地基的要求而决定，支架的跨径大，对地基的要求就高，地基的处理形式就得加强，反之就可相对减弱。地基的处理形式有：①地基换填处理；②混凝土条形基础；③桩基础加混凝土横梁等。地基处理时要做好地基的排水，防止雨水或混凝土浇筑和养生过程中滴水对地基的影响。

支架应根据施工技术规范的要求进行预压，以收集支架、地基的变形数值，作为设置预拱度的依据，预拱度要考虑张拉上拱的影响。预拱度一般按二次抛物线设置。

为便于支架的拆除，应根据结构形式、荷载大小及需要的卸落量，在支架安装时设置相应的落架设备，确保构件在拆除支架时均匀受力。卸架设备一般采用木楔、木马、砂筒、千斤顶或螺杆等形式。

模板、支架的安装标准见表2.6。

表2.6 模板、支架安装允许偏差

| 项目 | | 允许偏差/mm |
|---|---|---|
| 模板标高 | 基础 | ±15 |
| | 柱、墙和梁 | ±10 |
| | 墩台 | ±10 |
| 模板内部尺寸 | 上部构造的所有构件 | +5，0 |
| | 基础 | ±30 |
| | 墩台 | ±20 |
| 轴线偏位 | 基础 | 15 |
| | 柱或墙 | 8 |
| | 梁 | 10 |
| | 墩台 | 10 |
| 装配式构件支承面标高 | | +2，−5 |
| 模板相邻两板表面高低差 | | 2 |
| 模板表面平整 | | 5 |
| 预埋件中心线位置 | | 3 |
| 预留孔洞中心线位置 | | +10，0 |
| 支架 | 纵轴的平面位置 | 跨度的1/1000或30 |
| | 曲线形拱架的标高 | +20，−10 |

#### 2.3.1.3 模板、支架的拆除

模板、支架的拆除期限应根据结构物特点、模板部位和混凝土所达到的强度要求来决定。

(1) 非承重侧模板应在混凝土强度能保证其表面及棱角不致因拆模而受损坏时方可拆除，一般应在混凝土强度达到2.5MPa时方可拆除。

(2) 芯模和预留孔道内模，应在混凝土强度能保证其表面不发生塌陷和裂缝现象时拆除。

(3) 钢筋混凝土结构的承重模板、支架，应在混凝土强度能承受其自重力及其他可能的叠加荷载时，方可拆除。当构件跨度小于等于4m时，在混凝土强度达到设计强度标准值的50%后方可拆除；当构件跨度大于4m时，在混凝土强度达到设计强度标准值的75%后方可拆除。如设计时另有规定，应按设计规定执行。

(4) 模板的拆除应按照设计的顺序进行，设计无规定时，应遵循先支后拆，后支先拆的顺序。

(5) 卸落支架应按照拟定的卸落程序进行，分级卸架，卸落量开始宜小，以后逐级增大，保证构件自重能够均匀地由支架传递给构件本身，防止构件突然受力造成开裂。对于不同的结构形式应考虑采取不同的卸落方式。

1) 简支梁、连续梁宜从跨中向支座循环卸落。

2) 悬臂梁应先卸挂梁及悬臂的支架，再卸无铰跨内的支架。

### 2.3.2　钢筋混凝土简支梁预制工艺

装配式钢筋混凝土简支梁桥预制场地应平整、坚实，根据地基及气候条件，采取必要的排水措施，防止场地沉陷。装配式钢筋混凝土简支梁的预制包括模板工作、钢筋工作、混凝土工作三个工序。

#### 2.3.2.1　模板工作

装配式钢筋混凝土简支梁预制模板一般由预制台座（底模板）、侧模板和芯模组成。其中预制台座应坚固、无沉陷，表面光滑平整，在2m长度上的平整度误差不超过2mm。侧模板和芯模的构造和要求见上文。

#### 2.3.2.2　钢筋工作

钢筋的加工工序主要包括调直、切断、除锈、弯制、焊接或绑扎成形等。

由于施工中钢筋的规格、型号和尺寸较多，混凝土浇筑后又无法进行钢筋的检查，因此施工中应严格检查钢筋的加工质量。

1. 钢筋材质检验与存放

钢筋应具有出厂质量证明书和试验报告单。钢筋进场前应通过抽样试验进行质量鉴定，合格产品才能进场使用。抽样试验主要作抗拉屈服强度、极限强度、伸长率和冷弯性能试验，其力学指标必须符合国家标准《钢筋混凝土用热轧光圆钢筋》（GB 13013）、《钢筋混凝土用热轧带肋钢筋》（GB 1499）、《冷轧带肋钢筋》（GB 13788）、《低碳钢热轧盘圆条》（CB 701）的规定。另外施工中还应进行焊接试验。

钢筋必须按照不同钢种、等级、牌号、规格和生产厂家分批验收，分批存放，不得混杂，且应设立识别标志。钢筋在运输过程中，应避免锈蚀和污染。钢筋宜堆置在仓库内，露天堆置时应垫高并加以遮挡。

2. 钢筋的加工

（1）钢筋的调直和除锈。钢筋的表面应洁净，使用前将表面的油迹、漆皮、鳞锈等清除干净。钢筋应平直，无局部弯折，成盘的钢筋和弯曲的钢筋均应调直，采用冷拉的方法调直钢筋时，Ⅰ级钢筋的冷拉伸长率不宜大于2%，HRB335、HRB400牌号钢筋的冷拉伸长率不宜大于1%。

（2）钢筋的弯制成形和接头。钢筋的弯制和末端的弯钩应符合设计要求，如设计无规定时，按《公路桥涵施工技术规范》的要求弯制。

轴心受拉和小偏心受拉构件中的钢筋接头，不宜绑扎。普通混凝土中直径大于25mm的钢筋，宜采用焊接。

钢筋的纵向焊接应采用闪光对焊（HRB500钢筋必须采用对焊）。当缺乏闪光对焊条件时，可采用电弧焊、电渣压力焊、气压焊。钢筋的交叉连接处，无电阻点焊机时，可采用手工电弧焊。钢筋接头采用搭接或绑条电弧焊时，宜采用双面焊缝，双面焊缝困难时，可采用单面焊缝。

受力钢筋焊接或绑扎接头应设置在内力较小处，并错开布置，对于绑扎接头，两接头间距不小于1.3倍搭接长度。对于焊接接头，在接头长度区段内，同一根钢筋不得有两个接头，配置在搭接长度区段内的受力钢筋，其接头的截面面积占总截面面积的百分率，应符合表2.7的规定。受拉钢筋绑扎接头的搭接长度，应符合表2.8的规定；受压钢筋绑扎

接头的搭接长度，应取受拉钢筋绑扎接头的搭接长度的 0.7 倍。

**表 2.7　　接头区段内钢筋接头面积的最大百分率**

| 接头形式 | 接头面积最大百分率/% | |
|---|---|---|
| | 受拉区 | 受压区 |
| 主钢筋绑扎接头 | 25 | 50 |
| 主钢筋焊接接头 | 50 | 不限制 |

**表 2.8　　受拉钢筋绑扎接头的搭接长度**

| 钢筋类别 | | 混凝土强度等级 | | |
|---|---|---|---|---|
| | | C20 | C25 | 高于 C25 |
| Ⅰ级钢筋 | | $35d$ | $30d$ | $25d$ |
| 月牙纹 | HRB335 牌号钢筋 | $45d$ | $40d$ | $35d$ |
| | HRB400 牌号钢筋 | $55d$ | $50d$ | $45d$ |

注　$d$ 为钢筋直径。

3. 钢筋骨架的安装

对适宜于预制钢筋骨架或钢筋网的构件，宜先预制成钢筋骨架片或钢筋网片，在工地就位后进行焊接或绑扎，以保证安装质量和加快施工进度。

预制成的钢筋骨架或钢筋网，必须具有足够的刚度和稳定性，以保证在运输、吊装和浇筑混凝土时不致松散、移位和变形，必要时可在钢筋骨架的某些连接点加以焊接或增设加强钢筋。

骨架的焊接拼装应在坚固的工作台上进行，操作时应注意下列要求：

(1) 按设计图样放大样，放样时要考虑焊接变形和预留拱度。

(2) 钢筋拼装前，对有焊接接头的钢筋应检查每根接头的焊缝有无开焊、变形，如有开焊应及时补焊。

(3) 骨架焊接时，不同直径钢筋的中心线应在同一平面上。

(4) 施焊顺序宜由中到边对称向两端进行，先焊骨架下部，后焊骨架上部。相邻的焊缝采用分区对称跳焊，不得顺方向依次焊成，药皮随焊随敲。

(5) 钢筋网焊点应符合设计要求。

在现场绑扎钢筋网时，钢筋的交叉点应用铁丝绑扎结实，必要时用点焊焊牢。除设计有特殊规定外，柱和梁的箍筋应与主筋垂直。

为保证混凝土保护层厚度，应在钢筋和模板之间设置塑料或混凝土垫块，垫块应与钢筋扎紧，并错开布置。非焊接钢筋骨架的多层钢筋之间，应用短钢筋支垫，以保证位置准确，防止浇筑混凝土时变形、错位。

浇筑混凝土前应对已安装好的钢筋及预埋件进行检查。

4. 钢筋安装标准

钢筋安装标准应符合表 2.9 规定。

表 2.9　　钢筋位置允许偏差

| 检查项目 | | | 允许偏差/mm |
|---|---|---|---|
| 受力钢筋间距 | 两排以上排距 | | ±5 |
| | 同排 | 梁、板、肋 | ±10 |
| | | 基础、锚碇、墩台、柱 | ±20 |
| | 灌注桩 | | ±20 |
| 箍筋、横向水平钢筋、螺旋筋间距 | | | 0，−20 |
| 钢筋骨架尺寸 | | 长 | ±10 |
| | | 宽、高或直径 | ±5 |
| 弯起钢筋位置 | | | ±20 |
| 保护层厚度 | | 柱、梁、拱肋 | ±5 |
| | | 基础、锚碇、墩台 | ±10 |
| | | 板 | ±3 |

#### 2.3.2.3　混凝土工作

混凝土工作包括混凝土的拌制、运输、浇筑和振捣、养护及拆模等工序。

1. 原材料检验

拌制混凝土用的水泥、砂子、石子、水和外加剂等应经过检验，其质量应符合国家和行业有关规定。

2. 混凝土的拌制

拌制混凝土配料时，各种衡具应保证计量准确。对骨料的含水量应经常检测，根据含水量调整施工配合比。配料的允许偏差应符合表2.10的要求。

表 2.10　　配料数量的允许偏差

| 材料种类 | 允许偏差/% | |
|---|---|---|
| | 现场拌制 | 预制场或集中拌和站 |
| 水泥、混合材料 | ±2 | ±1 |
| 粗、细骨料 | ±3 | ±2 |
| 水、外加剂 | ±2 | ±1 |

混凝土一般应机械拌和，零星工程的塑性混凝土也可人工拌和。混凝土最短拌和时间应满足表2.11的规定。混凝土拌和物应拌和均匀，颜色一致，不得有离析和泌水现象；混凝土拌和后应满足规定坍落度以及和易性的要求。

表 2.11　　混凝土最短拌和时间　　单位：min

| 拌和机类别 | 拌和机容量/L | 混凝土坍落度/mm | | |
|---|---|---|---|---|
| | | <30 | 30～70 | >70 |
| 自落式 | ≤400 | 2.0 | 1.5 | 1.0 |
| | ≤800 | 2.5 | 2.0 | 1.5 |
| | ≤1200 | — | 2.5 | 1.5 |
| 强制式 | ≤400 | 1.5 | 1.0 | 1.0 |
| | ≤1500 | 2.5 | 1.5 | 1.5 |

3. 混凝土的运输

混凝土的运输能力应适应混凝土的凝结速度和连续浇筑速度的需要，使浇筑工作不间断，并使混凝土运到浇筑地点时仍保持均匀性和规定的坍落度。为满足以上要求，在进行混凝土浇筑前需配备足够的混凝土拌和设备以满足连续浇筑的需要，同时应配备备用设备。

当混凝土拌和物运距较近时，可采用无拌和器的运输设备；当运距较远时，宜采用搅拌运输车运输。运输时间不宜超过表2.12的规定。

表2.12　混凝土拌和物运输时间限制

| 气温/℃ | 无搅拌运输设施/min | 有搅拌运输设施/min |
|---|---|---|
| 20～30 | 30 | 60 |
| 10～19 | 45 | 75 |
| 5～9 | 60 | 90 |

采用泵送混凝土时，应符合以下规定：

(1) 混凝土的供应必须保证输送混凝土的泵能连续工作。

(2) 输送管线宜直，转弯宜缓，管头应严密，如管道向下倾斜，应防止混入空气，产生堵塞。

(3) 运送前应以适量的、与混凝土内成分相同的水泥浆润滑内壁。混凝土出现离析现象时，应立即用压力水或其他方法冲洗管内残留的混凝土，泵送间歇时间不宜超过15min。

(4) 混凝土运送工作宜连续进行，如有间歇应经常使混凝土泵转动，以防输送管堵塞，时间过长时应将管内混凝土排出并冲洗干净。

(5) 泵送时应使料斗内经常保持2/3的混凝土，以防管路吸入空气导致堵塞。

4. 混凝土的浇筑

混凝土浇筑前，应对支架、模板、钢筋和预埋件进行全面检查，模板内的杂物、积水和钢筋上的污物应清理干净。模板接缝应严密不漏浆，内表面涂洒脱模剂。浇筑混凝土前，应检查混凝土的均匀性和坍落度。

混凝土应按一定的厚度、顺序和方向分层浇筑，如图2.55所示。为保证混凝土的整体性，应在下层混凝土初凝或能重塑前浇筑完上层混凝土；上下层同时浇筑时，上层和下层前后浇筑距离应保持1.5m以上。在倾斜面上浇筑混凝土时，应从低处开始向高处逐渐扩展升高，并保持水平分层。混凝土的分层厚度不超过表2.13。

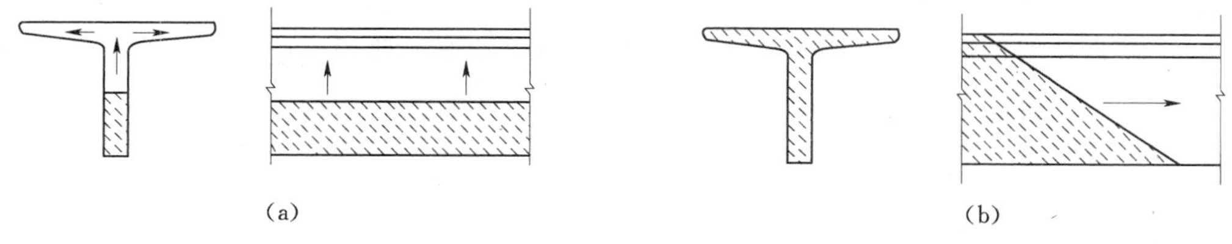


图2.55　混凝土水平与分层浇筑

(a) 水平层浇筑；(b) 斜层浇筑

表 2.13　　混凝土的分层浇筑厚度表

| 振捣方式 | | 浇筑层厚度/mm |
|---|---|---|
| 用插入式振捣器 | | 300 |
| 用附着式振捣器 | | 300 |
| 用表面振捣器 | 无筋或配筋稀疏时 | 250 |
| | 配筋较密时 | 150 |
| 人工振捣 | 无筋或配筋稀疏时 | 200 |
| | 配筋较密时 | 150 |

混凝土的浇筑应连续进行，如因故必须间断时，其间断时间应小于前层混凝土的初凝时间或能重塑时间。如超过允许间断时间，须采取保证质量措施或按施工缝处理。

施工缝应按下列要求处理：

（1）应凿除处理层混凝土表面的水泥砂浆和松散层，凿除时混凝土应达到以下强度：水冲洗凿毛时，达 0.5MPa；人工凿除时，达 2.5MPa；风动机凿毛时，达 10MPa。

（2）经凿毛处理的混凝土面，应用水冲洗干净，在浇筑次层混凝土前对垂直施工缝应刷一层水泥净浆，对水平层应铺一层厚度为 10～20mm 的 1：2 的水泥砂浆。

（3）重要部位及有防震要求的混凝土结构或钢筋稀疏的钢筋混凝土结构，应在施工缝处补插钢筋。

（4）施工缝为斜面时应浇筑成或凿成台阶状。

（5）施工缝处理后，须待处理层混凝土达到一定强度后才能继续浇筑混凝土，强度一般应达 2.5MPa。

5. 混凝土的振捣

混凝土振捣的目的是将混凝土拌和物内的气泡排出，增加混凝土的密实度，提高混凝土的强度和耐久性，达到内实外光的要求。

混凝土的振捣可分为人工（用铁钎）振捣和机械振捣两种。机械振捣设备有插入式振捣器、附着式振捣器和平板式振捣器。

浇筑混凝土时，除少量塑性混凝土可用人工振捣外，一般应采用机械振捣。用振捣器振捣时，应符合下列要求：

（1）使用插入式振捣器时，移动间距不应超过振捣器作用半径的 1.5 倍；与侧模保持 50～100mm 的距离；应插入下层混凝土 50～100mm，以保证上下混凝土的正常连接，同时要快插慢拔，避免振动模板、钢筋和预埋件。

（2）表面振捣器的移动间距应以使振捣器能覆盖已振实部分 10mm 左右为宜。

（3）附着式振捣器的布置间距应根据结构物形状及振捣器的性能等确定。

（4）每一振捣的部位，必须振动到该部位混凝土密实为止。密实的标志是混凝土停止下沉、不再冒气泡、表面呈现平坦、泛浆。

6. 混凝土的养生及拆模

混凝土养生的目的是提供混凝土强度发育所需的温度和湿度。混凝土中水泥的水化作用过程，就是混凝土凝固、硬化和强度发育的过程。它与周围环境的温度、湿度有密切的关

系。当温度低于 15℃，混凝土的硬化速度减慢，当温度降至－2℃以下时，硬化基本停止。

在干燥气候条件下，混凝土的水分迅速蒸发，一方面使混凝土表面剧烈收缩而导致开裂，另一方面当游离水分全部蒸发后，水泥水化作用即停止，混凝土即停止硬化。因此，混凝土浇筑后需进行适当的养生，以保证混凝土硬化发育所需的温度和湿度。

一般塑性混凝土浇筑完成后，应在收浆后尽快予以覆盖和洒水养生。对于干硬性水泥混凝土、炎热天气浇筑的混凝土以及桥面等大面积裸露的混凝土，有条件时可在浇筑完成后立即加设棚罩，待收浆后再予以覆盖和洒水养生。混凝土洒水养生时间一般为 7d。当结构物与流动性的地表水接触时，应采取防水措施，保证混凝土在浇筑后 7d 内不受水的侵袭。

当气温低于 5℃时，不得向混凝土的表面洒水，此时应采取冬季养生措施。

7. 混凝土的冬季施工要点

冬季施工是指根据当地多年气温资料，室外日平均气温连续 5d 稳定低于 5℃时，混凝土、钢筋混凝土、预应力混凝土及砌体工程的施工，冬季施工应采取冬季施工措施。主要包括以下几个方面：

（1）配置混凝土时，宜优先选用硅酸盐水泥、普通硅酸盐水泥，水泥强度等级不宜低于 42.5 级，水灰比不宜大于 0.5。在保证混凝土必要和易性的同时，尽量减少水泥的用量，采用较小的水灰比，这样可以大大促进混凝土的凝固速度，有利于抵抗混凝土的早期冻结。采用蒸汽养生时，宜优先选用矿渣硅酸盐水泥。用加热法养生掺加外加剂的混凝土，严禁使用高铝水泥。使用其他品种的水泥时，应注意其掺合材料对混凝土强度、抗冻、抗渗等性能的影响。

（2）浇筑混凝土宜掺入引气剂、引气型减水剂等外加剂，以提高混凝土的抗冻性。掺用防冻剂、早强剂，加快混凝土强度的发育，防止混凝土早期冻结。

（3）拌制混凝土的各项材料的温度，应满足混凝土拌和物搅拌和成所需要的温度。当材料原有温度不能满足需要时，应首先考虑对拌和水加热，仍不能满足需要时，再考虑对集料加热。

（4）冬季搅拌混凝土时，骨料不得带有冰雪和冻结团块。严格控制混凝土的配合比和坍落度。投料前，应先用热水或蒸汽冲洗搅拌机，投料顺序为先加骨料、水搅拌，再加水泥搅拌。增加拌和时间，一般比正常情况延长 50%，使水泥的水化作用加快，并使水泥的发热量增加以加速凝固。混凝土搅拌物的入模温度不得低于 10℃。

（5）用蒸汽法、暖棚法、蓄热法和电热法等提高混凝土的养生温度。蒸汽养生通常从混凝土浇筑结束后 2h 开始加温。升温、降温速度不得超过表 2.14 的规定。当采用普通硅酸盐水泥时，养生温度不宜超过 80℃；当采用矿渣硅酸盐水泥，养生温至为 85～95℃为宜。保温养生终止后拆除模板时，必须使混凝土温度逐渐降低，当混凝土表面温度急剧下降时，由于混凝土内外温差的影响，将在混凝土表面产生拉应力，可能出现收缩裂缝。

**表 2.14　　加热养护混凝土的升、降温速度**

| 表面系数/($m^{-1}$) | 升温速度/(℃/h) | 降温速度/(℃/h) |
|---|---|---|
| ≥6 | 15 | 10 |
| <6 | 10 | 5 |

**注**　表面系数指结构冷却面积（$m^2$）与结构体积（$m^3$）的比值。

## 2.3.3　装配式简支梁桥的运输和安装

### 2.3.3.1　预制梁的出坑和运输及存放

1. 出坑

为了将预制构件从预制场（厂）运至存梁场或桥位处安装，首先得把构件从预制底座上移出来，即所谓“出坑”。钢筋混凝土构件在混凝土强度达到设计强度的75%、预应力混凝土构件在进行预应力筋张拉后，即可进行该项工作。

构件出坑时，常采用龙门吊机起吊出坑、三角扒杆偏吊出坑和横向滚移出坑。构件吊运时的吊点位置应按设计规定。如无设计规定时，梁、板构件的吊点应根据计算确定。构件的吊钩应顺直。吊绳与起吊构件的交角小于60°时，应设置吊架或扁担，尽量使吊环垂直受力。

2. 运输和存放

预制梁从预制厂至桥位处的运输称为场外运输，常用大型平板车、驳船或火车进行运输。梁、板构件移运和堆放的支承位置应与吊点位置一致，并应支承牢固，避免构件损伤。

预制梁、板在施工预制厂存放以及在运输过程中，应采取必要的防护措施，避免构件（如T形梁、工字形梁等）发生倾覆造成构件的破坏。小构件宜顺宽度方向侧立放置，并注意防止倾倒，如平放，两端吊点处必须设置支承方木。

构件堆放的场地应平整夯实，构件应按吊运及安装次序顺序堆放，宜尽量缩短预应力混凝土梁或板的堆放时间，防止产生过大的反拱度。水平分层堆放构件时，其堆垛高度应按构件强度、地面支承力、垫木强度及堆垛的稳定性而定。承重大构件一般以2层为宜，不应超过3层；小型构件一般不宜多于6～10层，层与层之间以垫木隔开，各层垫木的位置应在吊点处，上下垫木必须在一条竖直线上。雨季和春季融冻期间，必须注意防止因地面软化而造成构件断裂及损坏。

### 2.3.3.2　预制梁的安装

1. 架设方法

（1）用跨墩龙门吊机安装，如图2.56所示。跨墩龙门吊机适用于架设水上岸滩的桥孔，也可用来架设水浅、流缓、不通航河流上的跨河桥孔。两台跨墩龙门吊机分别设于待

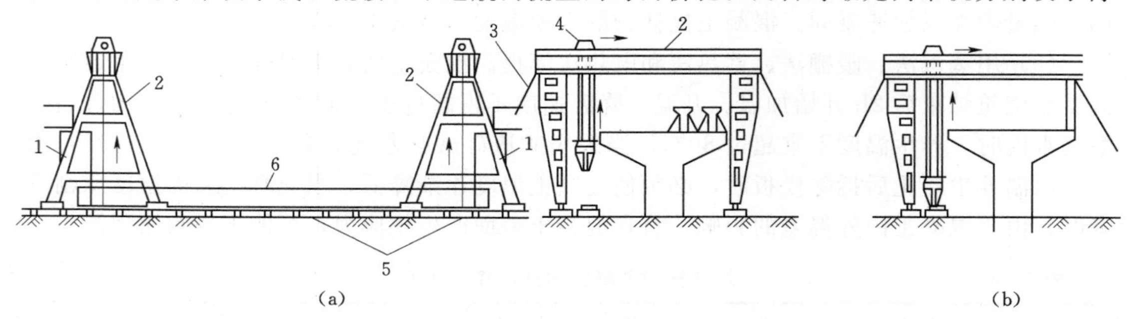


图2.56　用跨墩龙门吊机架梁

（a）跨墩龙门架架设；（b）墩侧高低腿龙门架架设

1—桥墩；2—龙门架吊机；3—风缆；4—横移行车；5—轨道；6—预制梁

安装孔的前、后墩位置，预制梁由平车顺桥向运至安装孔的一侧，移动跨墩龙门吊机上的吊梁平车，对准梁的吊点放下吊架，将梁吊起。当梁底超过桥墩顶面后，停止提升，用卷扬机牵引吊梁平车慢慢横移，使梁对准桥墩上的主梁支座，然后落梁就位。重复该过程进行其他梁体的安装。

在水深不超过 5m、水流平缓、不通航的中小河流上的小桥孔，也可采用跨墩龙门吊机架梁。这时必须在水上桥墩的两侧，架设龙门吊机轨道便桥。便桥基础可用木桩或钢筋混凝土桩。在水浅流缓而无冲刷的河流上，也可采用木筏和草袋筑岛来作为便桥的基础。便桥的梁可采用贝雷梁组拼。

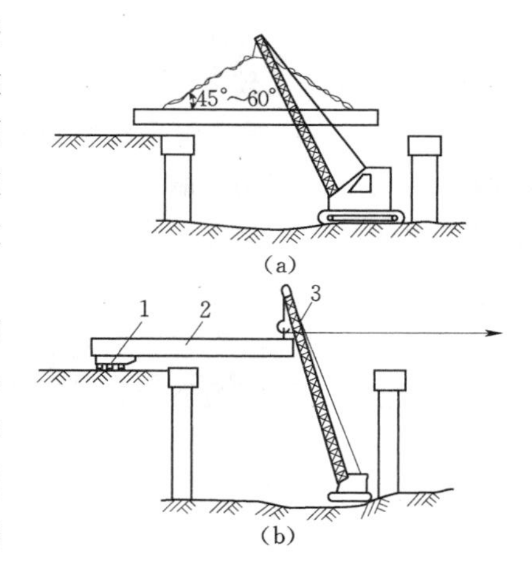


图 2.57　自行式吊车架梁
(a) 一台自行式吊机架设法；(b) 吊机和绞车配合架设法
1—拖履滚筒；2—预制梁；3—吊机起重臂

(2) 自行式吊车安装，如图 2.57 所示。当梁的跨径不大、重量较轻、且预制梁可直接运至桥位时，直接用自行式伸臂吊车（汽车吊或履带吊）在桥上架梁更为方便，如果桥梁位于旱地时，也可在桥下进行梁体的安装。

当采用桥上安装时，当各片主梁尚未连成整体时，必须核算吊车通行和架梁工作时的承载能力。该架设方法所需设备少，且效率高。

(3) 架桥机安装，如图 2.58 所示。铁路桥梁上所采用的构架式架桥机，其机体与机臂均系钢构架组成。起吊量有 40t、65t、80t、130t 等多种。它们的机臂可仰高和降落，但不能在水平面内旋转，本身重量较轻，使用较方便。目前许多施工单位已设计出一些新型架桥设备，设备轻巧且架设速度快，安全可靠，在施工中可借鉴使用。

图 2.58　架桥机架梁

(4) 穿巷吊机安装，如图 2.59 所示。穿巷吊机可支承在桥墩和已架设的桥面上，不需要在岸滩或水中另设脚手架与铺设轨道。因此，它适用于在水深流急的大河上架设水上桥梁。根据穿巷吊机的导梁主桁架间净距的大小，可分为宽、窄两种。宽穿巷吊机可以进行边梁的起吊并横移就位；窄穿巷吊机的导梁主桁小于两边 T 形梁梁肋之间的距离，因此，边梁要先吊放在墩顶托板上，然后再横移就位。

宽穿巷吊机可以进行T形梁的垂直提升、顺桥向移动和吊机纵向移动等三种作业。吊机的构造虽然比较复杂，但工效高，同时横移较安全。

图2.59（a）所示由平车轨道运送预制梁至架梁孔位，将导梁两侧可以安装的预制梁用两个门式吊机起吊横移并落梁就位；图2.59（b）所示在已架设梁上铺设钢轨，用蝴蝶架顺次将两个门式吊车托起并运至前一孔桥墩上。

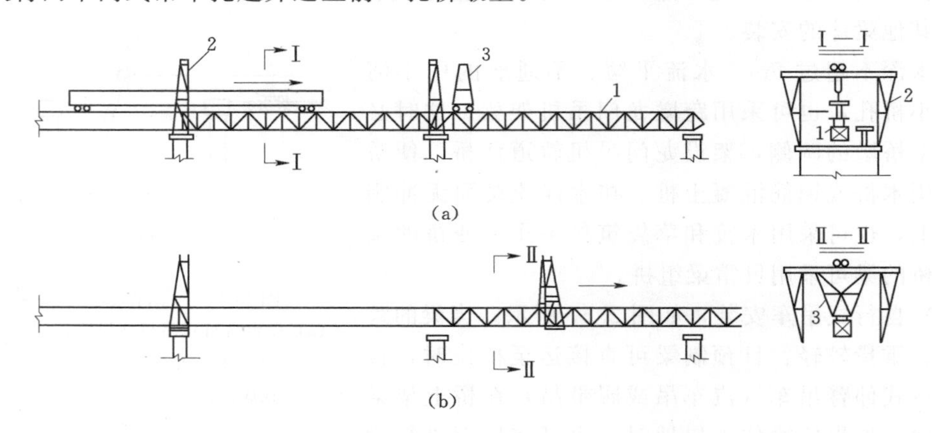


图2.59　穿巷吊机安装

1—钢导梁；2—门式吊架；3—托架（运送门式吊车用）

（5）用导梁、龙门架及蝴蝶架安装，如图2.60所示。当桥很高，水很深时，还可以用导梁、龙门架及蝴蝶架联合架梁。它是由跨过两个跨径的导梁和两台位于墩台上的龙门架及蝴蝶架联合使用来完成架梁工作的。载着预制梁的平车沿导梁移至跨径上，由龙门架吊起将梁横移降落就位。最后一片梁吊起以后应将安装梁纵向拖拉至下一跨径，再将梁下落就位。

图2.60　导梁、龙门架及蝴蝶架梁

当一孔桥孔全部架好以后，龙门架就骑在蝴蝶架上沿着导梁和已架好的桥跨移至下一墩台上去，进行下一孔的安装。

（6）浮吊安装，如图2.61所示。在通航河道上或水深河道上架桥，可采用浮吊安装预制梁。当预制梁分片预制时，浮船宜逆流向上，先远后近安装。

用浮吊安装预制梁，施工速度快，高空作业少，吊装能力强，是大跨径多孔跨河桥梁

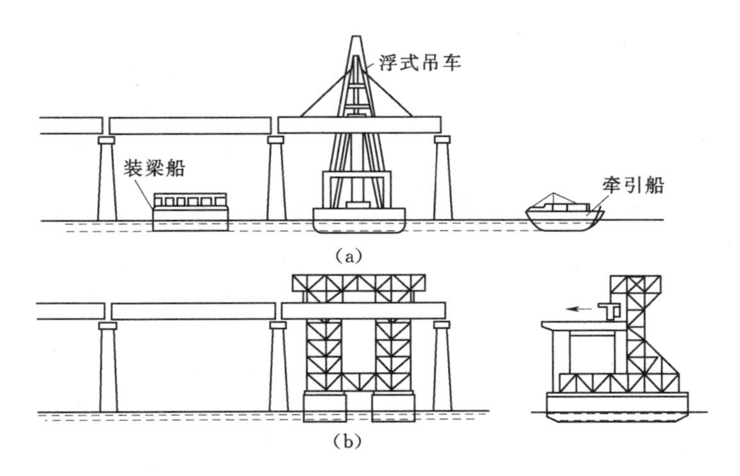


图 2.61　浮吊架梁

(a) 可回转的伸臂式浮吊；(b) 固定悬臂吊装

的有效的架设方法。采用浮吊架设需配置运输驳船，岸边设置临时码头，同时在用浮吊架设时要有牢固的锚锭，作业时注意施工安全。

2. 安装要点

梁、板安装前应首先对支座的安装进行检查，支座的有关技术性能参数应符合设计要求。支座下设置的支承垫石，混凝土强度应符合设计要求，顶面标高准确，表面平整，避免支座发生偏歪、不均匀受力和脱空现象。安装前将墩、台支座垫石处清理干净，用干硬性水泥砂浆抹平，并使其顶面标高符合设计要求。

吊装梁、板前，抹平的水泥砂浆必须干燥并保持清洁和粗糙，支座最好黏结于墩台表面。安放梁、板时应就位准确并与支座密贴。就位不准确时，或支座与梁、板不密贴时，必须吊起，采取垫钢板等措施调整安装偏差，不得用撬棍移动梁、板。

梁、板安装就位后，应及时设置保险垛或支撑，将梁固定并用钢板与先安装好的梁、板预埋横向连接钢板焊接，防止倾倒，待全孔梁、板安装就位后，再按设计规定使整孔梁、板整体化。梁、板就位后按设计要求及时浇筑接缝混凝土。

3. 构件的接头方式

预制构件的接头有三种方式：湿接头、干接头及干湿混合接头。湿接头就是现浇混凝土接头，必须在有支架情况下实施。干接头采用钢板焊接接头、螺栓接头、环氧树脂胶涂缝的预应力接头等。干湿混合接头先由干接头受力，待现浇接头混凝土获得强度后共同受力。

(1) 现浇混凝土接头（湿接头），如图 2.62 所示，杆件的端头需有主筋伸出，相互焊接，并布置箍筋后浇筑混凝土。接头长度一般为 0.2～0.5m，接头混凝土标号一般采用比构件的混凝土强度等级高一级，或采用超强混凝土，以达到尽快拆除支架的目的。

(2) 钢板电焊接头，如图 2.63 所示，在构件接头端部预埋钢板，在构件就位后将钢板焊接在一起。接头形式采取三种方式：第一种采用在端面预埋钢板，接头时在钢板四围焊接；第二种采用在构件侧面预埋钢板与搭接钢板焊接；第三种在构件端部与侧面均预埋

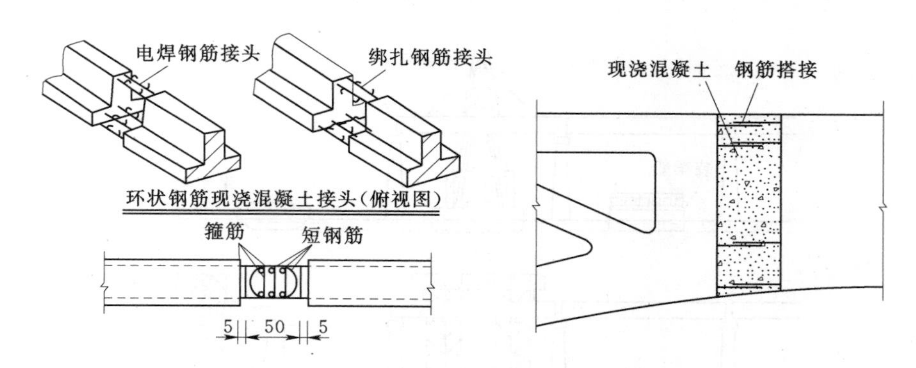


图 2.62　现浇混凝土接头

钢板，先焊接端部钢板，再加搭接钢板与侧面预埋钢板焊接。所有预埋钢板均要与锚固钢筋或主筋焊接。

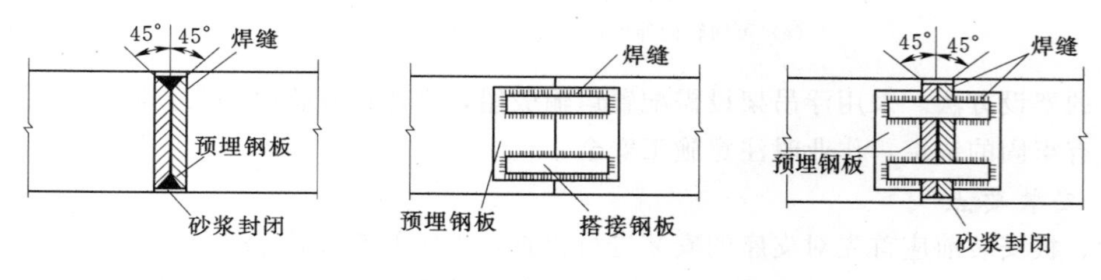


图 2.63　钢板电焊接头

(3) 法兰螺栓接头，如图 2.64 所示，在构件接头端预埋法兰盘，在构件就位后用螺栓将法兰连接起来。

(4) 干湿混合接头，如图 2.65 所示，在同一接头处既用现浇连接又用焊接接头或用螺栓接头。

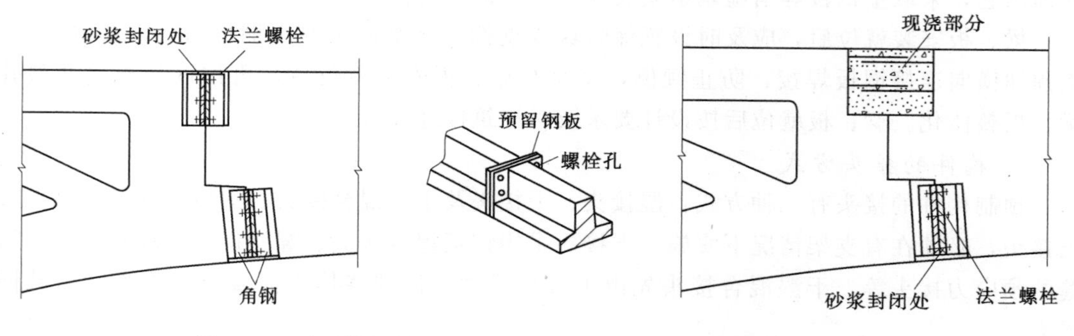


图 2.64　法兰螺栓接头

图 2.65　干湿混合接头

## 2.3.4　梁式桥的就地浇筑

梁式桥就地浇筑法是在桥梁下部结构施工完毕后，在桥位处直接搭设支架和模板，现场浇筑上部梁体混凝土的施工方法。但由于装配式结构整体性差，后期混凝土开裂现象比较严重，同时随着拼装杆件技术发展，现场浇筑法正普遍应用于城市高架桥、立交桥等连续梁桥的施工中。

### 2.3.4.1　准备工作

就地浇筑施工时，一般将桥梁上部单孔或多孔同时一次浇筑完毕，交叉工序多，混凝土浇筑的工作量大，且需要连续浇筑，因此为保证混凝土浇筑的质量，应充分做好施工前的准备工作。

1. 支架和模板的检查

在浇筑混凝土前应对支架和模板进行全面、严格的检查，校对设计图样的要求，支架的接头位置是否准确、可靠，卸架设备是否符合要求；地基承载力能否满足要求；检查模板的尺寸，制作是否密贴，螺栓、连接部分是否牢固，是否涂抹模板油或其他脱模剂等。

2. 钢筋和预应力筋的检查

检查钢筋和预应力筋预埋孔道（制孔器）的位置是否准确，钢筋骨架绑扎是否牢固，制孔器的端部、接头及与锚具连接处应特别注意防止漏浆；检查锚具的位置、压浆管和排气孔是否畅通。

3. 浇筑混凝土前的准备工作

应检查混凝土的供料、拌制、运输系统是否符合规定要求，在正式浇筑前对各种机具设备进行试运转，以防止在使用中发生故障。根据浇筑顺序布置振捣设备和施工人员，检查各种连接和支撑构件的牢固性，对大型就地浇筑的混凝土工作，应准备必要的备用机械、动力。

在浇筑混凝土前，应对支架、模板、钢筋、预留孔道和预埋件进行全面的检查，合格后方课进行混凝土浇筑。

### 2.3.4.2　简支梁混凝土的浇筑顺序

为了保证混凝土的整体性，防止在浇筑上层混凝土时破坏下层，要求混凝土具有一定的浇筑速度，在下层混凝土初凝前完成上层混凝土的浇筑。在考虑混凝土的浇筑顺序时，应不使模板和支架产生有害的下沉；为了对浇筑的混凝土进行振捣，应采用分层浇筑振捣，当在斜面或曲面上浇筑混凝土时，一般由低处向高处浇筑。

1. 水平分层浇筑

对于跨径不大的简支梁桥，可在一跨全长内分层浇筑，在跨中合拢。分层的厚度视振捣能力而定，一般选用15～30cm。为避免支架不均匀沉陷的影响，浇筑速度应尽量快，以便在混凝土失去塑性前完成混凝土的浇筑。

2. 斜层浇筑

对跨径较大的梁桥应从主梁的两端用斜层法向跨中浇筑，在跨中合龙；图2.66所示为T形梁和箱形梁采用斜层法

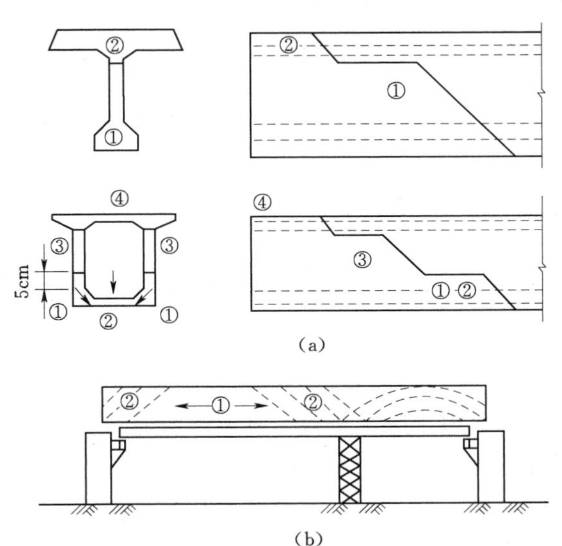


图2.66　简支梁就地浇筑

(a) T形梁和箱梁斜层浇筑顺序；(b) 采用梁式支架时的斜层浇筑顺序

(图中①②③④表示浇筑顺序)

浇筑顺序。

当采用梁式支架，支点不设在跨中时，应在支架下沉量最大的位置先浇混凝土，使支架变形及早完成。

3. 单元浇筑法

当桥面较宽且混凝土数量较大时，可分成若干纵向单元分别浇筑。每个单元可沿其长度分层浇筑，在纵梁间的横梁上设置连接缝，并在纵梁浇筑完成后填缝连接。之后桥面板可沿桥全宽一次浇筑完成。

#### 2.3.4.3　混凝土的养生及拆模

1. 混凝土的养生

混凝土浇筑完成后进行养生，能使混凝土加快硬化，并在获得规定强度的同时，防止混凝土产生干缩裂缝，防止混凝土受日晒、雨淋、受冻及受荷载的振动、冲击。由于混凝土在硬化过程中发热，在夏季和干燥的气候下应进行湿治养生，以保证混凝土强度发育所需的温度和湿度；在冬季施工时应保护混凝土不受冻，采用加温养生的方法，避免混凝土强度的降低。

2. 模板拆除及卸架

当混凝土强度达到设计强度的25%以后，可拆除侧模板；当混凝土强度不小于设计强度的75%时，方可拆除承重的底模板。对于预应力混凝土梁应在预应力筋张拉完毕或张拉到一定数量后方可拆除底模板，以免混凝土受拉开裂。

梁的落架程序应从梁的挠度最大处的支架节点开始，逐步卸落相邻两侧的节点，并要求对称、均匀、有顺序地进行；同时要求各节点应分多次进行卸落，以使梁的沉落曲线逐步加大。通常简支梁和连续梁可从跨中向两端进行；悬臂梁则应先卸落挂梁及悬臂部分，然后卸落主跨部分。

**【思　　考　　题】**

- 简支梁桥装配式施工的特点及优势。

## 学习单元 2.4　预应力混凝土桥梁施工

### 2.4.1　预应力混凝土的概念及特点

预应力混凝土是为了避免钢筋混凝土结构的裂缝过早出现，充分利用高强度钢筋及高强度混凝土，设法在混凝土结构或构件承受使用荷载前，预先对受拉区的混凝土施加压力后的混凝土就是预应力混凝土。

预压应力用来减小或抵消荷载所引起的混凝土拉应力，从而将结构构件的拉应力控制在较小范围，甚至处于受压状态，以推迟混凝土裂缝的出现和开展，从而提高构件的抗裂性能和刚度。

根据预加应力值大小对构件截面裂缝控制程度的不同分类：

1. 全预应力混凝土

在使用荷载作用下，不允许截面上混凝土出现拉应力的构件，属严格要求不出现裂缝的构件。

2. 部分预应力混凝土

允许出现裂缝，但最大裂缝宽度不超过允许值的构件，属允许出现裂缝的构件。

3. 无黏结预应力钢筋

将预应力钢筋的外表面涂以沥青，油脂或其他润滑防锈材料，以减小摩擦力并防锈蚀，并用塑料套管或以纸带，塑料带包裹，以防止施工中碰坏涂层，并使之与周围混凝土隔离，而在张拉时可沿纵向发生相对滑移的后张预应力钢筋。

（1）预应力混凝土有以下优点：

1）抗裂性好，刚度大。由于对构件施加预应力，大大推迟了裂缝的出现，在使用荷载作用下，构件可不出现裂缝，或使裂缝推迟出现，所以提高了构件的刚度，增加了结构的耐久性。

2）节省材料，减小自重。其结构由于必须采用高强度材料，因此可减少钢筋用量和构件截面尺寸，节省钢材和混凝土，降低结构自重，对大跨度和重荷载结构有着明显的优越性。

3）提高构件的抗剪能力。试验表明，纵向预应力钢筋起着锚栓的作用，阻碍着构件斜裂缝的出现与开展，又由于预应力混凝土梁的曲线钢筋（束）合力的竖向分力将部分地抵消剪力。

4）提高受压构件的稳定性。当受压构件长细比较大时，在受到一定的压力后便容易被压弯，以致丧失稳定而破坏。如果对钢筋混凝土柱施加预应力，使纵向受力钢筋张拉得很紧，不但预应力钢筋本身不容易压弯，而且可以帮助周围的混凝土提高抵抗压弯的能力。

5）提高构件的耐疲劳性能。因为具有强大预应力的钢筋，在使用阶段因加荷或卸荷所引起的应力变化幅度相对较小，故此可提高抗疲劳强度，这对承受动荷载的结构来说是很有利的。

（2）预应力混凝土缺点：

1）工艺较复杂，对质量要求高，因而需要配备一支技术较熟练的专业队伍。

2）需要有一定的专门设备，如张拉机具、灌浆设备等。

3）预应力混凝土结构的开工费用较大，对构件数量少的工程成本较高。

（3）制作过程一般是：

1）按要求布置钢筋或钢绞线。

2）安装锚具。

3）预应力张拉，一般要求分几次张拉，先张拉，后放张。

4）支模板，浇筑混凝土。

预应力混凝土不仅仅用在大跨度结构中，它还可以用在像水塔、蓄水池等构筑物中，以预应力抵消流体的压力。预应力构件有现浇和预制，现浇的现在应用很广泛，高层建筑的大梁采用此结构，可以大大减低梁体的厚度。预应力的形成分有无黏结预应力混凝土和

有黏结预应力混凝土，分为先张拉钢筋后浇筑的先张法和先浇筑混凝土构件并预留孔道然后穿筋张拉并灌浆的后张法。

### 2.4.2　先张法施工工艺

先张法是将预应力筋张拉到设计控制应力，用夹具临时固定在台座式钢模上，然后浇筑混凝土；待混凝土达到一定强度后，放松预应力筋，靠预应力筋与混凝土之间的黏结力使混凝土构件获得预压力的一种方法。

先张法多数用于预应力混凝土厂中，在台座上生产中小型构件。

台座由台面、横梁和承力结构等组成。根据承力结构的不同，台座分为墩式台座、槽式台座和桩式台座。生产板形构件多用墩式台座，生产梁、屋架等构件多用槽式台座。设计台座时要进行抗倾覆稳定性和强度验算。

先张法中钢丝用的锚固夹具有：圆锥齿板式夹具、圆锥三槽式夹具和墩头夹具。钢筋用的锚固夹具有：螺丝端杆锚具、墩头锚和销片夹具等。

1. 空心板梁模板构造

外模采用定型大块钢木组合模板，钢管、角钢做外支撑；内模采用充气胶囊芯。

2. 预应力工艺

选用千斤顶和配套油泵，预先加工张丝杠、连接套、锚塞、锚环。钢绞线下料长度：各棍之间相对误差±5mm，全长与设计长度差±10mm。钢绞线切勿被电焊火花烧伤，防止断丝。穿橡胶囊芯并充气形成内孔，使橡胶囊芯外露，以便固定。使用时将胶囊管一端封墙，另一端接上充气阀门，加充气量到设计尺寸，检查橡胶囊芯是否漏气。穿束要由下而上，由内而外，穿束前每根钢绞线的两端应做出标记，端模板的孔眼亦应编号，以便检查。锚圈和锚塞的推度要相同，使钢绞线受相同的夹持，避免单根滑脱。张拉前，对台座、模梁及各项张拉设备进行详细的检查，对千斤顶进行标定，并使之与相应的高压油泵配套使用。张拉分两次进行，第一次是立模前的超张拉（超张拉——减少由于钢筋松弛变形造成的预应力损失），主要目的是通过超张拉减少钢绞线应力的松弛损失，第二次是灌注前的张拉，要求达到设计控制应力。采用张拉力和伸长值双控的方法。

张拉程序可按下列之一进行：$0\rightarrow1.05\sigma_{con}$（持荷 2min）$\rightarrow\sigma_{con}$ 或 $0\rightarrow1.03\sigma_{con}$，其中 $\sigma_{con}$ 为预应力筋的张拉控制应力；为了减少应力松弛损失，预应力钢筋宜采用 $0\rightarrow1.05\sigma_{con}$（持荷 2min）$\rightarrow\sigma_{con}$ 的张拉程序。

预应力钢丝张拉工作量大时，宜采用一次张拉程序 $0\rightarrow1.03\sigma_{con}$。

持荷 2min——加速钢筋松弛的早期发展。（第 1min 内完成损失总值的 50%）应力松弛：钢材在常温、高应力状态下，具有不断产生塑性变形的特点，导致钢筋应力下降。

二次张拉完毕后，立即灌筑混凝土。梁体强度达到设计强度 90%即可放张。放松应力时，压柱两端可同时进行，也可以 3cm 为一级交替进行，每端的四个楔块必须同步放松，每次四个楔块之丝杆应转动同标的圈数。放张前后用水平仪测上拱度并作记录。

3. 模板的安装与拆除

板面不应有缝隙及面部凹凸，模板安装前应涂隔离剂，涂后注意保持清洁。侧模应从

一端开始立，第一片吊立就位后用斜杆交叉定位，然后吊装对面一侧的侧模，依次装拉杆，找好上口尺寸，接着安装相邻的一片模板，最后安装连接焊栓。预应力筋张拉至设计吨位后，应检查端模位置是否移位，灌筑混凝土时有专人检查，防止跑模、漏浆。

拆模：混凝土强度达到设计40%即可拆模，拆模应遵守“上顶下拉，同步平移”的原则，但应注意在蒸汽养护条件下采取措施，防止拆模梁体与外界温差过大，梁体出现裂纹。

4. 混凝土施工

原材料应符合有关规范和设计要求。拌和设备采用强制式拌和机，其拌和时间自加水开始为1～1.5min，混凝土自拌和机到入模之间隔时间不宜超过15min，坍落度控制在8～10cm之间。梁体混凝土灌筑采用插入式捣固工艺，梁顶面混凝土用平板振动器振平后，压平抹光最后拉毛。

混凝土养护：采用自然养护，为加快台座周转，板梁预制选在冬季之前，并且在混凝土中加高效早强减水剂，72h后，混凝土强度可达90%，即可拆模。拆模后洒水养护14d，气温低于5℃不洒水。

5. 注意事项

(1) 预应力筋张拉时，在两侧设防护柱杆，以免拉脱伤人。

(2) 张拉过程中，端横梁须设防护网，两端设专人警戒，同时操作人员不得正对丝杆。

(3) 起吊模板立模时，必须设专人指挥。

(4) 放张时两端楔块必须同步放松，有专人指挥，统一号令，防止施力不均，楔块飞出伤人。

(5) 起梁时要有专人指挥，两端同步起吊，横移时打紧两支撑木，滑板涂上黄油，同步均匀移动。

(6) 振捣混凝土时，如采用交频插入式振捣棒，须从两侧同时进行，以防充气橡胶芯模左右移动；并避免振捣棒端头接触芯模，出现穿孔漏气现象。边梁浇筑时，应注意翼板上护栏座预埋钢筋的位置。

(7) 先张法预应力混凝土构件进行湿热养护时，应采取正确的养护制度以减少由于温差引起的预应力损失。

6. 预应力放张

(1) 条件：混凝土达到设计规定且不小于75%强度值后。

(2) 放张顺序。

1) 预应力筋放张时，应缓慢放松锚固装置，使各根预应力筋缓慢放松。

2) 预应力筋放张顺序应符合设计要求，当设计未规定时，可按下列要求进行：

承受轴心预应力构件的所有预应力筋应同时放张；承受偏心预压力构件，应先同时放张预压力较小区域的预应力筋，再同时放张预压力较大区域的预应力筋。

长线台座生产的钢弦构件，剪断钢丝宜从台座中部开始；叠层生产的预应力构件，宜按自上而下的顺序进行放松；板类构件放松时，从两边逐渐对称向中心进行。

(3) 放张方法。

1）对于中小型预应力混凝土构件，预应力丝的放张宜从生产线中间处开始，以减少回弹量且有利于脱模；对于大构件应从外向内对称、交错逐根放张，以免构件扭转、端部开裂或钢丝断裂。

2）放张单根预应力筋，一般采用千斤顶放张，如图2.67（a）所示。

3）构件预应力筋较多时，整批同时放张可采用砂箱、楔块等放松装置。

砂箱装置如图2.67（b）所示。楔块放张装置如图2.67（c）所示。

注：可用锯断，剪断，熔断（仅限于Ⅰ～Ⅲ级冷拉筋）方法放张，但对钢丝、热处理钢筋不得用电弧切割。

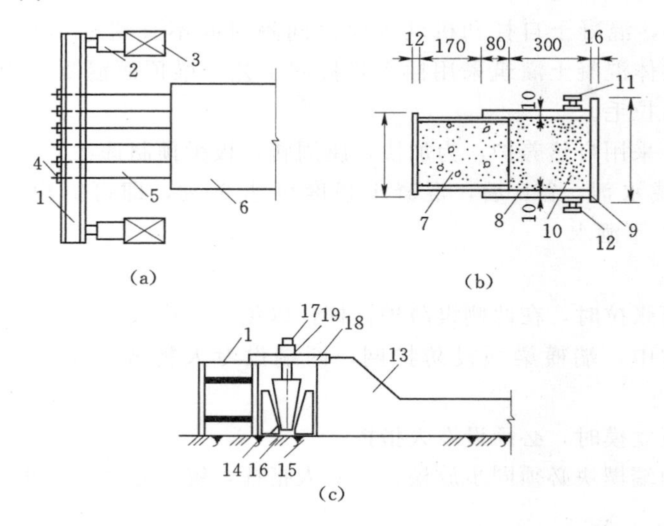


图2.67　预应力筋放张装置

（a）千斤顶放张装置；（b）砂箱放张装置；（c）楔块放张装置

1—横梁；2—千斤顶；3—承力架；4—夹具；5—钢丝；6—构件；7—活塞；8—套箱；9—套箱底板；10—砂；11—进砂口（M25螺丝）；12—出砂口（M16螺丝）；13—台座；14，15—钢固定楔块；16—钢滑动楔块；17—螺杆；18—承力板；19—螺母

### 2.4.3　后张法施工工艺

在后张法中，预应力筋、锚具和张拉机具是配套的。后张法中常用的预应力筋有单根粗钢筋、钢筋束（或钢绞线束）和钢丝束三类：

第一类：单根粗钢筋

单根粗钢筋预应力筋的制作，包括配料、对焊、冷拉等工序。预应力筋的下料长度应符合设计图中的要求来计算确定。

单根粗钢筋常用的锚具为螺丝端杆和帮条锚具，张拉设备常用YL-60型拉杆式千斤顶，或YC-60型、YC-20型和YC-18型穿心式千斤顶，亦可用电热法张拉。

第二类：钢筋束和钢绞线束

如用JM-12型锚具，则宜用YC-60型双作用千斤顶张拉。如用KT-Z型锚具，对螺纹钢筋束用锥锚式双作用千斤顶张拉；对钢绞线束则宜用YC-60型双作用千斤顶。

下料长度要根据所用的锚具和千斤顶计算确定。

第三类：钢丝束

常用的锚具有螺丝端杆锚具、帮条锚具、镦头锚具、锥形螺杆锚具和钢质锥形锚具。

镦头锚具要求钢丝束下料长度精确，相对误差控制在 $L/5000$（$L$ 为钢丝束的下料长度）以内，并不大于 5mm，为此要求钢丝束在应力状态下切断下料，下料的控制应力为 $300N/mm^2$。

镦头锚具用 YC－60 千斤顶张拉或拉杆式千斤顶张拉；锥形螺杆锚具用拉杆式千斤顶或穿心式千斤顶张拉；钢质锥形锚具用锥锚式双作用千斤顶张拉。

后张法施工工序如下：

1. 预制场地设置

预制场地设置时要考虑箱梁的安装及运输距离和顺序。梁底的数量根据实际工期而定是否周转。在台座端头 2m 长度范围内下设扩大基础，用以承担梁体在张拉后梁对台座端头的集中应力。在梁底座每隔 1.2m 设拉筋孔一道，便于支模。

2. 箱梁的施工工艺及方法

(1) 箱梁施工工艺流程底模修整→底板、腹板钢筋的焊接绑扎→埋设波纹管→外模板、内模板安装→顶板钢筋绑扎→安装负弯矩波纹管→浇筑底板混凝土→浇筑腹板、顶板混凝土→拆模养护→穿束→钢绞线张拉→孔道压浆→封锚。

(2) 钢筋加工及绑扎。箱梁钢筋的特点是钢筋密，弯曲多，预埋件多，施工要求高。钢筋加工的尺寸、规格严格按照图纸及规范要求进行。钢筋安装工艺流程：绑扎底板和腹板钢筋→布设正弯矩波纹管→安装侧模、内模→绑扎顶板钢筋→布设负弯矩波纹管对于泄水孔、伸缩缝及防撞护栏等预埋钢筋必须保证其位置准确、不要遗漏。

(3) 预应力孔道及锚垫板设置预应力孔道采用钢波纹管，波纹管可根据需要在工地按设计实际尺寸加工、下料，波纹管安装要严格按照图纸设计坐标布设，利用定位钢筋点焊在钢筋骨架上。为了保证孔道畅通及防止混凝土浆堵管，采用措施如下：

1) 在波纹管附近电焊钢筋时应对波纹管加以保护。焊接完备后再仔细检查。

2) 浇筑混凝土时，振捣人员应熟悉孔道位置，严禁振动棒直接触碰波纹管，以免波纹管受振变形、变位，造成孔道尺寸偏差过大，或波纹管漏浆。

3) 浇筑混凝土前用寸半厚壁塑料管穿入波纹管中，并在浇注过程中来回抽动，防止混凝土或振捣棒将波纹管挤压变形。

4) 锚垫板的位置应符合设计要求，并连同锚固钢筋、加强钢筋、螺旋钢筋可靠地固定在箱梁两端的模板和钢筋网上，特别是锚垫板与端模紧密贴合，不得平移或转动，可用胶条粘牢。

3. 模板工程

(1) 外模外模板采用 5mm 厚的钢板，面板加劲肋及支架均采用 5×5 角铁焊接。各块模板之间用螺丝联结。外模与底座之间嵌有橡胶条，以防底部漏浆。底部拉杆每 1.2m 一根，为了保证模板就位后支撑稳固满足受力要求，模板支架每隔 5m 设两根可调丝杆作为就位后的支撑。立模时用汽车吊逐块吊到待用处，上紧拉杆及可调螺杆。

(2) 内模内模可以采用木模，也可以采用钢模，每单件尺寸以 1m 为宜，支架每隔 60cm 一道。石头口门大桥采用的木模，从外观上看效果不好，但经济。内模先在拼装场地按4～6m拼装成节，待底板、腹板钢筋及波纹管道安装完毕后，将内模分节吊入箱梁内组拼。为了保证箱梁内模位置，内模与钢筋间设置混凝土垫块作为支撑。为了防止内模上浮，每隔1～1.2m在外模设一道横梁，以模板横梁作为支撑用可调螺杆向下顶紧。为了固定内模使其不偏移轴线位置，采用木方及三角楔将内模与外模顶牢，在浇筑混凝土时将木撑逐步拆除。

（3）封头模板封头模板采用定型钢模，表面倾角与设计锚垫板倾斜角度一致，端头模板在波纹管位留有口，将波纹管伸出端模之外，防止混凝土浆灌入波纹管中。

4. 混凝土工程

混凝土的浇筑根据箱梁钢筋密，有波纹管、振捣困难等特点，混凝土拌和应严格按重量法施工，采用电子计量、强制式拌和，严格控制水灰比在0.35～0.4之间，以减少表面的气泡、砂线等缺陷。坍落度宜控制在7～9cm，箱梁混凝土的浇筑采用一次成型工艺，由一端开始浇筑底板混凝土，浇筑长度约8～10m，用木板封底后开始浇筑腹板及顶板混凝土。当腹板混凝土的分层坡脚达到底板8～10m位置后，再向前浇筑8～10位置，以次类推进行浇筑到距另一端8～10m位置时，及时封底后变换方向，从端头向中部方面浇筑腹板及顶板混凝土。

箱梁混凝土的振捣方式采用插入式振动器。底板混凝土浇筑从端头及顶板预留工作孔下料，用振捣棒振捣，插点均匀、严密，不得漏振。底板浇筑完成一段后，将内模部分的活动模板压紧固定，立即浇筑腹板混凝土。腹板混凝土浇筑采用对称、分层下料的方式进行，分层厚度不大于50cm。振捣时，振捣棒移动间距不大于30cm，每次插入下层混凝土的深度宜为5～10cm，两侧腹板混凝土的下料和振捣须对称，同步进行以避免内模偏位。

模板拆除及养护全梁混凝土强度达到设计强度的40%～50%时方可进行模板的拆除工作。拆模时注意顶板和易导致棱角破坏部位，一定要小心，防止掉边。混凝土浇筑完成后4h应立即进行混凝土养生，确保混凝土表面充分潮湿，同时对预留孔道应加以密封保护，防止金属波纹管生锈或堵管。

5. 预应力施工

（1）检查工具。准备工作施工前应按规范要求，将千斤顶和压力表检测标定。并由计量部门出标定书。根据标书上的数据，绘出张拉力与压力曲线，算出设计张拉应力所对应的压力表数。

预应力钢绞线进场后，应及时送检，合格后下料。钢绞线的切断宜采用砂轮割片，保证切口平整，线头不散。然后钢绞线根据使用部位进行编束，每隔1.5～2m用绑线绑扎一道，并编号放好。

（2）穿束。穿束箱梁混凝土强度达到设计强度90%时，就可进行钢绞线穿束，穿束前清理好波纹管中的杂物和污物。用塑料布包住线头便于穿束。穿束时两侧工人用力要均匀一致，保证钢绞线顺直。钢绞线穿好后，上好锚具以备张拉。

（3）钢筋张拉。

1）张拉时一般按设计文件要求双向对称张拉。张拉程序为$0\rightarrow0.1\sigma_{con}\rightarrow0.2\sigma_{con}\rightarrow1.03\sigma_{con}$（持荷2min）→锚固（其中：$\sigma_{con}$为设计张拉控制应力）。张拉过程中先张拉到$0.1\sigma_{con}$，然后开始张拉量测伸长值到$0.2\sigma_{con}$，最后张拉到要求的张拉控制应力持荷后

锚固。

2）张拉时采用张拉力和伸长值双控，理论伸长值和实际伸长值误差不应超过6%，如超出须停止张拉，查找原因。实际伸长值等于从0.2$\sigma_{con}$到1.03$\sigma_{con}$伸长值加上2倍0.1$\sigma_{con}$到0.2$\sigma_{con}$的伸长值。

3）张拉时注意事项：

a. 预应力钢绞线张拉时，现场要有明显的标志，严禁闲杂人员进入，张拉过程中，千斤顶后不得站人，防止锚具夹片弹出伤人。

b. 预应力钢绞线张拉过程中要严格按程序施工，均匀施加力。油泵操作人员给油和回油要慢，不得骤然间回油和给油。张拉要从最上面的孔道开始左右双向对称张拉，张拉完最上两孔后再张拉下面。

c. 张拉时要有专人量测伸长值，并做好原始记录。

后张法工艺中，直接影响预应力的效果有以下三个重点步骤，对于这些步骤有些特殊要求如下：

1. 孔道留设

孔道留设是后张法构件制作中的关键之一。孔道直径取决于预应力筋和锚具，如用螺丝端杆的粗钢筋，孔道直径应比螺丝端杆的螺纹直径大10～15mm；用JMl2型锚具的钢筋束或钢绞线束，对JMl2－3、4，孔道直径为42mm，对JMl2－5、6则为50mm。孔道留设方法有钢管抽芯法、胶管抽芯法和预埋波纹管法。

（1）钢管抽芯法。预先将钢管埋设在模板内孔道位置处，在混凝土浇筑过程中和浇筑之后，每间隔一定时间慢慢转动钢管，使之不与混凝土黏结，待混凝土初凝后、终凝前抽出钢管，即形成孔道。该法只用于留设直线孔道。

钢管要平直，表面要光滑，安放位置要准确。一般用间距不大于lm的钢筋井字架固定钢管位置。每根钢管的长度最好不超过15m，以便于旋转和抽管，较长构件则用两根钢管，中间用套管连接。钢管的旋转方向两端要相反。

恰当掌握抽管时间很重要，过早会坍孔，太晚则抽管困难。一般在初凝后、终凝前，以手指按压混凝土不黏又无明显印痕时则可抽管。为保证顺利抽管，混凝土的浇筑顺序要密切配合。

抽管顺序宜先上后下，抽管可用人工或卷扬机，抽管要边抽边转，速度均匀，与孔道呈一直线。

在留设孔道的同时还要在设计规定位置留设灌浆孔。一般在构件两端和中间每隔12m留一个直径20mm的灌浆孔，并在构件两端各设一个排气孔。

（2）胶管抽芯法。胶管有五层或七层夹布胶管和钢丝网胶管两种。前者质软，用间距不大于0.5m的钢筋井字架固定位置，浇筑混凝土前，胶管内充入压力为0.6～0.8N/mm$^2$的压缩空气或压力水，此时胶管直径增大3mm左右，待浇筑的混凝土初凝后，放出压缩空气或压力水，管径缩小而与混凝土脱离，便于抽出。后者质硬，具有一定弹性，留孔方法与钢管一样，只是浇筑混凝土后不需转动，由于其有一定弹性，抽管时在拉力作用下断面缩小易于拔出。胶管抽芯留孔，不仅可留直线孔道，而且可留曲线孔道。

（3）预埋波纹管法。波纹管为特制的带波纹的金属管，与混凝土有良好的黏结力。波

纹管不再抽出，用间距不大于1m的钢筋井字架固定。预埋波纹管法只用于曲线孔道。

2．预应力筋张拉

张拉预应力筋时，构件混凝土的强度应按设计规定，如设计无规定则不宜低于混凝土标准强度的75%，用块体拼装的预应力构件，其拼装立缝处混凝土或砂浆的强度，如设计无规定时，不应低于块体混凝土标准强度的40%，且不得低于15N/mm$^2$。

后张法预应力筋的张拉应注意下列问题：

（1）对配有多根预应力筋的构件，不可能同时张拉，只能分批、对称地进行张拉。对称张拉是为避免张拉时构件截面呈过大的偏心受压状态。分批张拉，要考虑后批预应力筋张拉时产生的混凝土弹性压缩，会对先批张拉的预应力筋的应力产生影响。

（2）对平卧叠浇的预应力混凝土构件，上层构件的重量产生的水平摩阻力，会阻止下层构件在预应力筋张拉时混凝土弹性压缩的自由变形，待上层构件起吊后，由于摩阻力影响消失会增加混凝土弹性压缩的变形，从而引起预应力损失，损失值随构件型式、隔离层和张拉方式而不同。为便于施工，可采取逐层加大超张拉的办法来弥补该预应力损失，但底层超张拉值不宜比顶层张拉力大5%（钢丝、钢绞线、热处理钢筋）或9%（冷拉Ⅱ～Ⅳ级钢筋），并且要保证底层构件的控制应力，冷拉Ⅱ、Ⅲ、Ⅳ级钢筋不得大于屈服强度的95%，钢丝、钢绞线和热处理钢筋不大于标准强度的80%。如隔离层的隔离效果好，也可采用同一张拉值。

（3）为减少预应力筋与预留孔孔壁摩擦而引起的应力损失，对抽芯成形的孔道曲线形预应力筋和长度大于24m的直线预应力筋，应采用两端张拉；长度等于或小于24m的直线预应力筋，可一端张拉，但张拉端宜分别设置在构件两端。对预埋波纹管孔道，曲线形预应力筋和长度大于30m的直线预应力筋宜在两端张拉；长度等于或小于30m直线预应力筋，可在一端张拉。用双作用千斤顶两端同时张拉钢筋束、钢绞线束或钢丝束时，为减少顶压时的应力损失，可先顶压一端的锚塞，而另一端在补足张拉力后再行顶压。

后张法预应力筋的张拉程序，与所采用的锚具种类有关。为减少松弛损失，张拉程序一般与先张法相同。

3．孔道灌浆

预应力筋张拉后，应随即进行孔道灌浆，尤其是钢丝束，张拉后应尽快进行灌浆，以防锈蚀与增加结构的抗裂性和耐久性。

灌浆宜用标号不低于425号普通硅酸盐水泥调制的水泥浆，对空隙大的孔道，水泥浆中可掺适量的细砂，但水泥浆和水泥砂浆的强度不宜低于20N/mm$^2$，且应有较大的流动性和较小的干缩性、泌水性（搅拌后3h的泌水率宜控制在2%），水灰比一般为0.40～0.45。为使孔道灌浆饱满，可在灰浆中掺入0.05%～0.1%的铝粉或0.25%的木质素磺酸钙。

灌浆前，用压力水冲洗和湿润孔道。用电动或手动灰浆泵进行灌浆，压力以0.5～0.6N/mm$^2$为宜。对不掺外加剂的水泥浆，可采用二次灌浆法以提高灌浆的密实性。

## 【思　考　题】

- 预应力钢筋的施工方法。

# 学习单元 2.5　悬臂体系与连续体系梁桥施工

将简支梁梁体在支点上连续而成连续梁，连续梁可以做成二跨或三跨一联的，也可以做成多跨一联的。每联跨数太多，联长就要加大，受温度变化及混凝土收缩等影响产生的纵向位移也就较大，使伸缩缝及活动支座的构造复杂化；每联长度太短，则使伸缩缝的数目加多，不利于高速行车。为充分发挥连续梁对高速行车平顺的优点，现代的伸缩缝及支座构造不断改进，最大伸缩缝长度已达 660mm，梁体的连续长度已达 1000m 以上，如杭州钱塘江二桥公路桥为 18 孔一联预应力混凝土连续梁桥，跨径布置为 45＋65＋14×80＋65＋45m，连续长度为 1340m。一般情况下，连续梁中间墩上只需设置一个支座，而在相邻两联连续梁的桥墩仍需设置两个支座。在跨越山谷的连续梁中，中间高墩也可采用双柱（壁）式墩，每柱（壁）上都没有支座，并可削低连续梁支点的负弯矩尖峰。

钢筋混凝土连续梁跨径一般不超过 25～30m，预应力连续梁常用跨径为 40～160m，其最大跨径受支座最大吨位限制，目前国内最大跨径尚未超过 165m（南京长江二桥北汊桥，其跨径布置为 90＋3×165＋90m），如果采用墩上双支座，消去结构在支座区的弯矩高峰，它的跨径可以达到 200m。

## 2.5.1　体系及受力特点

### 2.5.1.1　悬臂体系受力特点

悬臂梁利用悬出支点以外的伸臂，使支点产生负弯矩对锚跨跨中正弯矩产生有利的卸载作用。如图 2.68 所示为简支梁桥和悬臂梁桥在恒载作用下的弯矩图。图中各桥的跨径布置相同，假定其恒载集度也相同，比较图 2.68（a）、（b）、（d），显然，简支梁的各跨跨中恒载弯矩最大，无论单悬臂梁或双悬臂梁在锚跨跨中弯矩因支点负弯矩以卸载作用而显著减小，而悬臂跨中因简支挂梁的跨径缩短而跨中正弯矩也同样显著减小。从标志材料用量的弯矩图面积大小（绝对值之和）来看，悬臂梁也比简支梁小。如以图 2.68（d）的中跨弯矩图为例，悬臂长度等于中孔跨径的 1/4 时，正负弯矩图面积的总和仅为同跨径简支梁的 1/3.2。

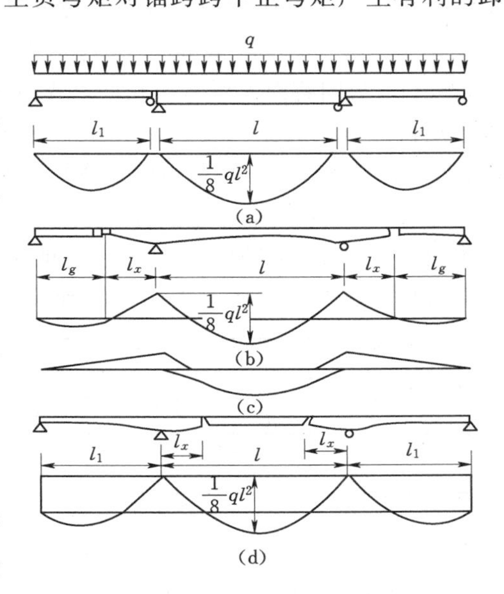


图 2.68　悬臂体系受力特点

从活载的作用来看，如果在图 2.68（b）所示的悬臂梁的锚跨中布满活载，则其跨中最大正弯矩自然与简支梁布满活载时的结果一样，并不因为有悬臂的存在而有所减小，见图 2.68（c）。而在具有挂梁的悬臂跨中，活载引起的跨中最大正弯矩只按支承跨径较小（通常只有桥孔跨径的 0.4～0.6）的简支挂梁产生的正弯矩计算，因此其设计弯矩也比简支梁小

得多。由此可见，与简支梁相比较，悬臂梁可以减小跨内主梁高度和降低材料用量，是比较经济的。

#### 2.5.1.2　连续梁体系受力特点

1. 钢筋混凝土连续梁桥的受力特点

钢筋混凝土连续梁桥，虽然在力学性能上优于简支梁和悬臂梁，可适用于更大跨径的桥型方案，但同悬臂梁一样，同时存在正、负弯矩区段，通常采用箱型截面梁，其构造较复杂；跨径较大时，梁体重量过大不易装配化施工，而往往要在工费昂贵的支架上现浇。钢筋混凝土连续梁，还因支点负弯矩区段存在，不可避免地将在梁顶产生裂缝，桥面虽有防护措施，但仍常因雨水侵蚀而降低使用年限。

为克服钢筋混凝土连续梁因支点负弯矩，在梁顶面产生裂缝，影响使用年限，在支点负弯矩区段布置预应力索，以承担荷载产生的负弯矩，在梁的正弯矩区段仍布置普通钢筋，构成局部预应力混凝土连续梁。这种结构具有良好的经济及使用效果，施工较预应力混凝土连续梁方便，目前在城市高架中已基本取代钢筋混凝土连续梁。

2. 预应力混凝土连续梁桥的受力特点

预应力混凝土连续梁的应用非常广泛。尤其是悬臂施工法、顶推法、逐跨施工法在连续梁桥中的应用，这种充分应用预应力技术的优点使施工设备机械化，生产工厂化，从而提高了施工质量，降低了施工费用。连续梁的突出优点是：结构刚度大，变形小，动力性能好，主梁变形挠曲线平缓，有利于高速行车。

然而应指出的是，预应力混凝土连续梁设计中的一个特点是：必须以各个截面的最大正、负弯矩的绝对值之和，也即按弯矩变化幅值布置预应力束筋。例如，一个三孔等跨连续梁，其中孔跨中活载正弯矩与活载负弯矩的绝对值之和（即弯矩变化幅值）为 $0.125ql^2$，与同跨简支梁弯矩相同，支点上弯矩变化幅值为 $0.133ql^2$。在公路桥上，因恒载弯矩占总弯矩的比例较大，实际上支点控制设计的是负弯矩，跨中控制设计是正弯矩（因支点上的活载正弯矩与恒载负弯矩之和为负弯矩；跨中活载负弯矩与恒载正弯矩之和为正弯矩）。在梁体中，弯矩有正、负变号的区段仅在支点到跨中的某一区段。这样，布置预应力束筋并不增加太大的用量，就能满足设计要求。反之，在活载较大的铁路桥上及恒载弯矩占总弯矩比例不大的小跨连续梁桥上，因预应力筋节省有限，施工较简支梁复杂，经济效益差，而较少采用。

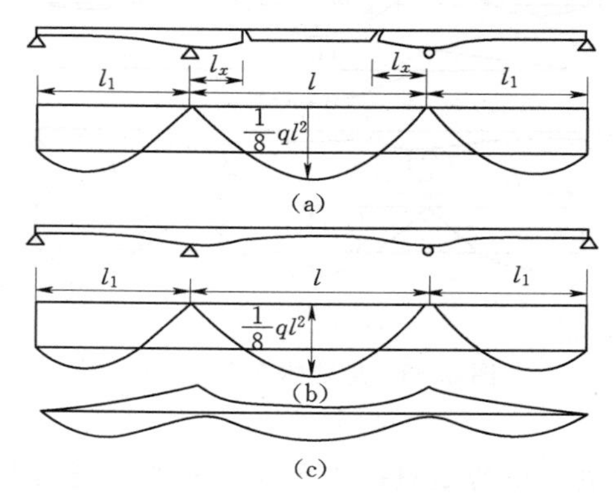


图 2.69　悬臂体系与连续梁体系比较

3. 悬臂梁与连续梁的受力情况比较

如图 2.69 所示，从图 2.69（b）可以看出，连续梁在恒载作用下，由于支点负弯矩的卸载作用，跨中正弯矩显著减小，其弯矩图形与同跨悬臂梁相差不大，如悬臂梁的悬臂长度恰好与连续梁的弯矩零点位置相对应，则图 2.69（a）、（b）的弯矩图就完全一样。然而，从图 2.69（c）可以看出，连续梁在活载作用下，因主梁连续产生支点负弯矩对跨中正弯矩仍有卸载作用，其弯矩分布要比悬臂梁合理。

4. 体系缺点

连续梁是超静定结构，基础不均匀沉降将在结构中产生附加内力，因此，对桥梁基础要求较高，通常宜用于地基较好的场合。此外，箱梁截面局部温差，混凝土收缩、徐变及预加应力均会在结构中产生附加内力，增加了设计计算的复杂程度。

### 2.5.2　就地浇筑

就地浇筑施工是在支架上安装模板、绑扎及安装钢筋骨架、预留孔道、并在现场浇筑混凝土与施加预应力的施工方法；施工需用大量的模板支架，一般仅在小跨径桥或交通不便的边远地区采用。但当在其他施工方法都比较困难或经过比较施工方便、费用较低时，也有在中、大桥梁中采用就地浇筑的施工方法。

#### 2.5.2.1　支架

支架虽为临时结构，但它要承受桥梁的大部分恒载还有一些施工荷载，因此对支架有一定的要求，并要对支架进行各种计算。

1. 支架的形式

支架按其构造分为支柱式、梁式和梁—支柱式支架，详见2.3.1节。支架与模板的施工部分如图2-54所示。

2. 对支架的要求

支座有足够的强度、刚度、整体性，在河道中要考虑洪水和漂流物的影响，设置预拱度，设置落架设备。

(1) 支架虽为临时结构，但它要承受桥梁的大部分恒重，因此必须有足够的强度、刚度，同时支架的基础应可靠，构件结合要紧密，并要有足够的纵、横、斜向的连接杆件，使支架成为整体。

(2) 对河道中的支架要充分考虑洪水和漂流物的影响。

(3) 支架在受荷后将有变形和挠度，在安装前要进行计算，设置预拱度，使结构的外形尺寸和标高符合设计要求。

(4) 支架上要设置落架设备，落架时要对称、均匀，不应使主梁发生局部受力状态。

3. 支架的计算要点

作用荷载有结构重力、施工重力、风力等；支架要进行强度计算、挠度计算、预拱度计算、卸架设备的受力计算。

(1) 作用在支架上的荷载有：桥跨结构的重量、浇筑设备的重量（包括振动荷载）、风力及施工人员的重量，连同模板和支架自重均由支架承受。

(2) 支架的各构件应按其计算图式进行强度计算，容许应力可按临时结构予以提高。

(3) 支架的挠度需要验算，并小于其容许值。

(4) 支架的预拱度计算包括梁自重所产生的挠度、支架受载后产生的弹性变形和非弹性变形、支架基础的沉降量等。

(5) 支架卸架设备的选用及受力计算。

#### 2.5.2.2　施工方法

就地浇筑在简支梁中使用较少，主要介绍在预应力混凝土连续梁中采用有支架就地浇筑施工方法；一般工序为：混凝土的就地浇筑→拆除模板→预应力筋的张拉→管道压浆工作。

1. 施工过程

预应力混凝土连续梁桥需要按一定的施工程序完成混凝土的就地浇筑，待混凝土达到所要求的强度后，拆除模板，进行预应力筋的张拉、管道压浆工作。至于何时可以落架，则应与施工程序和预应力筋的张拉工序相配合。当在张拉后恒载自重已能由梁本身承受时可以落架。多联桥梁，支架拆除后可周转使用。

有时为了减轻支架的负担，节省临时工程材料用量，主梁截面的某些非主要受力部分可在落架后利用主梁自身的支承，继续浇筑第二期结构的混凝土，但由此要增加梁的受力，并使浇筑和张拉的工序有所反复。

2. 小跨径预应力混凝土连续梁桥

小跨径预应力混凝土连续梁桥，一般采用从一端向另一端分层、分段的施工程序，施工时，板分两层浇筑，并在墩顶部分留合拢段。当两跨梁的混凝土浇筑完成后，再浇筑中间墩顶的合拢段。照此程序依次完成一联板的混凝土浇筑工作。

3. 大跨径预应力混凝土连续梁桥

(1) 水平分层方法。先浇筑底板，待达到一定强度后进行腹板施工，或直接先浇筑成槽形梁，然后浇筑顶板。当工程量较大时，各部位可分数次完成浇筑。

(2) 分段施工法。根据施工能力，每隔20～45m设置连接缝，该连接缝一般设在梁的弯矩较小的区域，连接缝宽约1m，待各段混凝土浇筑完成后，最后在接缝处施工合拢。为使接缝处结合紧密，通常在梁的腹板上做齿槽或留企口缝。分段施工法，大部分混凝土重量在梁合拢之前已作用，这样可减少支架早期变形和由此原因而引起梁的开裂。

4. 方法特点

就地浇筑施工方法的优缺点：

(1) 桥梁的整体性好，施工平稳、可靠，不需大型起重设备。

(2) 施工中无体系转换。

(3) 预应力混凝土连续梁桥，可以采用强大预应力体系，使结构构造简化，方便施工。

(4) 需要使用大量施工支架，跨河桥梁搭设支架影响河道的通航与排洪，施工期间支架可能受到洪水和漂流物的威胁。

(5) 施工工期长、费用高，需要有较大的施工场地，施工管理复杂。

### 2.5.3　悬臂施工

采用悬臂施工法的常用结构体系有刚墩铰支连续梁、柔墩铰支连续梁、柔墩固结连续刚架、铰接悬臂梁、连续杠式悬臂梁、挂孔悬臂梁、带挂孔的T形刚构等。

#### 2.5.3.1　施工要点

要实现悬臂施工，在施工过程中必须保证墩与梁固结，尤其在连续梁桥和悬臂梁桥施工中要采取临时墩梁固结措施。另外采用悬臂施工法，很有可能出现施工期的体系转换问题。如对于三跨预应力混凝土连续梁桥，采用悬臂施工时，结构的受力状态呈T形刚构，边跨合拢就位、更换支座后呈单悬臂梁，跨中合拢后呈连续梁的受力状态。结构上的预应

力配置必须与施工受力相一致。悬臂施工法通常分为悬臂浇筑和悬臂拼装两类：

（1）悬臂浇筑。悬臂浇筑是在桥墩两侧对称逐段就地浇筑混凝土，待混凝土达到一定强度后张拉预应力束，移动机具模板（挂篮）继续悬臂施工。

（2）悬臂拼装。悬臂拼装是用吊机将预制块件在桥墩两侧对称起吊、安装就位后，张拉预应力束，使悬臂不断接长，直至合拢。

### 2.5.3.2　施工过程

1. 0号块的施工

在悬臂法施工中，0号块（墩顶梁段）均在墩顶托架上立模现场浇筑，并在施工过程中设置临时梁墩锚固，使0号块梁段能承受两侧悬臂施工时产生的不平衡力矩。

临时固结、临时支承措施有：

（1）将0号块梁段与桥墩钢筋或预应力筋临时固结，待需要解除固结时切断，如图2.70所示。

（2）在桥墩一侧或两侧加临时支承或支墩，如图2.71所示。

（3）将0号块梁段临时支承在扇形或门式托架的两侧。

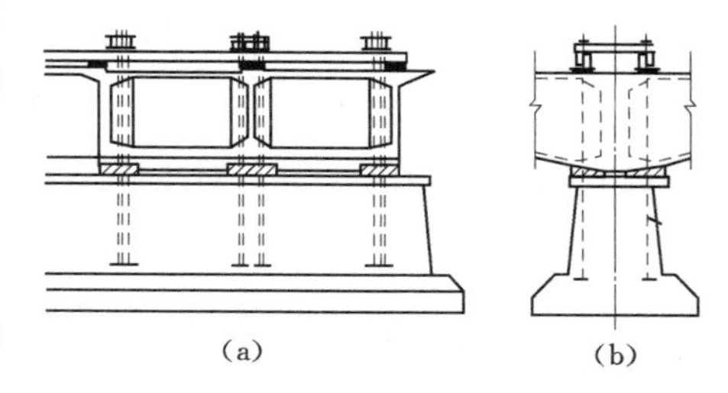


图2.70　0号块施工

临时梁墩固结要考虑两侧对称施工时有一个梁段超前的不平衡力矩，应验算其稳定性，稳定性系数不小于1.5。

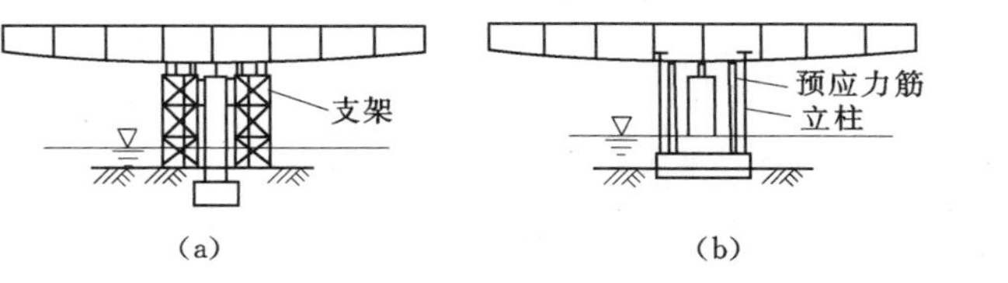


图2.71　临时支撑

2. 节段悬臂浇筑施工

（1）挂蓝的构造。挂篮的构造型式很多，通常由承重梁、悬吊模板、锚固装置、行走系统和工作平台几部分组成，如图2.72所示。承重梁是挂篮的主要受力构件，可以采用钢板梁，工字钢梁或万能杆件组拼的钢桁梁和贝雷钢梁等，可设置在桥面之上，也可设在桥面以下，它承受施工设备和新浇节段混凝土的全部重量，并通过支点和锚固装置将荷载传到已施工完成的梁体上。

当后支点的锚固能力不够时，可采用尾端压重或利用梁内的竖向预应力钢筋等措施。挂篮的工作平台用于架设模板、安装钢筋和张拉预应力束筋等工作，当该节段全部施工完成后，由行走系统将挂篮向前移动，动力可由电动卷扬机牵引产生，包括向前牵引装置和尾索保护装置，行走系统可用轨道轮或聚四氟乙烯滑板装置。

挂篮的功能是：支承梁段模板、调整位置、吊运材料、机具、浇筑混凝土、拆模和在挂篮上进行张拉工作。挂篮除强度应保证安全可靠外，还要求造价低、节省材料，操作使用方便，变形小，稳定性好，装、拆、移动灵活和施工速度快等。

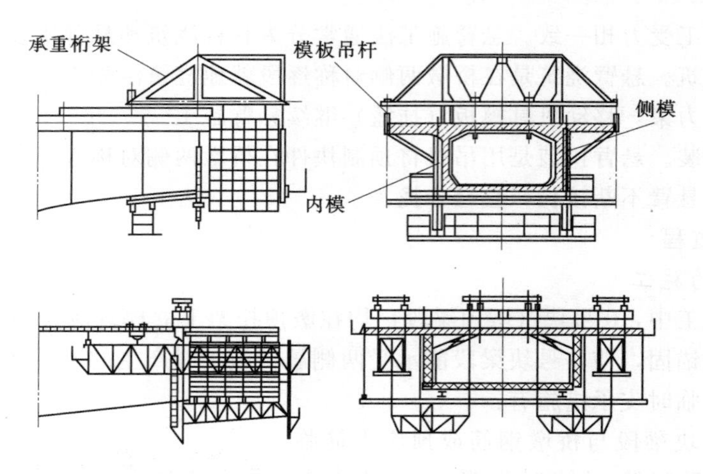


图 2.72　挂蓝构造

(2) 箱型截面的浇筑。对于箱型截面，如果所浇混凝土数量不大，可采用全截面一次浇筑，其施工工艺流程如图 2.73 所示。如果混凝土数量较大，每一梁段的混凝土通常分两次浇筑，即先浇底板混凝土，后浇腹板及顶板混凝土。当所浇的箱梁腹板较高时，也可将腹板内模板改用滑动顶升模板，这时可将腹板混凝土与底板混凝土同时浇筑，待腹板浇筑到设计高度后，再安装顶板钢筋及预应力管道并浇筑顶板混凝土。有时还可先将腹板预制之后进行安装，再现浇底板与顶板，减少现场浇筑工作量，并减轻挂篮承受的一部分施工荷载。但需注意由混凝土龄期差而产生的收缩、徐变内力。

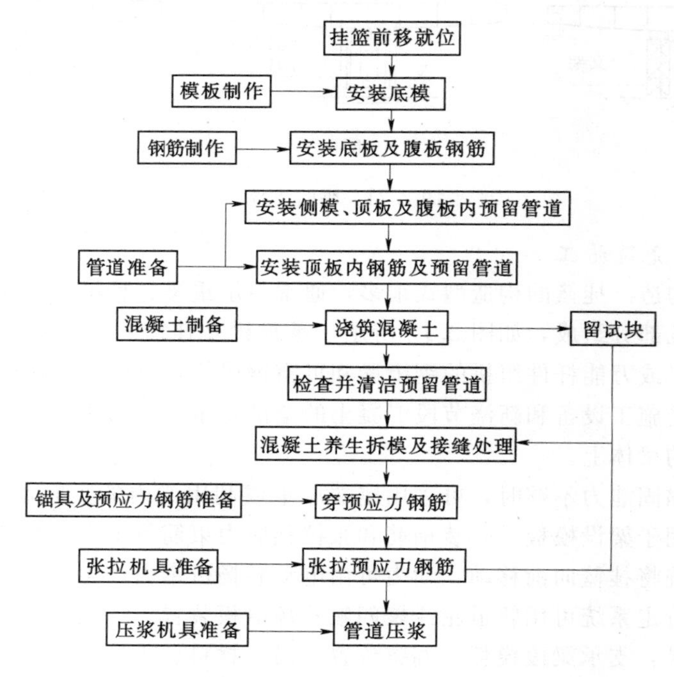


图 2.73　浇筑的工艺流程

(3) 方法特点。悬臂浇筑施工的周期一般为6～10d，依节段混凝土的数量和结构的复杂程度而不同，在悬浇施工中，如何提高混凝土的早期强度对有效缩短施工周期关系较大，这也是现场浇筑施工法的共性问题。

悬臂浇筑施工可使用少量机具设备，免去设置支架，方便地跨越深谷、大河和交通量大的道路，施工不受跨径限制，但因施工受力特点，悬臂施工宜在变截面梁中使用。据统计，1972年以后建造的跨度在100m以上预应力混凝土连续梁桥中，采用悬臂浇筑施工的就占80%以上。由于施工的主要作业都是在挂篮中进行，挂篮可设顶棚和外罩以减少外界气候影响，便于养护、重复操作，有利于提高效率和保证质量；同时在悬浇过程中还可以不断调整节段的误差，提高施工精度。但悬臂浇筑施工与其他施工方法比较，施工期要长一些。

3. 节段悬臂拼装施工

悬臂拼装是从桥墩顶开始，将预制梁段对称吊装，就位后施加预应力，并逐渐接长的一种施工方法。

(1) 施工过程。悬臂拼装是从桥墩顶开始，将预制梁段对称吊装，就位后施加预应力，并逐渐接长的一种施工方法。悬臂拼装的基本施工工序是：梁段预制、移位、堆放和运输，梁段起吊拼装和施加预应力。在悬臂拼装施工中，沿梁纵轴按起重能力划分适当长度的梁段，在工厂或桥位附近的预制场进行预制。

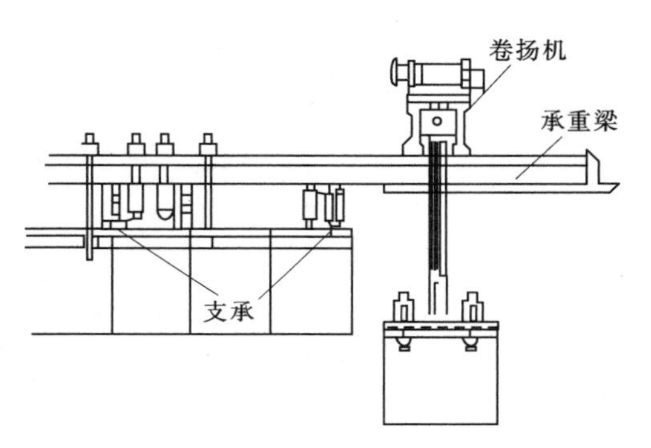


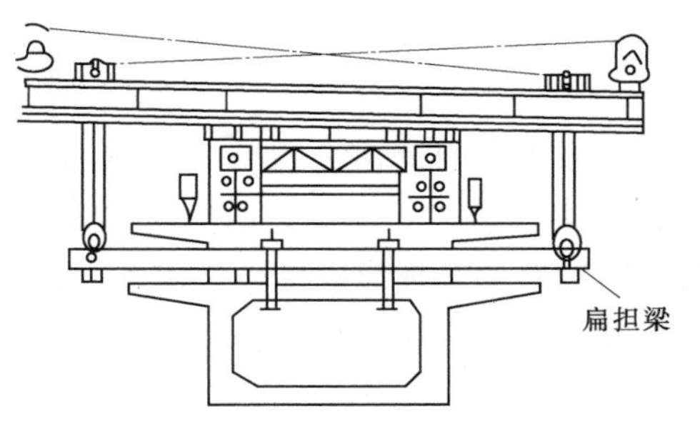


图2.74 悬臂拼装机具

(2) 施工机具。用于悬臂拼装的机具种类很多，有移动式吊车、桁式吊、缆索起重机、汽车吊、浮吊等。移动式吊车外形似挂篮，由承重梁、横梁、锚固装置、起吊装置、行走系统和张拉平台等几个部分组成如图2.74所示。和用挂篮悬臂浇筑施工一样，在墩顶开始吊装第一（或第一、二）段时，可以使用一根承重梁对称同时吊装，在允许布置两台移动式吊车后，开始独立对称吊装。移动式吊车的起重能力目前国内约1000kN。节段的运输可从桥下或水上运至桥位，由移动式吊车吊装就位。移动桁式吊在悬臂拼装施工中使用较多，依桁梁的长度分两类。第一类桁梁长度大于最大跨径，桁梁支承在已拼装完成的梁段上和待悬臂拼装的墩顶上，由吊车在桁梁上移运节段进行悬臂拼装；第二类桁式吊梁的长度大于两倍桥梁跨径，桁梁的支点均支承在桥墩上，而不增加梁段的施工荷重，同时前方墩0号块的施工可与悬臂拼装同时进行。采用移动桁式吊悬拼施工，其节段重量一般可取1000～1300kN。

(3) 方法特点。悬臂拼装施工将大跨桥梁化整为零，预制和拼装方便，可以上、下部结构平行施工，拼装周期短，施工速度快。同时预制节段施工质量易控制，减小了结构附加内力。但预制节段需要较大的场地，要求有一定的起重能力，拼装精度对大跨桥梁要求

很高。因此，悬臂拼装施工一般用于跨径小于100m的桥梁。如荷兰的东希尔德桥，跨径95m，总长5m，节段间采用湿接缝，三个星期拼装两跨桥梁。

4. 合拢段的施工

(1) 合拢的施工顺序。结构的合拢施工顺序取决于设计方所拟定的施工方案，通常采用的合拢顺序有：边跨至中跨的顺序合拢、中跨至边跨的顺序合拢、先形成双悬臂刚构再顺序合拢、全桥一次性合拢。

例如，上海奉浦大桥主桥为五跨预应力混凝土连续梁，采用悬臂施工，其施工顺序为：悬臂施工中间墩上梁段形成单T结构，在支架上现浇边跨梁段并合拢，按边跨至中跨顺序依此合拢完成整个结构体系如图2.75所示。

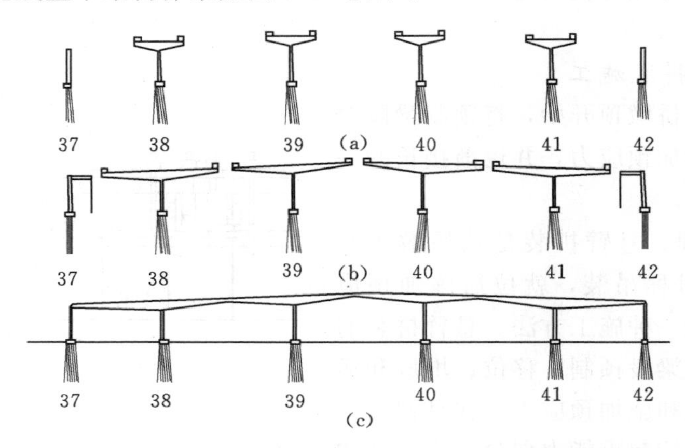


图2.75　奉浦大桥主桥施工顺序示意

山东省东明黄河公路大桥为预应力混凝土刚构一连续组合梁桥，九跨一联，总长990m，悬臂施工，所确定的施工方案为如图2.76所示：在完成下部结构的施工后，首先进行两边跨的合拢形成单悬臂体系，将施工挂篮移至四个中墩进行悬臂施工，全桥一次性合拢并进行结构体系转换。

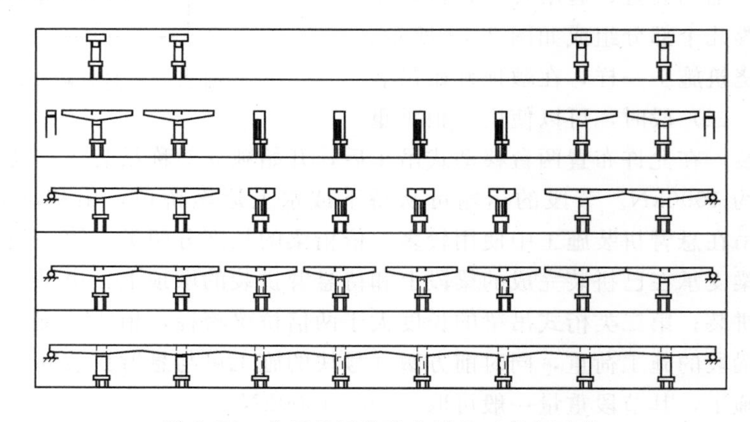

图2.76　东明黄河公路大桥施工方案示意

杭州市钱塘江二桥，预应力混凝土连续梁桥，全桥的施工顺序为：进行单T结构的悬臂施工、河中相邻两单T结构合拢形成双悬臂体系、边跨合拢、全桥依此双悬臂体系

间的合拢并体系转换、桥面铺装。

（2）合拢的方法。合拢段的施工常取用现浇和拼装两种方法。采用拼装合拢，对预制和拼装精度的要求较高，但工序简单，施工速度快。采用现浇合拢，因在施工过程中，受到昼夜温差影响，现浇混凝土的早期收缩、水化热影响，已完成梁段混凝土的收缩、徐变影响，结构体系的转换及施工荷载等因素影响，需采取必要措施以保证合拢段的质量。

1）合拢段长度选择。合拢段长度在满足施工操作要求的前提下，应尽量缩短，一般采用 1.5～2.0m。

2）合拢温度选择。一般宜在低温合拢，遇夏季应在晚上合拢，并用草袋等覆盖，以加强接头混凝土养护，使混凝土早期结硬过程中处于升温受压状态。

3）合拢段混凝土选择。混凝土中宜加入减水剂、早强剂，以便及早达到设计要求强度，及时张拉预应力束筋，防止合拢段混凝土出现裂缝。

4）合拢段采用临时锁定措施，采用劲性型钢或预制的混凝土柱安装在合拢段上下部作支撑，然后张拉部分预应力钢束，待合拢段混凝土达到要求强度后，张拉其余预应力束筋，最后再拆除临时锁定装置。

为方便施工，也可将劲性骨架作预应力束筋的预留管道打入合拢混凝土内。将劲性钢管安装在截面顶板和底板管道位置，钢管长度可用螺纹套管调节，两端支承在梁段混凝土端面上，并在部分管道内张拉预应力筋，待合拢段混凝土达强度要求后，再张拉其余预应力束筋。也可在合拢段配置加强钢筋或劲性骨架。

5）为保证合拢段施工时混凝土始终处于稳定状态，在浇筑之前各悬臂端应附加与混凝土质量相等的配重（或称压重），配重需依桥轴线对称施加，按浇筑重量分级卸载。如采用多跨一次合拢的施工方案，也应先在边跨合拢，同时需通过计算，进行工艺设计和设备系统的优化组合。

（3）结构体系转换。结构体系转换是指在施工过程中，当某一施工程序完成后，桥梁结构的受力体系发生了变化，如简支体系变化为悬臂体系或连续体系等，这种变化过程简称为“体系转换”。

对采用悬臂法施工的悬臂梁桥和连续梁桥，为保证施工阶段的稳定，在结构体系转换的施工中应注意以下几点：

1）结构由双悬臂状态转换成单悬臂受力状态时，梁体某些部位的弯矩方向发生转换。所以在拆除梁墩锚固前，应按设计要求，张拉部分或全部布置在梁体下缘的正弯矩预应力束，对活动支座还需保证解除临时固结后的结构稳定，如控制和采取措施限制单悬臂梁发生过大纵向水平位移。

2）梁墩临时锚固的放松，应均衡对称进行，确保逐渐均匀地释放。在放松前应测量各梁段高程，在放松过程中，注意各梁段的高程变化，如有异常情况，应立即停止作业，找出原因，以确保施工安全。

3）对转换为超静定结构，需考虑钢束张拉、支座变形、温度变化等因素引起结构的次内力。若按设计要求，需进行内力调整时，应以标高、反力等多因素控制，相互校核，如出入较大时，应分析原因。

4）在结构体系转换中，临时固结解除后，将梁落于正式支座上，并按标高调整支座高度及反力。支座反力的调整，应以标高控制为主，反力作为校核。

#### 2.5.3.3　方法特点

采用悬臂施工的主要特点为：

(1) 从桥墩处开始向两侧对称分节段悬臂施工，桥梁在施工过程中承受负弯矩，桥墩也要承担不平衡弯矩。

(2) 非墩梁固结的预应力混凝土梁桥，采用悬臂施工时应采取措施，使墩、梁临时固结，因而在施工过程中应进行结构体系转换。对于带挂梁的T形刚构桥，主梁在施工中的受力状态与在运营荷载作用下的受力状态基本一致，结构的体系没有改变。

(3) 采用悬臂施工法的机具设备较多，就挂篮而言，也有桁架式、斜拉式等多种型式，可根据实际情况合理选用。

(4) 悬臂浇筑法施工简便、结构整体性好，施工中可不断调整标高，常用于跨径大于100m的桥梁。悬臂拼装法施工速度快，桥梁上、下部结构可平行作业，但施工精度要求较高，可在跨径100m以下的大桥中选用。

(5) 悬臂施工法可不用或少用支架，施工不影响通航或桥下交通，适合于跨越深水、山谷、海洋等处，并适用于变截面预应力混凝土梁桥。

### 2.5.4　顶推施工

顶推施工是在沿桥纵轴方向的台后设置预制场地，分节段预制梁，并用纵向预应力筋将预制节段与施工完成的梁体联成整体。然后通过水平千斤顶施力，将梁体向前顶推出预制场地，再继续在预制场进行下一节段梁的预制，直至施工完成；可使用简单的设备建造大桥，费用低，施工平稳，无噪声。

#### 2.5.4.1　施工要点

(1) 采用顶推法施工，要在沿桥的纵向台后设置一个固定的预制场地。顶推由水平千斤顶完成。

(2) 要想用有限的顶推力将庞大的梁体顶推就位，必须采用摩擦系数很小的滑移装置。目前顶推施工常采用不锈钢板滑道与聚四氟乙烯滑块形成滑移，它们的摩擦系数在0.015～0.065之间，常用0.04～0.06。根据顶推施工法的测定表明：在顶推过程中，滑道的摩擦系数始终在不断变化，静摩擦系数要大于动摩擦系数。

(3) 分段预制、逐段顶推施工方法，宜在等截面的预应力混凝土连续梁桥中使用，也可在结合梁斜拉桥的主梁上使用。采用顶推法施工，设备简单，施工平稳，无噪声，施工质量好，适用于深谷、宽深河道上的桥梁、高架桥以及等曲率的曲线桥、带竖曲线桥和坡桥。

(4) 在顶推施工过程中，每个截面都要经历最大正弯矩和最大负弯矩，为了兼顾运营与施工阶段的受力要求，采用顶推法比其他施工方法在配筋上要多些。如果要减小施工期弯矩，可在施工中采用一些辅助措施，如使用临时支墩，可以减小梁在顶推过程中的跨径，若在梁的前端设置钢导梁，可以减小梁的悬臂长度，或采用斜拉梁体系避免悬臂端产生过大的弯矩。

#### 2.5.4.2　施工程序

预应力混凝土连续梁桥上部结构，采用顶推施工的程序见图2.77所示，这一框图主

要反映我国采用顶推施工的主要过程。

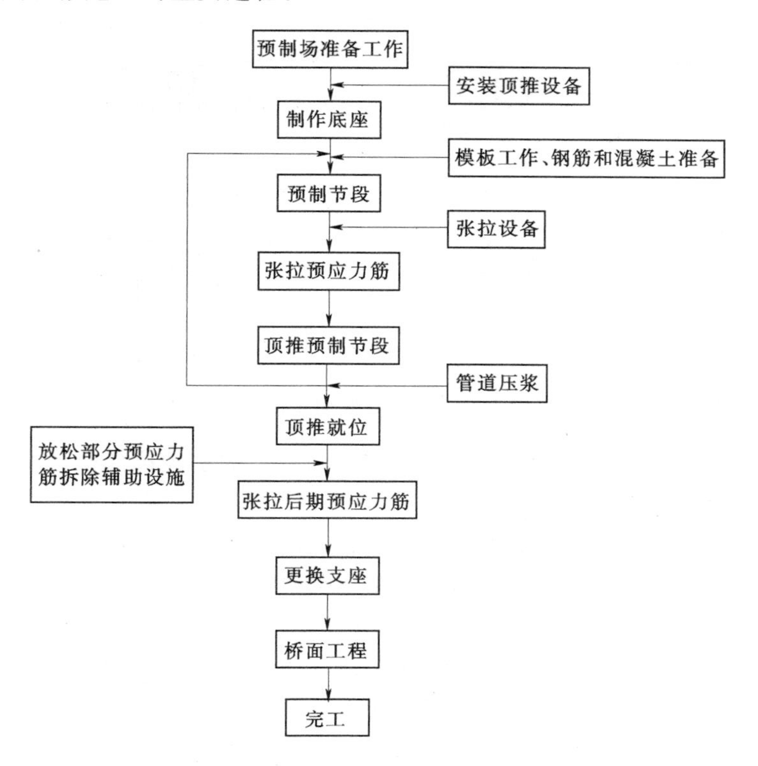


图2.77　顶推施工程序框图

主要过程为预制场准备工作→制作底座→预制节段→张拉预应力筋→顶推预制节段→顶推就位→张拉后期预应力筋→更换支座。

**2.5.4.3　施工方法分类**

按水平力的施加位置和施加方法分：单点顶推，多点顶推；按支承系统分：设置临时滑动支承顶推，使用与永久支座合一的滑动支承顶推。

1. *按水平力的施加位置和施加方法分类*

（1）单点顶推。全桥纵向只设一个或一组顶推装置的施工方法；顶推装置通常集中设置在梁段预制场附近的桥台或桥墩上，而在前方各墩上设置滑移支承；顶推装置的构造可分水平一竖向千斤顶法、拉杆千斤顶法。单点顶推力可达3000～4000kN。

1）水平一竖向千斤顶法。水平一竖向千斤顶法的施工程序为顶梁、推移、落下竖直千斤顶和收回水平千斤顶的活塞杆，如图2.78所示。顶推时，升起竖直顶活塞，使临时支承卸载，开动水平千斤顶去顶推竖直顶，由于竖直顶下面设有滑道，顶的上端装有一块橡胶板，即竖直千斤顶在前进过程中带动梁体向前移动。当水平千斤顶达到最大行程时，降下竖直顶活塞，使梁体落在临时支承上，收回水平顶活塞，带动竖直顶后移，回到原来位置，如此反复不断地将梁顶推到设计位置，如图2.78所示。

2）拉杆千斤顶法。拉杆千斤顶法是将水平液压千斤顶布置在桥台前端，底座紧靠桥台，由楔形夹具固定在梁底板或侧壁锚固设备的拉杆与千斤顶连接，通过千斤顶的牵引作

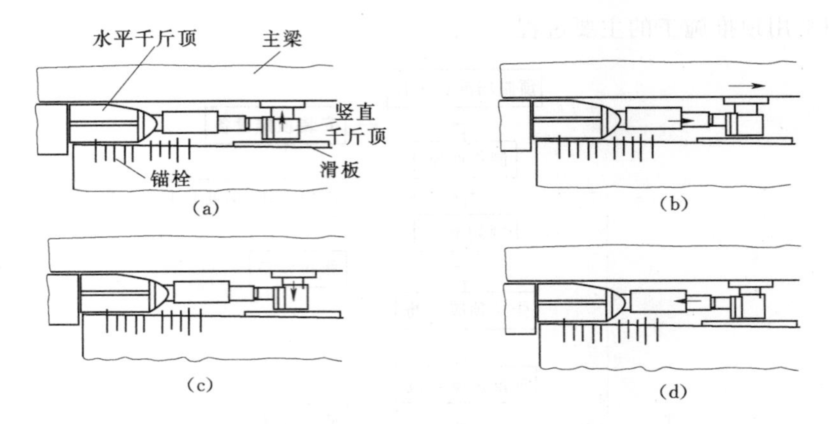


图 2.78　水平一竖向千斤顶法

用，带动梁体向前运动。千斤顶回程时，固定在油缸上的刚性拉杆便从楔形夹具上松开，在锚头中滑动，随后重复下一循环。

3）滑移支承与导向装置。滑移支承设在桥墩顶的混凝土垫块上，垫块上放置光滑的不锈钢板或镀铬钢板形成滑道，组合的聚四氟乙烯滑块由氟板表层和带有钢板夹层的橡胶块组成，外形尺寸有 420mm×420mm、200mm×400mm、500mm×200mm 等数种，厚度也有 21mm、31mm、40mm 等多种。顶推施工时，滑块在前方滑出，通过在滑道后方不断喂入滑块，使梁身前移时始终支承在滑块上。

为了防止梁体在顶推时偏移，通常在梁体两旁隔一定距离设置导向装置。也可在导向装置上设水平千斤顶，在梁体顶推的过程中进行纠偏。

（2）多点顶推。在每个墩台上均设置一对小吨位的水平千斤顶，将集中顶推力分散到各墩上，并在各墩上及临时墩上设置滑移支承。所有顶推千斤顶通过控制室统一控制其出力等级，同步前进。

由于利用了水平千斤顶，传给墩顶的反力平衡了梁体滑移时在桥墩上产生的摩阻力，从而使桥墩在顶推过程中承受着很小的水平力，因此在柔性墩上可以采用多点顶推施工。多点顶推通常采用拉杆式顶推装置。它在每个墩位上设置一对液压穿心式水平千斤顶，千斤顶中穿过的拉杆采用高强螺纹钢筋，拉杆的前端通过锥形楔块固定在活塞插头部，后端有特制的拉锚器，锚锭板等连接器与箱梁连接，水平千斤顶固定在墩顶的台座上。当用水平千斤顶施顶时，将拉杆拉出一个顶程，即带动箱梁前进，收回千斤顶活塞后，锥形楔块又在新的位置上将拉杆固定在活塞杆的头部，如图 2.79 所示。

多点顶推法也称 SSY 顶推法，除采用拉杆式顶推系统之外也可用水平千斤顶与竖向千斤顶联用作业。对于柔性墩，为尽量减小对其作用的水平推力，千斤顶的出力按摩阻力的变化幅度分为几个级别，通过计算机确定各千斤顶的施力等级，在控制室随时调整顶力的级数，控制千斤顶的出力大小。

（3）方法比较。多点顶推与单点顶推比较，可以免用大规模的顶推设备，并能有效地控制顶推梁的偏移，顶推时对桥墩的水平推力可以减小，便于结构采用柔性墩。在顶推弯桥时，由于各墩均匀施加顶力，能顺利施工。在顶推时如遇桥墩发生不均匀沉陷，只要局

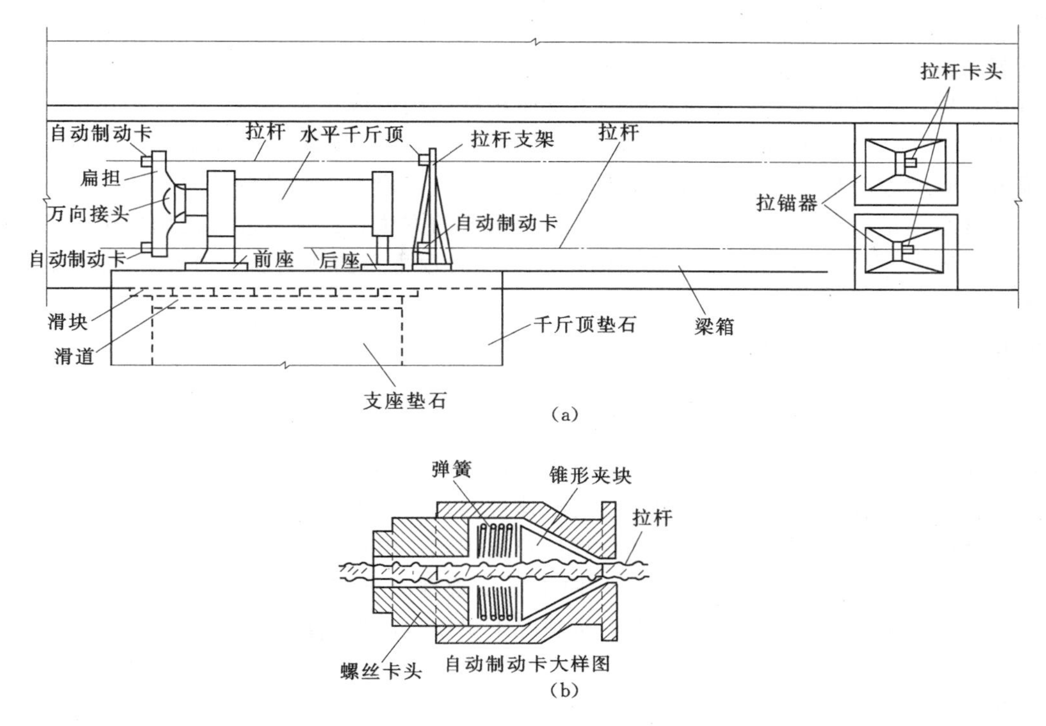


图2.79　多点顶推装置

部调整滑板高度即可正常施工。采用拉杆式顶推系统，免去在每一循环顶推中用竖向千斤顶将梁顶起和使水平千斤顶的复位操作，简化了工艺流程，加快了顶梁速度。但多点顶推所需顶推设备较多，操作要求比较高。

2. 按支承系统分

采用施工临时滑动支承与竣工后永久支座组合兼用的支承构造进行顶推；它将竣工后的永久支座安置在墩顶的设计位置上，施工时通过改造作为顶推滑道，主梁就位后，恢复为永久支座状态。

(1) 临时滑动支承顶推。顶推施工的滑道是在墩上临时设置的，由光滑的不锈钢板与组合的聚四氟乙烯滑块组成，用于滑移梁体和起支承作用，待主梁顶推就位后，更换正式支座。我国采用顶推施工的几座预应力混凝土连续梁桥一般采用这种施工方法。在主梁就位后，拆除顶推设备，同时进行张拉后期预应力束和管道压浆工作，待管道水泥浆达到设计强度后，用数只大吨位竖向千斤顶同步将一联主梁顶起，拆除滑道及滑道底座混凝土垫块，安放正式支座。

(2) 与永久支座合一的滑动支承顶推。采用施工临时滑动支承与竣工后永久支座组合兼用的支承构造进行顶推的方法。它将竣工后的永久支座安置在墩顶的设计位置上，施工时通过改造作为顶推滑道，主梁就位后，恢复为永久支座状态，它不需拆除临时滑动支承，也不需要采用大吨千斤顶进行顶梁的作业。

上述兼用支承的顶推方法在国外称RS施工法，它的滑动装置由RS支承、滑动带卷绕装置等组成。RS支承的下支座安放在桥墩上的支座设计位置上，其上设滚动板起铰的

作用，滚动板上装有上支座板形成一个在运营状态下的支座雏形。施工时，在上支座上临时安装支承板，支承板的表面是聚四氟乙烯材料的滑动板，它与衬有橡胶板的不锈钢板形成滑动装置，调换连接板，并与主梁的上支座板联结则形成正式支座。

RS施工法的顶推装置，可采用水平千斤顶与竖直千斤顶联用，可以用单点顶推或多点顶推。它的施工特点是操作工艺简单、省工、省时，但支承本身构造复杂。

为减小顶推过程中梁的受力大小，一般可采取的方法有：顶推前端使用导梁；在架设孔跨中设置临时墩；导梁和临时墩并用；两端同时顶推至跨中合拢；在梁上设拉索加劲体系。

#### 2.5.4.4 顶推施工方法的特点

综上所述，顶推法的施工特点为：

(1) 顶推法可以使用简单的设备建造长、大桥梁，施工费用较低，施工平稳、无噪声，可在深水、山谷和高桥墩上采用，也可在曲率相同的弯桥和坡桥上使用。

(2) 主梁分段预制，连续作业，结构整体性好；由于不需大型起重设备，所以施工节段的长度可根据预制场条件及分段的合理位置选用，一般可取用10～20m。

(3) 梁段固定在同一个场地预制，便于施工管理改善施工条件，避免高空作业。同时，模板与设备可多次周转使用，在正常情况下梁段预制的周期7～10d。

(4) 顶推施工时梁的受力状态变化较大，施工应力状态与运营应力状态相差也较多，因此在截面设计和预应力束布置时要同时满足施工与运营荷载的要求；在施工时也可采取加设临时墩、设置导梁和其他措施，减少施工应力。

(5) 顶推法宜在等截面梁上使用，当桥梁跨径过大时，选用等截面梁造成材料的不经济，也增加了施工难度，因此以中等跨径的连续梁为宜，推荐的顶推跨径为40～45m，桥梁的总长也以500～600m为宜。

### 2.5.5 逐孔施工法

逐孔施工法是从桥梁一端开始，采用一套施工设备或一、二孔施工支架逐孔施工，周期循环，直到全部完成；它使施工单一标准化、工作周期化，并最大程度地减小了工费比例，降低了工程造价。

#### 2.5.5.1 整孔吊装或分段吊装逐孔施工

1. 施工过程

整孔吊装和分段吊装的施工过程一般为：在工厂或现场预制整孔梁或分段梁；预制梁段的起吊、运输；采用吊装设备逐孔架设施工；根据需要进行结构体系转换。预制梁段采用后张法预应力混凝土梁。由于施工过程中结构受力的变化，布设在梁体内的预应力钢束往往采用分阶段张拉方式，即在预制时先张拉部分预应力索，拼装就位后进行二次张拉。当然，在有些桥梁结构中，梁段预制时即将全部预应力钢束一次张拉到位，如何的张拉顺序取决于根据施工方法确定的设计要求。

在施工中可选用的吊装机具有多种，可根据起吊重量、桥梁所在的位置以及现有设备和掌握机具的熟练程度等因素决定。梁段的预制、安装类同于装配式简支梁桥。

例如，广东容奇大桥为大型预制构件拼装连续梁桥，跨径组合为73.5＋3×90＋73.5m，桥面宽14.5m。主梁为双箱单室的斜腹板箱型断面，预应力体系为24Φ5高强钢

丝及Φ25精轧螺纹钢筋。主梁沿纵向分成三大块，即边部梁、根部梁和中部梁；两箱间现浇行车道板和箱外横隔板连成整体预制梁的安装顺序为：从两边跨向桥中央依次安装根部梁、边部梁、合拢边跨、安装中部梁及次边跨合拢、安装中部梁及中跨合拢、拆除临时墩、形成五跨连续梁、横向整体化、桥面系施工。

2. 施工要点

采用逐孔吊装施工应注意以下几个问题：

(1) 采用分段组装逐孔施工的接头位置可以设在桥墩处也可设在梁的 $L/5$（$L$ 为梁的跨径）附近，前者多为由逐孔施工的简支梁连成连续梁桥；后者多为悬臂梁转换为连续梁。在接头位置处可设有0.5～0.6m现浇混凝土接缝，当混凝土达到设计强度后张拉连接预应力筋，完成连续。

(2) 桥的横向是否分隔主要根据起重能力和截面形式。当桥梁较宽，起重能力有限的情况下，可以采用T梁或工字梁截面，分片架设之后再进行横向及纵向的整体化、连续化。横向连接采用类似简支梁的构造型式，也可在主梁的翼缘板间设0.5m宽的现浇接头以增加横向刚度。

(3) 对于先简支后连续的施工方法，通常在简支梁架设时使用临时支座，待连接和张拉后期钢束完成连续后拆除临时支座，转由永久支座支承整体结构，为使临时支座便于卸落，可在橡胶支座与混凝土垫块之间设置一层硫黄砂浆。

(4) 在梁的反弯点附近设置接头，在有可能的情况下，可在临时支架上进行接头。

**2.5.5.2 用临时支承组拼预制节段逐孔施工**

1. 施工过程

对于多跨长桥，在缺乏较大能力的起重设备时，可将每跨梁分成若干段，在预制场生产；架设时采用一套支承梁临时承担组拼节段的自重，并在支承梁上张拉预应力筋，并将安装跨的梁与施工完成的桥梁结构按照设计的要求连接，完成安装跨的架梁工作；随后，移动临时支承梁至下一桥跨。或者采用递增拼装法，从梁的一端开始安装到另一端结束。

2. 节段的类型

按节段组拼进行逐孔施工，一般的组拼长度为桥梁的跨径；主梁节段长度根据起重能力划分，一般取4～6m；已成梁体与待连接的梁节段的接头设在桥墩处；结合连续梁桥结构的受力特点，并满足预应力钢束的连接、张拉及简化施工，每跨内的节段通常分为桥墩顶节段和标准节段。节段的腹板设有齿键，顶板和底板设有企口缝，使接缝剪应力传递均匀，并便于拼装就位。前一跨墩顶节段与安装跨第一节段间可以设置就地浇筑混凝土封闭接缝，用以调整安装跨第一节段的准确程度，但也可不设。封闭接缝宽15～20cm，拼装时由混凝土垫块调整。在施加初预应力后用混凝土封填，这样可调整节段拼装和节段预制的误差，但施工周期要长些。采用节段拼合可加快拼装速度，但对预制和组拼施工精度要求较高。

3. 拼装架设

(1) 钢桁架导梁法架设施工。按桥墩间跨长选用的钢桁架导梁支承在设置在桥墩上的横梁或横撑上，钢桁架导梁的支承处设有液压千斤顶用于调整标高，导梁上可设置不锈钢

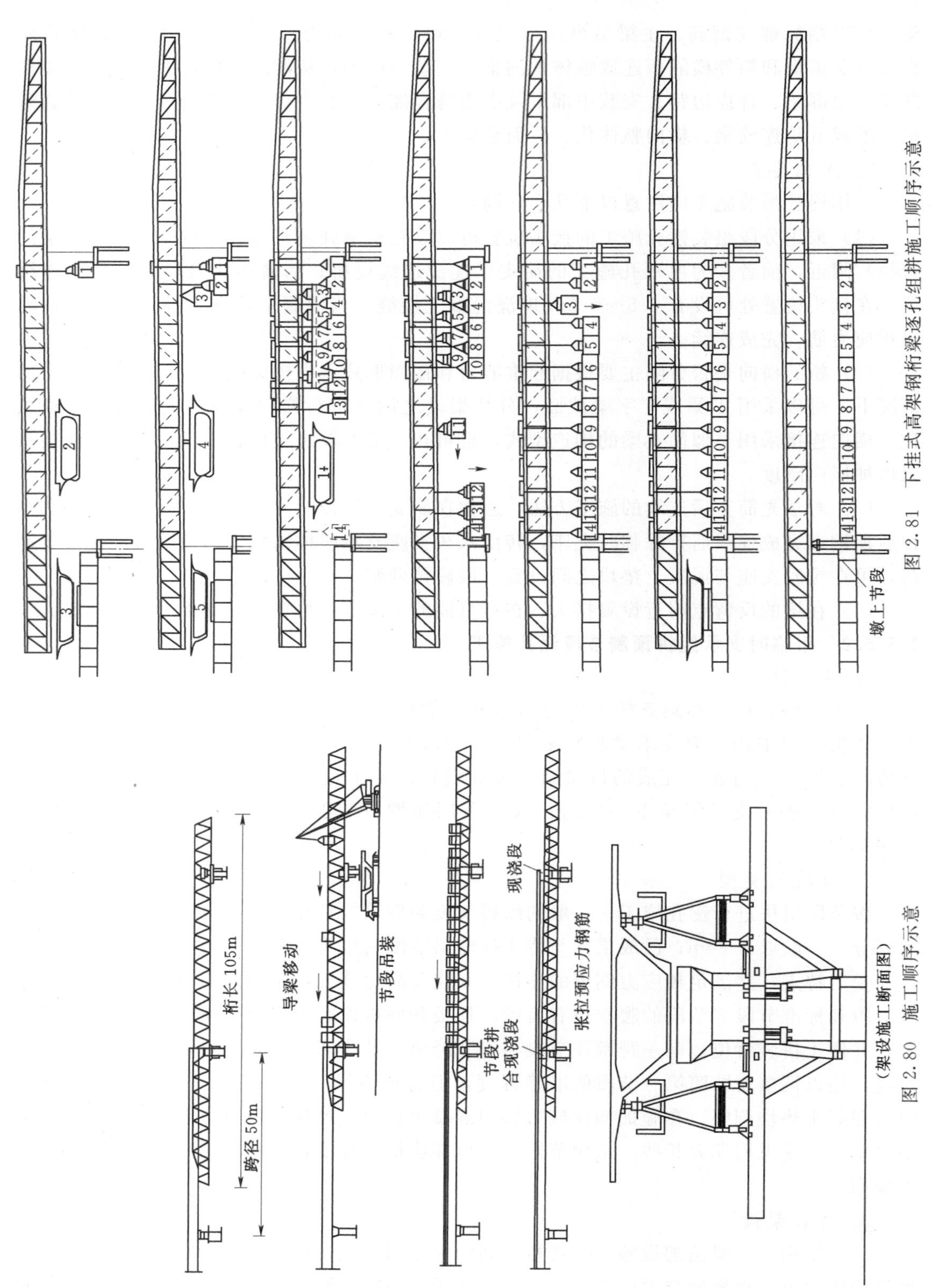


图 2.81　下挂式高架钢桁梁逐孔组拼施工顺序示意

图 2.80　施工顺序示意

轨，配合置于节段下的聚四氟乙烯板，便于节段在导梁上移动。对钢导梁，要求便于装拆和移运以适应多次转移逐孔拼装，同时，钢梁需设预拱度以满足桥梁纵面标高要求。当节段组拼就位，封闭接缝混凝土达到一定强度后，张拉预应力筋与前一跨桥组拼成整体。图2.80为韩国江边都市高速公路上的一桥梁结构的施工顺序图，标准跨径50m，体外预应力体系，采用履带吊配合导梁进行的吊装组拼。

（2）下挂式高架钢桁梁。用下挂高架钢桁梁逐孔组拼施工顺序如图2.81所示。施工时，预制节段可由平板车沿已安装的桥孔运至桥位后，借助架桥机上吊装设备起吊，并将第一跨梁的各节段分别悬吊在架桥机的吊杆上，当各节段位置调整准确后，完成该跨预应力张拉工艺，并使梁体落在支座上。

（3）递增装配法。递增装配法的施工程序大致为：块件经过桥面完成部分运到正在拼装的悬臂跨前端，靠旋转吊车逐一将块件安放在设计位置，1/3跨长部分可依靠自由悬臂长从桥墩一侧悬伸挑出，块件靠外部拉杆和预应力钢束张紧就位。为了平衡桥跨，每段箱梁可由两根拉杆从一个可移动的塔架上伸出的拉索在适当的位置定位拉紧。塔架一般位于前方桥墩上，使两根缆索连续通过塔并锚固在已完成的桥面上，拉索锚固在梁体节段顶缘，靠轻型千斤顶调整其中的预应力钢束。如图2.82所示。

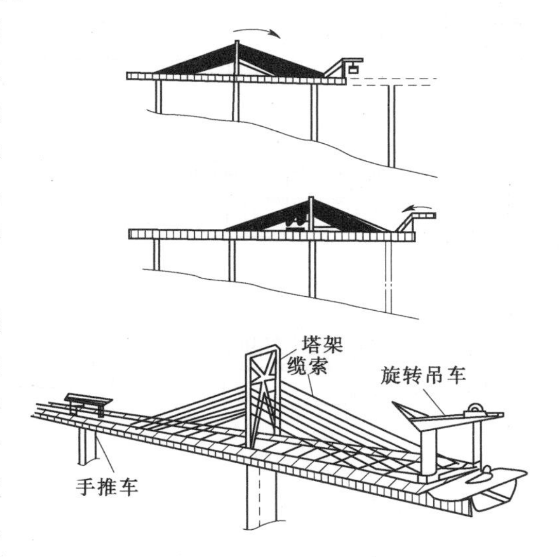


图2.82　递增装配施工

#### 2.5.5.3　使用移动支架逐孔现浇施工

移动支架逐孔现浇施工也称移动模架法，它是在可移动的支架、模板上完成一孔桥梁的全部工序，待混凝土有足够强度后，张拉预应力筋，移动支架、模板，进行下一孔梁的施工。

1. 移动悬吊模架施工

如图2.83所示，移动悬吊模架的型式也很多，构造各异，就其基本构造包括三个部分，承重梁、肋骨状横梁和移动支承。承重梁通常采用钢箱梁，长度大于两倍桥梁跨径，是承担施工设备自重、模板系统重量和现浇湿混凝土重量的主要承重构件。承重梁的后端通过移动式支架落在已完成的梁段上，承重梁的前方支承在桥墩上，工作状态呈单悬臂梁。承重梁除起承重作用外，在一跨梁施工完成后，作为导梁将悬吊模架纵移到前方施工跨。承重梁的移位及内部运输由数组千斤顶或起重机完成，并通过控制室操作。

在承重梁的两侧悬臂出许多横梁覆盖全桥宽，并由承重梁向两侧各用2～3组钢索拉住横梁，以增加其刚度。横梁的两端各用竖杆和水平杆形成下端开口的框架并将主梁包在其中。当模板支架处于浇筑混凝土状态时，模板依靠下端的悬臂梁和锚固在横梁上的吊杆定位，并用千斤顶固定模板；当模架需要纵向移位时，放松千斤顶及吊杆，模板安放在下端悬臂梁上，并转动该梁的前端有一段可转动部分，使模架在纵移状态时顺利通过桥墩。

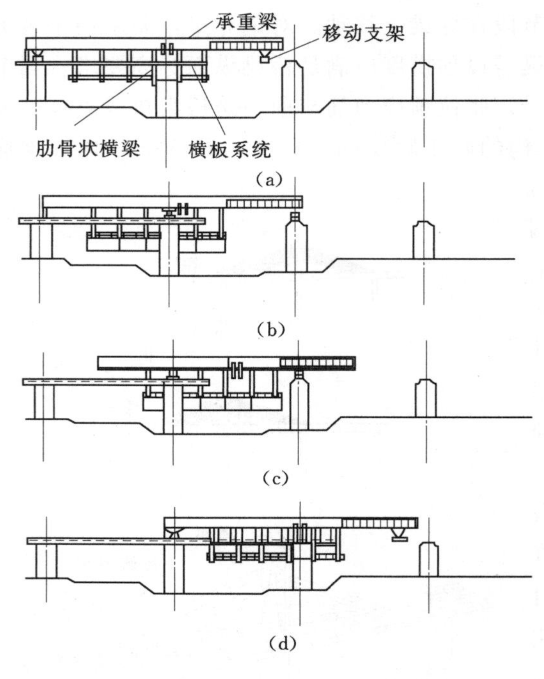

图 2.83　移动悬吊模架施工

2. 支承式活动模架施工

支承式活动模架的基本结构由承重梁、导梁、台车和桥墩托架等组成，它采用两根承重梁，分别设置在箱型梁的两侧，承重梁用来支承模板和承受施工荷载，承重梁的长度要大于桥梁的跨径，浇筑混凝土时承重梁支承在桥墩托架上。导梁主要用于移动承重梁和活动模架，因此需要有大于两倍桥梁跨径的长度。当一跨桥梁施工完成进行脱模卸架后，由前方台车（在导梁上移动）和后方台车（在已完成的梁上移动），沿纵向将承重梁的活动模架运送到下一跨，承重梁就位后，导梁再向前移动并支承在前方墩上。

**2.5.5.4　方法特点**

综上所述，移动模架法的施工特点为：

（1）移动模架法不需要设置地面支架，不影响通航或桥下交通，施工安全、可靠。

（2）有良好的施工环境，保证施工质量，一套模架可多次周转使用，具有在类似预制场生产的优点。

（3）机械化、自动化程度高，节省劳力，降低劳动强度，上下部结构可平行作业，可缩短工期。

（4）通常每一施工梁段的长度取用一跨的跨长，接头的位置一般选在桥梁受力较小的地方，即离支点 1/5 附近。

（5）移动模架设备投资大，施工准备和操作都比较复杂。

（6）此法宜在桥梁跨径小于 50m 的桥上使用。

## 项　目　小　结

本项目主要介绍了钢筋混凝土及预应力混凝土梁式桥的设计计算及施工等内容。

重点讲述：

1. 梁式桥特点及构造：简支板桥及简支梁桥的构造，结构布置特点，需掌握梁式桥的识图。

2. 简支梁桥设计计算：主梁的内力计算，包括恒载内力计算及活载内力计算，后者需掌握荷载横向分布系数的计算方法。

3. 钢筋混凝土及预应力混凝土梁桥施工，及悬臂体系与连续体系梁桥施工：包括钢筋混凝土梁桥的模板工程、钢筋工程及混凝土工程的施工；预制梁的运输及安装要求等；现浇混凝土梁桥的施工；预应力混凝土的概念，先张法和后张法的工作原理，施工程序及

要求；悬臂体系及连续体系梁桥的悬臂施工法、顶推施工法、逐孔施工法的适用条件，施工工艺，操作要点等。梁桥的施工方法种类较多，需根据梁结构布置的不同特点选择适宜的施工方法。因此，对于各种梁桥的施工方法，需正确掌握其适用条件，施工工艺及程序。

## 项 目 测 试

1. 简述混凝土简支板桥的受力特点、主要截面形式及跨径适应范围。

2. 一般来说，预应力混凝土简支梁桥比钢筋混凝土简支梁桥跨越能力大，简支梁桥比简支板桥跨越能力大，为什么？

3. 简述斜板桥的受力特点。

4. 混凝土简支梁桥一般采用T形截面，较少使用箱形截面，从受力和经济方面阐述其理由。

5. 简述连续梁桥的主要受力特点。

6. 连续梁桥有哪几种主要施工方法？并绘出相应的纵向预应力筋配筋方式。

7. 阐述等截面连续梁桥的适用范围及其跨径与梁高布置的一般原则。

8. 混凝土连续梁桥有哪几种基本的截面形式？并阐述其各自的受力特点及适用范围。

9. 何谓单向板、双向板？从受力性能及设计方面阐述其区别。

10. 试阐述板的有效工作宽度的概念。

11. 如图2.84所示，某钢筋混凝土T梁，其桥面铺装平均厚为11cm，T梁翼板按铰接悬臂板计算，试求公路Ⅰ级车辆荷载作用下的翼板控制截面内力。（公路Ⅰ级车辆荷载汽车车轮中、后轴车轮着地长度 $a_2=0.2$m；着地宽度 $b_2=0.6$m）。

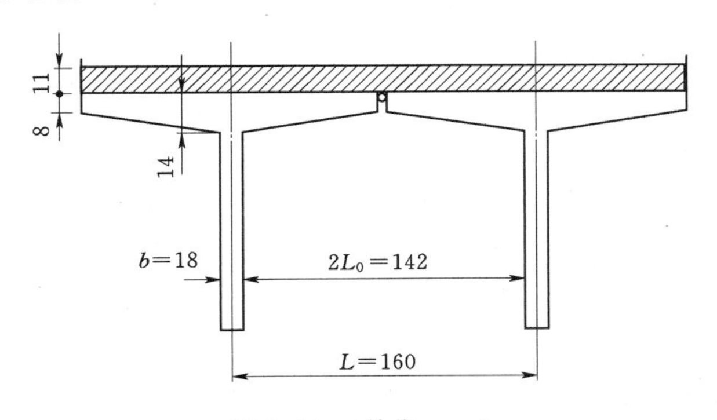


图2.84 （单位：cm）

12. 某钢筋混凝土简支T梁桥，车行道宽9m，两侧人行道宽1m，桥梁横截面为5梁式布置，试按考虑主梁抗扭的偏心压力法，求①号梁在汽车及人群荷载作用下的荷载横向分布系数 $m_q$、$m_r$。

13. 某一装配式钢筋混凝土简支T梁桥，标准跨径为20m，计算跨径 $l=19.5$m，桥梁的横桥向布置如图所示（图2.86），车行道宽7m，双车道。已知汽车荷载的冲击系数 $\mu=0.191$，②号梁在汽车荷载作用下荷载横向分布系数为：跨中 $m_c=0.45$，支点截面 $m_0$

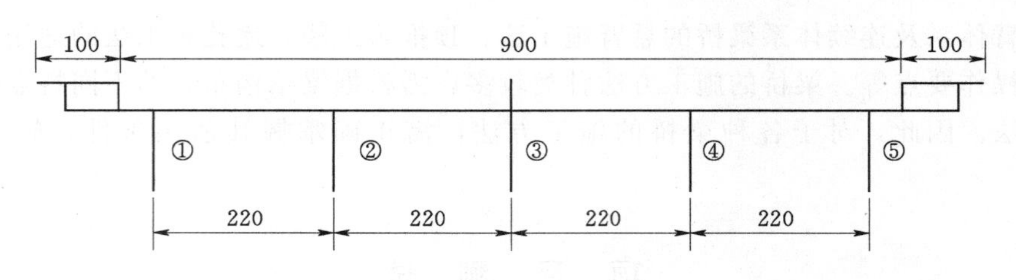

图 2.85 （单位：cm）

=0.65。试计算在公路Ⅱ级汽车荷载作用下，②号梁跨中最大弯矩及支点最大剪力的标准值。

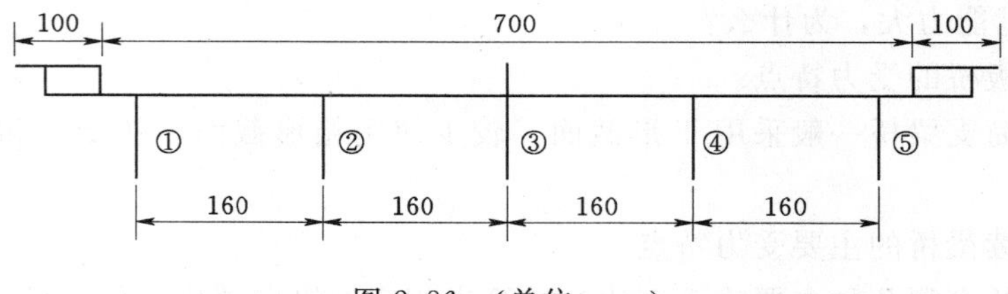

图 2.86 （单位：cm）

# 学习项目3　圬工和钢筋混凝土拱桥

**学习目标**

通过本项目的学习，重点理解并掌握拱桥的受力特点及适用范围；熟悉拱桥的组成和主要类型；熟悉拱桥的设计与构造，并掌握拱桥的主要施工方法。

## 学习单元3.1　拱桥的组成及主要类型

### 3.1.1　拱桥的主要特点

拱桥是我国公路上使用广泛且历史悠久的一种桥梁结构型式。它外形宏伟壮观，且经久耐用。拱桥与梁桥不仅外形上不同，而且在受力性能上有着本质的区别。梁桥在竖向荷载作用下，梁体内主要产生弯矩，且在支承处仅产生竖向支反力，而拱桥在竖向荷载作用下，支承处不仅有竖向反力，还产生水平推力，正是这个水平推力，使拱内产生轴向压力，并大大减小了跨中弯矩，使之成为偏心受压构件。截面上的应力分布［图3.1（a）］与受弯梁的应力［图3.1（b）］相比，较为均匀。因而可以充分利用主拱截面的材料强度，使跨越能力增大。根据理论推算，混凝土拱桥的极限跨度可以达到500m左右，钢拱桥的极限跨度可达1200m左右。

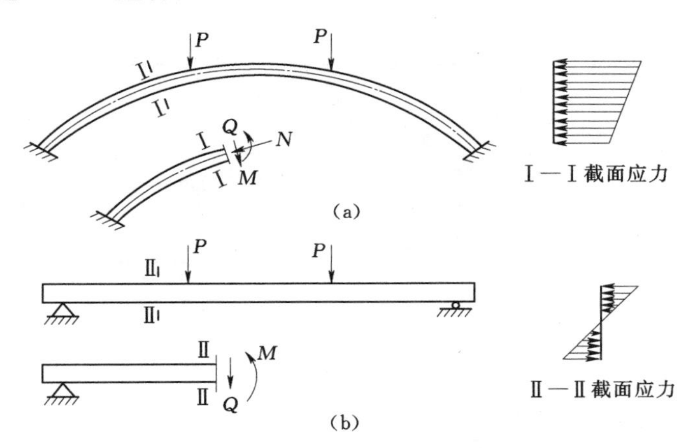


图3.1　拱和梁的应力分布

拱桥的主要优点：①能充分做到就地取材，与钢筋混凝土梁桥相比，可节省大量的钢材和水泥；②跨越能力较大；③构造较简单，尤其是圬工拱桥，技术容易被掌握，有利于广泛采用；④耐久性能好，维修、养护费用少；⑤外形美观。

拱桥的主要缺点：①自重较大，相应的水平推力也较大，增加了下部结构的工程量，当采用无铰拱时，基础发生变位或沉降所产生的附加力是很大的，因此，对地基条件要求

高；②多孔连续拱的中间墩，其左右的水平推力是相互平衡的，一旦一孔出现问题，其他孔也会因水平力不平衡而相继毁坏；③与梁桥相比，上承式拱桥的建筑高度较高，当用于城市立交及平原区的桥梁时，因拱面标高提高，而使桥两头接线的工程量增大，或使桥面纵坡增大，既增加了造价又对行车不利；④混凝土拱桥施工费时、费工等。

混凝土拱桥虽然存在这些缺点，但由于它的优点突出，在我国公路桥梁中得到了广泛的应用，而且，这些缺点也正在得到改善和克服。如在地质条件不好的地区修拱挢时，可从结构体系上、构造型式上采取措施，以及利用轻质材料来减轻结构自重，或采取措施提高地基承载能力。为了节约劳动力，加快施工进度，可采用预制装配式及无支架施工。这些都有效地扩大了拱桥的适用范围，提高了跨越能力。

### 3.1.2　拱桥的组成及主要类型

#### 3.1.2.1　拱桥的组成

拱桥是由上部结构和下部结构两大部分组成。

拱桥上部结构的主要受力构件是拱圈，因此在设计时可根据地质情况、环境及桥头接线的相对位置，将桥面系置于拱背之上（上承式）或吊于拱肋之下（下承式），也可以将桥面系一部分吊于拱肋之下，一部分支撑于拱背之上做成中承式。

常见的上承式拱桥，桥跨结构是由主拱圈（肋、箱）简称主拱和拱上建筑所构成（图3.2）。主拱圈（肋、箱）是拱桥的主要承重构件，承受桥上的全部作用，并通过它把作用传递给墩台及基础。由于主拱圈是曲线形，一般情况下车辆都无法直接在弧面上行驶，所以在行车道系与主拱圈之间需要有传递压力的构件或填充物，以使车辆能在平顺的桥道上

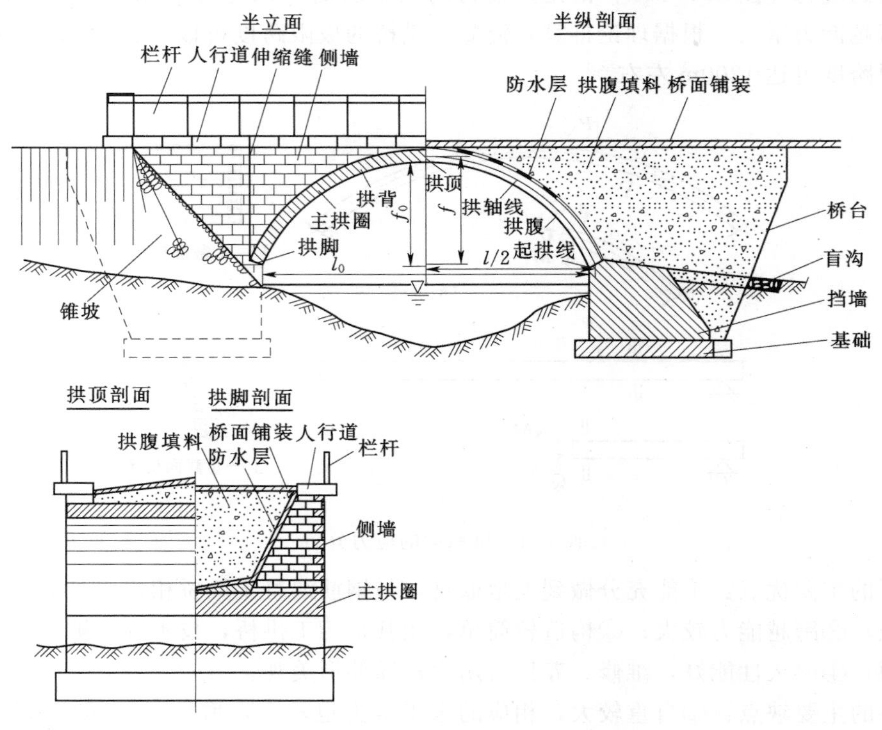


图3.2　实腹式拱桥的主要组成部分

行驶。这些主拱圈以上的行车道系和传力构件或填充物称为拱上建筑。拱上建筑可做成实腹式（图 3.2）或空腹式（图 3.3），相应称为实腹式拱桥或空腹式拱桥。

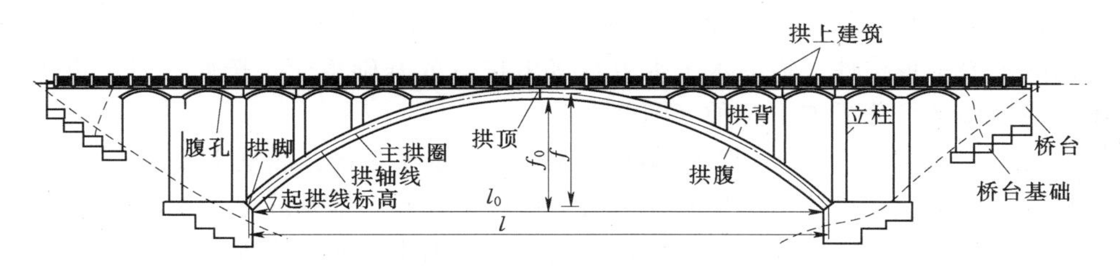


图 3.3　空腹式拱桥的主要组成部分

拱圈的最高处称为拱顶，拱圈与墩台连接处称为拱脚（或起拱面）。拱圈各横向截面（或换算截面）的形心连线称为拱轴线。拱圈的上曲面称为拱背，下曲面称为拱腹。起拱面和腹拱相交的直线称为起拱线。拱顶截面形心至相邻两拱脚截面形心之连线的垂直距离称为计算矢高 $f$，拱顶截面下缘至起拱线连线的垂直距离称为净矢高 $f_0$，相邻两拱脚截面形心点之间的水平距离称为计算跨径 $l$，每孔拱跨两个起拱线之间的水平距离称为净跨径 $l_0$。拱圈（或拱肋）的矢高（或净矢高）与计算跨径（或净跨径）之比称为矢跨比，即 $D=\frac{f}{l}$ 或 $D=\frac{f_0}{l_0}$。

拱桥的下部结构由桥墩、桥台及基础等组成，用以支撑桥跨结构，将桥跨结构的作用传至地基。桥台还起与两岸路堤相连接的作用，使路桥形成一个协调的整体。对于拱脚处设铰的有铰拱桥，主拱圈与墩（台）之间还设置了传递作用、允许结构变形的拱铰。

### 3.1.2.2　拱桥的主要类型

拱桥的形式多种多样，构造各有差异，可以按照不同的方式来进行分类。例如：

（1）按照建桥材料（主要是针对主拱圈使用的材料）可以分为圬工拱桥、钢筋混凝土拱桥、钢拱桥和钢一混凝土组合拱桥等。

（2）按照桥面行车道的位置可以分为上承式拱、中承式拱和下承式拱（图 3.4）。

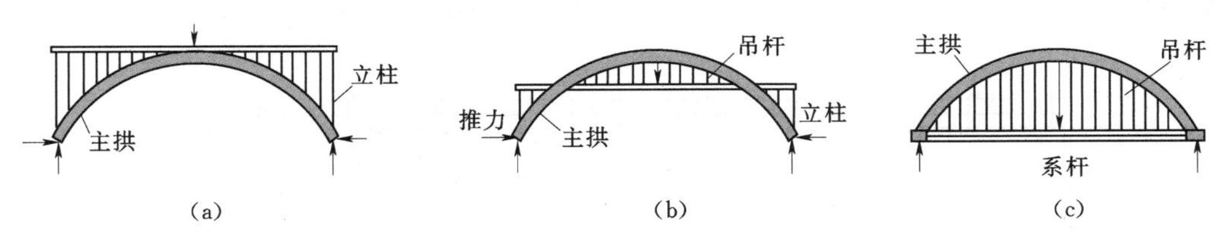


图 3.4　拱桥的基本图示

（a）上承式；（b）中承式；（c）下承式

（3）按照结构体系可以分为简单体系拱桥、桁架拱桥、刚架拱桥和梁拱组合体系桥。

（4）按照截面的形式可以分为板拱桥、混凝土肋拱桥、箱型拱桥、双曲拱桥、钢管混凝土拱桥和劲性骨架混凝土拱桥。

现仅根据下面两种不同的分类方式对圬工和钢筋混凝土拱桥的主要类型作一些介绍。

1. 按照结构的体系分类

（1）简单体系拱桥。简单体系的拱桥可以做成上承式、下承式（无系杆拱）或中承式

(图 3.4)，均为有推力拱。

在简单体系的拱桥中，上承式拱桥的拱上建筑或中、下承式拱桥的拱下悬吊结构（统称为行车道系结构)，不与主拱一起承受荷载。桥上的全部荷载由主拱单独承受，它们是拱跨结构的主要承重构件。拱的水平推力直接由桥台或基础承受。按照主拱的静力特点，简单体系的拱桥又可分成如下三种（图 3.5)。

1）三铰拱［图 3.5（a)］。属外部静定结构。因温度变化、混凝土收缩、支座位移等原因引起的变形不会在拱体内产生附加内力。所以，在软土地基或寒冷地区修建拱桥时可以采用三铰拱。但由于铰的存在，其构造复杂，施工困难，而且降低了整体刚度，尤其减小了抗震能力。同时拱的挠度曲线在拱顶铰处出现转折，对行车不利。因此，大、中跨径的主拱圈一般不宜采用三铰拱。三铰拱一般用作大、中跨径空腹式拱上建筑的腹拱。

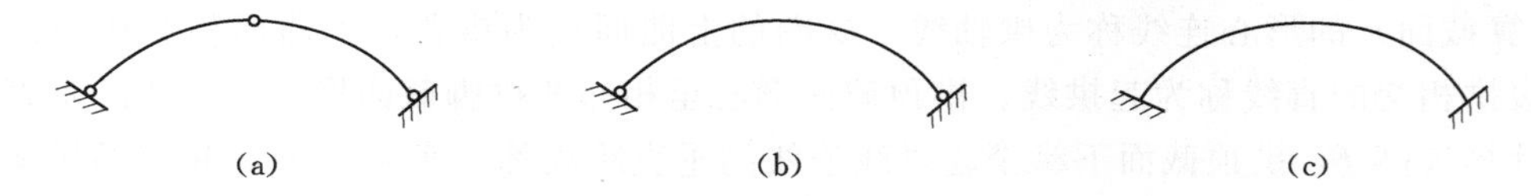


图 3.5　拱圈（肋）静力图示

(a）三铰拱；(b）两铰拱；(c）无铰拱

2）两铰拱［图 3.5（b)］。三铰拱取消拱顶铰而成，是一次超静定结构，其结构整体刚度较三铰拱好，因地基条件较差而不宜修建无铰拱时，可采用两铰拱。

3）无铰拱［图 3.5（c)］。属外部三次超静定结构。在永久作用和可变作用作用下，内力分布较三铰拱均匀，故其用料较少。由于无铰拱结构整体刚度大，构造简单，施工方便，在工程中使用最广泛。由于超静定次数多，结构变形特别是墩台位移而引起的附加内力较大，所以无铰拱宜于在地基良好的条件下修建。

(2）桁架拱桥。桁架拱桥的主要承重结构是桁架拱片（图 3.6)。桁架拱桥是由拱和桁架两种结构体系组合而成。因此具有桁架和拱的受力特点。即由于受推力的作用，跨间的弯矩得以大大减少；由于把一般拱桥的传力构件（拱上建筑）与承重结构（拱肋）联合成整体桁架，结构整体受力，能充分发挥各部分构件的作用。结构刚度大、自重小、用钢

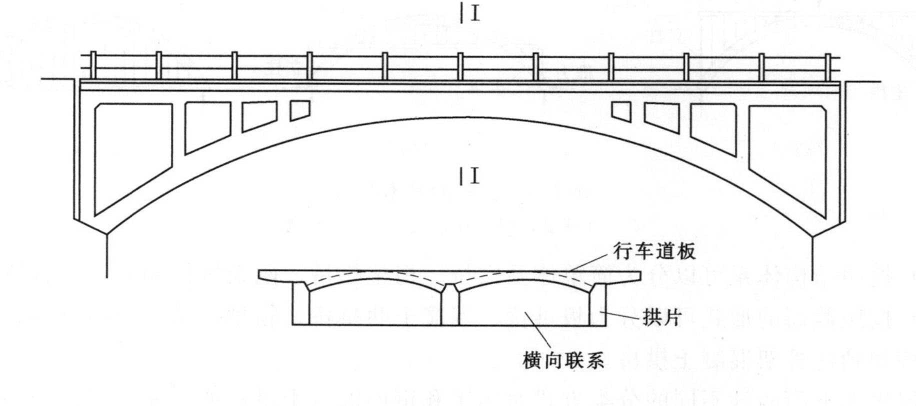


图 3.6　桁架拱桥

量省。桁架拱桥的拱脚一般采用铰接方式，以减少次内力影响。

（3）刚架拱桥。刚架拱桥是在桁架拱桥、斜腿刚架桥等基础上发展起来的另一种桥型，属于有推力的高次超静定结构（图 3.7）。它具有构件少、质量小、整体性好、刚度大、施工简便、造价低和造型美观等优点。

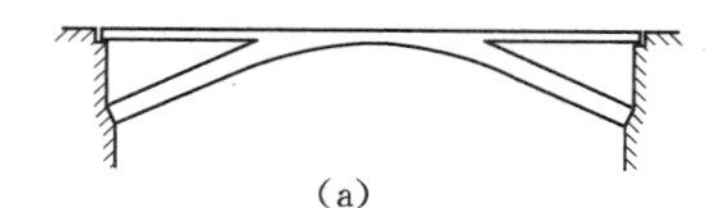

(a)

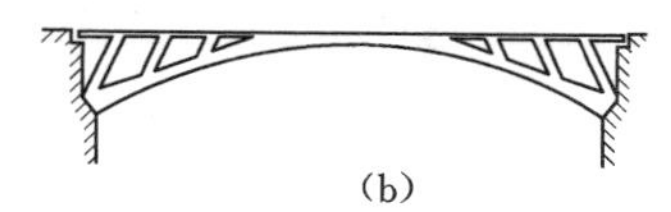

(b)

图 3.7　刚架拱桥

（4）梁拱组合体系桥。梁拱组合体系桥是将梁和拱两种基本结构组合起来，共同承受荷载充分发挥梁受弯、拱受压的结构特性。由于行车道系与主拱的组合方式不同，其静力图式也不同。同样，组合拱可以做成上承式的或下承式的。一般可分为有推力和无推力两种类型。

1）无推力的组合体系拱（图 3.8）。拱的推力由系杆承受，墩台不承受水平推力。根据拱肋和系杆的刚度大小及吊杆的布置型式可以分为以下几种：

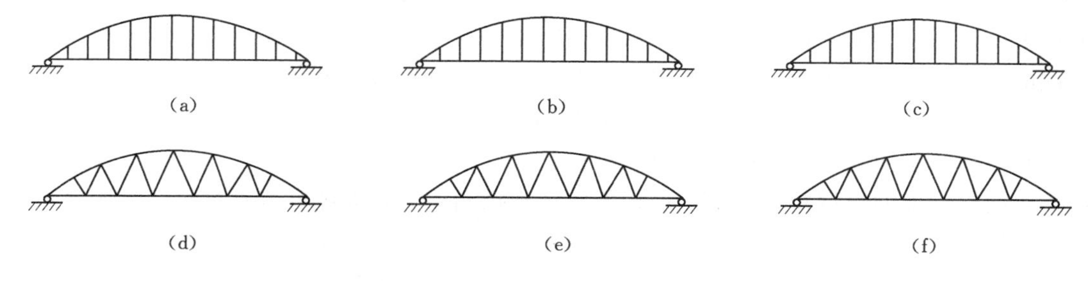

图 3.8　无水平推力组合体系拱

(a) 系杆拱；(b) 蓝格尔拱；(c) 洛泽拱；(d) 尼尔森系杆拱；
(e) 尼尔森蓝格尔拱；(f) 尼尔森洛泽拱

a. 具有竖直吊杆的柔性系杆刚性拱——系杆拱［图 3.8 (a)］。

b. 具有竖直吊杆的刚性系杆柔性拱——蓝格尔拱［图 3.8 (b)］。

c. 具有竖直吊杆的刚性系杆刚性拱——洛泽拱［图 3.8 (c)］。

以上三种拱，当用斜吊杆代替竖直吊杆时，称为尼尔森拱［图 3.8 (d)、(e)、(f)］。

2）有推力的组合体系拱。此种组合体系拱没有系杆，单独的梁和拱共同受力，拱的推力仍由墩台承受（图 3.9）。

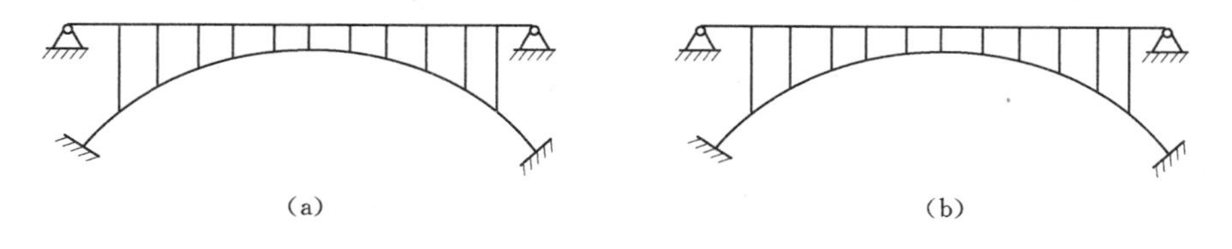

图 3.9　无水平推力组合体系拱

(a) 倒蓝格尔拱；(b) 倒洛泽拱

2. 按照主拱的截面形式分类

(1) 板拱桥［图 3.10 (a)］。如果主拱的横截面是整块的实体矩形截面，称为板拱桥。板拱桥是最古老的拱桥形式，由于它构造简单，施工方便，至今仍在使用。

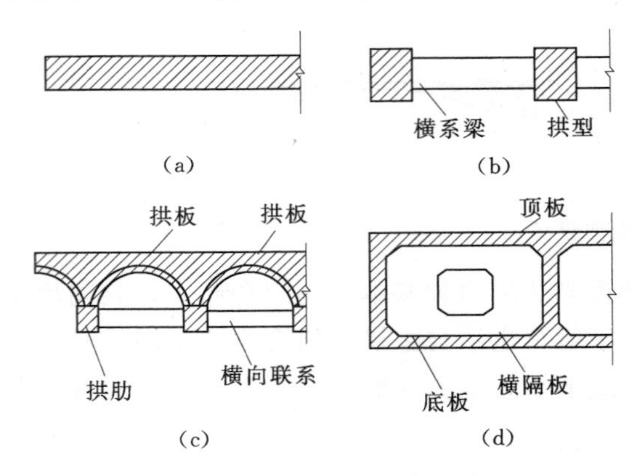


图 3.10　拱的横截面形式

(a) 板拱；(b) 肋拱；(c) 双曲拱；(d) 箱形拱

由于在截面积相同的条件下，实体矩形截面比其他形式截面的截面抵抗矩小，在有弯矩作用时，材料的强度没有得到充分的利用。如果要获得与其他形式截面相同的截面抵抗矩，板拱就必须增大截面积，这就相应地增加了材料用量和结构自重，故采用板拱是不太经济的。

(2) 肋拱桥［图 3.10 (b)］。为了节省材料，减轻结构自重，必须充分利用材料的强度，以较小的截面积获得较大的截面抵抗矩，将整块的矩形实体截面划分成两条（或多条）分离式的肋，以加大拱的高度，这就形成了由几条肋形成的拱桥，称为肋拱桥。肋拱桥的拱肋可以是实体截面、箱形截面或桁架截面。肋拱桥材料用量一般比板拱桥经济，但构造比板拱桥复杂。

(3) 双曲拱桥［图 3.10 (c)］。主拱圈的横截面是由数个横向小拱组成，使主拱圈在纵向及横向均呈曲线形，故称之为双曲拱桥。

双曲拱截面的抵抗矩比相同截面积的实体板拱圈要大，因此可节省材料，结构自重力小，特别使它的预制部件分得细，吊装质量轻。双曲拱桥在公路桥梁上获得过较广泛的应用，但由于其截面组成划分过细，整体性较差，建成后出现裂缝较多。

(4) 箱形拱桥［图 3.10 (d)］。将实体的板拱截面挖空成空心箱形截面，则称为箱形拱或空心板拱。由于截面挖空，使箱形拱的截面抵抗矩较相同截面积的板拱的截面抵抗矩大得多，从而大大减小弯矩引起的应力，节省材料较多。

(5) 钢管混凝土拱桥［图 3.11 (a)］。钢管混凝土拱桥属于钢一混凝土组合结构中的一种。主要用于以受压为主的结构，它一方面借助于内填混凝土增强钢管壁的稳定性，同时又利用钢管对其混凝土的套箍作用，使填充混凝土处于三向受压状态，从而使其具有更高的抗压强度和抗变形能力。

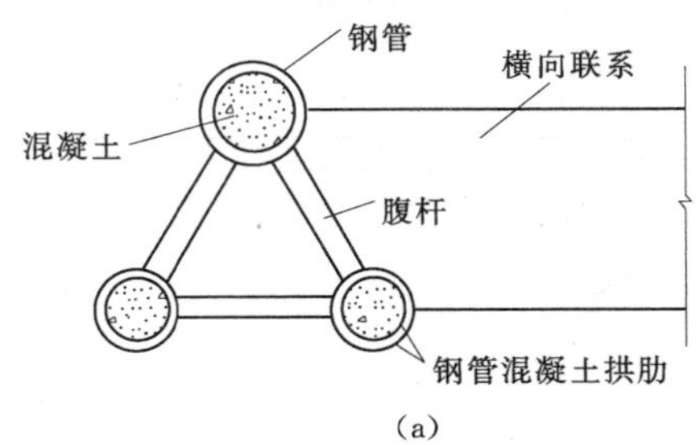


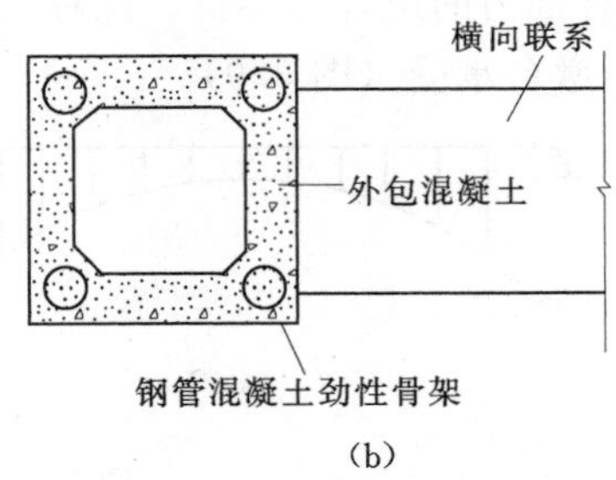


图 3.11　拱的横截面形式

(a) 钢管混凝土拱肋；(b) 钢筋混凝土劲性骨架

(6) 劲性骨架混凝土拱桥［图 3.11 (b)］。劲性骨架混凝土拱桥是指以钢骨桁架作为受力筋，它既可以是型钢，也可以是钢管。采用钢管作为劲性骨架的混凝土拱又可称为内填外包型钢筋混凝土拱。它主要解决大跨度拱桥施工的“自架设问题”。首先架设自重轻、强度、刚度均较大的钢管骨架，然后在空钢管内灌注混凝土形成钢管混凝土，再在钢管混凝土骨架外挂模板浇筑外包混凝土，形成钢筋混凝土结构。在这种结构中，钢管和随后形成的钢管混凝土主要是作为施工的劲性骨架来考虑的。成桥后，它可以参与受力，但其用量通常是由施工设计控制的。

**【思　　考　　题】**

- 拱桥的受力特点是什么？
- 拱桥的优缺点有哪些？
- 按截面型式分拱桥有哪些类型？
- 无推力组合体系拱桥有哪几种？

# 学习单元3.2　拱桥的设计与构造

## 3.2.1　上承式拱桥的设计与构造

### 3.2.1.1　拱桥的设计

1. 拱桥的整体布置

在选定了桥位，进行了必要的水文、水力计算，掌握了桥址处的地质、地形等资料后，即可进行拱桥的总体布置。总体布置是否合理，考虑问题是否周全，不但直接影响桥梁的总造价，而且还给今后桥梁的使用、维护、管理带来直接的影响。因此，拱桥的总体布置十分重要。一个好的设计，往往就体现在总体布置的优劣上。

拱桥的总体布置应按照适用、安全、经济和适当照顾美观的原则进行。总体布置图中阐明的主要内容应包括：拟采用的结构体系及结构型式；桥梁的长度、跨径、孔数；拱的主要几何尺寸，例如，矢跨比、宽度、高度、外形等；桥梁的高度；墩台及其基础形式和埋置深度；桥上及桥头引道的纵坡等。

(1) 确定桥梁长度及分孔。当通过水文、水力计算和技术经济等方面的比较，确定了两岸桥台台口之间的总长度之后，在纵、平、横三个方向综合考虑桥梁与两头路线的衔接，可以确定桥台的位置和长度，桥梁的全长便被确定下来。

在桥梁全长决定后，再根据桥址处的地形、地质等情况，并结合选用的结构体系和结构形式、施工条件，可以进一步地确定选择单孔还是多孔。

如果采用多孔拱桥，如何进行分孔，是总体布置中一个比较重要的问题。如果跨越通航河流，在确定孔数与跨径时，首先要进行通航净空论证和防洪论证。分孔时，除应保证净孔径之和满足设计洪水通过的需要外，还应确定一孔或两孔作为通航孔。通航孔跨径和通航高程的大小应满足航道等级规定的要求，并与航道部门协商。通航孔的位置多半布置

在常水位时的河床最深处或航行最方便的地方。对于航道可能变迁的河流，必须设置几个通航的桥跨，一旦主流位置变迁时，也能满足航道要求。对于不通航孔或非通航河段，桥孔划分可按经济原则考虑，尽量使上下部结构的总造价最低。

在分孔中，有时为了避开深水区或不良的地质地段（如软土层、溶洞、岩石破碎带等），而可能将跨径加大。在水下基础结构复杂、施工困难的地方，为减少基础工程，也可考虑采用较大跨径。

对跨越高山峡谷、水流湍急的河道或宽阔的水库，建造多孔小跨径桥梁不如建造大跨径桥之经济合理。在条件容许并通过技术经济比较后，可采用单孔大跨拱桥。

分孔时还应考虑施工的方便和可能。通常，全桥宜采用等跨的分孔方案，并尽量采用标准跨径，以便于施工和修复，又能改善下部结构的受力并节省材料。

多孔拱桥中，连孔数量不小于4孔时，设置单向推力墩，以防止一孔坍垮而引起全桥坍垮。

此外，分孔时，还需注重整座桥的造型和美观，有时这可能成为一个主要因素加以考虑。

（2）确定桥梁的设计标高和矢跨比。拱桥的高程主要有四个，即桥面高程、拱顶底面高程、起拱线高程、基础底面高程（图3.12）。这几项高程的合理确定，是拱桥总体布置中的另一个重要问题。

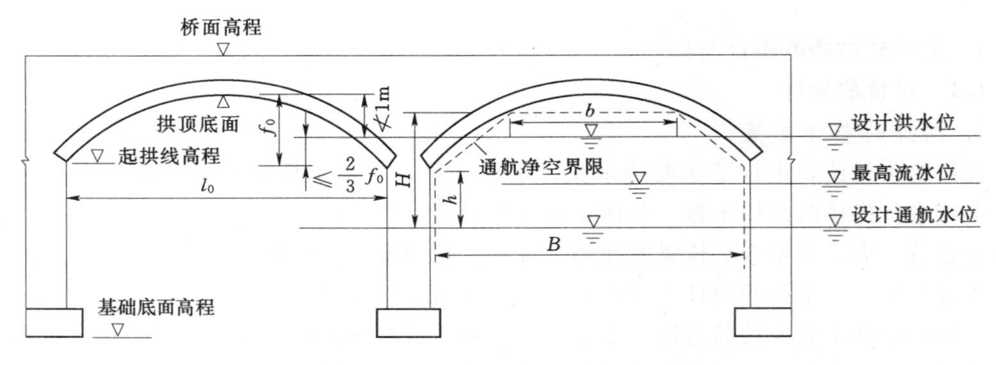


图3.12　拱桥的标高及桥下净空图

拱桥的桥面高程代表着建桥的高度，特别在平原区，在相同纵坡情况下，桥高会使两端的引桥或引道工程显著增加，将提高桥梁的总造价。反之，如果桥修矮了，不但有遭受洪水冲毁的危险，而且往往影响桥下通航的正常运行，致使桥梁建成后带来难以挽救的缺陷。故桥面高程必须综合考虑有关因素，正确合理地确定。

建在山区河流上的拱桥，由于两岸公路路线的位置一般较高，桥面高程一般由两岸线路的纵面设计所控制。

对跨越平原区河流的拱桥，其桥面最小高度一般由桥下净空所控制。为了保证桥梁的安全，桥下必须留有足够的排泄设计洪水流量的净空。对于无铰拱桥，可以将拱脚置于设计水位以下，但通常淹没深度不得超过矢高的2/3。为了保证漂浮物能通过，在任何情况下，拱顶底面应高出设计洪水位1.0m。

对于有淤积的河床，桥下净空尚应适当加高。

对于通航河流，通航孔的最小桥面高度，除满足以上要求外，还应满足对不同航道等级所规定的桥下净空界限的要求（图3.12）。设计通航水位，一般是按照一定的设计洪水频率（1/20）进行计算，并与航运部门具体协商决定。

当桥面高程确定之后，由桥面高程减去拱顶处的建筑高度，就可得到拱顶底面的高程。

拟定起拱线高程时，为了减小墩台基础底面的弯矩，节省墩台的工程数量，一般宜选择低拱脚的设计方案，但对于有铰拱桥，拱脚需高出设计洪水位以上0.25m。为了防止病害，有铰或无铰拱拱脚均应高出最高流冰面0.25m。当洪水带有大量漂浮物时，若拱上建筑采用立柱时，宜将起拱线高程提高，使主拱圈不要淹没过多，以防漂浮物对立柱的撞击或挂留。有时为了美观的要求，应避免就地起拱，而应使墩台露出地面一定的高度。

至于基础底面的高程，主要根据冲刷深度、地基承载能力等因素确定。

当拱顶、拱脚高程确定后，根据跨径即可确定拱的矢跨比。矢跨比是拱桥的一个特征数据，它不但影响主拱圈内力，还影响拱桥施工方法的选择。同时，对拱桥的外形能否与周围景物相协调，也有很大关系。

拱的恒载水平推力 $H_g$ 与垂直反力 $V_g$ 之比值，随矢跨比的减小而增大。当矢跨比减小时，拱的推力增加，反之则推力减小。众所周知，推力大，相应地在主拱圈内产生的轴向力也大，对主拱圈本身的受力状况是有利的，但对墩台基础不利。同时，矢跨比小，则弹性压缩、混凝土收缩和温度等附加内力均较大，对主拱圈不利。在多孔情况下，矢跨比小的连拱作用较矢跨比大的显著，对主拱圈也不利。然而，矢跨比小却能增加桥下净空，降低桥面纵坡，对拱圈的砌筑和混凝土的浇筑比较方便。因此，在设计时，矢跨比的大小应经过综合比较进行选择。

通常，对于砖、石、混凝土拱桥和双曲拱桥，矢跨比一般为1/4～1/8，不宜小于1/10，钢筋混凝土拱桥的矢跨比一般为1/5～1/10。但拱桥最小矢跨比不宜小于1/12，一般将矢跨比大于或等于1/5的拱称为陡拱，矢跨比小于1/5的称为坦拱。

2．不等跨连续拱桥的处理

多孔拱桥最好选用等跨分孔的方案。在受地形、地质、通航等条件的限制，或引桥很长，考虑与桥面纵坡协调一致时，可以考虑用不等跨分孔的办法处理。如一座跨越水库的拱桥，全长376m，谷底至桥面高达80余米。根据地形、地质条件和经济比较等综合考虑，以采用不等跨分孔为宜。于是，跨越深谷的主孔跨径采用116m，而两边孔均采用72m（图3.13）。

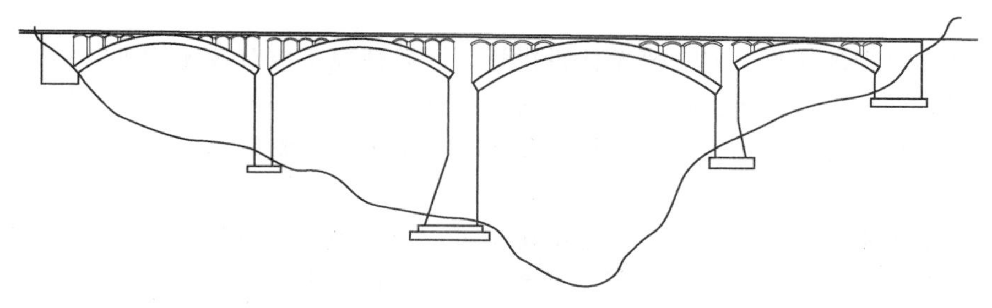

图3.13　不等跨分孔

不等跨拱桥，由于相邻孔的恒载推力不相等，使桥墩和基础增加了恒载的不平衡推力。为了减小这个不平衡推力，改善桥墩基础受力状况，可采用以下措施。

（1）采用不同的矢跨比。利用在跨径一定时，矢跨比与推力大小成反比的关系，在相邻两孔中，大跨径用较陡的拱（矢跨比较大），小跨径用较平坦的拱（矢跨比较小），使两相邻孔在恒载作用下的不平衡推力尽量减小。

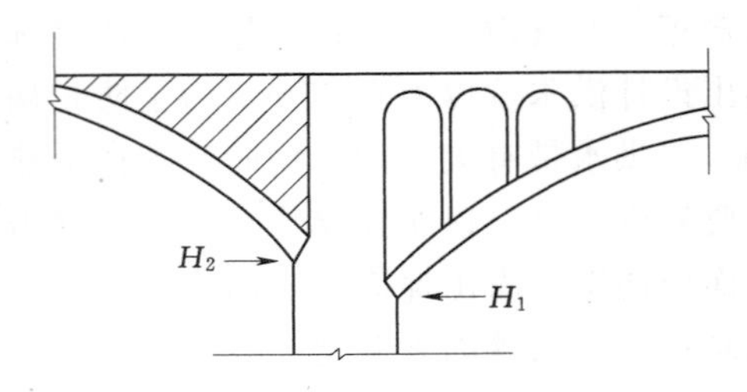


图3.14　大跨与小跨的拱脚高程

（2）采用不同的拱脚高程。由于采用了不同的矢跨比，致使两相邻孔的拱脚高程不在同一水平线上。因大跨径孔的矢跨比大，拱脚降低，减小了拱脚水平推力对基底的力臂，这样可使大跨与小跨的恒载水平推力对基底产生的弯矩得到平衡（图3.14）。

（3）调整拱上建筑的自重。常常是大跨径用轻质的拱上填料或采用空腹式拱上建筑，小跨径用重质的拱上填料或采用实腹式拱上建筑，用增加小跨径拱的恒载来增大恒载的水平推力。

（4）采用不同类型的拱跨结构。常是小跨径采用板拱结构，大跨径采用分离式力拱结构，以减轻大跨径拱的恒载来减小恒载的水平推力。有时，为了进一步减小大跨径拱的恒载水平推力，可加大大跨径拱肋的矢高，而做成中承式肋拱桥梁。

在具体设计时，也可以将以上几种措施同时采用。如果仍不能达到完全平衡推力的目的，则需设计成体型不对称的或加大尺寸的桥墩和基础来加以解决。

3. 拱桥体系、结构类型和拱轴线的选择

（1）拱桥体系的选择。如前所述，拱桥可分为两大体系，即简单体系拱桥与组合体系拱桥。总体设计应在已知桥位自然条件、通航要求、分孔道路等级等情况下，从经济合理性、技术可行性、耐久适用性等方面进行分析选择。

经济合理是一个基本的设计原则。应根据道路等级、桥梁地位和桥梁所处的环境，因地制宜地选择经济合适的体系。

技术可行性是拱桥体系选择的一个主要因素。首先要考虑技术上是否可行，然后按照技术先进并充分利用成熟的先进技术，结合实际设计和施工能力，选择合理可行的体系。

耐久适用性，涉及拱桥设计性能的长期维持和维护的经济性。在设计寿命期，所选体系的拱桥，经必要的养护、维修，不应出现功能下降，同时，应考虑维护的简便性及经济性。

（2）结构类型的选择。对于简单体系拱桥，一般情况下应首选无铰拱结构，因其刚度大、受力好，在地基较差地区可考虑采用两铰拱结构，来适应不良地基引起的墩台不均匀沉降、水平位移及转动，由于拱顶铰构造复杂、施工困难及整体刚度差，极少采用三铰拱结构。

对于简单体系拱桥，静定与超静定结构均可。当遇到不良地基时，可考虑拱脚设铰的结构形式；对于多跨结构式拱桥，不仅可考虑拱脚设铰，也可将桥墩处拱座与承台间的水平约束释放，使其成为连续梁一样的外部静力图式。

拱桥构造立面形式的选择：拱桥采用上承、中承或下承式结构，将直接与拱桥跨中桥面高程、结构底面高程和起拱线高程有关。对于给定的设计跨径，由于上述三个控制高程和合理的矢跨比，可判断采用上承式结构的可能性。若桥面与拱脚高差较小，矢跨比不能满足上承式结构要求时，可考虑中、下承式结构。对于平原地区尤其是城市桥梁，由于受到地面建筑物、纵坡等影响，桥面高程是严格控制的，同时桥下净空则受到通航等级、排洪及地面行车等要求的限制，跨中结构底面高程也被控制，采用中承式或下承式拱桥可降低建筑高度，提供较大的桥下净空。

（3）拱轴线的选择。一般来说，拱桥拱轴线的选择应满足以下要求：尽量减小主拱截面的弯矩，并使其在温度、混凝土收缩、徐变等影响下各主要截面的应力相差不大；对于无支架施工的拱桥，应能满足各施工阶段的应力要求，并尽可能减少或不用临时性施工措施；线形美观，且便于施工。

目前，我国拱桥常用的拱轴线形有以下几种。

1）圆弧线。圆弧线简单，施工最方便，易于掌控。但圆弧线拱轴线与恒载压力线偏离较大，拱圈各截面受力不均匀。因此常用于20m以下的小跨径拱桥。少量的大跨预制装配式钢筋混凝土拱桥，也有采用圆弧形拱轴线的。

2）悬链线。实腹式拱桥拱圈的恒载压力线是一条悬链线。因此实腹式拱桥采用悬链线作为拱轴线，在恒载作用下当不计拱圈弹性压缩影响时，拱圈截面只承受轴向力而无弯矩。

空腹式拱桥拱圈的恒载压力线是一条有转折点的多段曲线。与悬链线有偏离，但此偏离对主拱控制截面的受力有利，而悬链线拱轴对各种空腹式拱上建筑的适应性较强，并有一套完备的计算图表。因此，空腹式拱桥也广泛采用悬链线作为拱轴线。故悬链线是目前我国大、中跨径拱桥采用最普遍的拱轴线形式。

3）抛物线。在竖向均布荷载作用下，拱的压力线是二次抛物线。对于恒载集度比较接近均匀的拱桥，往往可以采用二次抛物线作为拱轴线。而有些大跨径拱桥，由于拱上建筑布置的特殊性，为了使拱轴线尽可能与恒载压力线相吻合，也有采用高次抛物线作为拱轴线的。

一般情况下，上承式小跨径拱桥可采用实腹圆弧拱或实腹悬链线拱；大、中跨径上承式拱桥可采用空腹式悬链线拱；轻型拱桥、矢跨比较小的大跨径上承式拱桥、中承式和下承式拱桥及各种组合式拱桥，可采用抛物线或悬链线。在特殊条件下，也有采用压力线的拟合曲线作为拱轴线的。

**3.2.1.2　上承式拱桥的构造**

1. 主拱圈的构造

普通型上承式拱桥根据主拱（圈）截面形式不同主要分为板拱、肋板拱、肋拱、箱型拱、双曲拱等。

（1）板拱。板拱可以是等截面圆弧拱、等截面或变截面悬链线拱以及其他拱轴形式的拱。除多数采用无铰拱外，也可做成两铰拱、三铰拱以及平铰拱。按照主拱所采用材料，板拱又分为石板拱、混凝土板拱、钢筋混凝土板拱等。

1）石板拱。石板拱具有悠久的历史，由于其构造简单，施工方便，造价低，是盛产

石料地区中、小型桥梁的主要桥型。

石砌拱桥的主拱圈通常都是做成实体的矩形截面，所以称为石板拱。按照砌筑主拱圈的石料规格，又可以分为料石板拱、块石板拱、片石板拱及乱石板拱等各种类型。在盛产石料的地区它是中、小跨径拱桥的主要桥型。

用来砌筑拱圈的石料应该石质均匀、不易风化、无裂纹，石料的加工应满足施工要求。由于采用小石子混凝土砌筑时，其砌体强度比用同强度的水泥砂浆的砌体强度高，而且可以节约水泥 1/4～1/3，故目前常应用于高标号粗料石的大跨径石拱桥以及块、片和乱石板拱桥中。

为便于拱石加工和确保砌筑符合主拱圈的构造要求，需要对拱石进行编号。对等截面圆弧拱，因截面相等，又是单心圆弧线，拱石规格较少，编号简单（图 3.15）；采用变截面悬链线拱时，由于截面发生变化，曲率半径变化，拱石类型多，编号复杂（图 3.16）。

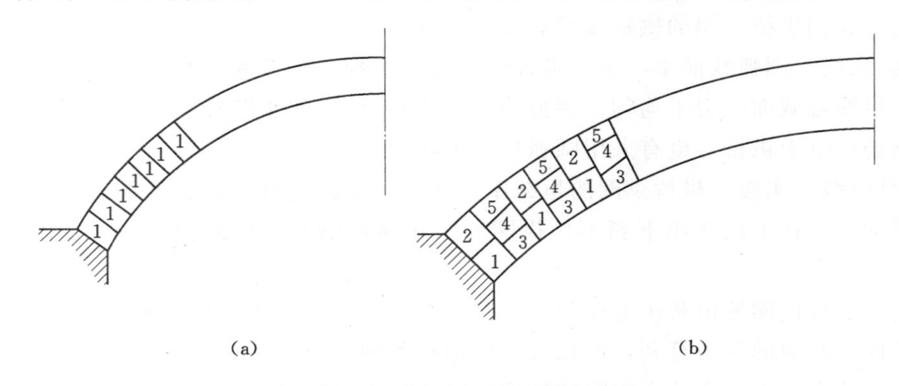

(a)　　　　(b)

图 3.15　等截面圆弧拱的拱石编号

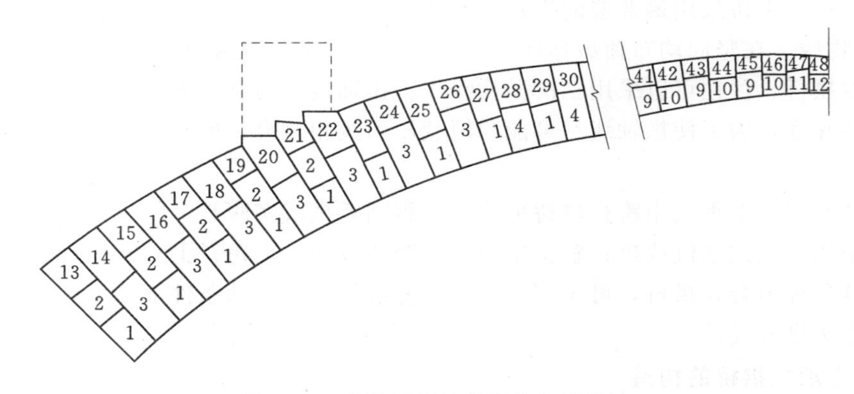

图 3.16　变截面悬链线拱的拱石编号

在石板拱主拱圈砌筑时，根据受力（主要承受压力，其次是弯矩）特点和需要，构造上应满足以下要求。

a. 错缝。对于料石拱，拱石受压面的砌缝应与拱轴线垂直，可以不错缝。当拱圈厚度不大时，可采用单层砌筑，但要求其横向砌缝必须错开，且不小于 100mm；当拱圈厚度较大时，可采用多层砌筑，但要求其垂直于受压面的顺桥向砌缝、拱圈横截面内拱石竖向砌缝以及各层横向砌缝必须错开，且不小于 100mm，以免因存在通缝而降低砌体的抗

剪强度和削弱其整体性（图3.17）。

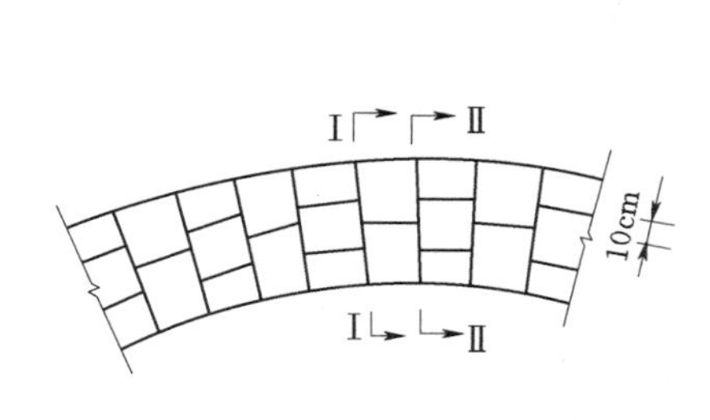


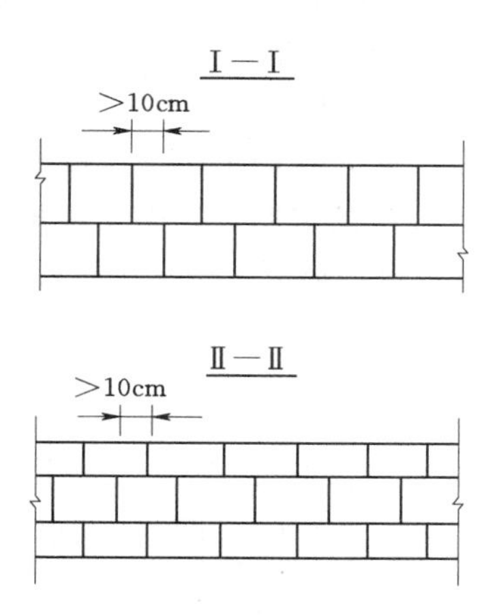


图3.17 拱石的砌缝（单位：mm）

对于块石拱或片石拱，应选择拱石较大平面与拱轴线垂直，拱石大头在上，小头在下，砌缝错开，且不小于80mm。较大的缝隙应用小石块嵌紧，同时还要求砌缝用砂浆或小石子混凝土灌满。

b. 限制砌缝宽度。拱石砌缝宽度不能太大，因砂浆强度比拱石低得多，缝太宽必将影响砌体强度和整体性。通常，对料石拱不大于20mm，对块石拱不大于30mm，对片石拱不大于40mm，采用小石子混凝土砌筑时，块石砌缝宽不大于50mm，片石砌缝宽为40～70mm。

c. 设五角石。拱圈与墩台、拱圈与空腹式拱上建筑的腹孔墩连接处，应采用特制的五角石［图3.18（a）］，以改善该处的受力状况。为了避免施工时损坏或被压碎，五角石不得带有锐角。为了简化施工，目前常用现浇混凝土拱座及腹孔墩底梁来代替制作复杂的五角石［图3.18（b）］。

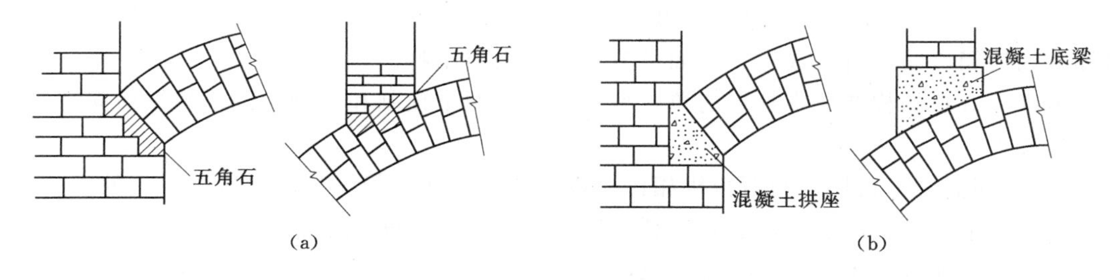


图3.18 五角石及混凝土拱座、底梁

2）混凝土板拱。这类拱桥主要用于缺乏合格天然石料的地区，可用素混凝土来建造板拱。混凝土板拱可以采用整体现浇也可以预制砌筑。整体现浇混凝土拱圈，拱内收缩应力大，受力不利，同时，拱架、模板木材用量大，费工多，工期长，质量不易控制，故较少采用。预制砌筑就是先将混凝土板拱划分成若干块件，然后预制混凝土块件，最后进行块件砌筑成拱。预制块混凝土的强度等级一般采用C30，砌筑砌块所用砂浆大、中桥采用M10，小桥采用M7.5。预制砌块在砌筑前应有足够的养生期，宜消除或减少混凝土收缩

的影响。混凝土板拱按照砌筑形状和砌筑工艺分为以下三类：

a. 简单预制砌块板拱。这种拱的施工以及构造要求与料石板拱相似，所不同的是用混凝土预制块代替料石。

b. 分肋合拢，横向填镶砌筑板拱。这种拱就是在拱宽范围内设若干条倒T形截面的中肋和两条L形的边肋，用无支架吊装基肋合拢成拱，然后，在肋间用T形截面砌块填镶，组拼成板拱，适应于中、小跨径拱桥（图3.19）。

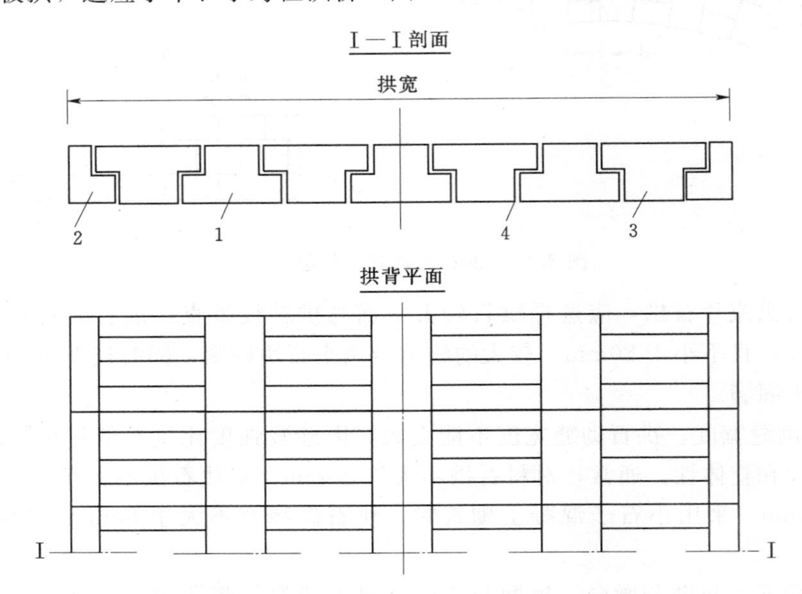


图3.19　分肋合拢、横向填镶的板拱

1—中间肋；2—边肋；3—填镶砌块；4—砌缝

c. 卡砌（空心）板拱。卡砌（空心）板拱就是把混凝土预制块做成空心的（挖空率可达40%～60%），先在窄拱架上拼砌基箱（肋）（拱架宽1.6～2.0m即可），然后在两侧对称卡砌边箱（肋）直至成拱，从而可节省大量拱架用料。

卡砌空心板的构造要求外形简单，种类少，能便于预制和卡砌，砌块间纵横向都要满足错缝要求。

3）钢筋混凝土板拱。与石板拱相比，板拱采用钢筋混凝土具有构造简单、外表整齐、可以设计成最小的板厚、轻巧美观等特点（图3.20）。钢筋混凝土板拱根据桥宽需要可做成单条整体拱圈或多条平行板（肋）拱圈（拱圈之间可不设横向联系），可反复用一套较窄的拱架与模板来完成施工，既节省材料，也可节省一部分拱板混凝土。

钢筋混凝土板拱的配筋按计算需要与构造要求进行。拱圈纵向配置拱形的受力钢筋（主筋），最小配筋率为0.2%～0.4%，且上下缘对称通长布置，以适应沿拱圈各截面弯矩的变化；拱圈横向配置与受力钢筋相垂直的分布钢筋与箍筋，分布钢筋设在纵向主筋的内侧，箍筋应将上下缘主筋联系起来，以防止主筋在受压时发生屈曲和在拱腹受拉时外崩，箍筋沿半径方向布置，其拱背间距不大于15cm。

（2）肋拱。肋拱桥是由两条以上的分离的平行拱肋及在肋间设置横系梁并在其上设置

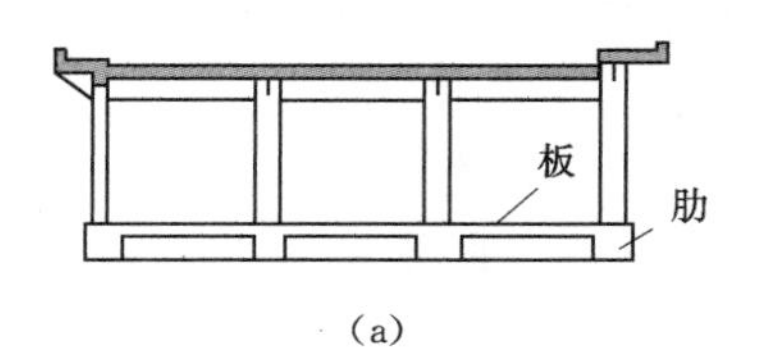


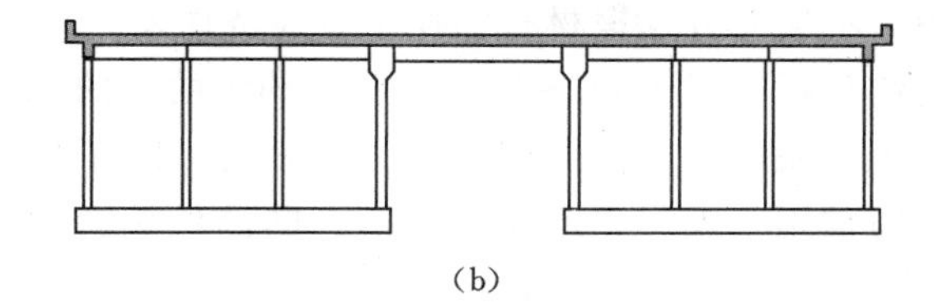


图 3.20　钢筋混凝土板拱的横截面
(a) 肋形板拱；(b) 分离式板拱

立柱、横梁等支承的行车道部分组成（图 3.21）。

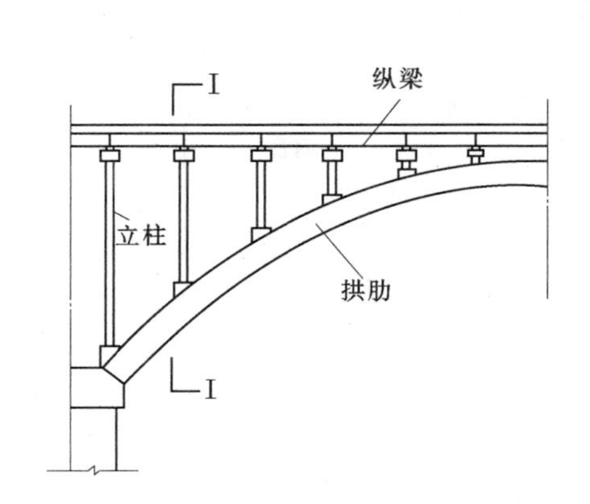


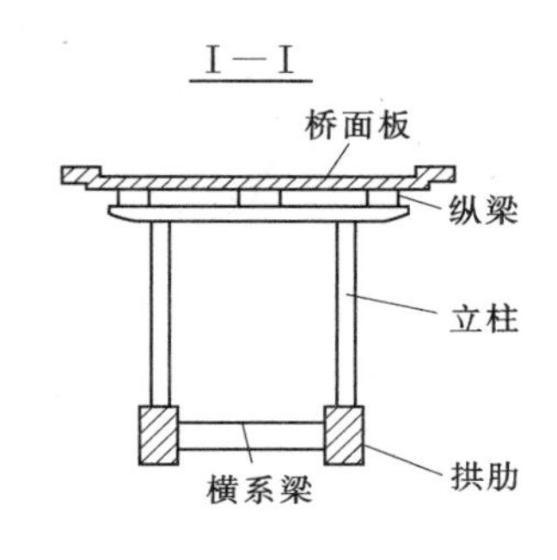


图 3.21　肋拱桥

由于肋拱较多地减轻了拱体重量，拱肋的永久作用内力较小，可变作用内力较大，相应的桥墩、台的工程量也减少，故宜用钢筋混凝土结构，适用于大、中跨拱桥。

拱肋是肋拱桥的主要承重结构，其肋数和间距以及截面形式主要依据桥梁宽度、所用材料、施工方法与经济性等方面综合考虑决定。一般在吊装能力满足要求的情况下，宜采用少肋形式，这样简化构造，且在外观上也给人以清晰的感觉。通常，桥宽在 20m 以内时均可考虑采用双肋式，当桥宽在 20m 以上时，为避免由于肋中距增大而使肋间横系梁、拱上结构横向跨度与尺寸增大太多，可采用三肋（多肋）拱或分离的双肋拱。对三肋式拱，由于其受力复杂，且中肋长期处于高负荷状态，实际已很少采用。

拱肋的截面形式有矩形、I 形、箱形、管形等（图 3.22）。

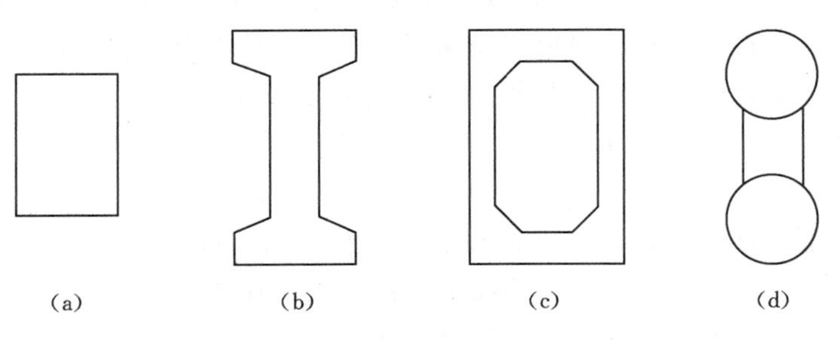


图 3.22　拱肋截面形式

矩形截面具有构造简单、施工方便等优点，但由于截面相对集中于中性轴，在受弯矩

作用时不能充分发挥材料的作用，经济性差，一般仅用于中小跨径的肋拱。初拟尺寸时，肋高约为跨径的1/60～1/40，肋宽约为肋高的0.5～2.0倍。

Ⅰ形截面由于截面核心距比矩形大，具有更大的抗弯能力，适合于拱内弯矩更大的场合，通常用于大、中跨径的肋拱。肋高约为跨径的1/35～1/25，肋宽约为肋高的0.4～0.5倍，其腹板厚度常用0.3～0.5m。

管形肋拱是指采用钢管混凝土结构作为拱肋的拱桥。钢管混凝土肋拱断面中钢管直径、钢管根数、布置形式等应根据桥梁跨径、桥宽及受力等具体情况确定，一般有单管式、双管式（哑铃形）、四管式（梯形、矩形）（图3.23）。钢管混凝土具有强度高、质量小、塑性好、耐疲劳和技术经济效益好等特点，已广泛使用于大、中跨度的拱桥中。

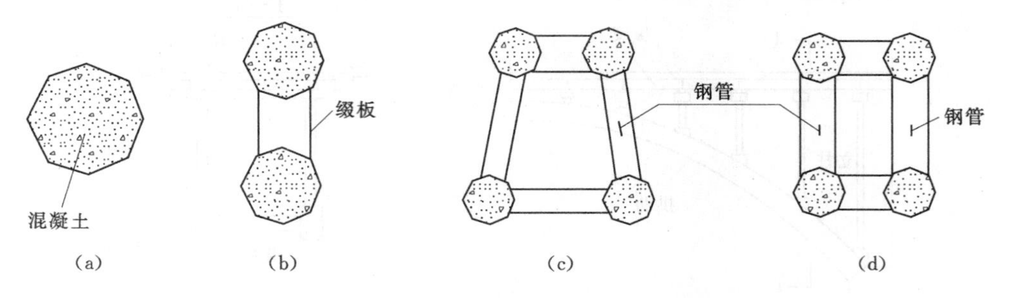


图3.23　钢管混凝土拱肋形式

（3）箱形拱。主拱圈截面由多室箱构成的拱称为箱形拱。大跨径拱桥的主拱圈，宜采用箱形截面，可以节省圬工体积，根据已建成的箱形拱资料，截面挖空率可达全截面的50％～70％，它的特点如下：

1）与板拱相比，可节省大量圬工体积，能减轻上、下部工程数量。

2）中性轴基本居中，能抵抗正负弯矩，能承受主拱圈各截面正负弯矩的变化。

3）闭合的箱形截面，其抗弯、抗扭刚度较其他形状截面的大，主拱圈的整体性好，截面应力比较均匀。

4）主拱圈横截面由几个闭合箱组成，可以单箱成拱，单箱的刚度较大，构件间接触面积大，便于无支架吊装。

5）预制箱室的宽度较大，操作安全，易于保证施工质量。

6）预制构件的精度要求较高，起吊设备较多，适合于大跨径拱桥的修建。

箱形拱截面由底板、腹板、顶板、横隔板等组成，其中腹板和顶板可由预制构件和混凝土层组合构成。底板厚度、预制腹板厚度及预制顶板厚度均不应小于100mm。腹板的现浇混凝土厚度（相邻板壁间净距）及顶板的现浇混凝土厚度不应小于100mm。预制边箱宜适当加厚。

箱形拱的拱箱内宜每隔2.5～5.0m设置一道横隔板，横隔板厚度可为100～150mm，在腹孔墩下面以及分段吊装接头附近均应设置横隔板，在3/8拱跨长度至拱顶段的横隔板应取较大厚度，并适当加密。箱形板拱的拱上建筑采用柱式墩时，立柱下面应设横向通长的垫梁，其高度不宜小于立柱间净距的1/5。

箱形拱采用预制吊装成拱时，除按现浇混凝土要求处理接合面外，尚应设置必要的连

接钢筋。箱形拱应在底板上设排水孔，大跨径拱桥应在腹板顶部设通气孔。当箱形拱可能被洪水淹没时，在设计水位以下，拱箱内应设进、排水孔。

无支架施工时，为减轻吊装重量，将主拱圈分为预制的箱肋和现浇混凝土两部分施工。其组合形式主要有下面几种。

a. U形肋多室箱组合截面［图3.24（a）］。将底板和箱壁预制成U形拱肋（内有横隔板）纵向分段吊装合拢后安装预制盖板，再现浇顶板及箱壁混凝土，组成多室箱截面。盖板可以是平板，也可以是微弯板。U形肋预制时不需顶模，仅在拱胎上立侧模预制，虽是开口箱，但吊装时仍有足够的纵横稳定性。不足之处是现浇混凝土量大，盖板在参与拱圈受力时作用不大，且又增加了主拱圈的重量。

b. 工形肋多室箱组合截面［图3.24（b）］。由工形拱肋组合的箱形拱，按其翼缘板的长度分为两种：一种是短翼缘工字形肋，拱肋合拢后在其肋上安装预制的底板，再现浇底板和盖板的加厚层混凝土，形成闭合箱；另一种是宽翼缘工形肋，翼缘板对接后，即组合成箱形截面。

c. 由多条闭合箱肋组成的多室箱形截面［图3.24（c）］。这种箱肋的特点是箱侧板、横隔板采用预制，其后在拱胎上安装箱底板侧模，组拼箱侧板和横隔板，然后现浇箱底板及侧板与横隔板之接头，从而形成开口箱肋段，最后立模现浇箱顶板形成待吊装的闭合箱肋段。各闭合箱肋吊装成拱后，浇筑肋间填缝混凝土形成多室箱形截面。这种闭合箱肋构成过程中采用了箱壁及横隔板先预制的方式，其优点是预制可采用卧式浇筑，材料可采用干硬性混凝土，并在振动胎上进行施工，可节省大量模板，提高工效。

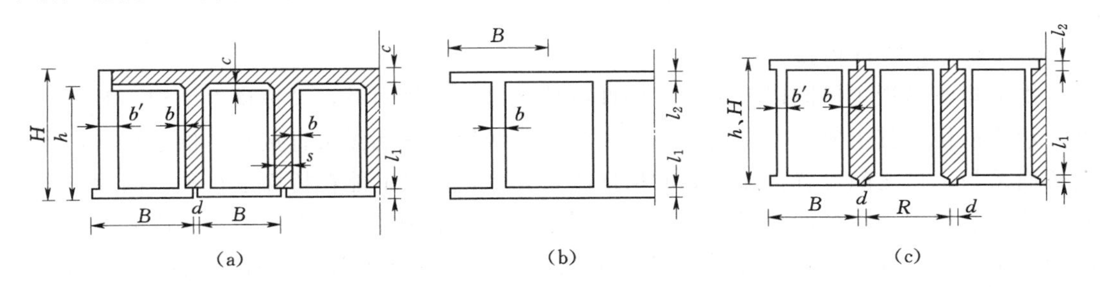


图3.24 箱形截面的组合形式

（a）U形肋组合箱形截面；（b）I形肋组合箱形截面；（c）闭合箱肋组合截面

图中阴影线所示系现浇混凝土部分；$H$—拱圈总高度；$B$—预制拱箱宽度；$h$—预制拱箱高度；$b$—中间箱壁厚度，8～10cm；$b'$—边箱箱壁厚度；$l_1$—底板厚度，10～14cm；$l_2$—顶板厚度，10～12cm；$e$—盖板厚度，6～8cm；$c$—拱箱上现浇混凝土厚度，10～15cm；$d$—相邻两箱下缘间净空，4～5cm；$s$—箱壁间净距，10～15cm

d. 单箱多室截面。单箱多室截面主要用于不能采用预制吊装的特大型拱桥，如重庆万县长江大桥就采用了单箱三室截面。单箱多室截面拱的形成与施工方法有关。当采用转体施工时，截面可在拱胎（支架）上组装或现浇形成，在成拱和承载前拱箱已形成；当采用悬臂施工时，可以采用与悬臂浇筑梁桥相似的方法在空中逐块浇筑并合拢，也可预制拼装成拱；当采用劲性骨架施工时，拱箱则是在劲性骨架（钢筋混凝土或型钢结构）上分段分环逐步形成的。特点是：先浇筑部分混凝土，在凝固前重力全部由骨架承担，凝固后与骨架形成整体，共同承担后浇混凝土所产生的重力作用。

（4）双曲拱。双曲拱是20世纪60年代中期我国江苏省无锡县的建桥职工首创的一种桥梁。由于拱圈在纵、横向均呈拱形而得名。双曲拱桥的主拱圈是由拱肋、拱波、拱板和横向联系四部分组成（图3.25）。双曲拱主拱圈的特点是先化整为零，再集零为整，适应于无支架施工和无大型起吊机具的情况。由于双曲拱的刚度和施工稳定性不及箱形拱，加上构件小、工序多，与目前桥梁吊装能力的增长和装配化效率的提高不相适应。故目前在大跨径拱桥中，双曲拱有被箱形拱取代的趋势。

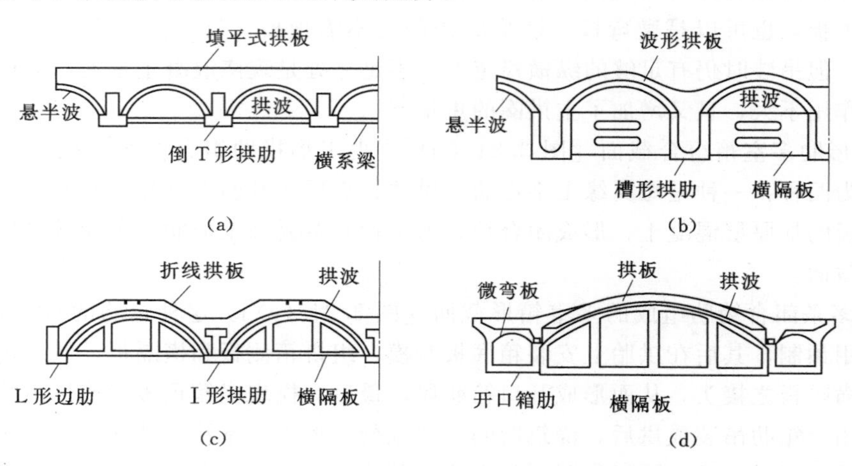


图3.25　双曲拱主拱圈构造

(a)、(b)、(c) 多肋多波；(d) 双肋单波

2. 拱上建筑的构造

拱上建筑是指主拱圈以上部分的构件或填充物以及桥面系，又称拱上结构。对于普通型上承式拱桥，其主要承重结构——主拱圈是曲线形，车辆无法直接在主拱上行驶，需要在桥面系与主拱之间设置传递荷载的构件或填充物，使车辆能在桥面上行驶。因此，拱上建筑的主要作用是将桥面荷载传递到主拱圈上，大、中跨径主拱圈一般不考虑拱上建筑的联合作用。但合理选择拱上建筑的结构形式，不仅使桥型美观，而且能减轻主拱圈的负担。拱上建筑在一定程度上能约束主拱圈由温度变化及混凝土收缩所引起的变形，而主拱圈的变形又使拱上建筑产生附加内力。因此，拱上建筑的构造必须和主拱圈的变形情况相适应。

按拱上建筑的形式，一般分为实腹式和空腹式两大类。

（1）实腹式拱上建筑。实腹式拱上建筑由拱背填料、侧墙、护拱以及变形缝、防水层、泄水管和桥面系等组成（图3.26）。

拱背填料有填充式和砌筑式两种。填充式拱上建筑的材料尽量就地取材，透水性要好，土压力要小，一般采用砾石、碎石、粗砂或砂卵石等料，分层填实。若上述材料不易取得或地质条件较差时，则可用砌筑式，即用干砌圬工或浇筑素混凝土作为拱背填料。

拱背两侧侧墙主要起围护拱腹上的散粒填料，设置在拱圈两侧，一般用浆砌块、片石，若从美观考虑，可用粗料石镶面。对混凝土或钢筋混凝土板拱，也可用钢筋混凝土护壁式侧墙。这种侧墙可以与主拱浇筑为一体，其内配置的竖向受力钢筋应伸入拱圈内一定

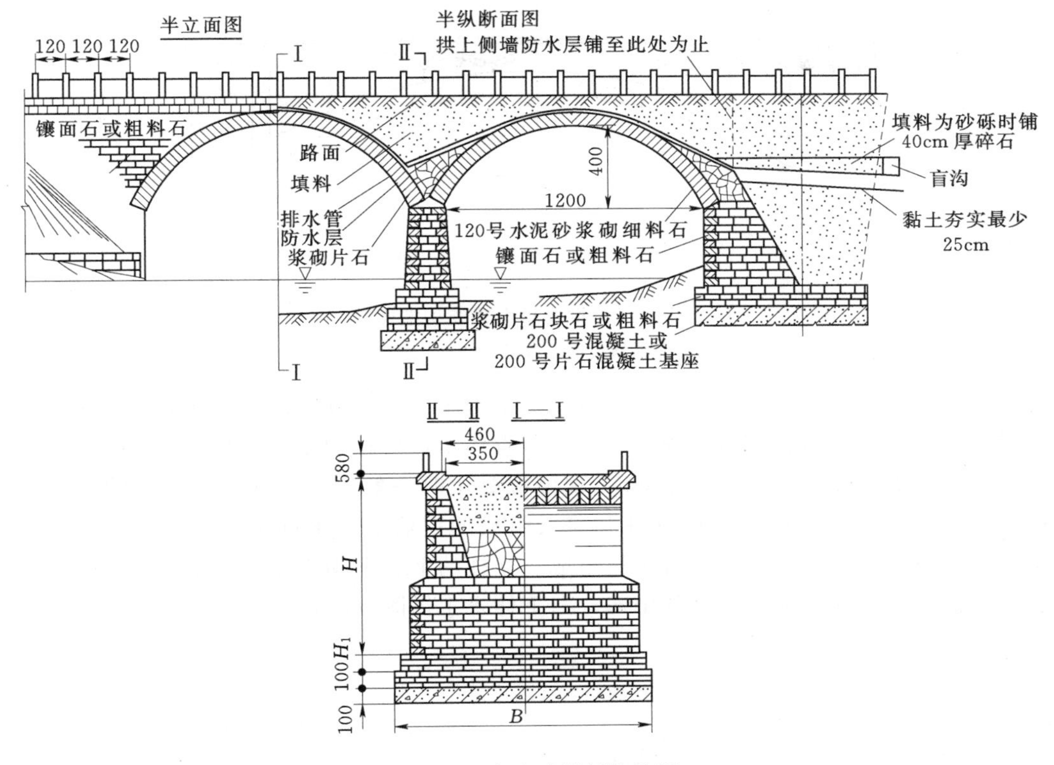


图3.26　实腹式拱桥构造图

长度（规定的锚固长度）。侧墙一般承受填料的土侧压力和车辆作用下的土侧压力，故按挡土墙进行设计。对于浆砌圬工侧墙，一般顶面为50～70cm，向下逐渐增厚，墙脚厚度取用墙高的0.4倍。侧墙与墩、台间必须设伸缩缝分开。

护拱设于拱脚段，以便加强拱脚段的拱圈，同时，便于在多孔拱桥上设置防水层和泄水管，通常采用浆砌片、块石结构。

（2）空腹式拱上建筑。空腹式拱上建筑空腹式拱上建筑除具有实腹式拱上建筑相同的构造外，还具有腹孔和支承腹孔的墩柱。空腹式拱上建筑的腹孔通常对称布置在主拱上建筑高度所容许的自拱脚向拱顶一定范围内，一般在半跨内以1/4～1/3为宜，孔数以3～6跨为宜。

空腹式拱上建筑又分为拱式和梁式两种。

1）拱式腹孔。拱式腹孔的构造简单，外形美观，但质量较大，一般用于圬工拱桥。其跨径一般选用2.5～5.5m，同时不宜大于主拱圈的1/15～1/8。拱圈形式有板拱、双曲拱、微弯板、扁壳等。板拱的矢跨比一般为1/6～1/2，双曲拱为1/8～1/4，微弯板为1/12～1/10，拱轴线多用圆弧线。腹拱圈的厚度，当跨径小于4m时，石板拱为0.3m，混凝土板拱为0.15m，微弯板为0.14m（其中预制厚0.08m，现浇厚0.08m）。当跨径为4～6m时，常采用双曲拱，厚度为0.3～0.4m（图3.27）。

腹孔圈在拱上建筑需要设置伸缩缝或变形缝的地方应设铰（三铰或两铰），其余为无铰拱。

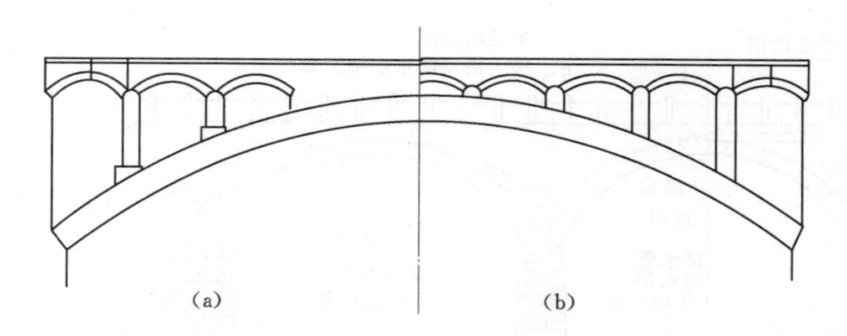

图 3.27　拱式拱上建筑构造图

(a) 带实腹段的空腹拱；(b) 全空腹拱

腹拱墩由底梁、墩身和墩帽组成。腹孔墩常采用横墙式或立柱式。横墙施工简便，节省钢材，一般用圬工材料砌筑或现浇。为了节省体积，可横向挖空［图 3.28 (a)］。浆砌块、片石的横墙厚度一般不小于 66cm。现浇混凝土时一般应大于腹拱圈厚度的一倍。立柱式腹拱墩［图 3.28 (b)］是由立柱和盖梁组成的钢筋混凝土排架或刚架式结构。立柱一般由两根或多根预制的钢筋混凝土柱组成。立柱的上、下间距超过 6m 时，宜设置横系梁。立柱的钢筋应向上伸入盖梁的中部，向下伸入主拱圈（肋）的内部，并予以可靠地锚固（图 3.29）。

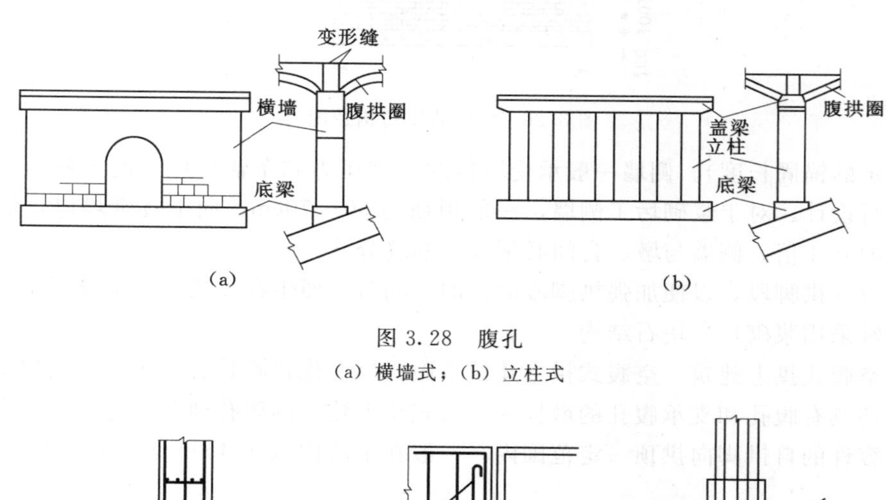


图 3.28　腹孔

(a) 横墙式；(b) 立柱式

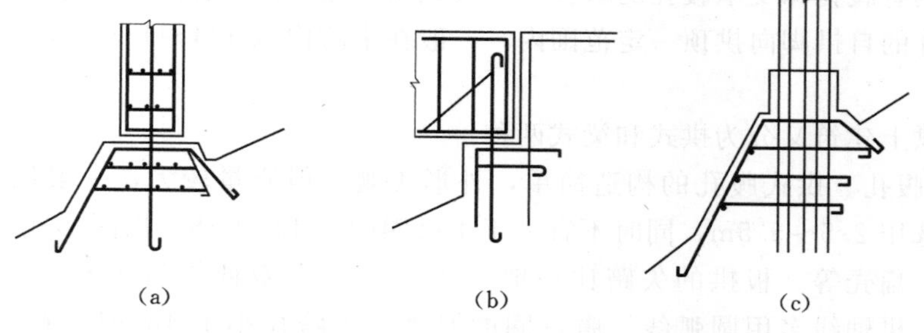

图 3.29　立柱与拱肋的连接和腹孔梁的支承

(a) 立柱与拱肋的铰接；(b) 桥道梁在拱顶的支承；(c) 立柱与拱肋的刚接

为了使横墙或立柱传递下来的压力能均匀地分到主拱圈（肋）上，在横墙或立柱下面还应设置底梁。底梁的每边尺寸应较横墙或立柱宽 5cm，其高度则以较矮一侧为 5～10cm

为原则确定。横墙的底梁无须配筋，立柱的底梁一般仅布置构造钢筋，上与立柱、下与主拱圈的钢筋相连接。

腹孔拱腹填料与实腹拱相同。

2）梁式拱上建筑。梁式腹孔拱上建筑的拱桥造型轻巧美观，减轻拱上重力和地基承压力，以便获得更好的经济效果。大跨径混凝土拱桥一般都采用梁式腹孔拱上建筑。

梁式拱上建筑的腹孔墩基本同拱式拱上建筑，不同的是当钢筋混凝土立柱不能满足要求时，采用预应力混凝土等。

a. 简支腹孔（纵铺桥道板梁）。简支腹孔由底梁（座）、立柱、盖梁和纵向简支桥道板（梁）组成。结构体系简单，基本上不存在拱与拱上结构的联合作用，受力明确，是大跨径拱桥拱上建筑主要采用的形式。

当梁式腹孔拱顶为实腹段拱时，由于拱顶段上面全被覆盖，温度变化等因素对拱圈受力不利。目前，大跨径拱桥的梁式拱上建筑一般都取消拱顶实腹段，做成全空腹式拱上建筑［图 3.30（b)］。对肋拱则必须采用全空腹。拱上腹孔数可为偶数或奇数，但因拱顶受力大，一般不希望拱顶设有立柱，即宜采用奇数腹孔数。

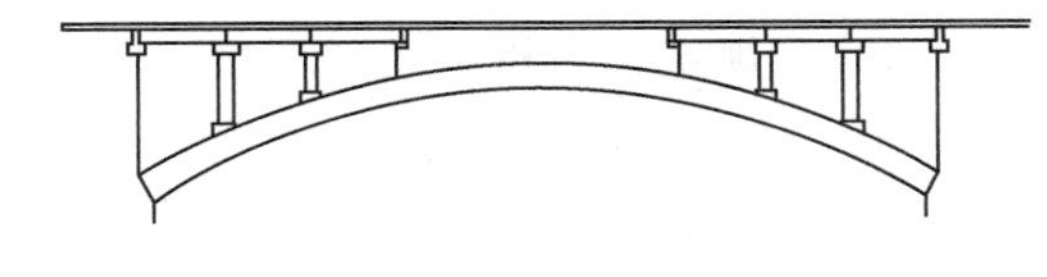

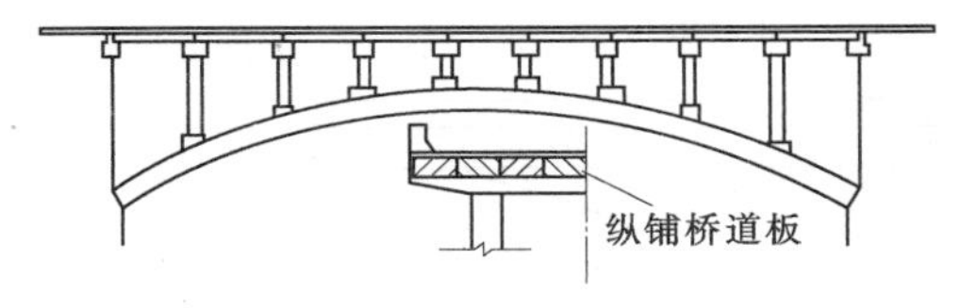


图 3.30 简支腹孔的布置

b. 连续腹孔（横铺桥道板）。连续腹孔由立柱、纵梁、实腹段垫墙及桥道板组成。即在拱上立柱上设置连续纵梁，然后再在纵梁上和拱顶段垫墙上设置横向桥道板，形成拱上传载结构（图 3.31）。这种形式主要用于肋拱桥。1985 年首先在四川使用。其特点是桥面板横置，拱顶上只有一个板厚（含垫墙）及桥面铺装厚，使建筑高度很小，适合于建筑高度受限制的拱桥。

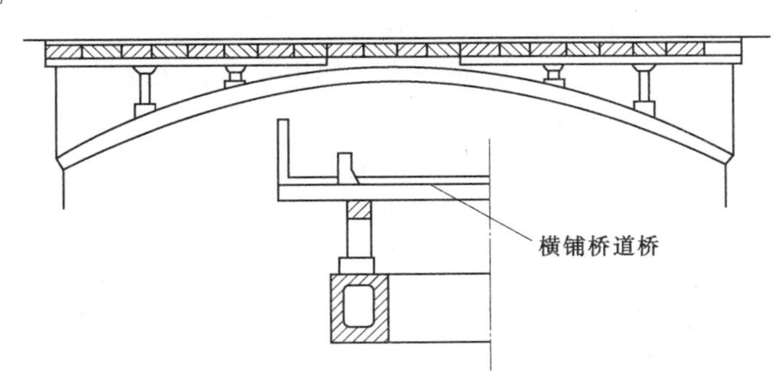


图 3.31 连续腹孔的布置

c. 框架腹孔。框架腹孔在横桥向根据需要设置多片，每片间通过系梁形成整体（图 3.32）。

3. 拱上填料、桥面及人行道

无论是实腹拱，还是拱式空腹拱，在拱顶截面上缘以上都作了拱腹填充处理，以使拱

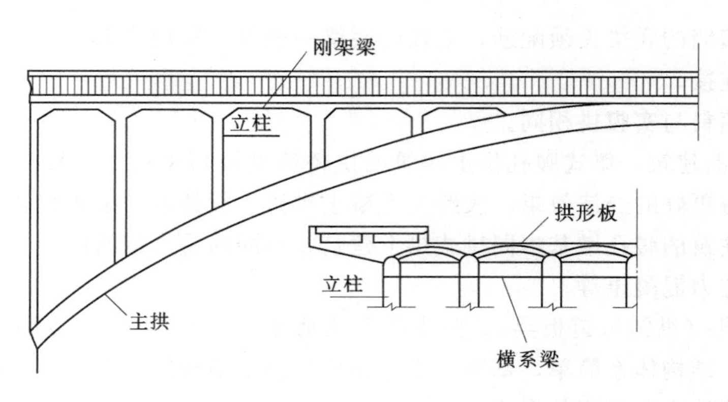


图3.32　框架腹孔的布置

圈与桥头（单孔）或相邻两拱圈之间同拱顶截面上缘齐平。在进行了上述填充后，通常还需设置一层填料，即拱顶填料，在该层填料以上才是桥面铺装（图3.33）。

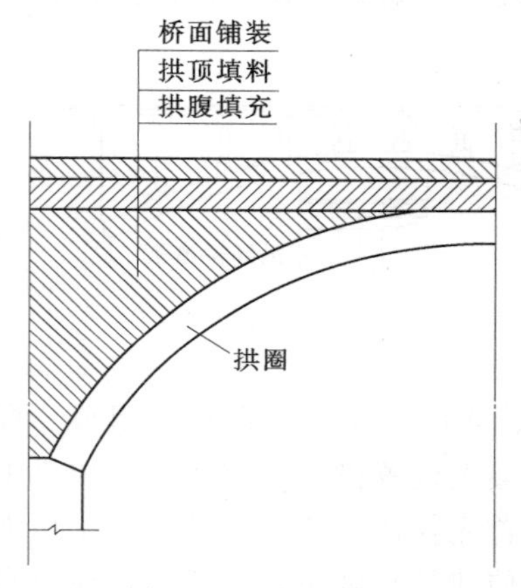


图3.33　拱上填料

拱上建筑中的填料，一方面能起扩大车辆荷载分布面积的作用，同时还能减少车辆荷载的冲击作用。《桥规》（JTG D60—2004）规定，当拱上填料厚度（包括路面厚度）不小于0.5m时，设计计算中不计汽车荷载的冲击力。在地基条件很差的情况下，为了进一步减小拱上建筑质量，可减薄拱上填料厚度，甚至可以不要拱上填料，直接在拱顶截面上缘以上铺筑混凝土桥面，此时，其行车道边缘的厚度至少为8cm。为了分布车轮重力，拱顶部分的混凝土桥面内可设置钢筋网。不设拱上填料时应计入汽车荷载的冲击力。拱顶填料用料选择与拱腹相同。

对具有拱顶实腹段的梁式空腹拱（肋拱除外），拱顶实腹段的拱上填料与上述相同。对全空腹梁式空腹拱不存在拱上填料问题。

拱桥桥面铺装应根据桥梁所在的公路等级、使用要求、交通量大小以及桥型等条件综合考虑确定。除低等级公路上的中、小跨径实腹或拱式空腹拱桥可采用泥结碎（砾）石桥面外，其他大跨径拱桥以及高等级公路上的拱桥均采用沥青混凝土或设有钢筋网的混凝土桥面。对梁式空腹拱桥，其桥面铺装与梁桥相同。为便于桥面排水，桥面应根据需要设1.5%～3.0%的横坡（单幅桥为双向，双幅桥为单向）。

对一般公路拱桥和城市拱桥应设置与梁桥相似的人行道，其构造见梁桥的有关部分。

4. 伸缩缝和变形缝

主拱圈在材料收缩及温度变化作用下，其拱轴线将对称地升高或下降；在一切作用下将产生对称或不对称的变形，而拱上建筑也随主拱圈的变形而变形。因此，为避免拱上建筑不规则开裂，以保证结构的安全使用和耐久性。除在设计计算上应作充分的考虑外，拱上建筑的构造必须适应主拱圈的变形，故用设置伸缩缝及变形缝来使拱上建筑与墩、台分离，并使拱上建筑和主拱圈一起自由变形。

对实腹式拱桥，在主拱圈拱脚的上方设置伸缩缝，缝宽2～3cm，直线布置，纵向贯通侧墙全高，横桥向贯通全桥，从而使拱上建筑与主拱圈一起自由变形［图3.34（a）］。

对大跨径空腹式拱桥的拱式腹拱拱上建筑，一般将紧靠墩、台的第一个腹拱圈做成三铰拱［图3.34（b）］，并在靠墩（台）的拱铰上方的侧墙设置伸缩缝，在其余两铰上方的侧墙设置变形缝（断开而无缝宽）。在特大跨径的拱桥中，在靠近主拱圈拱顶的腹拱，宜设置成两铰或三铰拱，腹拱铰上方的侧墙仍需设置变形缝。

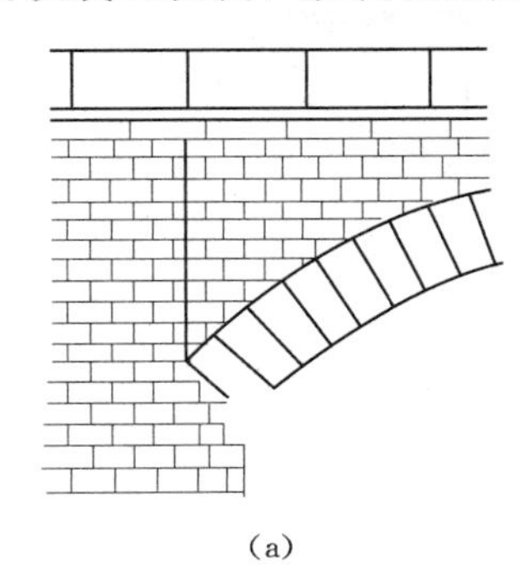

(a)

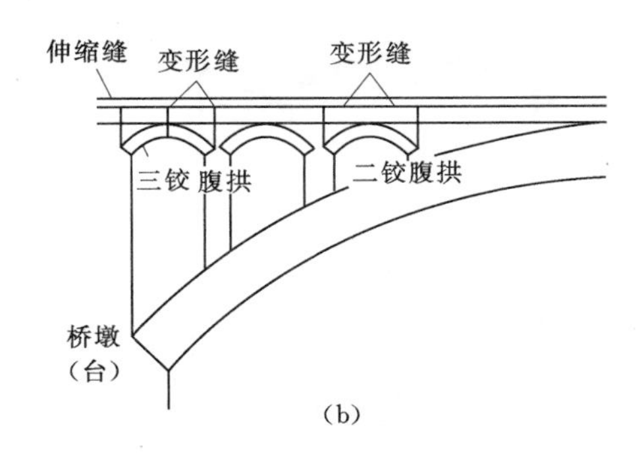


(b)

图3.34 伸缩缝与变形缝
(a) 实腹式拱的伸缩缝；(b) 拱式腹孔的伸缩缝

对于梁式腹孔，若边腹孔梁在与墩（台）衔接处使用端立柱，则用细缝与墩（台）分开。若边腹孔梁直接支承在墩（台）上，则必须用完善的活动支座，并设置伸缩缝。

在设置伸缩缝或变形缝处的人行道、栏杆、缘石和混凝土桥面，均应相应设置伸缩缝或变形缝。在2～3cm的伸缩缝缝内填料，可用锯末沥青，按1:1的重量比制成预制板，施工时嵌入缝内。上缘一般作成能活动而不透水的覆盖层。缝内填料也可采用沥青砂等其他材料。

变形缝不留缝宽，其缝可干砌、用油毛毡隔开或用低等级砂浆砌筑，以适应主拱圈的变形。

另外，对于拱桥，不仅要求将桥面雨水及时排除，而且要求将透过桥面渗入到拱腹的雨水及时排除。

关于排除桥面雨水的构造（图3.35）。泄水管平面布置同梁式桥。

透过桥面铺装渗入到拱腹内的雨水应由防水层汇集于预埋在拱腹内的泄水管排出，防水层和泄水管的敷设方式与上部结构的形式有关。

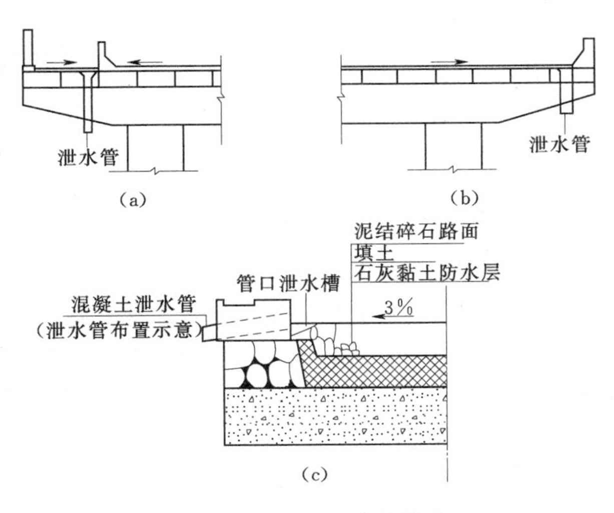


图3.35 桥面雨水的排除

实腹式拱桥防水层应沿拱背护拱、侧墙铺设。如果是单孔，可以不设泄水管，积水沿防水层流至两个桥台后面的盲沟，然后沿盲沟排出路堤。如果是多孔拱桥，

可在 1/4 跨径处设泄水管［图 3.36（a）］。

空腹式拱桥包括带拱顶实腹段的空腹拱和全空腹拱。对带实腹段的拱式腹拱空腹拱桥防水层及泄水管布置如图 3.36（b）所示。对拱式腹拱全空腹拱桥，其防水层及泄水管参照多孔实腹拱进行设置。

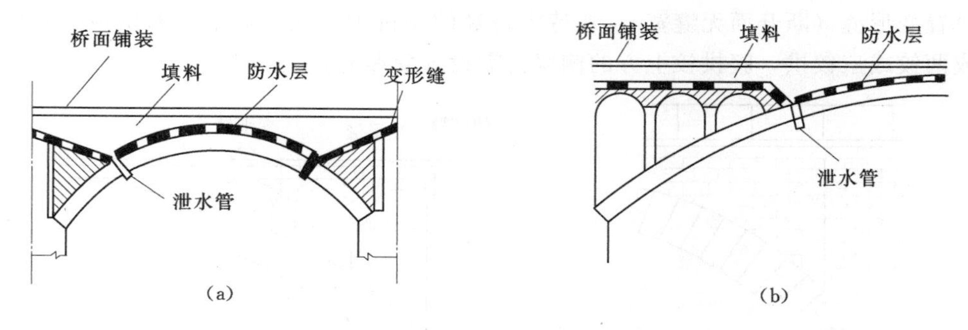


图 3.36　渗入水的排除

对跨线桥、城市桥或其他特殊桥梁，需设置全封闭式排水系统。

泄水管可以采用铸铁管、混凝土管或陶瓷（瓦）管以及塑料管。泄水管的内径一般为 6～10cm，在严寒地区需适当加大（但宜小于 15cm）。泄水管应伸入结构表面 5～10cm，以免雨水顺着结构物的表面流下。为了便于泄水，泄水管尽可能采用直管，并减少管节的长度。某桥采用的铸铁泄水管构造如图 3.37 所示。

防水层在全桥范围内不宜断开，在通过伸缩缝或变形缝处应妥善处理，使其能防水又可以适应变形，其构造如图 3.38 所示。

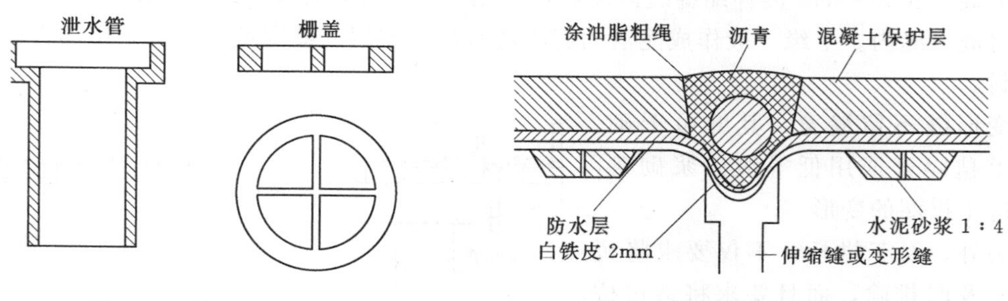


图 3.37　铸铁泄水管

图 3.38　伸缩缝处的防水层

防水层有粘贴式与涂抹式两种。前者是由 2～3 层油毛毡与沥青胶交替贴铺而成，效果较好，但造价较高；后者采用沥青涂抹，施工简便，造价低廉，但效果较差，适合于雨水较少的地区。当要求较低时，可就地取材选用石灰三合土（厚 15cm，水泥、石灰、砂的配合比为 1：2：3）、石灰黏土砂浆、黏土胶泥等代替粘贴式防水层。

5. 拱铰构造

当拱桥中的主拱圈按两铰拱或三铰拱设计时，或空腹式腹拱按构造要求需采用两铰拱或三铰拱时，或在施工过程中，为消除或减小主拱圈的部分附加内力，以及对主拱圈内力作适当调整时，或主拱圈转体施工时，需要设置拱铰。前两种为永久性铰，必须满足设计要求，并能保证长期正常使用。因此，永久性铰的要求较高，构造较复杂，又需经常养

护，所以费用较贵。临时性铰是适应施工需要而暂时设置，待施工结束时或基础变形趋于稳定时，将其封固，故构造较简单。

拱铰的形式按照铰所处的位置、作用、受力大小、使用材料等条件综合考虑，目前常用的形式如下。

（1）弧形铰（图3.39）。弧形铰一般用钢筋混凝土、混凝土、石料等做成。它有两个具有不同半径弧形表面的块件合成，一个为凹面（半径为$R_2$），一个为凸面（半径为$R_1$）。$R_2$与$R_1$的比值常在1.2～1.5范围内。铰的宽度应等于构件的全宽。沿拱轴线的长度取为拱厚的1.15～1.20倍。铰的接触面应精加工，以保证紧密结合。

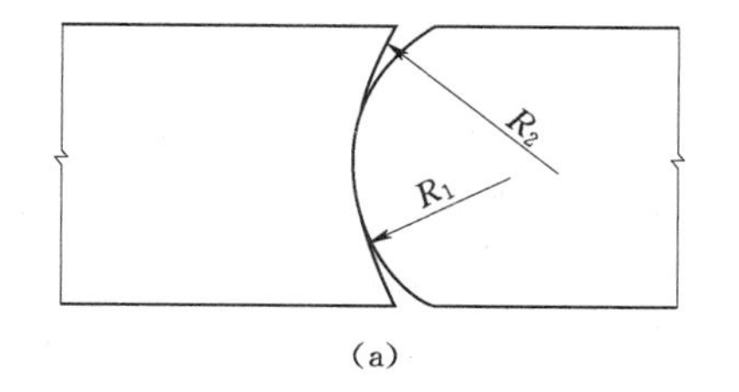


(a)

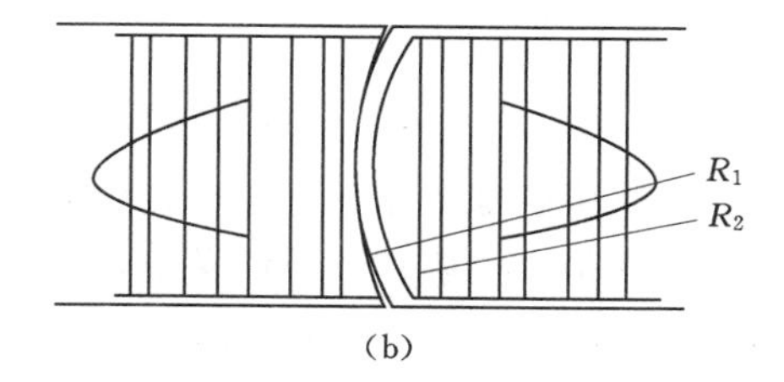


(b)

图3.39 弧形铰

弧形铰由于构造复杂，加工铰面既费工又难以保证质量，故主要用于主拱圈的拱铰，30m双铰双曲拱桥的拱铰构造如图3.40所示。

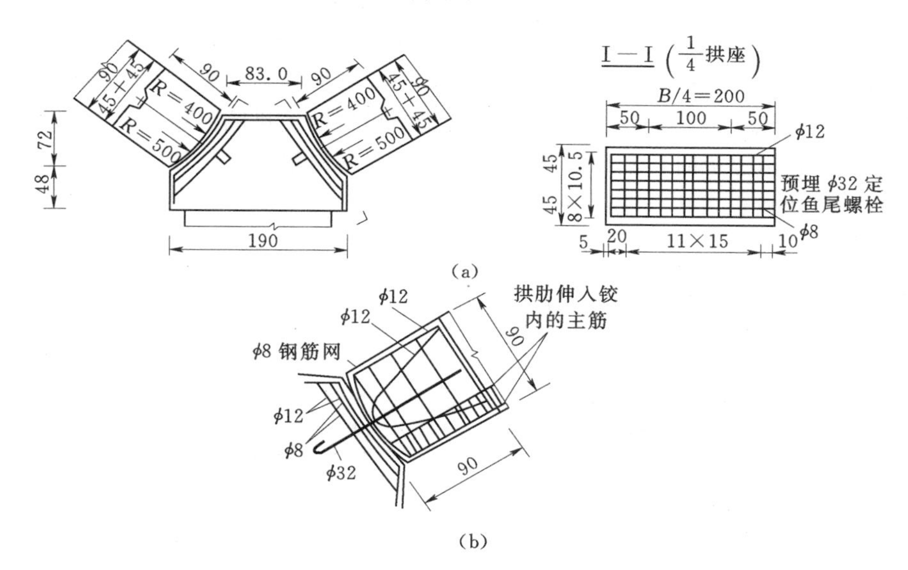


图3.40 拱铰构造图（单位：除钢筋直径为mm，其余均为cm）

（a）双铰双曲拱桥的拱铰构造；（b）铰的钢筋布置情况

在转体施工的拱桥中，必须设置转盘使拱体转动，而转盘是由上、下转盘，转轴及环道构成（图3.41），转轴又有两种形式：一种是钢球切面铰；另一种是混凝土球面铰。为了保证转动过程中的平稳、可靠，除了球铰轴心支承外，必须加以环道辅助支承，一旦出现转动过程中的偏载时，环道支承点足以保证转体的倾覆稳定性。

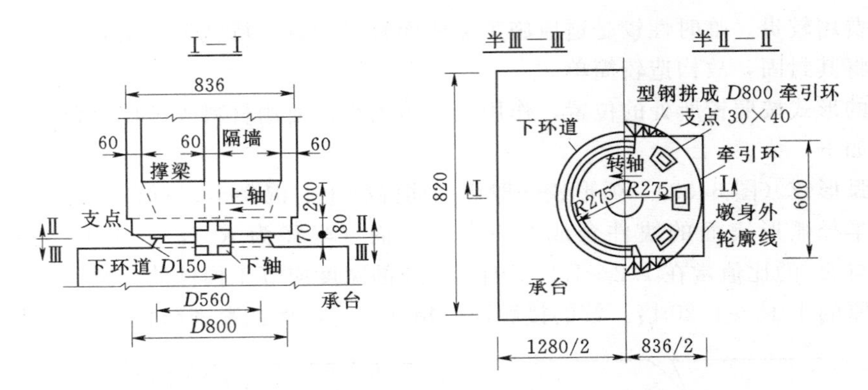


图 3.41 转盘构造（单位：cm）

转体施工拱桥的球铰是一个临时性铰，待桥体合拢成拱后，最终封固转盘。

转体的球铰是拱桥旋转体系的关键，因此制作必须准确、光滑。混凝土球面铰一般用C40混凝土制作，球面精度及光滑的关键在于及时打磨球面，同时特别注意预留在球铰正中的轴，必须与弧形球面保持垂直。

（2）铅垫铰（图 3.42）。对于中小跨径的板拱或肋拱，可以采用铅垫铰。铅垫铰用厚度 1.5～2.0cm 的铅垫板，外部包以锌、铜（1.0～2.0cm）薄片做成。垫板宽度为拱圈厚度的 1/4～1/3，在主拱圈的全部宽度上分段设置。铅垫铰是利用铅的塑性变形达到支承面的自由转动，从而实现铰的功能。同时，为了使压力正对中心，并且能承受剪力，故设置穿过垫板中心而又不妨碍铰转动的锚杆。为承受局部压力，在墩、台帽内以及邻近铰的拱段，需要用螺旋钢筋或钢筋网加强。直接贴近铅垫铰的主拱圈混凝土，其强度等级应不小于 C25。在计算铅垫板时，其压力作为沿铅垫板全宽均匀分布。其压力作为沿铅垫板全宽均匀分布。铅垫铰也可用作临时铰。

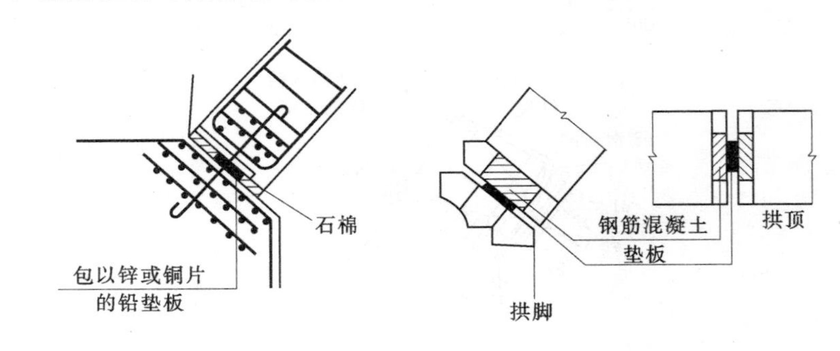


图 3.42 铅垫铰

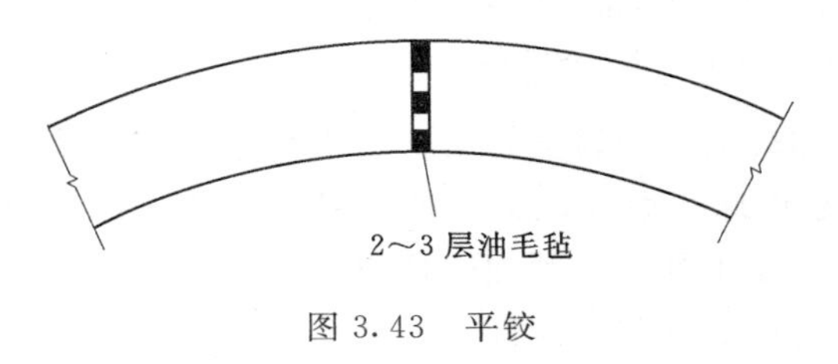


图 3.43 平铰

（3）平铰（图 3.43）。对空腹式的腹拱圈，由于跨径小，可以采用简单的平铰。这种铰平面相接，直接抵承。平铰的接缝可铺一层低等级砂浆，也可垫衬油毛毡或直接干砌。

（4）不完全铰（图 3.44）。对于小跨或轻

型的拱圈以及空腹式拱桥的腹孔墩柱铰，目前常采用不完全铰。小跨拱圈的不完全铰，由于拱的截面急剧地减小，保证了该截面的转动，在施工时拱圈不断开，使用时又能起铰的作用。由于减小截面内的应力很大，很可能开裂，故必须配以斜钢筋，斜钢筋应根据总的纵向力及剪力来计算。墩柱的不完全铰如图3.44（a）、（b）、（c）所示。由于该处截面的减小（一般为全截面的1/3～2/5），因此可以保证支承截面的转动。支承截面应按局部承压。

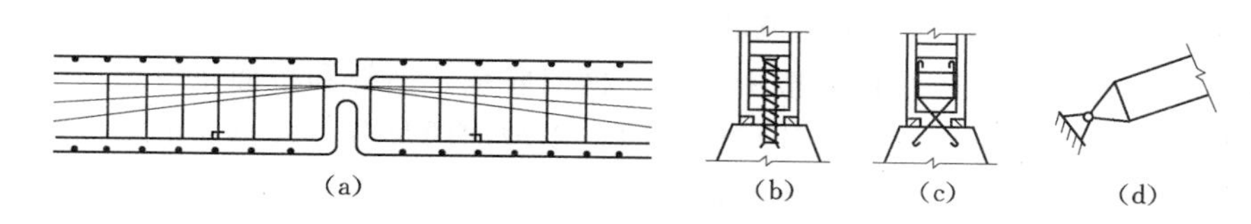


图3.44　不完全铰与钢铰

（a）、（b）、（c）不完全铰；（d）钢铰

（5）钢铰［图3.44（d）］。适用于大跨径拱桥，但用钢量多，构造复杂。钢铰除用于少数有铰钢拱桥的永久铰结构外，更多的用于施工需要的临时铰，一般较少采用。

### 3.2.2　中、下承式拱桥的设计与构造

#### 3.2.2.1　中、下承式拱桥的总体布置与适用情况

中承式拱桥的行车道位于拱肋的中部，桥面系（行车道、人行道、栏杆等）一部分用吊杆悬挂在拱肋下，一部分用刚架立柱支承在拱肋上（图3.45）。

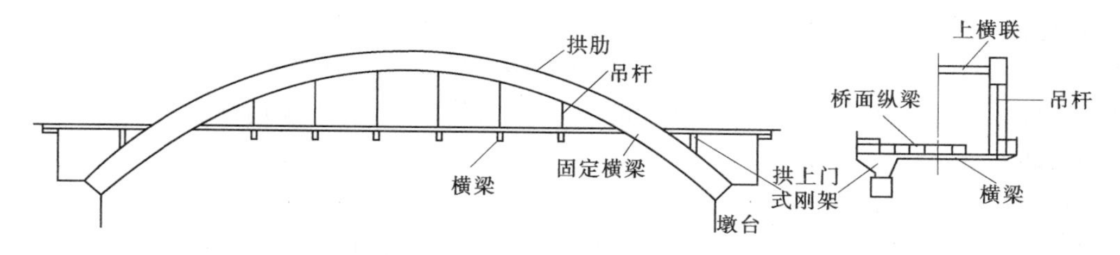


图3.45　中承式钢筋混凝土拱桥的总体布置

下承式拱桥桥面系通过吊杆悬挂在拱肋下，在吊扦下端设置横梁和纵梁，在纵、横梁系统上支承行车道板，组成桥面系如图3.46所示。

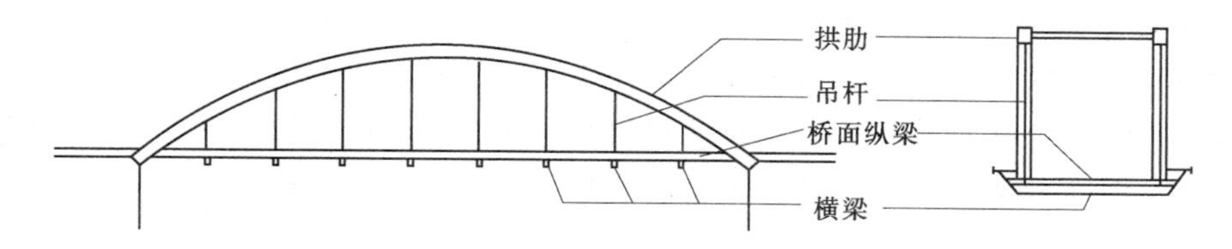


图3.46　下承式钢筋混凝土拱桥的总体布置

中、下承拱桥保持了上承式拱桥的基本力学特性，可以充分发挥拱圈混凝土材料的抗压性能，一般适用于以下几种情况。

（1）桥梁建筑高度受到严格限制时，如采用上承式拱桥则矢跨比过小，可采用中、下承式拱桥满足桥下净空要求。

(2) 在不等跨拱桥中，为了平衡桥墩的水平力，将跨度较大的拱矢跨比加大，做成中承式拱桥，从而减小大跨的水平推力。

(3) 在平坦地形的河流上，采用中、下承式拱桥可以降低桥面高度，有利于改善桥头引道的纵断面线形，减少引道的工程数量。

(4) 在城市景点或旅游区，为配合当地景观而采用中、下承式拱桥。

(5) 由于是推力拱，需要较好的地基。

**3.2.2.2　中、下承式拱桥的基本组成和构造**

中、下承式拱桥的桥跨结构一般由拱肋、横向联系、吊杆和桥面系等组成。拱肋是主要的承重构件；横向联系设置在两片拱肋之间，以增加两片分离式拱肋的横向刚度和稳定性；吊杆和桥面系称为悬挂结构，桥面荷载通过它们将作用力传递到主结构拱肋上。

1. 拱肋

组成拱肋的材料可以是钢筋混凝土、钢管混凝土、劲性骨架混凝土或纯钢材，两片拱肋一般在两个相互平行的平面内。有时为了提高拱肋的横向稳定性和承载力，也可使两拱肋顶部互相内倾，称为提篮式拱。由于拱肋的恒载分布比较均匀，因此，拱轴线一般采用二次抛物线，也可以采用悬链线。中、下承式拱桥的拱肋一般采用无铰拱，以保证其刚度。通常，肋拱矢跨比的取值在1/4～1/7之间。

钢筋混凝土拱肋的截面形状根据跨径的大小、荷载等级和结构的总体尺寸，可以选用矩形、工字形、箱形或管形（即构成钢管混凝土拱肋）。截面沿拱轴线的变化规律可以为等截面或变截面。

矩形截面的拱肋施工简单，一般用于中小跨径的拱桥。拱肋的高度为跨径的1/40～1/70，肋宽为肋高的0.5～1.0倍；工字形和箱形截面常用于大跨径的拱肋。其拱顶肋高的拟定采用相关经验公式。拱肋可以在拱架上立模现浇，也可以采用预制拼装。

2. 横向联系

为了保证两片拱肋的面外稳定，一般须在两片分离的拱肋间设置横向联系。横向联系可做成横撑、对角撑等型式（图3.47）。横撑的宽度不应小于其长度的1/15。横向联系的设置往往受桥面净空高度的限制，横向联系构件只容许设置在桥面净空高度范围之外的拱段（对于中承式拱肋，还可以设置在桥面以下的肋段）。

有时为了满足规定的桥面净空高度要求，而不得不将拱肋矢高加大来设置横向构件。也有为满足桥面净空要求和改善桥上的视野而取消行车道以上的横向构件，做成敞口式拱桥。为了保证敞口式拱桥的横向刚度和横向稳定，可以采取以下措施：采用刚性吊杆，使吊杆与横梁形成一个刚性半框架，给拱肋提供足够刚劲的侧向弹性支承，以承受拱肋上的横向水平力；加大拱肋的宽度，使其本身具有足够的横向刚度和稳定性；使拱脚具有牢固的刚性固结；对中承式拱桥，要加强桥面以下至拱脚区段的拱肋间固定横梁的刚度，并设置K撑或X撑。

3. 吊杆

桥面系悬挂在吊杆上，受拉吊杆根据其构造分为刚性吊杆和柔性吊杆两类。

刚性吊杆（图3.48），是用钢筋混凝土或预应力混凝土制作。使用刚性吊杆可以增强拱肋的横向刚度，但用钢量大，施工程序多、工艺复杂。刚性吊杆两端的钢筋应扣牢在拱

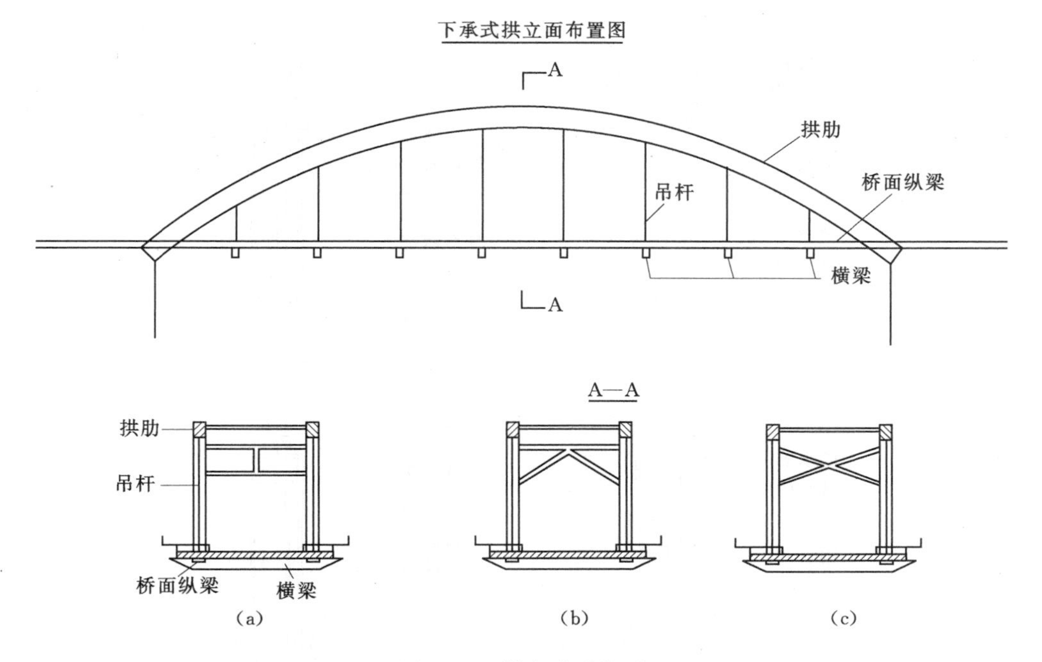


图 3.47　横向联系类型

(a) 一字形和 H 形横撑；(b) K 形对角撑；(c) X 形对角撑

肋与横梁中，它一般设计为矩形，刚性吊杆除了承担轴向拉力之外，还须抵抗上下节点处的局部弯曲。为了减小刚性吊杆承受的弯矩，其截面尺寸在顺桥向应设计的小一些，横桥方向应该设计的大一些，以增加横桥向拱肋的稳定性。

柔性吊杆（图 3.49），一般用高强钢丝，或冷扎钢筋制作，高强钢丝做的吊杆通常采用镦头锚，而粗钢筋则采用轧丝锚与拱肋、横梁相连。为了提高钢索的耐久性，必须对钢索进行防护，为了防止钢索锈蚀，要求防护层有足够强度而不至于开裂，有良好的附着性而不会脱落。钢索的防护方法很多，主要有缠包法和套管法。缠包法是采用耐候性防水涂料、树脂对钢丝进行多层涂覆，用玻璃丝布或聚酯带缠包。套管法是在钢索上套上钢管、铝套、不锈钢管或塑料套管，在套管内压注水泥浆、黄油或其他防锈材料。目前主要用 PE 热挤索套防护工艺，它直接将 PE 材料覆在钢束表面制成成品索，简单可靠，且较经济。

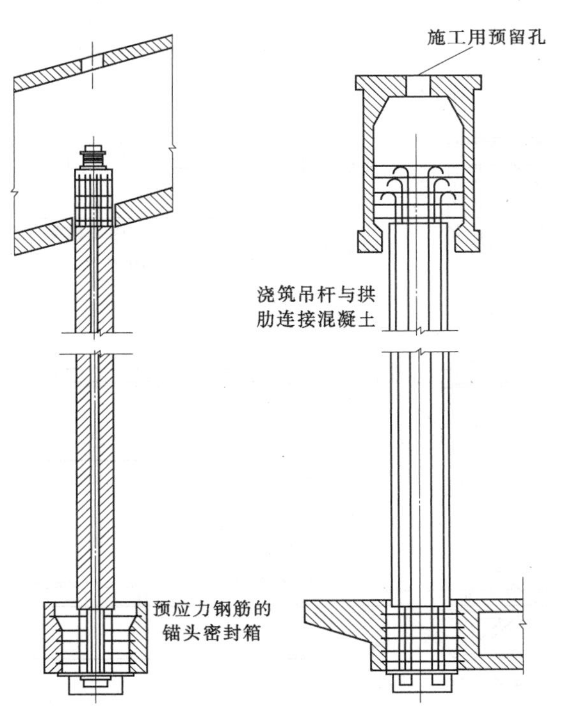


图 3.48　预应力混凝土刚性吊杆构造图

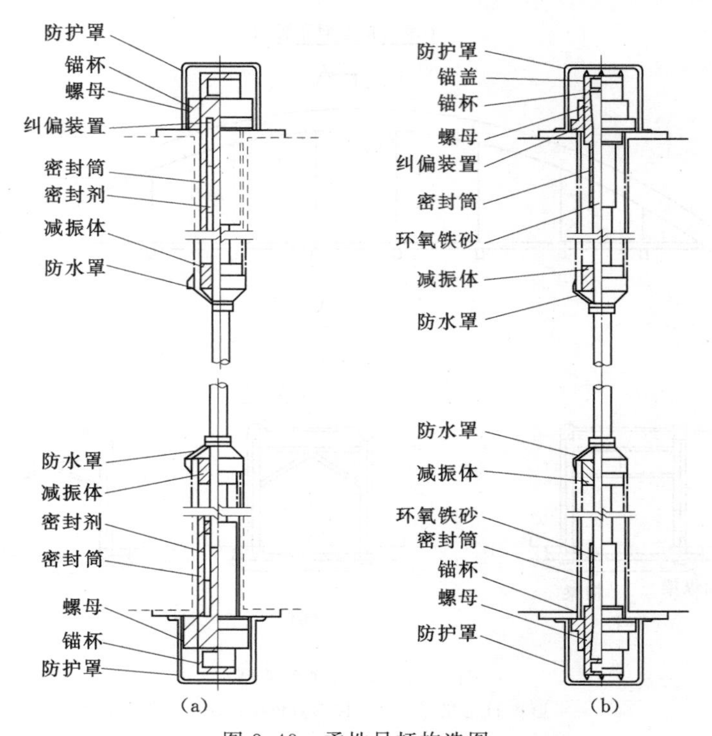


图 3.49　柔性吊杆构造图

(a) 镦头锚式吊杆构造图；(b) 冷铸锚式吊杆构造图

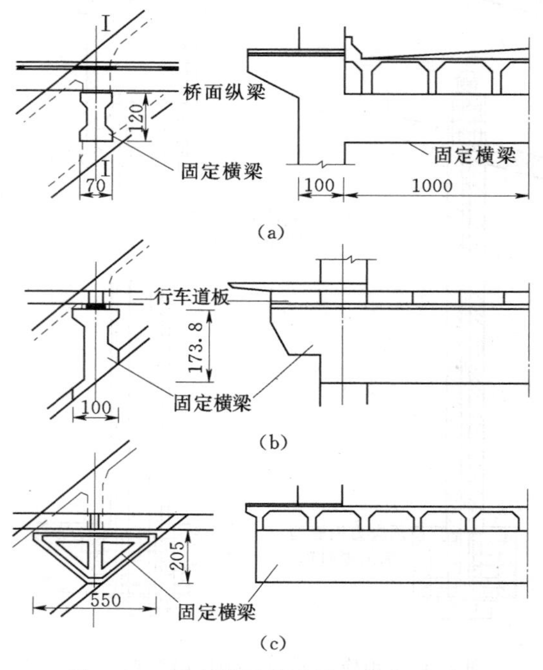


图 3.50　固定横梁构造图（单位：cm）

(a) 工字形固定横梁；(b) 不对称工字形固定横梁；

(c) 三角形双室箱形固定横梁

吊杆的间距一般根据构造要求和经济美观等因素决定。间距大时，吊杆的数目减少，但纵、横梁的用料增多；反之，吊杆数目增多，纵、横梁用料减少。一般吊杆的间距为4～10m，通常吊杆取等间距。

4. 桥面系

桥面系由横梁、纵梁、桥面板组成。

(1) 横梁。中承式拱桥桥面横梁可分为固定横梁、普通横梁及刚架横梁三类。桥面系与拱肋相交处的横梁一般与拱肋刚性联结，其截面尺寸与刚度远比其他横梁大，通常称为固定横梁；通过吊杆悬挂在拱肋下的横梁称为普通横梁；通过立柱支承在拱肋上的横梁称为刚架横梁。横梁的高度可取拱肋间距（横梁跨径）的 1/10～1/15。为了满足搁置和连续桥面板的需要，横梁上缘宽度不宜小于 60cm。

固定横梁如图 3.50 所示。由于其位置的特殊，它既要传递水平横向荷载，有时

还要传递纵向制动力，承担由拱肋和桥面传递到该处的弯矩、扭矩和剪力，受力情况复杂。因此必须与拱肋刚性联结，且其外形须与拱肋及桥面系相适应。在桥面与拱肋的交界处，主拱肋占去了一定宽度的桥面，为了保证人行道不在此处变窄，因此，固定横梁一般比普通横梁要长，常用的截面形式有对称工字形、不对称工字形和三角形等。

普通横梁的截面形式常用矩形、工字形或土字形（图3.51），大型横梁也可采用箱形截面，其尺寸取决于横梁的跨度（拱肋中距）和承担桥面荷载的长度（吊杆间距），一般为钢筋混凝土构件，跨度较大时，也可采用预应力混凝土构件。

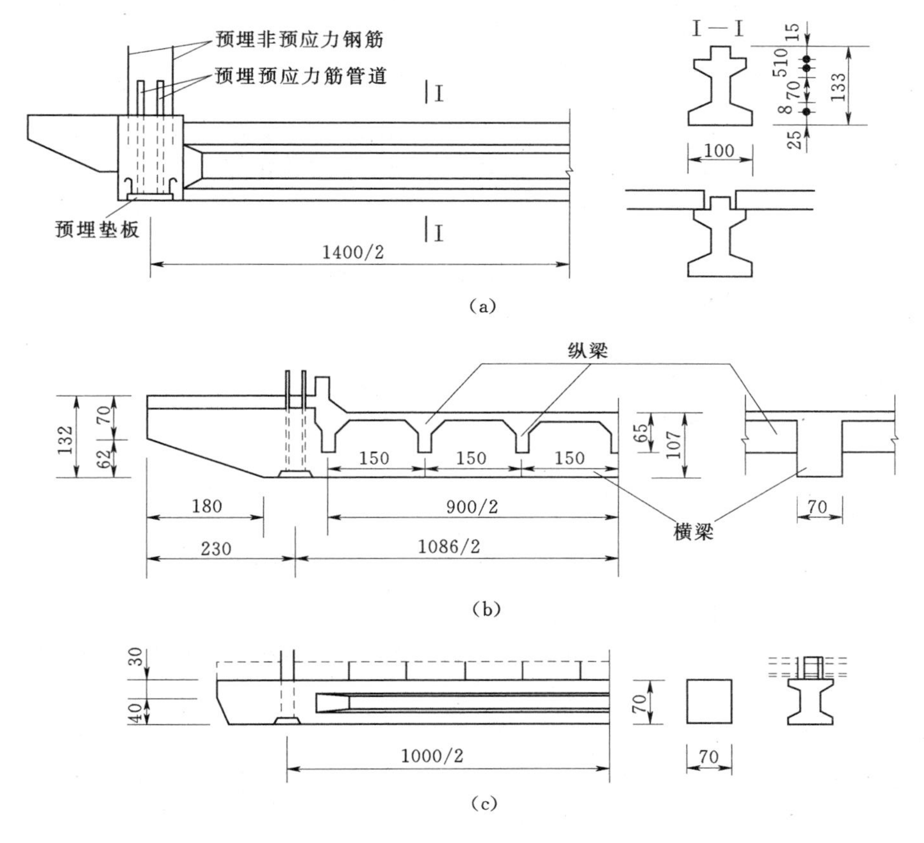


图3.51　普通横梁构造图（单位：cm）

(a) 土字形；(b) 矩形；(c) 工字形

（2）纵梁。由于横梁的间距一般在4～10m之间，纵梁多采用T形、Ⅱ形小梁，设计成简支梁结构或连续结构（图3.52），或直接在横梁上满铺空心板、实心板。

（3）桥面板。桥面板可与纵梁连成整体，形成T梁，也可在预制的纵梁上现浇桥面板形成组合梁。另一种方法是在横梁上密铺预制空心板或实心板来取代桥面板和纵梁两者的作用。桥面板一般为钢筋混凝土结构，也可采用预应力或部分预应力混凝土结构。

### 3.2.3　其他类型拱桥的构造

#### 3.2.3.1　拱式组合体系桥的分类与特点

拱式组合体系桥是将梁和拱两种基本构件组合起来共同承受荷载，充分发挥梁受弯，

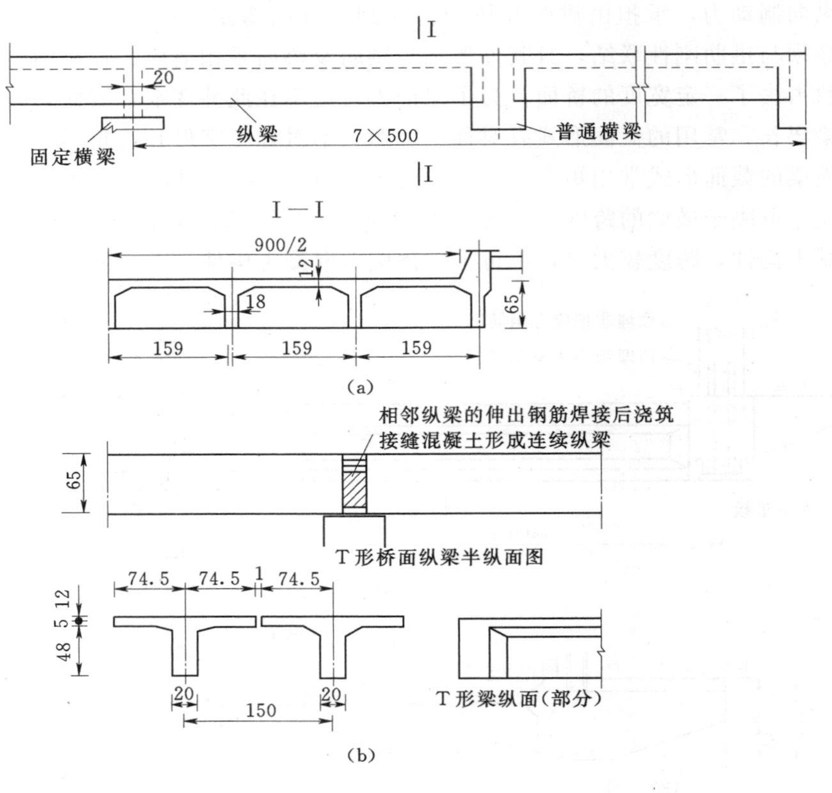


图 3.52 纵梁构造图(单位:cm)

(a)T形桥面简支纵梁构造图;(b)T形桥面连续纵梁构造图

拱受压的结构特性及其组合作用,达到节省材料的目的。

按照拱脚是否产生推力,拱式组合体系桥一般可划分为有推力和无推力两种类型(图3.53)。

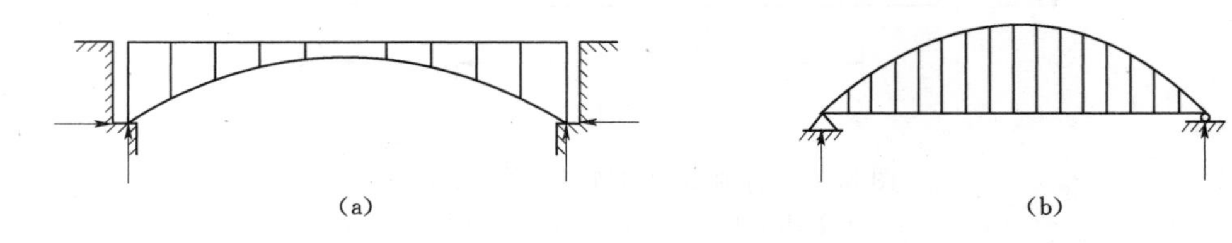


图 3.53 拱式组合体系桥

(a)有推力组合拱桥;(b)无推力组合拱桥

当建桥地质条件较好时,可以采用有推力的拱式组合体系桥[图 3.53(a)]。

无推力拱式组合体系桥(也称系杆拱桥)是外部静定结构[图 3.53(b)],兼有拱桥的较大跨越能力和简支梁桥对地基适应能力强的两大特点,因而使用较多。当桥面高程受到严格限制而桥下又要求保证较大的净空,或当墩台基础地质条件不良易发生沉降,但又要保证较大跨径时,无推力拱式组合桥梁是较优越的桥型。

按照桥跨的布置方式,拱式组合体系桥,又可分为以下几种形式。

1. 简支梁拱组合式桥梁

这种类型的桥梁只用于下承式，为无推力的组合体系拱（图3.54）。拱肋结构一般为钢管混凝土和钢筋混凝土，桥面上常设风撑，简支梁拱组合式桥梁，外部为静定结构，内部为高次超静定结构。

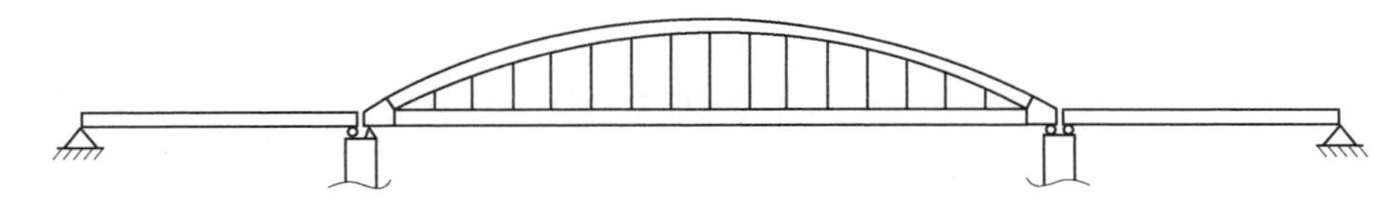

图3.54　简支梁拱组合体系示意图

根据拱肋和系杆相对刚度的大小，简支梁拱组合体系拱（系杆拱桥）可分为柔性系杆刚性拱、刚性系杆柔性拱、刚性系杆刚性拱三种基本组合体系。

（1）柔性系杆刚性拱。在柔性系杆刚性拱组合体系中，比普通下承式拱桥多设了承受拱肋推力的受拉柔性系杆，因而假设系杆和吊杆均为柔性杆件，只承受轴向拉力，不承受压力和弯矩。拱肋按普通拱桥的拱肋一样考虑，为偏心受压构件，严格地讲，该假定只有在拱肋和系杆刚度之比趋于无穷大时才成立，当$(EI)_{拱}/(EI)_{系}>80$时，可以忽略系杆承受的弯矩。认为组合体系中的弯矩均由拱肋承受，系杆只承受拉力，从而发挥材料的特性，节省钢材，减轻墩台负担，使这种体系能用于软土地基上。

（2）刚性系杆柔性拱。这种体系拱肋与系杆的刚度比相对小得多，即当$(EI)_{拱}/(EI)_{系}<1/80$时，拱肋分配到的弯矩远小于系杆，因而可以忽略拱肋中的弯矩，认为拱肋只承受轴向压力，系杆不仅承受拱的推力，还要承受弯矩，为拉弯组合梁式构件。该体系以梁（系杆）为主要承重结构，柔性拱肋对梁进行加劲，所以称为刚性系杆柔性拱。它的特点是内力分配均匀，刚性系杆与吊杆，横撑可以组成刚度较大的框架，拱肋不会发生面内S形变形，在适用的跨度（100m以下）内拱的稳定性有充分保证。

（3）刚性系杆刚性拱。刚性系杆刚性拱的特点介于柔性系杆刚性拱和刚性系杆柔性拱之间，当当$(EI)_{拱}/(EI)_{系}$在1/80～80之间时，拱肋和系杆都有一定的抗弯刚度，荷载引起的弯矩在拱肋和系杆之间按刚度分配，它们共同承受纵向力和弯矩，内力计算与实际情况比较接近。由于拱肋和系杆是刚性的，拱肋和系杆的端部是刚性连接。故这种体系刚度较大，适用于设计荷载大的桥梁。

2. 连续梁拱组合式桥梁

此种体系（图3.55），可以是上承式、中承式及下承式，也可以是单肋拱、双肋拱或多肋拱与加劲梁组合，双肋拱及多肋拱的加劲梁的截面形式可类似于简支梁拱组合式桥梁布置，而单片拱肋必须配置有箱形加劲梁，以加劲梁强大的抗扭刚度抵消偏载影响。这种桥型造型美观，本身刚度大，跨越能力大。

3. 单悬臂组合式桥梁

单悬臂组合式桥梁（图3.56），只适用于上承式，采用转体施工特别方便。但中间设置牛腿带有挂孔，桥梁整体刚度差，较少使用。计单悬臂梁拱组合式桥梁实际上是将实腹梁挖空，用立柱代替梁腹板，原腹板的剪力主要由拱肋竖向分力及加劲梁剪力平衡。这样的结构加劲梁受拉弯作用，加劲梁采用预应力混凝土，拱肋为钢筋混凝土。

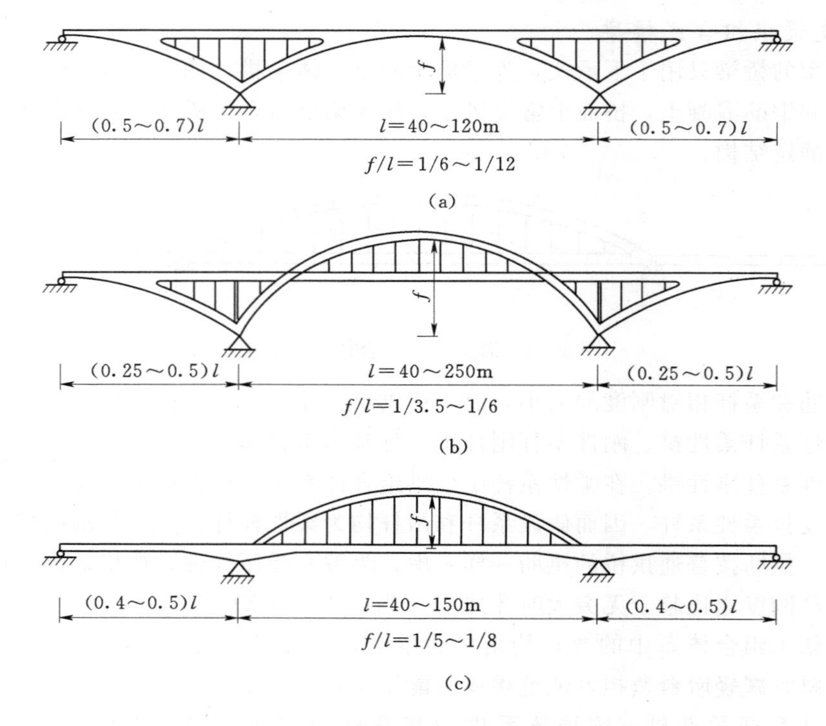


图3.55 连续梁拱组合体系示意图

(a) 上承式；(b) 中承式；(c) 下承式

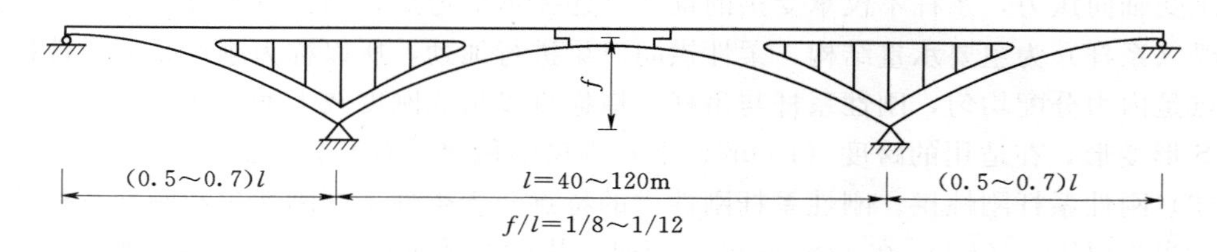


图3.56 悬臂梁拱组合体系示意图

### 3.2.3.2 系杆拱桥的构造

1. 拱肋

对于柔性系杆刚性拱，拱肋的构造基本上可以参考普通的下承式拱桥，拱肋截面可根据跨径的大小和荷载等级选用矩形、工字形或箱形。拱肋高度对于公路桥 $h=(1/30\sim1/50)l$ 为主拱跨径。拱肋宽为肋高的0.4～0.5倍。一般矩形截面用于较小跨径。当肋高超过1.5～3.0m时，采用工字形或箱形较为合理。柔性系杆刚性拱矢跨比一般在1/4～1/5之间。

刚性系杆柔性拱以梁为受力主体，拱肋在保证一定强度和稳定性的条件下，拱肋高度多采用 $h=(1/100\sim1/120)l$，有时可以压缩到 $h=(1/140\sim1/160)l$。拱肋宽度一般采用 $b=(1.5\sim2.5)h$，对公路桥，刚性系杆高度 $h=(1/25\sim1/35)l$，跨度较大时，还可做成变截面。柔性拱肋截面常采用宽矮实心截面，拱肋本身的横向刚度较大。若采用钢筋混凝土吊杆，就可以和横梁一道组成半框架，拱肋之间常可以不设横撑，就足以保证侧向稳定性，

因此刚性系杆柔性拱可以设计成敞口桥，使之视野开阔。拱轴线通常采用二次抛物线，矢跨比一般为1/5～1/7。

刚性系杆刚性拱的拱肋高度 $h=(1/50\sim1/60)l$，拱肋宽度 $b=(0.8\sim1.2)h$。拱肋与系杆的截面常设计成相同的几何形状，便于支承点处的构造连接，截面多采用工字形和箱形截面，拱肋轴线一般为二次抛物线。

2. 系杆

系杆的构造（图3.57）。在系杆拱设计中，最关键的问题是系杆的设置。既要考虑系杆与拱肋的连接，保证系杆能与拱肋共同受力，又要考虑系杆与行车道部分之间相互作用，避免桥面行车道部分阻碍系杆的受拉而遭到破坏，构造上常见的处理方法有：

（1）在行车道中设横向断缝，使行车道与系杆分离，不参与系杆的受力作用［图3.57（a）］，行车道板简支在横梁上，这种形式受力明确，用得较多。

（2）采用型钢制作金属系杆［图3.57（b）］，系杆与行车道完全不接触。为了防止行车道参与系杆受力，一般在行车道内也要设横向断缝。由于金属系杆外露部分容易锈蚀，需要采取防锈处理。同时，当温度变化时外露系杆与拱肋钢筋混凝土的表面吸温及线膨胀系数有差别，因而会产生附加内力，故使用这种构造较少。

（3）采用独立的钢筋混凝土系杆［图3.57（c）］，每根系杆分为两部分，沿吊杆两边穿过，自由地搁置在横梁上。由于吊杆与横梁重叠搁置，建筑高度可能受到影响。一般尽量把系杆做得宽矮以增加柔性，故常用于柔性系杆刚性拱中。

（4）采用预应力混凝土系杆。这种系杆截面形式应与拱肋截面形式一致，以便于连接。行车道可设横向断缝，亦可不设，考虑行车条件，不设为宜。这种系杆较为合理，由于预加压力可避免混凝土出现拉力，而使混凝土不出现裂缝，维修费用比钢系杆低。

刚性系杆是偏心受拉构件，一般设计为工字形或箱形截面。由于截面正负弯矩的绝对值一般相差不大，故钢筋宜靠上、下缘对称或接近对称布置。同时，沿截面高度应布置适当数量的分布钢筋，防止裂缝扩展。

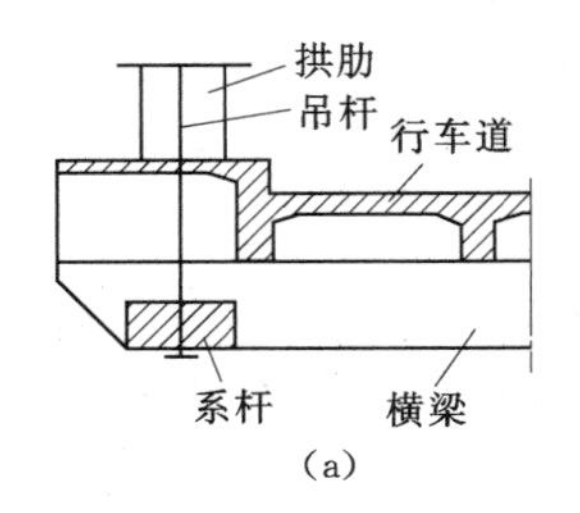

(a)

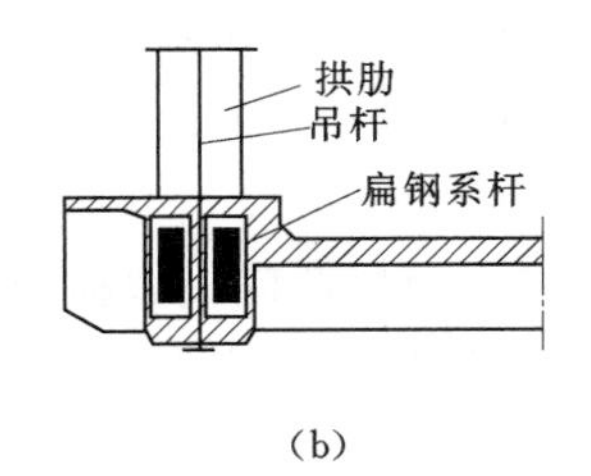

(b)

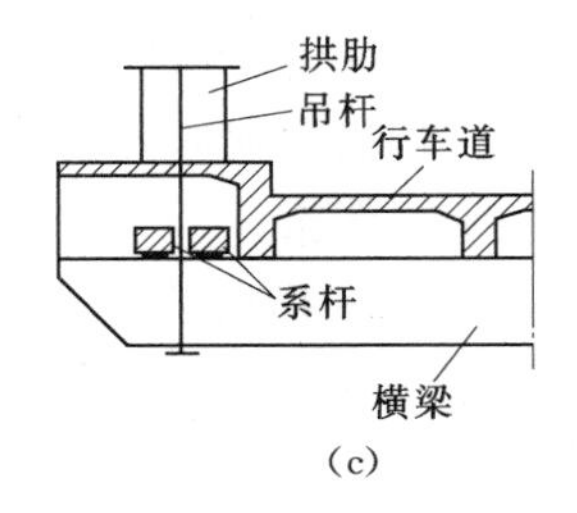

(c)

图3.57　系杆构造

3. 吊杆

吊杆一般是长而细的构件，与中、下承式拱桥的吊杆构造基本相同。由于设计时通常将其作为轴向受力构件考虑。故吊杆构造设计时必须兼顾到它不承受弯矩的特点，即顺桥向尺寸应设计得较小，使之具有柔性，而在横桥向为了增加拱肋的稳定性，其尺寸应设计得较大。吊杆以前多采用钢筋混凝土或预应力混凝土构件，由于钢筋混凝土吊杆易产生裂缝，预应力混凝土吊杆施工麻烦，现在吊杆的发展趋势是采用高强钢丝或粗钢筋。

吊杆与拱肋的连接（图 3.58）通常有以下几种形式：

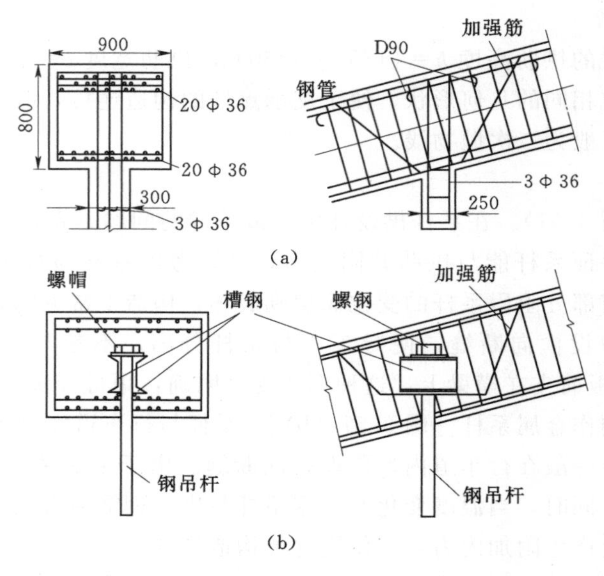


图 3.58 吊杆与拱肋的连接（单位：mm）

（1）当采用钢筋混凝土吊杆时，吊杆内的受力钢筋环绕浇筑在拱肋混凝土中的钢管弯转扣接，并将钢筋末端锚固［图 3.58（a）］。钢管直径应满足吊杆主筋的弯转规定。或将吊杆钢筋末端环绕拱肋内的粗钢筋弯转，然后焊牢，以形成环扣。

（2）当采用钢吊杆时，可在拱肋中预埋槽钢或其他劲性钢筋，把钢吊杆直接悬挂在预埋槽钢或其他劲性钢筋上［图 3.58（b）］。

（3）当采用高强钢丝时，可在拱肋中预埋管道，将钢丝末端锚固在拱肋上，通常锚头处要设置垫板，垫板下设置局部钢筋网，以分散作用在锚头处混凝土上的应力。

当采用柔性系杆时，为了避免系杆出现较大弯矩，同时克服系杆截面高度较小而造成的构造上的困难，通常将吊杆与横梁相连接。当采用刚性系杆时，由于系杆截面高度较大有可能允许把吊杆钢筋末端伸入系杆混凝土足够长，形成扣结，因此可将吊杆与系杆相连接。

4. 横向连接系

为保证拱肋的横向稳定，一般需在两拱肋间设置横向联系。横向连接构件截面可设计成矩形、T 形或箱形，平面上可布置成 X 形、K 形或与纵向垂直，顺桥方向可布置成单数或双数，通常以单数布置较多，即拱顶布置一根，两侧对称布置。其特点是可以改变纵向波形，缩短波长，提高结构稳定性。由于横向连接构件主要是防止拱肋横向失稳的作用，从受力形式上看是以轴向压力和自身恒载为主，配筋原则上照此进行。拱肋与横向构件交接部位设横隔板或浇筑成实心段，使横向连接构件的钢筋末端有足够的锚固长度。桥面系的构造见本教材的有关内容。拱肋与系杆的连接构造可参考有关书目。

## 【思　考　题】

- 确定拱桥的标高有哪几个？

- 不等跨拱桥处理方法有哪些？
- 肋拱的主要截面有哪些？各有何特点？
- 箱形拱的主要特点是什么？
- 实腹式拱拱上建筑由哪几部分组成？
- 梁式腹孔结构有哪几种型式？
- 试述拱上填料的作用，叙述伸缩缝和变形缝的作用。
- 中、下承式拱桥由哪几部分组成？
- 系杆拱分成哪几类？

# 学习单元3.3 拱桥就地浇筑施工

当拱桥的跨径不大、拱圈净高较小或孔数不多，可以采用就地浇筑方法来进行拱圈施工。就地浇筑方法可分为两种：拱架浇筑法和悬臂浇筑法。这里就这两种施工方法作详细介绍。

## 3.3.1 有支架的拱桥浇筑施工

### 3.3.1.1 拱架

拱架是拱桥有支架施工必不可少的辅助结构，在整个施工期间，用以支承全部或部分拱圈和拱上建筑的重量，并保证拱圈的形状符合设计要求。因此，要求拱架具有足够的强度、刚度和稳定性。

1. 拱架的结构类型

拱架的种类很多，按其使用材料可分为木拱架、钢拱架、扣件式钢管拱架、斜拉式贝雷平梁拱架、竹拱架、竹木混合拱架、钢木组合拱架以及土牛胎拱架等多种形式；按结构形式可分为排架式、撑架式、扇形式、桁架式、组合式、叠桁式、斜拉式等。

2. 拱架的构造

(1) 木拱架。木拱架一般有排架式、撑架式、扇形式、叠桁式及木桁架式等。前四种在桥孔中间设有或多或少的支架，统称满布式拱架，最后一种可采用三铰木桁架形式，在桥孔中完全不设支架。

1) 满布立柱式拱架。满布立柱式拱架一般采用木材制作，这种拱架的一般构造示意图（图3.59），它的上部由斜梁、立柱、斜撑和拉杆组成拱形桁架，又称拱盔，它的下部是由立柱和横向联系（斜夹木和水平夹木）组成支架，上下部之间放置卸架设备（木模或砂筒等）。满布立柱式拱架的优点是施工可靠，技术简单，木材和铁件规格要求较低，但这种支架的立柱数目很多，只适合于桥不太高、跨度不大、

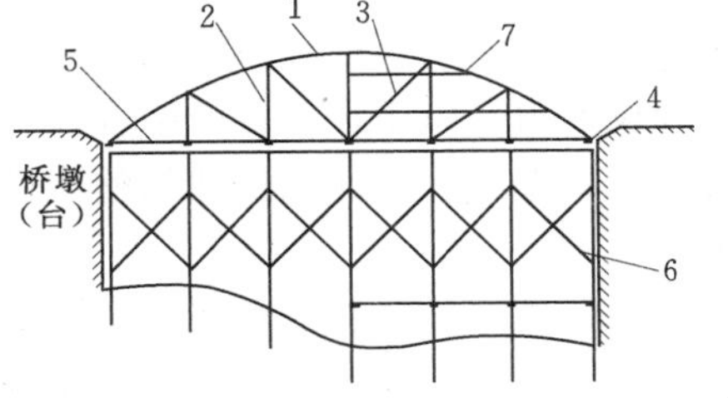


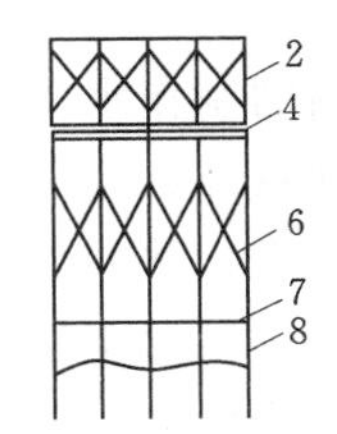


图3.59 满布立柱式拱架

1—弓形木；2—立柱；3—斜撑；4—卸架设备；5—水平拉杆；6—斜夹木；7—水平夹木；8—桩木

洪水期漂浮物少且无通航要求的拱桥施工时采用。

满布式木拱架节点构造图如图3.60所示。

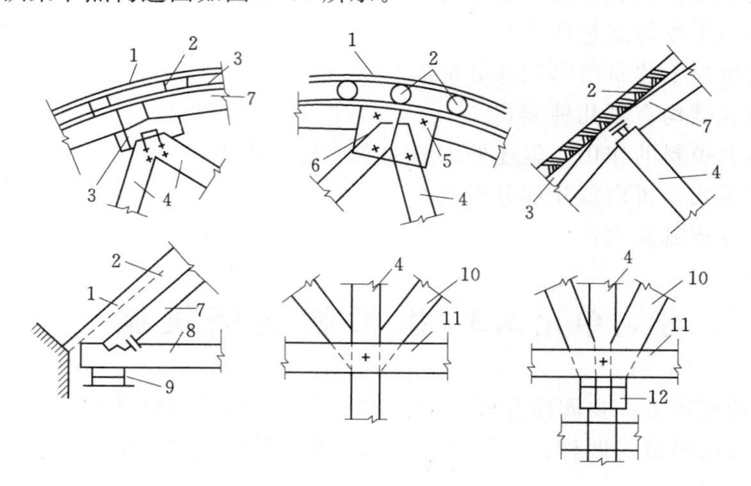


图3.60　满布式木拱架节点构造图

1—模板；2—横梁；3—填木；4—斜撑；5—螺栓；6—铁（木）板；7—弓形木；8—拉梁；9—卸架设备；10—立柱；11—水平夹木；12—垫木

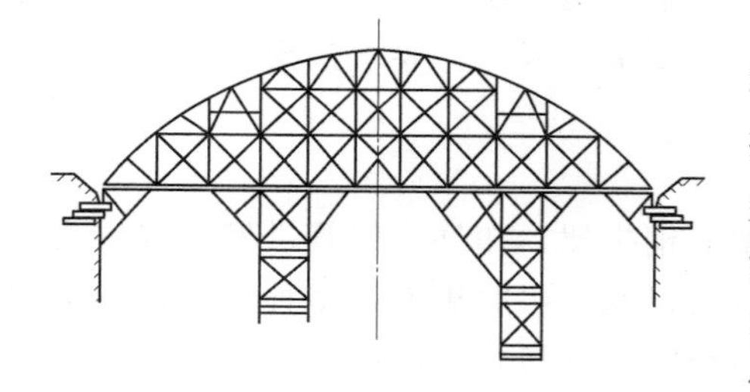

图3.61　撑架式木拱架

2）撑架式木拱架。这种拱架的上部与满布立柱式拱架相同，其下部是用少数框架式支架加斜撑来代替众多数目的立柱，因此木材用量相对较少（图3.61）。这种拱架构造上并不复杂，而且能在桥孔下留出适当的空间，减小洪水及漂流物的威胁，并在一定程度上满足通航的要求。因此，它是实际中采用较多的一种拱架形式。

3）三铰桁式木拱架。三铰桁式木拱架是由两片对称弓形桁架在拱顶处拼装而成，其两端直接支承在墩台所挑出的牛腿上或者紧贴墩台的临时排架上，跨中一般不另设支架（图3.62）。这种拱架不受洪水、漂流物的影响，在施工期间能维持通航。适用于墩高、水深、流急或要求通航的河流。与满布立柱式拱架相比，木材用量少，可重复使用，损耗率低。但对木材规格和质量要求较高，同时要求有较高的制作水平和架设能力。由于在拱铰处结合较弱，所以，除在结构构造上须加强纵横向联系外，还需设置抗风缆索，以加强拱架的整体稳定性。在施工中应注意对称均匀浇筑混凝土，并加强观测。

拱架制作安装时，拱架尺寸和形状要符合设计要求，立柱位置准确且保持直立，各杆件连接接头要紧密，支架基础要牢固，高拱架应特别注意其横向稳定性。拱架全部安装完成后，应全面检查，确保结构牢固可靠。支架基础必须稳固，承重后应能保持均匀沉降且下降量不得超过设计范围。拱架可就地拼装，也可根据起吊设备能力预拼成组件后再进行安装。

（2）钢拱架与钢木组合拱架。

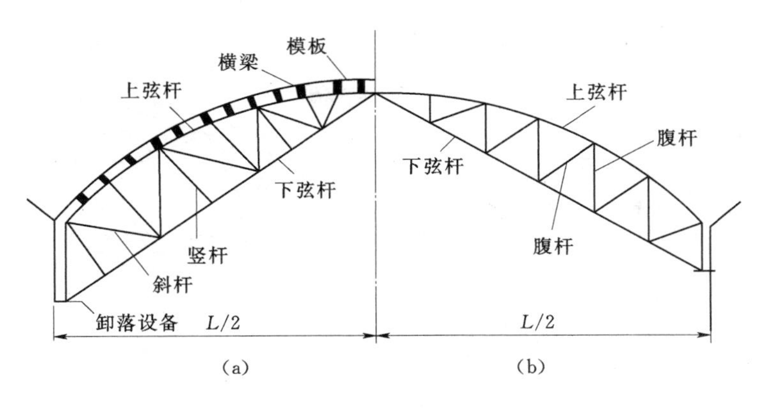


图3.62　三铰桁式木拱架
(a) N式；(b) V式

1) 工字梁钢拱架。工字梁钢拱架可采用两种形式：一种是有中间木支架的钢木组合拱架；一种是无中间木支架的活用钢拱架。

钢木组合拱架是在木支架上用工字钢梁代替木斜梁，以加大斜梁的跨度，减少支架用量。工字钢梁顶面可用垫木垫成拱模弧形线。钢木组合拱架的支架常采用框架式（图3.63)。

工字梁活用钢拱架，构造简单，拼装方便，且可重复使用，其构造形式如图3.64所示。它适用于施工期间需保持通航、墩台较高、河水较深或地质条件较差的桥孔。

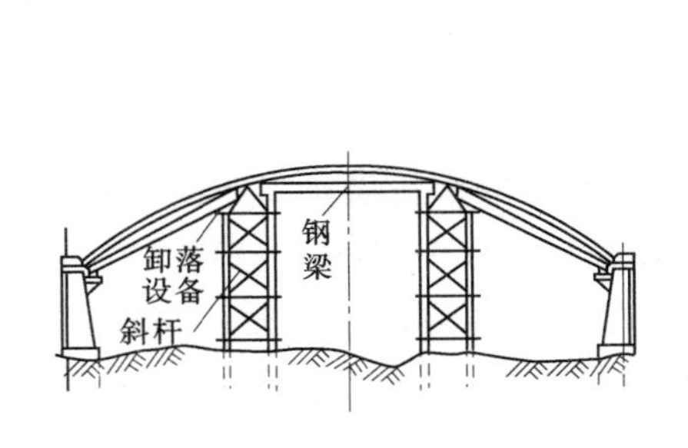


图3.63　钢木组合拱架图

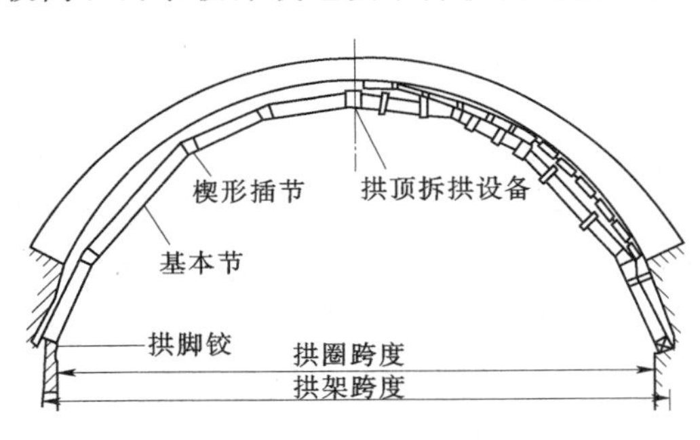


图3.64　工字梁活用钢拱架

2) 钢桁架拱架。钢桁架拱架的结构类型通常有常备拼装式桁架形拱架、装配式公路钢桁架节段拼装式拱架、万能杆件拼装式拱架、装配式公路钢桁架和万能杆件桁架与木拱盔组合的钢木组合拱架。常备拼装式桁架拱架（图3.65)，装配式公路钢桁架节段拼装式拱架（图3.66)。

3) 扣件式钢管拱架。扣件式钢管拱架一般有满堂式、预留孔满堂式及立柱式扇形等几种。扣件式钢管拱架一般不分支架和拱盔部分，它是一个空间框架结构，一般由立柱(立杆)、小横杆（顺水流向)、大横杆（涵桥轴向)、剪刀撑、斜撑、扣件和缆风索等组成，所有杆件（钢管）通过各种不同式的扣件实现联结，不需设置卸落拱架。满堂式钢管拱架构造图如图3.67所示。

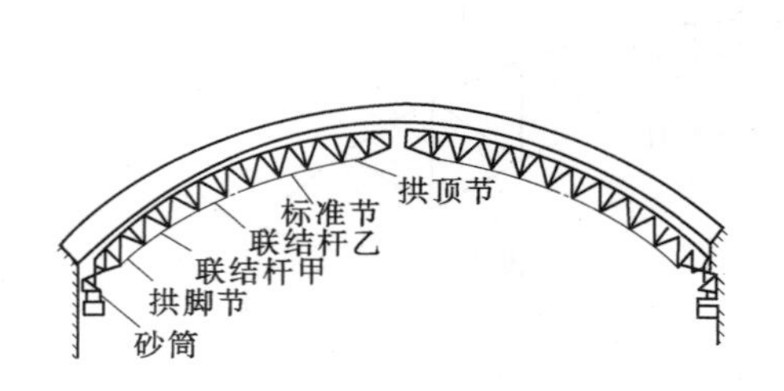


图3.65　常备拼装式桁架拱架

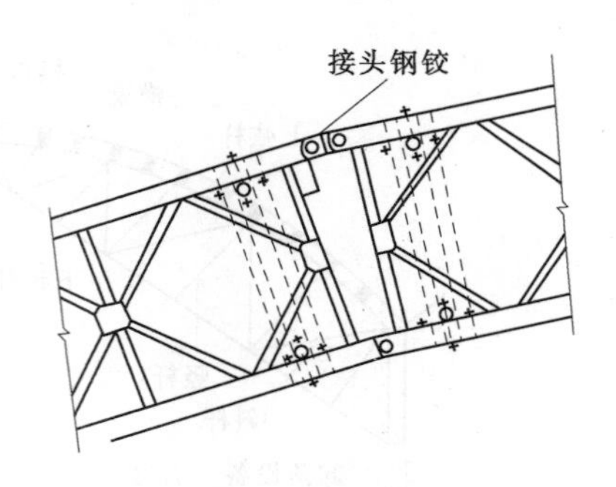


图3.66　装配式公路钢桁架节段拼装式拱架

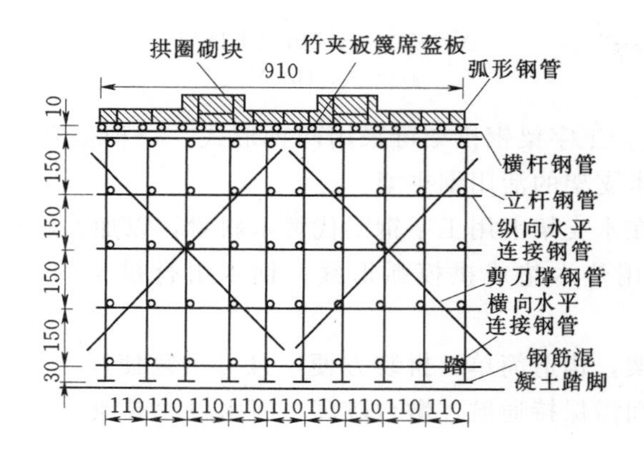


图3.67　满堂式钢管拱架构造图

3. 拱圈模板

(1) 板拱模板。板拱拱圈模板（底模）厚度应根据弧形木或横梁间距的大小来确定。一般有横梁的底模板厚度为4～5cm，直接搁在弧形木上时为6～7cm。有横梁时为使顺向放置的模板与拱圈内弧形圆顺一致，可预先将木板压弯。压弯的方法是：每四块木板一叠，将两端支起，在中间适当加重，使木板弯至符合要求为止，施压约需半个月左右的时间。40m以上跨径的拱桥模板可不必事先压弯。

石砌板拱拱圈的模板，应在拱顶处预留一定空间，以便于拱架的拆卸。模板顶面高程误差不应大于计算跨径的1/1000，且不应超过3cm。

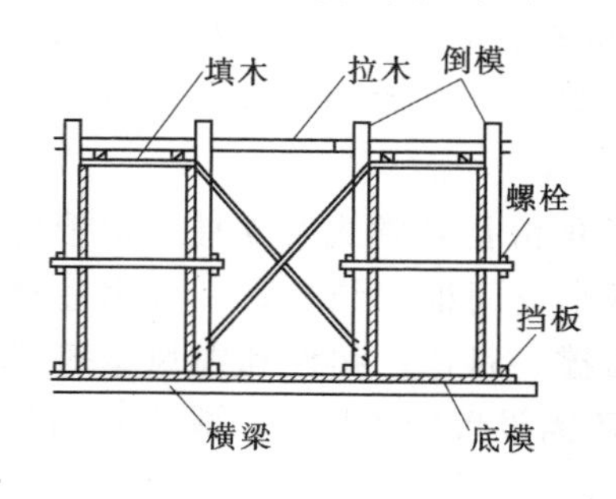


图3.68　拱肋模板构造图

(2) 肋拱拱肋模板。拱肋模板如图3.68所示。其底模与混凝土或钢筋混凝土板拱拱圈底模基本相同。拱肋之间及横撑间的空位也可不铺底模。拱肋侧面模板，一般应预先按样板分段制作，然后拼装在底模上，并用拉木、螺栓拉杆及斜撑等固定。安装时，应先安置内侧模板，等钢筋入模后再安置外侧模板。模板宜在适当长度内设一道变形缝（缝宽约2cm），以避免在拱架沉降时模板间相互顶死。

拱肋间的横撑模板与上述侧模构造基本相同，处于拱

轴线较陡位置时，可用斜撑支撑在底模板上。

#### 3.3.1.2　现浇混凝土拱桥

1. 施工程序

现浇混凝土拱桥施工工序一般分三阶段进行：

第一阶段：浇筑拱圈（或拱肋）及拱上立柱的底座；

第二阶段：浇筑拱上立柱、联结系及横梁等；

第三阶段：浇筑桥面系。

前一阶段的混凝土达到设计强度的，75%以上才能浇筑后一阶段的混凝土。拱架则在第二阶段或第三阶段混凝土浇筑前拆除，但必须事先对拆除拱架后拱圈的稳定性进行验算。若设计文件对拆除拱架另有规定，应按设计文件执行。

双曲拱桥的拱波，应在拱肋强度或其间隔缝混凝土强度达到设计强度的75%后开始砌筑。

2. 拱圈或拱肋的浇筑

(1) 浇筑流程。满堂式拱架浇筑流程为：支架设计→基础处理→拼设支架→安装模板→安装钢筋→浇筑混凝土→养护→拆模→拆除支架。满堂式拱架宜采用钢管脚手架、万能杆件拼设；模板可以采用组合钢模、木模等。

拱式拱架浇筑流程为：钢结构拱架设计→拼设拱架→安装模板→安装钢筋→浇筑混凝土→养护→拆模→拆除拱架。拱式拱架一般采用六四式军用梁（三角架）、贝雷架拼设。

(2) 连续浇筑。跨径小于16m的拱圈（或拱肋）混凝土，应按拱圈全宽度，自两端拱脚向拱顶对称地连续浇筑，并在拱脚处混凝土初凝前全部完成。如预计不能在限定时间内完成，则需在拱脚处预留一个隔缝并最后浇筑隔缝混凝土。

薄壳拱的壳体混凝土，一般从四周向中央进行浇筑。

(3) 分段浇筑。大跨径拱桥的拱圈或拱肋（跨径不小于16m），为避免拱架变形而产生裂缝以及减小混凝土的收缩应力，应采用分段浇筑的施工方法。分段长度一般为6～15m。分段长度应以能使拱架受力对称、均匀和变形小为原则，拱式拱架宜设置在拱架受力反弯点、拱架结点、拱顶及拱脚处，满堂式拱架宜设置在拱顶$L/4$部位、拱脚及拱架节点等处。各段的接缝面应与拱轴线垂直。

分段浇筑程序应符合设计要求，且对称于拱顶进行，使拱架变形保持对称均匀和尽可能地小：填充间隔缝混凝土，应取两拱脚向拱顶对称进行。拱顶及两拱脚间隔缝匣在最后封拱时浇筑，间隔缝与拱段的接触面应事先按施工缝进行处理。间隔缝的位置应避开横撑、隔板、吊杆及刚架节点等处。间隔缝的宽度以便于施工操作和钢筋连接为宜，一般为5～100cm。间隔缝混凝土应在拱圈分段混凝土强度达到75%设计强度后进行；为缩短拱圈合拢和拱架拆除的时间，间隔缝内的混凝土强度可采用比拱圈高一等级的半干硬性混凝土。封拱合拢温度应符合设计要求，如设计无规定时，一般宜在接近当地的年平均温度或在5～15℃之间进行。

(4) 箱形截面拱圈（或拱肋）的浇筑。大跨径拱桥一般采用箱形截面的拱圈（或拱肋），为减轻拱架负担，一般采取分环、分段的浇筑方法。分段的方法与上述相同。分环的方法一般是分成2环或3环。分2环时，先分段浇筑底板（第1环），然后分段浇筑肋

墙、隔墙与顶板（第2环）；分3环时，先分段浇筑底板（第1环），然后分段浇筑肋墙脚（第2环），最后分段浇筑顶板（第3环）。

分环分段浇筑时，可采取分环填充间隔缝合拢和全拱完成后最后一次填充间隔缝合拢两种不同的合拢方法。箱形截面拱圈采用分环分段浇筑的施工程序（图3.69）。

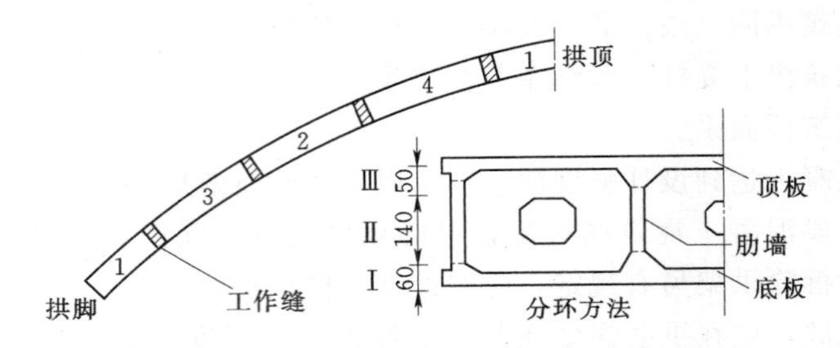


图3.69　箱型截面拱圈分环分段浇筑的施工程序示意图（单位：cm）

3．卸拱架

采用就地浇筑施工的拱架，卸拱架的工作相当关键。拱架拆除必须在拱圈沏筑完成后20～30d，待砂浆砌筑强度达到设计强度的75%后方可拆除。此外还必须考虑拱上建筑、拱背填料、连拱等因素对拱圈受力的影响，尽量选择对拱体产生最小应力的时候卸落拱架：为了能使拱架所支承的拱圈重力能逐渐转给拱圈自身来承受，拱架不能突然卸除，而应按一定的程序进行。

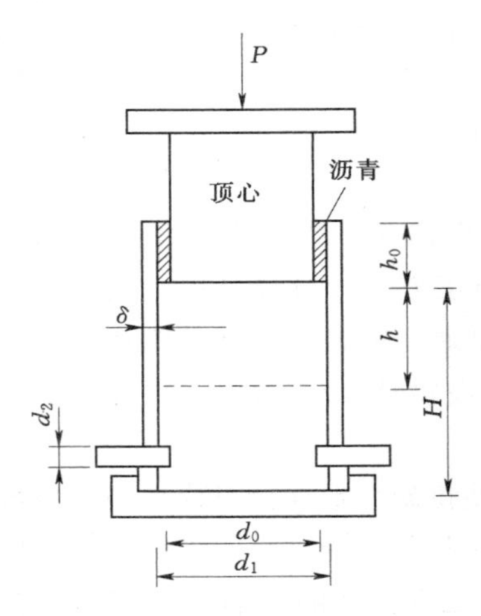


图3.70　砂筒构造图

（1）卸架设备。为保证拱架能按设计要求均匀下落，必须采用专门的卸架设备。常用的卸架设备有砂筒、木模和千斤顶。

1）砂筒（图3.70）。砂筒一般用钢板制成，筒内装以烘干的砂子，上部插入活塞（木制或混凝土制）组成。卸落是靠砂子从筒的下部预留泄砂孔流出，因此要求筒内的砂子干燥、均匀、清洁。砂筒与活塞间用沥青填塞，以免砂子受潮而不易流出。由砂子泄出量来控制拱架卸落高度，这样就能由泄砂孔的开与关，分数次进行卸架，并能使拱架均匀下降而不受振动，使用效果良好。

2）木模（图3.71）。木模有简单木模和组合木模等不同构造。其中图3.71（a）为简单木模，由两块1：10～1：6斜面的硬木模组成，落架时，只需轻轻敲击木模小头，将木模取出，拱架即下落；图3.71（b）为组合木模，由三块楔形木和一根拉紧螺栓组成，卸架时只需扭松螺栓，木模下降，拱架即降落。

3）千斤顶。采用千斤顶拆除拱架常与拱圈调整内力同时进行。一般在拱顶预留放置千斤顶的缺口，千斤顶用来消除混凝土的收缩、徐变以及弹性压缩的内力和使拱圈脱离拱架。

（2）卸架程序。

1）满布式拱架的卸落。满布式拱架可根据算出和分配的各支点的卸落量，从拱顶开始，逐次同时向拱脚对称地卸落。多孔连续拱桥，拱架的卸落应考虑相邻孔的影响。若桥墩设计为单向推力墩，就可以直接地卸落拱架，否则应多孔同时卸落拱架。

2）工字梁活用钢拱架的卸落。这种拱架的卸落设备一般放于拱顶，卸落布置如图3.72所示。

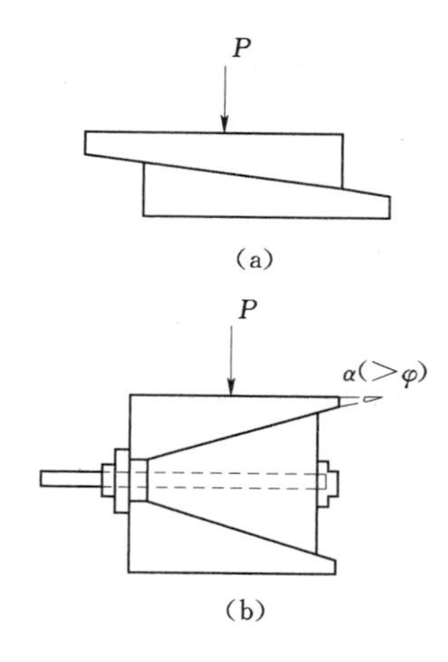


图3.71 木模构造图
(a) 简单木模；(b) 组合木模

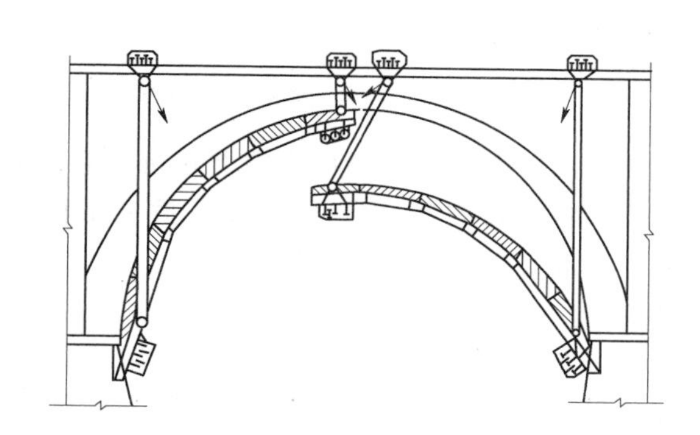

图3.72 工字梁活用钢拱架的卸落

卸落拱架时，先将绞车摇紧，然后将拱顶卸拱设备上的螺栓松两转，即可放松绞车，敲松拱顶卸拱木，如此循环松降，直至降落到设定的卸落量：

3）钢桁架拱架的卸落。当钢桁架拱架的卸落设备架设于拱顶时，可在系吊或支撑的情况下，逐次松动卸架设备，逐次卸落拱架，直至拱架脱离拱圈后，才将拱架拆除。当卸架设备架设于拱脚时（一股为砂筒），为防止拱架与墩台顶紧，阻碍拱架下降，应在拱脚三角垫与墩台之间设置木楔（图3.73）。卸落拱架时，先松动木模，再逐次对称地泄砂落架。拼装式钢桁架拱架可利用拱圈体进行拱架的分节拆除，拆除后的拱架节段可用缆索吊车吊移。拼装式钢桁架的拆除如图3.74所示。

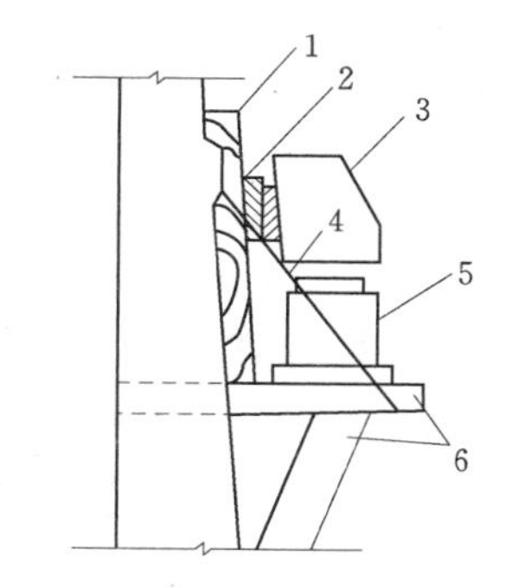


图3.73 钢桁架拱架拱脚处卸落设备
1—垫木；2—木楔；3—混凝土三角垫；4—斜拉杆；5—泄砂筒；6—支架

扣件式钢管拱架没有卸落设备，卸架时，只需用扳手拧紧扣件，取走拱架杆件即可。可以由点到面多处操作。

斜拉式贝雷平梁拱架的卸落，应视平梁上拱架的形式而定，一般可采取满布式的卸架程序和方法，同时应考虑相邻孔拱架卸落的影响。

**3.3.1.3 拱上建筑浇筑**

拱上建筑施工，应对称均衡地进行。施工中浇筑的程序和混凝土数量应符合设计要求。

在拱上建筑施工过程中，应对拱圈的内力和变形及墩台的位移进行观测和控制。

本小节介绍上承式拱桥拱上建筑的浇筑。

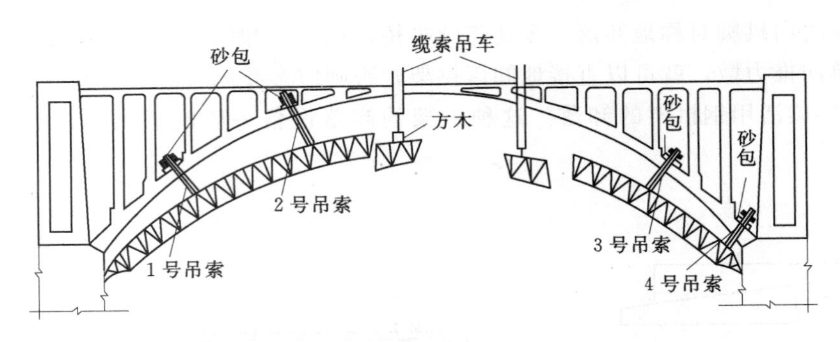


图3.74　拼装式钢桁架的拆除

主拱圈拱背以上的结构物称为拱上建筑，它主要有横墙座、横墙、横墙帽或立柱座、立柱、盖梁、腹拣圈或梁（板）、侧墙、拱上结构伸缩缝及变形缝、护拱、拱上防水层、拱腔填料、泄水管、桥面铺装、栏杆系等。

1. 伸缩缝及变形缝的施工

伸缩缝缝宽1.5～2cm，要求笔直，两侧对应贯通。现浇混凝土侧墙，须预先安设塑料泡沫板，将侧墙与墩台分开，缝内采用锯末沥青，按1∶1（质量比）配合制成填料填塞。

变形缝不留缝宽，设缝处现浇混凝土时用油毛毡隔断，以适应主拱圈变形。

当护拱、缘石、人行道、栏杆和混凝土桥面跨越伸缩缝或变形缝时，在相应位置要设置贯通桥面的伸缩缝或变形缝（栏杆扶手一端做成活动的）。

2. 拱上防水设施

（1）拱圈混凝土自防水。采用优良品质的粗、细集料和优质粉煤灰或硅灰制作高耐久性的混凝土，同时严格控制施工工艺。

（2）拱背防水层。小跨径拱桥可采用石灰土防水层。对于具有腹拱的拱腔防水可采用砂浆或小石子混凝土防水层。大型拱桥及冰冻地区的砖石拱桥一般设沥青毡防水层，其做法常为三油两毡或二油一毡。

当防水层经过拱上结构物伸缩缝或变形缝时，要做特殊处理。一般采用U形防水土工布过缝，或橡胶止水带过缝。泄水管处的防水层，要紧贴泄水管漏斗之下铺设，防止漏水。在拱腔填料填充前，要在防水层上填筑一层砂性细粒土，以保证防水层完好。

3. 拱圈排水处理

拱桥的台后要设排水设施，集中于盲沟或暗沟排出路基外。拱桥的桥面纵向、横向均设坡度，以利顺畅排水，桥面两侧与护轮带交接处隔15～20m设泄水管。拱桥除桥面和台后应设排水设施外，对渗入到拱腹内的水应通过防水层汇积于预埋在拱腹内的泄水管排出。泄水管可采用混凝土管、陶管或PVC管。泄水管内径一般为6～10cm，严寒地区须适当增大，但不宜大于15cm。宜尽量避免采用长管和弯管。泄水管进口处周围防水层应做积水坡度，并用大块碎石做成倒滤层，以防堵塞。

4. 拱背填充

拱背填充应采用透水性强和安息角较大的材料，一般可用天然砂砾、片石、碎石夹砂混合料以及矿渣等材料。填充时应按拱上建筑的顺序和时间，对称而均匀地分层填充并碾

压密实，但须防止损坏防水层、排水管和变形缝。

### 3.3.2　拱桥的悬臂浇筑施工

国外在拱桥就地浇筑施工中，多采用悬臂浇筑法。以下介绍塔架斜拉索法和斜吊式悬浇法两种施工方法。

1. 塔架、斜拉索及挂篮浇筑拱圈

这是国外采用最早、最多的大跨径钢筋混凝土拱桥无支架施工的方法。这种方法的要点是：在拱脚墩、台处安装临时钢塔架或钢筋混凝圈塔架，用斜拉索（或斜拉粗钢筋）将拱圈（或拱肋）用挂篮浇筑一段系吊一段，从拱脚开始，逐段向拱顶悬臂浇筑，直至拱顶合拢。塔架的高度和受力应按拱的跨径、矢跨比等确定。斜拉索可用预应力钢筋或钢束，其面积及长度由所系吊的拱段长度和位置确定。用设在已浇完的拱段上的悬臂挂篮逐段悬臂浇筑拱圈（或拱肋）混凝土，整个拱圈混凝土的浇筑工作应从两拱脚开始，对称地进行，最后在拱顶合拢。塔架斜拉索法一般多采用悬臂施工，也可用悬拼法施工，但后者用得较少。塔架、斜拉索及挂篮浇筑拱圈的施工工序示意图（图3.75）。

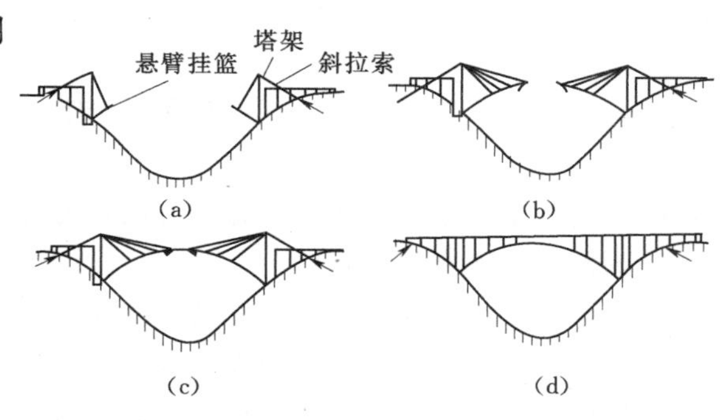


图3.75　塔架、斜拉索及挂篮浇筑拱圈的施工工序

2. 斜吊式悬臂浇筑拱圈

它是借助于专用挂篮，结合适用斜吊钢筋将拱圈、拱上立柱和预应力混凝土桥面板等齐头并进地、边浇筑边构成桁架的悬臂浇筑方法。施工时，用预应力钢筋临时作为桁架的斜吊杆和桥面板的临时拉杆，将桁架锚固在后面的桥台（或桥墩）上。此过程中作用于斜吊杆的力是通过布置在桥面板上的临时拉杆传至岸边的地锚上（也可利用岸边桥墩作地锚）的。用这种方法修建大跨径拱桥时，个别的施工误差对整体工程质量的影响很大，对施工测量、材料规格和强度及混凝土的浇筑等必须进行严格检查和控制。施工技术管理方

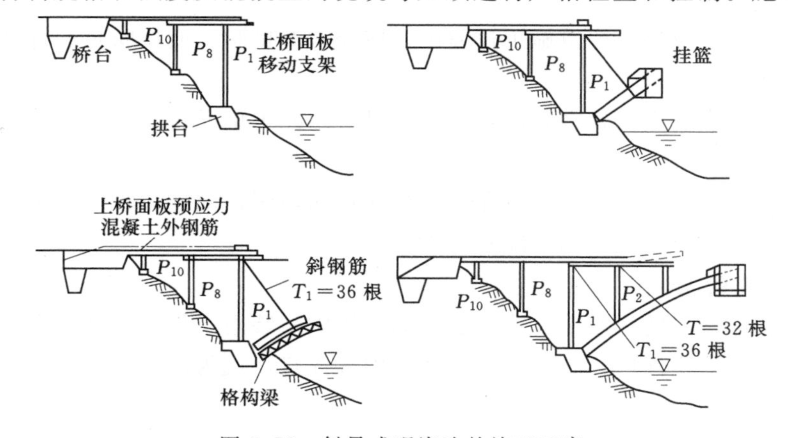


图3.76　斜吊式现浇法的施工工序

面值得重视的问题有：斜吊钢筋斜拉力控制，斜吊钢筋的锚固和地锚地基反力的控制，预拱度的控制，混凝土应力的控制等几项。其主要架设步骤是：拱肋除第一段用斜吊支架现浇混凝土外，其余各段均用挂篮现浇施工。斜吊杆可以用钢丝束或预应力粗钢筋，架设过程中作用在斜吊杆的力是通过布置在桥面板上的临时拉杆传至岸边的地锚上（也可利用岸边桥墩作地锚），如图3.76所示。

**【思　考　题】**

- 现场浇筑法主要有哪两种施工方法，各有何特点？
- 预制安装法有何特点？
- 拱架主要型式有哪几种，其适用性如何？
- 何谓拱架的预拱度？如何设置预拱度？
- 拱圈（肋）混凝土的浇筑程序有何要求？
- 拱架一般卸架程序如何？

## 学习单元3.4　装配式拱桥施工

梁桥上部的轻型化、装配化大大加快了梁桥的施工速度。要提高拱桥的竞争能力。拱桥也必须向轻型化和装配化的方向发展。从双曲拱桥及以后发展至桁架拱桥、刚架拱桥、箱形拱桥、桁式组合拱桥、钢管混凝土拱桥，均沿着这一方向发展。混凝土装配式拱桥主要包括双曲拱、肋拱、组合箱形拱、悬砌拱、桁架拱、钢管拱、刚架拱和扁壳拱等。

在无支架施工或脱架施工的各个阶段，对拱圈（或拱肋）截面强度和稳定性均有一定要求。但实际施工过程中拱圈（或拱肋）的强度和稳定安全度常低于成桥后的安全度。因此，对拱圈（或拱肋）必须在预制、吊运、搁置、安装、合拢、裸拱卸架及施工加载等各个阶段进行强度和稳定性的验算，以确保桥梁安全和工程质量。对于在吊运、安装过程中的验算，应根据施工机械设备、操作熟练程度和可能发生的撞击等情况，考虑1.2～1.5的冲击系数。

在拱圈（或肋）及拱上建筑施工过程中，应经常对拱圈（或拱肋）进行挠度观测，以控制拱轴线的线形。

目前在大跨径拱桥中，较多采用箱形截面拱，因此本单元将着重介绍箱形截面拱桥的装配式施工。

为叙述方便，下面均以拱肋进行介绍，如无特殊说明，同样适合于板拱。在本单元以缆索吊装施工为例来介绍拱桥的装配式施工。

1. 缆索吊装的应用

在峡谷或水深流急的河段上，或在通航的，缆索吊装由于具有跨越能力大，水平和垂直运输机动灵活，适应性广，施工比较稳妥方便等优点，成为拱桥施工中适用最为广泛的方案。

采用缆索吊机吊装拱肋时，为使在起重索的偏角不超过15°的限度内减少主索横向移

动次数，可采用两组主索或加高主索塔架高度的方法施工。

在采用缆索吊装的拱桥上，为了充分发挥缆索的作用，拱上建筑也可以采用预制装配施工。缆索吊装对加快桥梁施工速度、降低桥梁造价等方面起到很大作用。缆索吊装布置如图3.77所示。

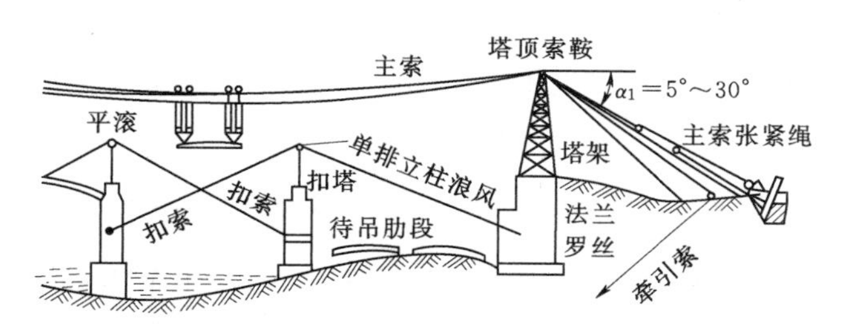


图3.77　缆索吊装布置

2. 构件的预制、运输与堆放

(1) 预制方法。

1) 拱肋构件坐标放样。装配式混凝土拱桥，拱肋坐标放样与有支架施王拱肋坐标放样相同。

2) 拱肋立式预制。采用立式浇筑方法预制拱肋，具有起吊方便、节省木材的优点。底模采用土牛拱胎密排浇筑时，能减小预制场地，是预制拱肋最常用的方法，尤其适用于大跨径拱桥。

a. 土牛拱胎立式预制。该法施工方便，适用性较强。填筑土牛拱胎时，应分层夯实，表面土中宜掺入适量石灰，并加以括实，然后用栏板套出圆滑的弧线（图3.78）。为便于固定侧模，拱胎表层宜按适当距离埋入横木，也可用粗钢筋或钢管固定侧模。

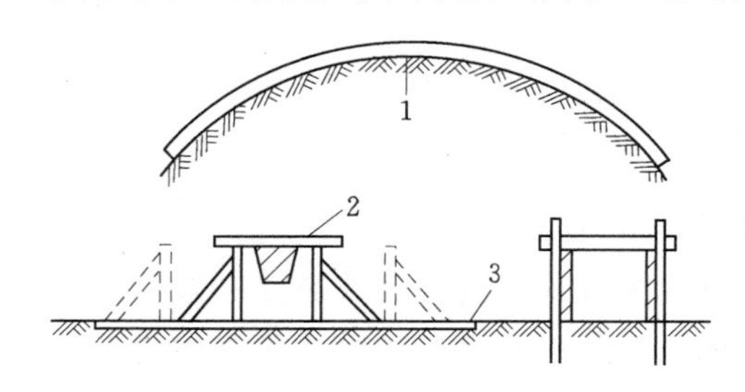

图3.78　土牛拱胎预制拱肋

1—土牛拱胎；2—凹形拱肋扶手；3—横木

b. 木架立式预制。当取土及填土不方便时，可采用木支架进行装模和预制，但拆除支架时须注意拱肋的强度和受力状态，防止拱肋发生裂纹。

c. 条石台座立式预制。条石台座由数个条石支墩、底模支架和底模等组成（图3.79）。

3) 拱肋卧式预制。卧式预制，拱肋的形状和尺寸较易控制，特别是空心拱肋，浇筑混凝土时操作方便，且节省木材，但起吊时容易损坏。卧式预制一般有下列几种方法：

a. 木模卧式预制［图3.80 (a)］。预制拱肋数量较多时，宜采用木模。浇筑截面为L

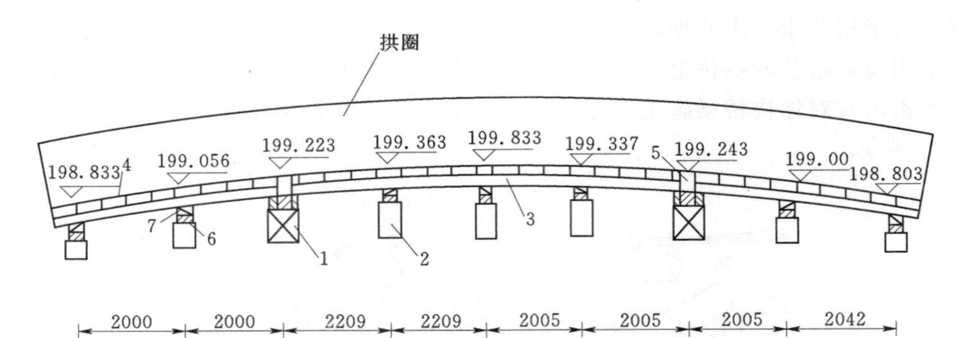


图 3.79 条石支墩布置图（单位：高程以 m 计，其余以 mm 计）

1—滑道支墩；2—条石支墩；3—底模支架；4—底模；5—船形滑板；6—木楔；7—混凝土帽梁

形或倒 T 形时（双曲拱拱肋），拱肋的缺口部分可用黏土砖或其他材料垫砌。

b. 土模卧式预制［图 3.80（b）］。在平整好的土地上，根据放样尺寸，挖出与拱肋尺寸大小相同的土槽，然后将土槽壁仔细抹平、拍实，铺上油毛毡或铺筑一层砂浆，便可浇筑拱肋。虽然此法节省材料，但土槽开挖较费工且容易损坏，尺寸也不如木模精确，仅适用于预制少量的中小跨拱桥。

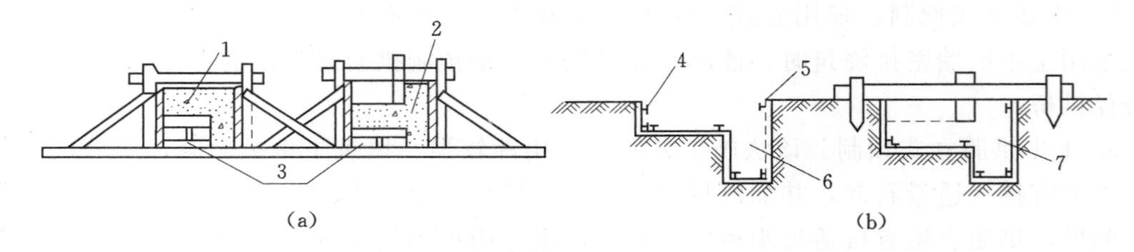


图 3.80 拱肋卧式预制

（a）木模卧式预制拱肋；（b）土模卧式预制拱肋

1、6—边肋；2、7—中肋；3—砖砌垫块；4—圆钉；5—油毛毡

c. 卧式叠浇。采用卧式预制的拱肋混凝土强度达到设计强度的 30%以后，在其上安装侧模，浇筑下一片拱肋，如此连续浇筑称为卧式叠浇。卧式叠浇一般可达五层。浇筑时每层拱肋接触面用油毛毡、塑料布或其他隔离剂将其隔开。卧式叠浇的优点是节省预制场地和模板，但先期预制的拱肋不能取出，影响工期。

（2）拱肋分段与接头。

1）拱肋的分段。拱肋跨径在 30m 以内时，可不分段或仅分两段；在 30～80m 范围时，可分三段：大于 80m 时一般分五段。拱肋分段吊装时，理论上接头宜选择在拱肋自重弯矩最小的位置及其附近，但一般为等分，这样各段重力基本相同，吊装设备较省。

2）拱肋的接头形式。

a. 对接。为方便预制，简化构造，拱肋分两段吊装时多采用对接形式［图 3.81（a）、（b）］。吊装时先使中段拱肋定位，再将边段拱肋向中段拱肋靠拢，以防中段拱肋搁置在边段拱肋上，增加扣索拉力及中段拱肋搁置弯矩。

对接接头在连接处为全截面通缝，要求接头的连接材料强度高，一般采用螺栓或电焊

钢板等。

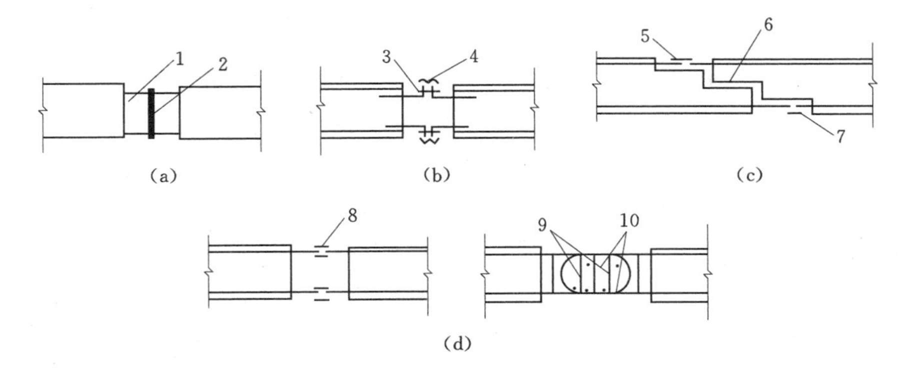


图3.81　拱肋接头形式

(a) 电焊钢板或型钢对接接头；(b) 法兰盘螺栓对接接头；(c) 环氧树脂黏结及电焊主筋搭接接头；(d) 主筋焊接或主筋环状套接绑扎现浇接头

1—预埋钢板或型钢；2—电焊缝；3—螺栓；4、5、7—电焊；6—环氧树脂；8—工主筋对接和绑焊；9—箍筋；10—横向插销

b. 搭接。分三段吊装的拱肋，因接头处在自重弯矩较小的部位，一般宜采用搭接形式［图3.81 (c)］。拱肋吊装时，采用边段拱肋与中段拱肋逐渐靠拢的合拢工艺，拱肋通过搭接混凝土接触面的抗压来传递轴向力而快速成拱。然而中段拱肋部分质量搁置在边段拱肋上，扣索拉力和中段肋自重弯矩较大，设计扣索时必须考虑这种影响。分五段安装的拱肋，边段与次边段拱肋的接头也可采用搭接形式。

搭接接头受力较好，但构造复杂，预制也较困难，须用样板校对、修凿，确保拱肋安装质量。

c. 现浇接头。用简易排架施工的拱肋，可采用主筋焊接或主筋环状套接的现浇接头［图3.81 (d)］。

3）接头连接方法及要求。用于拱肋接头的连接材料，有电焊型钢、钢板（或型钢）螺栓、电焊拱肋钢筋、环氧树脂水泥胶等。

接头处的混凝土强度等级应比拱肋混凝土强度等级高一级。对连接钢筋、钢板（或型钢）的截面要求，应按计算确定。钢筋的焊缝长度，应满足《公路钢筋混凝土及预应力混凝土设计规范》(JTGD 62—2004) 的有关规定。

(3) 拱座。拱肋与墩台的连接称为拱座。拱座主要有几种形式（图3.82)，其中插入式及方形拱座因其构造简单、钢材用量少、嵌固性能好而采用较为普遍。

(4) 拱肋起吊、运输及堆放。

1）拱肋脱模、运输、起吊时间的确定。装配式拱桥构件在脱模、移运、堆放、吊装时，混凝土的强度不应低于设计所要求的吊装强度；若无设计要求，一般不得低于设计强度的75%。为加快施工进度，可掺入适量早强剂。在低温环境下，可用蒸汽养护。

2）场内起吊。拱肋移运起吊时的吊点位置应按设计图上的设计位置实行，如图上无要求应结合拱肋的形状、拱肋截面内的钢筋布置以及吊运、搁置过程中的受力情况综合考虑确定，以保证移运过程中的稳定安全。

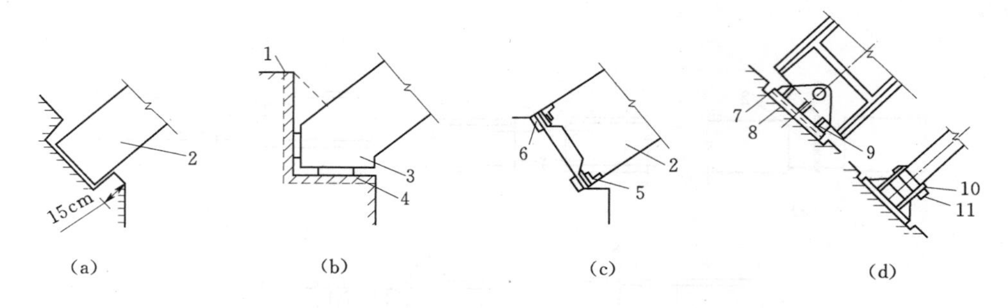


图 3.82　拱座形式

(a) 插入式；(b) 预埋钢板法；(c) 方形肋座；(d) 钢铰连接

1—预留槽；2—拱肋；3—肋座；4—铸铁垫板；5—预埋角钢；6、8—预埋钢板；

7—铰座底板；9—加劲钢板；10—铰轴支承；11—钢铰轴

大跨径拱桥拱肋构件的脱模起吊一般采用龙门架，小跨径拱桥拱肋及小型构件可采用三角扒杆、马凳、吊车等机具进行。

3）场内运输（包括纵横移）。场内运输可采用龙门架、胶轮平板挂车、汽车平板车、轨道平车或船只等机具进行。

4）构件堆放。拱肋堆放时应尽可能卧放，特别是矢跨比小的构件（拱肋、拱块）。卧放时应垫三点，垫木位置应在拱肋中央及离两端 $0.15L$ 处，三个垫点应同高度。如必须立放时，应搁放在符合拱肋曲度的弧形支架上，如无此种支架，则应垫搁三个支点，其位置在中央及距两端 $0.2L$ 处，各支点高度应符合拱肋曲度，以免拱肋折断。

堆放构件的场地应平整夯实，不致积水。当因场地有限而采用堆垛时，应设置垫木。堆放高度按构件强度、地面承载力、垫木强度以及堆放的稳定性而定，一般以两层为宜，不应超过三层。

构件应按吊运及安装次序顺序堆放，并留适当通道，防止吊运难度加大。

3. 吊装程序

根据拱桥的吊装特点，其一般吊装程序为：边段拱肋吊装及悬挂，次边段拱肋吊装及悬挂（对于五段吊装）；中段拱肋吊装及拱肋合拢；拱上构件的吊装或砌筑安装等。

全桥拱肋的安装可按下列原则进行：

（1）单孔桥吊装拱肋顺序常由拱肋合拢的横向稳定方案决定；多孔桥吊装应尽可能在每孔合拢几片拱肋后再推进，一般不少于两片拱肋。对于肋拱桥，在吊装拱肋时应尽早安装横系梁，为加强拱肋的稳定性，需设横向临时连接系，加快施工进度。但合拢的拱肋片数所产生的单向推力应不超过桥墩的承受能力。

（2）对于高墩，应以桥墩的墩顶位移值控制单向推力，位移值应小于 $L/600 \sim L/400$。

（3）设有制动墩的桥跨，可以制动墩为界分孔吊装，先合拢的拱肋可提前进行拱肋接头、横系梁及拱波等的安装工作。

（4）采用缆索吊装时，为减少主索的横向移动次数，可将每个主索位置下的拱肋全部吊装完毕后再移动主索。一般将起吊拱肋的桥孔安排在最后吊装，必要时该孔最后几段拱

肋可在两肋之间用"穿孔"方法起吊。

(5) 为减少扣索往返拖拉次数，可按吊装推进方向，顺序地进行吊装。缆索吊装施工工序为：在预制场预制拱肋（箱）和拱上结构→将预制拱肋和拱上结构通过平车等运输设备移运到缆索吊装位置→将分段预制的拱肋吊运至安装位置→利用扣索对分段拱肋进行临时固定→吊装合拢段拱肋→对各段拱肋进行轴线调整→主拱圈合拢→拱上结构安装。

4. 吊装准备工作

(1) 预制构件质量检查。预制构件起吊安装前必须进行质量检查，不符合质量标准和设计要求的不准使用，有缺陷的应预先予以修补。

拱肋接头和端头应用样板校验，突出部分应予以凿除，凹陷部分应用环氧树脂砂浆抹平。接头混凝土接触面应凿毛，钢筋应除锈；螺栓孔应用样板套孔，如不合适应适当扩孔。拱肋接头及端头应标出中线。

应仔细检测拱肋上下弦长，如与设计不符者，应将长度大的弧长凿短。拱肋在安装后如发生接合面张口现象，可在拱座和接头处垫塞钢板。

(2) 墩台拱座尺寸检查。墩台拱座混凝土面要修平，水平顶面高程应略低于设计值，预留孔长度应不小于计算值，拱座后端面应与水平顶面相垂直，并与桥墩中线平行。在拱座面上应标出拱肋安装位置的台口线及中线，用红外线测距仪或钢尺（装拉力计）复核跨径，每个拱座在肋宽范围内左右均应至少丈量两次。用装有拉力计的钢尺丈量时，丈量结果要进行温度和拉力的修正。

(3) 跨径与拱肋的误差调整。每段拱肋预制时拱背弧长宜小于设计弧长 0.5～10cm，使拱肋合拢时接合面保留上缘张口，便于嵌塞钢片，调整拱轴线。通过丈量和计算所得的拱肋长度和墩台之间净跨的施工误差，可以在拱座处垫铸铁板来调整（图 3.83）。背垫板的厚度一般比计算值增加 1～12cm，以缩短跨径。合拢后，应再次复核接头高程以修正计算中一些未考虑的因素和丈量误差。

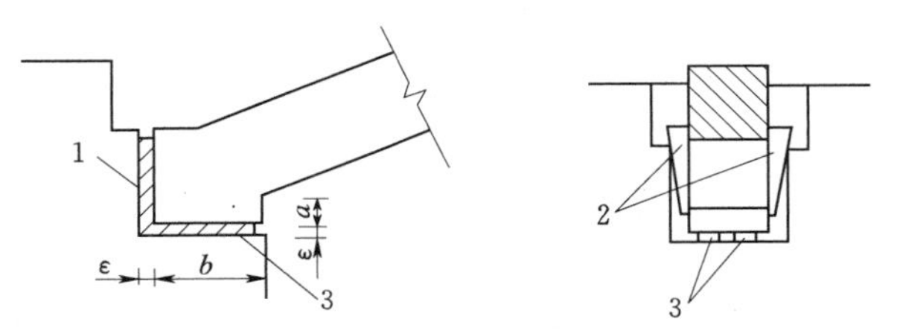


图 3.83　拱肋施工误差的调整

1—背调整垫板；2—左、右木模；3—底调整垫板

5. 缆索设备的检查与试吊

缆索吊装设备在使用前必须进行试拉和试吊。

(1) 地锚试拉。一般每一类地锚取一个进行试拉。缆风索的土质地锚要求位移小，因此在有条件时宜全部试拉，使其预先完成一部分位移。可利用地锚相互试拉，受拉值一般为设计荷载的 1.3～1.5 倍。

(2) 扣索对拉。扣索是悬挂拱肋的主要设备，因此必须通过试拉来确保其可靠性。可将两岸的扣索用卸甲连在一起，将收紧索收紧进行对拉，这样可全面检查扣索、扣索收紧索、扣索地锚和动力装置等是否达到了要求。

(3) 主索系统试吊。主索系统试吊一般分跑车空载反复运转、静载试吊和吊重运行 3 步骤。必须待每一步骤检查、观测工作完成并无异常现象后，方可进行下一步骤。试吊重

物可以利用钢筋混凝土预制构件、钢轨和钢梁等，一般按设计吊重的60%、100%、130%，分几次进行。

试吊后应综合各种观测数据和检查情况，对设备的技术状况进行分析和鉴定，然后提出改进措施，确定能否进行正式吊装。

6. 拱肋缆索起吊

拱肋由预制场运到主索下后，一般用起重索直接起吊。当不能直接起吊时，可采用下列方法进行。

(1) 翻身。卧式预制拱肋在吊装前，需要"翻身"成立式，常用就地翻身和空中翻身两种方法。

1) 就地翻身 [图3.84 (a)]。先用枕木垛将平卧拱肋架至一定高度，使其在翻身后两端头不致碰到地面，然后用一根短千斤顶将拱肋吊点与吊钩相连，边起重拱肋边翻身直立。

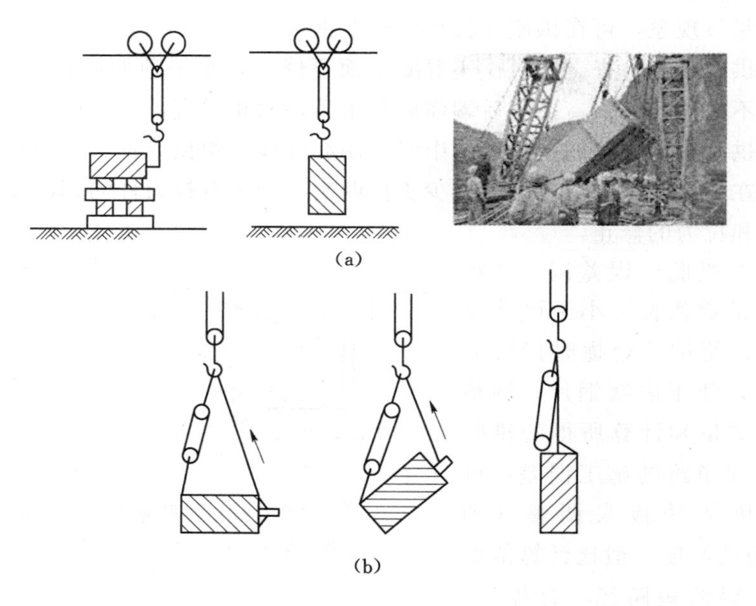


图3.84 拱肋翻身
(a) 就地翻身；(b) 空中翻身

2) 空中翻身 [图3.84 (b)]。在拱肋的吊点处用一根串有手链滑车的短千斤顶，穿过拱肋吊环，将拱肋兜住，挂在主索吊钩上，然后收紧起重索起吊拱肋，当拱肋起吊至一定高度时，缓慢放松手链滑车，使拱肋翻身为立式。

(2) 掉头。为方便拱肋预制，边段拱肋有时采用同一方向预制，这样部分拱肋在安装时，掉头方法常因设备不同而异：

1) 在河中起吊时，可利用装载拱肋的船进行掉头。

2) 在平坦场地采用胶轮平车运输时，可将跑车与平车配合起吊将拱肋掉头。

3) 用一跑车吊钩将拱肋吊离地面约50cm，再用人工拉动麻绳使拱肋旋转180°掉头放下，当一个跑车承载力不够时，可在两个跑车下另加一钢扁担起吊，旋转掉头。

(3) 吊鱼（图3.85）。当拱肋从塔架下面通过后，在塔架前起吊而塔架前场地不足时，可先用一个跑车吊起一个吊点并向前牵出一段距离后，再用另一个跑车吊起第二个吊点。

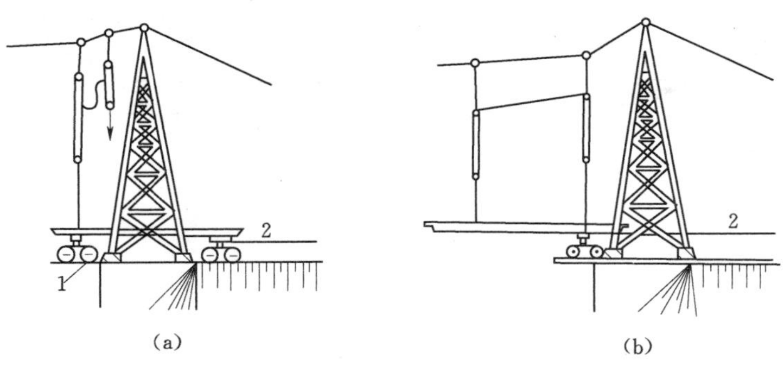


图3.85 吊鱼

(4) 穿孔（图3.86）。拱肋在桥孔中起吊时，最后几段拱肋常须在该孔已合拢的拱肋之间穿过，俗称穿孔。

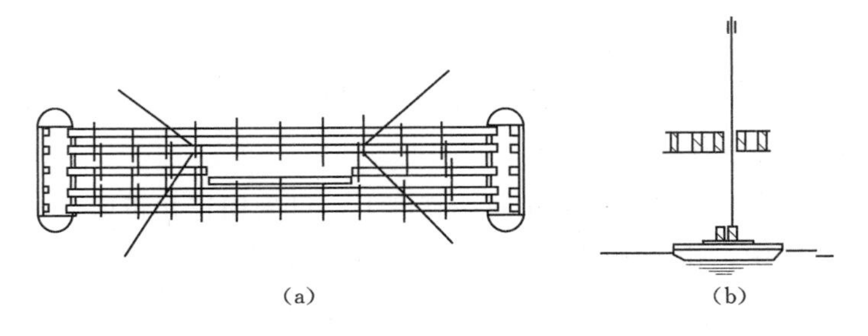


图3.86 穿孔

穿孔前应将穿孔范围内的拱肋横夹木暂时拆除，在拱肋两端另加稳定缆风索。穿孔时应防止碰撞已合拢的拱肋，故主索宜布置在两拱肋中间。

(5) 横移起吊。当主索布置在对中拱肋位置，不宜采用穿孔工艺起吊时，可以用横移索帮助拱肋横移起吊。

7. 缆索吊装边段拱肋悬挂方法

在拱肋无支架施工中，边段拱肋及次边段拱肋均用扣索悬挂。按支撑的结构物的位置和扣索本身的特点分为：天扣、塔扣、通扣、墩扣等类型，可根据具体情况选用，也可混合使用。边段拱肋悬挂方法如图3.87所示。

图3.87中1号扣索锚固在桥墩上，简称墩扣；2号扣索是用另一组主索跑车将拱肋悬挂在天线上，简称天扣；3号扣索支承在主索塔架上，简称塔扣；4号扣索一直贯通到两岸地锚前收紧，简称通扣。

扣索一般都设置有一对收紧滑轮组。在不同的悬挂方法中，收紧滑轮组的位置也各不相同。在墩扣和天扣中，其设置在拱肋扣点前，在“通扣”中则设置在地锚前。塔扣中如用粗钢丝绳做扣索，为方便施工，收紧滑轮组设在两岸地锚前；如为单孔桥和扣索为细钢丝绳时，则收紧滑轮组设在塔架和拱肋扣点之间。在横桥方向按扣索和主索的相互位置不

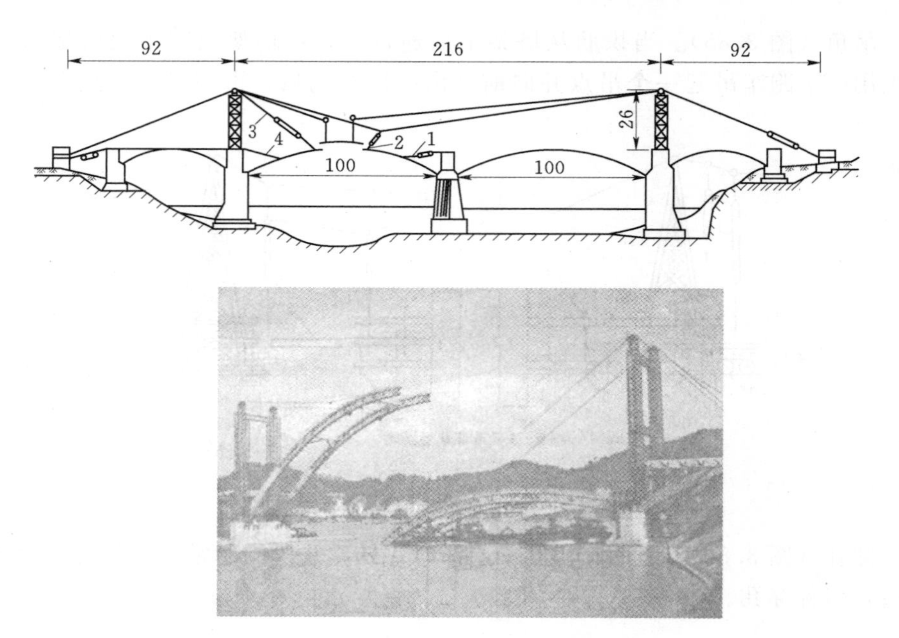


图 3.87　边段拱肋悬挂方法（单位：m）

1—墩扣；2—天扣；3—塔扣；4—通扣

同，可以有几种不同的悬挂就位方法。

在墩扣和通扣中，扣索和主索不在同一高度上，可采用正扣正就位和正扣歪就位方法施工。在塔扣和天扣中，由于扣索和主索均布置在塔架上，因此都采用正扣歪就位的方法。

8. 拱肋缆索吊装合拢方式

边段拱肋悬挂固定后，就可以吊运中段拱脚进行合拢。拱肋合拢后，通过接头、拱座的联结处理，使拱肋由铰接状态逐步成为无铰拱。因此，拱肋合拢是拱桥无支架吊装中一项关键工作。拱肋合拢的方式比较多，主要根据拱肋自身的纵向与横向稳定性、跨位大小、分段多少、地形和机具设备条件等不同情况，选用不同的合拢方法。

（1）单基肋合拢。拱肋整根预制吊装或分两段预制吊装的中小跨径拱桥，当拱肋高度大于 $0.009L$～$0.012L$（$L$ 为跨径），拱肋底面宽度为肋高的 0.6～1.0 倍，且横向稳定系数不小于 4 时，可以进行单基肋合拢，嵌紧拱脚后，松索成拱，如图 3.88（a）所示。这时其横向稳定性主要依靠拱肋接头附近所设的缆风索加强，因此缆风索必须十分可靠。

单基肋合拢的最大优点是所需要的扣索设备少，相互干扰也少，因此也可用在扣索设备不足的多孔桥跨中。

（2）悬挂多段拱脚段或次拱脚段拱肋后单基肋合拢。拱肋分三段或五段预制吊装的大、中跨径拱桥，当拱肋高度不小于跨径的 1/100 且其单肋合拢横向稳定安全系数不小于 4 时，可采用悬扣边段或次边段拱肋，用木夹板临时连接两拱肋后，设置稳定缆风索，单根拱肋合拢，成为基肋。待第二根拱肋合拢后，立即安装两肋拱顶段及次边段的横夹木，并拉好第二根拱肋的风缆。如横系梁采用预制安装，应将横系梁逐根安上，使两肋及早形

成稳定、牢固的基肋。其余拱肋的安装，可依靠与“基肋”的横向连接达到稳定，如图3.88（b）、（c）所示。

（3）双基肋同时合拢。当拱肋跨径大于等于80m或虽小于80m，但单肋合拢横向稳定安全系数小于4时，应采用“双基肋”合拢的方法。即当第一根拱肋合拢并调整轴线，揳紧拱脚及接头缝后，松索压紧接头缝，但不卸掉扣索和起重索，然后将第二根拱肋合拢，并使两根拱肋横向连接固定。拉好风缆后，再同时松卸两根拱肋的扣索和起重索，这种方法需要两组主索设备。

（4）留索单肋合拢。在采用两组主索设备吊装而扣索和卷扬机设备不足时，可以先用单肋合拢方式吊装一片拱肋合拢。待合拢的拱肋松索成拱后，将第一组主索设备中的牵引索、起重索用卡子固定，抽出卷扬机和扣索移到第二组主索中使用。等第二片拱肋合拢并将两片拱肋用木夹板横向连接、固定后，再松起重索并将扣索移到第一组主索中使用。

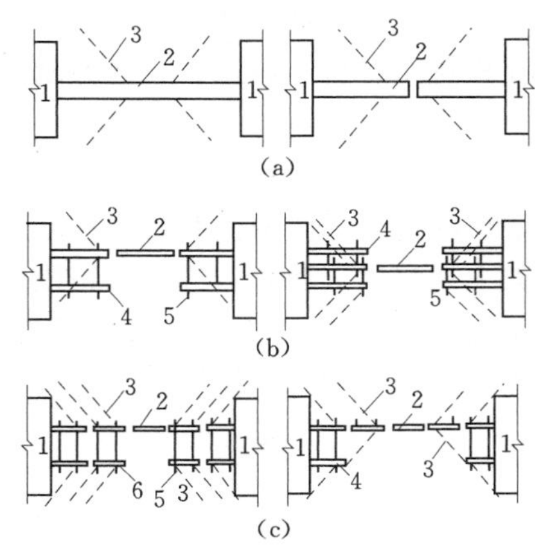


图3.88　拱肋合拢示意图

（a）单基肋合拢；（b）三段吊装单肋合拢；（c）五段吊装单肋合拢

1—墩台；2—基肋；3—风缆；4—拱脚段；5—横夹木；6—次拱脚段

9. 拱上构件吊装

主拱圈以上的结构部分均称为拱上构件。拱上构件的砌筑同样应按规定的施工程序对称均衡地进行，以免产生过大的拱圈应力。为了能充分发挥缆索吊装设备的作用，可将拱上构件中的立柱、盖梁、行车道板、腹拱圈等做成预制构件，用缆索吊装施工，以加快施工进度。

**【思　考　题】**

- 缆索吊装设备主要由哪些部分组成？
- 拱肋吊装必须遵循哪几点规定？

## 学习单元3.5　其他类型拱桥施工要点

### 3.5.1　拱桥转体施工要点

转体施工法一般适用于单孔或三孔拱桥的施工。其基本原理是：将拱圈或整个上部结构分为两个半跨，分别在河流两岸利用地形或简单支架现浇或预制装配半拱，然后利用一些机具设备和动力装置将其两半跨拱体转动至桥轴线位置（或设计高程）合拢成拱。采用转体法施工拱桥的特点是：结构合理，受力明确，节省施工用材，减少安装架设工序，变复杂的、技术性强的水上高空作业为岸边陆上作业，施工速度快，不但施工安全、质量可靠，而且在通航河道或车辆频繁的跨线立交桥的施工中可不干扰交通，不间断通航，减少

对环境的损害，减少施工费用和机具设备，是具有良好的技术经济效益和社会效益的桥梁施工方法之一。近年来由于钢管混凝土拱桥在国内快速发展，为钢管混凝土拱桥转体法施工创造了有利条件。转体的方法可以采用平面转体、竖向转体或平竖结合转体，目前已应用在拱桥、梁桥、斜拉桥、斜腿刚架桥等不同桥型上部结构的施工中。

1. 平面转体

本法适用于深谷、河岸较陡峭、预制场地狭窄或无法采用现浇或吊装的施工现场。在桥墩台的上、下游两侧利用山坡地形的拱脚向河岸方向与桥轴线成一定角度搭设拱架，在拱架上现浇拱（肋）箱或组拼箱段以完成1/2跨拱，其拱顶高程与设计高程相同（应设置预留高度），如图3.89所示。利用转动体系，将两岸拱箱相继旋转合拢就位，要使得拱箱平衡稳定旋转就位，拱箱的平衡是平转法的关键。

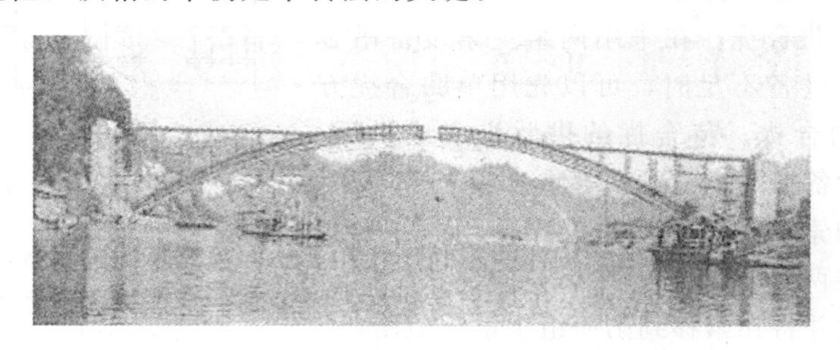

图3.89　平面转体

平面转体可分为有平衡重转体和无平衡重转体。有平衡重转体一般以桥台背墙作为平衡重，并作为桥体上部结构转体用拉杆的锚碇反力墙，用以稳定转动体系和调整重心位置。为此，平衡重部分不仅在桥体转动时作为平衡重量，而且也要承受桥梁转体重量的锚固力。无平衡重转体不需要有一个作为平衡重的结构，而是以两岸山体岩土锚洞作为锚碇来锚固半跨桥梁悬臂状态时产生的拉力，并在立柱上端做转轴，下端设转盘，通过转动体系进行平面转体。主要适用于刚构梁式桥、斜拉桥、钢筋混凝土拱桥及钢管拱桥。

2. 竖向转体

本法适用于桥址地势平坦、桥孔下无水或水浅的情况，在一孔中的两端桥墩、台从拱座开始顺桥向各搭设半孔拱架（或土拱胎），在其上现浇或组拼拱箱（肋或钢管肋），利用敷设在两岸桥台（或墩）上的扣索（扣索一端系在拱顶端，另一端通过桥台或墩顶进入卷扬机），先收紧一端扣索，拱箱（肋）即以拱座铰为中心，竖直旋转，使拱顶达设计高程，同法收紧另一端扣索，合拢如图3.90所示。

根据河道情况、桥位地形和自然环境等方面的条件和要求，竖向转体施工有以下两种方式：

（1）竖直向上预制半拱，然后向下转动成拱。其特点是施工占地少，预制可采用滑模施工，工期短，造价低。需注意的是在预制过程中应尽量保持半拱轴线垂直，以减小新浇混凝土重力对尚未凝结混凝土产生的弯矩，并在浇筑一定高度后加设水平拉杆，以避免因拱形曲率影响而产生较大的弯矩和变形。

（2）在桥面以下俯卧预制半拱，然后向上转动成拱。主要适用于转体重量不大的拱桥

图 3.90　竖向转体

或某些桥梁预制部件（塔、斜腿、劲性骨架）。

3. 平竖结合转体

由于受到河岸地形条件的限制，拱桥采用转体施工时，可能遇到既不能按设计高程处预制半拱，也不可能在桥位竖平面内预制半拱的情况（如在平原区的中承式拱桥）。此时，拱体只能在适当位置预制后既需平转又需竖转才能就位。这种平竖结合转体基本方法与前述相似，但其转轴构造较为复杂。当地肱施工条件适合时，混凝土肋拱刚架拱钢管混凝土可选用此法施工。

## 3.5.2　钢管混凝土拱桥施工要点

### 3.5.2.1　中、下承式钢管混凝土拱桥施工要点

中、下承式钢管混凝土拱桥的施工顺序如图 3.91 所示。

其中钢管拱肋（桁架）安装和钢管内混凝土灌注是施工关键。

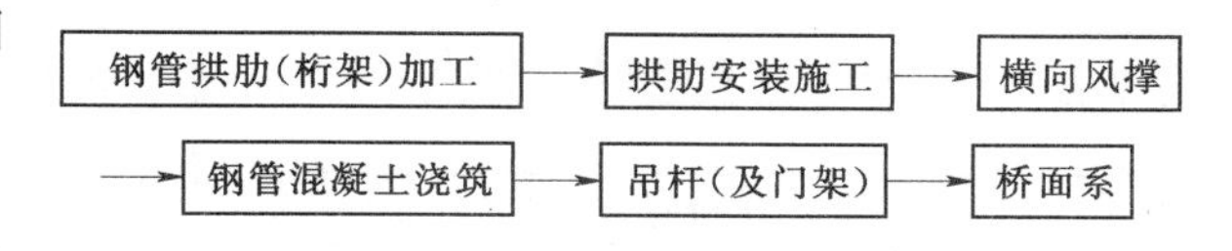


图 3.91　中、下承式拱桥施工顺序

1. 钢管拱肋（桁架）的安装

（1）钢管拱肋（桁架）的安装采用少支架或无支架缆索吊装、转体施工或斜拉扣索悬拼等方法施工；钢管拱肋成拱过程中，应同时安装横向连接系，未安装连接系的不得多于一个拱肋节段，否则应采取临时横向稳定措施。

（2）节段间环焊缝的施焊应对称进行，施焊前需保证节段间有可靠的临时连接并用定位板控制焊缝间隙，不得采用堆焊。合拢口的焊接或栓接作业应选择在结构温度相对稳定的时间内尽快完成。

（3）采用斜拉扣索悬拼法施工时，扣索与钢管拱肋的连接件应进行计算。扣索根据扣拉力计算采用多根钢绞线或高强钢丝束，安全系数应大于 2。

2. 钢管混凝土浇筑

（1）管内混凝土应采用泵送顶升压注施工，由两拱脚至拱顶对称地压注完成。除拱顶外不宜在其余部位设置横隔板。

（2）钢管混凝土应具有低泡、大流动性、收缩补偿、延后初凝和早强的工作性能。

(3) 钢管混凝土压注前应清洗管内污物，润湿管壁，泵入适当水泥浆后再压注混凝土直到钢管顶端排气孔排出合格的混凝土时停止，压注混凝土完成后应关闭倒流截止阀。

(4) 为保证混凝土泵送施工的顺利进行，对大跨径钢管混凝土拱桥，需按实际泵送距离和高度进行模拟混凝土压注试验。

(5) 钢管混凝土的泵送顺序应按设计要求进行，宜采用先钢管后腹箱的程序。

#### 3.5.2.2　劲性骨架钢管混凝土拱桥施工要点

劲性骨架钢管混凝土拱桥的拱肋结构一般设计成箱形截面的形式。它是以钢管混凝土为骨架，又将钢管混凝土骨架当作浇筑混凝土的钢支架，直接在它的外面包上一定厚度的混凝土，从而提高截面的承受能力，同时又省掉了施工中的卸架工序。因此，钢管拱本身的安装和向钢管中压注混凝土的方法及要求与上述的钢管混凝土拱肋完全相同。

在浇筑外包混凝土的过程中特别要注意准确地设置预拱度。拱肋的箱形结构是分层浇筑的。其先浇筑部分将参加承载，在施工的第J次加载时，承载结构便是第（$i-1$）次加载之后的组合结构，而荷载是正在浇筑的混凝土与承载结构自重之和。这样，承载结构的刚度和荷载是不断地在变化着的。因此在设置预拱度时，也应按照施工中拱圈各浇筑阶段的拱轴线下沉量分别计算。然后再与二期恒载作用下的下沉量以及成桥后的徐变收缩引起的下沉量相叠加，并计入一定的经验系数后作为应设置的预拱度值。

施工前应对混凝土浇筑各个阶段、钢管混凝土劲性骨架及分环浇筑的拱圈面外稳定进行详细分析，要有提高结构稳定安全的措施。

### 3.5.3　梁拱组合体系桥施工要点

1. 柔性系杆刚性拱的施工

由于柔性系杆只能承受拉力而不能承受弯矩，故该体系桥梁多采用就地浇筑或预制装配施工法。

下面将通过一个实例来加以阐明：茅草街大桥，其主桥跨径布置为80m+368m+80m三跨连续自锚中承式钢管混凝土系杆拱桥，计算跨径356.0m，计算矢高71.2m，矢跨比1/5，拱轴系数$m=1.543$，每个拱由4根1000mm×20mm的Q345qc钢管组成。该桥施工关键在拱肋吊装和系杆施工。

该桥拱肋吊装施工工艺流程如图3.92所示，缆索吊施工过程流程如图3.93所示，系杆与边拱施工工艺流程如图3.94所示。

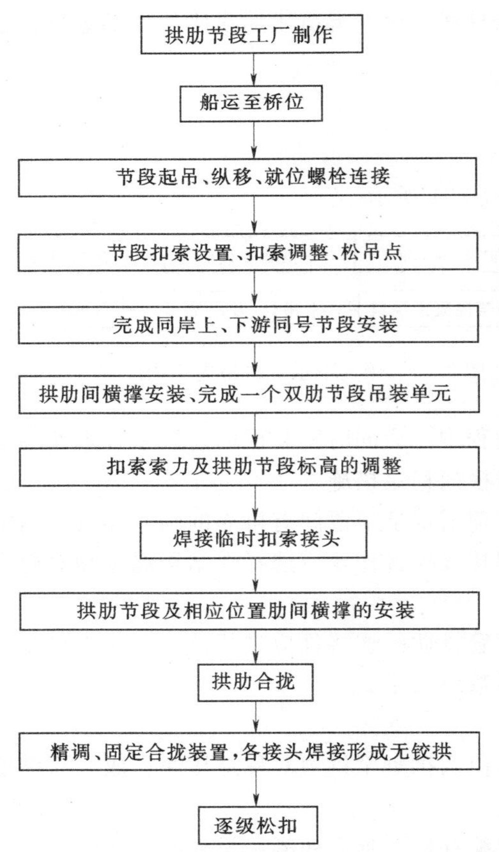

图3.92　茅草街大桥拱肋吊装施工工艺流程图

2. 刚性系杆柔性拱的施工

由于该体系中的系杆一般为具有抵抗拉力或弯矩的主梁结构，故系杆的施工方法完全可以按照梁桥的施工方法进行，即就地浇筑法或

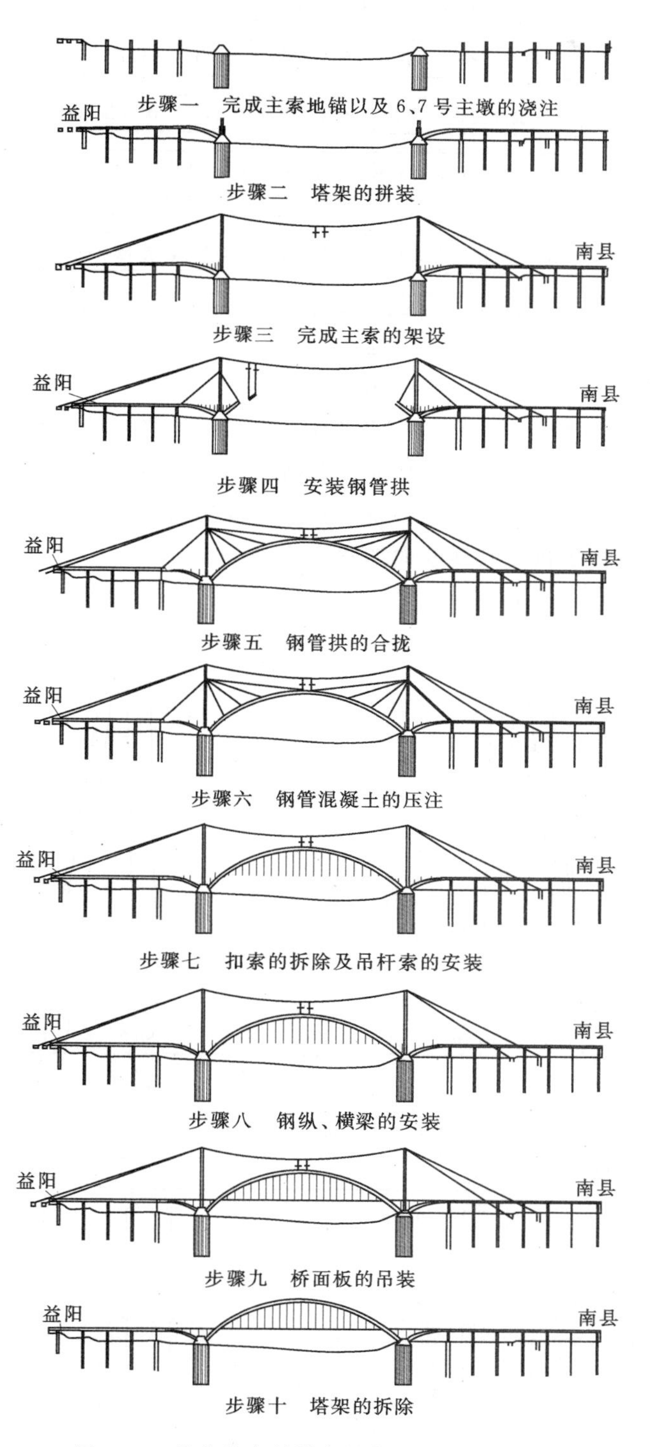


图3.93　茅草街大桥缆索吊装施工过程示意图

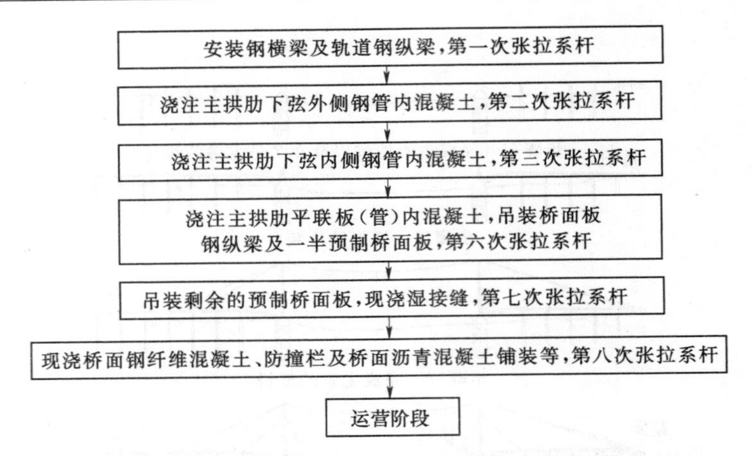


图3.94　茅草街大桥系杆与边拱施工过程示意图

预制安装法等，然后，在梁上采用搭架或者合适的机械吊装方法进行拱肋及吊杆的施工。下面介绍益阳康富路跨线桥，该桥是一座无横撑空间组合拱，主要承重结构为跨径120m下承式钢管混凝土系杆拱桥，其横断面如图3.95所示。

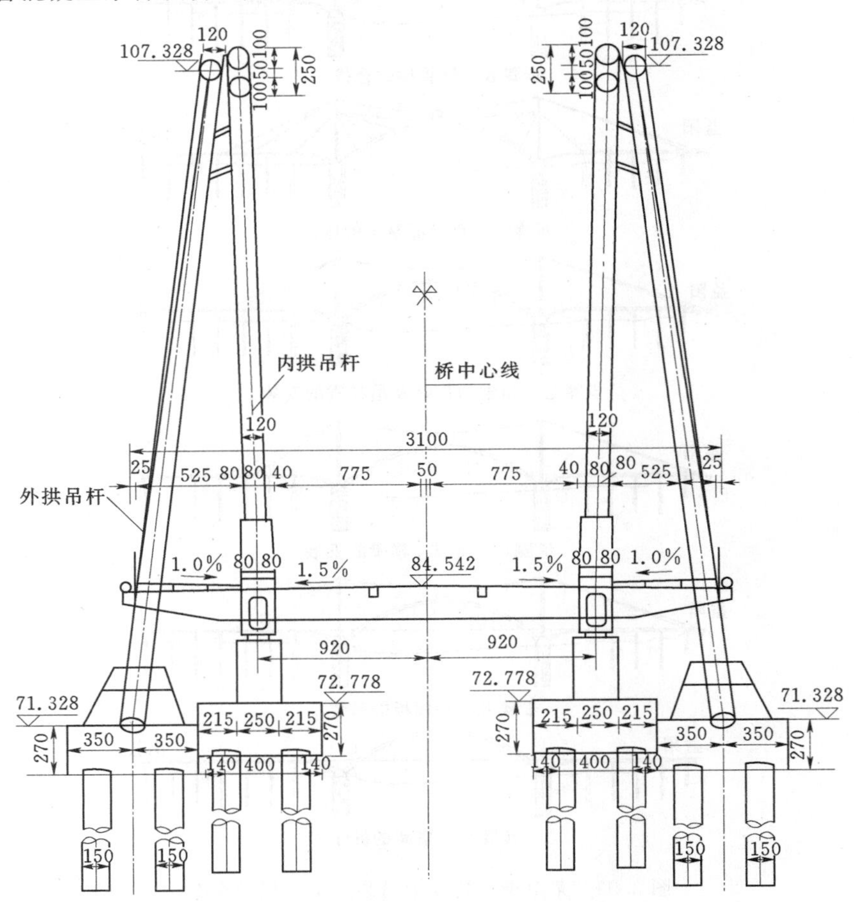


图3.95　益阳康富路跨线桥横断面图

每侧拱肋分别与相应的单箱梁相连接，肋与肋之间无横撑，通过稳定拱来平衡。该桥采用少支架施工法，拱肋采用吊机就位，其成桥工艺如图3.96所示。

阶段一：1. 引桥下部墩台施工；2. 完成主桥下部基桩、承台及下部墩台施工

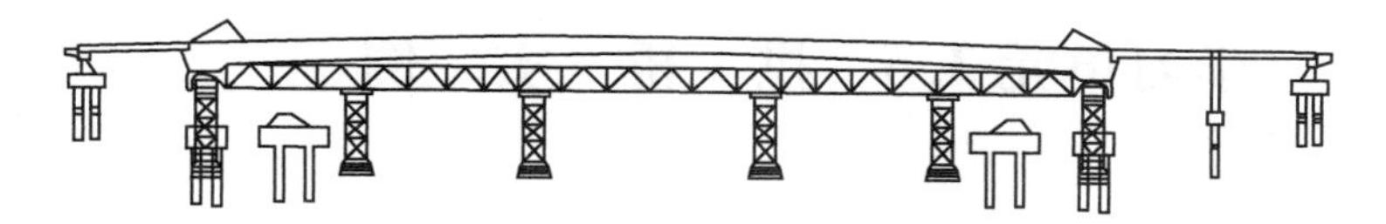

阶段二：3.铺设引桥桥面板；4.搭设主桥桥面、纵梁、横梁施工支架；5.现浇端横梁、主纵梁、中横梁；6.第一次张拉主纵梁部分预应力钢束；7.第一次张拉端横梁部分预应力钢束。

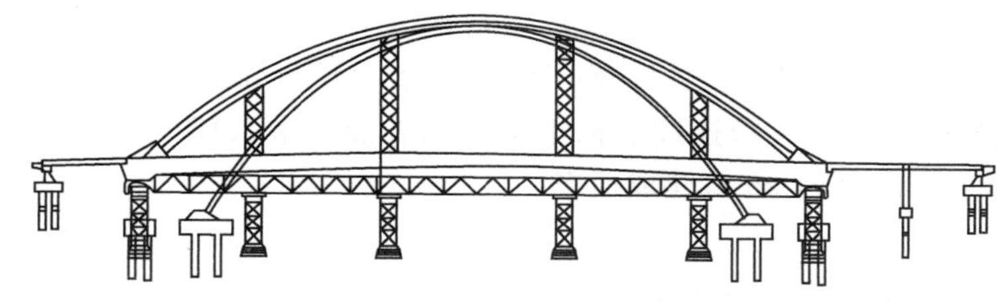

阶段三：8.分段吊装内、外拱空钢管；9.泵送管内混凝土，形成钢管拱；10.第二次张拉主纵梁部分预应力钢束。

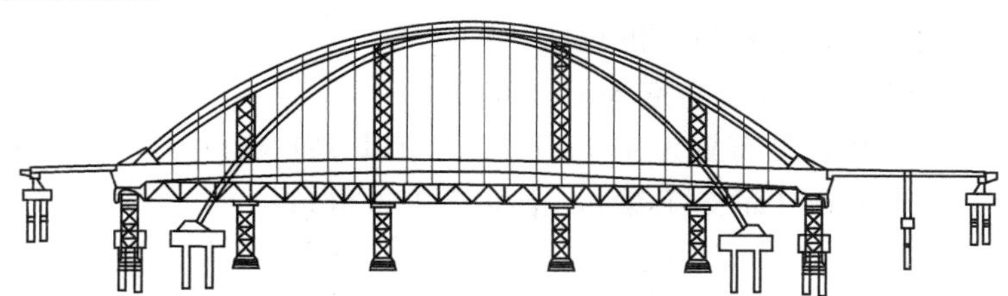

阶段四：11.安装吊杆，第一次调整吊杆索力形成吊杆拱；12.第三次张拉横梁预应力钢束；13.第三次张拉主纵梁预应力钢束；14.现浇桥面板。

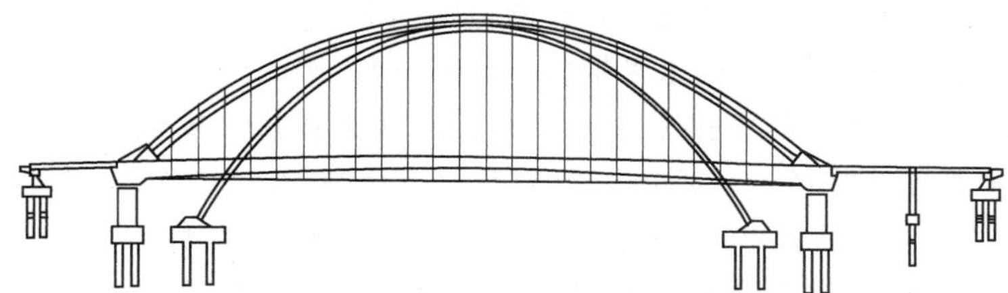

阶段五：15. 拆除大跨度支墩；16. 第二次调整吊杆索力；17. 施工桥面铺装及安装防撞护栏；18. 第三次调整吊杆索力；19. 安装栏杆及照明设施等。

图3.96　益阳康复南路跨线桥成桥工艺图

3. 刚性系杆刚性拱的施工

由于刚性系杆刚性拱的刚度大，拱肋和系杆均能承受轴力和弯矩，故在施工中可以采用刚性系杆柔性拱的施工方法。即可以用满堂脚手架，又可以采用整体拼装和整体顶推就

位的方法，选择施工方案的余地较大，施工时的吊装和稳定性也易保证，这里不再重复。

### 【思　考　题】

- 论述平面转体、竖向转体和平竖结合转体的特点。
- 简述钢管混凝土拱桥的基本特点？

## 学习单元3.6　拱　桥　实　例

### 3.6.1　湖南益阳茅草街大桥

1. 工程概况

茅草街大桥位于湖南益阳沅江茅草街轮渡口，是省道1831线跨越淞澧洪道、藕池河西支、南茅运河及沱江的一座特大型桥梁，桥梁全长11.216km，其中桥梁部分长3.009km。跨淞澧洪道的主桥为三跨连续自锚中承式钢管混凝土系杆拱桥。大桥于2000年10月动工建设，2006年12月26日建成通车。

2. 主要技术指标

荷载等级：汽车－20，挂车－100。

桥面宽度：净15.0m＋2×0.5m防撞护栏，全宽16.0m。

地震烈度：基本烈度6度，主桥按7度设防。

通航标准：Ⅳ（1）级航道，通航净空8m×60m。

桥型布置：淞澧洪道主桥桥型布置为4×45m（简支T梁）80m＋368m＋80m（中承式钢管混凝土系杆拱）、6×45m（简支T梁），全桥长982.96m。

3. 设计要点

（1）结构体系。根据通航设计的要求，大桥主桥型采用80m＋368m＋80m的三跨连续自锚中承式钢管混凝土系杆拱桥（又称飞鸟式拱桥）。大桥主、边跨拱脚均固结于拱座，边跨曲梁与边墩之间设置轴向活动盆式支座，在两边跨端部之间设置钢绞线系杆，通过张拉系杆由边拱肋平衡主拱拱肋所产生的水平推力，如图3.97所示。

（2）主拱设计。茅草街大桥的主拱采用中承式悬链线无铰拱，拱轴系数$m=1.543$，矢跨比$f/L=1/5$，主跨计算跨径$L=356$m，计算矢高$f=71.2$m。主拱拱肋采用桁式断面（图3.98），每根拱肋由四根$\phi$100cm钢管组成，钢管内填C50混凝土，形成钢管混凝土组合桁式截面。截面高度由拱脚的8m高变化至拱顶的4m高，肋宽3.2m。其中弦杆钢管外径为1000mm，壁厚20～28mm，腹杆钢管外径为550mm，壁厚10～12mm。

钢管拱节段采用缆索吊拼装，全桥共设四套主索吊装系统。吊装索塔安置于扣塔顶部，与扣塔铰接。吊塔高30m，每柱截面2m×4m，纵向宽4m，横向宽28m（塔顶）；扣塔高100m，截面6m×8m；吊扣塔总高为130m，投入钢材约4000t。拱肋钢管桁架顺桥向半跨分为11个节段，中间一个合拢段；横桥向分为上，下游两肋；全桥两条拱肋分为46个节段。拱肋肋间由K字形和米字形撑相连，全桥横撑共计14道，吊装时为单肋单节

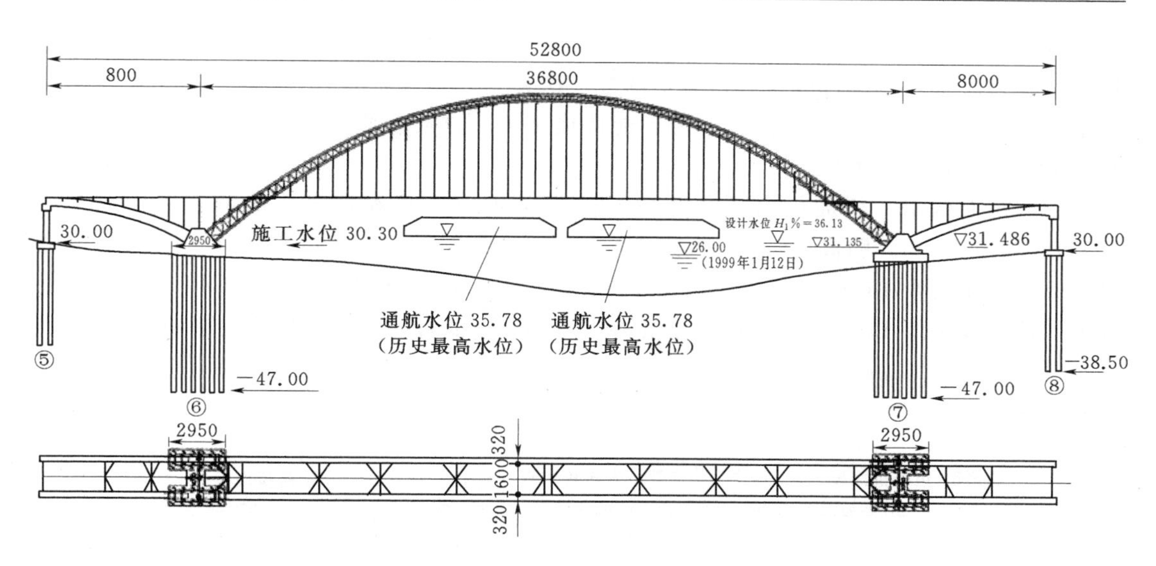


图 3.97 茅草街大桥主桥总体布置图（单位：cm）

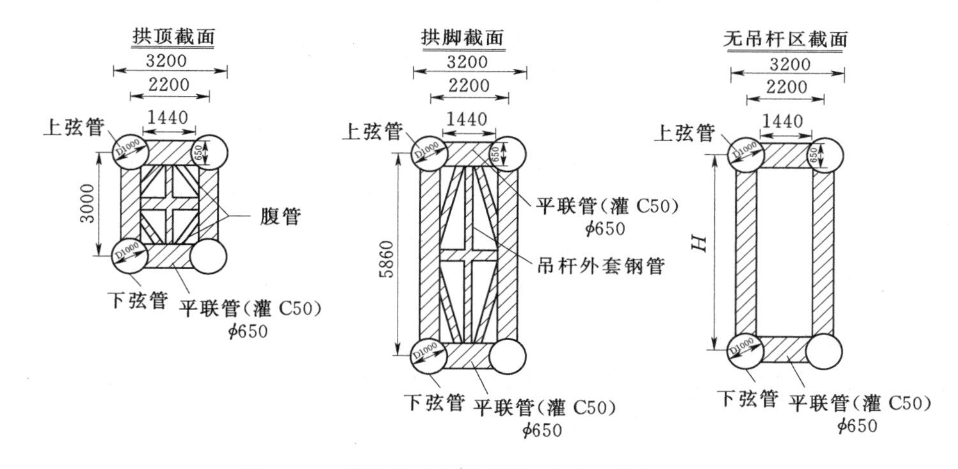


图 3.98 茅草街大桥主拱断面图（单位：mm）

段吊安，因此全桥共计 60 个吊装节段，最大节段吊装重量为 70t。

（3）边拱设计。边跨拱轴线也采用悬链线，即上承式双肋悬链线半拱，拱轴系数 $m$=1.543，矢跨比 $f/L$=1/ 5，计算跨径 $L$=148m，计算矢高 $f$=17.412m。每肋由高 4.5m，宽 3.45m 的 C50 钢筋混凝土箱梁组成，两肋间设有一组 K 字形和一组米字形钢管桁架式横撑，它们与边拱端部固结的预应力混凝土端横梁一起，组成一个稳定的空间梁系结构。为了便于传递水平力，将主拱拱肋、边拱拱肋的轴线置于同一直线上，且拱肋宽度相等。

（4）吊杆。吊杆采用 PES7－73 型聚乙烯高强低松弛预应力镀锌钢丝束，其抗拉标准强度 $R_y^b$=1670MPa，松弛值 1000h 应力损失小于 2.5%。钢丝束呈正六边形，外涂防锈脂，缠绕纤维增强聚酯带，然后直接热挤高密度 HDPE 护套，配 OVM－LZM（K）7－73 型冷铸镦头锚。

（5）系杆。茅草街大桥系杆采用 OVMXGT15－31 型钢绞线拉索体系，其抗拉标准

强度 $R_y^b=1670\text{MPa}$，张拉控制应力 $[\sigma]=0.47R_y^b$，张拉控制力为3794kN。在全部施工过程中每索只需张拉一次，成桥后再集中调整一次索力。为保护系杆在31股钢丝束外包纤维增强聚脂带及两层HDPE护套。为了能快捷施工、方便换索、可靠运营，设计带有简易滑动轴承的系杆支承架。

（6）桥面构造。桥面板由预制Ⅱ形C50钢筋混凝土板和现浇桥面铺装层构成（图3.99）。板厚12cm。肋高18cm，肋宽15～20cm，翼板厚6cm，边板宽185cm，中板宽210cm。预制板间纵向接缝宽30cm、横向接缝宽50cm，接缝混凝土采用C40补偿收缩混凝土。桥面铺装厚13cm，其中钢纤维混凝土厚8cm，沥青混凝土桥面铺装厚4cm。

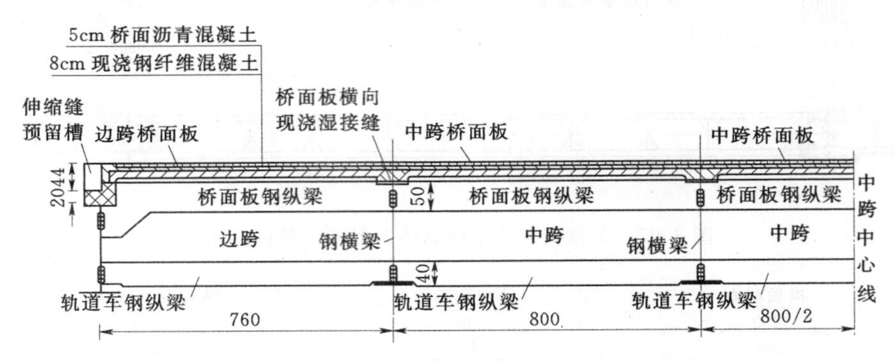


图3.99　茅草街大桥桥面板纵向布置图（单位：cm）

桥面结构由钢横梁、钢纵梁、桥面板组成，桥面荷载直接由钢纵梁、桥面板与钢横梁组成的联合梁承担。荷载由联合梁再传递给吊杆，最后传递给拱肋。纵、横钢梁均采用热轧工字形钢，全桥共设置了3组钢纵梁及两道钢梁检查车的轨道车钢纵梁。这样，钢横梁、钢纵梁、桥面板组成了长约528m、宽约16m的连续板梁结构。

### 3.6.2　重庆万县长江大桥

我国于1997年建成的重庆万县长江大桥，该桥结构体系为上承式劲性骨架混凝土拱桥，主孔跨径420m，如图3.100所示。

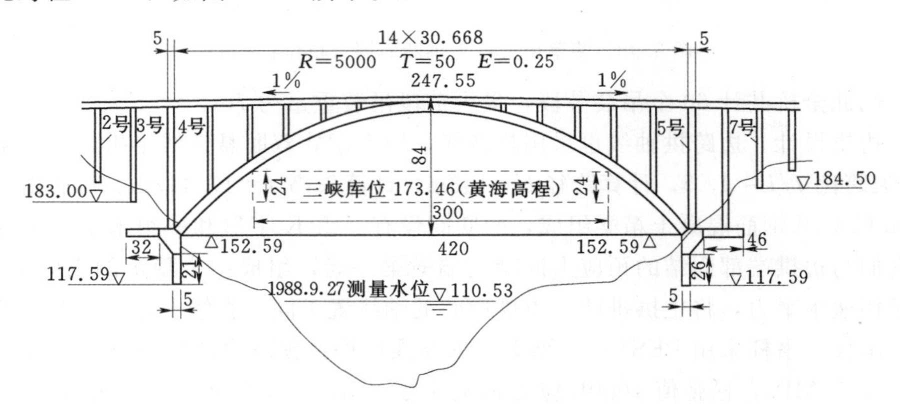


图3.100　万县长江大桥桥孔布置图（单位：m）

1. 主要技术指标

荷载等级：汽车—超20，挂车—120，人群 $3.5\text{kN/m}^2$。

桥宽：净2×7.5m行车道+2×3.0m人行道，总宽24m。

地震烈度：基本烈度6度，按7度验算。

通航等级：在三峡水库正常蓄水位175m以上通航净空为24×300m，双向可通行三峡库区规划的万吨级驳船队。

桥孔布置：自南向北为5×30.668m+420m+8×30.668m，全长856.12m。

2. 主拱构造（图3.101）

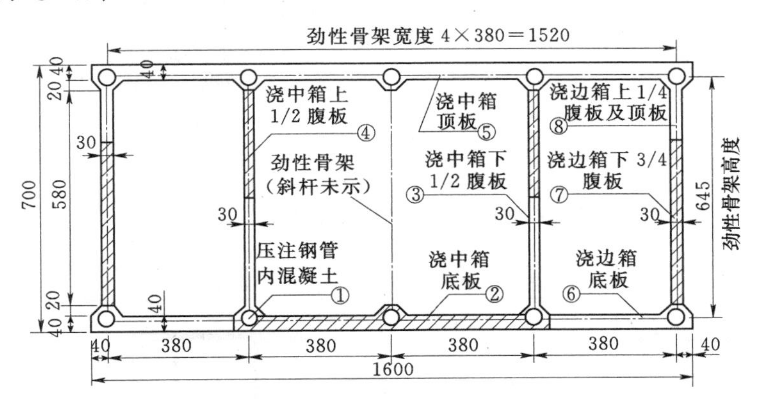


图3.101 万县长江大桥拱圈截面形式及形成布置（单位：cm）

主桥为劲性骨架钢筋混凝土拱桥，净跨420m，拱圈宽16m，高7m，净矢高84m，矢跨比1/5，横向为单箱三室（图中带圆圈的数字为施工顺序）。

主拱圈拱轴系数经优化设计，并考虑到拱顶截面应有稍大的潜力，以满足施工阶段及后期徐变应力增量的受力需要，最后选定为$m=1.6$。

3. 劲性骨架构造

钢骨拱桁架由上弦杆、下弦杆、斜腹杆等组成。上弦杆和下弦杆根据材料的不同，可以采用型钢，也可以采用钢管。当钢管内填充混凝土后即成为钢管混凝土拱桁架。钢管混凝土桁架具有刚度大、用钢量省的特点。上弦杆和下弦杆是钢管拱桁架的主要受力构件，其截面尺寸应根据受力大小确定。竖杆和斜腹杆可以采用钢筋、钢管混凝土或型钢。钢管或钢管混凝土刚度大，但需要浇筑管内混凝土，给施工带来困难；采用型钢，节点容易处理，可以省去向腹杆内浇筑混凝土的工序，而且混凝土的包裹效果好。

该桥劲性骨架采用5个桁片组成，间距3.8m，每个桁片上下弦为D420×16无缝钢管，腹杆与连接系杆为4$\phi$75×75×10角钢组合杆件，骨架沿拱轴分为36节桁段，每个节段长约13m，高6.8m，宽15.6m。每个桁段横向由5个桁片组成，间距3.8m，每个节段质量约60t。节段间采用法兰盘螺栓连接。因此在拼装过程中，高空除栓接外不再焊接，如图3.102所示。

4. 混凝土浇筑

劲性骨架混凝土浇筑包括钢管内混凝土灌注和拱箱外包混凝土的浇筑。该桥劲性骨架混凝土的施工顺序示，如图3.103所示，也可参考如图3.101所示的主拱圈截面形成步骤。

钢管内混凝土灌注是在钢管骨架合拢以后开始进行的，待达到70%的设计强度后，

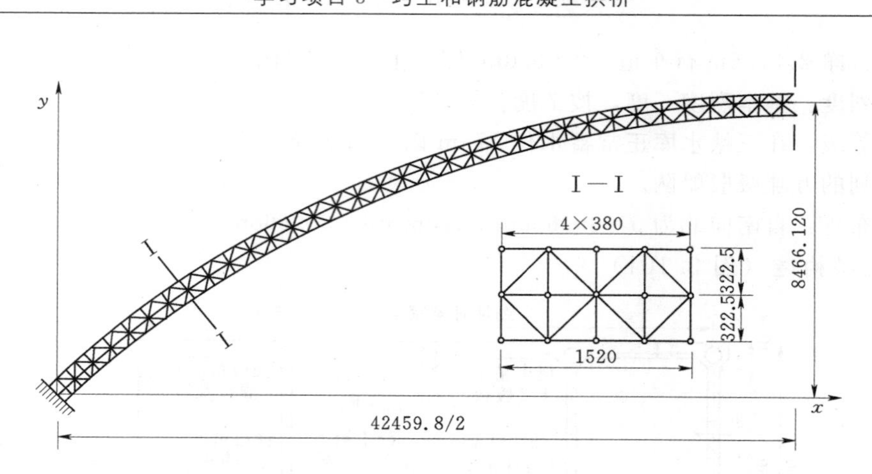


图 3.102　万县长江大桥劲性骨架构造图（单位：cm）

| 序号 | 示意图 | 内　容 | 序号 | 示意图 | 内　容 |
| --- | --- | --- | --- | --- | --- |
| 1 | | a. 安装劲性骨架；<br>b. 灌注钢管混凝土 | 5 | | 浇筑中室顶板混凝土 |
| 2 | | 浇筑中室底板混凝土 | 6 | | 浇筑边室底板混凝土 |
| 3 | | 浇筑中室1/2高底板混凝土 | 7 | | 浇筑边室3/4高腹板混凝土 |
| 4 | | 浇筑腹板混凝土至全高 | 8 | | 完成全截面混凝土浇筑 |

图 3.103　主拱圈施工顺序图

再按先中箱后边箱及底板—腹板—顶板的顺序，分七环依次浇完全箱，两环之间设一个等待龄期，使先期浇筑的混凝土能参与结构受力，共同承担下环新浇混凝土重力。在纵向采用“六工作面法”，对称、均衡、同步浇筑纵向每环混凝土，即将每拱环等分为六个区段，每段长约80m，以六个工作面在各个区段的起点上连续向前浇筑混凝土，直至完成全环。整个浇筑过程中，骨架挠度下降均匀，基本上无上下反复现象，骨架上下弦杆及混凝土断面始终处于受压状态，应力变化均匀，使拱圈在施工过程中的强度、稳定性得到保证。

## 【思 考 题】

• 对于湖南茅草街大桥，是否可以仅在主跨设置系杆，而不用将系杆设置在两边跨端部之间，为什么?

• 对于湖南茅草街大桥，是否可以将边跨拱肋在边墩位置的轴向活动盆式支座改为固定支座，为什么?

• 试简述劲性骨架混凝土拱桥主拱肋的构造及其施工过程。

## 项 目 小 结

本项目主要介绍了我国公路上使用广泛且历史悠久的一种桥梁结构形式一拱桥。拱桥与梁桥不仅外形上不同，而且在受力性能上有着本质的区别。拱桥以受压为主。重点讲述：

1. 拱桥由桥跨结构（上部结构）及下部结构两大部分组成。桥跨结构是由主拱圈及拱上建筑所组成，下部结构由桥墩、桥台及基础等组成。

2. 拱桥的形式多种多样，构造各有差异，可以按照不同的方式来进行分类。最主要的有按照结构体系和主拱圈的截面形式两种分类。

3. 拱桥的设计包括：平、纵和横断面设计；确定拱桥标高；不等跨连续拱桥的处理等。拱桥的构造包括：拱桥体系、结构类型和拱轴线的选择。

4. 拱桥常见的施工方法主要分为：就地浇筑施工和装配拼装施工。就地浇筑施工可分为：有支架和悬臂浇筑施工两大类。装配式拱桥施工常采用缆索吊装法。对于一些其他类型的拱桥施工时，还可采用转体施工、钢管混凝土拱桥施工等。

## 项 目 测 试

1. 试述拱桥静力体系分为哪几种类型？解释其每一类型的特性？

2. 双曲拱桥主拱圈有哪几部分构造组成？各部分构造都有何作用？

3. 简要叙述石拱桥施工中主拱圈的砌筑方法及其适用范围？

4. 拱桥安装时，主拱圈的预加拱度的确定位考虑哪些因素？施工中如何考虑这些因素？

5. 简要叙述预制拼装拱肋的转体施工方法？

6. 按截面型式分拱桥有哪些类型？

7. 无推力组合体系拱桥有哪几种？

8. 现场浇筑法主要有哪两种施工方法，各有何特点？

9. 何谓拱架的预拱度？如何设置预拱度？

10. 拱架一般卸架程序如何？

11. 缆索吊装设备主要由哪些部分组成？

12. 论述平面转体、竖向转体和平竖结合转体的特点。
13. 简述钢管混凝土拱桥的基本特点？
14. 试简述劲性骨架混凝土拱桥主拱肋的构造及其施工过程。
15. 拱桥中设置铰的情况有哪几种？常用的铰的形式有哪些？
16. 箱型拱桥、钢管混凝土拱桥各有哪些特点？

# 学习项目4　其他主要桥型

**学习目标**

本项目应掌握斜拉桥的施工方法、施工工艺、施工过程中的注意事项，斜拉索的施工要点；掌握悬索桥的施工方法、施工工艺、施工过程中的注意事项；了解斜拉桥与悬索桥的构造与特点。

## 学习单元4.1　斜拉桥特点及构造

### 4.1.1　斜拉桥的特点与结构体系

#### 4.1.1.1　斜拉桥的特点

预应力混凝土斜拉桥是一个索、梁、塔三种基本构件组成的结构，属组合体系桥。其主要组成部分为主梁、斜拉索和索塔。可以看到，从索塔上用若干斜拉索将梁吊起，使主梁在跨内增加了若干弹性支点，从而大大减少了梁内弯矩，使梁高降低并减轻重力，提高了梁的跨越能力，并具有结构经济合理、外形美观等优点。

（1）鉴于主梁增加中间的斜索支承，弯矩显著减小，与其他体系的大跨径桥梁比较，斜拉桥的钢材和混凝土用量均较节省。

（2）斜拉索的预应力可以调整主梁内力，使内力分布均匀合理，获得较好的经济效果；并且能将主梁做成等截面梁，便于制造和安装。

（3）斜拉索的水平分力相当于对混凝土梁施加的预应力，有助于提高梁的抗裂性能并充分发挥了高强材料的特性。

（4）结构轻巧，实用性强，利用梁、索、塔三者的组合变化做成不同体系，可适应不同地形与地质条件。

（5）建筑高度小，主梁高度一般为跨度的1/40～1/150，能充分满足桥下净空与美观要求，并能降低引道填土高度。

（6）与悬索桥和吊桥比较，竖向刚度与抗扭刚度均较强，抗风稳定性要好得多，用钢量较少以及钢索的锚固装置也较简单。

（7）便于采用悬臂法施工和架设，施工安全可靠。

（8）斜拉桥属于超静定结构，计算复杂，施工中高空作业多，且技术要求严格。

（9）索与梁或塔的连接构造比较复杂，且缆索的防护、新型锚具的锚固工艺和耐疲劳问题都是需要研究的问题。

#### 4.1.1.2　斜拉桥的分类

斜拉桥是由主梁、索塔及拉索三种基本构件组成的组合体系结构，由高强钢材制成的

斜拉索从塔上斜向将主梁多点吊起，并将主梁的恒载和车辆荷载传至塔柱，再通过塔柱基础传至地基。主梁因斜拉索的作用而成为具有若干弹性支承点的连续梁，使其结构尺寸大幅减小，自重显著减轻，既节省了材料，又大大地增大了桥梁的跨越能力。

此外，这种体系还不受桥下净空和桥面标高的限制，抗风稳定性较悬索桥好，不须昂贵的地锚基础。

斜拉桥的主梁、索塔及拉索的不同构造形式，构成了不同类型的斜拉桥。

1. 按索塔布置方式分

（1）单塔式斜拉桥　当跨越宽度不大或基础、桥墩工程数量不是很大时，可采用图4.1（b）所示的单塔斜拉桥，因为单塔式斜拉桥主孔较短，两侧可用引桥跨越，总造价也可降低。

（2）双塔式斜拉桥　桥下净空要求较大时，多采用图4.1（a）所示双塔式斜拉桥。

（3）多塔式斜拉桥　在跨越宽阔水面时，由于桥梁长度大，可采用如图4.1（c）所示的多塔斜拉桥。

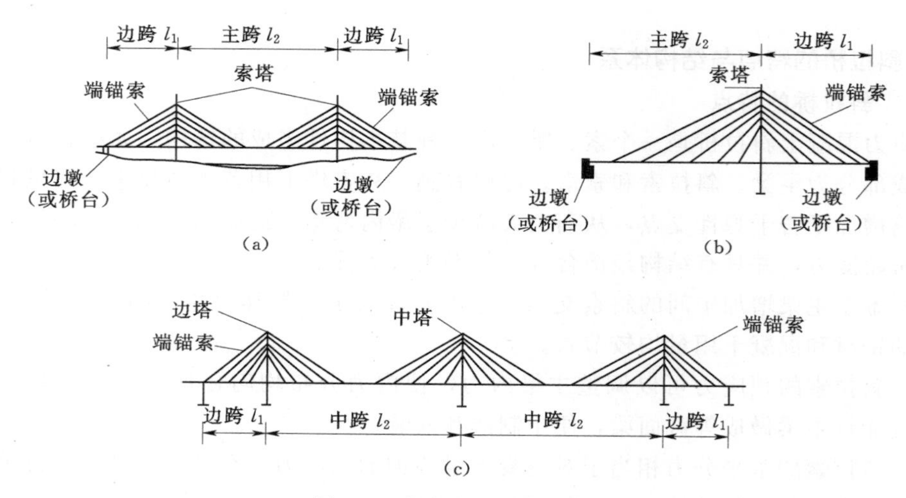


图4.1　斜拉桥的跨径布置

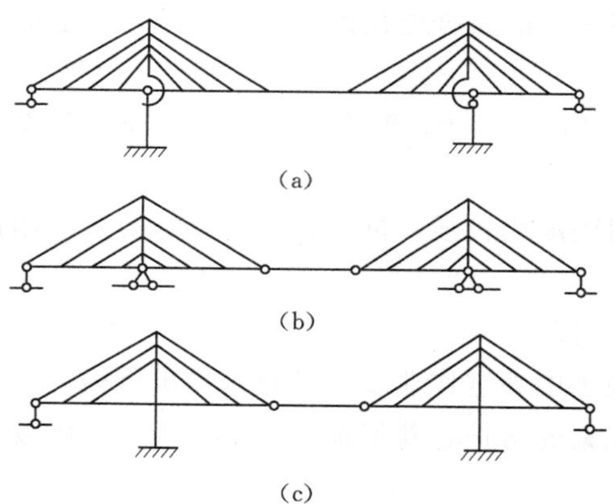


图4.2　按主梁的支承条件划分斜拉桥形式

2. 按主梁的支承条件分

（1）连续梁式斜拉桥　如图4.2（a）所示，这类构造在墩台支承处均采用活动支座，以使温度变位均匀，水平变位用拉索约束。这类构造的优点是行车顺畅，变形缝少，便于采用连续梁的各种施工方法。

（2）单悬臂式斜拉桥　如图4.2（b），跨中有一段挂梁，对边跨可以用临时支墩施工，中跨采用悬臂施工。

（3）T形刚架式斜拉桥　如图4.2（c），此T形刚架与一般T形刚架不同之处在于梁

与墩、塔的固接处要承受很大的负弯矩，因此主梁截面要足够强固。

**4.1.1.3　斜拉桥结构体系**

斜拉桥的主要组成部分使主梁、斜拉索和索塔，这三者还可以按相互的结合方式组成不同的结构体系，即漂浮体系、支承体系、塔梁固结体系、刚构体系。它们各具特点，在设计中应依据具体情况选择最合适的体系。

1. 漂浮体系

漂浮体系又称悬浮体系，该体系塔墩固结、塔梁分离，主梁除两端外全部用缆索吊起而纵向稍作浮动，是一种具有多跨弹性支承的单跨梁，如图4.3（a）所示。

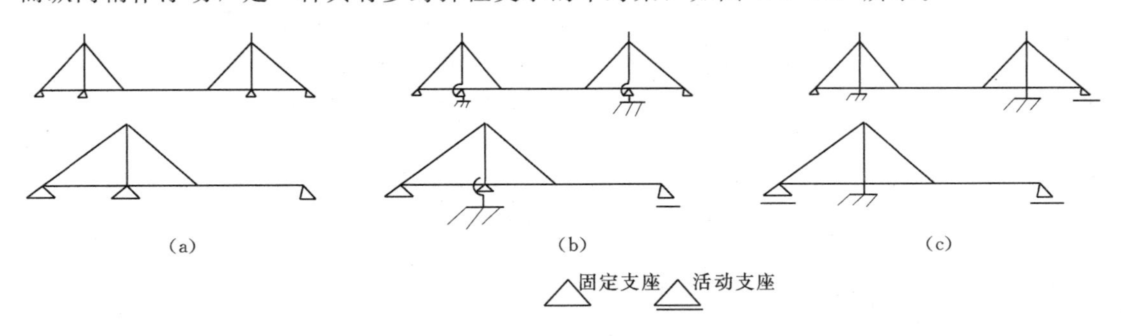


图4.3　主梁支承条件示意

（a）塔梁固结、梁墩分离；（b）塔墩固结、塔墩分离；（c）塔、墩、梁固结

这种体系的优点是全跨满载时，塔柱处主梁无负弯矩峰值。由于主梁可以随塔柱的缩短而下降，所以温度、收缩和徐变的内力均较小，密索体系主梁各截面的变形和内力变化较平缓，受力较均匀。地震时允许全梁纵向摆荡，成为长周期运动，从而抗震消能，因此地震烈度较高地区可考虑选择这类体系。

该体系的缺点是：当采用悬臂施工时，塔柱处主梁需临时固结。

另外，斜拉索不能对梁提供有效的横向支承，需为抵抗风力等所引起的横向摆动时，必须增加一定的横向约束。

2. 支承体系

该体系塔墩固结、塔梁分离，主梁在塔墩上设置竖向支承，接近于在跨内具有弹性支撑的三跨连续梁，又称半漂浮体系，如图4.3（b）所示。这种体系的主梁内力在塔墩支点处产生急剧变化，出现了负弯矩尖峰，通常需加强支承区段的主梁截面。

支承体系的主梁一般均设置活动支座，在横桥方向亦需在桥台和塔墩处设置侧向水平约束。

3. 塔梁固结体系

塔梁固结并支承在墩上，斜拉索为弹性支承，相当于梁顶面用斜索加强的一根连续梁。这种体系的优点是，减小了塔墩弯矩和主梁中央段的轴向拉力。缺点是中孔满载时，主梁在墩顶处转角位移导致塔柱倾斜，显著增大主梁跨中扰度和边跨负弯矩；上部结构重力和可变作用反力都需由支座传给桥墩，这就需要设置很大吨位的支座。在大跨径斜拉桥中，这种结构体系可能要设置上万吨级的支座，支座的设计制造及日后的养护、更换均较困难。

4. 刚构体系

梁、塔、墩互为固结，形成跨度内具有多点弹性支承的刚构。这种体系的优点是：既免除了大型支座又能满足悬臂施工的稳定要求；结构的整体刚度比较好；主梁扰度小。然而，刚度的增大是由梁、塔、墩固结处能抵抗很大的负弯矩换取来的，因此这种体系在固结处附近区段内主梁的截面必须加大。

### 4.1.2 斜拉桥的构造

1. 主梁

主梁与其连接在一起的桥面系，直接支承交通线路，是斜拉桥的主要组成部分。

(1) 截面形式。主梁形式有实体梁式、板式和箱形截面。主梁截面形式应根据跨径、索面布置与索距、桥宽等不同需要，根据其受力要求、抗风稳定性、施工方法综合考虑。

1) 板式 [图 4.4 (a)]。板式截面建筑高度小，构造简单，抗风性能好，适用于双索面密索布置且桥宽较窄的桥。当板厚较大时，可做成留有圆孔或椭圆孔的空心板断面。

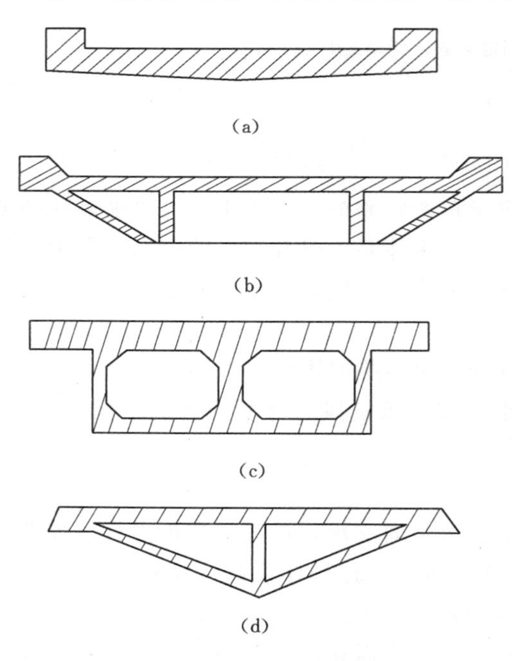


图 4.4 主梁的截面形式

2) 分离式双箱 [图 4.4 (b)]。两个分离箱梁用于锚固拉索与承重，其中心应对准斜拉索面位置，箱梁之间设置桥面系。其优点是施工方便，如用悬臂法，两箱分别施工，悬浇时可采用纵向滑模工艺，挂篮承重减轻；悬拼时构件吊重显著减小；然后再安装横梁和现浇混凝土桥面。但桥全截面抗扭刚度较差是其重要缺点。

实际上。由于主梁断面尺寸小，空心箱所节省的混凝土数量不多，但相应带来的内模装拆、横梁钢筋布置和拉索锚固的复杂困难却不少，故已倾向于采用梁板式断面取代。

3) 整体闭合箱梁 [图 4.4 (c)]。闭合箱梁具有强大的抗弯和抗扭刚度，抗风性能尚佳，适用于双索面稀索体系和单索面布置的斜拉桥，而倾斜式腹板者在体形美观、抗风性能和减小墩宽等方面均优于竖直腹板者。

4) 半封闭箱梁 [图 4.4 (d)]。其横断面两侧为三角形或梯形封闭箱，外缘做成风嘴以减小迎风阻力，端部加厚用以锚固拉索，两箱间为整体桥面板。这种断面既满足一定的抗弯、抗扭刚度要求，又具有优良的抗风动力稳定性，特别适用于风在较大的双索面密索体系宽桥。

(2) 截面尺寸。

1) 梁高。主梁截面尺寸变化将影响弯矩数值，当主梁抗弯刚度增加时，梁截面弯矩也将增加，其变化规律是非线性的。从提高抗风稳定性出发，加大桥宽、减小主梁高度有

助于增大临界风速。为便利施工，斜拉桥主梁的纵断面通常等高度布置。

对密索体系 $h/L=1/7\sim1/200$

对稀索体系 $h/L=1/40\sim1/70$

2）桥宽 $B$。桥宽通常由桥面通行净空和设置索面防护要求决定：

$$B=W+2C+nl$$

式中 $W$——车行道宽；

$C$——单边人行道宽；

$n$——索面数；

$l$——防护带宽，通常对双索面者取1m，而单索面者，取2～3m。

（3）锚固区构造。锚固区是主梁与拉索相连接的重要结构部位，其锚固方式的选择，应考虑下列因素：保证索、梁连接的可靠性，能使集中索力均匀分散传递至全截面；具有防锈能力，避免拉索产生颤震应力腐蚀；如需要在两端张拉，应保证足够操作空间，便于拉索养护与更换。

2. 拉索

拉索是展示斜拉桥特点的一个重要结构部件。桥跨结构重量和桥上活载，绝大部分或全部通过拉索桥传至塔柱，它对主桥梁提供多点弹性支承，其刚度对大桥影响很大。拉索造价占斜拉桥全部的25%～30%，其重要性虽在经济上居于次席，但在受力上却举足轻重。

每一根拉索都包括钢索和锚具两大部分。钢索承受拉力，设置在钢索两端的锚具用来传递拉力。

（1）拉索的构造。钢索作为斜拉桥的主体主要有平行钢筋索、钢丝索、钢绞线索、单股钢绞缆、封闭式钢缆几种形式。如图4.5所示。

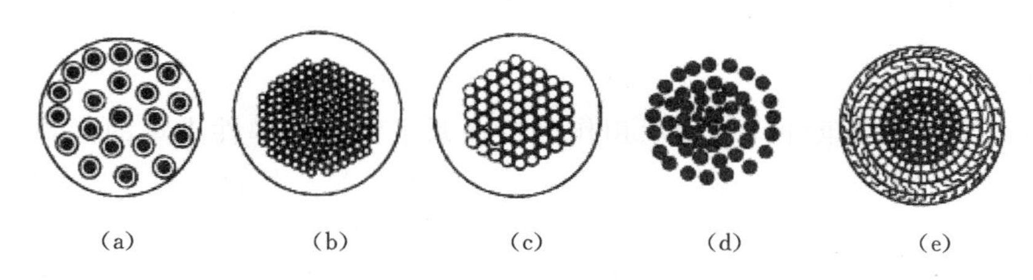


图4.5 拉索的种类和构造

（a）钢筋索；（b）钢丝索；（c）钢绞线索；（d）单股钢绞缆；（e）封闭式钢缆

（2）拉索的布置。斜拉索在立面布置上种类繁多。每种索型在构造、力学和外形美观上有其各自的特点，一般拉索的纵向布置形式有四种类型，即辐射式、竖琴式、扇式和星式，如图4.6、图4.7所示。

斜拉索宜采用抗拉强度高、抗疲劳性好、弹性模量大的钢材，目前，国内外采用较多的有平行钢丝束、钢绞线束、封闭式钢缆等。

拉索的锚固对整个结构的工作可靠性有直接影响。锚具有极为重要的部件，拉索锚具有冷铸锚、热铸锚、墩头锚及夹片锚等。

为提高拉索使用寿命，减轻养护工作量，对拉索采用防护措施非常必要。拉索的防护

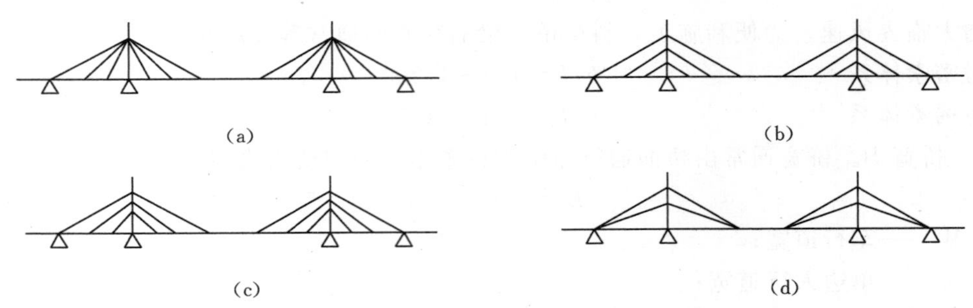


图 4.6　拉索的纵向布置形式
(a) 辐射式；(b) 竖琴式；(c) 扇式；(d) 星式

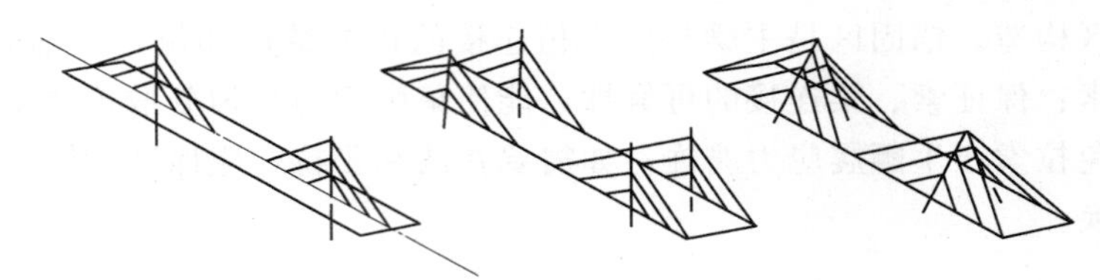

图 4.7　拉索在空间的布置形式

方式有不锈钢丝防锈、热挤压高密度聚乙烯（PE）套管防锈。拉索与锚具的接合部位，为防止水汽侵入拉索内部，应设置橡胶密封垫块等有效隔离止水措施。

3. 拉索锚固结构

(1) 拉索与桥塔的锚固。拉索在桥塔上的连接有两种方式：一种是通过塔顶索鞍而延伸到桥塔另一侧主梁上锚固；另一种是直接锚固，即斜拉索交叉锚固或对称锚固在塔柱上。

(2) 拉索与主梁的锚固。拉索与主梁的锚固形式主要有顶板锚固、底板锚固和梁侧锚固等。其所对应的构造布置各有不同，这既决定于结构的局部受力，又决定于构件中预应力的布设以及施工是否可行。

4. 索塔

索塔除承受塔身自重外，还将承担作为桥面系主梁多点弹性支承的诸斜索的竖向分力，因此其轴压力巨大，往往在数千万吨以上。由于活载及其制动力、风力、温度变化、混凝土收缩等因素影响和悬臂施工中的不平衡加载，索塔还将出现较大弯矩。

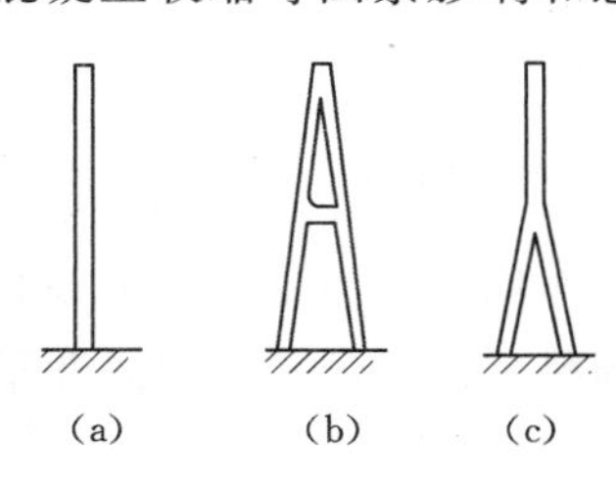


图 4.8　索塔顺桥向结构形式
(a) 单柱式；(b) A 形；(c) 倒 Y 形

索塔结构形式、塔高与截面尺寸的确定，因满足构造简单、受力明确、造价经济、施工便捷等功能要求，并注意与跨径、桥宽、索面布置等匹配。由于索塔对斜拉桥总体景观至关重要，故应选择良好的造型与尺度比例，实现与环境的协调，这对城市桥梁更须重视、

索塔材料可用钢、钢筋混凝土或预应力混凝土。至今，斜拉索大多采用钢筋混凝土索塔，为避免塔内拉应力过大，可加适当预应力。它比钢塔造价低，可塑造成优美体型，养护维修便捷。

索塔在顺桥向的形式有单柱式、A 形和倒 Y 形等几种，如图 4.8 所示。

索塔在横桥向的形式主要有单柱式、双柱式、H 形、A 形、门式、倒 Y 形、倒 V 形

等。如图 4.9 所示。

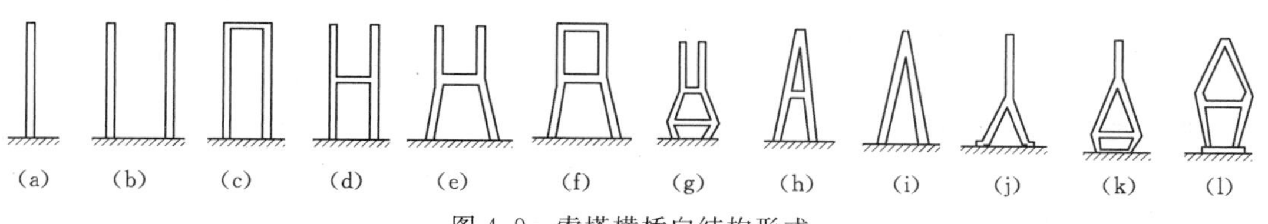


图 4.9　索塔横桥向结构形式

斜拉桥主塔顺桥向各种形式可与横桥向各种形式配合使用，采用何种类型均与拉索索面数以及拉索形式有关。图 4.10 为我国苏通长江大桥的索面和索塔结构形式。

图 4.10　苏通长江大桥

从整体形式看，塔柱的截面可采用实心截面和箱形截面两种，而沿塔高又可采用等截面或变截面布置。塔柱之间的横梁以及塔柱之间的其他连接构件，它们的截面形式由塔柱的截面形式决定，一般采用矩形实心截面，工字形实心截面或矩形空心截面等形式。

**【思　考　题】**

- 斜拉桥的特点。

## 学习单元 4.2　斜拉桥施工技术

斜拉桥是一种桥面体系受压、支承体受拉的桥梁。斜拉桥桥面体系用加劲梁构成，支承体系由钢索组成。

第一座斜拉桥是 1955 年建造的典斯特姆松特大桥，它是一座稀索辐射式的斜拉桥，中孔跨度 185.5752m，边孔 74.676m。我国 1975 年建成的四川云阳桥，是国内斜拉桥的第一个代表作。从 20 世纪 80 年代开始，斜拉桥以其独特优美的造型及优越的跨越能力在中国迅

速推广，特别在城市桥梁和公路桥梁中被广泛采用。多以预应力混凝土即PC结构为主，部分为钢叠合梁、混合梁或钢梁形式。桥型有双塔与独塔、双索面与单索面、固结与漂浮等。

至目前为止，我国已修建了大跨径斜拉桥100多座，斜拉桥的设计和施工都跨进了世界先进行列。

斜拉桥的施工一般分为基础、墩塔、梁、索四部分。其中基础的施工与其他类型的桥梁方式相同，只有索的施工（包括索的制造、架设和张拉机具）有其特殊性。但是斜拉桥作为一个整体，它的塔、梁、索的施工必须相互配合，服从工程设计图。

### 4.2.1 索塔施工

斜拉桥塔柱分为下塔柱、中塔柱、上塔柱三个区，下塔柱通常采用倒模结合平衡架施工工艺，中、上塔柱采用爬模施工工艺。

索塔又分钢索塔和混凝土索塔两种。相对而言，钢索塔具有造价昂贵，施工精度要求高，抗震性好，维护要求高等特点。混凝土索塔则有价格低廉，整体刚度大，施工简便，成桥后一般无须养护和维修的特点。现代斜拉桥中，一般采用混凝土索塔。

1. 钢索塔施工

钢索塔一般采用预制拼装的施工方法，分为工厂分段预制加工和现场吊装安装两个施工阶段。钢索塔应在工厂分段焊接加工，事先进行多段立体试拼装合格后方可出厂。主塔在现场安装，常采用现场焊接头，高强度螺栓连接，焊接和螺栓混合连接的方式。

经过工厂加工制造和立体试拼装的钢塔，在正式安装时应予以施工测量控制，并及时用填板或对螺栓孔进行扩孔来调整轴线和方位，防止加工误差、受力误差、安装误差、温度误差、测量误差的积累。

2. 混凝土索塔施工

混凝土索塔通常由基础、承台、下塔柱、下横梁、中塔柱、上横梁、上塔柱拉索锚固区段及塔顶建筑等几部分组成。一般横梁采用支架就地浇筑混凝土，但在高空中进行大跨径、大断面、高强度预应力混凝土的施工难度较大。混凝土索塔施工大体上可分为搭架现浇、预制吊装、滑升模板浇筑等几种方法。

（1）搭架现浇。这种方法工艺成熟，无须专用的施工设备，能适应较复杂的断面形式，对锚固区的预留孔道和预埋件的处理也较方便，但其缺点是施工周期较长。跨度200m左右的斜拉桥，一般塔高在40m上下，搭架现浇比较合适。

（2）预制吊装。这种方法要求有较强起重能力的吊装设备，当桥塔不是太高时，可以加速施工进度，减轻高空作业的难度和劳动强度。混凝土结构一般采用卧式预制，由绞车和滑轮配合锚于对岸山壁上的钢丝绳和滑轮进行吊装。

（3）滑模和翻模施工。这种方法的最大优点是施工速度快，适用于竖直的或是倾斜的高塔施工，唯有的困难是对斜拉索锚固区预留孔道和预埋件的处理。

### 4.2.2 施工测量控制

由于索塔的外观造型及断面多种多样且高度均在100m以上，故索塔的施工测量最难，也最关键。在主桥（索塔、主梁）的施工全过程中，除应保证各部位的倾斜度、垂直度和外形几何尺寸，以及斜拉索锚固区的精准定位外，还要对索塔进行局部测量系统的控

制，并在全桥总体测量控制网内进行加密。

主桥索塔局部测量系统的控制基准点，应建立在相对稳定的基准点上。当采用空间三维测量法时，测量的时间一般选择在受日照影响较少的时间段内，以减少日照和风力的影响进行修正。

对索塔的基础、塔座、下塔柱、下横梁、中塔柱、上横梁、上塔柱（缆索锚固区）等重要部位的相关位置和转折点进行测量控制，应注意避免误差积累。随着工程部位的进行，随时与全桥控制网闭合，以便及时修正。

### 4.2.3　主梁施工

斜拉桥主梁施工方法与梁式桥基本相同，大体上可分为顶推法、平转法、支架法和悬臂法四种：

1. 顶推法

该法适用于桥下净空较低，修建临时支墩造价不大，支墩不影响桥下交通，抗压与抗拉能力相同，能承受正负弯矩的钢斜拉桥主梁的施工。顶推法的特点是施工时需在跨间设置若干临时支墩，顶推过程中主梁要反复承受正、负弯矩。

2. 平转法

平转法施工是将斜拉桥上部结构分别在两岸或一岸顺河流方向的支架上现浇，并在岸上完成落架、张拉、调索等所有安装工作，然后以墩、塔为中心，整体旋转到桥位合拢。

平转法适用于桥址地形平坦，墩身较矮和结构体系适合整体转动的中小跨径斜拉桥。四川金川县的曾达桥是我国第一座转体施工斜拉桥。

3. 支架法

当所跨越的河流通航要求不高或岸跨无通航要求、且容许设置临时支墩时，可以直接在脚手架上拼装或浇筑主梁，也可以在临时支墩上设置便梁，在便梁上拼装或浇筑主梁。这种方法的优点是施工简单方便，且能确保主梁结构满足设计形状的要求。

4. 悬臂法

可以在支架上修建边跨，然后中跨采用悬臂施工的单悬臂法；也可以是对称平衡施工的双悬臂法。悬臂施工法一般分为悬臂拼装法和悬臂浇筑法两种。

悬臂拼装法，一般是先在塔柱区现浇一段放置起吊设备的起始梁段，然后用各种起吊设备从塔柱两侧依次对称安装节段，使悬臂不断伸长直至合拢，如图 4.11 所示。

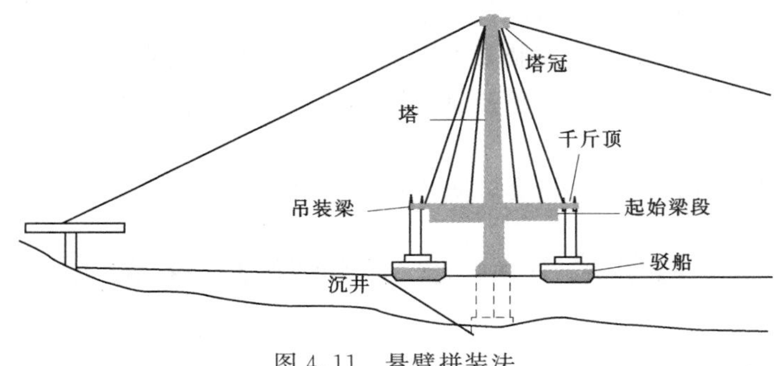


图 4.11　悬臂拼装法

刚斜拉桥大多数是用悬臂拼装法施工而成的，采用悬臂拼装施工的混凝土斜拉桥，主梁在预制场分段预制，由于主梁预制混凝土龄期较长，收缩、徐变变形小，且梁段的断面尺寸和混凝土质量容易得到控制。

悬臂浇筑法，即从塔柱两侧用挂篮对称逐段就地浇筑混凝土。我国大部分混凝土斜拉桥主梁都是采用悬臂浇筑法施工的。

### 4.2.4　拉索施工

斜拉索是斜拉桥的重要组成部分，斜拉桥桥跨结构的重力和桥上可变作用，绝大部分或全部通过斜拉索传递到塔柱上。

我国斜拉桥的建设，经过多年开发、研究，已建成了专业的制索工厂，拉索的质量已达到国际水平。

1. 拉索的制作和防护

为保证拉索的质量，斜拉索的制作不宜在现场施工制作，要走工厂化和半工厂化的道路，并对拉索进行跟踪检验。斜拉索的防护分为临时防护和永久防护。临时防护为从出厂到开始永久防护的一段时间。永久防护为拉索钢材下料到桥梁建成的长期使用期间，分为内防护和外防护。内防护是直接防止拉索锈蚀，外防护是保护内防护材料不致流出、老化等。

2. 斜拉索的挂索

挂索作业是将斜拉索引架到桥塔锚固点和主梁锚固点之间的位置上，其作业方法一般有以下四种：

(1) 在工作索道上引架。这种方法是先在斜拉索的位置安装一条工作索道，斜拉索沿着工作索道引架就位。国外早期的斜拉桥较多采用这种方法，目前这种方法已很少使用。

(2) 由临时钢索及滑轮吊索引架。这种方法是在待引架的斜拉索之上先安装一根临时钢索，称为导向索。斜拉索挂在沿导向索滑动并与牵引索相连接的滑动吊钩上，用绞车引架就位。

(3) 利用吊装天线引架。

(4) 利用卷扬机或吊机直接引架。这个方法最为简捷，也特别适合于密索体系的悬臂施工。即在浇筑桥塔时，先在桥顶预埋扣件，挂上滑轮组，利用桥面上的卷扬机和牵引绳通过转向滑轮和塔顶滑轮将斜拉索起吊，一端塞进箱梁，一端塞进桥塔。这种方法在吊装过程中可能会损伤索外的防护材料，需小心施工。

3. 拉索的张拉与索力测定

张拉是用千斤顶对拉索的索力进行调整。索力的大小，由设计根据各个不同的工况，经计算后给定。要在施工中准确控制索力，首先必须掌握测定索力的技术。索力测定方法有压力表测定千斤顶液压，压力传感器直接测定和根据拉索振动频率计算索力。

4. 拉索的减振

安装减振器或黏弹性高阻尼衬套，防止拉索振动过大。

## 学习单元4.3　悬索桥特点及构造

### 4.3.1　悬索桥特点

悬索桥是一种适合于特大跨度的桥型。它以大缆、锚碇和塔为主要承重构件，以加劲

梁、吊索、鞍座等为辅助构件。

悬索桥的优势如下。

1. 材料用量和截面设计方面

其他各种桥型的主要承重构件的截面积，总是随着跨度的增加而增加，致使材料用量增加很快。但大跨悬索桥的加劲梁却不是主要承重构件，其截面并不需要随着跨度而增加。

2. 构件设计方面

许多构件截面积的增大是容易受到客观制约的，例如，梁的高度、构件的外廓尺寸等，但悬索桥的大缆、锚碇和塔这三项主要承重构件在扩充其截面积或承载能力方面所遇到的困难较小。

3. 作为主要承重构件的大缆具有非常合理的受力形式

众所周知，对于拉、压构件，其应力在截面上的分布是比较均匀的，而对于受弯构件，在弹性范围内，其应力分布呈三角形；就充分发挥材料的承载能力来说，拉、压的受力方式较受弯合理，而受弯构件需要考虑稳定性问题，因此受拉就成为最合理的受力方式。由于大缆受拉，且其截面设计较容易，因此悬索桥的跨越能力是目前所有桥型中最大的。在目前正在修建和计划修建的大跨度桥梁中，跨度超过 1000m 的桥型几乎无一例外地选择悬索桥。

4. 在施工方面

悬索桥的施工总是先将大缆架好，这样，大缆就是一个现成的悬吊式支架。在架梁过程中，加劲梁段可以挂在大缆之下。为了防御巨风在这时的袭击，虽然也必须采取防范措施，但同其他桥所用的悬臂施工法相比，风险小。悬索桥由于跨越能力大，常可因地制宜地选择一跨跨过江河或海峡主航道的布置方案，这样可以避免修建深水桥墩，满足通航要求。由于跨度大，相对来讲，悬索桥的构件就显得特别柔细，外形美观，因此，大跨度悬索桥的所在地几乎都成为旅游景点。

悬索桥也有一些缺点：由于悬索是柔性结构，刚度较小，当有可变作用时，悬索会改变几何形状，引起桥跨结构产生较大的挠曲变形；在风荷载、车辆冲击荷载等动荷载作用下容易产生振动。

### 4.3.2 悬索桥的分类与构造

#### 4.3.2.1 悬索桥的分类

按悬索的力学性能，悬索桥可分为柔性悬索桥和刚性悬索桥。二者的区别是加劲梁刚度的大小。

(1) 柔性悬索桥的主梁一般是指行车道仅设桥面系或仅起分布和调节变形作用，但不参与受力的，具有较小刚度的大梁。当活载在桥上移动时，活载由桥面经吊杆传给悬索，悬索便随移动的活载而改变自身的形状，只起分布荷载和调整变形作用的桥面因悬索的变形而产生较大的挠度和 S 变形。

(2) 刚性悬索桥是在恒载大于活载且对桥的影响比活载大时，为了增加刚度，将桥道系做成带加劲梁的形式，并使之参与整体结构受力，形成以索为主、梁为辅的悬索桥。它有单链式、双链式和自锚式三种结构形式。

#### 4.3.2.2 悬索桥的构造

1. 主缆索

主缆索是悬索桥的主要承重结构，其受力系统由主缆、桥塔和锚碇组成。

主缆不仅承担自重永久荷载，还通过索夹和吊索承担加劲梁等其他永久荷载以及种可变荷载。此外，主缆索还要承担部分横向风载，并将其传至塔桥顶部，主缆索可采用钢丝绳钢缆或平行丝束钢缆，由于平行丝束钢缆弹性模量高，空隙率低，抗锈蚀性能好，因此大跨度吊桥的主缆索均采用这种形式。现代悬索桥的主缆索多采用直径 5mm 的高强度镀锌钢丝组成。先由数十到数百根 5mm 的高强度镀锌钢丝制成正六边形的束索（股），再将数十至上百股索束挤压形成主缆索，并做防锈蚀处理。设计中主缆索的线性一般采用二次抛物线。

主缆索采用平行丝股而不采用钢绞线，目的在于使其弹性模量不致比钢丝弹性模量有明显降低，而钢绞线弹性模量通常要比钢丝者降低 15%～25%；主钢缆丝强度现由 1500MPa 提高至 1800MPa 左右。

索股内钢丝排列现均取正六边形，故其丝数为 61、91 或 127。

2. 锚碇

锚碇是主缆索的锚固结构。主缆索中的拉力通过锚碇传至基础。通常采用的锚碇有两种形式：重力式和岩隧式，如图 4.12 所示。

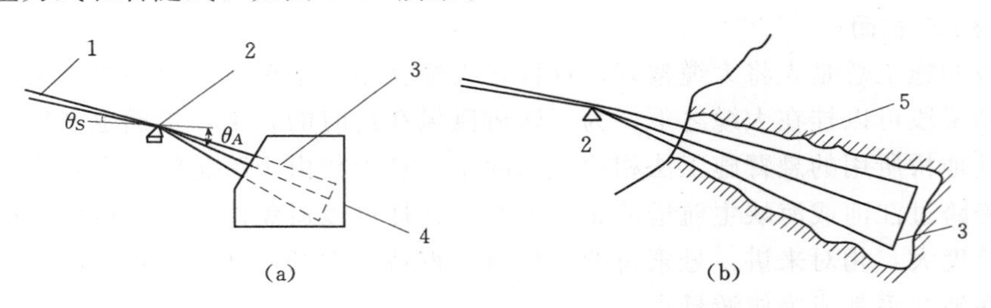


图 4.12 锚碇的形式

(a) 重力式；(b) 岩隧式

1—钢缆；2—散索鞍；3—锚固架；4—锚块；5—岩体

重力式锚碇依靠其巨大的自重来承担主缆索的垂直分力；而水平分力则由锚碇与地基之间的摩擦阻力或嵌固阻力承担。岩隧式锚碇则是将主缆中的拉力直接传递给周围的基岩。岩隧式锚碇适用于锚碇处有坚实基岩的地质条件。当锚固地基处无岩层可利用时，均采用重力式锚碇。锚碇主要由锚碇基础、锚块、锚碇架、固定装置和锚碇固索鞍组成。

3. 桥塔

桥塔是悬索桥最重要构件。它支撑主缆索和加劲梁，将悬索桥的活载和恒载（包括桥面、加劲梁、吊索、主缆索及其附属构件如鞍座和索夹等的重量）以及加劲梁在桥塔上的支反力直接传至塔墩和基础，同时还受到风灾与地震的作用。桥塔的高度主要由桥面标高和主缆索的垂直跨比（$f/L_0$）确定，通常垂跨比 $f/L$ 为 1/9～1/12。大跨度悬索桥的桥塔主要采用钢结构或钢筋混凝土结构。其结构形式可分为桁架式，钢架式和混合式三种。

钢架式桥塔通常采用箱形截面。由于预应力混凝土滑模施工技术的发展，钢筋混凝土桥塔的使用呈较快发展趋势。桥塔塔顶必须设主索鞍，以便主缆索能与桥塔合理的衔接和平顺的转折，并将主缆索的拉力均匀的传至桥塔。在大跨径悬索桥中，塔的下端常与桥墩固结，而在其上端主缆固定于索鞍，而索鞍又固定于塔顶。

4. 鞍座

鞍座为塔顶及桥台上直接支承主钢缆，并将主钢缆的荷载传至塔和桥台的装置，如图4.13所示。鞍座大致分为主索鞍座、支架鞍座和锚固鞍座。

主索鞍座是布置与塔顶用于支承主缆的永久性大型构件。其功能是承受主缆的竖向压力，并将主缆的竖向压力均匀地传递到桥塔上，同时也起到使主缆在塔顶处平缓过渡，减少主缆过塔顶时的弯折应力的目的。

(1) 支架鞍座。它设置于支架塔和桥台部分的支架处，其作用主要是改变主钢缆的竖直面内的方向。

(2) 锚固鞍座。锚固鞍座的作用是把构成主钢缆的钢丝束在水平及竖直方向分散开，并引入各个锚固部分。按制作方式，散索鞍座有全铸式、铸焊式和全焊式。依据纵向运动所需的构造形式又可分为滚轴式和摆轴式散索鞍座。

图4.13　塔顶鞍座

5. 吊索与索夹

吊索也称吊杆，是将加劲梁等恒载和桥面活载传递到主缆索的主要构件。吊索可布置成垂直形式的吊索或倾斜式的斜吊索，其上端通过与索夹与主缆索相连，下端与加劲梁连接。吊索与主缆连接有两种方式：鞍挂式和销接式，两种方式各有所长。吊索与加劲梁连接也有两种方式：锚固式和销接固定式。锚固式连接是将吊索的锚头锚固在加劲梁的锚固构造处。销接固定式连接是将带有耳板的吊索锚头与固定在加劲梁上的吊耳通过销钉连接。吊索宜采用有绳芯的钢丝绳制作，两根或四根一组；两端均匀为销接式的吊索可采用平行钢丝索束作为吊索。

索夹由铸钢制造，用竖缝分为两半，它安装到主缆后，即用高强螺杆将两半拉紧，使夹索内壁对主缆产生压力，形成以防止索夹沿缆下滑的摩阻力。索夹壁厚38mm，使其较柔以便适应主缆变形，但应有足够强度。每一吊点有两根钢丝绳骑在索夹之外而下垂形成四根吊索共同受力。吊索横截面设计时应保证吊索横截面破断力大于吊索作用力，其安全系数应不小于2.5为宜。

加劲梁的主要作用是直接承受车辆、行人及其他荷载，以实现桥梁的基本功能，并与主缆索、桥塔和锚碇共同组成悬索桥结构体系。加劲梁是承受风荷载和其他横向水平力的主要构件，应考虑其结构的动力稳定性，防止发生过大挠曲变形和扭曲变形，避免对桥梁正常使用造成影响。大跨度悬索桥的加劲梁均匀为钢结构，通常采用桁架梁和箱形梁。预应力混凝土加劲梁仅适用于跨径500m以下的悬索桥，大多采用箱形梁。采用箱形梁时，应选择流线型主梁截面，并适当设置风嘴、导流板、分流板等抗风装置；采用桁架梁时，应加强主梁和桥面车道部分的联系，并注意保证主梁及桥面结构横向通风良好，不得有任何阻碍空气流动的多余障碍物存在，也可适当设置抗风装置。加劲梁的构造和尺寸主要取决于其抗风稳定性。

## 学习单元4.4　悬索桥施工技术

现代大跨度悬索桥的施工方法比较典型，其施工步骤可概括为以下五个部分：

（1）施工塔、锚碇的基础，同时加工制造上部结构施工所需的构件，为上部结构施工作准备。

（2）施工塔柱及锚体，其中包括鞍座、锚碇钢框架安装等施工。

（3）主缆系统安装架设，其中包括牵引系统、猫道（桥塔架设施工便道，图4.14）的架设、主缆索股预制和架设、紧缆、上索夹、吊索安装等。

（4）加劲梁节段的吊装架设，包括整体化焊接等。

（5）桥面铺装、主缆缠丝防护、伸缩缝安装、桥面构件安装等。

图4.14　猫道

悬索桥基础、塔和桥面系的施工与斜拉桥相关构件的施工方法相同，而其最具典型特征的是主缆及加劲梁的施工。下面简要介绍其上部结构的施工。

### 4.4.1　猫道的架设

猫道相当于一临时轻型索桥，其作用是在主缆架设期间提供一个空中工作平台。它由猫道承重索、猫道面板系统及横向天桥和抗风索等组成，一般3～5m宽，每主缆下设一个。

在整个主缆系统施工过程中，猫道担负着输送索股、调股紧缆、安装索夹及吊杆、钢箱梁吊装及缠丝防护等重要任务。

猫道施工流程为：猫道承重索制作；架设为猫道承重索施工所需的临时设施——托架系统；架设、调整猫道承重索；托架拆除及支承索上移；猫道面层铺设及横向走道安装；调整猫道标高；架设抗风缆，以提供抗风稳定性及结构刚度，调整猫道线形，减少偏载产生的倾斜程度；猫道门架安装；猫道系统完成。

主缆架设分为用空中送丝法架缆和预制平行丝股架缆，加劲梁架设则采用梁段提升法。分述如下。

### 4.4.2　空中送丝法架缆

空中送丝法是美国人 J. A. 罗伯林在 1844 年提出的。其工作原理如下：沿着大缆设计位置，从锚到锚，布置一根无端牵引绳（即长绳圈），将送丝轮扣在牵引绳某处，从卷筒抽出一钢丝头，套过送丝轮，并暂时固定在某靴根（可编号为 A）处。用动力及驱动牵引绳，送丝轮就带着钢丝套圈送至对岸，取下套圈，将其套在对应的靴根（可编号为 $A_1$）上。随着牵引绳的驱动，送丝轮就被带回这岸。再将钢丝绕过编号为 A 的靴根后，就可继续抽送钢丝，形成下一套圈。如此反复，当套在两岸对应靴跟（A、$A_1$）上的丝数达到一根丝股的设计数目时，将钢丝剪断，用钢丝连接器将其两端头连起来。这样一根丝股的空中编制就完成了。图 4.15 是美国韦拉扎诺桥的送丝工艺示意。

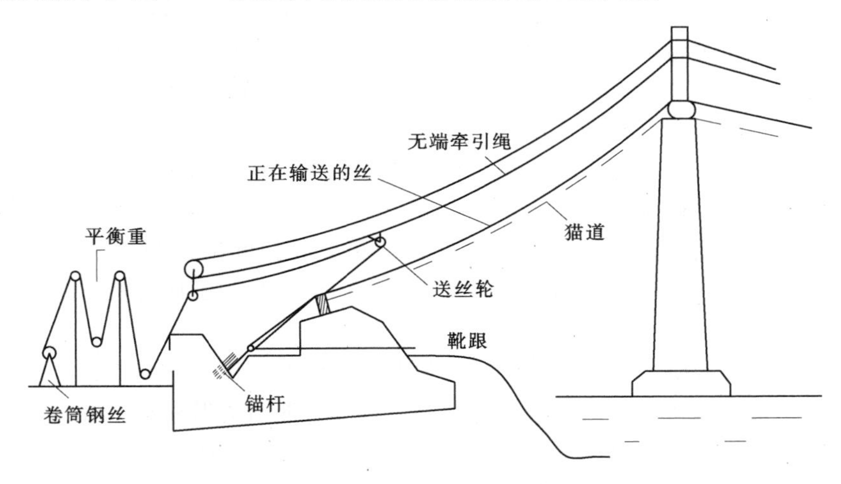


图 4.15　韦拉扎诺桥的送丝工艺示意

根据上述工作原理，实际施工中可采取多种措施来提高工效。例如，在对岸也放置卷筒钢丝，这样，送丝纶在返程中就不必放空，而是另带一钢丝套圈到这岸来，在另一对靴跟（可编号为 B、$B_1$）之间进行编股。再比如，在牵引绳上设置两个送丝轮，为节省时间，其间距布置成：当一轮从这岸开始驶向对岸时，另一轮正开始从对岸驶向这岸来。这样，两个送丝轮就可以在两对靴跟（如 A—$A_1$、C—$C_1$）之间分别编制两丝股。若对岸设置有卷筒钢丝，还可以利用两轮的返程在另两对靴跟（如 B—$B_1$、D—$D_1$）之间另行编制两丝股。还有，在固定送丝轮的那点上，可以设多个送丝轮，而每轮所设的绕丝槽路也可以不止一道。

为实现空中送丝，必须设置猫道和送丝设备。所谓猫道，就是指位于大缆之下（大约是 1m 多），沿着大缆设置，让进行大缆作业（包括送丝、调丝、调股、紧缆、装索夹、装吊索、缠缆等工序）的工人有立足之处的脚手架。猫道一般设置两条，宽度在3m左右，分设在大缆之下，用悬吊在塔和塔、塔和锚之间的几根平行承重绳加上铺面层组成。而面层用木梁、木板、现大都改用镀锌钢丝网，其自重较轻，所受到的风的静压小，且对防火也更有利。

由于猫道宽度都不大，为防止被风吹翻，同时也为左、右两猫道能互相交通，一般要在两猫道之间设"横道"，在主跨范围内，横道可设三道或五道；在边跨范围，可设一道或二道。由于猫道自重小，一般还应在其下方设抗风索，在立面上，抗风索可呈向上凸出的抛物线形。抗风索两端是扣在塔和锚碇的下方。在猫道承重绳和抗风索之间，设若干根竖向（或布置成V形的）细绳。用拉力将上述绳索绷紧，这就能形成一抗风体系，帮助猫道抗风。这样设置的抗风索势必侵入航运净空，故其设置必须得到航运部门同意。

猫道承重绳安装的常用办法是：将成卷的绳装在船上，绳的一头扣在一岸的塔边，而后将船开到对岸去，一面行船，一面将绳放落水底，然后，封锁航道，在两岸同时用绞车或塔顶起起重机将绳提升，直至安放在塔顶。若希望钢丝绳不要沾水，可以将装有卷筒（作猫道承重绳用的）钢丝绳的船抛锚在一塔旁，将该绳的一端引到塔顶滑轮后再落到这船；在对岸的塔旁设一绞车，从该绞车引出一较细的牵引绳，让细牵引绳通过另塔塔顶滑轮后再引到这船来，将它同这船上的承重绳头相连接。随后开动另塔旁的绞车，则细牵引绳就能将猫道承重绳牵引到另塔塔顶了。为使各钢丝绳（包括牵引绳）都不沾水，则需要利用先锋绳（又叫导索）。先锋绳与牵引绳相连，可借助长臂吊船来帮助先锋绳越过水面（日本南备赞桥），或用直升机来运送（明石海峡大桥）。

前述无端牵引绳还需要若干个支承点将它架在空中。现常用两根独立的支承索，及架在这两索之间的若干根横梁。

为使大缆各钢丝受力均匀，必须对钢丝长度和丝股长度进行调整，这就叫调丝和调股。调丝的目的是使同一丝股内的各丝长度相等，而调股是为了使每根丝股的计算长度符合设计要求。

为使大缆有妥善的防护，还应及时进行紧缆和缠缆等工序。紧缆指在大缆各丝股全部落位后，立即用紧缆机将大缆截面挤压呈圆形。紧缆机能沿大缆移动。继压紧之后为避免丝股松散，要立即用钢丝或扁钢每隔0.7～0.9m捆扎一道。随后，可以安装索夹和吊索。

大缆会因其拉应力的增加而使横截面收缩，为了将大缆缠紧，应当在恒载的大部分已作用于大缆之后，再进行缠缆。缠缆就是指用缠丝机将软钢丝紧紧缠在大缆之外。缠丝之前，应清洗大缆表面，并涂防锈材料（常用锌粉膏等）。缠丝过程中，应随时清理被挤出的膏。最后在缠丝之外进行油漆。

### 4.4.3 预制平行丝股的制造及架设

1. 平行丝股的制造

预制平行丝股大缆的构造是：大缆由若干两端带锚头的丝股组成，每丝股含钢丝若干。美国纽波特桥是第一座采用预制平行丝股大缆的悬索桥，在跨度范围内，每缆76股，每股61丝，丝径5.16mm。大缆的含股数有计算确定，每股含丝数最多为127丝。

图4.16为预制平行丝股制造工艺示意，钢丝从丝盘放出，通过导向网络，在成型机上向右移动，每隔一定距离用捆扎机捆扎一道，然后卷在卷筒上。同时，要给丝股两端装

上锚头。图 4.17 表示一丝股的横截面（丝数 127）。它是正六边形。在其一角是基准丝，其他各丝的长度都是以它为基准来确定的。另一角设有一带颜色的丝，这是为了便于检查安装在缆中的丝股是否扭曲。

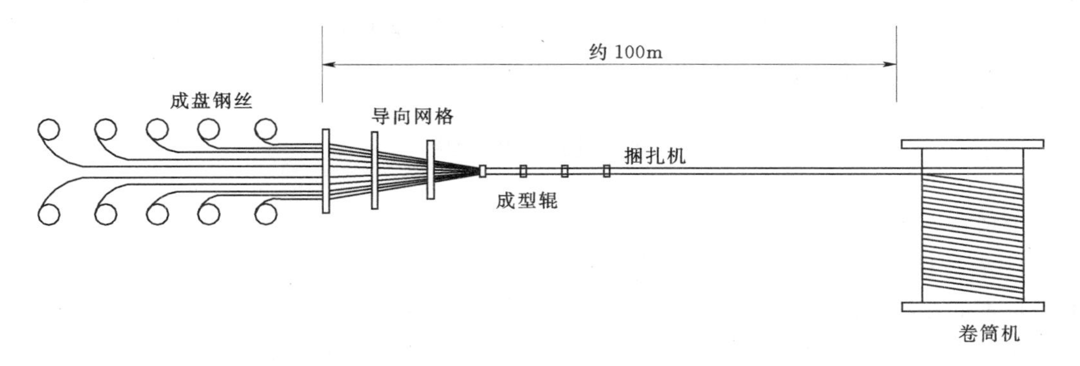


图 4.16　预制平行丝股制造工艺示意

2. 用预制平行丝股架缆

采用预制平行丝股架成大缆时，也需要先架设导索和猫道，也设无端牵引绳（或叫拽拉索）及丝股输放机。但在猫道上，要设置若干导向滑轮，以支承丝股。这套拽拉系统把各丝股拽拉到位，丝股两端分别联结于锚杆。图 4.18 为汕头海湾大桥所用的拽拉系统。

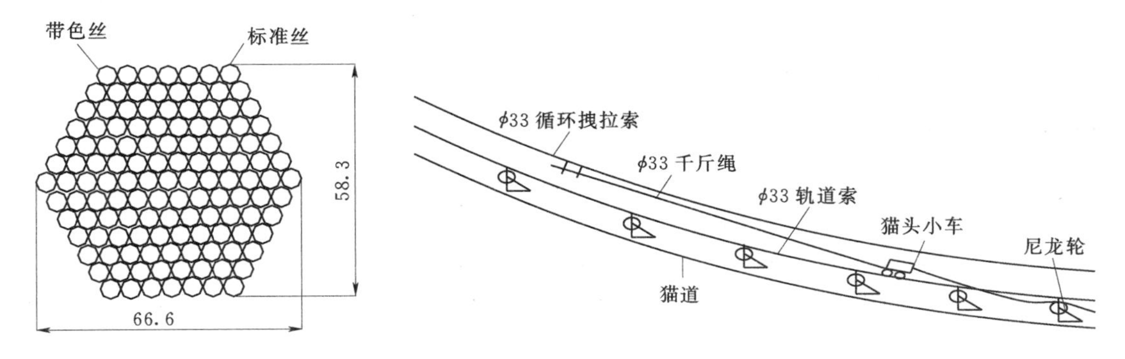


图 4.17　基准丝和带色丝

图 4.18　汕头海湾大桥拽拉系统

3. 加劲梁架设

在完成大缆架设并调整好大缆线形后，就可安装索夹和吊索，开始加劲梁的架设工作了。当加劲梁是桁架式时，以往常采用的方法类似于桁架梁桥的悬臂安装法，即利用能沿着桁架上弦行走的吊机作为架梁机具；所不同的是将架设好的梁段立即与对应的吊索相连，把梁段自重传给大缆，这样，先架设的梁段并不承受后架设梁段的自重。在旧金山海湾大桥施工中，第一次采用梁段提升法架梁。先将加劲梁预制成梁段，浮运到桥下，利用可行驶于大缆的起重台车，借助滑轮组及钢丝绳，将梁段提升到位，对梭状扁平钢箱加劲梁，合理的架梁方法也是梁段提升法。目前，提升的梁段重量一般是3.9～4.9MN，较先进的设备是液压连续提升千斤顶配钢绞线。

在梁段架设中，大缆被用作一悬吊脚手架，但是，这脚手架是柔性的，它的几何形状会随着梁段的逐渐增加而不断改变。这一情况对加劲梁架设的影响：一是当只有少数梁段架设到位时，这些梁段在上弦（或上翼缘板）处互相挤压，二是在下弦处互相分离。若强制将下弦过早地闭合，结构或连接有可能因强度不足而破坏。较为合理的做法是：从架梁开始到大部分梁段到位，只是让各梁段的上弦（或上翼缘板）形成“铰”状的临时连接，对于下弦（或下翼缘板）则让其张开。待到绝大部分梁段到位，梁段之间下面的张口就会趋向闭合，这时，才开始梁段之间的工地永久性连接。

## 项 目 小 结

本项目介绍了斜拉桥与悬索桥的特点、结构与施工。重点讲述：

1. 斜拉桥的构造包括主梁、拉索、索塔。主梁截面形式有实体梁式、板式和箱形截面。拉索的布置有四种类型，即辐射式、竖琴式、扇式和星式。顺桥方向索塔结构有单柱式、A形与倒Y形三种，横桥方向看，有独柱式、门式、斜腿式宝石形、花瓶形等。

2. 斜拉桥施工包括索塔施工、施工测量控制、主梁施工。

3. 悬索桥是一种适合于特大跨度的桥型。它以大缆、锚碇和塔为主要承重构件，以加劲梁、吊索、鞍座等为辅助构件。

4. 悬索桥施工的重点是大缆和加劲梁的架设。大缆架设分为用空中送丝法架缆和预制平行丝股架缆，加劲梁架设则采用梁段提升法。

## 项 目 测 试

1. 简述悬索桥的一般施工工序。
2. 斜拉桥的斜索安装有哪些方法？
3. 试述斜拉桥的特点与构造。
4. 试述悬索桥的特点与构造。
5. 试述斜拉桥的布置形式。

# 学习项目5　桥面系及附属工程

**学习目标**

本章应掌握桥面构造、桥面铺装的类型、人行道的设置形式、桥面铺装施工；了解防撞栏杆的施工、桥头锥形护坡的施工。

## 学习单元5.1　桥面布置与构造

### 5.1.1　桥面的布置

桥面布置应在桥梁的总体设计中考虑，它根据道路的等级、桥梁的宽度、行车的要求等条件确定。对钢筋混凝土和预应力混凝土梁式桥，其桥面布置形式有双向车道布置、分车道布置和双层桥面布置等。

1. 双向车道布置

双向车道布置是指行车道的上下行交通布置在同一桥面上，采用画线作为分隔标志，而不设置分隔设施，分割界限不明显。由于在桥梁上同时存在上下行车辆和机动车与非机动车，因此交通相互干扰大，行车速度受到限制，对交通量较大的道路，还往往造成交通滞流状态。

2. 分车道布置

分车道布置是指将行车道的上下行交通通过分隔设施进行分隔设置。显然，采用这种布置方式，上下行交通互不干扰，可提高行车速度，有效地防止交通事故的发生，便于交通管理。但是在桥面布置上要增加一些分隔设施，桥面的宽度相应地要加宽些。

采用分车道布置的方法，可在桥面上设置分隔带，用以分隔上下行车辆，如图5.1（a）所示；也可以采用分离式主梁布置，在主梁间设置分隔带，如图5.1（b）所示；或采用分离式主梁，但在两主梁间的桥面上不加联系，各自单向通行，如图5.1（c）所示。

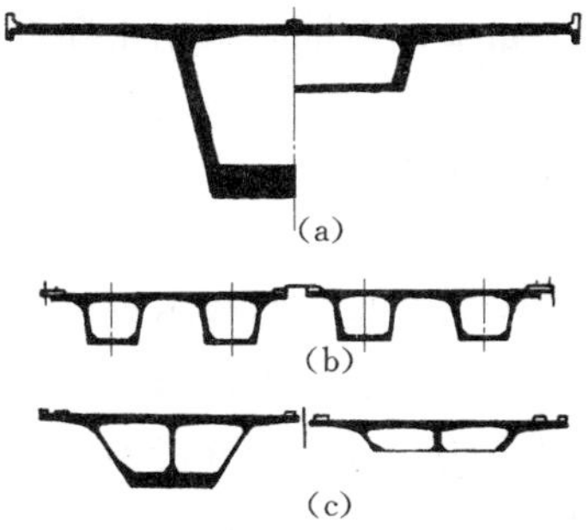

(a)

(b)

(c)

图5.1　分车道的桥面布置

分车道布置除对上下行交通分隔外，也可以将机动车道与非机动车道分隔、行车道与人行道分隔。

分隔带的形式可以采用混凝土制作的护栏、钢制护栏，或采用钢杆或钢索分隔等。

用混凝土制作的“新泽西式护栏”，如图5.2所示，是目前应用比较广泛的一种分隔形式。由于其自重大，稳定性好，所以有较好的防撞性能，并且可以减少车辆的损坏。护栏可采用预制或现浇制作。预制的护栏由钢链相连，放

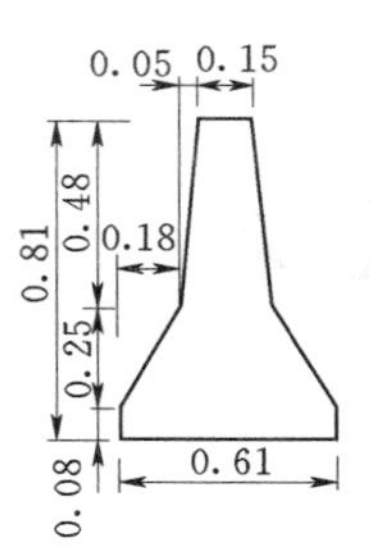

图 5.2　混凝土制作的护栏（单位：m）

在桥面上，并不需要特殊的基础或锚固。

3. 双层桥面布置

双层桥面布置在空间上可以提供两个不在同一平面上的桥面结构。这种布置形式大多用于钢桥中，因为钢桥受力明确，构造上也较易处理。在混凝土梁桥中采用双层桥面布置的情况很少。

双层桥面布置，可以使不同的交通严格分道行驶，使高速车与中速车分离，机动车与非机动车分道，行车道与人行道分离，提高了车辆和行人的通行能力，并便于交通管理。同时，可以充分利用桥梁净空，在满足同样交通要求之下，减小桥梁宽度。这种布置方式在城市桥梁和立交桥中会更显示出其优越性。

### 5.1.2　桥面构造

钢筋混凝土和预应力混凝土桥的桥面部分通常包括桥面铺装、防水和排水设备、伸缩缝、人行道（或安全带）、缘石、栏杆、灯柱等构造，如图 5.3 所示。

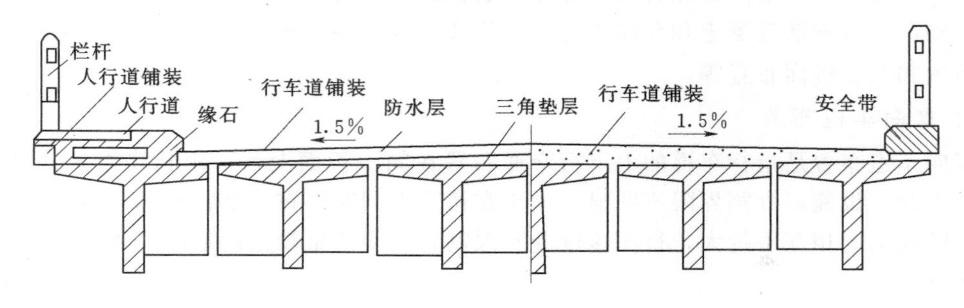

图 5.3　桥面构造

1. 桥面铺装

桥面铺装也称行车道铺装，其功能是保护属于主梁整体部分的行车道板不受车辆轮胎的直接磨耗，防止主梁遭受雨水的侵蚀，并能对车辆轮重的集中荷载起一定的分布作用。

如果桥面铺装采用水凝混凝土、其标号应不低于桥面板混凝土的标号、并在施工中能确保铺装层与桥面板紧密结合成整体。装配式梁桥的桥面铺装可采用 6～13cm 厚的防水混凝土铺筑。

2. 桥面排水

钢筋混凝土结构不宜经受时而湿润时而干晒的交替作用。湿润后的水分如接着因严寒而结冰，则更有害，因为渗入混凝土微细裂纹和大孔隙内的水分，在结冰时会导致混凝土发生破坏，而且水分侵蚀钢筋也会使它侵蚀。因此，为防止雨水滞积于桥面并渗入梁体而影响桥梁的耐久性，除在桥面铺装内设防水层外，应使桥上的雨水迅速引导排出桥外。

通常当桥面纵坡大于 2%而跨径小于 50m 时，雨水可流至桥头并从引道上排除，桥上不必再设置专门的泄水孔道。为防止雨水冲刷引道路基，应在桥头引道的两侧设置流水槽。

当纵坡大于 2%而桥长超过 50m 时桥上每隔 12～15m 设置一个泄水管。若桥面纵坡

小于2%，则宜每隔6～8m设置一个泄水管。泄水管的过水面积通常是每平方米桥面上不少于2～3cm²，泄水管可以沿行车道两侧左右对称排列，也可交错排列，其离缘石的距离为20～50cm。

对于跨线桥和城市桥梁最好像建筑物那样设置完善的落水管道，将雨水排至地面阴沟或下水道内。

泄水管也可布置在人行道下面，为此需要在人行道块件（或缘石部分）上留出横向进水孔，并在泄水管周围（除了朝向桥面的一方外）设置相应的聚水槽。

图5.4所示的是一种构造比较完备的铸铁泄水管，适用于具有贴式防水层的铺装结构。这种铸铁泄水管使用效果好，但构造较复杂，通常还可以根据具体情况，在此基础上作适当的简化和改进。例如，采用钢管和钢板的焊接构造，甚至改用塑料浇筑的泄水管等。

图5.5所示为钢筋混凝土泄水管构造，它适用于不设专门防水层而采用防水混凝土的铺装构造上。这种预制的泄水管构造简单，也可以节约钢材。

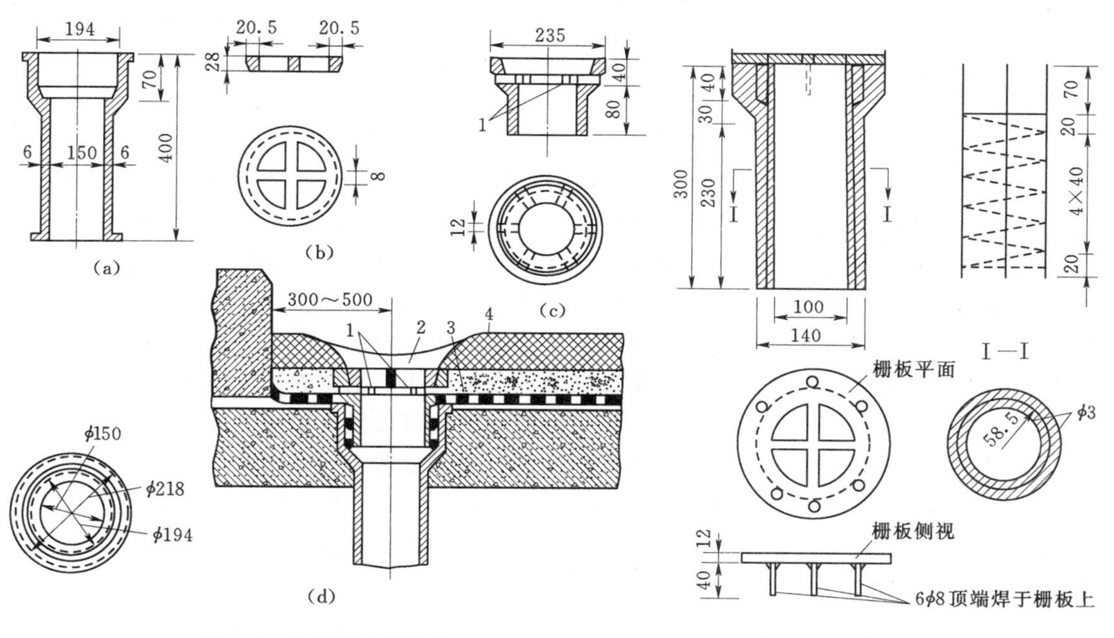


图5.4　金属泄水管构造（单位：mm）

图5.5　钢筋混凝土泄水管（单位：mm）

3. 桥面纵、横坡的设置

桥面设置纵坡有利于排水，同时，在平原地区，还可以在满足桥下通航要求的前提下，降低墩台标高，减少引桥跨长或桥头引道土方量，从而节省工程费用。公路桥面纵坡一般不超过3%。

公路桥面设置横坡的目的是：迅速排除雨水、防止和减少雨水对铺装层的渗透，从而保护行车道板，延长桥梁使用寿命。为了迅速排除桥面雨水，通常除桥梁设有纵向坡度外，尚应将桥面铺装沿横向设置双向的桥面横坡。

对于沥青混凝土或混凝土铺装，横坡坡度为1.5%～2.0%。行车道路面普遍采用抛物线形横坡，人行道则用直线型。

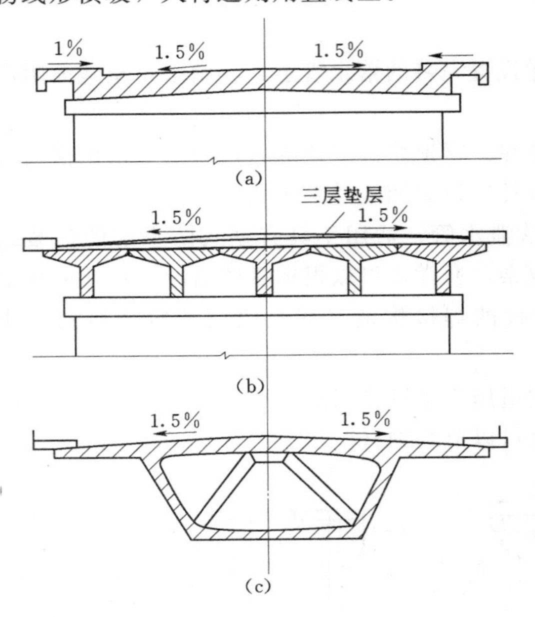


图5.6　桥面横坡的设置

对于板桥或就地浇筑的肋梁桥，为了节省铺装材料并减小恒载，也可将横坡设在墩台顶部而做成倾斜的桥面板，如图5.6（a）所示。此时铺砖层在整个桥宽上就做成等厚的。对于装配式肋梁桥，为了架设和拼装方便，通常都采用不等厚的铺装层（包括混凝土三角垫层和等厚的路面铺装层）以构成桥面横坡，如图5.6（b）所示。在较宽的桥梁（如城市桥梁）中，用三角垫层设置横坡将使混凝土用量与恒载增加过多。在此情况下也可直接将行车道做成双向倾斜的横坡，如图5.6（c）所示，但这样会使主梁的构造和施工稍趋复杂。

4. 桥面铺装的类型

钢筋混凝土和预应力混凝土桥梁的桥面铺装，目前采用下列几种形式：

（1）普通水凝混凝土或沥青混凝土铺装。在非严寒地区小跨径桥上，通常桥面内可不做专门的防水层，而直接在桥面上铺筑5～8cm的普通水凝混凝土或沥青混凝土铺装层。铺装层的混凝土一般使用与桥面相同的标号或略高一级的，在铺筑时要求有较好的密实度。为了防滑和减弱光线的反射，最好将混凝土做成粗糙表面。混凝土铺装的造价低，耐磨性能好，适合于重载交通。沥青混凝土铺装的重量较小，维修养护也比较方便，在铺筑后只需等几小时就能通车运营。桥上的沥青混凝土铺装可以做成单层式或双层式。

（2）防水混凝土铺装。对位于非冰冻地区的桥梁需做适当的防水时，可在桥面上铺装8～10cm厚的防水混凝土作为铺装层，如图5.7（a）所示。防水混凝土的标号一般不低于桥面板混凝土的标号，其上一般可不另设面层，但为延长桥面的使用年限，宜在上面铺筑2cm厚的沥青表面处治作为可修补的磨耗层。

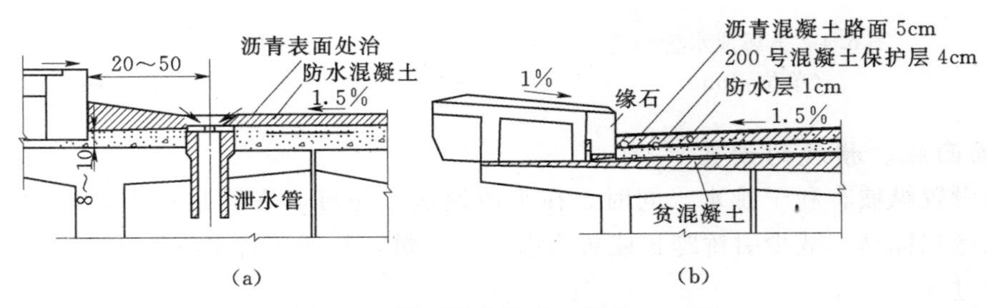


图5.7　桥面铺装构造（单位：cm）

（3）具有贴式防水层的水泥混凝土或沥青混凝土铺装。在防水要求高，或在桥面板位于结构受拉区而可能出现裂纹的桥梁上，往往采用柔性贴式防水层，如图5.7（b）所示。

贴式防水层设在低强度等级混凝土三角垫层上面，其做法是：先在垫层上用水泥砂浆抹平，待硬化后在其上涂一层热沥青底层，随即贴上一层油毛毡（或麻袋布、玻璃纤维织物等），上面再涂上一层沥青胶砂，贴一层油毛毡，最后再涂一层沥青胶砂。通常将这种做法的防水层称为“三油二毡”防水层。其厚度为1～2cm。桥面伸缩缝处应连续铺设，不可切断。桥面纵向应铺过桥台背，横向应伸过缘石底面从人行道与缘石砌缝里向上叠起10cm。为了保护贴式防水层不致因铺筑和翻修路面而受到损坏，在防水层上需用厚约4cm、强度等级不低于C20的细集料混凝土作为保护层。等它达到足够强度后再铺筑沥青混凝土或水泥混凝土路面铺装。由于这种防水层的造价高，施工也麻烦费时，故应根据建桥地区的气候条件、桥梁的重要性等，在技术和经济上经充分考虑后再采用之。

此外，国外也曾使用环氧树脂涂层来达到抗磨耗、防水和减小桥梁恒载的目的。这种铺装层的厚度通常为0.3～1.0cm。为保证其与桥面板牢固结合，涂抹前应将混凝土板面清刷干净。显然，这种铺装的费用昂贵。

桥面铺装一般不作受力计算，考虑到在施工中要确保铺装层与桥面板紧密结合成整体，则铺装层的混凝土（扣除作为车轮磨损的部分，为1～2cm厚）也可合计在行车道板内一起参与受力，以充分发挥这部分材料的作用。为使铺装层具有足够的强度和良好的整体性并防止开裂，一般宜在水泥混凝土铺装中铺设直径为不小于8mm，间距不大于100mm的钢筋网。

5. 人行道、栏杆与灯柱

（1）人行道及安全带。位于城镇和近郊的桥梁均应设置人行道，在行人稀少地区可不设人行道，为保障行车安全可改用宽度和高度均不小于0.25m的护栏安全带。

图5.8（a）表示只设安全带的构造，它可以单独做成预制块件，也可与梁一起预制或与铺装层一起现浇。安全带宜每隔2.5～3m设一断缝，以免参与主梁受力而被损坏。

在跨径小而人行道又宽的桥上，可用人行道板直接搁置在墩台的加高部分上，如图5.8（b）所示。

对于整体浇筑的钢筋混凝土梁桥，常将人行道设在从桥面板挑出的悬臂上，如图5.8（d）所示。

图5.8（c）表示附设在板上的人行道构造，人行道部分用填料垫高，上面敷设2～3cm的砂浆面层（或沥青砂）。在人行道内边缘设有缘石，以对人行道起安全保护作用。缘石可用石料或预制混凝土块砌筑，也可在板上现浇。

这样做能缩短墩台横桥向的长度，但施工不太方便。从图中可见，贴式防水层应伸过缘石底面，并稍弯起。

图5.9所示为装配式人行道构造的例子，有效宽度为0.75m，人行道一部分悬出主梁的桥面板外，这种布置适用于净1+2×0.75m的桥面净空（桥跨结构具有五根主梁）。人行道由人行道板、人行道梁、支撑梁及缘石组成。人行道梁搁在行车道的主梁上，一端悬臂挑出，另一端则通过预埋的钢板与主梁预留的锚固钢筋焊接。人行道梁分A、B两种形式，A式梁上要装栏杆柱，故端部设有凹槽而较宽些。支撑梁位于人行道梁的下面，用以固定人行道梁的位置。人行道板则铺装在人行道梁上。这种人行道的构造，预制快件小而轻，但施工较麻烦。

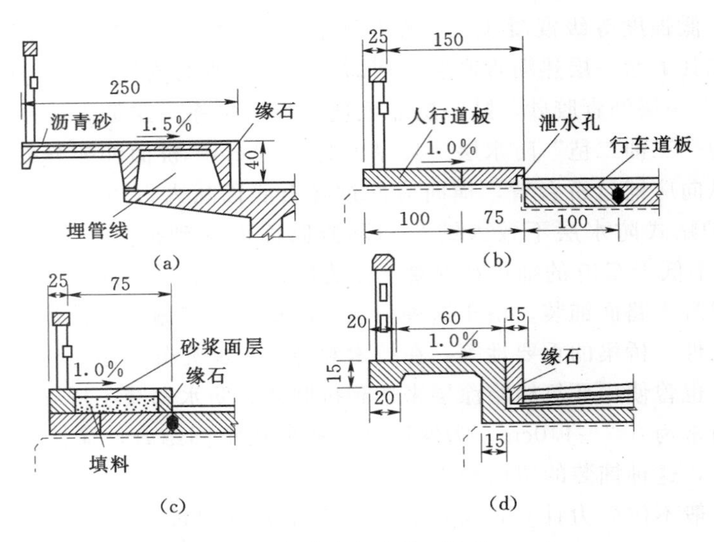


图5.8 人行道和安全带（单位：cm）

人行道顶面一般均铺设2cm厚的水泥砂浆作为面层，并做成倾向桥面1%～1.5%的排水横坡。此外，人行道在桥面断缝处也必须做伸缩缝。

(2) 栏杆和灯柱。公路桥梁的栏杆作为一种安全防护设备，应考虑简单实用、朴素大方。栏杆高度通常为80～100cm，有时对于跨径较小且宽度又不大的桥可将栏杆做得矮些（40～60cm）。栏杆柱的间距一般为1.6～2.7m。

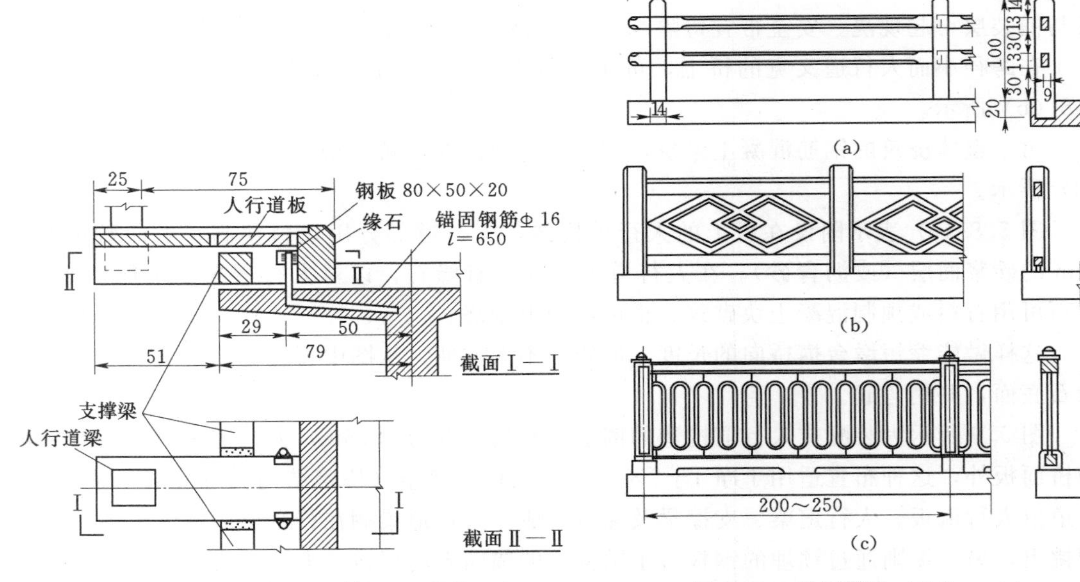


图5.9 悬出的装配式人行道构造（单位：cm）

图5.10 栏杆图示（单位：cm）

在公路上的钢筋混凝土梁式桥常采用钢筋混凝土栏杆。图5.10(a)所示为在栏杆柱间设置上下两道钢筋混凝土扶手的简易结构。应该注意，在靠近桥面伸缩缝的所有栏杆，

均应使扶手与柱之间能自由变形。

对于城郊的公路桥以及城市桥梁，为了美观要求，往往使栏杆的结构设计带有一定的艺术造型。如图5.10（b）、（c）所示的是采用得较多的具有双菱形和长腰圆形预制花板的栏杆图式。

对于重要的城市桥梁，在设计栏杆和灯柱时更应注意在艺术造型上使之与周围环境和桥型本身相协调。金属栏杆易于制成各种图案和铸成富于艺术性的花板，但金属材料耗费大，只在特殊要求下才采用。

在城市桥上，以及在城郊行人和车辆较多的公路桥上，都要设置照明设施。照明灯柱可以设在栏杆扶手的位置上，在较宽的人行道上也可设在靠近缘石处。照明灯一般高出车道5m左右。对于美观要求较高的桥梁，灯柱和栏杆的设计不但要从桥面观赏角度考虑，而且还要符合全桥在立面上具有统一协调要求。钢筋混凝土灯柱的柱脚可以就地浇筑并将钢筋锚固于桥面中。铸铁灯柱的柱角可固定在预埋的锚固螺栓上，为了照明以及其他用途所需的电讯线路等通常都是从人行道下的预留孔道内通过。

（3）人行道、栏杆施工。人行道、栏杆通常采用预制块件安装施工方法，有些桥的人行道采用整块预制，分中块和端块两种，若为斜交桥其端块还要作特殊设计。预制时要严格按照设计尺寸制模成形，保证强度。大部分桥梁人行道采用分构件预制法，一般分为A挑梁、B挑梁、路缘石、支撑梁、人行道板五部分，如图5.11所示。A、B挑梁，人行道板为预制构件，路缘石和支撑梁采用现浇施工。注意A挑梁上要留有槽口，保证立柱的安装固定。栏杆的造型多种多样，一般由立柱、扶手、栅栏等几部分组成，均为预制拼装。施工时应注意以下几点：

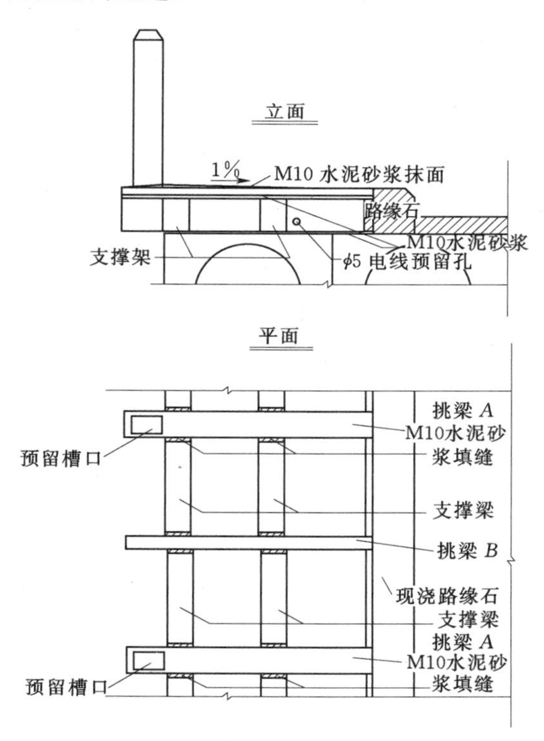


图5.11 分构件预制人行道构造图

1）悬臂式安全带和悬臂式人行道构件必须与主梁横向连接或拱上建筑完成后才可安装。

2）安全带梁及人行道梁必须安放在未凝固的M20稠水泥砂浆上，并以此来形成人行道顶面设计的横向排水坡。

3）人行道板必须在人行道梁锚固后才可铺设，对设计无锚固的人行道梁，人行道板的铺设应按照由里向外的次序。

4）栏杆块件必须在人行道板铺设完毕后才可安装，安装栏杆柱时，必须全桥对直、校平（弯桥、坡桥要求平顺）、竖直后用水泥砂浆填缝固定。

5）在安装有锚固的人行道梁时，应对焊接认真检查，注意施工安全。

6）为减少路缘石与桥面铺装层中渗水，缘石宜采用现浇混凝土，使其与桥面铺装的底层混凝土结为整体。

# 学习单元5.2　伸缩装置及其安装

## 5.2.1　伸缩缝的基本概念及其分类

为适应材料胀缩变形对结构的影响，而在桥梁结构的两端设置的间隙称为伸缩缝；为了使车辆平稳通过桥面并满足桥面变形的需要，在桥面伸缩接缝处设置的各种装置统称为伸缩缝装置。

在我国各地使用的伸缩缝种类繁多，按其传力方式及构造特点可以分为对接式、钢质支承式、橡胶组合剪切式、模数支承式、无缝式，其形式、型号、结构如表5.1所示。

表5.1　桥梁伸缩缝装置分类表

<table>
<tr><th>类别</th><th>类型</th><th>种类</th><th>说明</th></tr>
<tr><td rowspan="13">1. 对接式</td><td rowspan="5">填塞对接式</td><td>沥青、木板填塞型</td><td rowspan="5">以沥青、木板、麻絮、橡胶等材料填塞缝隙的构造（在任何状态下，都处于压缩状态）</td></tr>
<tr><td>U形镀锌铁皮型</td></tr>
<tr><td>矩形橡胶条型</td></tr>
<tr><td>组合式橡胶条型</td></tr>
<tr><td>管形橡胶条型</td></tr>
<tr><td rowspan="8">嵌固对接式</td><td>W型</td><td rowspan="8">采用不同形状的钢构件将不同形状橡胶条（带）嵌固，以橡胶条（带）的拉压变形吸收梁变位的构造</td></tr>
<tr><td>SW型</td></tr>
<tr><td>M型</td></tr>
<tr><td>SDII型</td></tr>
<tr><td>PG型</td></tr>
<tr><td>FV型</td></tr>
<tr><td>GNB型</td></tr>
<tr><td>GQF-C型</td></tr>
<tr><td rowspan="2">2. 钢质支承钢质式</td><td rowspan="2">钢质式</td><td>钢梳齿板型</td><td rowspan="2">采用面层钢板或梳齿钢板的构造</td></tr>
<tr><td>钢板叠合型</td></tr>
<tr><td rowspan="5">3. 橡胶组合剪切式</td><td rowspan="5">板式橡胶型</td><td>BF、JB、JH、SD、SC、SB、SG、SEG型</td><td rowspan="5">将橡胶材料与钢件组合，以橡胶的剪切变形吸收梁的伸缩变位，桥面板缝隙支承车轮荷载的构造</td></tr>
<tr><td>SEJ型</td></tr>
<tr><td>UG型</td></tr>
<tr><td>BSL型</td></tr>
<tr><td>CD型</td></tr>
</table>

续表

| 类　别 | 类　型 | 种　　类 | 说　　明 |
|---|---|---|---|
| 4. 模数支承式 | 模数式 | TS型 | 采用异型钢材或钢组焊接与橡胶密封带组合的支承式构造 |
| | | J-75型 | |
| | | SG型 | |
| | | SSF型 | |
| | | XF斜向型 | |
| | | GQF-MZL型 | |
| 5. 无缝式 | 暗缝式 | GP型（桥面连续） | 路面施工前安装的伸缩构造 |
| | | TST弹塑体 | 以路面等变形吸收梁变位的构造 |
| | | EPBC弹塑体 | |

### 5.2.2　伸缩缝装置的施工程序

在《公路工程质量检验评定标准》(JTG F80/1—2003)中，桥面的平整度是一个很重要的指标，而影响桥面平整度的重要部分之一则是桥梁的伸缩装置。如果由于施工程序不合理或施工不慎，在3m长度范围内，其高程与桥面铺装的高程有正负误差，将造成行车的不舒适，严重的则会造成跳车，这种现象在高等级公路上更为严重。在车辆跳跃的反复冲击下，将很快导致桥梁伸缩装置的破坏。因此，遵照伸缩装置的施工程序并谨慎施工是桥梁伸缩装置成功的重要保证。

前面已将桥梁伸缩装置分成了五大类，而前四类的组成部分可简化为如图5.12所示，第五类的组成可简化为如图5.13所示。

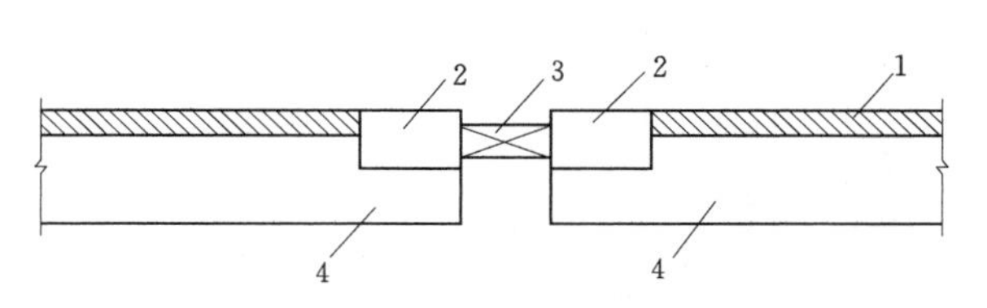


图5.12　第1～4类伸缩缝结构示意图

1—桥面铺装；2—伸缩装置的锚固系统；3—伸缩装置的伸缩体；4—梁（板）体

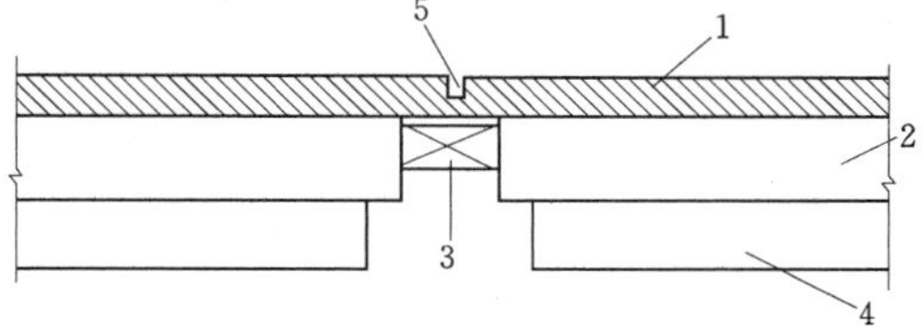


图5.13　第5类伸缩缝结构示意图

1—桥面铺装；2—桥面整体化混凝土；3—伸缩体；4—梁（板）体；5—锯缝

图5.12形式的伸缩装置与图5.13形式的伸缩装置施工程序是不同的。可分别用框图表示如下：

(1) 图5.12形式桥梁伸缩装置的施工框图如图5.14所示。

(2) 图5.13形式伸缩装置一般用于伸缩量较小的小桥，其上结构多为板式结构，在板上面还设有约10cm厚的整体化桥面混凝土。根据这一特点，其伸缩装置的施工程序框图如图5.15所示。

### 5.2.3　伸缩装置的锚固

桥梁伸缩缝装置破坏的原因多数与锚固系统有关，锚固系统薄弱，本身就容易破坏，

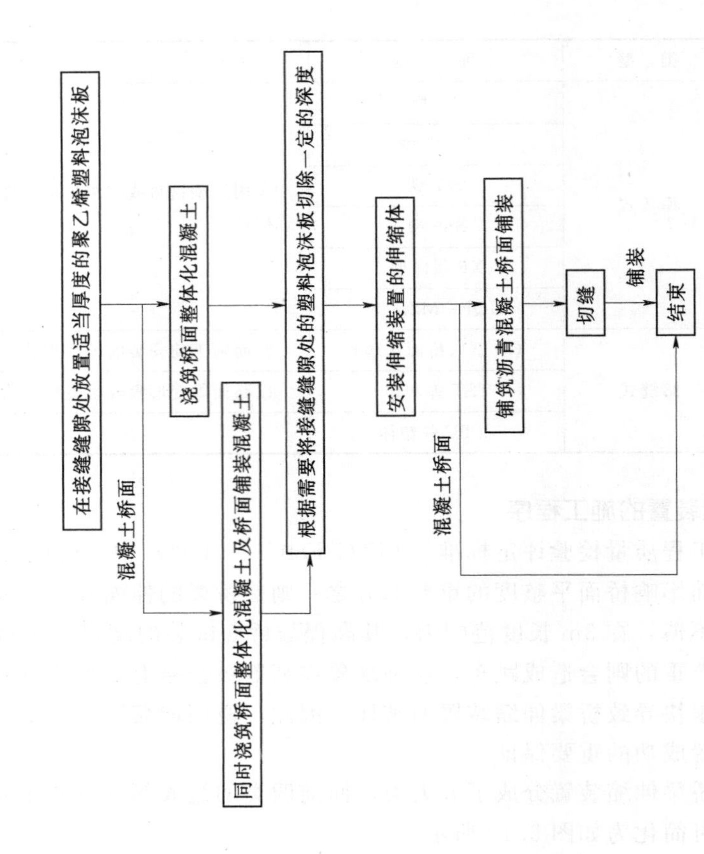


图 5.15 第 5 类伸缩缝施工框图

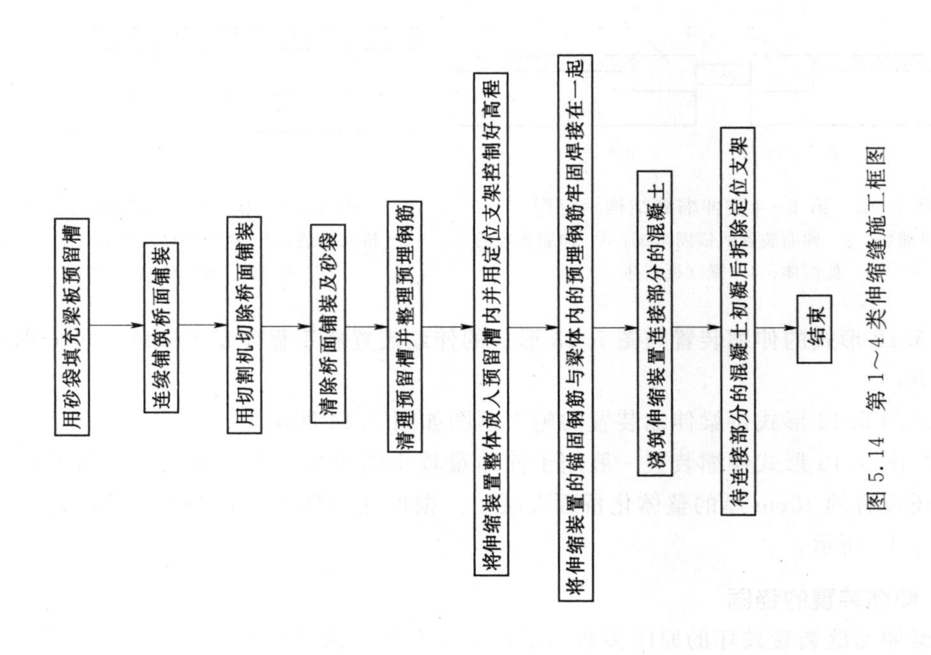


图 5.14 第 1～4 类伸缩缝施工框图

锚固系统范围内的高程控制不严，容易造成跳车，车辆的反复冲击，会导致伸缩缝装置过早破坏，因此，伸缩缝的锚固系统相当重要。下面就常用伸缩缝的锚固系统的基本要求介绍如下：

1. 无缝式（暗缝式）伸缩装置

此类伸缩装置的特点是桥面铺装为整体型，它适用于伸缩量小于5mm的桥梁，只能用于桥面是沥青混凝土的情况，构造如图5.16所示。

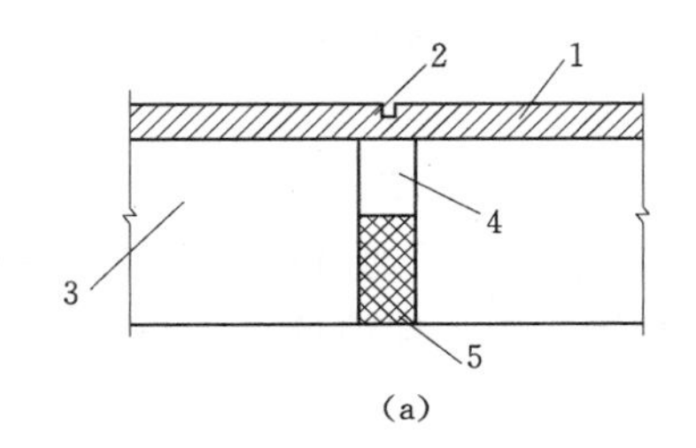


(a)

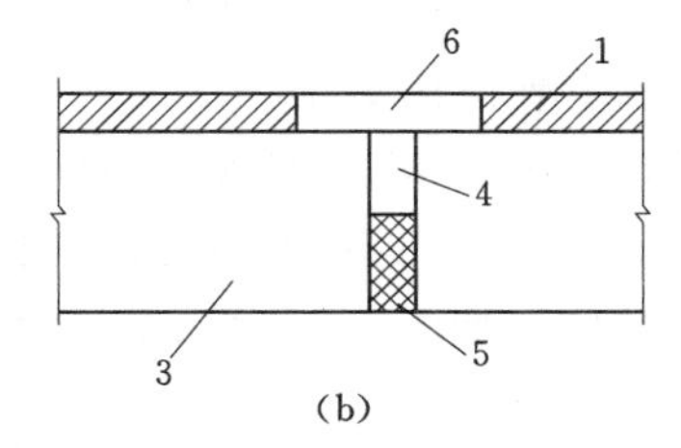


(b)

图5.16　无缝式构造示意图

(a) 切割式接缝；(b) 暗缝式接缝

1—沥青混凝土桥面铺装；2—锯缝，正常宽度5mm左右，深度30～50mm，在锯缝内浇灌5～7mm的接缝材料；3—桥面板；4—防水接缝材料；5—塞入物；6—浇筑的沥青混合料

施工要求：

(1) 防水接缝材料应具有较好的抗老化性能，能与壁面强力黏结，适应伸缩变形，恢复性能好，并具有一定强度以抵抗砂石材料的刺破力。

(2) 塞入物用于防止未固化的接缝材料往下流动，需要有足够的可压缩性能，如泡沫橡胶或聚乙烯泡沫塑料板等，在施工桥面板的现浇层时就把它当作接缝处的模板。

2. 填塞对接型伸缩装置

该类伸缩缝的伸缩体所用材料主要有矩形橡胶条、组合式橡胶条、管形橡胶条、M形橡胶条，也要采用泡沫塑料板或合成树脂材料等。所用材料要求具有适度的压缩性、恢复性和抗老化性，在气温发生变化时不发生硬化和脆化。

(1) 填塞对接型桥梁伸缩装置，适用伸缩量小于10～20mm的桥梁结构。它在安装过程中应注意如下的几个问题。

1) 所采用的伸缩体产品质量要符合有关规定。

2) 安装伸缩装置一定要遵循图5.14的施工程序，这样才能保证其安装质量。

3) 在图5.12中2部分为现浇C50混凝土，在混凝土内适当的布置一些钢筋或钢筋网，此钢筋要与梁（板）体钢筋焊接在一起。C50混凝土的厚度不能小于12cm，顺桥方向的宽度不小于30cm。

4) 安装时一定要保证伸缩体在设计的最低温度时，仍处于压缩状态。

5) 安装时一定要保证伸缩体与混凝土的可靠黏结——采用胶黏剂。

6) 伸缩体一定要低于桥面高程，安装时应保证伸缩体在最大压缩状态下，也不会高出桥面高程。

(2) 胶黏剂。PG-308聚氨酯胶黏剂，具有可控制固化时间、黏结牢固的特点，与混凝土相黏结的强度大于2MPa，使用方法如下：

1）配胶。本胶黏剂为双组分，Ⅰ型A、B两组分比为100：10（质量比），AB组分混合，拌和均匀即可使用。

2）操作。将接缝处混凝土表面泥土、杂质清除干净，并用钢丝刷一遍，用吹灰机将浮土吹尽，保证结合面干燥。

3）涂胶和贴合。涂胶层厚度以不小于1mm为宜。

4）将伸缩体压缩放入接缝缝隙内。

5）固化。在常温下，24h内固化（也可根据需要调整固化时间）。

3. 嵌固对接型伸缩装置

此类形式，如RG型、FV型、GNB型、SW型、SD型、GQF-C型等，它的特点是将不同形状的橡胶条用不同形状的钢构件嵌固起来，然后通过锚固系统将它们与接缝处的梁体锚固成整体，如图5.17所示。此类伸缩装置适用于伸缩量小于60mm的桥梁结构，即接缝宽度为20～80mm。

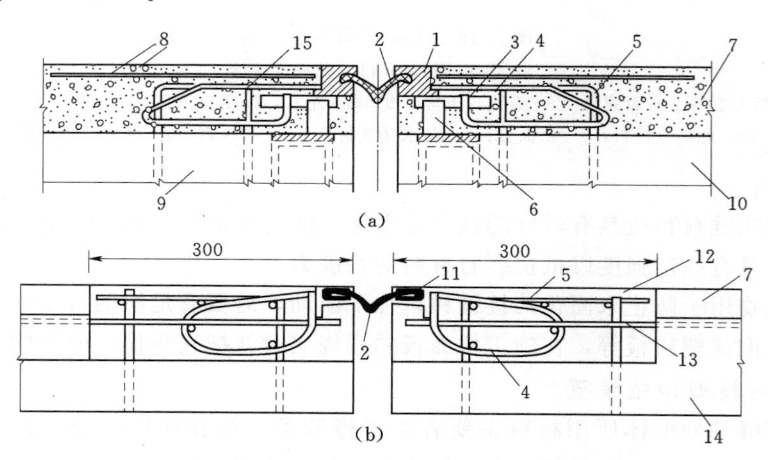


图5.17　嵌固对接型锚固系统示意图（尺寸单位：mm）

1—异型钢；2—密封橡胶带；3—锚板；4—锚筋；5—预埋筋；6—连接钢板；7—桥面铺装；8—钢筋网；9—梁（墩台）；10—梁；11—下形钢件；12—填料；13—梁主筋；14—行车道板；15—横向水平筋

嵌固对接型伸缩装置的安装：

（1）首先要处理好伸缩装置接缝处的梁端，因为梁预制时的长度有一定误差，在加上吊装就位时的误差，使伸缩接缝处的梁端参差不齐，故首先要处理好梁端，以有利于伸缩装置的安装。

（2）切除桥梁伸缩装置处的桥面铺装，并彻底清理梁端预留槽及预留埋钢筋，槽深不得小于12cm。

（3）用4～5根角铁做定位角铁，将钢构件点焊或用螺栓固定在定位角铁上，一起放入清理好的预留槽内，立好端模（用聚乙烯泡沫塑料片材作端模，可以不拆除），并检查有无漏浆可能。

（4）将连接钢筋与梁体预埋牢固焊接，并布置两层钢筋网的钢筋直径为$\phi 8$，网孔为10cm×10cm，然后浇筑C50混凝土，或C50环氧树脂混凝土，浇捣密实并严格养生；当

混凝土初凝后，应立即拆除定位角铁，以防止气温变化梁体伸缩引起锚固系统的松动。

(5) 安装密封胶条。

4. 钢质支承式伸缩装置

(1) 钢形伸缩装置。钢形桥梁伸缩装置的构造是由梳型板、连接件及锚固系统组成，有的钢梳齿型桥梁伸缩装置在梳齿之间填塞有合成橡胶，起防水作用。

(2) 施工安装程序。钢形桥梁伸缩装置的施工安装程序框图，如图5.18所示。

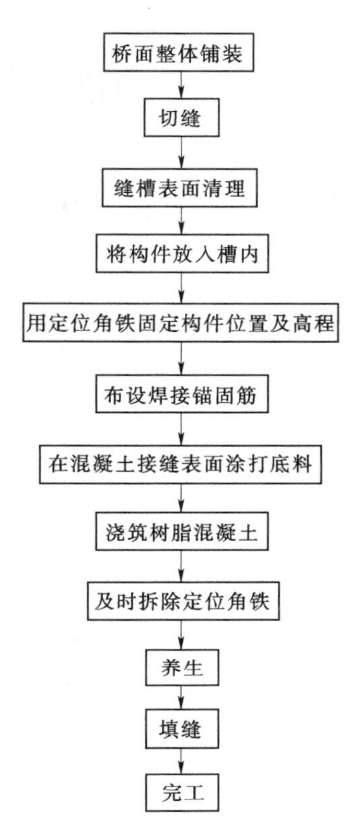


图5.18　钢制支承式伸缩装置施工安装工序框图

对于小规模的伸缩装置，由于清扫和维修非常困难，故一般都不作接缝内的排水设施，但此时必须考虑支座的防水及台座排水与及时清扫等，所以它也只能用于跨河流或不怕漏水场地的桥跨结构。这种伸缩装置，在营运中需常养护，及时清除掉梳齿之间灰尘及石子之类的杂物，以保证它的正常使用。

对于焊接而成的梳齿形构件，焊缝一定要考虑汽车反复冲击下的疲劳强度。

(3) 安装时的间隙 $\Delta L$ 控制。

$\Delta L$＝总伸缩量－施工时伸缩量＋最小间隙(单位:mm,以下同)

也可用如下简化式计算。

1) 钢梁时：

$$\Delta L=0.66L-[(t+10)\times 0.012L]\times 1.1+15 \quad (5.1)$$

2) 预应力钢筋混凝土梁时：

$$\Delta L=(0.44+0.6\beta)L-[(t+5)\times 0.01L]\times 1.1+15 \quad (5.2)$$

3) 钢筋混凝土梁时：

$$\Delta L=(0.44+0.2\beta)L-[(t-5)\times 0.01L]\times 1.1+15 \quad (5.3)$$

式中　$L$——伸缩区段长，m；

$t$——安装的温度,℃；

$\beta$——徐变、干燥收缩的递减系数，见表5.2。

**表5.2　$\beta$ 系数**

| 混凝土的龄期/月 | 0.25 | 0.5 | 1 | 3 | 6 | 12 | 24 |
| --- | --- | --- | --- | --- | --- | --- | --- |
| 徐变、干燥收缩的递减系数 $\beta$ | 0.8 | 0.7 | 0.6 | 0.4 | 0.3 | 0.2 | 0.1 |

5. 组合剪切板式橡胶伸缩装置

剪切型板式橡胶伸缩装置，在我国20世纪60年代后期就开始了应用，全国的生产厂家比较多，名称各不相同。按其伸缩体的受力变形机理把它分成剪切型板式橡胶伸缩装置与对接组合型板式橡胶伸缩装置两类。

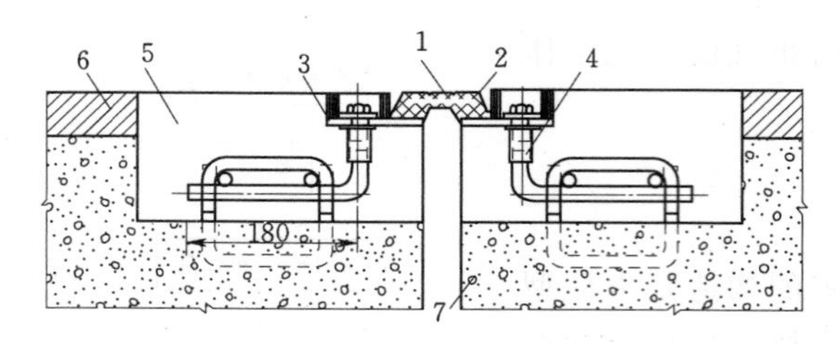


图 5.19 剪切型板式橡胶伸缩装置锚固系统（单位：mm）

1—支撑钢板；2—橡胶；3—地板角钢；4—L 形锚固螺栓；5—现浇 C50 号树脂混凝土；6—铺装；7—梁体

板式橡胶伸缩装置，具有构造简单、安装方便、经济适用等优点。主要为适合于伸缩量 30～60mm 的二级以下的公路桥梁。

（1）剪切型板式橡胶伸缩装置。

1）构造与安装程序。剪切型板式橡胶伸缩装置，由橡胶伸缩体与锚固系统组成，如图 5.19 所示，安装的工艺流程如图 5.20 所示。

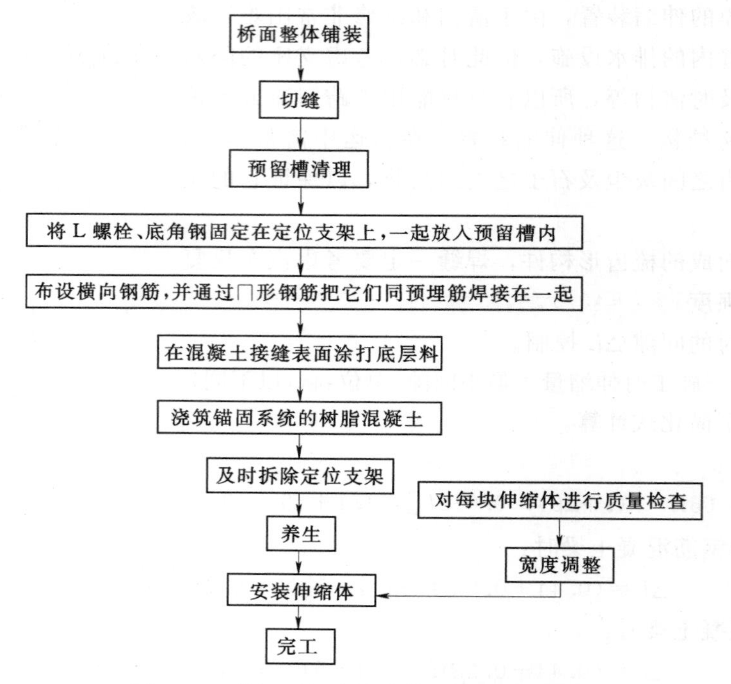


图 5.20 剪切型板式橡胶伸缩装置安装程序

2）施工注意事项。

a. 桥面施工完成后方可进行伸缩装置的安装工作，以保证桥面与伸缩装置之间的平整度。

b. 伸缩装置安装一定要按照安装程序进行，尤其要注意及时拆除定位支架顺桥向的联系角钢。

c. 梁端加强角钢下的混凝土一定要饱满密实，不可有空洞，角钢要设排氧孔。

d. 一定要将伸缩装置的锚固螺栓筋及其他钢筋与预埋筋和桥面钢筋焊为一体，锚固螺栓筋的直径不得小于 18mm。

（2）对接组合型板式橡胶伸缩装置。

1）构造与安装程序。对接组合型板式橡胶伸缩装置，由上下开槽的防水表层橡胶体、梳形承托钢板、槽体角钢及锚固系统四大部分组成，如图 5.21 所示，安装的工艺流程如

图5.22所示。

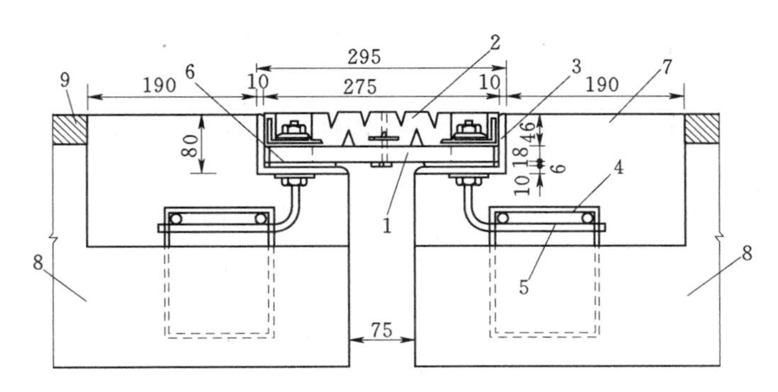


图5.21　对接组合型板式橡胶伸缩装置构造图（尺寸单位：mm）

1—支撑钢板；2—橡胶体；3—角钢；4—预埋钢筋；5—锚固螺栓；6—缓冲橡胶垫铺装；7—现浇C50混凝土；8—行车道板；9—桥面铺装

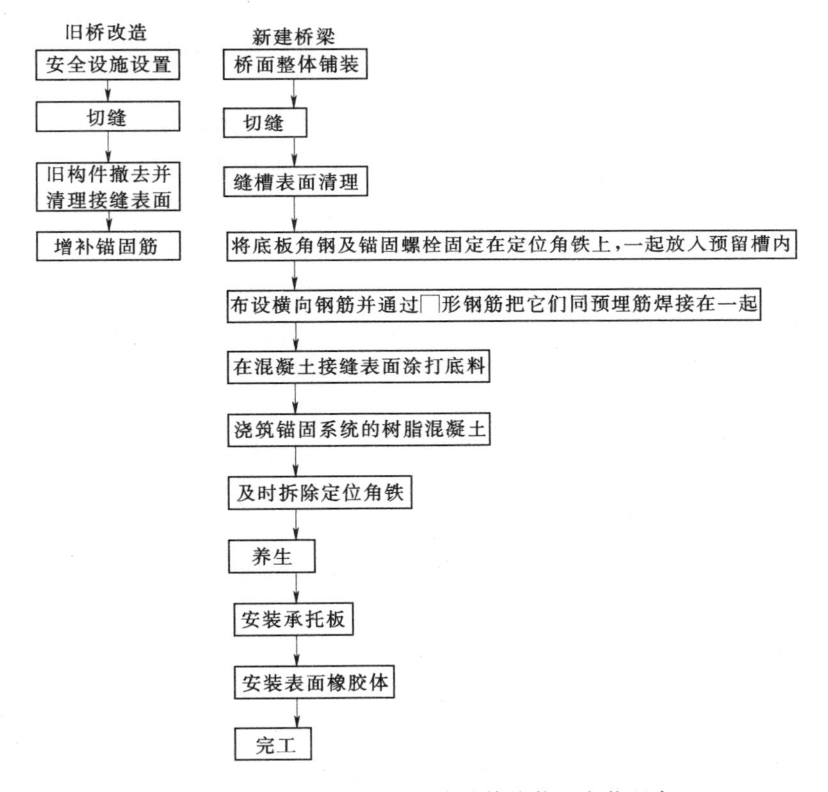


图5.22　对接组合型板式橡胶伸缩装置安装程序

2）施工注意事项。

a. 桥面施工完成后方可进行伸缩装置的安装工作，以保证桥面与伸缩装置之间的平整度。

b. 伸缩装置安装一定要按照安装程序进行。

c. 将地板角钢及锚固螺栓固定在定位角铁上时，一定要仔细控制好各部位的尺寸与

高程。

d. 地板角钢下的混凝土一定要饱满密实，不可有空洞，锚固系统的现浇树脂混凝土厚度不得小于15cm。

e. 一定要将伸缩装置的锚固螺栓筋及其他钢筋与预埋筋和桥面钢筋焊为一体，锚固螺栓筋的直径不得小于18mm。

f. 浇筑C50混凝土（或C50环氧树脂混凝土）要浇捣密实，严格养生，当混凝土初凝之后，立即拆除定位角铁，以防气温变化造成梁体伸缩而使锚固松动。

g. 在吊装大梁时，一定要严格掌握梁端的间隙。

6. 无缝式TST弹塑体伸缩缝

该伸缩缝是将专用特制的弹塑体材料TST，加热熔化后灌入经清洗加热的碎石中，形成“TST碎石桥梁弹性接缝”。由碎石支持车辆荷载，用专用黏合剂保证界面强度。其构造如图5.23所示。

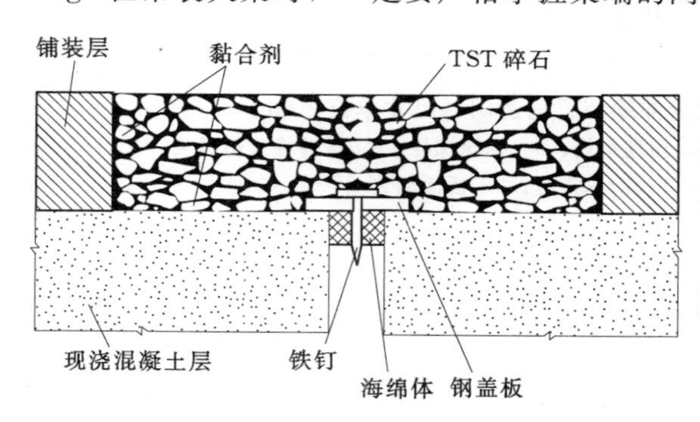


图5.23　TST碎石弹塑体伸缩缝构造

其适用范围是－25～＋60℃温度地区，伸缩量在50mm以下的公路桥梁、城市立交桥、高架桥的伸缩接缝。它的特点是：

（1）TST碎石直接平铺在桥梁接缝处，与前后的桥面和路面铺装形成连续体，桥面平整无缝，行车平稳、舒适、无噪声、振动小，且具有便于维护、清扫、除雪等优点。

（2）构造简单，不需装设专门的伸缩构件和在梁端预埋锚固钢筋，施工方便快速，铺装冷却后，即可开放交通。

（3）能吸收各方面的变形和振动，且阻尼系数高，对桥梁减震有利，可满足弯桥、坡桥、斜桥、宽桥的纵、横、竖三个方向的伸缩与变形。

（4）用于旧桥更换伸缩缝时，可半边施工，不中断交通。

（5）接缝与桥面装连成一体，密封防水性好，耐酸碱腐蚀。

该伸缩缝施工步骤为：

（1）切割槽口或拆除旧装置。

（2）清洗烘干。

（3）涂黏合剂。

（4）放置海绵、钢盖板。

（5）主层施工。

（6）表层施工。

（7）振碾。

（8）修整。

外观要求：表面TST不高于石料面2mm，表面间断凹陷应小于35mm，不深于3mm。一般情况下施工后1～3h即可开放交通。

# 学习单元5.3　桥 面 铺 装 施 工

## 5.3.1　桥面防水层施工

防水层施工前要对桥面进行彻底处理，清除桥面的松散混凝土以及土石等杂物。处理完毕后要用空压机带动吹风机、水泵抽水冲刷等将桥面处理干净。

使用的防水涂料应在有效期以内，使用前应搅拌均匀，并注意密封保存。施工时所使用的仪器、设备应进行检验和校正，满足精度要求后方可使用。

为保证施工质量，施工时的最低气温不应低于5℃，雨天、大雾及大风天不得施工，不宜在后半夜潮露时施工。喷涂时要做到厚度适宜、喷洒均匀，不得有泡沫、气泡，不能有流淌、堆积或漏喷现象，每层涂膜表干后方可进行下一道工序；施工过程中严禁乱踩未干的防水层，不准穿带钉鞋进入工作面，施工用鞋和生活用鞋要严格分开，防止污染桥面。施工结束后，在沥青混凝土面层未施工前要严加保护，防止人为破坏或施工损伤。

铺设桥面防水层时还应注意下列事项：

(1) 防水层材料应经过检查，在符合规定标准后方可使用。

(2) 防水层应横桥向闭合铺设，底层表面应平顺、干燥、干净，不能有钢筋外露及尖锐突出物，不得有潮湿、积水等现象。

(3) 在施工时要注意对桥梁护栏、护栏座等的遮挡，避免污染其表面。

## 5.3.2　混凝土桥面铺装施工

1. 施工工艺流程

凿除浮渣、清洗桥面→精确放样→绑扎钢筋→安装模板→调整钢筋→浇筑混凝土→混凝土养生。

桥面铺装的厚度、强度、平整度和裂缝是桥面施工的关键，尤其是平整度和裂缝的控制，它将直接影响沥青混凝土面层的施工质量。

2. 施工工艺

(1) 钢筋施工。钢筋应采用集中加工，运到施工现场绑扎钢筋网片。钢筋的表面应洁净，平直，无局部弯折，弯曲钢筋应调直，采用冷拉方法调直钢筋，钢筋的弯直和末端的弯钩应符合设计要求及规范规定。钢筋骨架必须具有足够的刚度和稳定性，拼装时按设计图纸放大样，钢筋拼装时，对有焊接接头的钢筋必须检查每根接头是否符合焊接要求，拼装时，在需要焊接的位置用楔形卡卡住，防止电焊时局部变形。待所有焊接点卡好后，先在焊缝两端点焊定位，然后进行焊缝施焊。钢筋网采用混凝土垫块进行支垫。伸缩缝两侧的桥面铺装钢筋网应布设至槽口边缘，保证与伸缩缝钢筋网相接。钢筋安装时，横桥向钢筋布至全桥宽，顺桥向钢筋在防撞护栏及护栏座下不铺设。注意在桥面两侧预埋钢筋头，作为支撑内外侧护栏模板。

(2) 模板支立。半幅桥桥面采取二次浇筑完，第一次浇至中跨1/3处，第二次浇筑剩余部分混凝土。在伸缩缝处或桥面两侧做好砂浆调平带，放上8cm槽钢，采用膨胀螺拴连接牢固，并严格控制好槽钢顶面标高。外模采用10mm厚的竹胶板加工而成，采用拉

杆与护撞墙钢筋固定。桥面铺装时，内侧护栏混凝土浇筑到护栏内3cm，外侧护栏混凝土浇筑到T梁边缘。在砂浆调平带外侧铺设好钢轨，作为振动梁和抹平活动架走行轨。

(3) 混凝土施工。混凝土施工前，重点检查槽钢和竹胶板顶面高程，用水平仪每两米检测一个点。由于桥面钢筋过多过密，运输车辆无法把混凝土直接运到施工现场，可采用混凝土灌车将混凝土从拌和站运到桥头，然后用吊车输送至现场。浇筑过程按以下程序进行：

1) 布料摊铺。吊车把合格的混凝土输送到桥面后，人工用铁铲、钉耙把混凝土摊铺到桥面上，并进行初步整平，布料摊铺的厚度应超振捣密度后的桥面标高2～3cm。

2) 振捣、初平。布料摊铺一定长度后（5.0～10.0m）启动振动梁对已铺混凝土进行振捣密实，在振动梁行走振捣过程中，应安排专人观察振动梁下的混凝土面情况。过高阻碍振动梁行走时，应及时用铁铲铲除，过低处应及时用铁铲添加混凝土。振捣过程中，应随时用两侧模板检查桥面标高，超出允许误差时及时进行调整。

3) 整平、提浆。振动梁振捣完成10～15m后，采用滚杠反复来回滚压、整平、提浆，并根据滚压情况适当增、减混凝土，直到目测滚筒各处无间隙，混凝土面基本平整为止。

4) 清光、精平。滚杠滚压完成后，在轨道上设置一个木板平台。根据混凝土的凝结情况进行三次清光，第一次采用木模收光一次，第二和第三次采用铁模进行二次清光，以清除混凝土在凝结过程中产生的收缩裂纹以及对铺装层进行精平。在三次清光过程中，设专人用3米直尺纵横向逐点检查平整度，低的地方应及时添补，高的地方及时清除，直到符合设计要求为止。

5) 刷毛、养护。清光、精平完成，当混凝土在终凝之前，初凝之后，采用钢丝刷对桥面混凝土进行刷毛。刷毛完毕后采用毡布覆盖，用高压水枪喷雾进行洒水养生，保证混凝土表面湿润。

### 5.3.3　沥青混凝土桥面铺装施工

1. 施工准备工作

(1) 沥青混凝土所用粗细集料、填料以及沥青均应符合技术规范要求，混合料配合比包括：矿料级配、沥青含量、稳定度（包括残留稳定度）、饱和度、流值、马歇尔试件的密度与空隙率等。

(2) 沥青混合料拌和设备，运输设备以及摊铺设备均应符合技术规范要求。

(3) 路缘石、路沟、检查井和其他结构物的接触面上应均匀地涂上一薄层沥青。

(4) 要检查两侧路缘石完好情况，尤其要注意背面夯实情况，保证在摊铺碾压时，不被挤压、移动。

(5) 施工测量放样：

恢复中线：在直线每10m设一钢筋桩，桩的位置在桥面中心位置。

水平测量：对设立好的钢筋桩进行水平测量，并标出摊铺层的设计标高，挂好钢筋，作为摊铺机的自动找平基线。

(6) 沥青材料的准备，沥青材料应先加热，避免局部热过头，并保证按均匀温度把沥青材料源源不断地从储料罐送到拌和设备内。

(7) 集料准备，集料应加热到不超过170℃，集料在送进拌和设备时的含水量不应超过1%，烘干用的火焰应调节适当，以免烤坏和熏黑集料，干燥滚筒拌和设备出料时混合料含水量不应超过0.5%。

2. 沥青混凝土的拌和及其运输

(1) 拌和。集料和沥青材料按工地配合比公式规定的用量测定和送进拌和，送入拌和设备里的集料温度应符合规范规定，在拌和设备内及出厂的混合料的温度，应不超过160℃。

把规定数量的集料和沥青材料送入拌和设备后，须把这两种材料充分拌和直至所有集料颗粒全部裹覆沥青结合料，沥青材料也完全分布到整个混合料中。拌和厂拌和的沥青混合料应均匀一致、无花白料、无结团块。

拌好的热拌沥青混合料不立即铺筑时，可放入保温的成品储料仓储存，存储时间不得超过72h，储料仓无保温设备时，允许的储料时间应以符合摊铺温度要求为准。

拌和生产出沥青混合料，应符合批准的工地配合比的要求，并应在目标值的容许偏差范围内，集料目标值的偏差应符合技术规范要求。

(2) 沥青混合料运输。沥青混合料的运输采用自卸车运输，从拌和设备向自卸车放料时，为减少粗细集料的离析现象，每卸一斗混合料挪动一下汽车位置，运料时自卸车用篷布覆盖。

3. 沥青混合料的摊铺及碾压

(1) 摊铺。

1) 混合料摊铺使用自动找平沥青摊铺机（最大摊铺宽度12.5m），进行全宽度摊铺和刮平。摊铺机自动找平时，采用所摊铺层的高程靠金属边桩挂钢丝所形成的参考线控制，横坡靠横坡控制器来控制，精度在±0.1%范围。

2) 摊铺时，沥青混合料必须缓慢、均匀、连续不间断地摊铺。不得随意变换速度或中途停顿。摊铺机螺旋送料器中的混合料的高度保持不低于送料器高度的2/3，并保证在摊铺机全宽度断面上不发生离析。

3) 混合料的摊铺用国产摊铺机进行，以参考线控制铺筑层标高。

4) 上下两层之间的横向接缝应错开50cm以上。

5) 当气温低于10℃时不得安排沥青混合料摊铺作业。

(2) 碾压。

1) 一旦沥青混合料摊铺整平，并对不规则的表面修整后，立即对其进行全面均匀的压实。

2) 初压在混合料摊铺后较高温度下进行，沥青混合料不应低于120℃，不得产生推移。碾压时将驱动轮面向摊铺机，碾压路线及碾压方向不得突然改变，初压两遍。

3) 复压要紧接在初压后进行，沥青混合料不得低于90℃，复压可用轮胎压路机、三轮压路机，复压遍数为4～6遍至稳定无显著轮迹为准。

4) 终压要紧接在复压后进行，沥青混合料不得低于70℃，采用轮胎压路机碾压2～4遍，并无轮迹，路面压实成型的终了温度符合规范要求。

5) 碾压从外侧开始并在纵向平行于桥面中线进行，双轮压路机每次重叠30cm，逐步

向内侧碾压过去，用梯队法或接着先铺好的车道摊铺时，应先压纵缝，然后进行常规碾压，在有超高的弯道上，碾压应采用纵向行程平行于中线重叠的办法，由低边向高边进行。碾压时压路机应匀速行驶，不得在新铺混合料上或未碾压成型并未冷却的路段上停留，转弯或急刹车。施工检验人员在碾压过程中，要检测密实度，以保证获得要求的最小压实度。开始碾压时的温度控制在不低于120℃，碾压终了温度控制在不低于70℃。初压、复压、终压三种不同压实段落接茬设在不同的断面上，横向错开1m以上。

6）为防止压路机碾压过程中沥青混合料沾轮现象发生，可向碾压轮洒少量水、混有极少量洗涤剂的水或其他认可的材料，把碾轮适当保湿。

（3）接缝、修边和清场。沥青混合料的摊铺应尽量连续作业，压路机不得驶过新铺混合料的无保护端部，横缝应在前一次行程端部切成，以暴露出铺层的全面。接铺新混合料时，应在上次行程的末端涂刷适量粘层沥青，然后紧贴着先前压好的材料加铺混合料，并注意调置整平板的高度，为碾压留出充分的预留量。相邻两幅及上下层的横向接缝均应错位1m以上。横缝的碾压采用横向碾压后再进行常规碾压。修边切下的材料及其他的废弃沥青混合料均应从桥面清除。

（4）养护。沥青混凝土路面碾压成型之后尚未完全冷却时，任何车辆禁止在上面行驶。当路面开放交通后，要专门安排人保持路面的整洁，不允许在路面上倒料或堆放砂、石、土等杂物，确保路面洁净美观，最大努力减少污染。

## 学习单元5.4 其他附属工程施工

### 5.4.1 防撞护栏

防撞护栏的外观要求极高，没有一套制作精细的模板是不可能浇筑出高质量护栏的。一般由专业加工厂家进行加工制作，每节长1.5～2.0m，每节之间用螺杆联结；安装时用对称栏杆紧固，内模每隔1.5m用松紧螺丝调节其顺直度。所有模板之间接缝，外模板与梁板边接触面，内模底与混凝土铺装接触面均用海绵塞紧夹实，以确保不漏浆。

1. 主要施工流程

放样—钢筋绑扎—模板安装—安装预埋件—浇筑混凝土—混凝土养护—拆模—安装护栏扶手。

2. 主要施工方法

在施工桥梁防撞护栏之前，用水在其施工的表面冲洗干净，然后开始绑扎桥梁防撞护栏的钢筋。钢筋绑扎施工前，必须检查钢筋、焊条和预埋件的品种、规格和质量必须符合设计要求和现行有关钢筋、焊条的标准规定。钢筋工序施工时绑扎一定要牢固，钢筋应平直，表面不应有裂纹，油污和片状老锈。桥梁防撞护栏的钢筋绑扎一定要整齐，规格、间距、保护层厚度一定要符合设计及规范要求。钢筋绑扎好以后，再放置预埋件（顶部支撑钢板），预埋件安装一定要准确，以利于下一道安装工序。

钢筋工序完成以后，进行模板工序的立模工作。防撞护栏的模板采用装配定型钢模板，模板的每节长度为1.5m，以利于组合。由于是组合定型钢模，钢模外侧直接搁置在底部预留钢筋上，预留钢筋间距为1.4m，在内外侧模板放置好以后，再用经纬仪对模板

进行校核，使线形标高准确无误后，然后加以最后固定，模板拼缝一定要严密，模板工序施工完毕以后，进行防撞护栏混凝土浇筑工作。

防撞护栏混凝土浇筑可采用小型运输车运输与人工浇筑相结合的方法进行混凝土的浇筑工作。混凝土浇筑前，首先控制好混凝土搅拌质量，严格控制配合比，杜绝不合格材料，测定当天材料的含泥量、含水量，搅拌混凝土的坍落度，确保混凝土的质量关。混凝土浇筑应遵循“快插慢拔”的原则，振动次层混凝土时，振动棒应插入前层混凝土 5～10cm，振捣应保持足够的时间，以彻底捣实混凝土。在振捣混凝土时一定要用振捣棒把混凝土内的气泡随振捣棒的拔出慢慢赶出来，以使混凝土更加密实和减少混凝土表面气泡的产生。混凝土振捣时间不能持续太长久，以免造成混凝土的离析。不允许在模板内，利用振捣器使混凝土长距离流动式运送混凝土，插入振捣器时应避免碰撞模板、钢筋及其预埋件，便于保护钢筋、预埋件位置的正确性。混凝土振捣时应随时观察模板、钢筋和预埋件，是否有漏浆、松动、变形、垫块脱落等现象，如有应及时纠正。防撞护栏混凝土浇筑好以后，应及时进行收水工作，收水应确保混凝土表面平整度和光洁度，收水结束后，及时盖上塑料薄膜或土工布，进行浇水养护工作。浇水养护应有足够水温养护，确保混凝土的后期强度。

拆模时间可以控制在混凝土浇筑后 5～10h 后进行。最后安装护栏钢扶手。

### 5.4.2 锥体护坡

两桥头设置锥体护坡，锥体护坡在两桥头路堤填筑后进行，锥体护坡一般采用片石砌筑。

#### 5.4.2.1 施工程序

刷坡→泄水管预埋→基础施工→平台及平台以下施工→平台以上至锥顶底部施工→锥顶施工。

#### 5.4.2.2 工艺流程

1. 片石准备

(1) 砌筑用石料应质地坚硬，不易风化，无裂纹，石料表面的污渍应清除。

(2) 石料强度等级应以边长为 70mm 的立方体试件在浸水饱和状态下的抗压极限强度表示。当采用边长为 100mm 或 50mm 的立方体试件时，其抗压极限强度应分别乘以 1.14 或 0.86 的换算系数。

(3) 片石形状无要求，但中部厚度不得小于 15cm。用作镶面的片石表面应平整、尺寸较大，边缘厚度不得小于 15cm。片石长度及宽度不得小于厚度。

2. 测量放样

根据桥台施工设计图，结合台背回填高度放出锥坡的轴线控制桩，放样点设带钉木桩、拉线确定锥坡坡度、碎石垫层厚度、片石砌筑厚度和基础开挖深度、尺寸并用白灰线洒出开挖轮廓线。拉线放样时，坡顶宜预先放高 2～3cm，以消除后期锥体沉降对坡度的影响。

3. 坡面修整

按照设计边坡标准线进行刷坡，锥体边坡可采用挖掘机进行刷坡，刷坡时预留 20cm 采用人工进行。边坡修整时用坡度尺拉线修整，修整后的边坡坡度不得大于设计值。同时

将坡脚地面整平。刷坡时防止出现较大超欠挖，超挖部分要夯填密实，欠挖部分清挖至设计断面。

4. 基坑开挖

开挖前基础轴线控制桩应延长至基坑外，用木桩加以固定，以便于基坑开挖完后能及时恢复垂裙线；根据测量放样的尺寸开挖基础，采用人工配合小型挖掘机进行开挖，基底预留 20cm 左右，采用人工按基础设计尺寸拉线进行开挖并修整，基底浮土全部清理干净，同时保证原土不受扰动。

5. 碎石垫层

待基础砌筑完成后铺筑碎石垫层，碎石垫层厚 10cm。垫层分两次铺筑，第一次铺至平台，待平台及平台以下施工完毕后方可铺筑平台以上坡段至锥顶底部。铺筑前先按设计尺寸要求挂线，碎石垫层铺筑时先由人工抛撒至坡面，抛撒应均匀，然后将碎石与坡面土夯接紧密，避免碎石下滑。

6. 泄水管预埋

泄水管的预埋应跟随碎石垫层的铺设同时进行，一般泄水管采用直径 5cm 的 PVC 管，其间距不大于 1.5m，采用梅花形布置。

7. 浆砌片石砌体砌筑

基础、护坡、平台砌筑前先按设计图纸尺寸要求挂线，然后洒水湿润片石，表面如有泥土、水锈应清洗干净。

（1）砂浆拌制砂浆采用搅拌机搅拌，拌和时间控制在 3～5min，严格按照配合比进行配置，随拌随用，每桶砂浆控制在 2～4h 内用完。已凝结的砂浆不得再使用。

（2）片石砌筑。浆砌片石采用挤浆法分层、分段砌筑。分段位置宜设在沉降缝或伸缩缝处。各砌层应先砌外圈定位砌块。并与里层片石交错连成一体，定位砌块宜选用表面较平整且尺寸较大的石料，定位砌缝应铺满砂浆，不得镶嵌小石块。定位砌块表面砌缝的宽度不得大于 4cm，砌体表面与三块相邻石料相切的内切圆直径不得大于 7cm，两层间的错缝不得小于 8cm，每砌筑 120cm 高度以内应找平一次。定位砌块砌完后，应先在圈内底部铺一层砂浆，其厚度应使石料在挤压安砌时能紧密连接，且砌缝砂浆密实、饱满。镶面石砌筑宜用一顺一丁或两顺一丁方式砌筑，砌缝宽度不得大于 3cm，采用水平分层砌筑。每层中相邻石块间的砌缝应竖直，每层高度宜固定不变，也可向上逐层递减。在丁石的上层或下层，均不得有垂直砌缝。当错缝确有困难时，丁石顶面或底面一侧的错缝可稍小，但不得小于 4cm。砌筑腹石时，石料间的砌缝应互相交错、咬搭、砂浆密实，石料不得无砂浆直接接触，也不得干填石料后铺灌砂浆。石料应大小搭配，较大的石料应以大面为底，较宽的砌缝可用小石块挤塞。挤浆时可用小锤敲打石料，将砌缝挤紧，不得留有空隙。

8. 勾缝养护

（1）勾缝。在砌体砌筑时应留出 2cm 深的空缝，勾缝采用凹缝形式，勾缝所用的砂浆强度不得小于砌体所用的砂浆强度。封面高度比砌体略低，勾缝砂浆面应平整、光滑。勾缝后砌石轮廓不能被掩盖，砌缝的准确位置和宽度应清晰可见。

（2）养护勾缝完毕后应及时覆盖土工布或湿草帘，四周固定在牢固的物体上以免被风刮走，并经常洒水保持湿润，常温下养护期不得少于 7d。养护期间避免外力碰撞、振动

或承重。

### 5.4.3 桥面泄水管

泄水管的安装按设计要求进行，泄水管应伸出结构物底面，高速公路上的桥梁，泄水管不宜直接挂在板下，可将泄水管通过纵向或横向排水管引向地面，管道要有良好的固定装置，泄水管入水端要做好处理，与周边防水层密合。泄水管施工时应注意以下事项：水泥混凝土桥面的泄水管道标高，宜略低于该处的桥面标高，以便雨水汇入，泄水管的顶盖应与泄水管及周围的桥面牢固连接；泄水管与桥墩附近的排水管道连接时，宜有一定的伸缩余量，使梁伸缩时，不会拉断泄水管。

### 5.4.4 桥头搭板

施工工艺：下承层检测→钢筋绑扎→支设模板→浇筑混凝土→养护。

1. 下承层检测

对下承层水泥稳定碎石的高程和横坡度进行检测，对高点进行刨除，低点用同标号混凝土找平。严禁用低标号混凝土回填，在水泥稳定碎石下基层上进行放样。

2. 钢筋绑扎

在绑扎钢筋前用水将下承层清洗干净，严格按图纸要求进行钢筋的绑扎。钢筋长度和间距都符合规范要求。钢筋网采用预先架设安装方式，布料时保证钢筋网不变形、不移位，采用钢筋支架进行支撑。

3. 支设模板

依据放样位置支设模板，模板支设牢固，严密。

4. 浇筑混凝土

由混凝土运输车运送混凝土，输送泵泵送至混凝土面板，在泵送管前面使用5m软管，用人工抬软管布料，对于混凝土过高或者过低处先用人工用铁锹大致找平，再用平板式振动器搓平，利用振动梁刮平并振实后用滚筒反复提浆，然后用磨光机收面并最终整平。在混凝土初凝后对混凝土表面进行拉毛纹处理。

5. 养护

混凝土路面铺筑完成后，立即开始养生，用覆盖毛毡洒水养生，保持混凝土表面始终处于潮湿状态，并根据天气条件确定每天的洒水遍数。混凝土养生初期，严禁人、畜、车辆通行。面板达到设计弯拉强度后，方可开放交通。

### 5.4.5 灯柱安装

灯柱通常只在城镇设有人行道的桥梁上设置，灯柱的设置位置有两种：一种是设在人行道上；另一种是设在栏杆立柱上。

第一种布设较为简单，在人行道下布埋管线，按设计位置预设灯柱基座，在基座上安装灯柱、灯饰，连接好线路即可。这种布设方法大方、美观、灯光效果好，适合于人行道较宽（大于1m）的情况。但灯柱会减小人行道的宽度，影响行人通过，且要求灯柱布置稍高一些，不能影响行车净孔。

第二种布设稍麻烦一些，电线在人行道下预埋后，还要在立柱内布设线管通至顶部，因立柱既要承受栏杆上传来的荷载，又要承受灯柱的质量，因此带灯柱的立柱要特殊设计和制作。在立柱顶部还要预设灯柱基座，保证其连接牢固。这种情况一般只适用于安置单火灯柱，灯柱顶部可向桥面内侧弯曲延伸一部分，以保证照明效果。该布置法的优点是灯柱不占人行道空间，桥面开阔，但施工、维修较为困难。

规范要求桥上灯柱应按设计位置安装，必须牢固，线条顺直，整齐美观，灯柱电路必须安全可靠。

大型桥梁须配置照明控制配电箱，固定在桥头附近安全场所。

检查验收标准：灯柱顺桥向位置偏差不能超过 100mm，横桥方向偏差不能超过 20mm，竖直度：顺桥向、横桥向均不能超过 10mm。

## 项　目　小　结

1. 桥跨结构包括桥面构造、桥面伸缩缝、人行道、栏杆与灯柱等。桥面构造包括桥面铺装、桥面排水、桥面横坡的设置、桥面铺装的类型；常见的伸缩缝有：U 形锌铁皮式伸缩缝、TST 弹塑体伸缩缝、跨搭钢板式伸缩缝、橡胶伸缩缝。

2. 常见桥梁支座包括简易垫层支座、弧形钢板支座、钢筋混凝土摆柱式支座、橡胶支座。

3. 桥面的铺装施工包括桥面防水层的施工、混凝土桥面的施工、沥青混凝土桥面的施工。

4. 桥面附属设施的施工包括防撞栏杆施工、锥形护坡施工、人行道施工等。

## 项　目　测　试

1. 桥面伸缩装置有哪些类型？各适用于什么条件？
2. 桥面铺装的类型有哪些？各有什么特点？
3. 试述混凝土桥面的施工工艺。
4. 试述沥青混凝土桥面的施工工艺。
5. 试述桥面防水层的施工工艺。
6. 试述锥形护坡的施工工艺。
7. 桥面布置有哪些类型？

# 学习项目6　桥 梁 基 础 工 程

**学习目标**

本项目应掌握桥梁基础的特点及分类，重点掌握桩基础的分类及施工方法，了解其他深基础和浅基础的施工方法。

## 学习单元6.1　桥梁基础特点及分类

### 6.1.1　桥梁基础特点

桥梁基础起着支承桥跨结构，保持体系稳定的作用，它把上部结构、墩台自重及车辆荷载传递给地基，是桥梁结构物的一个重要组成部分。地基即基础下面的地层。作为整个桥梁的载体，地基承受基础传来的荷载。为了保证结构物的安全和正常使用，要求地基必须有足够的强度和稳定性；同时，变形也应在容许范围之内。对于浅基础而言，从地基的层次和位置看，它有持力层和下卧层之分。如图6.1所示，持力层即与浅基础底面相接触的那部分地层，直接承受基底压应力作用；持力层以下的地层称为下卧层。

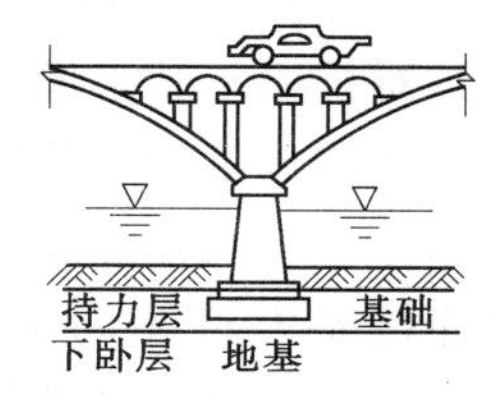


图6.1　地基与基础

要保证建筑物的质量，首先必须保证有可靠的地基与基础；否则，整个建筑物就可能遭到损坏或影响正常使用。从实践来看，建筑工程质量事故往往是由于地基与基础的失稳、破坏造成的，究其原因也是多方面的：一方面，从客观上看，地基和基础属于隐蔽工程，施工条件差，并且一旦出现问题，很难发现，也很难处理、修复；另一方面，地基与基础在地下或水下，往往导致主观上的轻视；再者，地基和基础所占造价比重较大。因此，要求充分重视地基和基础的设计、施工质量，严格执行现行部颁公路桥涵设计、施工相关技术规范、标准。

### 6.1.2　桥梁基础类型

地基可分为天然地基和人工地基。直接在其上修筑基础的地层称为天然地基；如天然地层土质过于软弱或有不良工程地质问题时，则需要经过人工加固或处理后才能修筑基础，这种地基称为人工地基。在一般情况下，应尽量采用天然地基。

基础的类型，可按基础的刚度、埋置深度、构造形式及施工方法来分类。分类目的在于了解各种类型基础的特点，以便在设计时，根据具体情况合理地加以选用。

1. 按基础的刚度分类

根据基础受力后的变形情况，可分为刚性和柔性基础。

如图6.2（a）所示，受力后，不发生挠曲变形的基础称为刚性基础，一般可用抗弯拉强度较差的圬工材料（如浆砌块石、片石混凝土等）做成；这种基础不需要钢材，造价

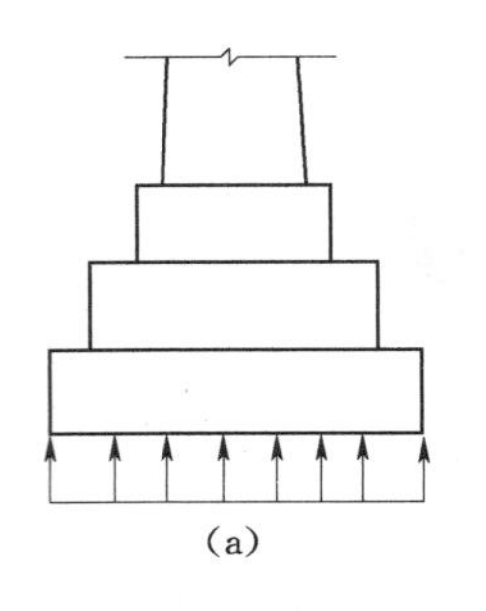


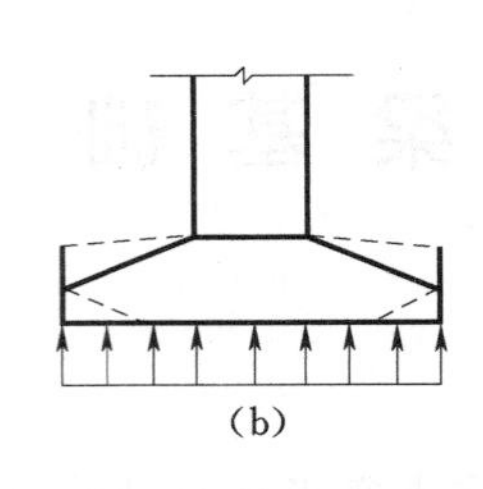


图 6.2　基础按刚度分类
(a) 刚性基础；(b) 柔性基础

较低，但圬土体积较大，且支承面积受一定限制。容许发生较大挠曲变形的基础称为柔性基础或弹性基础，如图 6.2 (b) 所示，其通常须用钢筋混凝土做成；由于钢筋可以承受较大的弯拉应力和剪应力，所以当地基承载力较小时，采用这种基础可以有较大的支承面积。在桥梁工程中，一般情况下，多数采用刚性基础。

2. 按基础埋置深度分类

按基础埋置深度不同，可分为浅基础(5m 以内) 和深基础两种。

当浅层地基承载力较大时，可采用埋深较小的浅基础。浅基础施工方便，通常用明挖法从地面开挖基坑后，直接在基坑底面砌筑、浇筑基础，是桥梁基础首选方案。如果浅层土质不良，需将基础埋置于较深的良好土层中，这种基础称为深基础。深基础设计和施工较复杂，但具有良好的适应性和抗震性。因此，目前高等级公路普遍应用，常见的形式有桩基础、沉井等基础形式。

3. 按构造形式分类

对桥梁基础来说，可归纳为实体式和桩柱式两类。当整个基础都由圬工材料筑成时，称为实体式基础。其特点是基础整体性好，自重较大，所以对地基承载力要求也较高，如图 6.3 (a) 所示。由多根基桩或小型管桩组成，并用承台连接成为整体的基础，称为桩柱式基础，如图 6.3 (b) 所示。这种基础较实体式基础圬工体积小，自重较轻，对地基强度的要求相对较低，桩柱本身一般要用钢筋混凝土制成。

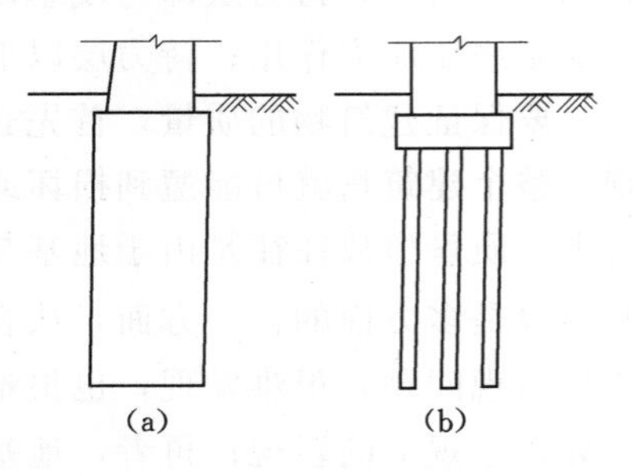


图 6.3　基础按构造形式分类
(a) 实体式基础；(b) 桩柱式基础

4. 按施工方法进行分类

按施工方法不同，可分为明挖法、沉井、沉箱、沉桩、沉管灌注桩、就地钻 (挖) 孔灌注桩等。明挖法最为简单，但只适用于浅基础。其他方法均用于深基础。

5. 按基础的材料分类

目前，我国公路构造物基础大多采用混凝土或钢筋混凝土结构，少部分采用钢结构。在石料丰富的地区，按照因地制宜、就地取材的原则，也常用砌石基础。只有在特殊情况下 (如抢修、林区便桥)，才采用临时的木结构。

# 学习单元 6.2　桥 梁 基 础 构 造

## 6.2.1　刚性浅基础构造

浅基础埋入地层深度较浅，施工一般采用敞开挖基坑修筑基础的方法，故有时称此法施工的基础为明挖基础。浅基础在设计计算时可以忽略基础侧面土体对基础的影响，基础

结构形式和施工方法也较简单。深基础埋入地层较深，结构形式和施工方法较浅基础复杂，在设计计算时需考虑基础侧面土体的影响。

浅基础根据材料可分为砖基础、毛石基础、灰土基础、三合土基础，混凝土基础、钢筋混凝土基础；根据受力条件及构造可分为刚性基础和柔性基础两大类。

刚性浅基础即无筋扩展基础，系指由砖、毛石、素混凝土或毛石混凝土、灰土和三合土等材料组成的墙下条形基础或柱下独立基础，如图6.4所示。由于这类基础材料抗拉强度低，不能受较大的弯矩作用，稍有弯曲变形，即产生裂缝，而且发展很快，以致基础不能正常工作。因此，通常采取构造措施，控制基础的外伸宽度 $b_2$ 和基础高度 $H_0$ 的比值不能超过表6.1所规定的允许宽高比$\left[\frac{b_2}{H_0}\right]$范围，基础高度及台阶形基础每阶的宽高比应符合下式要求：

$$\frac{b_2}{H_0}\leqslant\left[\frac{b_2}{H_0}\right]=\tan\alpha \tag{6.1}$$

式中　$\left[\frac{b_2}{H_0}\right]$——无筋扩展基础的允许宽高比，查表6.1得到；

$\alpha$——基础的刚性角，如图6.5所示。

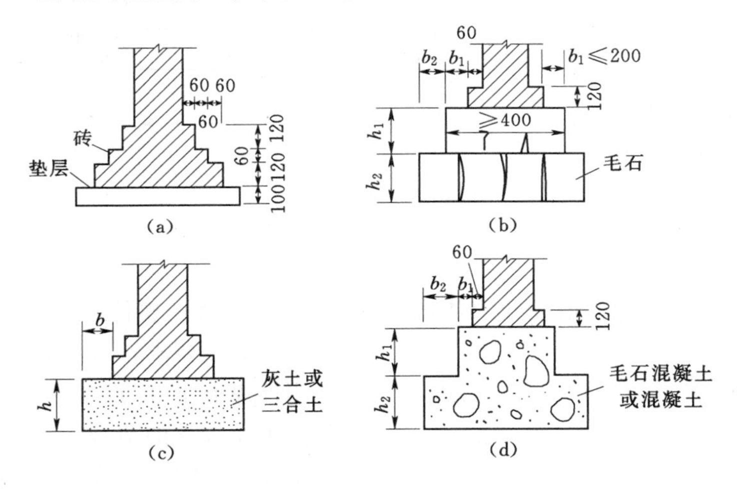


图6.4　无筋扩展基础类型

(a) 砖基础；(b) 毛石基础；(c) 灰土或三合土基础；(d) 毛石混凝土或混凝土基础

**表6.1　无筋扩展基础台阶宽高比的允许值**

| 基础材料 | 质量要求 | 台阶宽高比的允许值（$\tan\alpha$） | | |
|---|---|---|---|---|
| | | $p_k\leqslant100$ | $100<p_k\leqslant200$ | $200<p_k\leqslant300$ |
| 混凝土基础 | C15混凝土 | 1∶1.00 | 1∶1.00 | 1∶1.25 |
| 毛石混凝土基础 | C15混凝土 | 1∶1.00 | 1∶1.25 | 1∶1.50 |
| 砖基础 | 砖不低于MU10、砂浆不低于M5 | 1∶1.50 | 1∶1.50 | 1∶1.50 |
| 毛石基础 | 砂浆不低于M5 | 1∶1.25 | 1∶1.50 | — |

续表

| 基础材料 | 质　量　要　求 | 台阶宽高比的允许值（$\tan\alpha$） | | |
|---|---|---|---|---|
| | | $p_k \leqslant 100$ | $100 < p_k \leqslant 200$ | $200 < p_k \leqslant 300$ |
| 灰土基础 | 体积比为 3∶7 或 2∶8 的灰土，其最小干密度：粉土 1.55t/m³；粉质黏土 1.50t/m³；黏土 1.45t/m³ | 1∶1.25 | 1∶1.50 | — |
| 三合土基础 | 体积比为 1∶2∶4～1∶3∶6（石灰∶砂∶骨料），每层约虚铺 220mm，夯至 150mm | 1∶1.50 | 1∶2.00 | — |

注　1. $p_k$ 为荷载效应标准组合时基础底面处的平均压力值（kPa）。
2. 阶梯形毛石基础的每阶伸出宽度，不宜大于 200mm。
3. 当基础由不同材料叠合组成时，应对接触部分作局部受压承载力计算。
4. $p_k > 300$kPa 的混凝土基础，尚应进行抗剪验算。

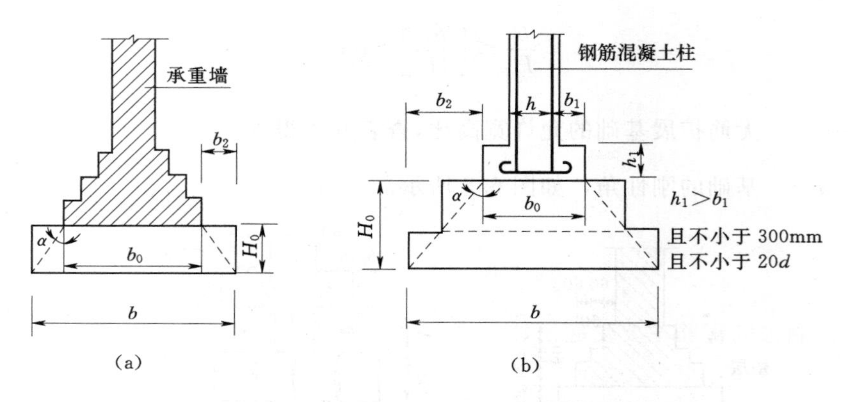


图 6.5　无筋扩展基础构造示意

$d$—柱中纵向钢筋直径

按基础台阶宽高比允许值设计的基础，一般都具有较大的整体刚度，其抗拉、抗剪强度都能够满足要求，可不必验算。

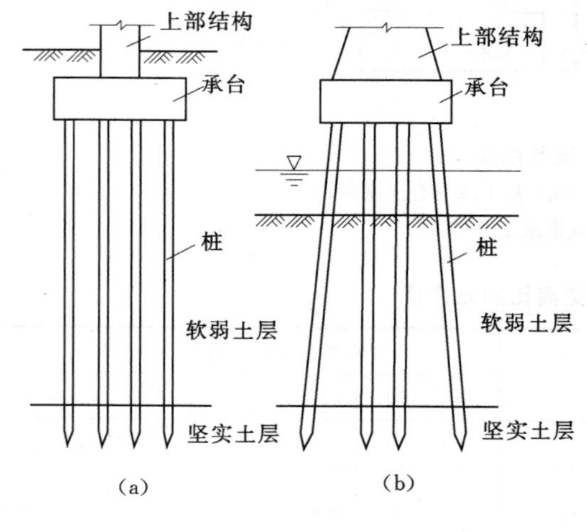


图 6.6　桩基础示意图

（a）低承台桩基础；（b）高承台桩基础

刚性基础的特点是稳定性好、施工简便、能承受较大的荷载，所以只要地基强度能满足要求，它是首先考虑的基础形式。它的主要缺点是自重大，并且当持力层为软弱土时，由于扩大基础面积有一定限制，需要对地基进行处理或加固后才能采用，否则会因所受的荷载压力超过地基强度而影响结构物的正常使用。所以对于荷载大或上部结构对沉降差较敏感的结构物，当持力层的土质较差又较厚时，刚性基础作为浅基础是不适宜的。

### 6.2.2　桩基础类型与构造

根据承台与地面相对位置的高低，桩基

础可分为低承台桩基础和高承台桩基础，如图6.6所示。

低承台桩基的承台底面位于地面以下，其受力性能好，具有较强的抵抗水平荷载的能力，在工业与民用建筑中，几乎都使用低承台桩基，而且大多采用竖直桩。

高承台桩基的承台底面位于地面以上，且常处于水下，水平受力性能差，但可避免水下施工及节省基础材料，多用于桥梁及港口工程，且较多采用斜桩，以承受较大的水平荷载。

如果承台下只有一根桩的桩基础称为单桩基础；而承台下有两根或两根以上桩数组成的桩基础称为群桩基础，群桩基础中的单桩称为基桩。

1. 按施工方法分类

根据施工方法的不同，桩可分为预制桩和灌注桩两大类。

(1) 预制桩。根据所用材料的不同，预制桩可分为混凝土预制桩、钢桩和木桩三类。目前木桩在工程中已很少使用，这里主要介绍混凝土预制桩和钢桩。

1) 混凝土预制桩。混凝土预制桩，多为钢筋混凝土预制桩，其横截面有方形、圆形等多种形状，一般普通实心方桩的截面边长为300～500mm。混凝土预制桩可以在工厂加工，也可以在现场预制。现场预制桩的长度一般在25～30m以内；工厂预制时分节长度一般不超过12m，沉桩时在现场连接到所需桩长。分节接头应保证质量以满足桩身承受轴力、弯矩和剪力的要求，通常可用钢板、角钢焊接，并涂以沥青以防腐蚀。也可采用钢板垂直插头加水平销连接，其施工快捷，不影响桩的强度和承载力。

混凝土预制桩的配筋主要受起吊、运输、吊立和沉桩等各阶段的应力控制，其用钢量较大。为了减少混凝土预制桩的钢筋用量、提高桩的承载力和抗裂性，可采用预应力混凝土桩。

预应力混凝土管桩（图6.7）采用先张法预应力工艺和离心型法制作。经高压蒸汽养护生产的为预应力高强度混凝土管桩（代号为PHC桩），其桩身混凝土强度等级不小于C80；未经高压蒸汽养护生产的为预应力混凝土管桩（代号为PC桩），其桩身混凝土强度等级为C60～C80。建筑工程中常用的PHC桩与PC管桩的外径为300～600mm，分节长度为7～13m，沉桩时桩节处通过焊接端头板接长，桩的下端设置十字形桩尖、圆锥形尖或开口形桩尖，如图6.8所示。

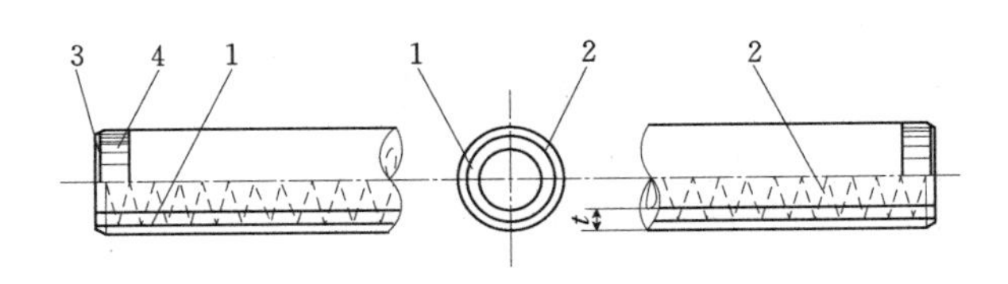


图6.7　预应力混凝土管桩

1—预应力钢筋；2—螺旋箍筋；3—端头板；4—钢套筋；$t$—壁厚

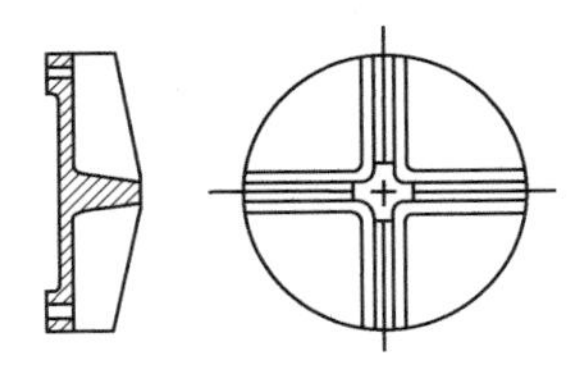

图6.8　预应力混凝土管桩的封口十字刃钢桩尖

2) 钢桩。工程中常用的钢桩有H形钢桩以及下端开口或闭口的钢管桩等。H形钢桩的横截面大都呈正方形，截面尺寸为200mm×200mm～360mm×410mm，翼缘和腹板的厚度为9～20mm。H形钢桩贯入各种土层的能力强，对桩周土的扰动也较小，但其横截

面面积较小，桩端阻力不高。钢管桩的直径一般为400～3000mm，壁厚6～50mm。端部开口的钢管桩易于打入（沉桩困难时，可在管内取土以助沉），但桩端阻力比闭口的钢管桩小。

钢管的穿透能力强，自重轻、锤击沉桩的效果好，承载力高，无论起吊、运输或是沉桩、接桩都很方便。但钢桩耗钢量大，成本高，抗腐蚀性能较差，须作表面防腐蚀处理，目前只在少数重要工程中使用，如上海宝钢工程就采用了直径914.4mm、壁厚16mm、长61m等几种规格的钢管桩。

预制桩的沉桩方法主要有：锤击法、振动法和静压法等。

1）锤击法沉桩。锤击法沉桩是用桩锤（或辅以高压射水）将桩击入地基中的施工方法，适用于松散的碎石土（不含大卵石或漂石）、砂土、粉土以及可塑状态的黏性土地基。锤击法沉桩噪声大，且存在有振动和地层扰动等问题，在城市建设中应考虑其对环境的影响。

2）振动法沉桩。振动法沉桩是采用振动锤进行沉桩的施工方法，适用于砂土和可塑状态的黏性土地基，对受振动时土的抗剪强度有较大降低的砂土地基和自重不大的钢桩，沉桩效果更好。

3）静压法沉桩。静压法沉桩是采用静力压桩机将桩压入地基中的施工方法。静压法沉桩具有无噪声、无振动、无冲击力、施工应力小、桩顶不易损坏和沉桩精度较高等优点。但较长桩分节压入时，接头较多会影响压桩的效果。

（2）灌注桩。灌注桩是直接在所设计桩位处成孔，然后在孔内加放钢筋笼（也有直接插筋或省去钢筋的）再浇灌混凝土而成的桩。灌注桩横截面呈圆形，可以做成大直径和扩底桩，保证灌注桩承载力的关键在于桩身的成型及混凝土质量。灌注桩适用于各类地基土，通常可分为以下几种类型：

1）沉管灌注桩。利用锤击或振动等方法沉管成孔，然后浇灌混凝土，拔出套管，其施工程序如图6.9所示。

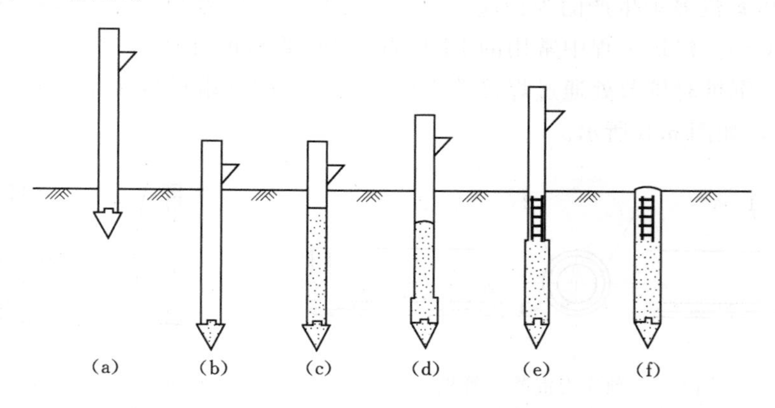


图6.9　沉管灌注桩的施工程序示意

(a) 打桩机就位；(b) 沉管；(c) 浇灌混凝土；(d) 边拔管边振动；
(e) 安放钢筋笼，继续浇灌混凝土；(f) 成型

利用锤击或振动等方法沉管成孔一般可分为单打、复打（浇灌混凝土并拔管后，立即

在原位再次沉管及浇灌混凝土）和反插法（灌满混凝土后，先振动再拔管，一般拔0.5～1.0m，再反插0.3～0.5m）三种。复打后的桩横截面面积增大，承载力提高，但其造价也相应提高。

振动沉管灌注桩的钢管底端带有活瓣桩尖（沉管时桩尖闭合，拔管时活瓣张开以便浇灌混凝土），或套上预制混凝土桩尖。桩径一般为400～500mm，常用振动锤的振动力为70kN、100kN和160kN。在黏性土中，其沉管穿透能力比锤击沉管灌注桩稍差，承载力也比锤击沉管灌注桩要低。

锤击沉管灌注桩的常用桩径（预制桩尖的直径）为300～500mm，桩长常在20m以内，可打至硬塑黏土层或中、粗砂层。其优点是设备简单、打桩进度快、成本低。但在软、硬土层交界处或软弱土层处易发生缩颈（桩身截面局部缩小）现象，此时通常可放慢拔管速度，加大灌注管内混凝土量。此外，也可能由于邻桩挤压或其他振动作用等各种原因使土体上隆，引起桩身受拉而出现断桩现象；或出现局部夹土、混凝土离析及强度不足等质量事故。

2）钻（冲）孔灌注桩。钻（冲）孔灌注桩用钻（冲）孔机具（如螺旋钻、振动钻、冲抓锥钻、旋转水冲钻等）钻土成孔，然后清除孔底残渣，安放钢筋笼，浇灌混凝土。钻孔灌注桩的施工设备简单，操作方便，适用于各种黏性土、砂性土，也适用于碎石、卵石类土和岩层。有的钻机成孔后，可撑开钻头的扩孔刀刃使之旋转切土扩大桩孔，浇灌混凝土后在底端形成扩大桩端，但扩底直径不宜大于3倍桩身直径。

钻（冲）孔灌注桩的最大优点是入土深，能进入岩层，刚度大，承载力高，桩身变形小，并可方便地进行水下施工。钻孔灌注桩在我国公路桥梁的设计与施工中的应用十分广泛，目前国内钻孔灌注桩多用泥浆护壁，施工时泥浆水面应高出地下水面1m以上，清孔后在水下浇灌混凝土，其施工程序如图6.10所示。

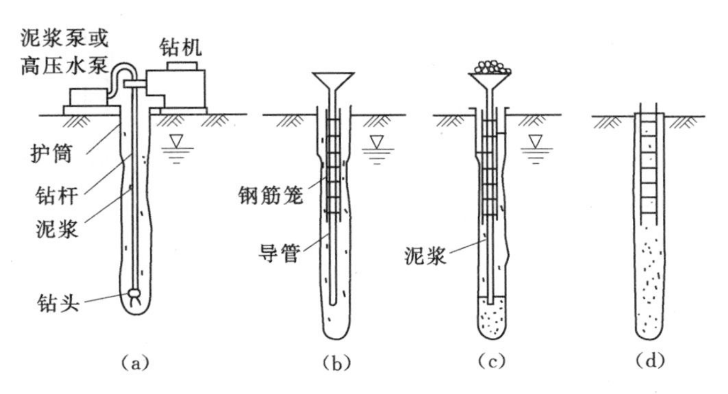


图6.10　钻孔灌注桩施工程序示意

(a) 成孔；(b) 下导管及钢筋笼；(c) 浇灌水下混凝土；(d) 成桩

3）挖孔桩。挖孔桩是采用人工或机械挖掘成孔，逐段边开挖边支护，达所需深度后再进行扩孔、安装钢筋笼及浇灌混凝土而成，如图6.11所示。挖孔桩一般内径应不小于800mm，开挖直径不小于1000mm，护壁厚不小于100mm；为防止坍孔，每挖约1m深，制作一节混凝土护壁，护壁呈斜阶形，每节高500～1000mm，可用混凝土浇注或砖砌筑。挖孔桩身长度宜限制在40m以内。挖孔桩端部分可以形成扩大头，以提高承载能力，但

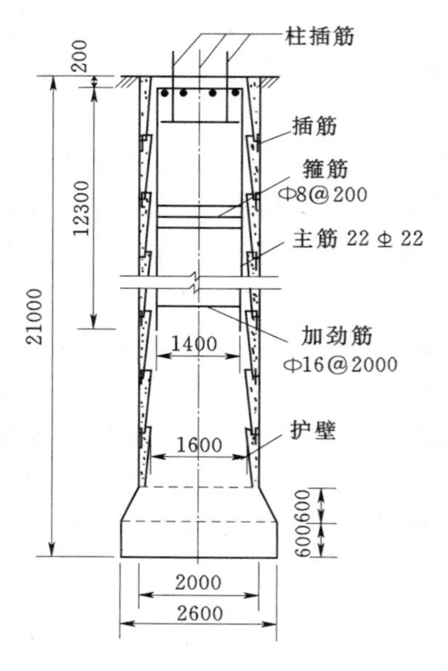


图 6.11 人工挖孔桩示例（单位：mm）

限制扩头端直径与桩身直径之比 $D/d \leqslant 3.0$。

扩底变径尺寸一般按 $b/h=1/3\sim1/2$（砂土取 1/3，粉土、黏性土和岩层取 1/2）的要求进行控制。扩底部分可分为平底和弧底两种，平底加宽部分的直壁段高（$h_1$）宜为 300～500mm，且（$h+h_1$）$>$1000mm；弧底的矢高 $h_1$ 取（0.10～0.15）$D$（$D$ 为扩头端直径），如图 6.12 所示。

挖孔桩的优点是，可直接观察地层情况，孔底易清除干净，设备简单，噪声小，场区内各桩可同时施工，且桩径大、适应性强，比较经济。缺点是桩孔内空间狭小、劳动条件差，可能遇到流沙、塌孔、缺氧、有害气体、触电等危险，易造成安全事故。因此，施工时应严格执行有关安全操作的规定。

4）爆扩灌注桩。爆扩灌注桩是指就地成孔后，在孔底放入适量炸药并灌注适量混凝土后，用炸药爆炸扩大孔底，再安放钢筋笼，灌注桩身混凝土而成的桩，如图 6.13 所示。这种桩扩大桩底与地基土的接触面积，提高桩的承载能力。爆扩桩宜用于较浅持力层，以在黏土中成型并支承在坚硬密实土层上为最理想的采用条件。爆扩桩宜用于较浅持力层，最适宜在黏土中成型并支承在坚硬密实土层上的情况。

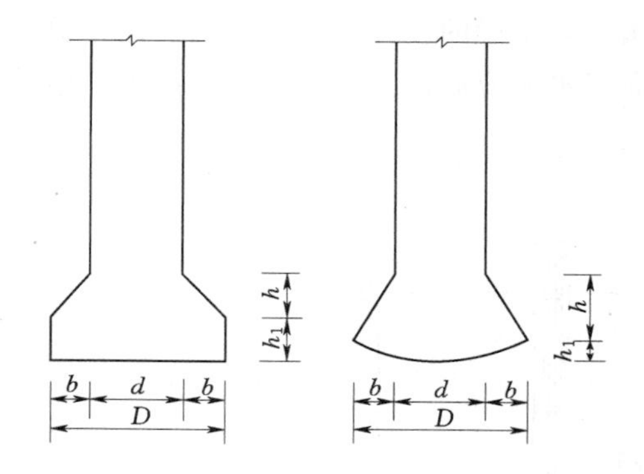


图 6.12 扩底桩构造

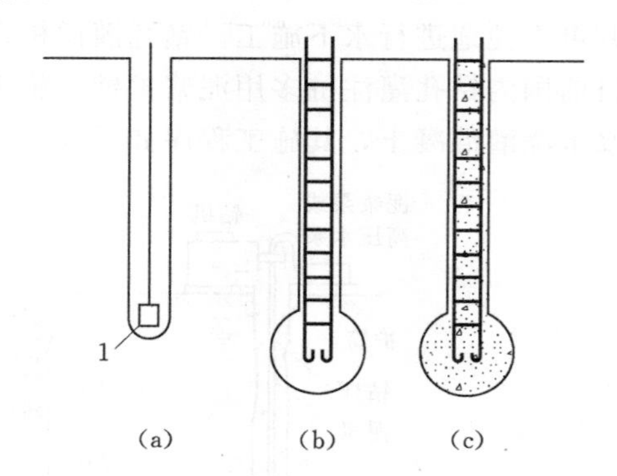


图 6.13 爆扩灌注桩
（a）成孔下放药包；（b）爆扩后放钢筋笼；（c）灌注成型

我国常用灌注桩的适用范围见表 6.2。

**表 6.2　各种灌注桩的适用范围**

| 成孔方法 | | 适用范围 |
|---|---|---|
| 泥浆护壁成孔 | 冲抓<br>冲击 600～1500mm<br>回转钻 400～3000mm | 碎石类土、砂类土、黏性土及风化岩。冲击成孔的，进入中等风化和微风化岩层的速度比回转钻快，深度可达 50m |
| | 潜水钻 450～3000mm | 黏性土、淤泥、淤泥质土及砂土，深度可达 80m |

续表

| 成孔方法 | | 适用范围 |
|---|---|---|
| 干作业成孔 | 螺旋钻 300～1500mm | 地下水位以上的黏性土、粉土、砂类土及人工填土，深度可达 30m |
| | 钻孔扩底，底部直径可达 1200mm | 地下水位以上坚硬、硬塑的黏性土及中密以上的砂类土，深度在 15m 内 |
| | 机动洛阳铲 270～500mm | 地下水位以上的黏性土、黄土及人工填土，深度在 20m 内 |
| | 人工挖孔 800～3500mm | 地下水位以上的黏性土、黄土及人工填土，深度在 25m 内 |
| 沉管成孔 | 锤击 320～800mm | 硬塑黏性土、粉土、砂类土，直径 600mm 以上的可达强风化岩，深度可达 20～30m |
| | 振动 300～500mm | 可塑的黏性土、中细砂，深度可达 20m |
| 瀑扩成孔，底部直径可达 800mm | | 地下水位以上的黏性土、黄土及人工填土 |

## 【思考题】

- 预制桩有哪些沉桩方法？
- 灌注桩有哪些主要类型？各自适用于什么范围？

2. 按荷载传递方式分类

桩按荷载传递方式可分为端承型桩和摩擦型桩两大类，如图 6.14。

（1）端承型桩。端承型桩是指桩顶竖向荷载全部或主要由桩端阻力承受的桩。根据桩端阻力分担荷载的比例，又可分为端承桩和摩擦端承桩两类。

1）端承桩。端承桩是指桩顶竖向荷载绝大部分由桩端阻力承担，桩侧阻力可忽略不计的桩。当桩的长径比较小（一般 $l/d \leqslant 10$），桩身穿越软弱土层，桩端设置在密实砂类、碎石类土层中或位于中等风化、微风化及新鲜岩石顶面（即入岩深度 $h_r \leqslant 0.5d$），桩顶竖向荷载绝大部分由桩端阻力承担，桩侧阻力可忽略不计。

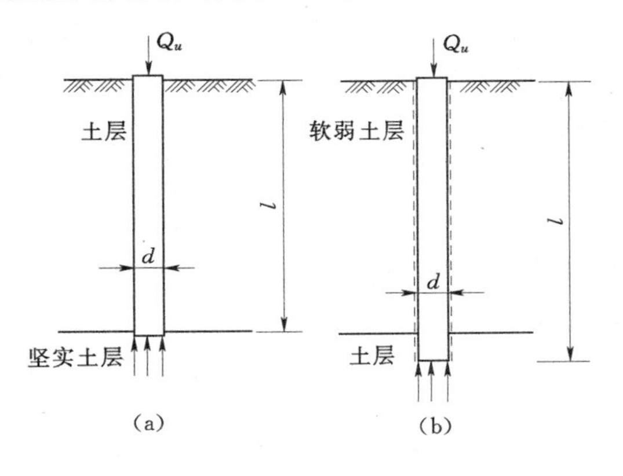


图 6.14 桩按荷载传递方式分类
(a) 端承型桩；(b) 摩擦型桩

2）摩擦端承桩。摩擦端承桩是指桩顶竖向荷载由桩侧阻力和桩端阻力共同承担，但桩端阻力分担荷载较大的桩。通常桩端进入中密以上的砂类、碎石类土层，或位于中等风化、微风化及新鲜基岩顶面。这类桩的桩侧阻力虽属次要，但不可忽略，属于摩擦端承桩。

此外，当桩端嵌入完整和较完整的中等风化、微风化及新鲜硬质岩石一定深度以上（$h_r > 0.5d$，$d$ 为桩径）时，称为嵌岩桩。对于嵌岩桩，桩侧和桩端分担荷载的比例与孔底沉渣及进入基岩深度有关，桩的长径比不是制约荷载分担的唯一因素。

（2）摩擦型桩。摩擦型桩是指桩顶竖向荷载全部或主要由桩侧阻力承受的桩。根据桩侧阻力分担荷载的比例，摩擦型桩又分为摩擦桩和端承摩擦桩两类。

1）摩擦桩。摩擦桩是指桩顶竖向荷载绝大部分由桩侧阻力承担，桩端阻力可忽略不计的桩。例如，①桩长径比很大，桩顶荷载只通过桩身压缩产生的桩侧阻力传递给桩周土，桩端土层分担荷载很小；②桩端下无较坚实的持力层；③桩底残留虚土或沉渣的灌注桩；④桩端出现脱空的打入桩等。

2）端承摩擦桩。端承摩擦桩是指桩顶竖向荷载由桩侧阻力和桩端阻力共同承担，但桩侧阻力分担荷载较大的桩。当桩的长径比不很大，桩端持力层为较坚实的黏性土、粉土和砂类土时，除桩侧阻力外，还有一定的桩端阻力。这类桩所占比例很大。

## 【思　考　题】

• 端承桩、摩擦端承桩、摩擦桩和端承摩擦桩各有什么特点？

3. 按设置效应分类

桩的设置方法（打入或钻孔成桩等）不同，桩周土受到的排挤作用也不同。排挤作用将使土的天然结构、应力状态和性质发生很大变化，从而影响桩的承载力，这些影响统称为桩的设置效应。根据设置效应，桩可分为：挤土桩、部分挤土桩和非挤土桩三种类型。

（1）挤土桩。挤土桩是指桩在设置过程中对桩周土体有明显排挤作用的桩，如实心的预制桩、下端封闭的管桩、木桩以及沉管灌注桩等打入桩。它们在锤击、振动贯入或压入过程中，都将桩位处的土大量排挤开，使桩周附近土的结构严重扰动破坏，对土的强度和变形性质影响较大。因此，对于挤土桩应采用原状土扰动后再恢复的强度指标来估算桩的承载力。

（2）部分挤土桩。部分挤土桩是指桩在设置过程中对桩周土体稍有排挤作用的桩，如开口的钢管桩、H形钢桩和开口的预应力混凝土管桩。它们在设置过程中都对桩周土体稍有排挤作用，但土的强度和变形性质变化不大，一般可用原状土测得的强度指标估算桩的承载力。

（3）非挤土桩。非挤土桩是指桩在设置过程中对桩周土体无排挤作用的桩，如钻（冲或挖）孔灌注桩及先钻孔后再打入的预制桩。它们在设置过程中都将与桩体积相同的土体挖出，因而设桩时桩周土不但没有受到排挤，相反可能因桩周土向桩孔内移动而使土的抗剪强度降低，桩的侧阻力也会有所降低。

4. 桩在平面上的布置

桩的平面布置可采用对称式、梅花式、行列式和环状排列。为了使桩基在其承受较大弯矩的方向上有较大的抵抗矩，也可采用不等距排列，此时，对柱下单独桩基和整片式的桩基，宜采用外密内疏的布置方式。为了使桩基中各桩受力比较均匀，群桩横截面的重心应与竖向永久荷载合力的作用点重合或接近。布置桩位时，桩的中心距一般采用3～4倍桩径，其中心距应符合表6.3的规定。对于大面积桩群，尤其是挤土桩，桩的最小中心距宜表中值适当加大。扩底灌注桩除应符合表6.3的要求外，尚应满足表6.4的规定。

**表 6.3　　桩 的 最 小 中 心 距 表**

| 土类与成桩工艺 | | 排数不少于3排且桩数不少于9根的摩擦型桩基 | 其他情况 |
|---|---|---|---|
| 非挤土和小量挤土灌注桩 | | 3.0$d$ | 2.5$d$ |
| 挤土灌注桩 | 穿越非饱和土 | 3.5$d$ | 3.0$d$ |
| | 穿越饱和软土 | 4.0$d$ | 3.5$d$ |
| 挤土预制桩 | | 3.0$d$ | 3.0$d$ |
| 打入式敞口管桩和H形钢桩 | | 3.5$d$ | 3.0$d$ |

注　$d$—桩径。

**表 6.4　　灌注桩扩底端最小中心距**

| 成 桩 方 法 | 最 小 中 心 距 |
|---|---|
| 钻、挖孔灌注桩 | 1.5$d_b$ 或 $d_b$+1m（当 $d_b$>2m 时） |
| 沉管扩底灌注桩 | 2.0$d_b$ |

注　$d_b$—扩大端设计直径。

工程实践中，桩群的常用平面布置形式为：柱下桩基多采用对称多边形，墙下桩基采用梅花式或行列式，筏形或箱形基础下宜尽量沿柱网、肋梁或隔墙的轴线设置，如图6.15所示。

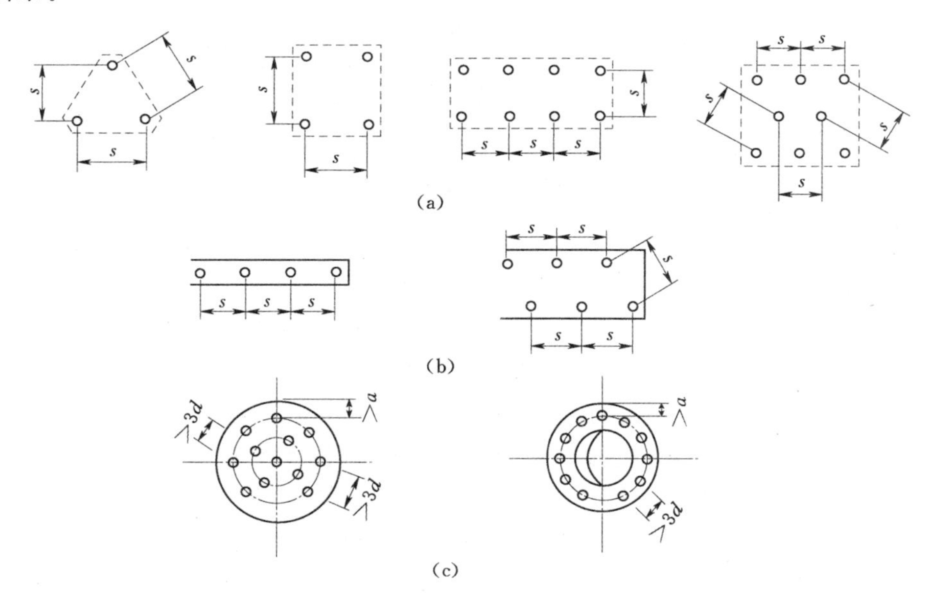


图 6.15　桩的常用布置形式

(a) 柱下基础；(b) 墙下基础；(c) 圆（环）形基础

## 5. 承台的构造要求

承台的最小宽度不应小于500mm，为满足桩顶嵌固及抗冲切的需要，边桩中心至承台边缘的距离不宜小于桩的直径或边长，且桩的外边缘至承台边缘的距离不小于150mm。

对于墙下条形承台，考虑到墙体与条形承台的相互作用可增强结构的整体刚度，并不至于产生桩顶对承台的冲切破坏，桩的外边缘至承台边缘的距离不小于75mm。为满足承台的基本刚度、桩与承台的连接等构造需要，条形承台和柱下独立承台的最小厚度为300mm，其最小埋深为500mm。

筏板、箱形承台板的厚度应满足整体刚度、施工条件及防水要求。对于桩布置于墙下或基础梁下的情况，承台板厚度不宜小于250mm，且板厚与计算区段最小跨度之比不宜小于1/20。

承台混凝土强度等级不应低于C20，纵向钢筋的混凝土保护层厚度不应小于70mm，当有混凝土垫层时，不应小于40mm。

承台的配筋，对于矩形承台，钢筋应按双向均匀通长布置［图6.16（a）］，钢筋直径不宜小于10mm，间距不宜大于200mm；对于三桩承台，钢筋应按三向板带均匀布置，且最里面的三根钢筋围成的三角形应在柱截面范围内［图6.16（b）］。承台梁的主筋除满足计算要求外，尚应符合《混凝土结构设计规范》（GB 50010）关于最小配筋率的规定，主筋直径不宜小于12mm，架立筋不宜小于10mm，箍筋直径不宜小于6mm［图6.16（c）］。

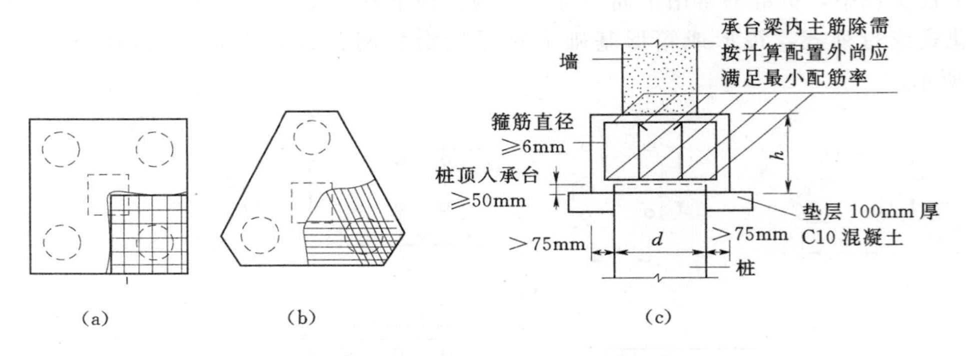


图6.16 承台配筋示意
（a）矩形承台配筋；（b）三桩承台配筋；（c）承台梁配筋

筏形和箱形承台顶、底板的配筋与筏、箱基的要求相同。

桩顶嵌入承台的长度对于大直径桩，不宜小于100mm；对于中等直径桩不宜小于50mm。混凝土桩的桩顶主筋应伸入承台内，其锚固长度不宜小于钢筋直径的30倍（HPB235级钢筋）或35倍（HRB335和HRB400级钢筋），对于抗拔桩基不应小于钢筋直径的40倍。预应力混凝土桩可采用钢筋与桩头钢板焊接的连接方法。钢桩可采用在桩头加焊锅型钣或钢筋的连接方法。

## 【思　考　题】

- 桩的设计内容包括有哪些？
- 桩身结构如何设计？
- 承台的设计计算的内容？承台的构造有哪些要求？

### 6.2.3　沉井基础构造

沉井（图6.17）通常是用钢筋混凝土或砖石、混凝土等材料制成的井筒状结构物，一般分数节制作。施工时，先在场地上整平地面铺设砂垫层，设支承枕木，制作第一节沉井，然后在井筒内挖土（或水力吸泥），使沉井失去支承下沉，边挖边排边下沉，再逐节接长井筒。当井筒下沉达设计标高后，用素混凝土封底，最后浇筑钢筋混凝土底板，构成地下结构物，或在井筒内用素混凝土或砂砾石填充，构成深基础。

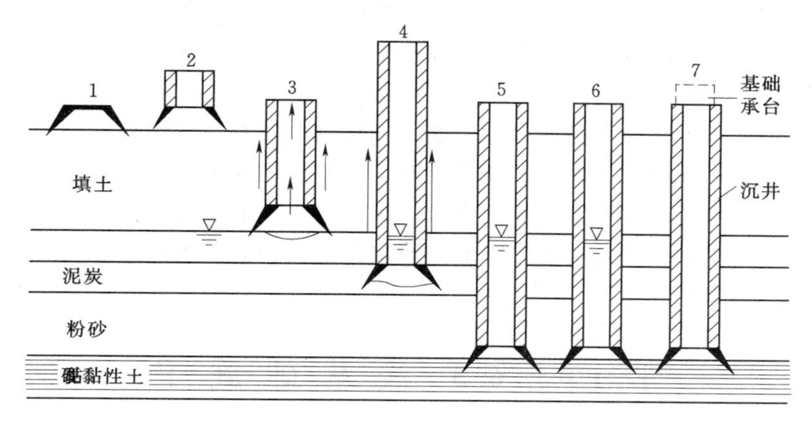


图6.17　沉井施工顺序示意图

沉井主要由井壁、刃脚、隔墙、凹槽、封底和盖板等部分组成（图6.18）。井壁是沉井的主要部分，施工完毕后也是建筑物的基础部分。沉井在下沉过程中，井壁需挡土、挡水，承受各种最不利荷载组合产生的内力，因此应有足够的强度；同时井壁还需有足够的厚度和重量（一般壁厚0.5～1.8m），以便在自重作用下克服侧壁摩阻力下沉至设计标高。刃脚位于井壁的最下端（图6.18），其作用是使沉井易于切土下沉，并防止土层中的障碍物损坏井壁。刃脚应有足够的强度，以免挠曲或破坏。靠刃脚处应设置0.15～0.25m深、1.0m高的凹槽，使封底混凝土嵌入井壁形成整体结构，需要时，井筒内可设置隔墙以减少外壁的净跨距，加强沉井的刚度，同时把沉井分成若干个取土小间，施工时便于掌握挖土位置以控制沉降和纠偏。当沉井下沉到达设计标高后，在井底用混凝土封底，以防止地

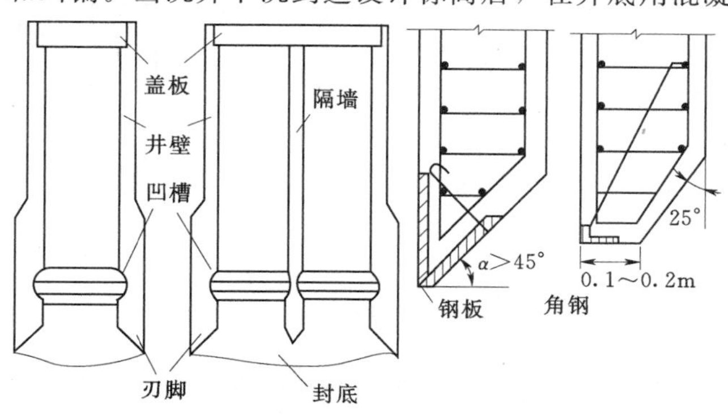


图6.18　一般沉井的构造

下水渗入井内。封底混凝土标号一般不低于C15。当井孔内不填料或填以砂砾等时，还应在井顶浇筑钢筋混凝土盖板。

沉井的横截面形状，根据使用要求可作成方形、矩形、圆形、椭圆形等多种。井筒内的井孔有单孔、单排多孔及多孔等。当沉井下沉困难时，其立面也可做成台阶形。

沉井的优点是占地面积小，井筒在施工过程中可作支承围护，不需另外的挡土结构，技术上操作简便，不需放坡，挖土量少，节约投资，施工稳妥可靠。通常适用于地基深层土的承载力大，而上部土层比较松软、易于开挖的地层；或由于建筑物的使用要求，基础埋深很大；或因施工原因，例如，在已有浅基础邻近修建深埋较大的设备基础时，为了避免基坑开挖对已有基础的影响，也可采用沉井法施工。

沉井在下沉过程中常会发生各种思考题：如遇到大块石、残留基础或大树根等障碍物阻碍下沉；穿过地下水位以下的细、粉砂层时，大量砂土涌入井内，使沉井倾斜；这些都会对施工造成很大困难，甚至工作无法进行。因此，对于准备用沉井法施工的场地，必须事先做好地基勘探工作，并对可能发生的问题事先加以预防。当问题发生时，要及时采取措施进行处理。

# 学习单元6.3 浅基础施工

### 6.3.1 基坑定位放样

在桥梁施工过程中，首先要建立施工控制网，其次进行桥梁轴线标定和墩台中心定位，最后进行墩台施工放样，定出基础和基坑的各部分尺寸（图6.19）。桥梁的施工控制网除了用来测定桥梁长度外，还要用于各个位置控制，保证上部结构的正确连接。施工控制网常用三角控制网，其布设应根据总平面图设计和施工地区的地形条件来确定，并作为整个工程施工设计的一部分。布网时要考虑施工程序、方法以及施工场地的布置情况，可以用桥址地形图拟定布网方案。

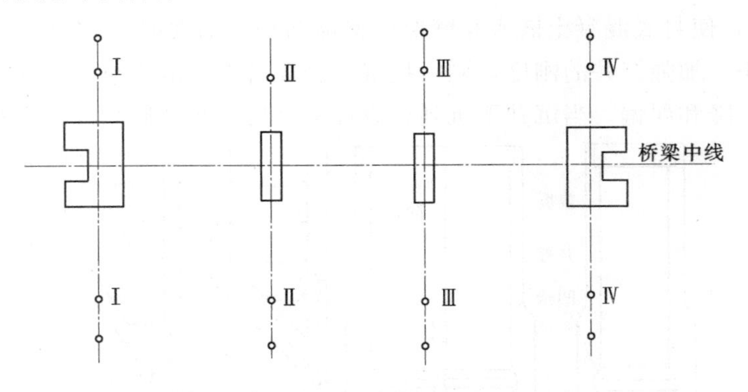


图6.19 基础定位放样

桥梁轴线的位置是在桥梁勘测设计中根据路线的总走向、地形、地质、河床情况等选定的，在施工时必须现场恢复桥梁轴线位置，并进行墩台中心定位。中小桥梁一般采用直接丈量法标定桥轴线长度并定出墩台的中心位置，有条件的可以用测距仪或全站仪直接

确定。

施工放样贯穿于整个施工过程，是质量保证的一个方面。施工放样的目的是将设计图上的结构物位置、形状、大小和高低在实地标定出来，以作为施工的依据。桥梁施工放样的主要内容是：

（1）墩台纵横向轴线的确定。

（2）基坑开挖及墩台扩大基础的放样。

（3）桩基础的桩位放样。

（4）承台及墩身结构尺寸、位置放样。

（5）墩帽和支座垫石的结构尺寸、位置放样。

（6）各种桥型的上部结构中线及细部尺寸放样。

（7）桥面系结构的位置、尺寸放样。

（8）各阶段的高程放样。

基础放样是根据实地标定的墩台中心位置为依据来进行的，在无水地点可直接将经纬仪安置在中心位置，用木桩准确固定基础纵横轴线和基础边缘。由于定位桩随着基坑开挖必将被挖去，所以必须在基坑开挖范围以外设置定位桩的保护桩，以备施工中随时检查基坑位置或基础位置是否正确，基坑外围通常用龙门板固定或在地上用石灰线标出，如图6.20所示。

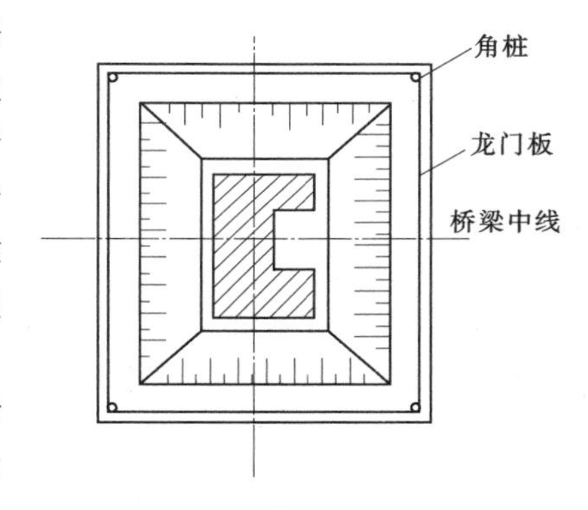


图6.20 基坑放样

对于建筑物标高的控制，常将拟建建筑物区域附近设置的水准点引测到施工现场附近不受施工影响的地方，设置临时水准点。

### 6.3.2 旱地基坑施工

1. 旱地基坑开挖

旱地基坑开挖分为无围护开挖和围护开挖，当基坑较浅，地下水位较低时基坑可以不加围护，一般采用放坡开挖方法，基坑边坡坡度可以参考表6.5选用，表中 $n$ 称为边坡系数，表示斜坡的竖向尺寸为1时对应的水平尺寸。当基坑开挖深度大于5m时，可将坑壁适当放缓或在适当部位加设0.5～1.0m的平台，如图6.21所示。基坑周围应设置排水沟防止地面水流入基坑，当基坑顶缘有动荷载时，顶缘与动荷载之间留有1m的护道，以减小动荷载对坑壁的不利影响。当基坑边坡稳定性差，或受建筑场地限制，或放坡给工程带来过大的工程量时，可以采用设置围护结构的直立坑壁。

**表6.5 无围护基坑坑壁坡度**

| 坑壁土类别 | 坑壁坡度（1∶$n$） | | |
|---|---|---|---|
| | 基坑壁顶缘无荷载 | 基坑壁顶缘有静荷载 | 基坑壁顶缘有动荷载 |
| 砂类土 | 1∶1 | 1∶1.25 | 1∶1.5 |
| 碎石、卵石类土 | 1∶0.75 | 1∶1 | 1∶1.25 |
| 亚砂土 | 1∶0.67 | 1∶0.75 | 1∶1 |

续表

| 坑壁土类别 | 坑壁坡度（1∶n） | | |
|---|---|---|---|
| | 基坑壁顶缘无荷载 | 基坑壁顶缘有静荷载 | 基坑壁顶缘有动荷载 |
| 亚黏土、黏土 | 1∶0.33 | 1∶0.5 | 1∶0.75 |
| 极软土 | 1∶0.25 | 1∶0.33 | 1∶0.67 |
| 软质岩 | 1∶0 | 1∶0.1 | 1∶0.25 |
| 硬质岩 | 1∶0 | 1∶0 | 1∶0 |

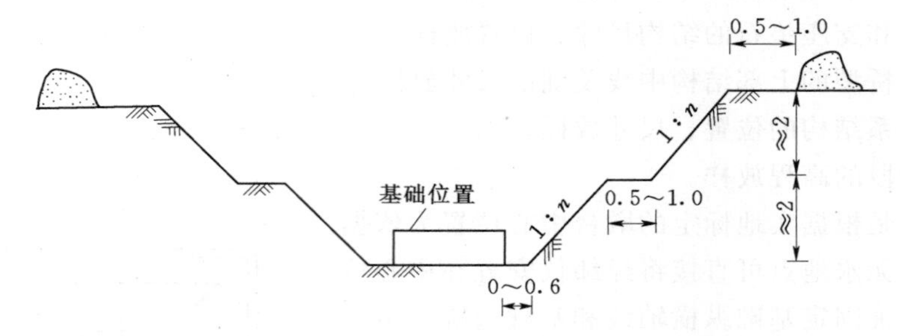


图 6.21 基坑边坡设置

2. 基坑形式

(1) 垂直坑壁基坑。天然湿度接近于最佳含水量、构造均匀、不致发生坍塌、移动、松散或不均匀下沉的基土开挖时可以采用垂直坑壁，如图 6.22 (a) 所示。

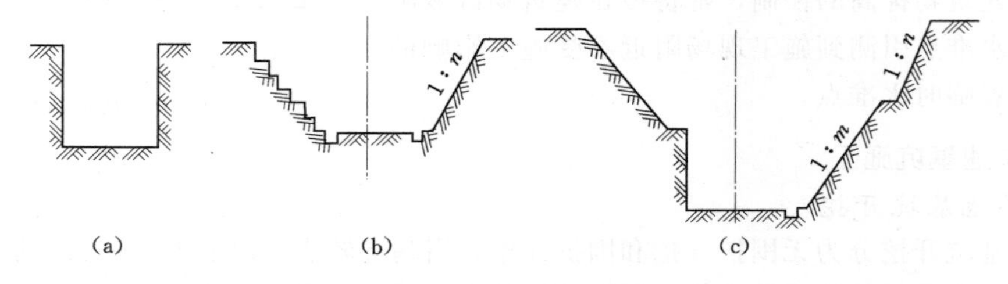


图 6.22 坑壁形式示意图

(2) 斜坡和阶梯形基坑。基坑深度在 5m 以内，土的湿度正常、构造均匀，基坑坑壁可以参照表 6.5 选用坡度，可作斜坡或台阶开挖，如图 6.22 (b) 所示。采用台阶开挖时，每阶高度以 0.5～1.0m 为宜，台阶可兼作人工运土。当基坑深度大于 5m 时，可以在表 6.5 的基础上适当放缓或做平台。

(3) 变坡度坑壁基坑。开挖穿过不同土层时，可以采用变坡坑壁，如图 6.22 (c) 所示，当下层土为密实黏质土或岩石时，下层可以采用垂直坑壁。在变坡处可根据需要设置小于 0.5m 宽的平台。

3. 无水基坑施工方法

一般小桥、涵基础、工程量不大的基坑可以用人工施工方法；大中桥基础工程，基坑深、基坑平面尺寸大、开挖方量多，可以用机械施工方法；无水基坑开挖方法可以参见表 6.6。

表6.6　　无水基坑施工方法

| 地质及支撑状况 | 挖掘方式 | 提升方法 | 运输方式 | 附　注 |
| --- | --- | --- | --- | --- |
| 土质、无支撑 | 挖土机（正铲） | 挖土机（正铲） | 挖土机直接装车 | 挖土机在坑底 |
| 土质、无支撑 | 挖土机（反铲） | 挖土机（反铲） | 挖土机回旋弃土 | 挖土机在坑缘上 |
| 土质、无支撑 | 挖土机（拉铲） | 挖土机（拉铲） | 挖土机回旋弃土 | 挖土机在坑缘上 |
| 土质、无支撑或有支撑 | 起重机抓泥斗：软土（无齿双开）、硬土（有齿双开）、大砾石或漂石（四开） | 抓泥斗 | 吊臂回旋弃土或直接装车 | — |
| 土质、无支撑或有支撑 | 人工挖掘 | 用锹向上翻弃（$H<2m$）或人工接力上翻 | 弃土或装车 | — |
| 土质或石质、无支撑或有支撑 | 人工或风动工具 | 传送带（$H<4.5m$） | 传送带接运 | 传送带可分设在坑底或坑上 |
| 土质或石质、无支撑或有支撑 | 人工或风动工具 | 起重机、各种动臂起重机或摇头扒杆，配带活底吊斗 | 回旋弃土或直接装车 | 起重机具设在坑缘或坑下，必要时可在坑上脚手平台接运 |
| 土质或石质、无支撑或有支撑 | 人工或风动工具 | 爬坡车：有轨（石质坑）、无轨（土质坑）、用卷扬机或绞车 | 爬坡车、接斗车或手推车 | — |

4. 基坑坑壁的支护和加固

在下列情况下宜采用挡板支护或加固基坑坑壁：①基坑坑壁不易稳定，并有地下水的影响；②放坡开挖工程量过大，不符合工程经济的要求；③受施工场地或邻近建筑物限制，不能采用放坡开挖。常用坑壁支护结构有挡板支护、板桩墙支护、临时挡土墙支护和混凝土加固等形式。挡板支护有木挡板、钢木结合挡板、钢结构挡板等形式；板桩墙支护有悬臂板桩、锚拉式板桩等。

（1）挡板支护。挡板围护结构适用于开挖面积不大、深度较浅的基坑，挡板的作用是挡土，工作特点是先开挖后设置围护结构，挡板支护形式包括木挡板、钢木结合挡板。木挡板支护有垂直挡板式支护、水平挡板式支护以及垂直挡板和水平挡板混合支护等形式。垂直挡板直立放置，挡板外用横枋加横撑木支撑，如图6.23（a）所示；水平挡板横向放置，挡板外用竖枋加横撑木支撑，如图6.23（b）所示；垂直挡板和水平挡板混合支护是上层支护采用水平挡板连续支护到一定深度后改用垂直挡板，如图6.24所示。

挡板支撑方式有连续式和间断式。一般可以一次开挖到基底后再安装支撑，对于黏性差、易坍塌的土，可以分段下挖，随挖随撑。采用间断支撑时应以保证土不从挡板间隙中坍落为前提。

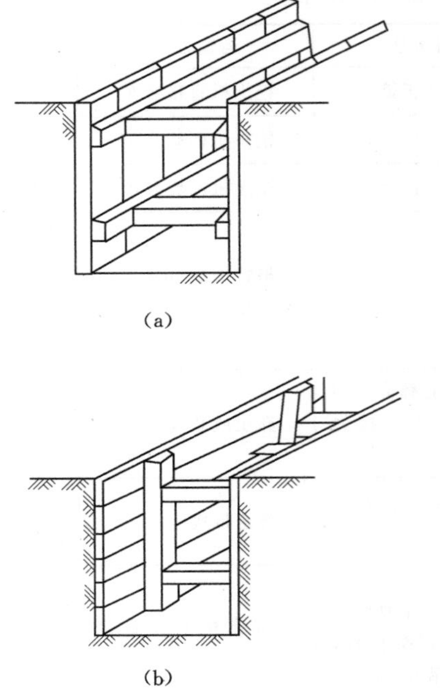

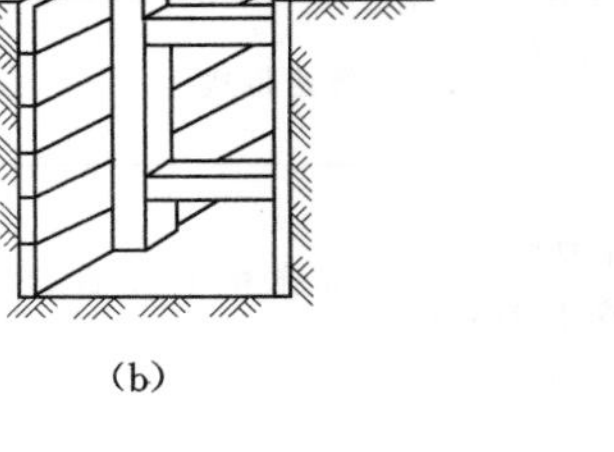

图 6.23 挡板支撑

图 6.24 水平、垂直挡板混合支护

对于大型基坑，土质较差或地下水位较高时，宜采用钢木混合支护或钢结构支护基坑，采用定型钢模板作为挡板，用型钢做立木和纵横支撑，如图 6.25 所示。钢结构支护的优点是便于安装、拆卸，材料消耗少，有利于标准化、工具化发展。其缺点是刚度较弱，施工中应根据土质和荷载情况，合理布置千斤顶位置。

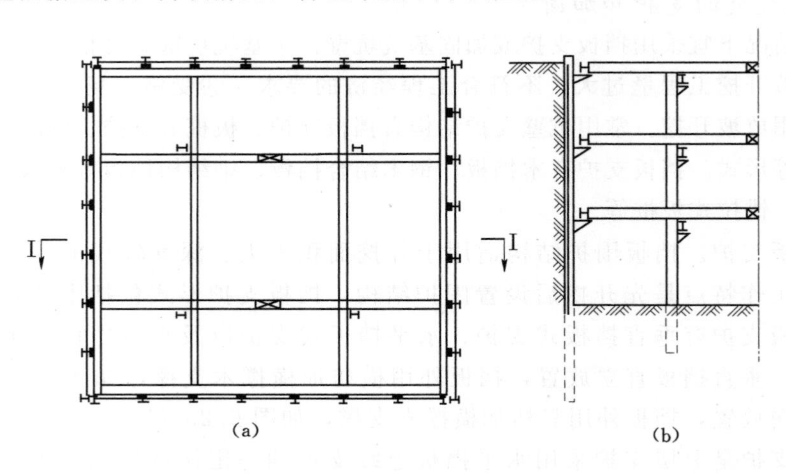

图 6.25 钢结构支护结构示意图

(a) 平面；(b) 1/2 Ⅰ—Ⅰ 剖面

(2) 板桩墙支护。当基坑面积较大，且深度较深，尤其基坑底面在地下水位以下超过 1m，涌水量较大不宜用挡板支护时，可以在基坑四周先沉入板桩，然后开挖基坑，必要

时加内撑或锚杆。这种板桩支护既能挡土，又能挡水。板桩墙分为无支撑式、支撑式和拉锚式，如图6.26所示。无支撑式只适用于基坑较浅的情况，并且要求板桩有足够的入土深度，以保证板桩的稳定性；支撑式板桩适用于较深基坑的开挖，按照设置支撑的层数可分为单支撑板桩和多支撑板桩。板桩墙按照材料分为木板桩、钢板桩和钢筋混凝土板桩等。钢板桩强度较大、结构轻，能穿过较坚硬的土层，不易漏水，并可以重复使用，在桥梁施工中应用较为广泛。

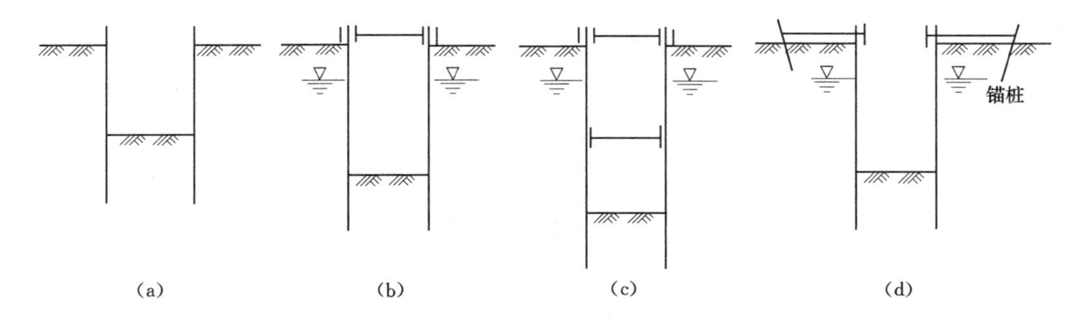


图6.26　板桩墙

(a) 无支撑式；(b) 单支撑式；(c) 多支撑式；(d) 拉锚式

(3) 混凝土加固。常用方式有现浇混凝土和喷射混凝土护壁等形式。现浇混凝土是采用逐节向下开挖进行支模、浇筑混凝土，基坑每节开挖深度视土质或定型钢模板尺寸而定，一般1.0～1.5m为一节，在开挖深度内架立模板，并在模板上部预留混凝土浇筑口，通过浇筑口浇筑混凝土支护结构，如图6.27所示。混凝土厚度一般8.0～15cm，强度等级不低于C15，混凝土一般要掺早强剂。

喷射混凝土支护是以高压空气为动力，用喷混凝土机械将混凝土喷涂于坑壁表面，并在坑壁形成混凝土加固层，对土体起加固和保护作用，防止坑壁风化、雨水冲刷和浅层坍塌剥落。宜用于土质较稳定、渗水量不大、深度小于10m，直径为6～12m的圆形基坑。施工时在基坑口开挖环形沟槽作土模，浇筑混凝土坑口护筒，然后分层开挖，喷护混凝土，如图6.28所示，每层高度为1m左右，渗水较大时不宜超过0.5m。

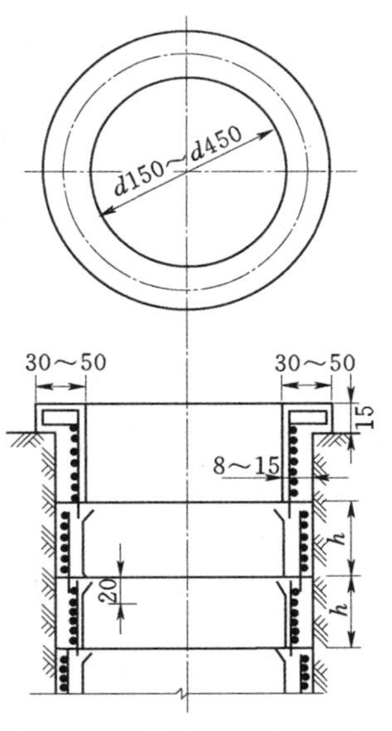


图6.27　混凝土加固坑壁钢模板示意图

### 6.3.3　基坑排水

基坑如在地下水位以下，随着基坑的下挖，渗水将不断涌入基坑，因此施工过程中必须不断地排水，以保持基坑的干燥，便于基坑挖土和基础的砌筑与养护。目前常用的基坑排水方法有明式排水和井点法降低地下水位两种。

1. 明式排水法

明式排水是在基坑整个开挖过程及基础砌筑和养护期间，在基坑四周开挖集水沟汇集

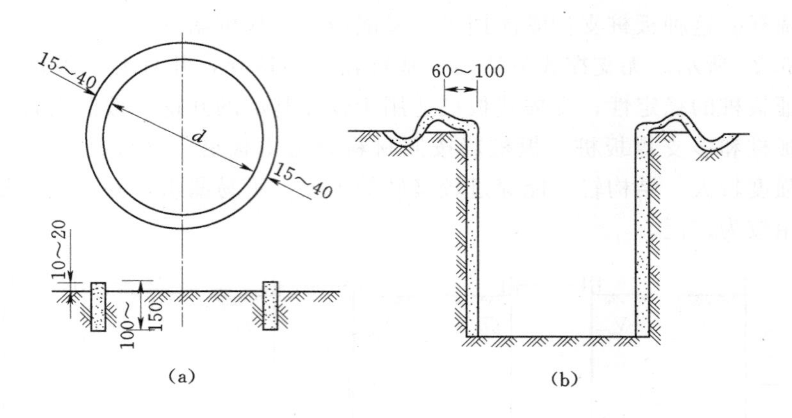


图 6.28　喷混凝土支护示意图

坑壁及基底的渗水，并引向一个或数个更深一些的集水井。集水沟和集水井一般设在基础范围以外。在基坑每次下挖以前，必须先挖沟和井，集水井的深度应大于抽水泵吸水龙头的高度，在抽水泵吸水龙头上套竹筐围护，以防土石堵塞龙头。

这种排水方法设备简单、费用低，一般土质条件下均可采用。但当地基土为饱和粉细砂等黏聚力较小的细粒土层时，由于抽水会引起流沙现象，造成基坑的破坏和坍塌，因此这类土应避免采用表面明式排水法。

2. 井点法降低地下水位

对粉质土、粉砂类土等如采用明式排水法极易引起流砂现象，影响基坑稳定，可采用井点法降低地下水位排水。根据使用设备的不同，主要有轻型井点、喷射井点、电渗井点和深井泵井点等类型，可根据土的渗透系数、要求降低水位的深度及工程特点选用。

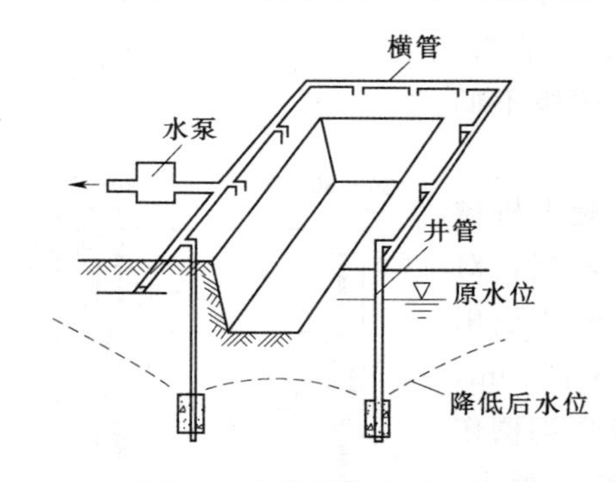


图 6.29　井点降水示意图

轻型井点降水布置示意如图 6.29 所示，即在基坑开挖前预先在基坑四周打入（或沉入）若干根井管，井管下端 1.5m 左右为滤管，滤管部分钻有若干直径约 2mm 的滤孔，外面包扎过滤层。各个井管用集水管连接抽水。由于使井管两侧一定范围内的水位逐渐下降，各井管相互影响形成了一个连续的疏干区。在整个施工过程中仍不断抽水，保证在基坑开挖和基坑施工期间保持无水状态。

## 学习单元 6.4　桩 基 础 施 工

桩基础施工前应根据已定出的墩台纵横中心轴线直接定出桩基础轴线和各基桩桩位，目前，已普遍应用全站仪设置固定标志或控制桩，以便施工时随时校核。常用的施工方法有预制沉桩、钻孔灌注桩、挖孔灌注桩等。

### 6.4.1　预制沉桩施工

1. 沉桩前准备

桩可在预制厂预制，当预制厂距离较远而运桩不经济时，宜在现场选择合适的场地进行预制，但应注意：场地布置要紧凑，尽量靠近打桩地点，要考虑到防止被洪水所淹；地基要平整密实，并应铺设混凝土地坪或专设桩台；制桩材料的进场路线与成桩运往打桩地点的路线，不应互受干扰。

预制桩的混凝土必须连续一次浇筑完成，宜用机械搅拌和振捣，以确保桩的质量。桩上应标明编号、制作日期，并填写制桩记录。桩的混凝土强度必须大于设计强度的70%方可吊运；达到设计强度时方可使用。核验沉桩的尺寸和质量，并在每根桩的一侧用油漆划上长度标记（便于随时检查沉桩入土深度）。

此外，应备好沉桩地区的地质和水文资料、沉桩工艺施工方案以及试桩资料等。

预制的钢筋混凝土桩由预制场地吊运到桩架内，在起吊、运输、堆放时，都应该按照设计计算的吊点位置起吊（一般吊点应在桩内预埋直径20～25mm的钢筋吊环，或以油漆在桩身标明），否则桩身受力情况与计算不符，可能引起桩身混凝土开裂。预制钢筋混凝土桩主筋是沿桩长按设计内力配置的，吊运时吊点位置，常根据吊点处由桩重产生的负弯矩与吊点间由桩重产生的正弯矩相等原则确定，这样较为经济。一般的桩在吊运时，采用两个吊点，如桩长为$L$，吊点离每端距离为0.207$L$，如图6.30（a）所示；插桩时为单点起吊，为了使桩内正、负弯矩相等，可将吊点设在0.293$L$处，如图6.30（b），如桩长不超过10m，也可利用0.207$L$吊点。吊运较长的桩，为减少内力，节省钢筋，采用三点或四点起吊，吊点的布置如图6.30（c）。根据相应的弯矩值，即可进行桩身配筋，或验算其吊运时的强度。

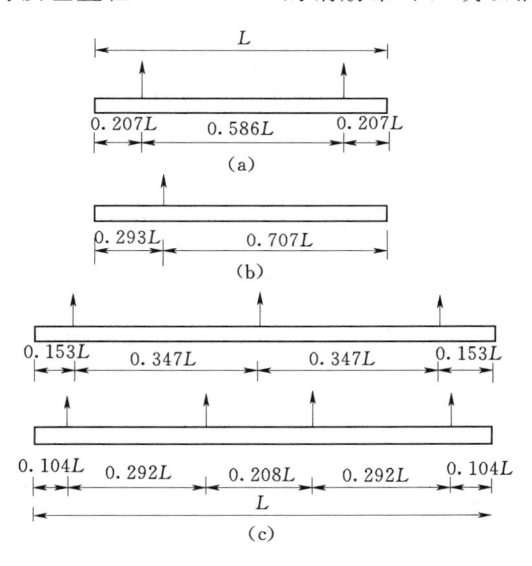


图6.30　吊点布置

2. 锤击沉桩法

锤击沉桩法是靠桩锤的冲击能量将桩打入土中，因此桩径不能太大（在一般土质中桩径不大于0.6m），桩的入土深度也不宜太深（在一般土质中不超过40m），否则打桩设备要求较高，打桩效率很差。一般适用于松散、中密砂土、黏性土。

所用的基桩主要为预制的钢筋混凝土桩或预应力混凝土桩。

锤击沉桩常用的设备是桩锤和桩架。此外，还有射水装置、桩帽和送桩等辅助设备。

（1）桩锤。常用的桩锤有坠锤、单动汽锤、双动汽锤、柴油机锤及液压汽垫锤等几种。坠锤是最简单的桩锤，它是由铸铁或其他材料做成的锥形或柱形重块，重2～20kN，用绳索或钢丝绳通过吊钩由人力或卷扬机沿桩架导杆提升1～2m，然后使锤自由落下锤击桩顶。此法打桩效率低，每分钟仅能打数次，但设备较简单，适用于小型工程中打木桩或

小直径的钢筋混凝土预制桩。

单动汽锤、双动汽锤是利用蒸汽或压缩空气将桩锤在桩架内顶起下落锤击基桩，单动汽锤锤重10～100kN，每分钟冲击20～40次，冲程1.5m左右；双动汽锤重3～10kN，每分钟冲击100～300次，冲程数百毫米，打桩效率高。单动汽锤适用于打钢桩和钢筋混凝土实心桩，双动汽锤冲击频率高，一次冲击动能较小，适用于打较轻的钢筋混凝土桩或钢板桩，它除了打桩还可以拔桩。

柴油锤实际上是一个柴油汽缸，工作原理同柴油机，利用柴油在汽缸内压缩发热点燃而爆炸将汽缸沿导向杆顶起，下落时锤击桩顶。导杆式柴油锤适用于木桩、钢板桩；筒式柴油锤宜用于钢筋混凝土管桩、钢管桩。柴油锤不适宜在过硬或过软的土中沉桩。另外，施工中还应考虑防音罩，从能准确地获得桩的承载力看，锤击法是一种较为优越的施工方法，但因噪声高故在市区内难以采用，防音罩是为了防止噪声，用它将整个柴油锤包裹起来，可达到防止噪声扩散和油烟发散的目的。

打入桩施工时，应适当选择桩锤重量，桩锤过轻桩难以打下，效率太低，还可能将桩头打坏，所以一般认为应重锤轻打，但桩锤过重，则各机具、动力设备都需加大，不经济。

(2) 桩架。桩架的作用是装吊桩锤、插桩、打桩、控制桩锤的上下方向，由导杆、起吊设备（滑轮、绞车、动力设备等）、撑架（支撑导杆）及底盘（承托以上设备）等组成。

桩架在结构上必须有足够强度、刚度和稳定性，保证在打桩过程中的动力作用下桩架不会发生移动和变位。桩架的高度应保证桩吊立就位时的需要及锤击的必要冲程。

桩架常用的有木桩架和钢桩架，木桩架只适用于坠锤或小型的单动汽锤。柴油锤本身带有钢制桩架，由型钢装成。桩移动时可在底盘托板下面垫上滚筒，或用轮子和钢轨等方式，利用动力装置牵引移动。

钢制万能打桩架的底盘带有转台和车轮（下面铺设钢轨），撑架可以调整导向杆的斜度，因此它能沿轨道移动，能在水平面作360°旋转，也能打斜桩，施工很方便，但桩架本身笨重，拆装运输较困难。

在水中的墩台桩基础，应先打好水中支架桩（小型的钢筋混凝土桩或木桩），上面搭设打桩工作平台，当水中墩台较多或河水较深时，也可采用船上打桩架施工。

(3) 射水装置。在锤击沉桩过程中，若下沉遇到困难，可用射水方法助沉，因为利用高压水流通过射水管冲刷桩尖或桩侧的土，可减小桩的下沉阻力，从而提高桩的下沉效率。如图6.31所示为设置于管桩中的内射水装置，高压水流由高压水泵提供。

(4) 桩帽与送桩。桩帽的作用是直接承受锤击、保护桩顶，并保证锤击力作用于桩的断面中心。因此，要求桩帽构造坚固，桩帽尺寸与锤底、桩顶及导向杆相吻合，顶面与底面均平整且与中轴线垂直，还应设吊耳以便吊起。桩帽上部为由硬木制成的垫木，下部套在桩顶上，桩帽与桩顶间宜填麻袋或草垫等缓冲物。

送桩构造如图6.32所示，可用硬木、钢或钢筋混凝土制成。当桩顶位于水下或地面以下，或打桩机位置较高时，可用一定长度的送桩套连在桩顶上，就可使桩顶沉到设计标高。送桩长度应按实际需要确定，为施工方便，应多备几根不同长度的送桩。

(5) 锤击沉桩施工要点及注意事项。

1) 桩帽与桩周围应有5～10mm间隙，以便锤击时桩在桩帽内可做微小的自由转动

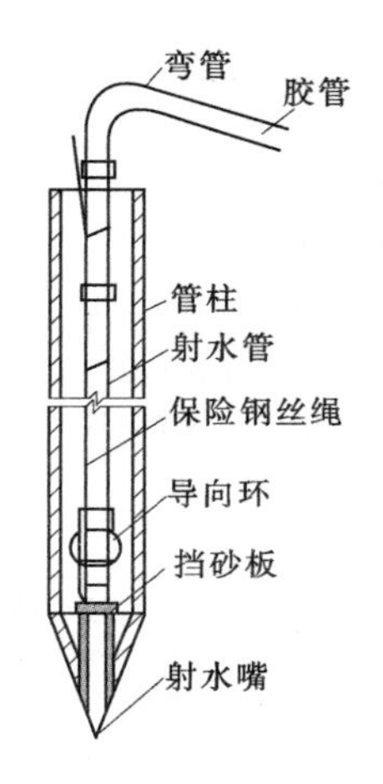


图 6.31 空心管桩的内射水装置图

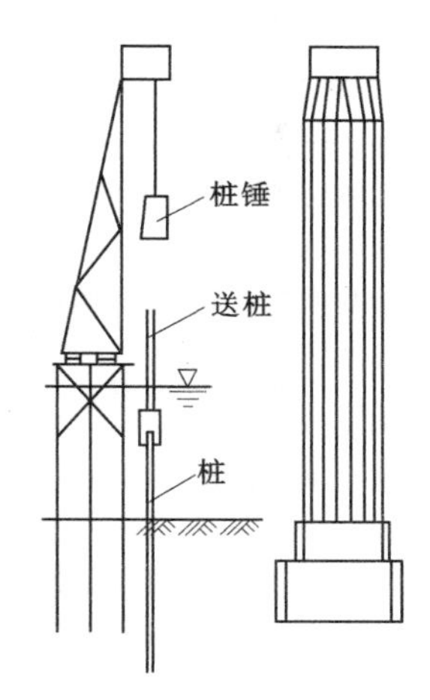


图 6.32 送桩构造

避免桩身产生超过允许的扭转应力。

2）打桩机的导向杆件应固定，以便施打时稳定桩身。

3）桩在导向杆件上不应钳制过死，更不允许施打时导向杆件发生位移或转动，使桩身产生超过许可的拉力或扭矩。

4）导向杆件的设置应使桩锤上、下活动自由。

5）在有条件的情况下，导向杆件宜有足够的长度，以便不再使用送桩。

6）钢筋混凝土或预应力混凝土桩顶面，应附有适合桩帽大小的桩垫，其厚度视桩垫材料、桩长及桩尖所受抗力大小决定，桩垫因承受高压力而炭化或破碎时，应及时更换。

7）如桩顶的面积比桩锤底面积小，则应采用适当的桩帽，将锤的冲击力均匀分布到整个顶面上。

（6）沉桩施工常遇问题及预防与处理措施，见表 6.7。

**表 6.7　　沉桩施工常遇问题及预防与处理措施**

| 问　题 | 产生原因 | 一般预防与处理措施 |
|---|---|---|
| 桩顶破损 | 1. 桩顶部分混凝土质量差，强度低；<br>2. 锤击偏心，即桩顶面与桩轴线不垂直，锤与桩面不垂直；<br>3. 未安置桩帽或帽内无缓冲垫或缓冲垫不良没有及时调换；<br>4. 遇坚硬土层，或中途停歇后土质恢复阻力增大，用重锤猛打所致 | 1. 加强桩预制、装、运的管理，确保桩的质量要求；<br>2. 施工中及时纠正桩位，使锤击力顺桩轴方向；<br>3. 采用合适桩帽，并及时调换缓冲垫；<br>4. 正确选用合适桩锤，且施工时每桩要一气呵成 |
| 桩身破裂 | 1. 桩质量不符合设计要求；<br>2. 装卸中吊装时吊点或支点不符合规定，悬臂过长或中跨过多所致；<br>3. 打桩时，桩的自由长度过大，产生较大纵向挠曲和振动；<br>4. 锤击或振动过甚 | 1. 加强预制、装、运、卸管理；<br>2. 木桩可用 8 号镀锌铁丝捆绕加强；<br>3. 混凝土桩当破裂位置位于水上部位时，用钢夹箍加螺栓拉紧焊接补强加固，水中部位时用套筒横板浇筑混凝土加固补强；<br>4. 适当减小桩锤落距或降低锤击频率 |

续表

| 问　　题 | 产　生　原　因 | 一般预防与处理措施 |
| --- | --- | --- |
| 桩身扭转或位移 | 桩尖制造不对称，或桩身有弯曲 | 用棍撬、慢锤低击纠正；偏心不大，可不处理 |
| 桩身倾斜或位移 | 1. 桩头不平，桩尖倾斜过大；<br>2. 桩接头破坏；<br>3. 一侧遇石块等障碍物，土层有陡的倾斜角；<br>4. 桩帽桩身不在一直线上 | 1. 偏差过大，应拔出移位再打；<br>2. 入土深小于1m，偏差不大时，可利用木架顶正，再慢锤打入；<br>3. 障碍物如不深时，可挖除回填后再继续沉桩 |
| 桩涌起 | 在较软土或遇流沙现象 | 应选择涌起量较大桩作静载试验，如合格可不再复打，如不合格，进行复打或重打 |
| 桩急剧下沉，有时随着发生倾斜或位移 | 1. 遇软土层、土洞；<br>2. 接头破裂或桩尖劈裂；<br>3. 桩身弯曲或有严重的横向裂缝；<br>4. 落锤过高，接桩不垂直 | 1. 应暂停沉桩查明情况，再决定处理措施；<br>2. 如不能查明时，可将桩拔起，检查改正，重打，或在靠近原桩位作补桩处理 |
| 桩贯入深度突然减小 | 1. 桩由软土层进入硬土层；<br>2. 桩尖遇到石块等障碍物 | 1. 查明原因，不能硬打；<br>2. 改用能量较大桩锤；<br>3. 配合射水沉桩 |
| 桩不易沉入或达不到设计标高 | 1. 遇旧埋设物、坚硬土夹层或砂夹层；<br>2. 打桩间歇时间过长，摩阻力增大；<br>3. 定错桩位 | 1. 遇障碍或硬土层，用钻孔机钻透后再复打；<br>2. 根据地质资料正确确定桩长，如确实已达要求时，可将桩头截除 |
| 桩身跳动，桩锤回弹 | 1. 桩尖遇障碍物如树根或坚硬土层；<br>2. 桩身过曲，接桩过长；<br>3. 落锤过高；<br>4. 冻土地区沉桩困难 | 1. 检查原因，穿过或避开障碍物；<br>2. 如入土不深，应将桩拔起避开或换桩重打；<br>3. 应先将冻土挖除或解冻后进行。如用电热解冻，应在切断电源后沉桩 |

### 3. 振动沉桩法

振动沉桩法是用振动打桩机（振动桩锤）将桩打入土中的施工方法。其原理是由振动打桩机使桩产生上下方向的振动，在清除桩与周围土层间摩擦力的同时使桩尖地基松动，从而使桩贯入或拔出。一般适用于砂土，硬塑及软塑的黏性土和中密及较软的碎石土。振动法施工不仅可有效地用于打桩，也可用以拔桩；虽然振动下沉，但噪声较小；在砂性土中最有效，硬地基中难以打进；施工速度快；不会损坏桩头；不用导向架也能打进；移位操作方便；需要的电源功率大。桩的断面大和桩身长者，桩锤重量应大；随地基的硬度加大，桩锤的重量也应增大；振动力大则桩的贯入速度快。

振动沉桩施工要点及注意事项：

（1）振动时间的控制。每次振动时间应根据土质情况及振动机能力大小，通过实地试验决定，一般不宜超过10～15min。振动时间过短，则对土的结构尚未彻底破坏，振动时间过长，则振动机的部分零件易于磨损。在有射水配合的情况下，振动持续时间可以减短。一般当振动下沉速度由慢变快时，可以继续振动，由快变慢，如下沉速度小于5cm/min或桩头冒水时，即应停振。当振幅甚大（一般不应超过14～16mm）而桩不下沉时，则表示桩尖端土层坚实或桩的接头已振松，应停振继续射水，或另作处理。

（2）振动沉桩停振控制标准。应以通过试桩验证的桩尖标高控制为主，以最终贯入度（cm/min）或可靠的振动承载力公式计算的承载力作为校核。如果桩尖已达标高而最终贯入度或计算承载力相差较大时，应查明原因，报有关单位研究后另行确定。

（3）管桩改用开口桩靴振动吸泥下沉。当桩基土层中含有大量卵石或碎石或破裂岩层。如采用高压射水振动沉桩尚难下沉时，可将锥形桩尖改为开口桩靴，并在桩内用吸泥机配合吸泥，非常有效。

（4）振动沉桩机、机座、桩帽应连接牢固。沉桩机和桩中心轴应尽量保持在同一直线上。

（5）开始沉桩时宜用自重下沉或射水下沉，桩身有足够稳定性后，再采用振动下沉。

4. 射水沉桩法

射水沉桩法是利用小孔喷嘴以300～500kPa的压力喷射水，使桩尖和桩周围土松动的同时，桩受自重作用而下沉的方法。它极少单独使用，常与锤击和振动法联合使用。当射水沉桩到距设计标高尚差1～1.5m时，停止射水，用锤击或振动恢复其承载力。这种施工方法对黏性土、砂性土都可适用，在细砂土层中特别有效。射水沉桩对较小尺寸的桩不会损坏；施工时噪声和振动极小。

射水沉桩施工注意事项：

（1）射水沉桩前，应对射水设备如水泵、输水管道、射水管水量、水压等及其与桩身的连接进行设计、组装和检验，符合要求后，方可进行射水施工。

（2）水泵应尽量靠近桩位，减少水头损失，确保有足够水压和水量。采用桩外射水时，射水管应对称等距离地装在桩周围，并使其能沿着桩身上下移动，以便能在任何高度处冲刷土壁。为检查射水管嘴位置与桩长的关系和射水管的入土深度，应在射水管上自上而下标志尺寸。

（3）沉桩过程中，不能任意停水，如因停水导致射水管或管桩被堵塞，可将射水管提起几十厘米，再强力冲刷疏通水管。

（4）细砂质土中用射水沉桩时，应注意避免桩下沉过快造成射水嘴堵塞或扭坏。

（5）射水管的进入管应设安全阀，以防射水管万一被堵塞时，使水泵设备损坏。

（6）管桩下沉到位后，如设计需要以混凝土填芯时，应用吸泥等方法清除泥渣以后，用水下混凝土填芯。在受到管外水压影响时，管桩内的水头必须保持高出管外水面1.5m以上。

5. 静力压桩法

用液压千斤顶或桩头加重物以施加顶进力将桩压入土层中的施工方法。其特点为施工时产生的噪声和振动较小；桩头不易损坏；桩在贯入时相当于给桩做静载试验，故可准确知道桩的承载力；压入法不仅可用于竖直桩，而且也可用于斜桩和水平桩；但机械的拼装移动等均需要较多的时间。

### 6.4.2 钻孔灌注桩施工

钻孔灌注桩施工应根据土质、桩径大小、入土深度和机具设备等条件选用适当的钻具

和钻孔方法，以保证能顺利达到预计孔深；然后，清孔、吊放钢筋笼架、灌注水下混凝土。现按施工顺序介绍其主要工序。

1. 准备工作

(1) 准备场地。施工前应将场地平整好，以便安装钻架进行钻孔。当墩台位于无水岸滩时钻架位置处应整平夯实，清除杂物，挖换软土；场地有浅水时，宜采用土或草袋围堰筑岛，如图 6.33 (c)；当场地为深水或陡坡时，可用木桩或钢筋混凝土桩搭设支架，安装施工平台支承钻机（架）。深水中在水流较平稳时，也可将施工平台架设在浮船上，就位锚固稳定后在水上钻孔。水中支架的结构强度、刚度和船只的浮力、稳定都应事前进行验算。

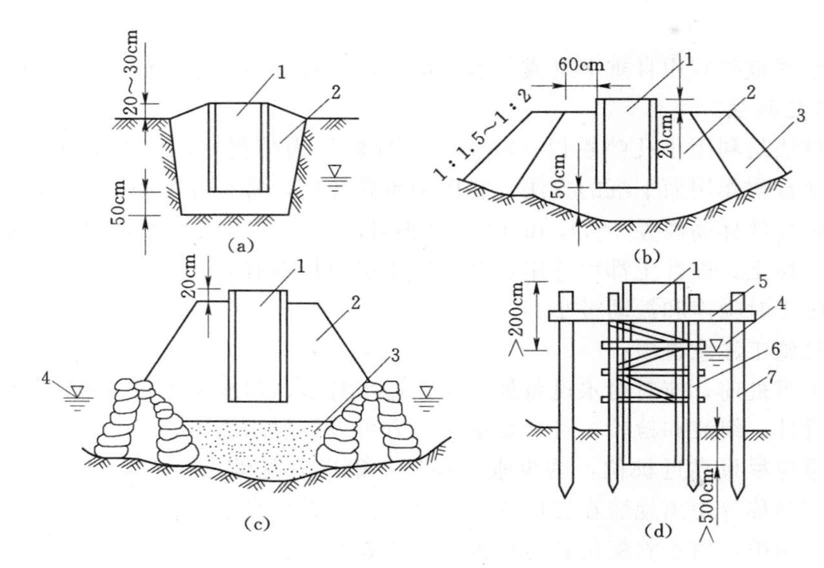


图 6.33　护筒的埋置

1—护筒；2—夯实黏土；3—砂土；4—施工水位；5—工作平台；6—导向架；7—脚手桩

(2) 埋置护筒。护筒的作用是固定钻孔位置；开始钻孔时对钻头起导向作用；保护孔口防止孔口土层坍塌；隔离孔内孔外表层水，并保持钻孔内水位高出施工水位以产生足够的静水压力稳重孔壁。护筒制作要求坚固、耐用、不易变形、不漏水、装卸方便和能重复使用。一般用木材、薄钢板或钢筋混凝土制成，护筒内径应比钻头直径稍大，旋转钻须增大 0.1～0.2m，冲击或冲抓钻增大 0.2～0.3m。

护筒埋设可采用下埋式，适于旱地埋置，如图 6.33 (a) 所示、上埋式，适于旱地或浅水筑岛埋置，如图 6.33 (b)、(c) 所示和下沉埋设，适于深水埋置，如图 6.33 (d) 所示。护筒埋置时应注意下列几点：

1) 护筒平面位置应埋设正确，偏差不宜大于 50mm。

2) 护筒顶标高应高出地下水位和施工最高水位 1.5～2.0m。无水地层钻孔因护壁顶部设有溢浆口，筒顶也应高出地面 0.2～0.3m。

3) 护筒底应低于施工最低水位（一般低于 0.1～0.3m 即可）。深水下沉埋设的护筒应沿导向架借自重、射水、振动或锤击等方法将护筒下沉至稳定深度，入土深度黏性土应

达到 0.5～1m，砂性土则为 3～4m；

4）下埋式及上埋式护筒挖坑不宜太大（一般比护筒直径大 0.1～0.6m），护筒四周应夯填密实的黏土，护筒应埋置在稳固的黏土层中，否则应换填黏土并密实，其厚度一般为 0.5m。

（3）泥浆制备。泥浆在钻孔中的作用是：在孔内产生较大的静水压力，可防止坍孔；泥浆向孔外土层渗漏，在钻进过程中，由于钻头的活动，孔壁表面形成一层胶泥，具有护壁作用。同时，将孔外水流切断，能稳定孔内水位；泥浆相对密度大，具有挟带钻渣作用，利于钻渣的排土。因此，在钻孔过程中，孔内应保持一定稠度的泥浆，一般相对密度以 1.1～1.3 为宜，在冲击钻进大卵石层时可用 1.4 以上，黏度为 20Pa・s，含沙率小于 3%。在较好的黏性土层中钻孔，也可灌入清水，使钻孔时孔内自造泥浆，达到固壁效果。调制泥浆的黏土塑性指数不宜小于 15，粒径大于 0.1mm 的砂粒不宜超过 6%。

（4）安装钻机或钻架。钻架是钻孔、吊放钢筋笼、灌注混凝土的支架。我国生产的定型旋转钻机和冲击钻机都附有定型钻架，其他还有木制的和钢制的四脚架、三脚架或人字扒杆。在钻孔过程中，成孔中心必须对准桩位中心，钻机（架）必须保持平稳，不发生位移、倾斜和沉陷。钻机（架）安装就位时，应详细测量，底座应用枕木垫实塞紧，顶端应用缆风绳固定平稳，并在钻进过程中经常检查。

2. 钻孔

（1）钻孔方法和钻具。

1）旋转钻进成孔。由于旋转钻进成孔的施工方法受到机具和动力的限制，适用于较细、软的土层，如各种塑性状态的黏性土、砂土、夹少量粒径小于 100～200mm 的砂卵石土层，在软岩中也可使用。这种钻孔方法的深度可达 100m 以上。旋转钻进成孔包括有普通旋转钻机成孔法、人工机动推钻与全叶式螺旋钻成孔法和潜水钻机钻孔法：

a. 普通旋转钻机成孔法（正、反循环回转钻）。利用钻具的旋转切削体钻进，并在钻进的同时采用循环泥浆的方法护壁排渣，继续钻进成孔。旋转钻机成孔按泥浆循环的程序有正、反循环回转之分。当泥浆以高压通过空心钻杆，从底部射出，随着泥浆上升而溢出流至井外沉浆池，待沉淀净化后再循环使用的方式，称为正循环，如图 6.34 所示。当泥浆由钻杆外流入井孔，旧泥浆由钻杆吸上排走的方式称为反循环。反循环钻机的钻进及排渣效率较高，但在接长钻杆时装卸较麻烦，如钻渣粒径超过钻杆内径（一般为 120mm）易堵塞管路，则不宜采用。

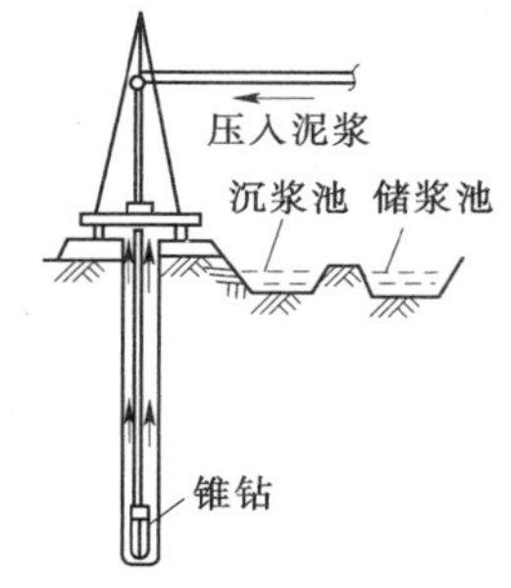


图 6.34 旋转钻机成孔

b. 人工机动推钻与全叶式螺旋钻成孔法。用人工或机动旋转钻具钻进，钻孔时利用电动机带动钻杆转动，使钻头螺旋叶片旋转削土成孔，土块随叶片上升排出孔外，一般孔深 8～12m，钻进速度较慢，遇大卵石、漂石土层不易钻进，如图 6.35 所示。

c. 潜水钻机钻孔法。利用密封电动机、变速机构带动钻头在水中旋转削土，并在端部喷出高速水流冲刷土体，以水力排渣。同正循环一样，压入泥浆，钻渣随泥浆上升溢出井口。如此连续钻进、排土而成孔，如图 6.36 所示。

2）冲击钻进成孔。如图6.37所示，利用钻锥（重为10～35kN）不断地提锥、落锥，反复冲击孔底土层，把土层中泥沙、石块挤向四壁或打成碎渣，钻渣悬浮于泥浆中，利用掏渣筒取出，重复上述过程冲击钻进成孔。

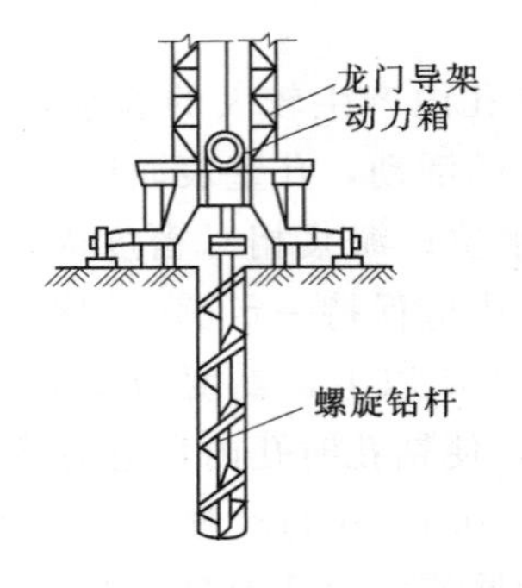

图6.35　旋叶式螺旋钻成孔

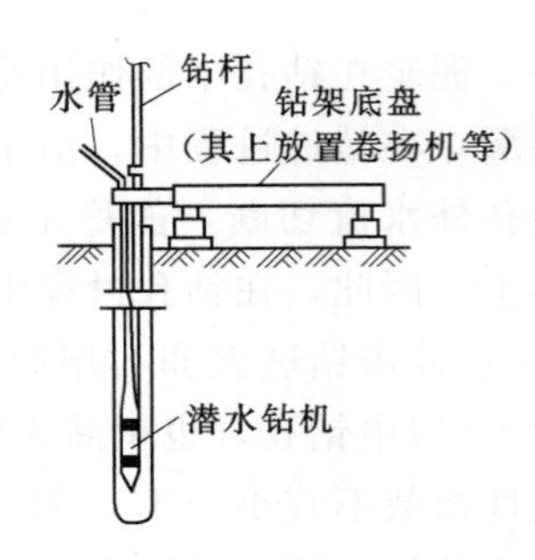

图6.36　浅水钻机钻孔

主要采用的机具有定型的冲击式钻机（包括钻架、动力、起重装置等）、冲击钻头、转向装置和掏渣筒等，也可用30～50kN带离合器的卷扬机配合钢、木钻架及动力组成简易冲击钻机，如图6.37（b）所示。冲击钻孔适用于含有漂卵石、大块石的土层及岩层，也能用于其他土层。成孔深度一般不宜大于50m。

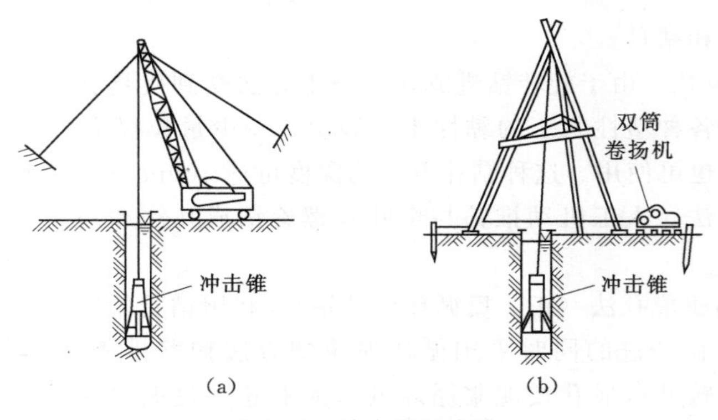

图6.37　冲击钻机成孔

3）冲抓钻进成孔。此法是利用冲抓锥张开的锥瓣向下冲击切入土石中，收紧锥瓣将土石抓入锥中，提升出孔外卸去土石，然后再向孔内冲击抓土，如此循环钻进的成孔方法。施工时，泥浆仅起护壁作用，当土层较好时，可不用泥浆，而用水头护壁。冲抓成孔适用于较松或紧密黏性土、砂性土及夹有碎卵石的砂砾土层，成孔深度一般小于30m。用冲抓钻钻进时，应以小冲程稳而准的开孔，待锥具全部进入护筒后，再松锥进行正常冲抓。提锥应缓慢，冲击高度一般为1.0～2.5m。

（2）钻孔注意事项。在钻孔过程中应防止坍孔、孔形扭歪或孔斜，钻孔漏水、钻杆折断，甚至把钻头埋住或掉进孔内等事故，因此钻孔时应注意下列各点：

1）在钻孔过程中，始终要保持孔内外既定的水位差和泥浆浓度，以起到护壁、固壁作用，防止坍孔。若发现有漏水（漏浆）现象，应找原因及时处理。如为护筒本身漏水或因护筒埋置太浅而发生漏水，应堵塞漏洞或用黏土在护壁周围夯实加固，或重埋护筒；若

因孔壁土质松散，泥浆加固孔壁作用较差，应在孔内重新回填黏土，待沉淀后再钻进，以加强泥浆护壁。

2）在钻孔过程中，应根据土质等情况控制钻进速度、调整泥浆稠度，以防止坍孔及钻孔偏斜、卡钻和旋转钻机负荷超载等情况发生。

3）钻孔宜一气呵成，不宜中途停钻以避免坍孔，若坍孔严重应回填重钻。

4）钻孔过程中应加强对桩位、成孔情况的检查工作。终孔时应对桩位、孔径、形状、深度、倾斜度及孔底土质等情况进行检验，合格后立即清孔、吊放钢筋笼，灌注混凝土。

（3）钻孔中常见的施工事故及预防与处理措施，见表6.8。

**表6.8　钻孔中常见的施工事故及预防与处理措施**

| 事故种类 | 原因分析 | 预防与处理措施 |
| --- | --- | --- |
| 坍孔 | 1. 护筒埋置太浅，周围封填不密实而漏水；<br>2. 操作不当，如提升钻头、冲击（抓）锥或掏渣筒倾倒，或放钢筋骨架时碰撞孔壁；<br>3. 泥浆稠度小，起不到护壁作用；<br>4. 泥浆水位高度不够，对孔壁压力小；<br>5. 向孔内加水时流速过大，直接冲刷孔壁；<br>6. 在松软砂层中钻进，进尺太快 | 1. 孔口坍塌时，可拆除护筒，回填钻孔、重新埋设护筒再钻；<br>2. 轻度坍孔，可加大泥浆相对密度和提高水位；<br>3. 严重坍孔，用黏土泥膏（或纤维素）投入，待孔壁稳定后采用低速钻进；<br>4. 汛期或潮汐地区水位变化过大时，应采取升高护筒、增加水头或用虹吸管等措施保证水头相对稳定；<br>5. 提升钻头、下钢筋笼架保持垂直，尽量不要碰撞孔壁；<br>6. 在松软砂层钻进时，应控制进尺速度，且用较好泥浆护壁；<br>7. 坍塌情况不严重时，可回填至坍孔位置以上1～2m，加大泥浆相对密度继续钻进；<br>8. 遇流砂坍孔情况严重，可用砂夹黏土或小砾石夹黏土，甚至块片石加水泥回填，再行钻进 |
| 钻孔偏斜 | 1. 桩架不稳，钻杆导架不垂直，钻机磨耗，部件松动；<br>2. 土层软硬不匀，致使钻头受力不匀；<br>3. 钻孔中遇有较大孤石或探头石；<br>4. 扩孔较大处，钻头摆偏向一方；<br>5. 钻杆弯曲，接头不正 | 1. 将桩架重新安装牢固，并对导架进行水平和垂直校正，检修钻孔设备；<br>2. 偏斜过大时，填入石子黏土，重新钻进，控制钻速，慢速提升、下降，往复扫孔纠正；<br>3. 如有探头石，宜用钻机钻透，用冲孔机时用低锤击密，把石打碎，基岩倾斜时，可用混凝土填平，待凝固后再钻 |
| 卡钻 | 1. 孔内出现梅花孔、探头石、缩孔等未及时处理；<br>2. 钻头被坍孔落下的石块或误落入孔内的大工具卡住；<br>3. 入孔较深的钢护筒倾斜或下端被钻头撞击严重变形；<br>4. 钻头尺寸不统一，焊补的钻头过大；<br>5. 下钻头太猛，或吊绳太长，使钻头倾斜卡在孔壁上 | 1. 对于向下能活动的上卡可用上下提升法，即上下提动钻头，并配以将钢丝绳左右拔移，旋转；<br>2. 上卡时还可用小钻头冲击法；<br>3. 对于下卡和不能活动的上卡，可采用强提法，即除用钻机上卷扬机提拉外，还可采用滑车组、杠杆、千斤顶等设备强提 |

续表

| 事故种类 | 原　因　分　析 | 预 防 与 处 理 措 施 |
| --- | --- | --- |
| 掉钻 | 1. 卡钻时强提强拉、操作不当，使钢丝绳或钻杆疲劳断裂；<br>2. 钻杆接头不良或滑丝；<br>3. 电动机接线错误，使不应反转的钻机反转钻杆松脱 | 1. 卡钻时应设有保护绳子才准强提，严防钻头空打；<br>2. 经常检查钻具、钻杆、钢丝绳和联结装置；<br>3. 掉钻后可采用打捞叉、打捞钩、打捞活套、偏钩和钻锥平钩等工具打捞 |
| 扩孔及缩孔 | 1. 扩孔是因孔壁坍塌而造成的结果；<br>2. 缩孔原因有三种：钻锥补焊不及时；磨耗后的钻锥直径缩小；以及地层中有软塑土，遇水膨胀后使孔径缩小 | 1. 如扩孔不影响进尺，则可不必处理，如影响钻进，则按坍孔事故处理；<br>2. 对缩孔可采用上下反复扫孔的方法以扩大孔径 |

3. 清孔及吊装钢筋笼骨架

清孔目的是除去孔底沉淀的钻渣和泥浆，以保证灌注的钢筋混凝土质量，保证桩的承载力。常用清孔方法有以下几种：

(1) 抽浆清孔。用空气吸泥机吸出含钻渣的泥浆而达到清孔。由风管将压缩空气输进排泥管，使泥浆形成密度较小的泥浆空气混合物，在水柱压力下沿排泥管向外排出泥浆和孔底沉渣，同时用水泵向孔内注水，保持水位不变直至喷出清水或沉渣厚度达到设计要求为止。此法清孔较彻底，适用于孔壁不易坍塌的各种钻孔方法的柱桩和摩擦桩，一般用反循环钻机、空气吸泥机（图 6.38）、水力吸泥机或真空吸泥泵（图 6.39）等进行。

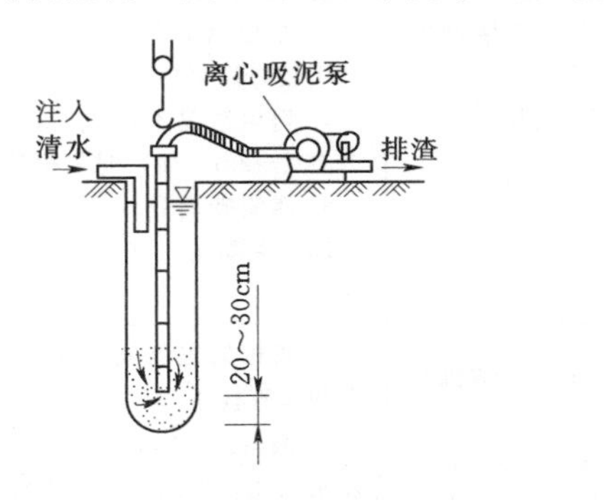

图 6.38　空气吸泥机清孔

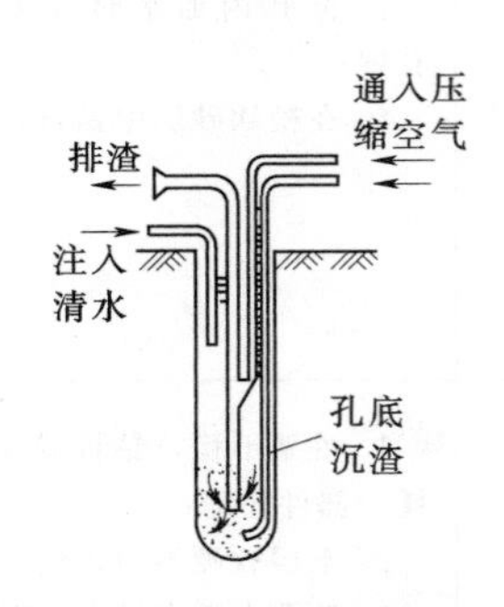


图 6.39　真空吸泥机泵清孔

(2) 掏渣清孔。该法是用抽渣筒、大锅锥或冲抓锥清掏孔底粗钻渣，仅适用于机动推钻、冲抓、冲击钻孔的各类土层摩擦桩的初步清孔。掏渣前可先投入水泥 1～2 袋，再以钻锥冲击数次，使孔内泥浆、钻渣和水泥形成混合物，然后用掏渣工具掏渣。当要求清孔质量较高时，可使用高压水管插入孔底射水，使泥浆相对密度逐渐降低。

(3) 换浆清孔。适用于正循环钻孔法的摩擦桩，钻孔完成后，提升钻锥距孔底 10～20cm，继续循环，以相对密度较低（1.1～1.2）的泥浆压入，把钻孔内的悬浮钻渣和相对密度较大的泥浆换出。

(4) 喷射清孔。只宜配合其他清孔方法使用，是在灌注混凝土前对孔底进行高压射水或射风数分钟，使剩余少量沉淀物飘浮后，立即灌注水下混凝土。

清孔时应注意以下事项：

1）不论采用何种清孔方法，在清孔排渣时，必须注意保持孔内水头，防止坍孔。

2）柱桩应以抽浆法清孔，清孔后，将取样盒（即开口铁盒）吊到孔底，待灌注水下混凝土前取出检查沉淀在盒内的渣土，渣土厚度应符合规定要求。

3）用换浆法或掏渣法清孔后，孔口、孔中部和孔底提出的泥浆的平均值应符合质量标准要求；灌注水下混凝土前，孔底沉淀厚度应不大于设计规定。

4）不得用加深孔底深度的方法代替清孔。

钻孔桩的钢筋应按设计要求预先焊成钢筋骨架，整体或分段就位，吊入钻孔。钢筋骨架吊放前应检查孔底深度是否符合设计要求；孔壁有无妨碍骨架吊放和正确就位的情况。钢筋骨架吊装可利用钻架或另立扒杆进行。吊放时应避免骨架碰撞孔壁，并保证骨架外混凝土保护层厚度，应随时校正骨架位置。钢筋骨架达到设计标高后，即将骨架牢固定位于孔口，立即灌注混凝土。

4. 灌注水下混凝土

（1）灌注方法。目前我国多采用直升导管法灌注水下混凝土，导管法的施工过程如图6.40所示。将导管居中插入到离孔底0.30～0.40m（不能插入孔底沉积的泥浆中），导管上口接漏斗，在接口处设隔水栓，以隔绝混凝土与导管内水的接触。在漏斗中储备足够数量的混凝土后，放开隔水栓，储备的混凝土连同隔水栓向孔底猛落，这时孔内水位骤涨外溢，说明混凝土已灌入孔内。当落下有足够数量的混凝土时，则将导管内水全部压出，并使导管下口埋入孔内混凝土内1～1.5m深，保证钻孔内的水不可能重新流入导管。随着混凝土不断通过漏斗、导管灌入钻孔，钻孔内初期灌注的混凝土及其上面的水或泥浆不断被顶托升高，相应地不断提升导管和拆除导管，这时应保持导管的埋入深度为2～4m，最大不宜大于4m，拆除导管时间不超过15min，直至钻孔灌注混凝土完毕。

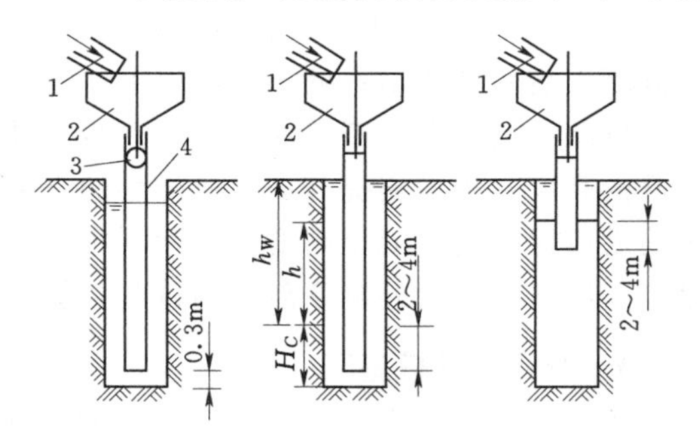


图6.40　灌注水下混凝土图

1—通混凝土储料槽；2—漏斗；3—隔水栓；4—导管

（2）对混凝土材料的要求。为了保证水下灌注混凝土的质量，应按设计强度等级提高20%进行设计混凝土的配合比；混凝土坍落度宜在180～220mm范围内；每立方米混凝土中水泥用量不少于350kg，水灰比宜用0.5～0.6，并可适当将含沙率提高40%～50%，使混凝土有较好的和易性；为防卡管，石料尽可能用卵石，适宜粒径为5～30mm，最大粒径不应超过40mm。

（3）混凝土浇筑。为了随时掌握钻孔内混凝土顶面的实际高度，可用测绳和测深锤直接测定。测深锤一般用锥形锤，锤底直径15cm左右，高20cm，质量为5kg，外壳可用钢板焊制，内装铁砂配重后密封。为保证灌注桩成桩后的质量，现在可用超声波法等进行无损检测。

（4）灌注水下混凝土注意事项。

1）灌注首批混凝土时导管下口至孔底的距离一般宜为25～40cm；导管埋入混凝土中的深度不得小于1m。

2）灌注开始后应连续地进行，并应尽可能缩短拆除导管的时间。当导管内混凝土不满时，应徐徐地灌注，防止在导管内造成高压气囊。在灌注过程中，特别是潮汐地区，应经常保持井孔水头，防止坍孔。应经常探测井孔内混凝土面位置，及时地调整导管埋深，导管的埋深一般不宜小于2m或大于6m，当拌和物掺有缓凝剂、灌注速度较快、导管较坚固并有足够起重能力时，可适当加大埋深。在灌注过程中，应将井孔内溢出的泥浆引流至适当地点处理，防止污染环境。灌注的桩顶标高应预加一定高度，一般应比设计高出不小于0.5～1.0m，预加高度可于基坑开挖后凿除，凿除时须防止损毁桩身。

3）混凝土面位置应采用较为精确的器具进行探测。若无条件时，可采用测探锤，禁止使用其他不符合要求的方法。灌注将近结束时，可用取样盒等容器直接取样，鉴定良好混凝土面位置。

4）混凝土面接近钢筋骨架时，宜使导管保持稍大的埋深，并放慢灌注速度，以减少混凝土的冲击力；混凝土面进入钢筋骨架一定深度后，应适当提升导管，使钢筋骨架在导管下口有一定的埋深。

5）护筒拔出及提升操作时，处于地面及桩顶以下的井口整体式刚性护筒，应在灌注完混凝土后立即拔出；处于地面以上、能拆卸的护筒，须待混凝土抗压强度达到5MPa后方可拆除；使用全护筒灌注时，应逐步提升护筒，护筒内的混凝土高度应考虑本次护筒将提升的高度及为填充提升护筒所产生的空隙所需高度。在灌注中途提升时，尚应包括提升护筒后应保留的混凝土高度（一般不小于1m），以防提升后脱节。但护筒内混凝土也不得过高，以防护筒内外侧摩阻力超过起拔能力。

### 6.4.3 挖孔灌注桩施工

挖孔灌注桩适用于无地下水或少量地下水，且较密实的土层或风化岩层。桩的直径（或边长）不宜小于1.4m，孔深一般不宜超过20m。若孔内产生的空气污染物超过规定的浓度限值时，必须采用通风措施，方可采用人工挖孔施工。每一桩孔开挖、提升出土、排水、支撑、立模板、吊装钢筋骨架、灌注混凝土等作业都应事先准备好，紧密配合。

1. 开挖桩孔

一般采用人工开挖，开挖之前应清除现场四周及山坡上悬石、浮土等，排除一切不安全的因素，做好孔口四周临时围护和排水设备。孔口应采取措施防止土石掉入孔内，并安排好排土提升设备（卷扬机或木绞车等），布置好弃土通道，必要时孔口应搭雨棚。

挖孔过程中要随时检查桩孔尺寸和平面位置，防止误差。注意施工安全，下孔人员必须配带安全帽和安全绳，提取土渣的机具必须经常检查。孔深超过10m时，应经常检查孔内二氧化碳含量，如超过0.3%应增加通风措施。孔内如用爆破施工，采用浅眼爆破法，严格控制炸药用量并在炮眼附近要加强支护，以防止振坍孔壁。孔深大于5m时，应采用电雷管引爆，爆破后应先通风排烟15min并经检查孔内无毒后施工人员方可下孔继续开挖。

2. 护壁和支撑

挖孔桩开挖过程中，开挖和护壁两个工序必须连续作业，以确保孔壁不坍塌。应根据

水质、水文条件、材料来源等情况因地制宜选择支撑及护壁方法。桩孔较深，土质较差，出水量较大或遇流沙等情况时，宜采用就地灌注混凝土护壁，每下挖1～2m灌注一次，随挖随支。护壁厚度一般采用0.15～0.20m，混凝土为C15～C20，必要时可配置少量的钢筋，也可采用下沉预制钢筋混凝土圆管护壁。如土质较松散而渗水量不大时，可考虑用木料作框架式支撑或在木框架后面铺架木板做支撑，如图6.41(b)。木框架或木框架与木板间应用扒钉钉牢，木板后面也应与土面塞紧。如土质情况尚好，渗水不大时也可用荆条、竹笆做护壁，随挖随护壁，以保证挖土安全进行。

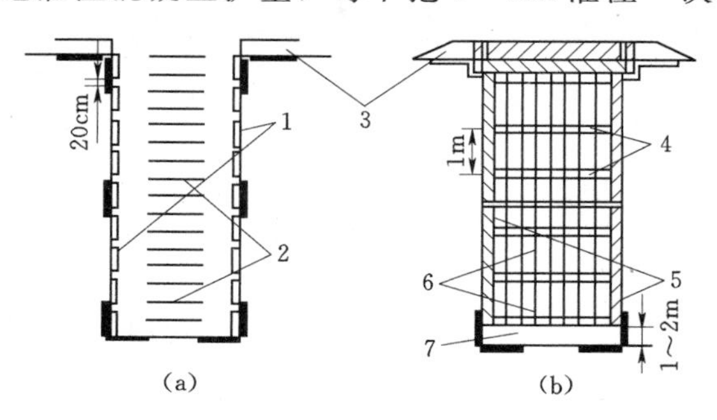


图6.41 护壁与支撑
1—就地灌注混凝土护壁；2—固定在护壁上供人上下用的钢筋；3—孔口围护；4—木框架支撑；5—支撑木板；6—木框架间支撑；7—不设支撑地段

3. 排水

孔内如渗水量不大，可采用人工排水（手摇木绞车或小卷扬机配合提升）；渗水量较大，可用高扬程抽水机或将抽水机吊入孔内抽水。若同一墩台有几个桩孔同时施工，可以安排一孔超前开挖，使地下水集中在一孔排除。

4. 吊装钢筋骨架及灌注桩身混凝土

挖孔达到设计深度后，应进行孔底处理。必须做到孔底表面无松渣、泥、沉淀土，以保证桩身混凝土与孔壁及孔底密贴，受力均匀。如地质复杂，应钎探了解孔底以下地质情况是否能满足设计要求，否则应与监理、设计单位研究处理。吊装钢筋骨架及灌注水下混凝土的有关方法及注意事项与钻孔灌注桩基本相同。

## 学习单元6.5 沉井基础施工

沉井的施工方法与墩台基础所在地点的地质和水文情况有关。如沉井要在水中施工则应对河流汛期、通航、河流冲刷、航道等情况调查研究，并制定施工计划，尽量安排在枯水季节施工。对需在施工中度汛的沉井，应有可靠的措施以确保安全。常用方法有旱地施工、水中筑岛施工及浮运沉井施工等方法。

### 6.5.1 旱地沉井施工

旱地沉井施工可以就地进行，施工内容包括定位放样、平整场地、浇筑底节沉井、拆模和抽除垫木、挖土下沉沉井、接高沉井、地基检验及处理、封底、填充井孔及浇筑盖板等。沉井施工顺序如图6-42所示。

1. 定位放样、平整场地、浇筑底节沉井

在定位放样以后，应将基础所在地的地面进行整平和夯实，在地面上铺设厚度不小于0.5m的砂或砂砾垫层。然后铺垫木、立底节沉井模板和绑扎钢筋。在砂垫层上先在刃脚踏面处对称地铺设垫木，垫木一般为方木（可用200mm×200mm方木），其数量可按垫木底面压力不大于100kPa计算。垫木的布置应考虑抽除方便。然后在垫木上面放出刃脚

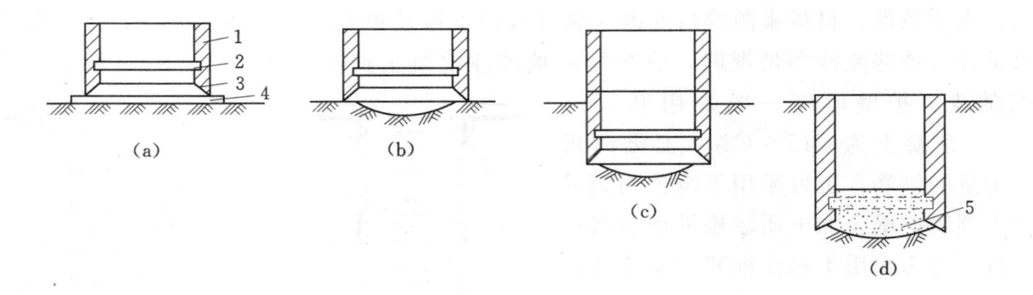


图 6.42　沉井施工顺序图

(a) 制作第一节沉井；(b) 抽垫木、挖土下沉；(c) 沉井接高下沉；(d) 封底

1—井壁；2—凹槽；3—刃脚；4—承垫木；5—素混凝土封底

踏面大样，铺上踏面底模，安放刃脚的型钢，立刃脚斜面底模、隔墙底模和沉井内模，绑扎钢筋，最后立外模和模板拉杆，如图 6.43 所示。在场地土质较好处，也可采用土模。

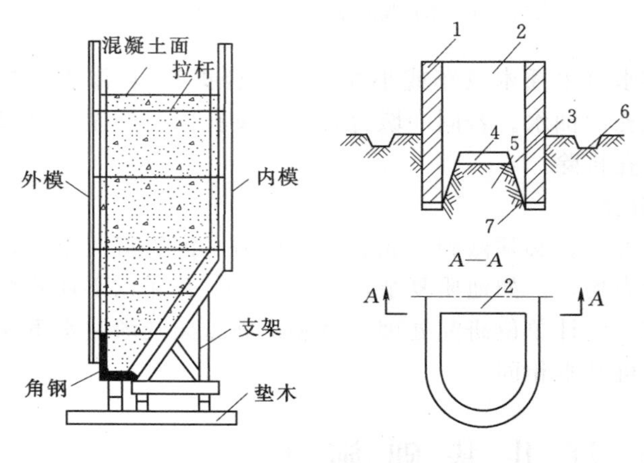


图 6.43　沉井刃脚立模

1—井壁；2—隔墙；3—隔墙梗肋；4—木板；5—黏土土模；6—排水坑；7—水泥砂浆

在浇筑混凝土之前，必须检查核对模板各部尺寸和钢筋布置是否符合设计要求，支承及各种紧固联系是否安全可靠。浇筑混凝土要随时检查有无漏浆和支撑是否良好。混凝土浇好后要注意养护，夏季防暴晒，冬季防冻结。

2. 拆模和抽除垫木

混凝土达到设计强度的 25%时可拆除内外侧模，达到设计强度的 75%时可拆除各墙底面和刃脚斜面模板，强度达到设计强度后才能抽撤垫木。抽撤垫木应按一定的顺序进行，以免引起沉井开裂、移动或倾斜。其顺序是：先撤除内隔墙下的垫木，再撤除沉井短边下的垫木，最后撤除长边下的垫木。撤除长边下的垫木时，以定位垫木（最后抽撤的垫木）为中心，对称地由远到近拆除，最后拆除定位垫木。注意在抽垫木过程中，抽除一根垫木应立即用砂回填并捣实。

3. 挖土下沉沉井

垫木抽完后，应检查沉井位置是否有移动或倾斜，位置正确，即可在井内挖土。沉井下沉施工可分为排水下沉和不排水下沉。当沉井穿过稳定的土层，不会因排水产生流沙时，可采用排水挖土下沉，可采用人工挖土或机械除土。人工挖土时应采取施工安全措施，挖土要有规律、分层、对称、均匀的开挖，使沉井均匀下沉。通常是先挖井孔中心，再挖隔墙下的土，后挖刃脚下的土，一般情况下高差不宜超过 50cm。挖到一定程度，沉井即可借自重切土下沉一定深度，这样不断地挖土、下沉。不排水下沉一般采用抓土斗或水力吸泥机。使用吸泥机时要不断向井内补水，使井内水位高出井外水位 1～2m 以免发

生流沙或涌土现象。在井孔内均需均匀除土，否则易使沉井产生较大的偏斜。不排水挖土可参考表6.9选用合适的机械和方法。

**表6.9　　不排水时挖土方法的使用**

| 土　　质 | 除　土　方　法 | 说　　明 |
|---|---|---|
| 砂土 | 抓土、吸泥 | 抓土时宜用两瓣式抓斗 |
| 卵石 | 吸泥、抓土 | 以直径大于卵石粒径的吸泥机为好；若抓土，宜用四瓣抓斗 |
| 黏性土 | 吸泥、抓土 | 一般以高压射水，冲散土层 |
| 风化岩 | 射水、冲击锤、放炮 | 冲击锤钻进，碎块用抓斗或吸泥机除去 |

在沉井下沉过程中，要经常检查沉井的平面位置和垂直高度。有偏斜就要及时纠正，否则下沉越深纠偏越难。

4. 接高沉井

当沉井顶面离地面1～2m时，如还要下沉，应停止挖土，接筑上一节沉井。每节沉井高度以4～6m为宜。接高的沉井中轴应与底节沉井中轴重合。为防止沉井在接高时突然下沉或倾斜，必要时应回填刃脚下的土，接高时应尽量对称均匀加重。混凝土施工接缝应按设计要求，布置好接缝钢筋，清除浮浆并凿毛，然后立模浇筑混凝土，待接筑沉井达到设计强度，即可继续挖土下沉，直至井底达到设计标高。如最后一节沉井顶面在地面或水面下，应在沉井上加筑井顶围堰，围堰的平面尺寸略小于沉井，其下端与井顶预埋锚杆相连，视其高度大小分别用混凝土或砌石或砌砖。围堰是临时性的，待墩台身出水后可拆除。

5. 地基检验及处理

沉井下沉至设计标高后，必须检验基底的地质情况是否与设计资料相符，地基是否平整，能抽干水的可直接检验，否则要由潜水员下水检验，必要时用钻机取样鉴定。如检验符合要求，宜尽可能在排水的情况下立即清理和处理地基。基底应尽量整平，清除污泥，并使基底没有软弱夹层；基底为砂土或黏性土时，应铺一层砾石或碎石垫层至刃脚踏面以上20cm；基底为风化岩时，应将风化层凿掉，以保证封底混凝土、沉井与地基连接紧密。

6. 封底、填充井孔及浇筑盖板

地基经检验、处理合格后，应立即封底，宜在排水情况下进行；抽干水有困难时用水下浇筑混凝土的方法，待封底混凝土达到设计强度后方可抽水，然后填井孔。对填砂砾或空孔的沉井，必须在井顶浇筑钢筋混凝土盖板。盖板达到设计强度后，方可砌筑墩台。

### 6.5.2　水中下沉沉井的措施

当沉井下沉施工处于水中时，可以采用筑岛法和浮运法，一般根据水深、流速、施工设备及施工技术等条件选用。

1. 筑岛法

在河流的浅滩或施工最高水位在不超过4m时，可用筑岛法，即先修筑人工岛，再在岛上进行沉井的制作和挖土下沉。筑岛材料为砂或砾石，常称作砂岛，砂岛分无围堰和有围堰两种。无围堰砂岛应保证施工期在水流冲刷作用下，砂岛本身有足够的稳定性，一般用于水深不超过1～2m，水流速度不大时，砂岛边坡坡度通常为1∶2，周围用草袋、卵石、竹笼等护坡。砂岛面的宽度应比沉井周围宽出2.0m以上，岛面高度应高出施工最高水位0.5m以上。当河流较深或流速较大时，宜用钢板桩围堰筑岛。

2. 浮运法

在深水河流中，水深如超过10m时，当用筑岛法有困难或不经济时，可采用浮运沉井的方法进行施工。

采用浮运法的沉井，一种是普通沉井在刃脚处安装临时性不漏水的木底板，就位后再在井内灌水下沉，沉到河底再拆除底板，如图6.44（a）所示。另一种是空腹薄壁沉井，如图6.44（b）所示，井壁可用钢筋混凝土、水泥钢丝网或钢壳制成，空腹中设置支撑。向空腹中灌水或混凝土即可下沉。浮运沉井一般先在岸上预制，再用滑道等方法将沉井放入水中，浮于水面上最后拉运到墩位处，如图6.45所示，也可用船只浮运沉井。

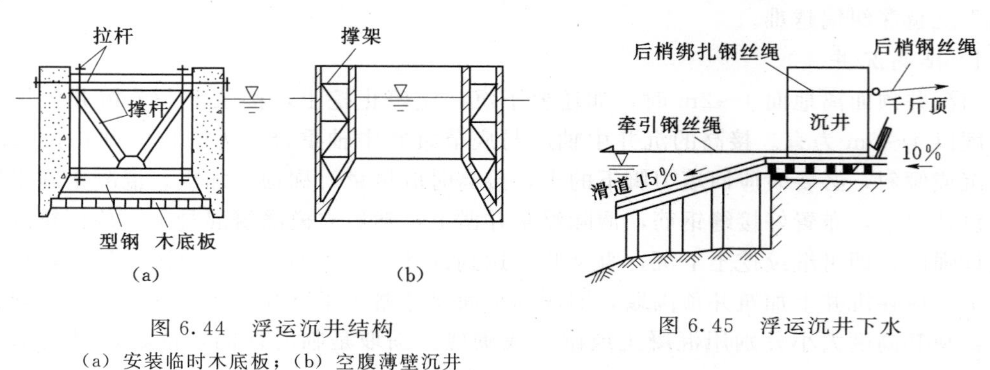


图6.44　浮运沉井结构
（a）安装临时木底板；（b）空腹薄壁沉井

图6.45　浮运沉井下水

沉井准确就位后，用水或混凝土灌入空体，徐徐下沉直至河底。或依靠在悬浮状态下接长沉井及填充混凝土使它逐步下沉至河底，最后在土中挖土下沉。在浮运、下沉沉井过程中，沉井顶到水面的高度均不得小于1m。

### 6.5.3　沉井下沉过程中常遇到的问题及处理方法

1. 突然下沉

在软土地基沉井施工中，常发生突然下沉现象。如某工程的一个沉井，一次突沉3m之多。突沉的原因是井壁外的摩阻力很小，当刃脚附近土体挖除后，沉井失去支承而剧烈下沉。这样，容易使沉井产生较大的倾斜或超沉，应予以避免。采用均匀挖土、增大踏面宽度或加设底梁等措施可以解决沉井突然下沉。

2. 沉井偏斜

沉井开始下沉阶段，井体入土不深，下沉阻力较小，且由于沉井大部分还在地面上。外侧土体的约束作用很小，容易产生偏斜。这一阶段应控制挖土的程序和深度，注意均匀挖土。继续挖土时，可在沉井高的一侧集中挖土。还可以采取不对称加重、不对称射水和施加侧向力把沉井扶正等措施，开始阶段要经常检查沉井的平面位置，注意防止较大的倾斜。在中间阶段，可能会出现下沉困难的现象，但接高沉井后，下沉又变得顺利，但易出现偏移。如沉井中心位置发生偏移，可先使沉井倾斜。均匀挖土让沉井斜着下沉，直到井底中心位于设计中心线上，再将沉井扶正。

沉井沉至设计标高时，其位置误差不应超过下述规定：

（1）底面中心和顶面中心在纵横向的偏差不大于沉井高度的1/50，对于浮式沉井，允许偏差值还可增加25cm。

（2）沉井最大倾斜度不大于1/50。

（3）矩形沉井的平面扭角偏差不大于1°，浮式沉井不得大于2°。

3. 沉井下沉困难

沉井下沉至最后阶段，主要问题是下沉困难。沉井发生下沉困难的主要原因有：井外壁摩阻力太大，超过了自重，或刃脚下遇到大的障碍物。当刃脚遇到障碍物时，必须予以清除后再下沉。清除方法可以是人工排除，如遇树根或钢材可锯断或烧断，遇大孤石宜用炸药炸碎，以免损坏刃脚。在不能排水的情况下，由潜水员进行水下切割或水下爆破。解决摩阻力过大而使下沉困难的方法可从增加沉井自重和减小井壁摩阻力两方面来考虑。

（1）增加沉井自重。可以在沉井顶面铺设平台，然后在平台上放置重物，如沙袋、块石、铁块等，但应防止重物倒塌。对不排水下沉的沉井，可从井孔中抽出一部分水，从严减小浮力，增加向下压力使沉井下沉。此法对渗水性大的砂、卵石层效果不大，对易发生流沙的土也不宜用此法。

（2）减小沉井外壁的摩阻力。可以将沉井设计成台阶形、倾斜形，或在施工中尽量使外壁光滑；也可在井壁内埋设高压射水管组，利用高压水流冲松井壁附近的土，水沿井壁上升润滑井壁，减小井壁摩阻力，帮助沉井下沉。沉井下沉至一定深度后，如有下沉困难，可用炮震法强迫沉井。此法是在井孔的底部埋置适量的炸药，一般每个爆炸点用药0.2kg左右为宜，引爆产生的震动力迫使沉井下沉，但要避免震坏沉井。

对下沉较深的沉井，为减小井壁摩阻力常用泥浆润滑套或空气幕帮助沉井下沉。泥浆润滑是把按一定比例配置好的泥浆灌注在沉井井壁周围形成一个具有润滑作用的泥浆套。可大大减小沉井下沉时的井壁摩阻力，使沉井顺利下沉。

射口挡板可用角钢或钢板制作，置于每个泥浆射出口处固定在井壁台阶上。它的作用是防止泥浆管射出的泥浆直冲土壁而起缓冲作用，防止土壁局部坍落堵塞射浆口。为了保持土壁的稳定性及一定数量的泥浆储备，压入泥浆应高出地面以上。因此，需在地面设置围圈。围圈是由混凝土或钢板制成的，高为1.5～2.0m，顶面高出约0.5m，圈顶面加盖，以防土石掉入泥浆套。泥浆套的施工按压浆管与井壁位置关系分为内管法和外管法。厚壁沉井多采用内管法，薄壁沉井宜采用外管法，如图6.46所示。

沉井在下沉过程中要不断补充泥浆，泥浆面不得低于地表围圈的底面。同时，要注意使沉井孔内外水位相近，以防发生流沙、漏水，而使泥浆套受到破坏。当沉井达到设计标高时，应压进水泥砂浆把触变泥浆挤出，使井壁与四周的土重新获得新的摩阻力。在卵石、碎石层中采用泥浆润滑套效果一般较差。

空气幕法是井壁四周按喷气管分担范围设置空气管喷射高压气流，气流沿喷气孔喷出。再沿沉井外井壁上升，形成一圈空气幕。使井壁周围土松动，减少井壁摩阻力，促使沉井顺利下沉。

施工时压气管分层设置，由竖管和水平横管组成。每层水平横管上钻有很多小孔，压缩空气通过小孔向外喷射。压气沉井所需的压力可取静水压力的2.5倍，空气幕法在停气

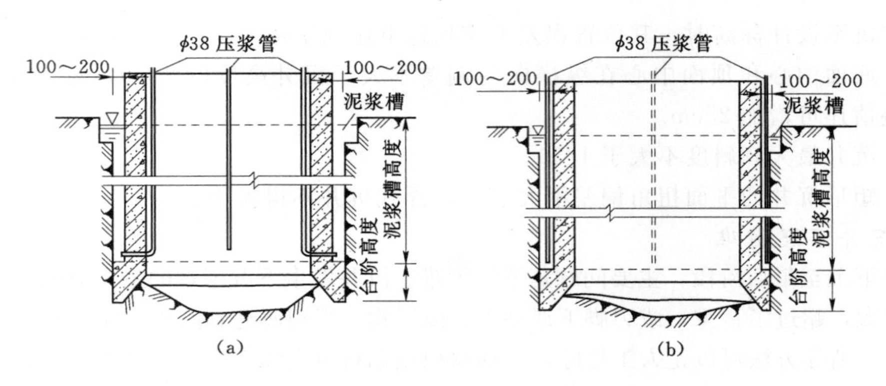


图 6.46　井内外压浆管布置图

(a) 井内布置式；(b) 井外布置式

后可恢复土对井壁的摩阻力。下沉量易于控制，施工设备简单，可以水下施工，经济效果好。空气幕法主要适用于细、粉砂类土和黏性土中。

## 项 目 小 结

本章主要介绍了桥梁基础的特点、构造及施工方法。

重点讲述：

1. 桥梁基础特点。

2. 刚性浅基础构造。

3. 桩基础分类及构造。

4. 明挖扩大基础施工：基坑放样、旱地基坑开挖方法以及基坑排水的方式。

5. 预制沉桩施工：锤击法、射水法、静力压桩等。

6. 钻孔灌注桩施工：应选择合适的钻具和钻孔方法，然后清孔，吊装钢筋笼，灌注混凝土。

7. 挖孔灌注桩施工：一般人工开挖，注意开挖时护壁和支撑的作业，并及时排水。

8. 沉井基础施工：分旱地沉井和水下沉井施工。

## 项 目 测 试

1. 基坑坑壁的支护形式有哪些？

2. 如何保证钻孔灌注桩的施工质量？

3. 基坑排水常用的形式有哪些？

4. 沉井在施工中可能出现哪些问题？应如何处理？

5. 泥浆润滑套的特点和作用是什么？

6. 什么是桩基？在什么情况下可采用桩基？

7. 按施工方法不同，桩分为哪几种类型？并说明它们的应用范围。

# 学习项目7 桥 梁 墩 台

**学习目标**

通过本项目的学习，使学生能够掌握桥梁墩台的组成及构造要求，并掌握不同构造墩台的适用范围。熟悉桥梁墩台上的各种作用，了解桥梁墩台作用效应组合及重力式桥墩的截面强度计算、稳定性验算方法。同时需重点掌握混凝土墩台与石砌墩台、装配式墩台、滑动模板等桥梁墩台施工方法的适用特点，施工方法，施工工序，并能合理进行应用。

## 学习单元7.1 桥梁墩台构造

### 7.1.1 概述

桥梁墩台是桥梁下部结构的重要组成部分，它主要由墩（台）帽、身和基础三部分组成，如图7.1所示。

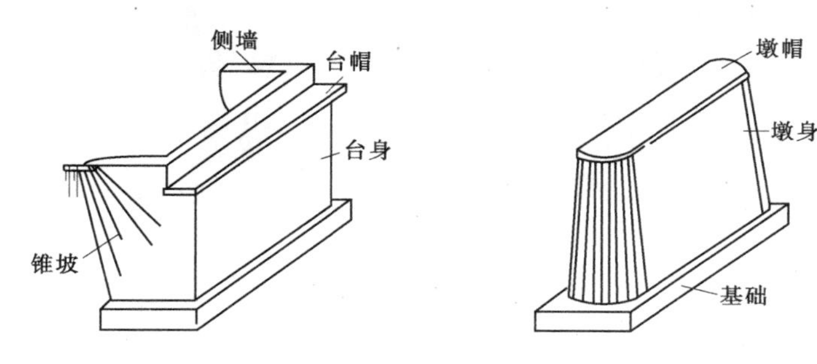


图7.1 梁桥重力式桥台

桥梁墩台承担着桥梁上部结构所产生的荷载，并将荷载有效地传递给地基基础，起着"承上启下"的作用。

桥墩一般系指多跨桥梁中的中间支承结构物。它除承受上部结构产生的竖向作用、水平作用和弯矩外，还承受风荷载、流水压力、及可能发生的地震作用、冰压力、船只和漂流物的撞击作用。桥台设置在桥梁两端，除了支承桥跨结构外，它又是衔接两岸接线路堤的构筑物；既要能挡土护岸，又能承受台背填土及填土上车辆荷载所产生的附加侧压力。因此，桥梁墩台不仅自身应有足够的强度、刚度和稳定性，而且对地基的承载能力、沉降量、地基与基础之间的摩阻力等也都提出一定的要求，避免在上述荷载作用下产生危害桥梁整体结构的水平位移、竖向位移和转角位移。

确定桥梁下部结构应遵循安全耐久，满足交通要求，造价低，维修养护少，预制施工方便，工期短，与周围环境协调，造型美观等原则。桥梁的墩台设计与结构受力有关；与土质构造和地质条件有关；与水文、流速及河床性质有关。因此，桥梁墩台要置于稳定可靠的地基上，要通过设计和计算确定基础型式和埋置深度。从桥梁破坏的实例分析，桥梁下部结构要经受洪水、地震、桥梁活载等的动力作用，要确保安全、耐久，必须充分考虑上述各种因素的组合。

墩台的施工方法与结构型式有关，桥梁墩台的施工主要有在桥位处就地施工与预制装配两种。就桥墩来说，目前较多地采用滑动模板连续浇筑施工，它对于高桥墩、薄壁直墩和无横隔板的空心墩有较高的经济效益。而装配式墩常在带有横隔板的空心墩，V形墩、X形墩（图7.2）等形式中采用。在墩台施工中，今后应从实际情况出发，因地制宜地提高机械化程度，大力采用工业化、自动化和施加预应力的施工工艺，提高工程质量，加快施工速度。

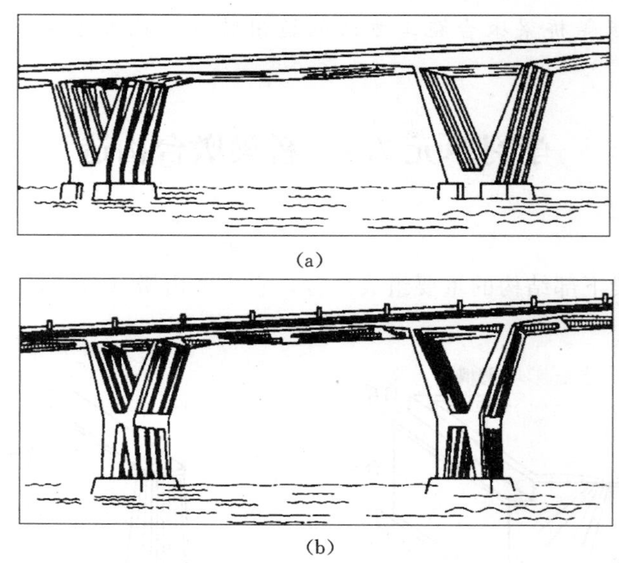

(a)

(b)

图7.2 V形和X形桥墩
(a) V形；(b) X形

对于城市的立交桥，为能从上面承托较宽的桥面，在下面能减小墩身和基础尺寸，在地面以上又给人以艺术的享受和起到美化城市的作用，常常将桥墩在横向上做成独柱式或排柱式［图7.3（a）、（b）］，倾斜式［图7.3、（c）］，双叉形［图7.3（d）］，T形、V形［图7.3（e）、（f）］等各种轻型桥墩形式。

### 7.1.2 桥墩构造

#### 7.1.2.1 重力式桥墩

这类墩的主要特点是靠自身重量来平衡外部作用而保持稳定。因此，墩身比较厚实，可不用钢筋，而采用天然石材或片石混凝土砌筑。它适用于地基良好、承受作用值较大的大、中型桥梁，或流冰、漂浮物较多的河流中。在砂石料充足的地区，小桥也往往采用重力式墩台。其主要缺点是圬工体积大、材料用量多、自重大，因而要求地基承载力高，同时阻水面积也较大。

在公路梁桥和拱桥中，重力式桥墩用得比较普遍。它们除在墩帽构造上有所差别外，

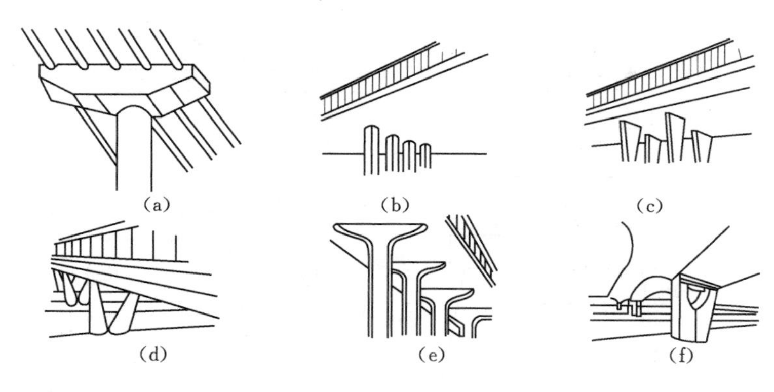


图7.3 各种轻型桥墩形式

其他部分的构造外形大致相同。

1. 梁桥重力式桥墩

实体桥墩由墩帽、墩身和基础构成的一个实体结构。

(1) 墩帽。墩帽是桥墩顶端的传力部分，它通过支座承托着上部结构，并将相邻两孔桥上的恒载和活载传到墩身上，应力较集中。因此，墩帽的强度要求较高，一般采用C20以上的混凝土或钢筋混凝土做成。墩帽平面尺寸的合理确定，将直接影响着墩身的平面尺寸和材料的选用。例如，当顺桥向的墩帽宽度较小，而桥墩又较高时，墩身就显得很薄，因此需要采用钢筋混凝土结构。另一方面，如果墩身在横桥向的长度较小，或者做成柱子的形式，那么又会反过来影响墩帽（又称帽梁）的受力和尺寸及其配筋数量。因此，精心地拟定墩帽尺寸对整个桥墩设计具有重要意义。在一些桥面较高的桥梁中，为了节省墩身及基础的圬工体积，常常利用挑出的悬臂或托盘来缩短墩身的横向长度。悬臂或托盘式墩帽一般采用C20或C25钢筋混凝土，如图7.4所示。

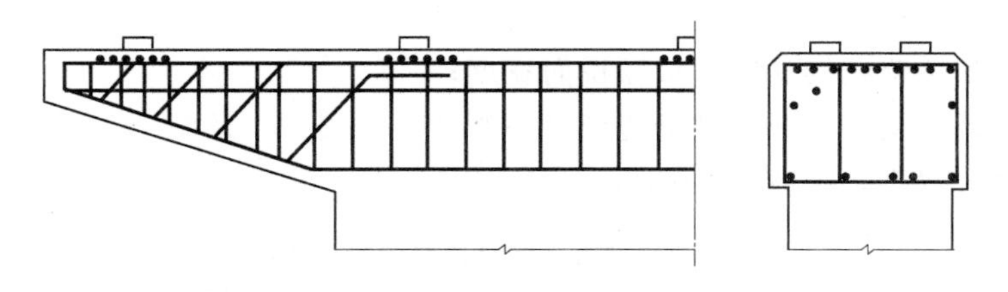

图7.4 悬臂式墩帽

《桥规》(JTG D60—2004) 规定，墩帽的厚度，对于大跨径的桥梁不得小于40cm；对于中、小跨径的桥梁不得小于30cm。墩帽顶面常做成10%的排水坡，墩帽的四周较墩身出檐5～10cm，并在其上做成沟槽形滴水，如图7.5所示。

墩帽的平面形状应与墩身形状相配合。墩帽的平面尺寸首先应满足桥梁支座布置的需要，可按下式确定。

顺桥方向的墩帽最小宽度：

$$b \geqslant f+\frac{a}{2}+\frac{a'}{2}+2c_1+2c_2 \tag{7.1}$$

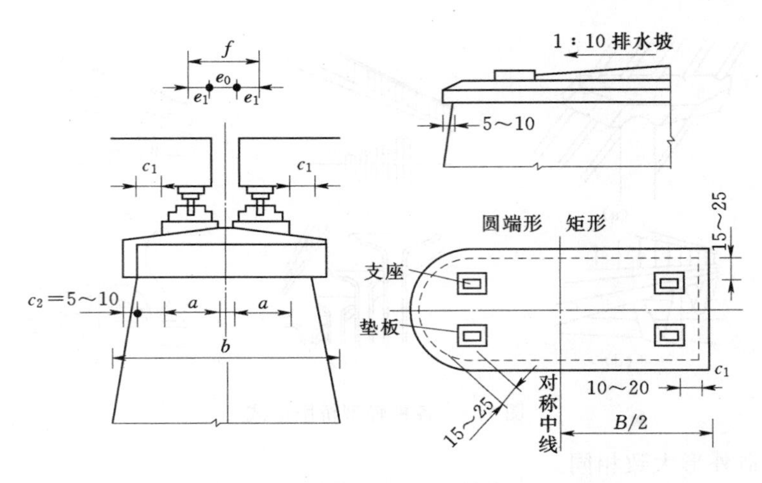


图 7.5　墩帽构造尺寸（单位：cm）

其中

$$f=e_0+e_1+e_1{}'\geqslant\frac{a}{2}+\frac{a'}{2}$$

$$e_0=lta$$

式中　$f$——相邻两跨支座的中心距；

$e_0$——伸缩缝，中、小桥为 2～5cm；大跨径桥梁可按温度变化及施工放样、安装构件可能出现的误差等决定；

$l$——桥梁的计算长度；

$t$——温度变化幅度值，可采用当地最高和最低月平均气温及桥跨浇筑完成时的温度计算决定；

$a$——材料线膨胀系数，钢筋混凝土构造物为 0.000010；

$e_1$，$e_1{}'$——各该桥跨结构伸过支座中心线的长度；

$a$，$a'$——各该桥跨结构支座垫板顺桥向宽度；

$c_1$——顺桥向支座垫板至墩身边缘最小距离，见表 7.1 及图 7.5；

$c_2$——檐口宽度，一般为 5～10cm。

**表 7.1　　支座边缘到台、墩身边缘的最小距离**　　单位：cm

| 跨径 ＼ 横向 | 顺桥向 | 横桥向 | |
|---|---|---|---|
| | | 圆弧形端头（自支座边角量起） | 矩形端头 |
| 大桥 | 25 | 25 | 40 |
| 中桥 | 20 | 20 | 30 |
| 小桥 | 15 | 15 | 20 |

注　1. 采用钢筋混凝土悬臂式墩台时，上述最小距离为支座至墩台帽边缘的距离。
2. 跨径 100cm 以上的桥梁，应按实际情况决定。

对墩身最小顶宽的要求可根据《桥规》（JTG D60—2004）有关规定确定，一般情况墩帽纵桥向宽度，对于小跨径桥梁不得小于 100cm，中等跨径桥梁不宜小于 100～120cm。

横桥向的墩帽最小宽度 $B$：

$$B=两侧主梁间距+支座横向宽度+2c_1+2c_2$$

《桥规》(JTG D60—2004) 中对支座边缘至墩台身边缘的最小距离所作规定，其目的是为了避免支座过分靠近墩身侧面边缘而导致的应力集中；另一个原因是为了提高混凝土的局部抗压强度以及考虑施工误差和预留锚栓孔的要求。墩帽宽度除了满足上式的要求以外，还应符合墩身顶宽的要求，安装上部结构的需要，以及抗震的设防措施所需要的宽度。

对于大、中跨径的桥梁，在墩帽内应设置构造钢筋；小跨径桥梁除在严寒地区外，可以不设构造钢筋。构造钢筋直径一般为8～16mm，采用间距为15～25cm的网格布置。另外在支座支承垫板的局部范围内设1～2层钢筋网，其平面分布尺寸约为支承垫板面积的两倍，钢筋直径为8～12mm，网格间距为5～10cm，这样支座传来的较大集中力能较均匀地分布到墩身上。

在同一座桥墩上，当支承相邻两孔桥跨结构的支座高度不相同时，就应在墩顶上设置用钢筋混凝土制成的支承垫石来调整（一般垫石为C25～C30以上混凝土，但也有用石料制成）在钢筋混凝土梁式大、中桥墩台顶帽上可设钢筋混凝土支承垫石，在其上安放支座，以更利于压力分布。支承垫石的平面尺寸、配筋数量，可根据桥跨结构压力大小、支座底板尺寸大小，混凝土设计强度和标准强度等确定。一般垫石较支座底板每边大15～20cm，垫石厚度为其长度的1/2～1/3。图7.6为普通墩帽和带有支承垫石墩帽的钢筋构造示例。

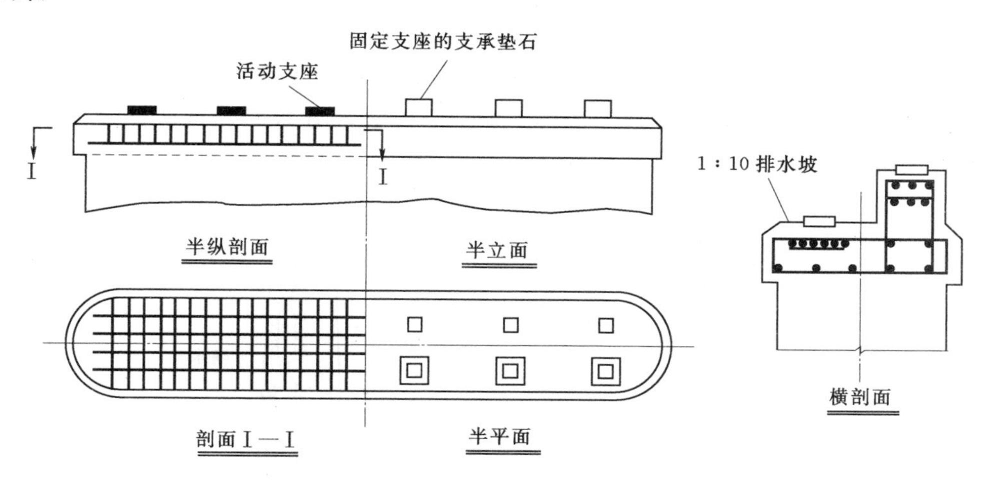


图7.6　墩帽钢筋构造图

(2) 墩身。墩身是桥墩的主体。常用C15或大于C15的片石混凝土浇筑，或用浆砌块石或料石，也可用混凝土预制块砌筑。重力式桥墩墩身的顶宽：对于小跨径桥不宜小于80cm，对中跨径桥不宜小于100cm，对大跨径桥视上部构造类型而定。侧坡坡度一般为20∶1～30∶1，小跨径桥的桥墩也可采用直坡。

为了便于水流和漂浮物通过，墩身平面形状可以做成圆瑞形［图7.7 (a)］或尖端形［图7.7 (b)］；无水的岸墩或高架桥墩可做成矩形［图7.7 (c)］；在水流与桥梁斜交或流

向不稳定时，就宜做成圆形［图 7.7（d）］；在有强烈流冰或大量漂浮物的河道（冰厚大于 0.5m，流冰速度大于 1m/s）上，桥墩的迎水端应做成破冰棱体［图 7.7（e）］。破冰棱可由强度较高的石料砌成，也可以用高强度等级的混凝土辅以钢筋加固。

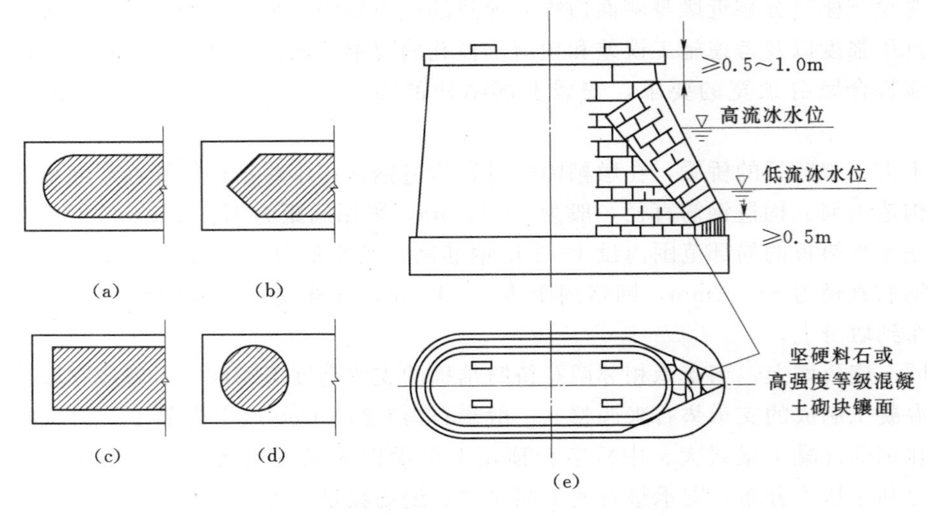


图 7.7 墩身平面及破冰棱

当河流属于中等流冰情况（冰厚 30～40cm，流速不大于 1.2m/s）或河道上经常有大量漂浮物时，对于混凝土重力式桥墩的迎水面可以用直径 10～12mm 的钢筋加强，钢筋的垂直间距为 10～20cm，水平距离约为 20cm，如图 7.8 所示。

在一些高大的桥墩中，为了减少圬工体积，节约材料，或为了减轻自重，降低基底的承载压应力，也可将墩身内部做成空腔体，即空心桥墩（图 7.9）。这种桥墩在外形上与实体重力式桥墩无大的差别，只是自重较实体重力式的轻，介于重力式与轻型桥墩之间。

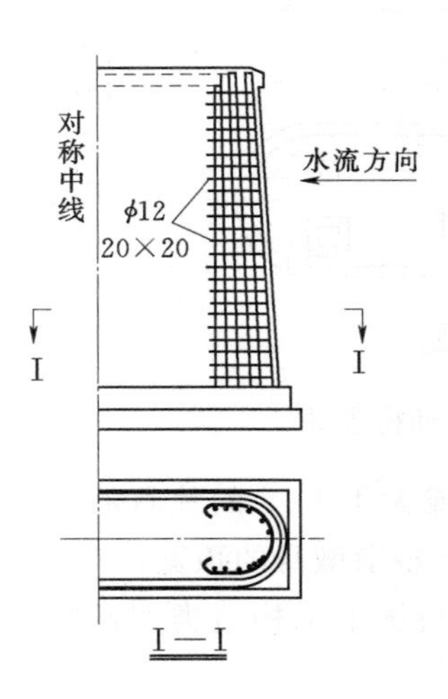


图 7.8 混凝土墩身钢筋网

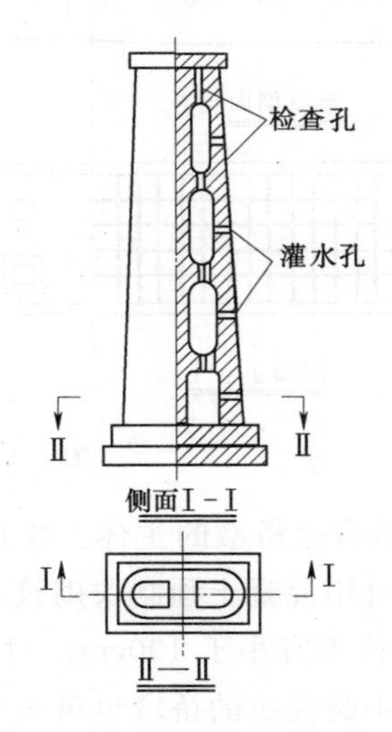


图 7.9 空心桥墩

空心桥墩在构造尺寸上应符合下列规定：

1）墩身最小壁厚，对于钢筋混凝土不宜小于30cm，对于混凝土不宜小于50cm。

2）墩身内应设横隔板或纵、横隔板，以加强墩壁的局部稳定。

3）墩身周围应设置适当的通风孔或泄水孔，孔的直径不小于20cm；墩顶实体段以下应设带门的进人洞或相应的检查设备。

空心桥墩抵抗碰撞的能力较差。因此，在通航，有流筏、流冰，以及流速大并带有磨损物质的河流上，不宜采用。

（3）基础。基础是介于墩身与地基之间的传力结构。对于天然地基上的刚性扩大基础。它一般用C15以上的片石混凝土或浆砌块石筑成。基础的平面尺寸较墩身底截面尺寸略大，四周放大的尺寸对每边为0.25～0.75m。基础可以做成单层的，也可以做2～3层台阶式的。台阶或襟边的宽度与它的高度应有一定的比例，通常其宽度控制在刚性角以内。

为了保持美观和结构不受碰损，基础顶面一般应设置在最低水位以下不少于0.5m；在季节性流水河流或旱地上，则不宜高出地面。另外，为了保证持力层的稳定性和不受扰动，基础的埋置深度，除岩石地基外，应在天然地面或河底以下不少于1m；如有冲刷，基底埋深应在设计洪水位冲刷线以下不少于1m；对于上部结构为超静定结构的桥涵基础，除了非冻胀土外，均应将基底埋于冻结线以下不小于0.25m。

2. 拱桥重力式桥墩

拱桥是一种推力结构，拱圈传递给桥墩上的力，除了垂直力以外，还有较大的水平推力，这是拱桥与梁桥的最大不同之处。

从抵御恒载水平力的能力来看，拱桥桥墩又可以分为普通墩和单向推力墩两种。普通墩除了承受相邻两跨结构传来的垂直反力外，一般不承受恒载水平推力，或者当相邻孔不相同时，只承受经过相互抵消后尚余的不平衡推力。单向推力墩又称制动墩，它的主要作用是在它的一侧的桥孔因某种原因遭到毁坏时，能承受住单向的恒载水平推力，以保证其另一侧的拱桥不致遭到倾坍。另外施工时为了拱架的多次周转；或者当缆索吊装设备的工作跨径受到限制时，为了能按桥台与某墩之间或者按某两个桥墩之间作为一个施工段进行分段施工，也要设置能承受部分恒载单向推力的制动墩。因此，为了满足结构强度和稳定的要求，普通墩的墩身可以做得薄一些［图7.10（a）～（c）］，单向推力墩则要做得厚实一些［图7.10（d）］。

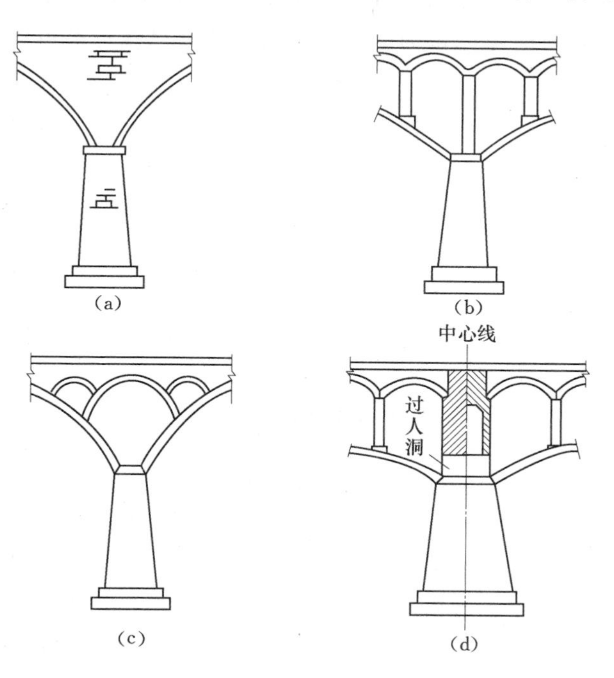

图7.10　拱桥普通墩与单向推力墩

此外，拱桥与梁桥重力式桥墩相比，拱桥桥墩在构造上还有以下的特点。

(1) 拱座。拱桥桥墩与梁桥桥墩的一个不同点是：梁桥桥墩的顶面要设置传力的支座，且支座距顶面边缘保持一定的距离；而无支架吊装的拱桥桥墩则在其顶面的边缘设置呈倾斜面的拱座，直接承受由拱圈传来的压力。故无铰拱的拱座总是设置成与拱轴线呈正交的斜面。由于拱座承受着较大的拱圈压力，故一般采用C20以上的整体式混凝土、混凝土预制块或MU40以上的块石砌筑。肋拱桥的拱座由于压力比较集中，故应用高强度等级混凝土及数层钢筋网加固；装配式肋拱以及双曲拱桥的拱座，也可预留供插入拱肋的孔槽，如图7.11所示。就位以后再浇混凝土封固。为了加强肋底与拱座的连接，底部可设U形槽浇筑混凝土，混凝土强度等级应不低于C25。有时孔底或孔壁还应成增设一些加固钢筋网。

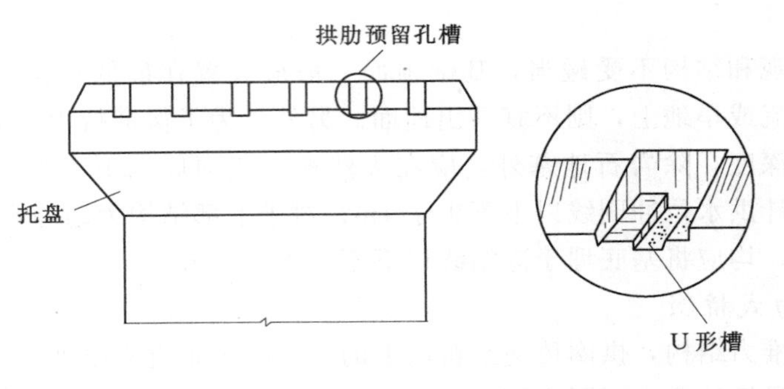


图7.11　拱座构造

(2) 拱座的位置。当桥墩两侧孔径相等时，则拱座均设置在桥墩顶部的起拱线标高上，有时考虑桥面的纵坡，两侧的起拱线标高可以略有不同。当桥墩两侧的孔径不等、恒载水平推力不平衡时，将拱座设置在不同的起拱线标高上。此时，桥墩墩身可在推力小的一侧变坡或增大边坡。从外形美观上考虑，变坡点一般设在常水位以下（图7.12)。墩身两侧边坡坡度和梁桥的一样，一般为20∶1～30∶1。

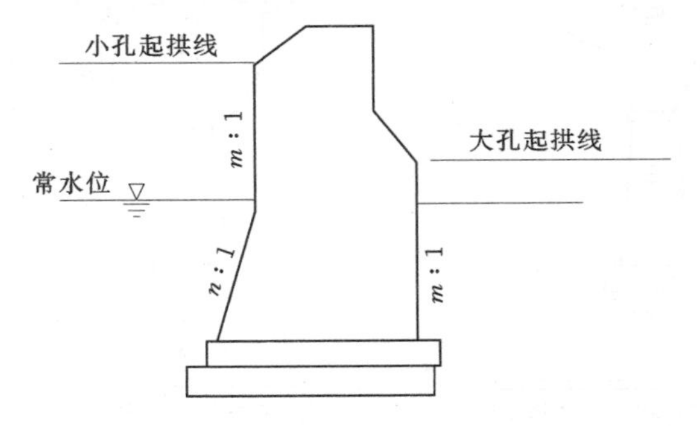


图7.12　拱桥墩身边坡的变化

3. 墩顶以上构造

由于上承式拱桥的桥面与墩顶顶面相距一段高度，故墩顶以上结构常采用几种不同形式。对于实腹式石拱桥，其墩顶以上部分通常做成与侧墙平齐的形式[图7.10 (a)]。对于空腹式石拱桥或双曲拱桥的普通墩，常采用立墙式、立柱加盖梁式或者采用跨越式[图7.10 (b)、(c)]。对于单向推力墩常采用立墙式和框架式[图7.10 (d)]。

为了缩减墩身长度，拱桥墩顶部分也可做成托盘形式(图7.11)。托盘可采用C20纯混凝土圬工，或仅布置构造钢筋。墩身材料可采用块石、片石或混凝土预制块砌筑，也可采用片石混凝土浇筑。

## 【思　考　题】

- 拱桥与梁式桥重力式桥墩的不同之处。

### 7.1.2.2　轻型桥墩

1. 梁桥轻型桥墩

当地基土质条件较差时，为了减轻地基的负担，或者为了减轻墩身重量、节约圬工材料，常采用各种轻型桥墩。轻型桥墩的墩帽尺寸及构造也由上部结构及其支座的尺寸等要求来确定，这与重力式桥墩无多大差异。在梁桥中，通常采用以下几种类型。

(1) 钢筋混凝土薄壁桥墩。图7.13所示为钢筋混凝土薄壁桥墩，其高度一般不大于7m，墩身厚度约为高度的1/15，即30～50cm。一般配用托盘式墩帽，其两端为半圆头。墩身材料采用C15以上的混凝土。根据外力作用情况，沿墩身高度配置适量钢筋，通常其钢筋含量约为60kg/m³。

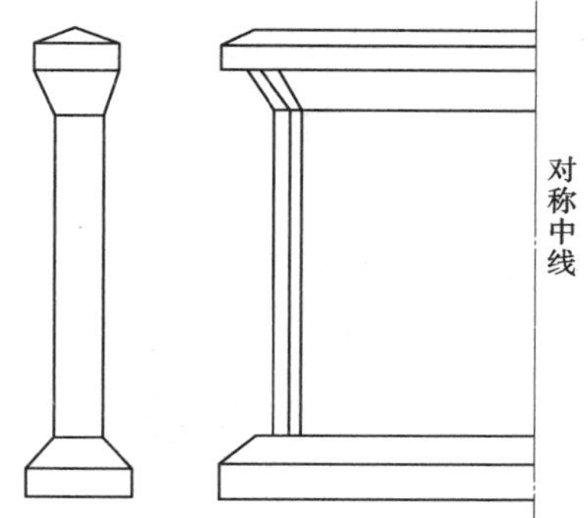

图7.13　钢筋混凝土薄壁桥墩

薄壁桥墩的特点是：圬工体积小，结构轻巧，比重力式桥墩可节约圬工量70%左右，且施工简便，外形美观，过水性良好，故适用于地基土软弱的地区。它的缺点是：当采用现浇混凝土时，需耗费用于立模的支架材料和一定数量的钢筋。

(2) 柱式桥墩。柱式桥墩的结构特点是其墩身由分离的两根或多根立柱（或桩柱）所组成。它的外形美观，圬工体积小，而且重量较轻。柱式桥墩的形式，主要有单柱式、双柱式、哑铃式及混合双柱式四种（图7.14）。在桥宽较大的城市桥和立交桥中，常采用多柱式桥墩。

单柱式桥墩[图7.14 (a)]，适用于水流与桥轴线斜交角大于15°的桥梁，或河流急弯、流向不固定的桥梁，在具有抗扭刚度的上部结构中，这种单根立柱还能一起参与承受上部结构的扭力。在水流与桥轴线斜交角小于15°，仅有较小的漂流物或轻微的流冰河流中，可采用双柱式或多柱式墩，配以钻孔灌注桩基础，这种桩柱式桥墩具有施工便利、速度快、圬工体积小、工程造价低和比较美观等优点，是桥梁建筑中较多采用的形式之一[图7.14 (b)]。在有较多的漂流物或较严重的流冰河流上，当漂流物在两柱中间可能使桥梁发生危险或有特殊要求时，在双柱间加做40～60cm厚的横隔墙，成为哑铃式桥墩[图7.14 (c)]。在有较严重的漂流物或流冰的河流上，当墩身较高时，可把高水位以上的墩身做成双柱式，高水位以下部分做成实体式的混合双柱式墩[图7.14 (d)]，这样既减少了水上部分的圬工体积，又增加了抵抗漂流物的能力。

(3) 柔性排架桩墩。柔性排架桩墩（图7.15）是由单排或双排的钢筋混凝土桩与钢筋混凝土盖梁连接而成。其主要特点是：可以通过一些构造措施，将上部结构传来的水平力（制动力、温度影响作用等）传递到全桥的各个柔性墩台或相邻的刚性墩台上，以减少单个柔性墩所受到的水平力，从而减小桩墩截面。由于其材料用最省，修建简单，在我国各地特别是平原地区较为广泛采用。

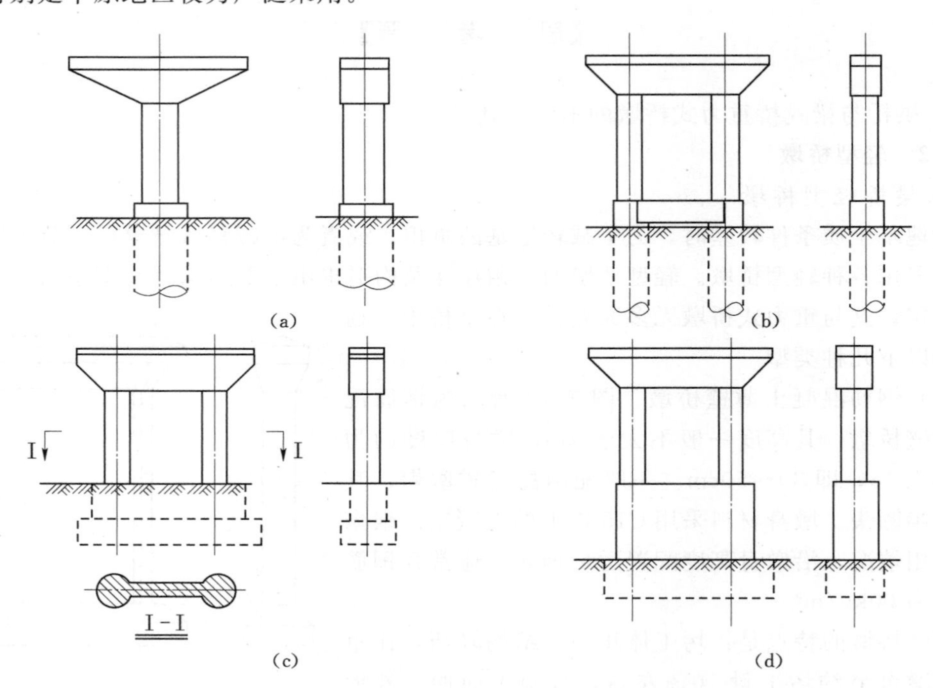


图 7.14 柱式桥墩
(a) 单柱式；(b) 双柱式；(c) 哑铃式；(d) 混合双柱式

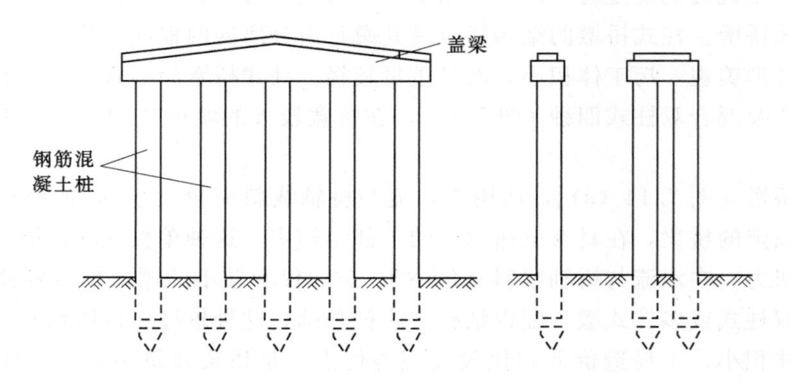


图 7.15 柔性排架桩墩

柔性排架桩墩多用在墩高度 5.0～7.0m，跨径一般不超过 13m 的中、小型桥梁上。因排架桩墩的尺寸较小，所以对于山区河流、流冰或漂流物严重的河流，墩柱易被损坏，故不宜采用。对于石质或砾石河床，沉入桩也不宜采用。

柔性排架桩墩分单排架墩和双排架墩。单排架墩一般适用于高度不超过 4.0～5.0m 的桩墩。桩墩高度大于 5.0m 时，为避免行车时可能发生的纵向晃动，宜设双排架墩。当受桩上荷载或支座布置等条件限制不能采用单排架墩时，也可采用双排架墩。当采用钻孔灌注桩时，可采用单排架墩。

柔性排架桩墩适用的桥长，应根据温度变化幅度决定，一般为 50～80m。温差大的地

区桥长应短些，温差小的地区桥长可以适当长些。桥长超过 50～80m，受温度影响很大，需要设置滑动支座或设刚度较大的温度墩。

柔性排架柱墩通常采用预制普通钢筋混凝土方桩，一般当桩长在 10m 以内时，横截面尺寸为 30cm×30cm；桩长大于 10m 时为 35cm×35cm；大于 15m 时，采用 40cm×40cm。桩与桩之间的中心距不应小于桩径的 3 倍或 1.5～2.0m。盖梁一般为矩形截面，单排桩盖梁的宽度为 60～80cm。盖梁高度对各种跨径和单、双排架桩均采用 40～50cm。如果采用钻孔灌注桩排架墩，其桩的直径不宜大于 90cm，桩间距离不少于 2.5 倍的成孔直径，其盖梁的宽度一般比桩径大 10～20cm，高度应根据受力情况拟定。

2. 拱桥轻型桥墩

拱桥桥墩中采用的轻型桥墩，一般是为了配合钻孔灌注桩基础的桩柱式桥墩（图 7.16），从外形上看，它与梁桥上的桩柱式桥墩非常相似。其主要差别是：在梁桥墩帽上设置支座，而在拱桥墩顶部分则设置拱座。当拱桥跨径在 10m 左右时常采用两根直径为 1m 的钻孔灌注桩，跨径在 20m 左右时可采用两根直径为 1.2m 或三根直径为 1m 的钻孔灌注桩，跨径在 30m 左右时可采用三根直径为 1.2～1.3m 的钻孔灌注桩。桩墩较高时，应在桩间设置横系梁以增强桩柱刚性，如图 7.16 所示。桩柱式桥墩一般采用单排桩，跨径在 40～50m 以上的高墩，可采用双排桩，如图 7.16（b）所示。可在桩顶部设置承台，与墩柱连成整体。如果桩与柱直接连接，则应在连接处设置横系梁。若柱高大于 6～8m 时，还应在柱的中部设置横系梁。

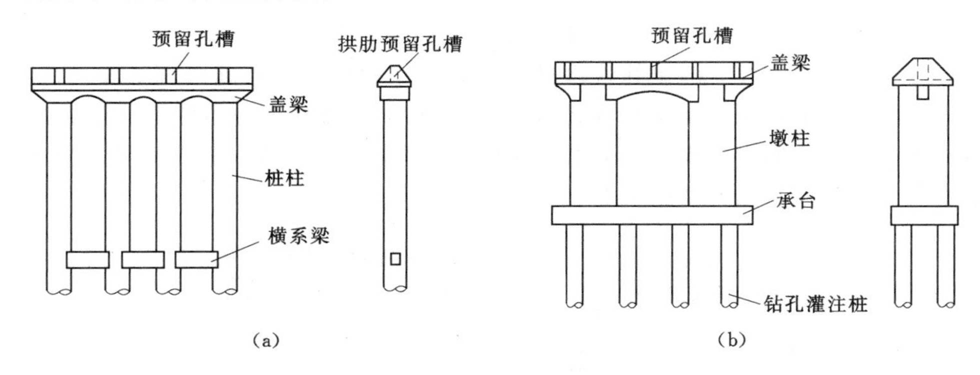


图 7.16　拱桥桩柱式桥墩

在采用轻型桥墩的多孔拱桥中，每隔 3～5 孔应设单向推力墩。当桥墩较矮或单向推力不大时，可以考虑一些轻型的单向推力墩，其特点是：阻水面积小，可节约圬工体积。轻型的单向推力墩有：

（1）带三角杆件的单向推力墩。这种桥墩的特点是：在普通墩的墩柱上，两侧对称地增设钢筋混凝土斜撑和水平拉杆，以提高抵抗水平推力的能力，如图 7.17（a）所示。为了提高构件的抗裂性，可以采用预应力混凝土结构。这种桥墩只在桥不太高的旱地上采用。

（2）悬臂式单向推力墩。悬臂式单向推力墩［图 7.17（b）］的工作原理是：当该墩的一侧桥孔遭到破坏以后，可以通过另一侧拱座上的竖向分力与悬臂所构成的稳定力矩来平衡由拱的水平推力所导致的倾覆力矩［图 7.17（b）］。这种形式适用于两铰双曲

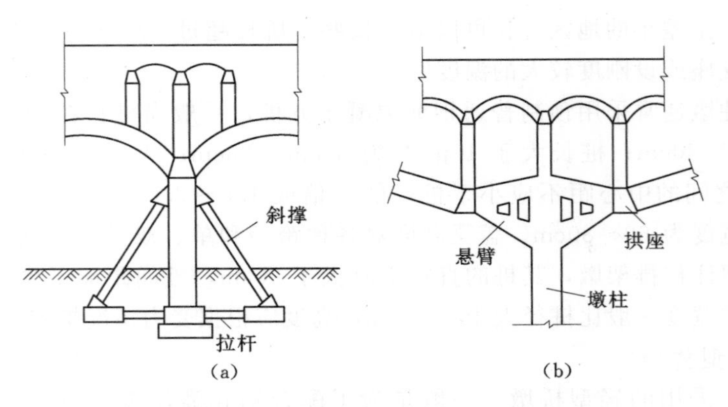


图 7.17 拱桥轻型单向推力墩

拱桥。但由于墩身较薄，在受力后悬臂端会有一定位移，因而对于无铰拱来说会产生附加内力。

### 7.1.3 桥台构造

#### 7.1.3.1 重力式桥台

梁桥和拱桥上常用的重力式桥台为U形桥台，由台帽、台身和基础三部分组成。由于台身是由前墙和两个侧墙构成的U形结构，故而得名。其构造示意图，如图7.18所示。从图中比较可以看出，梁桥和拱桥的U形桥台除在台帽部分有所差别外，其余部分基本相同；从尺寸上看，拱桥桥台一般较梁桥者要大。U形桥台墙身多数为石砌圬工，适用于填土高度为4～10m的单孔及多孔桥。它的结构简单，基础底承压面大，应力较小。但圬工体积较大，两侧墙间的填土容易积水，除增大土压力外还易受冻胀而使侧墙产生裂缝。所以桥台中间多用集料或渗水性较好的土填筑，并要求设置较完善的排水设备，如隔水层及台后排水盲沟，避免填土中积水。

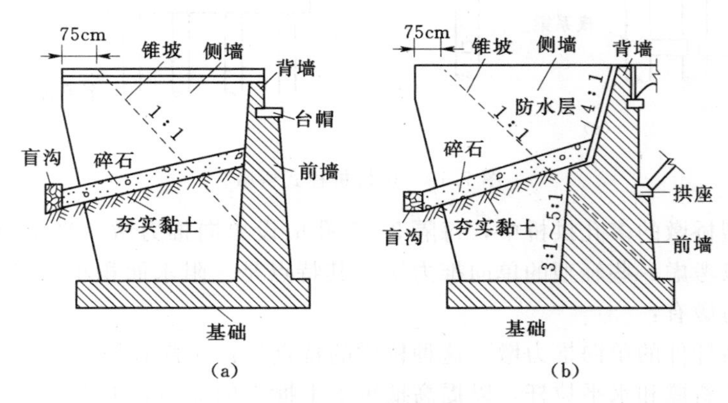


图 7.18 U形桥台

U形桥台的各部分构造如下。

1. 台帽

梁桥台帽的构造和尺寸要求与相应的桥墩墩帽有许多共同之处，不同的是台帽顶面只设单排支座，在另一侧则要砌筑挡住路堤填土的矮雉墙，或称背墙。背墙的顶宽，对于片

石砌体不得小于50cm，对于块石、料石砌体及混凝土砌体不宜小于40cm。背墙一般做成垂直墙体，并与两侧侧墙连接。如果台身放坡时，则靠路堤一侧的坡度应与台身一致。在台帽放置支座部分的构造尺寸、钢筋配置及混凝土强度等级可按相应的墩帽构造进行设计。

拱桥桥台只在向河心一侧设置拱座，其构造、尺寸可参照相应桥墩的拱座拟定。对于空腹式拱桥，在前墙顶面上还要砌筑背墙，用来挡住路堤填土和支承腹拱。

2. 台身

台身由前墙和侧墙构成。前墙任一水平截面的宽度，不宜小于该截面至墙顶高度的0.4倍，背坡坡度一般采用5：1～8：1，前坡坡度为10：1或直立。侧墙与前墙结合成一体，兼有挡土墙和支撑墙的作用。侧墙顶宽一般为60～100cm。任一水平截面的宽度，对于片石砌体不小于该截面至墙顶高度的0.4倍，对于块石、料石砌体或混凝土则不小于0.35倍。如桥台内填料为透水性良好的砂性土或砂砾，则上述两项可分别相应减为0.35倍和0.3倍。侧墙正面一般是直立的，其长度视桥台高度和锥坡坡度而定。前墙的下缘一般与锥坡下缘相齐。因此，桥台越高，则锥坡越平坦，侧墙越长。侧墙尾端，应有不小于0.75m的长度伸入路堤内，以保证与路堤有良好的衔接，台身宽度通常与路基同宽，如图7.19所示。

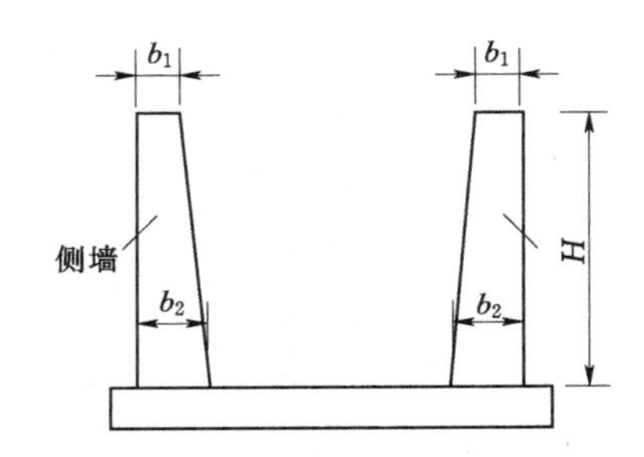


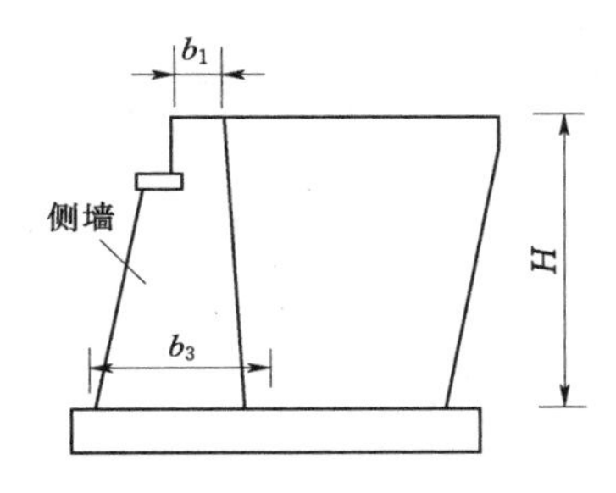


图7.19 U形桥台尺寸

$b_1 \geqslant 40 \sim 50$cm（防护墙）；$b_1 \geqslant 60 \sim 100$cm（侧墙）；$b_2 \geqslant (0.3 \sim 0.4)H$；$b_3 \geqslant 0.4H$

两个侧墙之间应填以渗透性较好的土壤。为了排除桥台前墙后面的积水，应于侧墙间在略高于高水位的平面上铺一层向路堤方向设有斜坡的夯实黏土作为不透水层，并在黏土层上铺一层碎石，将积水引向设于台后横穿路堤的盲沟内，如图7.18（a）所示。

桥台两侧的锥坡坡度，一般由纵向为1：1逐渐变至横向1：1.5，以便和路堤的边坡一致。锥坡的平曲形状为1/4椭圆。锥坡用土夯实而成，其表面用片石砌筑。

#### 7.1.3.2 轻型桥台

与重力式桥台不同，轻型桥台力求体积轻、自重小，它借助结构物的整体刚度和材料强度承受外力，从而节省材料，降低对地基强度的要求和扩大应用范围。

轻型桥台适用于小跨径桥梁，桥跨孔数与轻型桥墩配合使用时不宜超过三个，单孔跨径不大于13m，多孔全长不宜大于20m。

常用的形式有八字形和一字形两种（图7.20），为了节省圬工材料，也可做带耳墙的轻型桥台（图7.21）。八字形的八字墙与台身间是设断缝分开的，一字形桥台的翼墙是与

台身连成一整体的，带耳墙的桥台是由台身、耳墙和边柱三部分组成。

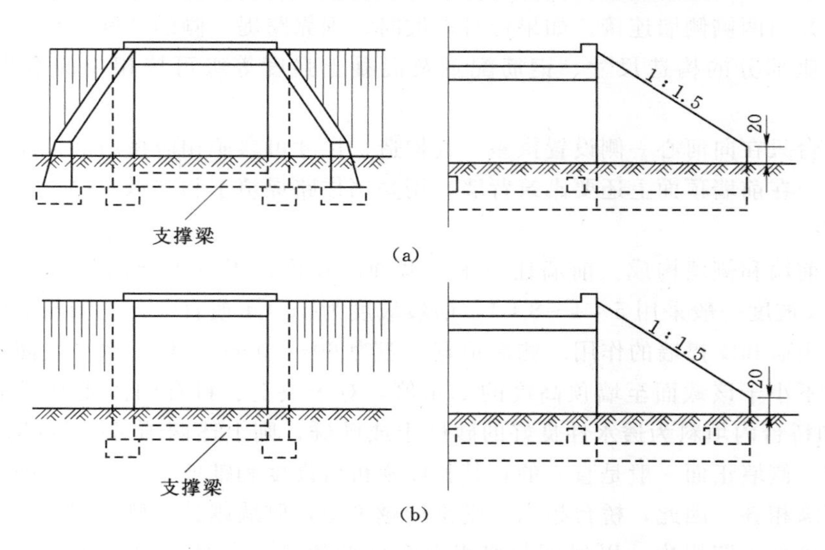


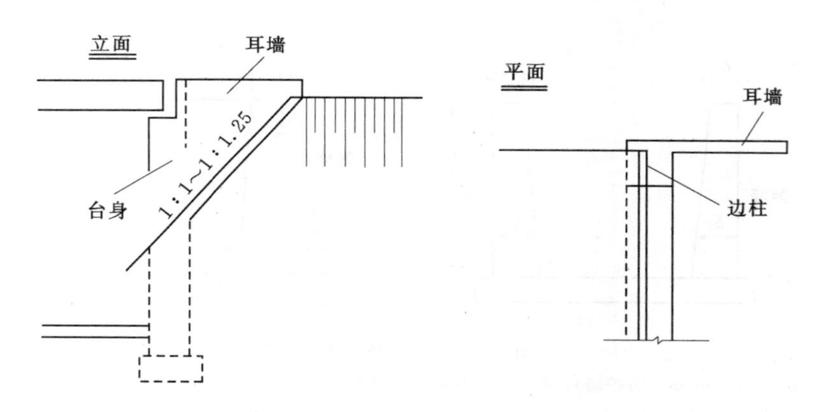


图 7.20　轻型桥台



图 7.21　带耳墙的轻型桥台

轻型桥台的主要特点是：①利用上部构造及下部的支撑梁作为桥台的支撑，以防止桥台向跨中移动；②整个构造物成为四铰刚构系统；③除台身按上下铰接支承的简支竖梁承受水平土压力外，桥台还应作为弹性地基上的梁加以验算。

为了保持轻型桥台的稳定，除构造物牢固地埋入土中外，还必须保证铰接处有可靠的支撑，故锚固上部块件的栓钉孔、上部构造与台背间及上部构造各块件之间的连接缝均需用与上部构造同强度等级的小石子混凝土（或 M12.5 砂浆）填实。

上部构造与台帽间的锚固构造如图 7.22 所示。台帽上的栓钉孔应按上部构造各块件的相应位置预留，栓钉的直径不小于上部构造主筋的直径，锚固长度为台帽的厚度加上台帽上的三角垫层厚和板厚。

台帽用钢筋混凝土浇筑，混凝土强度等级不宜低于 C20。台帽的厚度不应小于 25～30cm，台帽应有 5～10cm 的挑檐。当填土高度较高或跨径较大时，宜采用有台背的台帽，

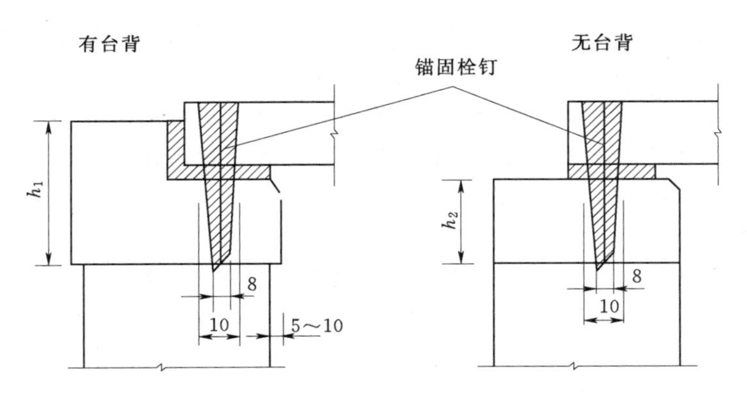


图 7.22　轻型桥台上部构造与台帽间的锚固构造尺寸（单位：cm）

它有较好的支撑作用。当上部构造不设三角形铺装垫层时，为了使桥面有排水横坡，可在台帽上做有斜坡的三角垫层。台帽钢筋构造要求和布置如图 7.23 所示。

由于跨径与高度均较小，台身的厚度不大，台身一般多做成上下等厚的。为了增加承受水平土压力的抗弯刚度，台身可做成 T 形截面（图 7.24）。

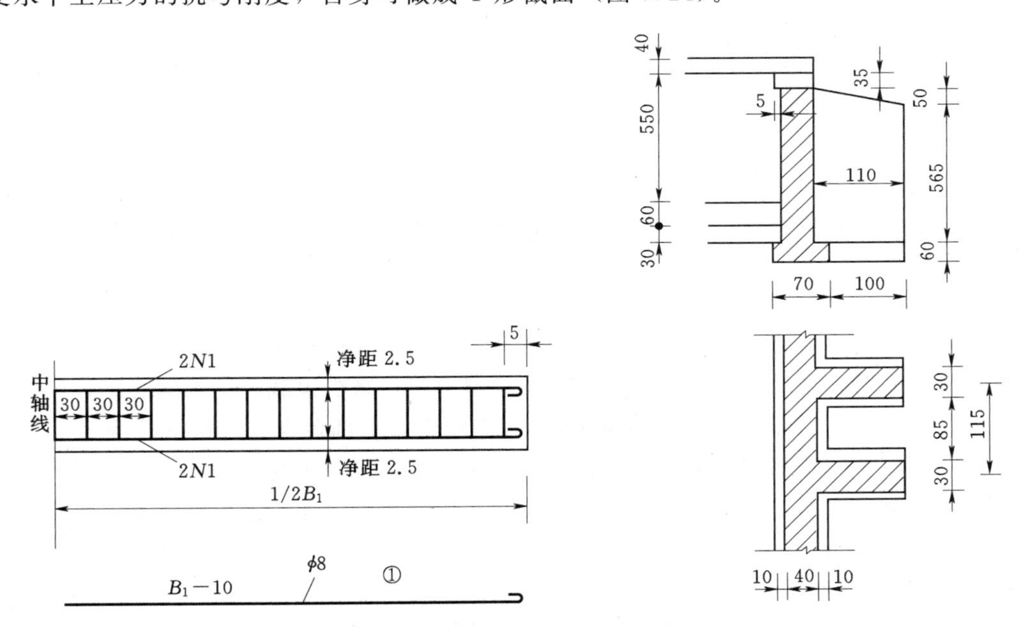


图 7.23　轻型桥台台帽钢筋构造及布置（单位：cm）图 7.24　T 形截面轻型桥台台身（单位：cm）

台身可用混凝土或浆砌块石砌筑，混凝土强度等级为 C15 以上，砂浆强度等级不低于 M5，块石的强度等级不低于 MU25。也可用强度不低于 MU7.5 的砖以不低于 M5 的砂浆砌筑。台身厚度（包括一字翼墙），对于块石砌体不宜小于 40～50cm，混凝土不宜小于 30～40cm。对于八字翼墙其顶面宽度，混凝土不宜小于 30cm，块石砌体不宜小于 50cm；其端部顶面应高出地面 20cm。

轻型桥台沿基础长度方向应按支承于弹性地基上的梁进行验算，为使基础有较好的整体性，一般采用混凝土基础，当基础长度大于 12.0m 时，应按构造要求配置钢筋。

基础的埋置深度，一般在原地面（无冲刷河流）或局部冲刷线以下不小于1.0m。当河底有冲刷可能时，应用石料进行铺砌。为保持桥台的稳定，一般均需设下部支撑梁，支撑梁可用20cm×30cm的钢筋混凝土筑成。为节省钢筋，也可用尺寸不小于40cm×40cm的素混凝土或块石砌筑。支撑梁按基础长度之中线对称布置，其间距为2～4m；如果基础嵌入风化岩层15～25cm时，可不设支撑梁。

**7.1.3.3 埋置式桥台**

埋置式桥台（图7.25）将台身埋在锥形护坡中，只露出台帽以安置支座及上部构造。这样，桥台所受的土压力大为减小，桥台的体积也相应地减少。但是由于台前护坡是用片石作表面防护的一种永久性设施，存在着被洪水冲毁而使台身裸露的可能，故设计时必须慎重地进行强度和稳定性的验算。

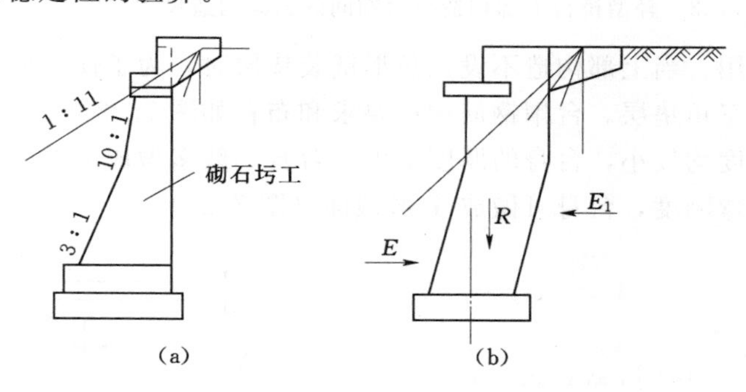


图7.25 埋置式桥台

埋置式桥台不需要侧墙，仅附有短小的钢筋混凝土耳墙。台帽部分的内角到护坡表面的距离不应小于50cm，否则应在台帽两侧设置挡板，用以挡住护坡的填土，并防止土、雪等涌入支承平台。耳墙与路堤衔接，伸入路堤的长度一般不少于50cm。

埋置式桥台实质上属于一种实体重力式桥台，它的工作原理是：靠台身后倾，使重心落在基底截面的形心之后，以平衡台后填土的倾覆力矩，减少恒载产生的偏心距，但应注意后倾斜度需适当。下部台身和基础为MU5浆砌块石，上部台身、台帽及耳墙为C15混凝土，其中台帽和耳墙都配有钢筋。这种桥台稳定性好，可用于高达10m以上的高桥台。

埋置式桥台的缺点是：由于护坡伸入到桥孔，压缩河道。如果不压缩河道，就要适当增加桥长。

**7.1.3.4 框架式桥台**

框架式桥台是一种配合桩基础的轻型桥台，适用于地基承载力较低，台身高大于4m，跨径大于10m的桥梁。其构造形式常用的有双柱式（图7.26）、四柱式、墙式（图7.27）、构架式及半重力式等。

双柱式（或四柱式）桥台一般在填土高度小于5m时采用，为了减少桥台水平位移，也可先填土后钻孔。填土高大于5m时采用墙式或构架式，墙厚一般为0.4～0.8m，设少量钢筋。台帽可做成悬臂式或简支式，需要配置受力钢筋。半重力式构造与墙式相同，墙较厚，不设钢筋。

墙式及半重力式桥台常用钻孔灌注桩作基础，桩径一般为0.6～1.0m，桩数根据受力

情况结合地基承载力决定。

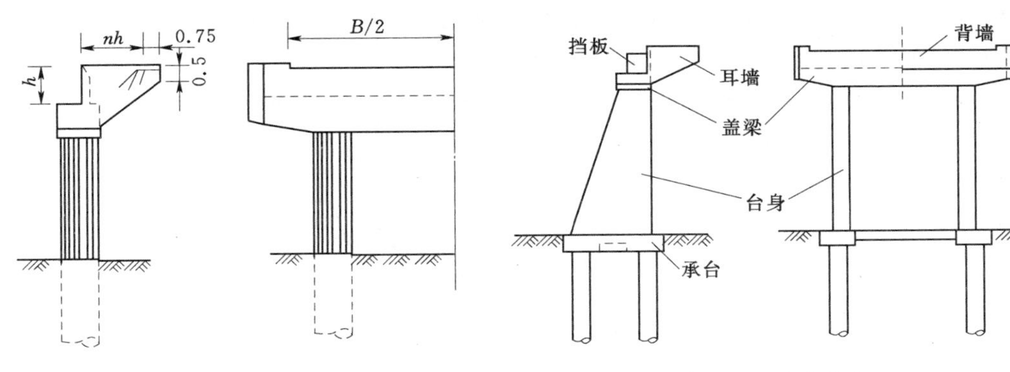


图7.26 双柱框架式桥台（单位：m）

图7.27 墙式桥台

#### 7.1.3.5 组合桥台

由桥台本身主要承受桥跨结构传来的竖向力和水平力，而台后的土压力由其他结构来承受，这种形式的桥台称为组合式桥台。

1. 锚定（拉）板式桥台

锚定（拉）板式桥台有分离式和结合式两种。分离式［图7.28（a）］是台身与锚定（拉）板、挡土结构分开，台身主要承受上部结构传来的竖向力和水平力，由锚定（拉）板承受台后土压力。锚定（拉）板结构由锚定（拉）板、立柱、拉杆和挡土板组成、桥台与挡土板之间预留空隙（上端做伸缩缝，下端与基础分离），使桥台与挡土板互不影响，各自受力明确，但结构复杂，施工不方便。结合式锚定（拉）板桥台的构造如图7.28（b）所示，它的挡土板与桥台结合在一起，台身兼做立柱和挡土板，作用在台身的所有水平力假定均由锚定板的抗拔力来平衡，台身仅承受竖向荷载。结合式结构简单，施工方便，工程量较省，但受力不很明确。若桥台顶位移量计算不准，可能会影响施工和营运。

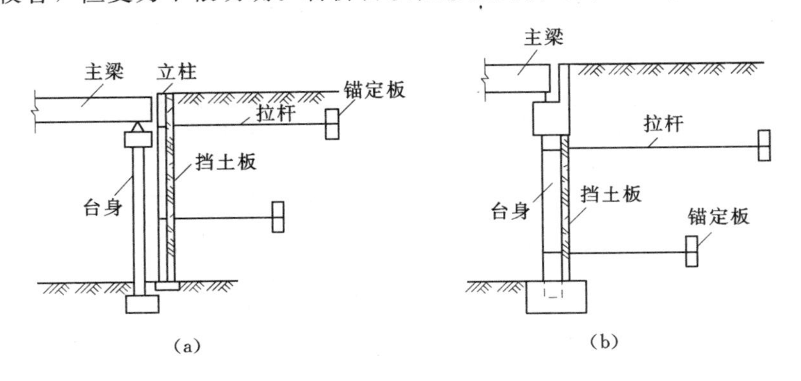


图7.28 锚定（拉）板式桥台构造
（a）分离式；（b）结合式

锚定板可用混凝土或钢筋混凝土制作，根据试验结果，采用矩形为好。为便于机械化填土作业，锚定板的层数一般不宜多于两层。立柱和挡土板通常采用钢筋混凝土，锚定板的位置以及拉杆等结构均要通过计算确定。

2. 过梁式和框架式组合桥台

桥台与挡土墙用梁组合在一起的桥台称过梁式组合桥台。当梁与桥台、挡土墙刚接时，则形成框架式组合桥台，如图 7.29 所示。

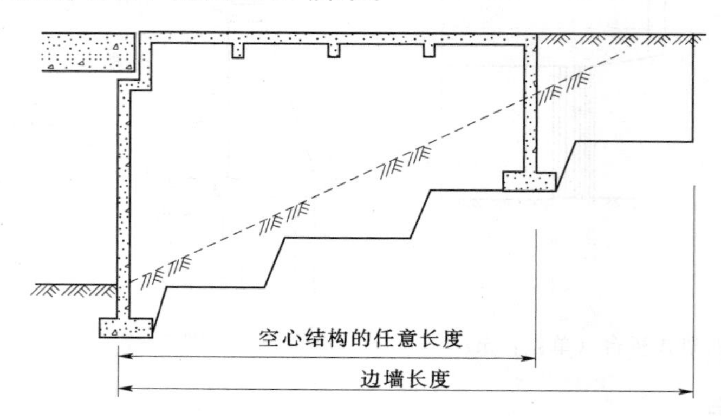


图 7.29 框架式组合桥台

框架的长度及过梁的跨径，由地形及土方工程比较确定。组合式桥台越长，梁的材料用量越多，而桥台及挡土墙的材料数量相应的就有所减少。

3. 桥台—挡土墙组合桥台

如图 7.30 所示，这种组合式桥台由轻型桥台支承上部结构，台后设挡土墙承受土压力，台身与挡土墙分离，上端做伸缩缝，使其受力明确。当地基比较好时，也可将桥台与挡土墙放在同一个基础之上。这种组合式桥台可以不压缩河床，但构造较复杂，是否经济，需通过比较确定。

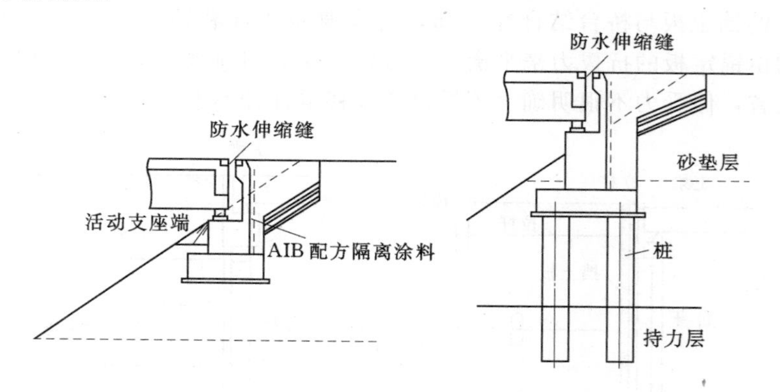


图 7.30 桥台—挡土墙组合桥台

4. 后座式组合桥台

如图 7.31 所示为后座式组合桥台，由台身和后座两部分组成，台身主要承受竖向力和部分水平力，后座主要承受水平推力。后座多采用重力式 U 形桥台。台身与后座之间设构造缝，构造缝必须严格按要求施工，既不能约束后座桥台的垂直位移，又不能使前面部分受力后产生较大的塑性变形。水平推力是由台后土压力和摩阻力来平衡（或者部分平衡），若推力很大不足以平衡时，则按桥台与土壤共同变形来承受水平力。这种结构形式的桥台适用于覆盖层较厚的地质情况，或中间推力较大的拱桥。它能大大减少主体台身的

基础工程量，稳定可靠，不会产生很大的水平、竖直位移。

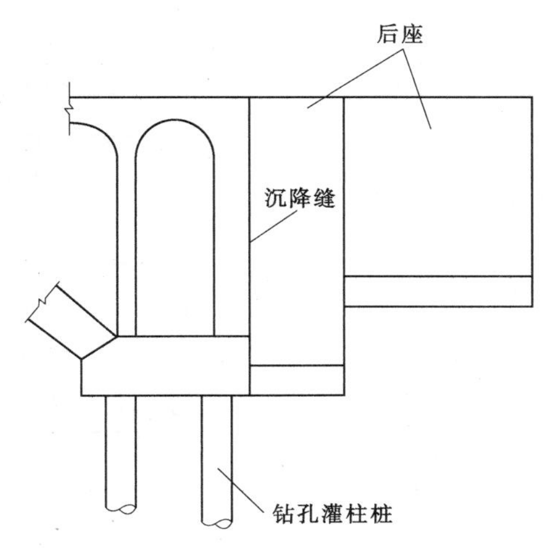


图 7.31　后座式组合桥台

# 学习单元7.2　桥梁墩台设计计算

## 7.2.1　桥梁墩台作用及其作用效应组合

### 7.2.1.1　桥梁墩台作用

梁桥墩台上的永久作用有结构重力、土的重力和土侧压力、混凝土收缩及徐变的作用、水的浮力；可变作用有汽车荷载、汽车冲击力、离心力、汽车引起的土侧压力、人群荷载、风荷载、汽车制动力、流水压力、冰压力、支座摩擦力，在超静定结构中尚需考虑温度作用；偶然作用有船舶或漂流物撞击作用，施工荷载和地震作用。

以上各种作用的计算，可参见《桥规》（JTG D60—2004）有关条文。

### 7.2.1.2　作用效应组合

墩台计算时，需要对各种可能同时出现的作用进行效应组合，以满足最不利作用的要求。墩台的计算需按顺桥向（沿行车方向）及横桥向分别进行，故在作用效应组合时也需按顺桥向及横桥向分别进行。

在所有的作用中，汽车荷载的变动对作用效成组合起主导作用。桥墩计算中，一般需验算墩身截面的强度、墩身截面上的合力偏心距及其稳定性等。因此要根据不同的验算内容选择各种可能的最不利效应组合。例如，将汽车荷载沿纵向布置在相邻的两孔桥跨上，并将重轴布置在计算墩处，这时桥墩上的汽车竖向荷载最大，但偏心较小，如图 7.32（a）所示。当汽车荷载只在一孔桥跨上布置时，同时有其他水平荷载，如风荷载、船舶或漂流物的撞击作用、流水压力或冰压力等作用在墩身上，这时竖向荷载最小，而水平荷载引起的弯矩作用大，可能使墩身截面产生很大的合力偏心距，或者此时桥墩的稳定性也是最不利的，如图 7.32（b）所示。在横向计算时，桥跨上的汽车荷载可能是一列靠边行驶，这时产生最大横向偏心距；也可能是多列满布，使竖向力较大而横向偏心较小，如图

7.33 所示。

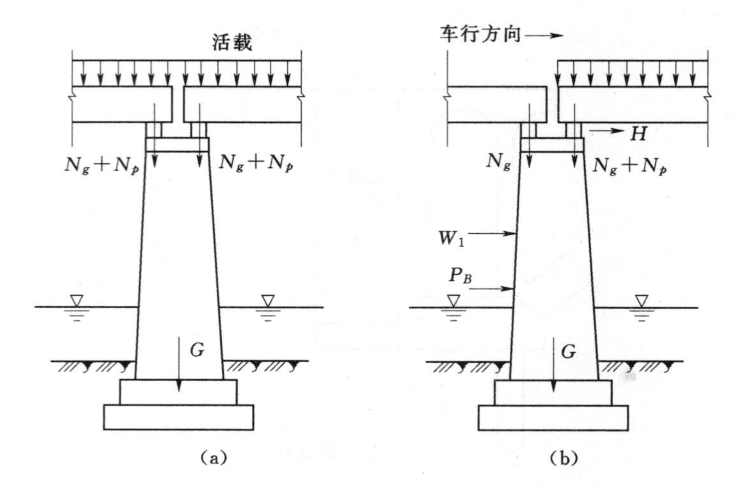


图 7.32　产生最大竖直荷载时的外力组合

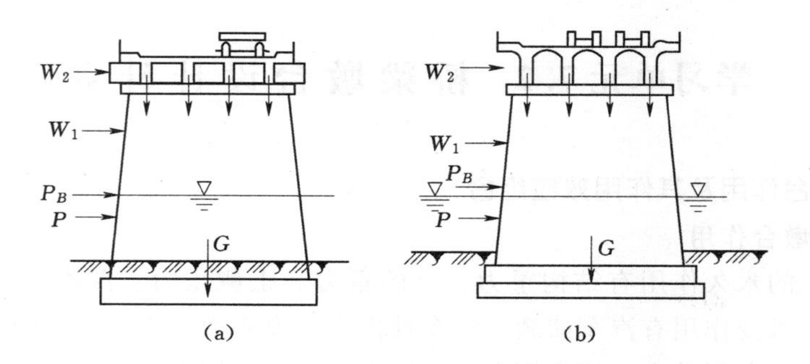


图 7.33　桥梁横向布载情况

综上所述，在桥墩计算中，可能出现的作用效应组合有：

(1) 桥墩在顺桥向承受最大竖向荷载的组合。

(2) 桥墩在顺桥向承受最大水平荷载的组合。

(3) 桥墩承受最大横桥方向的偏心距、最大竖向荷载的组合。

(4) 桥墩在施工阶段的作用效应。

(5) 需要进行地震力验算的桥墩，要有偶然组合。

桥台的作用效应组合也和桥墩一样，根据可能出现的作用按《桥规》(JTG D60—2004) 规定进行作用效应组合。由于活载可以布置在桥跨结构上，也可布置在台后，因此在确定最不利效应组合时，通常按活载满布桥跨 [图 7.34 (a)]，桥上无活载而在台后布置活载 [图 7.34 (b)] 和在桥上、台后同时布置活载 [图 7.34 (c)] 等几种不利情况，分别进行组合和验算。

### 7.2.2　重力式桥墩计算

墩台在拟定结构各部分尺寸后要进行墩台的计算。重力式墩台的计算包括截面强度验算、墩台整体稳定性验算、基底应力和偏心距验算等。对于高度超过 20m 的墩台还需要

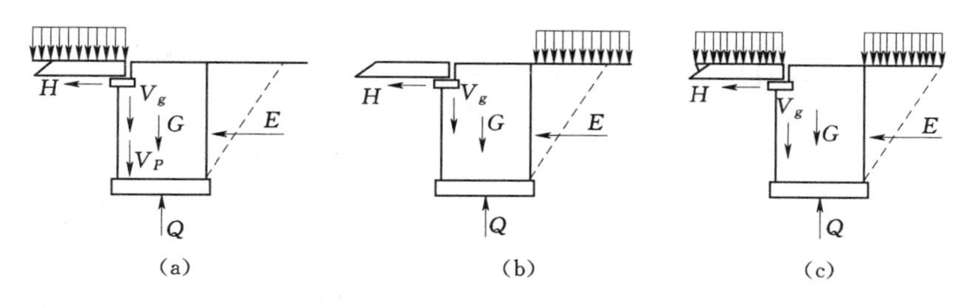


图7.34　作用在梁桥桥台上的荷载

验算墩台顶的弹性水平位移。

#### 7.2.2.1　截面强度验算

1. 选取验算截面

桥梁墩台的强度验算截面通常选取墩台身的基础顶面与墩台身截面突变处。采用悬臂式墩台帽的墩身还应对与墩台帽交界处的墩身截面进行验算。当墩台较高时，由于危险截面不一定在墩身底部，需沿墩身每隔2～3m选取一个验算截面。

2. 验算截面的内力计算

按照各种作用（或荷载）效应组合分别对各验算截面计算其竖向力、水平力和弯矩，得到$\sum N$、$\sum H$及$\sum M$，并按下式计算各种组合的竖向力设计值：

$$N_j=\gamma_{so}\psi\sum\gamma_{s1}N \tag{7.2}$$

式中　$N_j$——各种组合中最不利效应组合设计值（竖向力）；

$\gamma_{so}$——结构的重要性系数，按《桥规》(JTG D60—2004）采用；

$\psi$——荷载组合系数，按《桥规》(JTG D60—2004）采用；

$\gamma_{s1}$——荷载安全系数，按《桥规》(JTG D60—2004）采用；

$N$——各种组合中按不同荷载算得的竖向力。

3. 按轴心或偏心受压验算墩身各验算截面的强度

验算强度时，可按下式计算：

$$N_j\leqslant\alpha AR_a^j/\gamma_m \tag{7.3}$$

式中　$A$——验算截面的面积；

$R_a^j$——材料的抗压极限强度；

$\gamma_m$——材料或砌体的安全系数，按《桥规》(JTG D60—2004）采用；

$\alpha$——竖向力的偏心影响系数。

4. 截面偏心距验算

桥墩承受偏心受压荷载时，各验算截面对各种荷载组合的偏心距$e_0$均不应超过《桥规》(JTG D60—2004）规定的容许值。

#### 7.2.2.2　墩台的稳定验算

1. 弯曲平面内纵向稳定验算

墩台为偏心受压构件，不但要按其在弯曲平面内纵向稳定性进行验算，还需按中心受压验算非弯曲平面内的稳定。

2. 墩台整体稳定验算

(1) 抗倾覆稳定性验算。墩台的倾覆稳定验算可按下式进行：

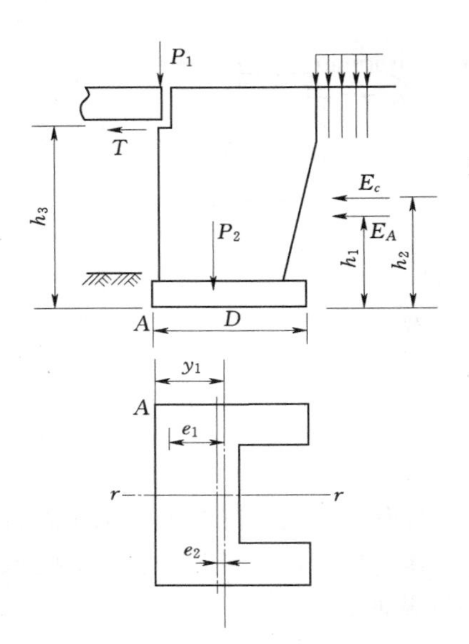

图 7.35　重力式桥台的抗倾覆稳定验算

$$K_1=\frac{M_{稳}}{M_{倾}}\geqslant K_{01} \tag{7.4}$$

$$M_{稳}=y_1\sum P_i \quad M_{倾}=\sum P_i e_i+\sum T_i h_i$$

式中　$K_1$——倾覆稳定安全系数；

$M_{稳}$——稳定力矩，如图 7.35 所示；

$\sum P_i$——作用在墩台上的竖向力组合；

$y_1$——桥台基础底面重心至偏心方向外缘（A）的距离；

$M_{倾}$——倾覆力矩，当车辆荷载布置在台后破坏棱体时产生的最大倾覆力矩；

$e_i$——各竖向力到底面重心的距离；

$h_i$——各水平力到基础底面的力臂；

$T_i$——作用在墩台上的水平力；

$K_{01}$——抗倾覆稳定系数，其值为 1.2～1.5，可按《桥规》（JTG D60—2004）采用。

桥墩抗倾覆稳定性验算时，一般只考虑桥墩在顺桥方向的稳定性。

（2）抗滑移稳定性验算。墩台的抗滑稳定验算，可按下式进行：

$$K_2=\frac{f\sum P}{\sum T}\geqslant K_{02} \tag{7.5}$$

式中　$f$——基础底面与地基土之间的摩擦系数，其值为 0.25～0.7，可根据土质情况参照《桥规》（JTG D60—2004）采用；

$K_{02}$——抗滑稳定系数，其值为 1.2～1.3，可按《桥规》（JTG D60—2004）采用。

在墩台抗倾覆、抗滑移稳定性验算时，应分别按最高设计水位和最低水位的不同浮力进行组合。

#### 7.2.2.3　基底应力和偏心距验算

1. 基底应力验算

基底土的承载力一般按顺桥方向和横桥方向分别进行验算。当偏心荷载的合力作用在基底截面的核心半径以内时，应按下式验算基底应力：

$$\sigma_{\min}^{\max}=\frac{N}{A}\pm\frac{\sum M}{W}\leqslant[\sigma] \tag{7.6}$$

式中　$N$——作用在基底的合力的竖向分力；

$\sum M$——作用于墩台的水平力和竖向力对基底重心轴的弯矩；

$A$——基础底面积；

$W$——基础底面的截面抵抗矩；

$[\sigma]$——地基土修正后的容许承载力。

当设置在基岩上的桥墩基底的合力偏心距 $e_0$ 超出核心半径时，其基底的一边将会出现拉应力，由于不考虑基底承受拉应力，故需按基底应力重分布（图 7.36）重新验算基

底最大压应力，其验算公式如下：

顺桥方向 $$\sigma_{max}=\frac{2N}{ac_x}\leqslant[\sigma] \tag{7.7}$$

横桥方向 $$\sigma_{max}=\frac{2N}{bc_y}\leqslant[\sigma] \tag{7.8}$$

式中 $a$，$b$——横桥方向和顺桥方向基础底面积的边长；

$c_x$——顺桥方向验算时，基底受压面积在顺桥方向的长度，即 $c_x=3\left(\frac{b}{2}-2e_x\right)$；

$c_y$——横桥方向验算时，基底受压面积在横桥方向的长度，即 $c_y=3\left(\frac{a}{2}-2e_y\right)$。

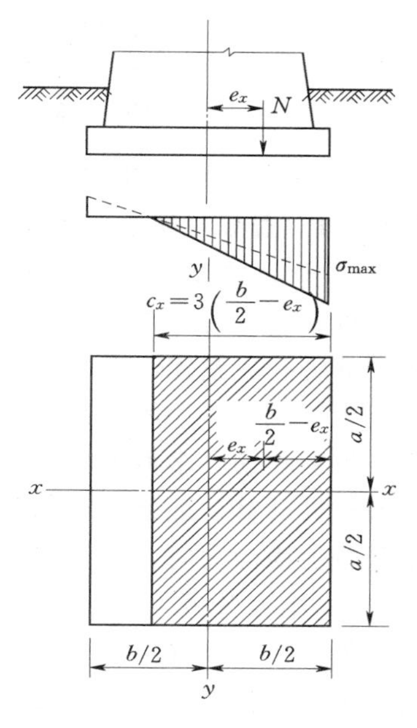


图7.36 基底应力重分布

2. 基底偏心距验算

为了使恒载基底应力分布比较均匀，防止基底最大拉压应力 $\sigma_{max}$ 与最小压应力 $\sigma_{min}$ 相差过大，导致基底产生不均匀沉陷和影响桥墩的正常使用。在设计时，应对基底合力偏心距加以限制，在基础纵向和横向，其计算的荷载偏心距 $e_0$ 应满足表7.2的要求。

表7.2 **墩台基础合力偏心距的限制**

| 作用情况 | 地基条件 | 合力偏心距 | 备注 |
|---|---|---|---|
| 墩台仅受恒载作用时 | 非岩石地基 | 桥墩 $e_0\leqslant0.1\rho$ | 对于拱桥墩台，其恒载合力作用点应尽量保持在基底中线附近 |
| | | 桥台 $e_0\leqslant0.75\rho$ | |
| 墩台承受各种作用（偶然作用除外）时 | 非岩石地基 | $e_0\leqslant\rho$ | 建筑在岩石地基上的单向推力墩，当满足强度和稳定性要求时，合力偏心距不受限制 |
| | 石质较差的岩石地基 | $e_0\leqslant1.2\rho$ | |
| | 坚密岩石地基 | $e_0\leqslant1.5\rho$ | |

表（7.2）中：

$$\rho=\frac{W}{A}$$

$$e_0=\frac{\sum M}{N}$$

式中 $\rho$——墩台基础底面的核心半径；

$W$——墩台基础底面的截面模量；

$A$——墩台基础底面的面积；

$N$——作用于基底的合力的竖向分力；

$\sum M$——作用于墩台的水平力和竖向力对基底形心轴的弯矩。

#### 7.2.2.4 墩台顶水平位移的验算

对于高度超过20m的墩台，应验算墩台顶水平方向的弹性位移，并使其符合《桥规》（JTG D60—2004）要求。墩台顶面水平位移的容许极限值为

$$\Delta\leqslant0.5\sqrt{L} \tag{7.9}$$

式中 $L$——相邻墩台间的最小跨径，m，跨径小于25m时仍以25m计算；

$\Delta$——墩台顶水平位移值，cm，它的数值应包括墩台水平方向的弹性位移和由于地基不均匀沉降而产生的水平位移值的总和。

### 7.2.3 桩柱式桥墩的计算

#### 7.2.3.1 盖梁（帽梁）计算

1. 计算图式

桩柱式墩台通常采用钢筋混凝土构件。在构造上，桩柱的钢筋伸入到盖梁内，与盖梁的钢筋绑扎成整体，因此盖梁与桩柱呈刚架结构。双柱式墩台，当盖梁的刚度与桩柱的刚度比大于5时，为简化计算可以忽略桩柱对盖梁的弹性约束，一般可按简支梁或悬臂梁进行计算和配筋，多根桩柱的盖梁可按连续梁计算。当跨高比 $l/h>5$ 时，可按钢筋混凝土一般构件计算。此处 $l$ 为盖梁的计算跨径，$h$ 为盖梁的高度。当刚度比小于5时，或桥墩承受较大横向力时，盖梁应作为横向刚架的一部分予以验算。

2. 外力计算

外力包括上部结构恒载支点反力、盖梁自重和活载。活载的布置要使各种效应组合为桥上最不利情况，求出最大支反力作为盖梁的活载。活载的横向分布计算，当活载对称布置时，按杠杆原理法计算；当活载非对称布置时，可考虑按刚接梁法（或偏心压力法或G—M法）计算。在盖梁内力计算时，可考虑桩柱支承宽度对削减负弯矩尖峰的影响。

盖梁在施工过程中，荷载的不对称性很大，各截面将产生较大的内力。因此要根据当时的架桥施工方案，对各截面进行受弯、受剪承载力的验算。

3. 内力计算

公路桥桩柱式墩台的帽梁通常采用双悬臂式，计算时的控制截面选取在支点截面和跨中截面。在计算支点负弯矩时，采用非对称布置活载与恒载的反力计算；在计算跨中正弯矩时，采用对称布置活载与恒载的反力计算。桥墩沿纵向的水平力以及当盖梁在沿桥纵向设置两排支座时，上部结构活载的偏心力对盖梁将产生扭矩，应予以考虑。

桥台的盖梁计算，一般可不考虑背墙与盖梁共同受力，此时背墙仅起挡土墙作用。必要时也可考虑背墙与盖梁的共同受力，盖梁按L形截面计算。桥台耳墙视为单悬臂固端梁，水平方向承受土压力及活载水平压力。

4. 配筋验算

工程实践中常采用钢筋混凝土盖梁，其配筋验算方法与钢筋混凝土梁配筋类同，即根据弯矩包络图配置受弯钢筋，根据剪力包络图配置弯起钢筋和箍筋。在配筋时，还应计算各控制截面扭矩所需要的箍筋及纵向钢筋。

当采用预应力混凝土盖梁时，预应力钢筋及普通钢筋的配置同预应力混凝土梁。

#### 7.2.3.2 墩台桩柱的计算

1. 外力计算

桥墩桩柱的外力有上部结构恒载、盖梁的恒载反力以及桩柱自重；活载按设计荷载布置车列，得到最不利效应组合。桥墩的水平力有支座摩阻力和汽车制动力等。

桥台桩柱（包括双片墙式台身）除上述各力之外还有台后土侧压力、活载引起的水平土压力及溜坡主动土压力等。土侧压力的计算宽度及溜坡主动土压力的计算方法见《桥

规》(JTG D60—2004)中有关规定。

2. 内力计算

桩柱式墩台按桩基础有关内容计算桩柱的内力和桩的入土深度。对于单柱式墩，计算弯矩应考虑两个方向弯矩的合力，纵、横方向弯矩合力值为

$$\sum M=\sqrt{M_x^2+M_y^2}$$

计算墙式台身内力时，应按盖梁底面、墙身中部、墙身底面、承台底面等分别进行内力计算和应力验算。

3. 配筋验算

在最不利的效应组合之后，先配筋、再验算，验算方法按钢筋混凝土偏心受压构件计算。

# 学习单元 7.3 钢筋混凝土墩台施工

就地浇筑的混凝土墩台施工有两个主要工序：一是制作与安装墩台模板，二是混凝土浇筑。

## 7.3.1 墩台模板

### 7.3.1.1 模板设计原则

根据《公路桥涵施工技术规范》(JTJ 041—2000)的规定，模板的设计原则如下。

(1) 宜优先使用胶合板和钢模板。

(2) 在计算荷载作用下，对模板结构按受力程序分别验算其强度、刚度及稳定性。

(3) 模板板面之间应平整，接缝严密，不漏浆，保证结构物外露面美观，线条流畅，可设倒角。

(4) 结构简单，制作、拆装方便。

模板可采用钢材、胶合板、塑料和其他符合设计要求的材料制成。浇筑混凝土之前，木板应涂刷脱模剂，外露面混凝土模板的脱模剂应采用同一种品种，不得使用废机油等油料，且不得污染钢筋及混凝土的施工缝处。重复使用的模板应经常检查、维修。

### 7.3.1.2 常见模板类型

1. 拼装式模板

拼装式模板系用各种尺寸的标准模板利用销钉连接，并与拉杆、加劲构件等组成墩台所需形状的模板。如图 7.37 所示，将墩台表面划分为若干小块，尽量使每部分板扇尺寸相同，以便于周转使用。板扇高度通常与墩台分节灌注高度相同。一般可为 3～6m，宽度可为 1～2m，具体视墩台尺寸和起吊条件而定。拼装式模板由于在厂内加工制造，因此板面平整、尺寸准确、体积小、质量轻，拆装容易、快速，运输方便，故应用广泛。

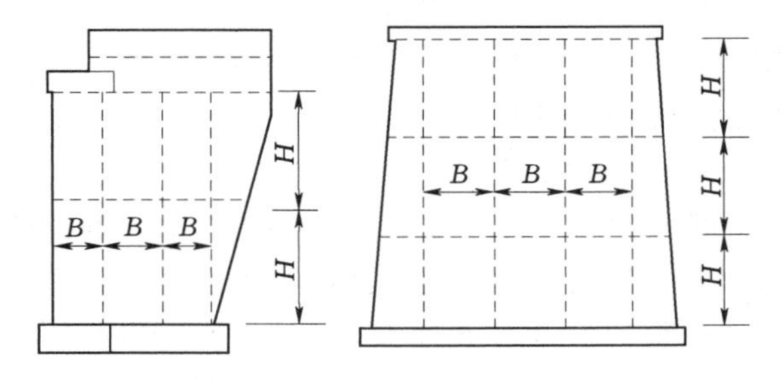


图 7.37 墩台模板划分示意图

2. 整体吊装模板

整体吊装模板系将墩台模板水平分成若干段，每段模板组成一个整体，在地面拼装后吊装就位（图7.38）。分段高度可视起吊能力而定，一般可为2～4m。整体吊装模板的优点是：安装时间短，无须设施工接缝，加快了施工进度，提高了施工质量；将拼装模板的高空作业改为平地操作，有利于施工安全；模板刚性较强，可少设拉筋或不设拉筋，节约钢材；可利用模外框架作简易脚手架，不需搭施工脚手架；结构简单，装拆方便，对建造较高的桥墩较为经济。

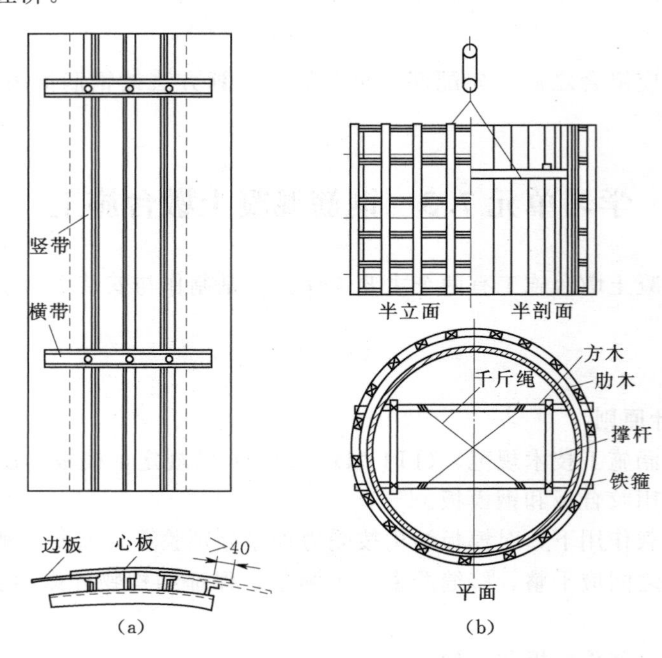


图7.38 圆形桥墩整体模板

3. 组合型钢模板

组合型钢模板系以各种长度、宽度及转角标准构件，用定型的连接件将钢模拼成结构用模板，具有体积小、质量轻、运输方便、装拆简单、接缝紧密等优点，适用于在地面拼装，整体吊装的结构上。

4. 滑动钢模板

滑动钢模板适用于各种类型的桥墩。各种模板在工程上的应用，可根据墩台高度、墩台形式、机具设备、施工期限等条件，因地制宜，合理选用。

模板的设计可参照交通部标准《公路桥涵钢结构及木结构设计规范》（JTJ 025—1986）的有关规定。验算模板的刚度时，其变形值不得超过下列数值：结构表面外露的模板，挠度为模板构件跨度的1/400；结构表面隐蔽的模板，挠度为模板构件跨度的1/250；钢模板的面板变形为1.5mm，钢模板的钢棱、柱箍变形为3.0mm。

模板安装前应对模板尺寸进行检查；安装时要坚实牢固，以免振捣混凝土时引起跑模漏浆；安装位置要符合结构设计要求。有关模板制作与安装的允许偏差见表7.3和表7.4。

表 7.3 模板制作的允许偏差

| 项次 | 项目 | | 允许偏差/mm |
|---|---|---|---|
| 木模板 | (1) 模板的长度和宽度 | | ±5.0 |
| | (2) 不刨光模板相邻两板表面高低差 | | 3.0 |
| | (3) 刨光模板相邻两板表面高低差 | | 1.0 |
| | (4) 平板模板表向最大的局部不平(用 2m 直尺检查) | 刨光模板 | 3.0 |
| | | 不刨光模板 | 5.0 |
| | (5) 拼合板中木板间的缝隙宽度 | | 2.0 |
| | (6) 楔槽嵌接紧密度 | | 2.0 |
| 钢模板 | (1) 外形尺寸 | 长和宽 | 0, -1 |
| | | 肋高 | ±5.0 |
| | (2) 面板端偏斜 | | ±0.5 |
| | (3) 连接配件(螺栓、卡子等)的孔眼位置 | 孔中心与板面的间距 | ±0.3 |
| | | 板端孔中心与板端的间距 | 0, -0.5 |
| | | 沿板长、宽方向的孔 | ±0.6 |
| | (4) 板眼局部不平(用 300mm 长平尺检查) | | 1.0 |
| | (5) 面和板侧挠度 | | ±1.0 |

表 7.4 模板安装的允许偏差

| 项次 | 项目 | | 允许偏差/mm |
|---|---|---|---|
| 1 | 模板高程 | (1) 基础 | ±15 |
| | | (2) 墩台 | ±10 |
| 2 | 模板内部尺寸 | (1) 基础 | ±30 |
| | | (2) 墩台 | ±20 |
| 3 | 轴线偏位 | (1) 基础 | ±15 |
| | | (2) 墩台 | ±10 |
| 4 | 装配式构件支承面的高程 | | ±2, -5 |
| 5 | 模板相邻两板表面高低差 | | 2 |
| | 模板表面平整(用 2m 直尺检查) | | 5 |
| 6 | 预埋件中心线位置 | | 3 |
| | 预留孔洞中心线位置 | | 10 |
| | 预留孔洞截面内部尺寸 | | +10, 0 |

### 7.3.2 混凝土浇筑施工要点

墩台身混凝土施工前，应将基础顶面冲洗干净，凿除表面浮浆，整修连接钢筋。灌注混凝土时，应经常检查模板、钢筋及预埋件的位置和保护层的尺寸，确保位置正确，不发生变形。混凝土施工中，应切实保证混凝土的配合比、水灰比和坍落度等技术性能指标满

足规范要求。

#### 7.3.2.1 混凝土的运送

墩台混凝土的水平与垂直运输相互配合方式与适用条件可参照表7.5。如混凝土数量大，浇筑捣固速度快时，可采用混凝土皮带运输机或混凝土输送泵。运输带速度应不大于1.0～1.2m/s。其最大倾斜角：当混凝土坍落度小于40mm时，向上传送为18°，向下传送为12°；当坍落度为40～80mm时，则分别为15°与10°。

表7.5　　混凝土的运输方式及适用条件

<table>
<tr><th>水平运输</th><th>垂直运输</th><th colspan="2">适用条件</th><th>附　注</th></tr>
<tr><td rowspan="8">人力混凝土手推车、内燃翻斗车、轻便轨人力推运翻斗车或混凝土吊车</td><td>手推车</td><td rowspan="8">中小桥梁水平运距较近</td><td>H<10m</td><td>搭设脚手平台，铺设坡道，用卷扬机拖拉手推车上平台</td></tr>
<tr><td>轨道爬坡翻斗车</td><td>H<10m</td><td>搭设脚手平台，铺设坡道，用卷扬机拖拉手推车上平台</td></tr>
<tr><td>皮带运输机</td><td>H<10m</td><td>倾角不宜超过15°，速度不超过1.2m/s。高度不足时，可用2台串联使用</td></tr>
<tr><td>履带（或轮胎）起重机起吊高度</td><td>10<H<20m</td><td>用吊斗输送混凝土</td></tr>
<tr><td>木制或钢制扒杆</td><td>10<H<20m</td><td>用吊斗输送混凝土</td></tr>
<tr><td>墩外井架提升</td><td>H>20m</td><td>在井架上安装扒杆提升吊斗</td></tr>
<tr><td>墩内井架提升</td><td>H>20m</td><td>适用于空心桥墩</td></tr>
<tr><td>无井架提引</td><td>H>20m</td><td>适用于滑动模板</td></tr>
<tr><td rowspan="5">轨道牵引车输送混凝土、翻斗车或混凝土吊斗汽车倾卸车、汽车运送混凝土吊斗、内燃翻斗车</td><td>脚带（或轮胎）起重机起吊高度≈30m</td><td rowspan="5">大中桥、水平运距较远</td><td>20<H<30m</td><td>用吊斗输送混凝土</td></tr>
<tr><td>塔式吊机</td><td>20<H<50m</td><td>用吊斗输送混凝土</td></tr>
<tr><td>墩外井架提升</td><td>H<50m</td><td>井架可用万能杆件组装</td></tr>
<tr><td>墩内井架提升</td><td>H>50m</td><td>适用于空心桥墩</td></tr>
<tr><td>无井架提升</td><td>H>50m</td><td>适用于滑动模板</td></tr>
<tr><td colspan="2">索道吊机</td><td colspan="2">H>50m</td><td></td></tr>
<tr><td colspan="2">混凝土输送泵</td><td colspan="2">H<50m</td><td>可用于大体积实心墩台</td></tr>
</table>

注　$H$—墩高。

#### 7.3.2.2 混凝土的灌注速度

为保证灌注质量，混凝土的配制、输送及灌注的速度不得小于：

$$v \geqslant Sh/t \tag{7.10}$$

式中　$v$——混凝土配料、输送及灌注的允许最小速度，$m^3/h$；

$S$——灌注的面积，$m^2$；

$h$——灌注层的厚度，m；

$t$——所用水泥的初凝时间，h。

如混凝土的配制、输送及灌注需时较长，则应采用下式计算：

$$v \geqslant Sh/(t-t_0) \tag{7.11}$$

式中 $t_0$——混凝土配制、输送及灌筑所消费的时间，h；

其余符号意义同前。

混凝土灌筑层的厚度 $h$，可根据使用捣固方法按规定数值采用。

墩台是大体积圬工，为避免水化热过高，导致混凝土因内外温差引起裂缝，可采取如下措施：

（1）用改善集料级配、降低水灰比、掺加混合材料与外加剂、掺入片石等方法减少水泥用量。

（2）采用 $C_3A$、$C_3S$ 含量小，水化热低的水泥，如大坝水泥、矿渣水泥、粉煤灰水泥、低强度水泥等。

（3）减小浇筑层厚度，加快混凝土散热速度。

（4）混凝土用料应避免日光曝晒，以降低初始温度。

（5）在混凝土内埋设冷却管通水冷却。

当浇筑的平面面积过大，不能在前层混凝土初凝或能重塑前浇筑完成次层混凝土时，为保证结构的整体性，宜分块浇筑。分块时应注意：各分块面积不得小于 $50m^2$；每块高度不宜超过 2m；块与块间的竖向接缝面应与墩台身或基础平截面短边平行，与平截面长边垂直；上下邻层间的竖向接缝应错开位置做成企口，并应按施工接缝处理。

#### 7.3.2.3 混凝土浇筑

为防止墩台基础第一层混凝土中的水分被基底吸收或基底水分渗入混凝土，对墩台基底处理除应符合天然地基的有关规定外，尚应满足以下要求：

（1）基底为非黏性土或干土时，应将其湿润。

（2）如为过湿土时，应在基底设计高程下夯填一层 10～15cm 厚的片石或碎（卵）石层。

（3）基底面为岩石时，应加以润湿，铺一层厚 2～3cm 厚的水泥砂浆，然后于水泥砂浆凝结前浇筑第一层混凝土。

墩台身钢筋的绑扎应和混凝土的灌注配合进行。在配置第一层垂直钢筋时，应有不同的长度，同一断面的钢筋接头应符合施工规范的规定，水平钢筋的接头，也应内外、上下互相错开。钢筋保护层的净厚度，应符合设计要求。如无设计要求时，则可取墩台身受力钢筋的净保护层不小于 30mm，承台基础受力钢筋的净保护层不小于 35mm。墩台身混凝土宜一次连续灌注，否则应按《公路桥涵施工技术规范》（JTJ 041—2000）的要求，处理好连接缝。墩台身混凝土未达到终凝前，不得泡水。混凝土墩台的位置及外形尺寸允许偏差见表 7.6。

**表 7.6　　混凝土、钢筋混凝土基础及墩台允许偏差**　　单位：mm

| 项次 | 项目 | 基础 | 承台 | 墩台身 | 柱式墩台 | 墩台帽 |
|---|---|---|---|---|---|---|
| 1 | 端面尺寸 | ±50 | ±30 | ±20 |  | ±20 |
| 2 | 垂直或倾斜 |  |  | 0.2% $H$ | 0.3% $H$≤20 |  |
| 3 | 底面高程 | ±50 |  |  |  |  |
| 4 | 顶面高程 | ±30 | ±20 | ±10 | ±10 |  |

续表

| 项次 | 项目 | | 基础 | 承台 | 墩台身 | 柱式墩台 | 墩台帽 |
|---|---|---|---|---|---|---|---|
| 5 | 轴线偏位 | | 25 | 15 | 10 | 10 | 10 |
| 6 | 预埋件位置 | | | | 10 | | |
| 7 | 相邻间距 | | | | | ±15 | |
| 8 | 平整度 | | | | | | |
| 9 | 跨径 | $L_0 \leqslant 60$m | | | ±20 | | |
| | | $L_0 > 60$m | | | $\pm L_0 > 3000$ | | |
| 10 | 支座处顶面高程 | 简支梁 | | | | | ±10 |
| | | 连续梁 | | | | | ±5 |
| | | 双支座梁 | | | | | ±2 |

## 【思　考　题】

- 钢筋混凝土墩台施工要点。

# 学习单元7.4　砌筑墩台施工

### 7.4.1　石砌墩台的砌筑

#### 7.4.1.1　对石料、砂浆与脚手架的要求

1. 对石料与砂浆的要求

石砌墩台系用片石、块石及粗料石以水泥砂浆砌筑的，石料与砂浆的规格要符合有关规定。浆砌片石一般适用于高度小于6m的墩台身、基础、镶面以及各式墩台身填腹；浆砌块石一般用于高度大于6m的墩台身、镶面或应力要求大于浆砌片石砌体强度的墩台；浆砌粗料石则用于磨耗及冲击严重的分水体及破冰体的镶面工程以及有整齐美观要求的桥墩台身等。

2. 对脚手架的要求

将石料吊运并安砌到正确位置是砌石工程中比较困难的工序。当重量小或距地面不高时，可用简单的马凳跳板直接运送；当重量较大或距地面较高时，可采用固定式动臂吊机或桅杆式吊机或井式吊机将材料运到墩台上，然后再分运到安砌地点。用于砌石的脚手架应环绕墩台搭设，用以堆放材料并支承施工人员砌镶面定位行列及勾缝。脚手架一般常用固定式轻型脚手架（适用于6m以下的墩台）、简易活动脚手架（适用于25m以下的墩台）以及悬吊式脚手架（用于较高的墩台）。

#### 7.4.1.2　砌筑要点与砌筑方法

1. 砌筑要点

砌筑前应按设计图放出实样，挂线砌筑。砌筑基础的第一层砌块时，如果基底为土质，只在已砌石块的侧面铺上砂浆即可，不需坐浆；如果基底为石质，应将其表面清洗、

润湿后，先坐浆再砌石。砌筑斜面墩台时，斜面应逐层放坡，以保证规定的坡度。砌块间用砂浆黏结并保持一定的缝宽，所有砌缝要求砂浆饱满。形状比较复杂的工程，应先作出配料设计图（图7.39），注明块石尺寸；形状比较简单的，也要根据砌体高度、尺寸、错缝等，先行放样配好料石再砌。

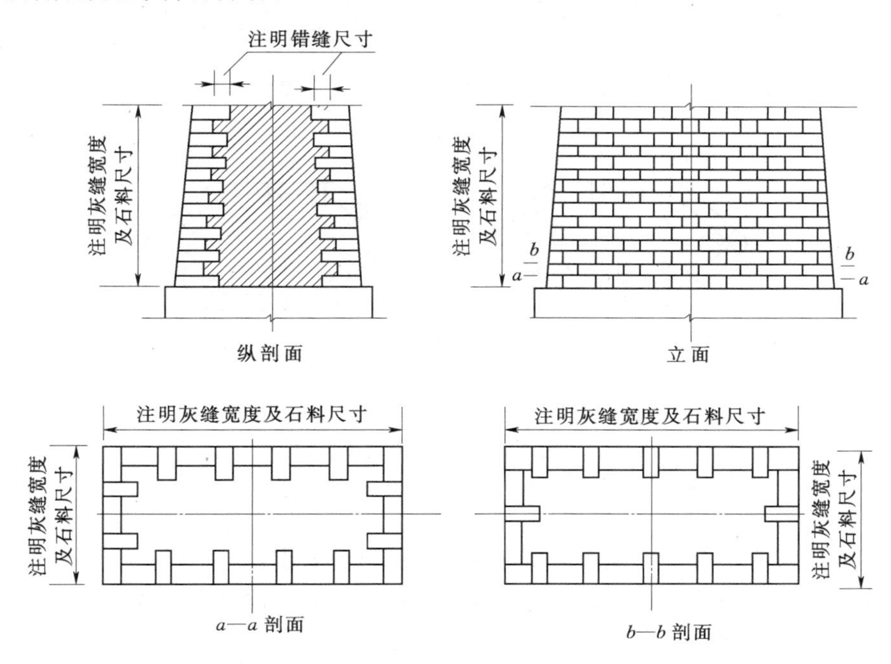


图7.39 桥墩配料大样图

2. *砌筑方法*

同一层石料及水平灰缝的厚度要均匀一致，每层按水平砌筑，丁顺相间，砌石灰缝应互相垂直，灰缝宽度和错缝按表7.7进行控制。砌石顺序为先角石，再镶面，后填腹。填腹石的分层高度应与镶面相同；圆端、尖端及转角形砌体的砌石顺序应自顶点开始，按丁顺排列安砌镶面石。砌筑图例如图7.40所示，圆端形桥墩的圆端顶点不得有垂直灰缝，砌石应从顶端开始先砌石块①［图7.40（a）］，然后依丁顺相间排列，安砌四周的镶面石；尖端形桥墩的尖端及转角处不得有垂直灰缝，砌石应从两端开始，先砌石块①［图7.40（b）］，再砌侧面转角②，然后依丁顺相间排列，接砌四周的镶面石。

表7.7 浆砌镶面石灰缝规定

| 种类 | 灰缝宽度/cm | 错缝（层间或行列间）/cm | 3块石料相接处空隙/cm | 砌筑行列高度/cm |
|---|---|---|---|---|
| 粗料石 | 1.5～2 | ≥10 | 1.5～2 | 每层石料厚度一致 |
| 半细料石 | 1～1.5 | ≥10 | 1～1.5 | 每层石料厚度一致 |
| 细料石 | 0.8～1 | ≥10 | 0.8～1 | 每层石料厚度一致 |

砌体质量应符合以下规定：

（1）砌体所用各项材料类别、规格及质量符合要求。

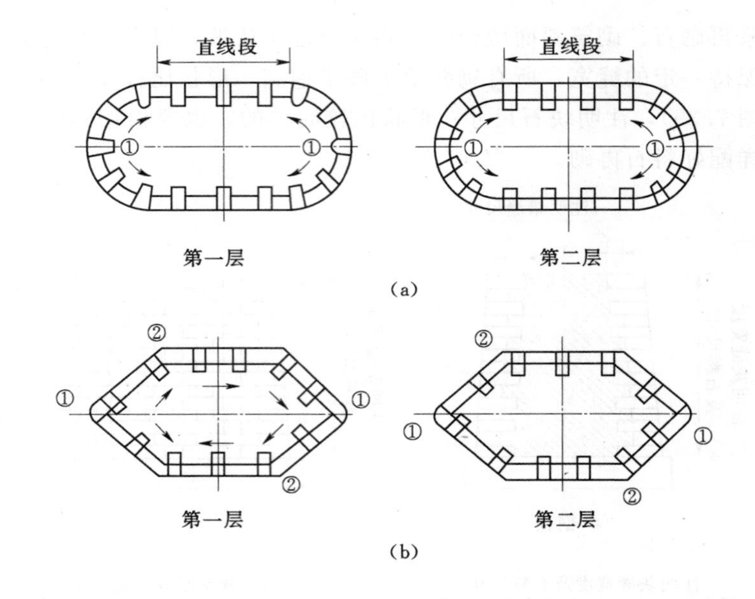


图 7.40　桥墩的砌筑

(a) 圆端形桥墩的砌筑；(b) 尖端形桥墩的砌筑

(2) 砌缝砂浆或小石子混凝土铺填饱满、强度符合要求。

(3) 砌缝宽度、错缝距离符合规定，勾缝坚固、整齐，深度和形式符合要求。

(4) 砌筑方法正确。

(5) 砌体位置、尺寸不超过允许偏差。

墩台砌体位置及外形尺寸允许偏差见表 7.8。

**表 7.8　　墩台砌体位置及外形尺寸允许偏差**

| 项　次 | 检查项目 | 砌体类别 | 允许偏差/mm |
|---|---|---|---|
| 1 | 跨径 $L_0$ | $L_0 \leqslant 60$m | ±20 |
| | | $L_0 > 60$m | $\pm L_0/3000$ |
| 2 | 墩台宽度及长度 | 片石镶面砌体 | +40，−10 |
| | | 块石镶面砌体 | +30，−10 |
| | | 粗料石镶面砌体 | +20，−10 |
| 3 | 大面平整度（2m 直尺检查） | 片石镶面 | 30 |
| | | 块石镶面 | 20 |
| | | 粗料石镶面 | 10 |
| 4 | 竖直度或坡度 | 片石镶面 | 0.5%$H$ |
| | | 块石、粗料石镶面 | 0.3%$H$ |
| 5 | 墩台顶面高程 | | ±10 |
| 6 | 轴线偏位 | | 10 |

注　$L_0$—标准跨径；$H$—结构高度。

### 7.4.2　墩（台）帽施工

墩（台）帽是用以支承桥跨结构的，其位置、高程及垫石表面平整度等均应符合设计要求，以避免桥跨结构安装困难，或使墩（台）帽、垫石等出现碎裂或裂缝，影响墩台的正常使用功能与耐久性。墩（台）帽施工的主要工序如下。

#### 7.4.2.1　墩（台）帽放样

墩（台）混凝土（或砌石）灌筑至距离墩（台）帽底下30～50cm高度时，即需测出墩台纵横中心轴线，并开始竖立墩（台）帽模板，安装锚栓孔或安装顶埋支座垫板、绑扎钢筋等。墩（台）帽放样时，应注意不要以基础中心线作为墩（台）帽背墙线，浇筑前应反复核实，以确保墩（台）帽中心、支座垫石等位置方向及水平标高不出差错。

#### 7.4.2.2　墩（台）帽模板施工

墩（台）帽系支承上部结构的重要部分，其尺寸、位置和水平标高的准确度要求严格，浇筑混凝土应从墩（台）帽下30～50cm处至墩（台）帽顶面一次浇筑，以保证墩（台）帽底有足够厚度的密实混凝土。图7.41为混凝土桥墩墩帽模板图，墩帽模板下面的一根拉杆可利用墩帽下层的分布钢筋，以节省铁件。台帽背墙模板应特别注意纵向支撑或拉条的刚度，防止浇筑混凝土时发生鼓肚，侵占梁端空隙。

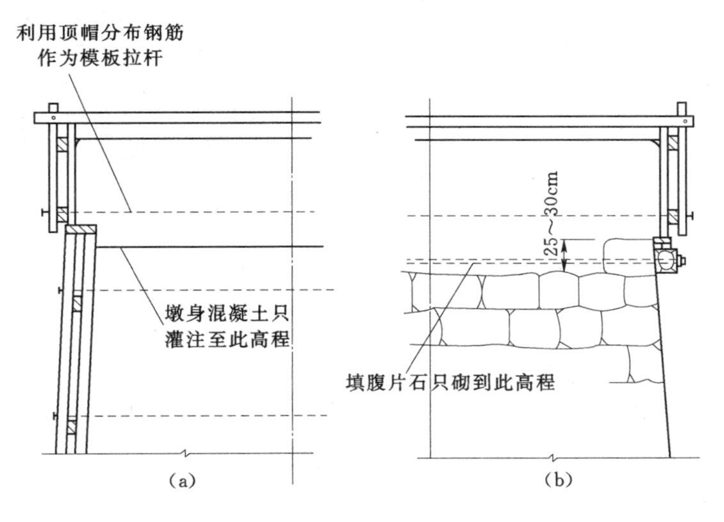


图7.41　混凝土桥墩墩帽模板

(a) 混凝土桥墩定帽模板；(b) 石砌桥墩墩帽模板

#### 7.4.2.3　钢筋和支座垫板的安设

墩（台）帽钢筋绑扎应遵照《桥规》（JTG D60—2004）有关钢筋工程的规定。墩（台）帽上支座垫板的安设一般采用预埋支座垫板和预留锚栓孔的方法。前者需在绑扎墩（台）帽和支座垫石钢筋时，将焊有锚固钢筋的钢垫板安设在支座的准确位置上，即将锚固钢筋和墩（台）帽骨架钢筋焊接固定，同时将钢垫板做一木架，固定在墩（台）帽模板上。此法在施工时垫板位置不易准确定出，应经常检查与校正。后者需在安装墩（台）模板时，安装好预留孔模板，在绑扎钢筋时注意将锚栓孔位置留出。此法安装支座施工方便，支座垫板位置准确。

# 学习单元7.5 装配式墩台施工

装配式墩台适用于山谷架桥、跨越平缓无漂流物的河沟、河滩等的桥梁，特别是在工地干扰多、施工场地狭窄，缺水与砂石供应困难地区，其效果更为显著。装配式墩台的有砌块式、柱式和管节式或环圈式墩台等。

## 7.5.1 砌块式墩台施工

砌块式墩台的施工大体上与石砌墩台相同，只是预制砌块的形式因墩台形式不同有很多变化。例如，1975年建成的兰溪大桥，主桥身系采用预制的素混凝土壳块分层砌筑而成。壳块按平面形状分为Ⅱ型和Ⅰ型两大类，再按其砌筑位置和具体尺寸又分为五种型号，每种块件等高，均为35cm，块件单元重力为0.9～1.2kN，每砌三层为一段落。该桥采用预制砌块建造桥墩，不仅节约混凝土约26%，节省木材$50m^3$和大量铁件，而且砌缝整齐，外形美观，更主要的是加快了施工速度，避免了洪水对施工的威胁。图7.42为兰溪大桥预制砌块与空腹墩施工示意图。

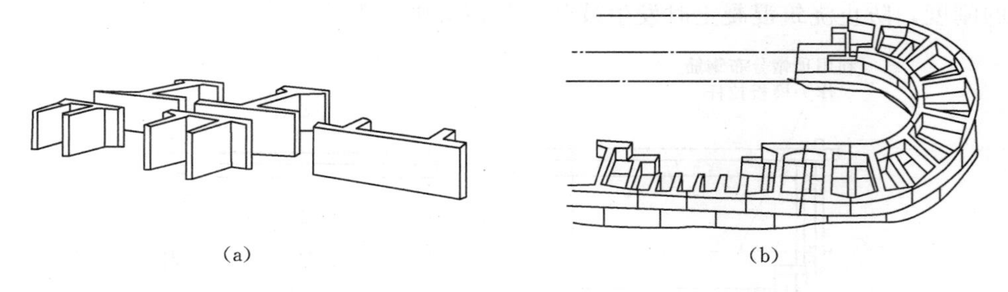

图7.42 兰溪大桥预制砌块与空腹墩施工示意图
(a) 空腹墩壳板；(b) 空腹墩砌筑过程

## 7.5.2 柱式墩施工

装配式柱式墩系将桥墩分解成若干轻型部件，在工厂或工地集中预制，再运送到现场装配桥梁。其形式有双柱式、排架式、板凳式和刚架式等。

施工工序为预制构件、安装连接与混凝土养护等。其中拼装接头是关键工序，既要牢固、安全，又要结构简单便于施工。常用的拼装接头有以下几种形式。

(1) 承插式接头。将预制构件插入相应的预留孔内，插入长度一般为1.2～1.5倍的构件宽度，底部铺设2cm砂浆，四周以半干硬性混凝土填充。此接头常用于立柱与基础的接头连接。

(2) 钢筋锚固接头。构件上预留钢筋或型钢，插入另一构件的预留槽内，或将钢筋互相焊接，再灌注半干硬性混凝土。此接头多用于立柱与顶帽处的连接。

(3) 焊接接头。将预埋在构件中的铁件与另一构件的预埋铁件用电焊连接，外部再用混凝土封闭。这种接头易于调整误差，多用于水平连接杆与立柱的连接。

(4) 扣环式接头。相互连接的构件按预定位置预埋环式钢筋，安装时柱脚先坐落在承台的柱芯上，上下环式钢筋互相错接，扣环间插入U形短钢筋焊牢，四周再绑扎钢筋一

圈，立模浇筑外围接头混凝土。要求上下扣环预埋位置正确，施工较为复杂。

(5) 法兰盘接头。在相互连接的构件两端安装法兰盘，连接时用法兰盘连接，要求法兰盘预埋位置必须与构件垂直。接头处可不用混凝土封闭。

装配式柱式墩台应注意以下几个问题：

(1) 墩台柱构件与基础顶面预留环形基座应编号，并检查各个墩、台高度是否符合设计要求；基杯口四周与柱边的空隙不得小于2cm。

(2) 墩台柱吊入基坑内就位时，应在纵横方向测量，使柱身垂直度或倾斜度以及平面位置均符合设计要求；对重大、细长的墩柱，需用风缆或撑木固定，方可摘除吊钩。

(3) 在墩台柱顶安装盖梁前，应先检查盖梁口预留槽眼位置是否符合设计要求，否则应先修凿。

(4) 柱身与盖梁（顶帽）安装完毕并检查符合要求后，可在基坑空隙与盖梁槽眼处灌注稀砂浆，待其硬化后，撤除楔子、支撑或风缆，再在楔子孔中灌填砂浆。

在基础或承台上安装预制混凝土管节、环圈做墩台的外模时，为使混凝土基础与墩台连接牢固，应由基础或承台中伸出钢筋插入管节、环圈中间的现浇混凝土内，插入钢筋的数量和锚固长度应按设计规定或通过计算决定。管节或环圈的安装、管节或环圈内的钢筋绑扎和混凝土浇筑，应按《公路桥涵施工技术规范》(JTJ 041—2000) 有关章节的规定执行。

# 学习单元7.6 高墩滑模施工

## 7.6.1 滑动模板构造

滑动模板系将模板悬挂在工作平台上，沿着所施工的混凝土结构截面的周界组拼装配，并随着混凝土的灌注由千斤顶带动向上滑升。滑动模板的构造，由于桥墩类型、提升工具的类型不同，模板构造也稍有差异，但其主要部件与功能则大致相同，一般主要由工作平台、内外模板、混凝土平台、工作吊篮和提升设备等组成，如图7.43所示。

(1) 工作平台1由外钢环5、辐射梁3、内钢环6、栏杆4、步板18组成，除提供施工操作的场地外，还用它把滑模的其他部分与顶杆8相互连接起来，使整个滑模结构支承在顶杆上。可以说，工作平台是整个滑模结构的骨架，因此，应具有足够的强度和刚度。

(2) 内外模板10、11采用薄钢板制作，用于上下壁厚相同的直坡空心桥墩的滑模。内外模板均通过立柱7、立柱8固定在工作平台的辐射梁上，用于上下壁厚相同的斜坡空心墩的收坡滑模。内外模板仍固定在立柱上，但立柱架（或顶架横梁17）不是固定在辐射梁上，而是通过滚轴9悬挂在辐射梁上，并可利用收坡螺杆16沿辐射方向移动立柱架及内外模板位置。用于斜坡式不等壁厚空心墩的收坡滑模，则内外立柱固定在辐射梁上，而在模板与立柱间安装收坡丝杆，以便分别移动内外模板的位置。

(3) 混凝土平台2由辐射梁、步板、栏杆等组成，利用平台柱19支承在工作平台的辐射梁上，供堆放及灌注混凝土的施工操作用。

(4) 工作吊篮12系悬挂在工作平台的辐射梁和内外模板的立柱上，它随着模板的提升而向上移动，供施工人员对刚脱模的混凝土进行表面修饰和养生等施工操作之用。

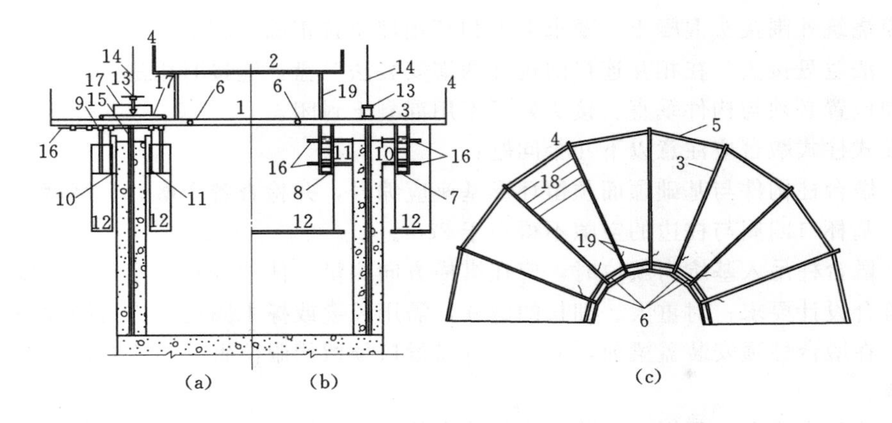


图 7.43 滑动模板构造示意图

(a) 等壁厚收坡滑模半剖面(螺杆千斤顶);(b) 不等壁厚收坡滑模半剖面(液压千斤顶);(c) 工作平台半剖面
1—工作平台;2—混凝土平台;3—辐射梁;4—栏杆;5—外钢环;6—内钢环;7—外立柱;8—内立柱;
9—滚轴;10—外模板;11—内模板,12—吊篮;13—千斤顶;14—顶杆;15—导管;
16—收坡螺杆;17—顶架横梁;18—步板;19—混凝土平台柱

(5) 提升设备由千斤顶 13、顶杆 14、顶杆导管 15 等组成,通过顶升工作平台的辐射梁使整个滑模提升。

### 7.6.2 滑动模板提升工艺

滑动模板提升设备主要有提升千斤顶、支承顶杆及液压控制装置等几部分。以下讲解其提升过程。

#### 7.6.2.1 螺旋千斤顶提升步骤(图 7.44)

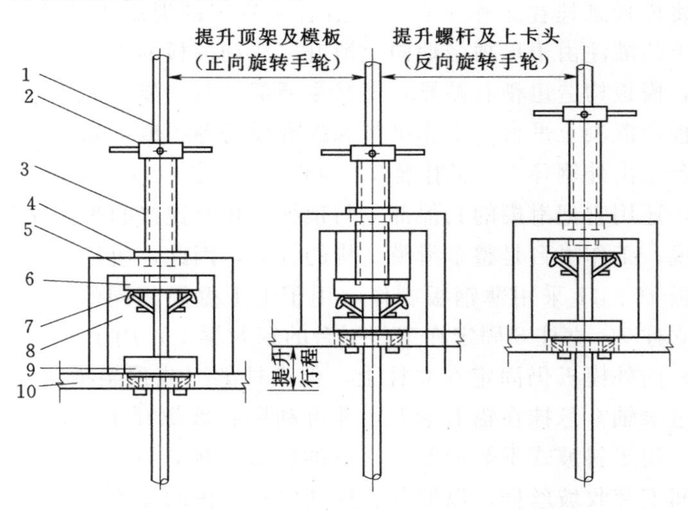


图 7.44 螺旋千斤顶提升示意图

1—顶杆;2—手轮;3—螺杆;4—顶座;5—顶架上的横梁;6—上卡头;
7—卡瓦;8—卡板;9—下卡头;10—顶梁下横梁

（1）转动手轮2使螺杆3旋转，使千斤顶顶座4及顶架上横梁5带动整个滑模徐徐上升。此时，上卡头6、卡瓦7、卡板8卡住顶杆，而下卡头9、卡瓦7、卡板8则沿顶杆向上滑行，当滑至与上下卡瓦接触或螺杆不能再旋转时，即完成一个行程的提升。

（2）向相反方向转动手轮，此时，下卡头、卡瓦、卡板卡住顶杆1，整个滑模处于静止状态。仅上卡头、卡瓦、卡板连同螺杆、手轮沿顶杆向上滑行，至上卡头与顶架上横梁接触或螺杆不能再旋转时为止，即完成整个一个循环。

**7.6.2.2 液压千斤顶提升步骤（图7.45）**

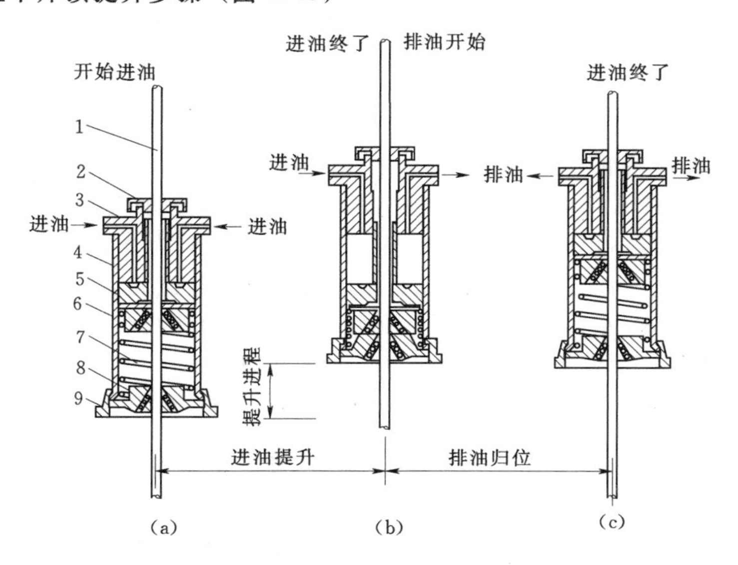


图7.45 液压千斤顶提升步骤

1—顶杆；2—行程调整帽；3—缸盖；4—缸筒；5—活塞；6—上卡头；7—排油弹簧；8—下卡头；9—底座

（1）进油提升。利用油泵将油压入缸盖3与活塞5间，在油压作用时，上卡头6立即卡紧顶杆1，使活塞固定于顶杆上。随着缸盖与活塞间进油量的增加，使缸盖连同缸筒4、底座9及整个滑模结构一起上升，直至上卡头6、下卡头8顶紧时，提升暂停。此时，缸筒内排油弹簧完全处于压缩状态。

（2）排油归位。开通回油管路，解除油压，利用排油弹簧7推动下卡头使其与顶杆卡紧，同时推动上卡头将油排出缸筒，在千斤顶及整个滑模位置不变的情况下，使活塞回到进油前位置。至此，完成一个提升循环。为了使各液压前千斤顶能协同一致地工作，应将油泵与各千斤顶用高压油管连通，由操作台统一集中控制。

提升时，滑模与平台上临时荷载全由支撑顶杆承受。顶杆多用A3与A5圆钢制作，直径25mm，A5圆钢的承载能力约为12.5kN（A3则为10kN）。顶杆一端埋置于墩、台结构的混凝土中，一端穿过千斤顶芯孔，每节长2.0～4.0m，用工具锚或焊接。为了节约钢材使支承顶杆能重复使用，可在顶杆外安上套管，套管随同滑模整个结构一起上升，待施工完毕后，可拔出支承顶杆。

### 7.6.3 滑模浇筑混凝土施工要点

#### 7.6.3.1 滑模组装

在墩位上就地进行组装时，安装步骤如下。

（1）在基础顶面搭枕木垛，定出桥墩中心线。

（2）在枕木垛上先安装内钢环，并准确定位，再依次安装辐射梁、外钢环、立柱、千斤顶、模板等。

（3）提升整个装置，撤去枕木垛，再将模板落下就位，随后安装余下的设施；内外吊架待模板滑升至一定高度，及时安装；模板在安装前，表面需涂润滑剂，以减少滑升时的摩阻力；组装完毕后，必须按设计要求及组装质量标准进行全面检查，并及时纠正偏差。

#### 7.6.3.2 灌注混凝土

滑模宜灌注低流动度或半干硬性混凝土，灌注时应分层、分段对称地进行，分层厚度20～30cm为宜，灌注后混凝土表面距模板上缘宜有不小于10～15cm的距离。混凝土入模时，要均匀分布，应采用插入式振动器捣固，振捣时应避免触及钢筋及模板，振动器插入下一层混凝土的深度不得超过5cm；脱模时混凝土强度应为0.2～0.5MPa，以防在其自重压力下坍塌变形。为此，可根据气温、水泥强度等级经试验后掺入一定量的早强剂，以加速提升；脱模后8h左右开始养生，用吊在下吊架上的环绕墩身的带小孔的水管来进行。养生水管一般设在距模板下缘1.8～2.0m处效果较好。

#### 7.6.3.3 提升与收坡

整个桥墩灌注过程可分为初次滑升、正常滑升和最后滑升三个阶段。从开始灌筑混凝土到模板首次试升为初次滑升阶段；初灌混凝土的高度一般为60～70cm，分几次灌注，在底层混凝土强度达到0.2～0.4MPa时即可试升。将所有千斤顶同时缓慢起升5cm，以观察底层混凝土的凝固情况。现场鉴定可用手指按刚脱模的混凝土表面，若基本按不动，但留有指痕，砂浆不沾手，用指甲划过有痕，滑升时能耳闻“沙沙”的摩擦声，这些现象表明混凝土已具有0.2～0.4MPa的出模强度，可以开始再缓慢提升20cm左右。初升后，经全面检查设备，即可进入正常滑升阶段。即每灌注一层混凝土，滑模提升一次，使每次灌注的厚度与每次提升的高度基本一致。在正常气温条件下，提升时间不宜超过1h。最后滑升阶段是混凝土已经灌注到需要高度，不再继续灌注，但模板尚需继续滑升的阶段。灌完最后一层混凝土后，每隔1～2h将模板提升5～10cm，滑动2～3次后即可避免混凝土模板胶合。滑模提升时应做到垂直、均衡一致，顶架间高差不大于20mm，顶架横梁水平高差不大于5mm。并要求三班连续作业，不得随意停工。

随着模板的提升，应转动收坡丝杆，调整墩壁曲面的半径，使之符合设计要求的收坡坡度。

#### 7.6.3.4 接长顶杆、绑扎钢筋

模板每提升至一定高度后，就需要穿插进行接长顶杆、绑扎钢筋等工作。为了不影响提升时间，钢筋接头均应事先配好，并注意将接头错开。对预埋件及预埋的接头钢筋，滑模抽离后，要及时清理，使之外露。

在整个施工过程中，由于工序的改变，或发生意外事故，使混凝土的灌注工作停止较长时间，即需要进行停工处理。例如，每隔半小时左右稍微提升模板一次，以免黏结；停

工时在混凝土表面要插入短钢筋等，以加强新老混凝土的黏结；复工时还需将混凝土表面凿毛，并用水冲走残渣，湿润混凝土表面，灌注一层厚度为2～3cm的1∶1水泥砂浆，然后再灌注原配合比的混凝土，继续滑模施工。

爬升模板施工与滑动模板施工相似，不同的是支架通过千斤顶支承于预埋在墩壁中的预埋件上。待浇筑好的墩身混凝土达到一定强度后，将模板松开。千斤顶上顶，把支架连同模板升到新的位置，模板就位后，再继续浇筑墩身混凝土。如此往复循环，逐节爬升。每次升高约2m。

翻升模板施工是采用一种特殊钢模板，一般由三层模板组成一个基本单元，并配置有随模板升高的混凝土接料工作平台。当浇筑完上层模板的混凝土后，将最下层模板拆除翻上来拼装成第四层模板，以此类推，循环施工。翻升模板也能够用于有坡度的桥墩施工。

## 项　目　小　结

本项目主要介绍了桥梁墩台的构造及计算，重点讲述：

1. 桥梁墩台主要由墩台帽、墩台身和基础三部分组成。

2. 桥梁墩台可分为重力式墩台和轻型墩台两大类。重力式墩台是靠自身重量来平衡外部作用，保持其稳定，它应用于地基良好的大、中型桥梁；轻型墩台的体积和自重较小，刚度小，适用于中、小跨径桥梁。

3. 梁桥和拱桥常用的重力式桥台为U形桥台，它们由台帽、台身和基础三部分组成。除U形桥台外，桥台还有常支撑梁的轻型桥台、埋置式桥台、框架式桥台和组合式桥台等构造形式。

4. 梁桥墩台计算通常需要对多种可能出现的作用进行效应组合，以满足各种不同的要求。墩台计算要按顺桥向及横桥向分别进行，在梁桥墩台上的作用中，汽车荷载的变动对效应组合起主导作用。

5. 桥梁墩台的施工方法很大程度上取决于桥梁墩台的形式。对于钢筋混凝土的墩台，一般采用就地浇筑的施工方法；对于石砌墩台，则采用现场砌筑的施工方法；而对于现场施工难度大的墩台，也可根据实际情况采用预制装配式的方法施工。而高墩则较较多采用滑动模板施工。高桥墩的施工设备与一般桥墩所用设备基本相同，但其模板却另有特色。一般有滑动模板、爬升模板、翻升模板等几种，这些模板都是依附于灌注的混凝土墩壁上，随着墩台的逐步加高而向上升高。目前滑动模板的施工已达百米。

## 项　目　测　试

1. 说明重力式桥墩台和轻型墩台的特点及适用范围。

2. 梁桥桥墩有哪几种类型？桥台由哪几种类？

3. 简述柱式桥墩的构造，分析柱式桥墩为何在桥梁中广泛采用？

4. 拱桥的墩台与梁式墩台的差别有哪些？

5. 拱桥何时设单向推力墩？常用的推力墩有哪几种？

6. 什么叫U形桥台？
7. 叙述设有支撑的轻型桥台的特点。
8. 埋式桥台有何特点，它的适用范围有哪些？
9. 不同形式桥梁墩台的设计计算各应考虑哪些作用效应组合？
10. 简述桥梁墩台各有哪些施工方法，及其各自的适用条件。

# 学习项目8　涵　　洞

**学习目标**

本项目应了解涵洞的分类及适用条件、涵洞洞身及洞口构造；了解涵洞施工准备工作和施工放样的内容；掌握各类涵洞施工工艺及方法；了解涵洞附属工程施工的内容。

## 学习单元8.1　涵洞的类型与构造

### 8.1.1　涵洞的分类

#### 8.1.1.1　按建筑材料分类

1. 石涵

石涵包括石盖板涵和石拱涵。石涵造价、养护费用低，且可节省钢材和水泥。在产石地区应优先考虑采用石涵。

2. 混凝土涵

混凝土涵可现场浇筑或预制成拱涵、圆管涵和小跨径盖板涵。这种涵洞节省钢材，便于预制，但损坏后修理和养护较困难。

3. 钢筋混凝土涵

钢筋混凝土涵可用于管涵、盖板涵、拱涵和箱涵。钢筋混凝土涵涵身坚固，经久耐用，养护费用少。管涵、盖板涵安装运输便利，但耗钢量较多，预制工序多，造价较高。

4. 砖涵

砖涵主要指砖拱涵。砖涵便于就地取材，但强度较低。在水流含碱量大或冰冻地区不宜采用。

5. 其他材料涵洞

其他材料涵洞有陶瓷管涵、铸铁管涵、波纹管涵、石灰三合土拱涵等。

#### 8.1.1.2　按构造形式分类

1. 管涵

管涵受力性能和对地基的适应性能较好，不需墩台，圬工数量少，造价低。

2. 盖板涵

盖板涵构造简单，易于维修。有利于在低路堤上修建。跨径较小时可用石盖板，跨径较大时可用钢筋混凝土盖板。

3. 拱涵

拱涵适宜于跨越深沟或高路堤时采用。拱涵承载能力大，砌筑技术容易掌握。

4. 箱涵

箱涵适宜于软土地基。整体性强。但用钢量多，造价高，施工较困难。

#### 8.1.1.3　按洞顶填土情况分类

1. 明涵

明涵洞顶不填土，适用于低路堤，浅沟渠。

2. 暗涵

暗涵洞顶填土大于50cm，适用于高路堤，深沟渠。

#### 8.1.1.4　按水力性能分类

1. 无压力式涵洞

无压力式涵洞进口水流深度小于洞口高度，水流流经全涵保持自由水面。

2. 半压力式涵洞

半压力式涵洞进口水流深度大于洞口高度，但水流仅在进口处充满洞口，在涵洞其他部分都是自由水面。

3. 有压力式涵洞

有压力式涵洞涵前壅水较高，全涵内充满水流，无自由水面。

4. 倒虹吸管

路线两侧水深都大于涵洞进出水口高度，进出水口设置竖井，水流充满全涵身。

涵洞宜设计成无压力式的。

## 【思　考　题】

- 涵洞的分类及适用条件有哪些内容？

### 8.1.2　洞身和洞口构造

涵洞是由洞身及洞口建筑组成的排水构造物。洞身承受活载压力和土压力并将其传递给地基，它应具有保证设计流量通过的必要孔径，同时本身要坚固而稳定。洞口建筑连接着洞身及路基边坡，应与洞身较好地衔接并形成良好的泄水条件。位于涵洞上游的洞口称为进水口，位于涵洞下游的洞口称为出水口。

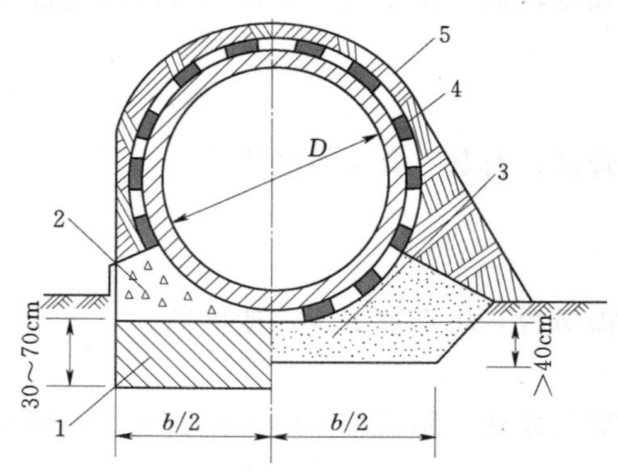


图8.1　圆管涵基础

1—浆砌片石；2—混凝土；3—砂垫层；4—防水层；5—黏土

#### 8.1.2.1　洞身构造

1. 洞身及组成

(1) 管涵。圆管涵洞身主要由各分段圆管节和支承管节的基础垫层组成（图8.1）。当整节钢筋混凝土圆管涵无铰时，称为刚性管涵。刚性管涵在横断面上是一个刚性圆环。管壁内钢筋有内外两层，钢筋可加工成一个个的圆圈或螺旋筋（图8.2）。当管节沿横截面圆周对称加设四个铰时，称为四铰管涵。铰通常设置在弯矩最大处，即涵洞两侧和顶部、底部（图8.3）。由于四铰管涵有铰的作用，降低了管节

的内力。四铰管涵是一个几何可变结构，只有当竖向作用力和横向作用力互相平衡时方能保持其形状。因此，要求四铰管涵四周的土具有相同的性质。为此，四铰管涵可布置在天然地基或砂垫层上。

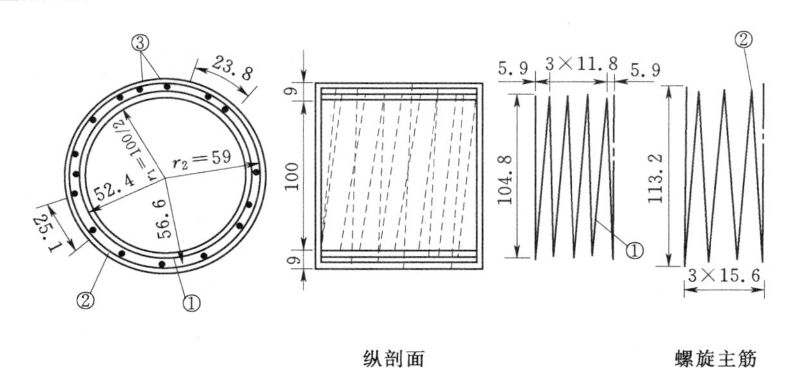


图 8.2 钢筋混凝土圆管（单位：cm）

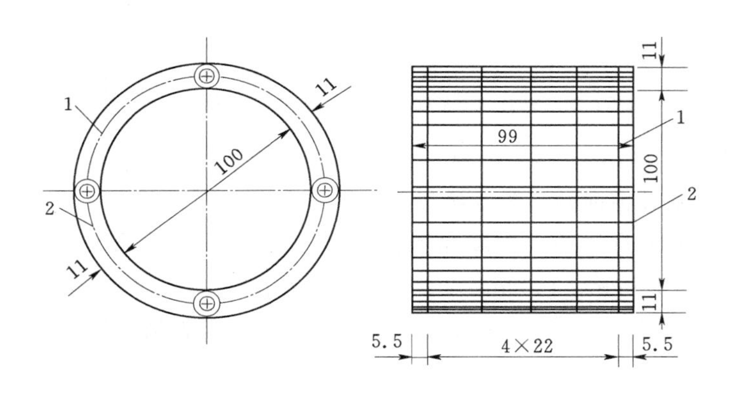


图 8.3 四铰圆管（单位：cm）

1—受力钢筋；2—分布钢筋

圆管涵常用孔径 $d_0$ 为 75cm、100cm、125cm、150cm、200cm，对应的管壁厚度 $\delta$ 分别为 8cm、10cm、12cm、14cm、15cm。基础垫层厚度 $t$ 根据基底土质确定，当为卵石、砾石、粗中砂及整体岩石地基时，$t=0$；当为亚砂土、黏土及破碎岩层地基时，$t=15$cm；当为干燥地区的黏土、亚黏土、亚砂土及细砂的地基时，$t=30$cm。

(2) 盖板涵。盖板涵洞身由涵台（墩）、基础和盖板组成（图 8.4）。盖板有石盖板及钢筋混凝土盖板等。

钢筋混凝土盖板涵跨径 $L_K$ 为 150cm、200cm、250cm、300cm、400cm，相应的盖板厚度 $d$ 为 15～22cm。

圬工涵台（墩）的临水面一般采用垂直面，背面采用垂直或斜坡面，涵台（墩）顶面可做成平面，也可做成 L 形，借助盖板的支撑作用来加强涵台的稳定。同时在台（墩）帽内预埋栓钉，使盖板与台（墩）加强连接。

基础有分离式（即涵台基础与河底铺砌分离）和整体式（即涵台基础与河底连成整体）两种，前者适用于地基较好的情况，后者适用于地基较差的情况。当基础采用分离式

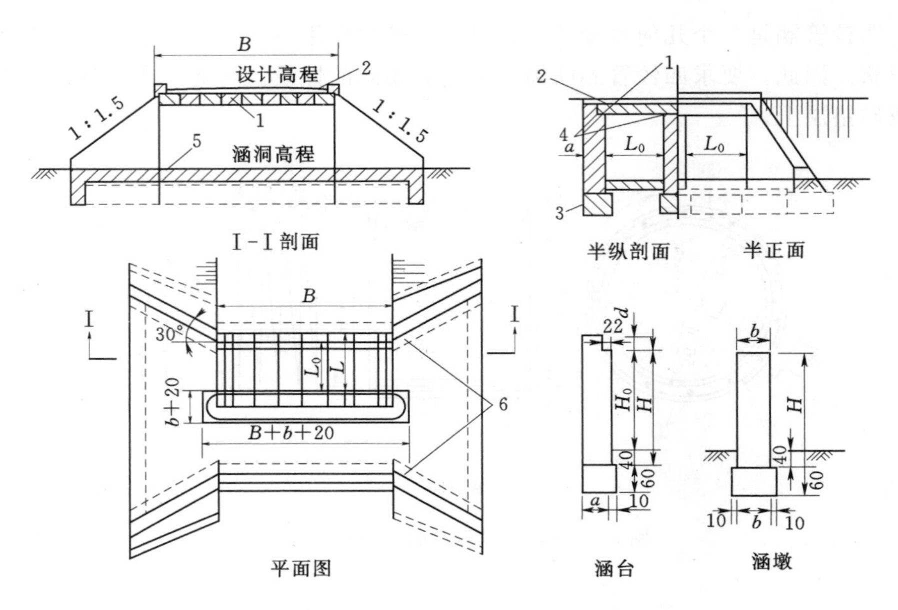


图 8.4 盖板涵构造图（单位：cm）

1—盖板；2—路面；3—基础；4—砂浆垫平；5—铺砌；6—八字墙

时，涵底铺砌层下应垫 10cm 厚的砂垫，并在涵台（墩）基础与涵底间设纵向沉降缝。为加强涵台的稳定，基础顶面间设置支撑梁数道。

（3）拱涵。拱涵洞身主要由拱圈和涵台（墩）组成（图 8.5）。拱圈一般采用等截面圆弧拱。跨径 $L_K$ 为 100cm、150cm、200cm、250cm、300cm、400cm、500cm，相应拱圈厚度 $d$ 为 25～35cm。涵台（墩）临水面为竖直面，背面为斜坡，以适应拱脚较大水平推力的要求。基础有整体式和分离式两种。

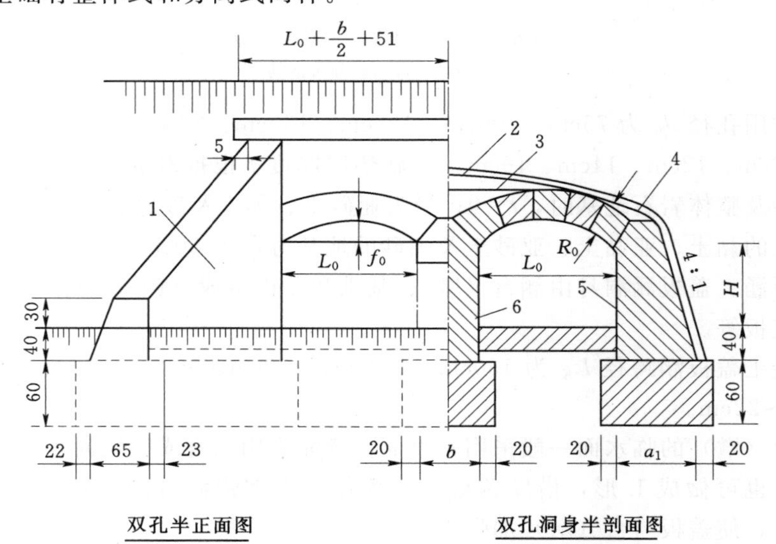


图 8.5 拱涵构造（单位：cm）

1—八字竖墙；2—胶泥防水层；3—拱圈；4—护拱；5—台身；6—墩身

## 【思 考 题】

- 圆管涵、盖板涵、拱涵分别有哪些主要构造？

2. 洞身分段及接头处理

洞身较长的涵洞沿纵向应分成数段，分段长度一般为3～6m，每段之间用沉降缝分开，基础也同时分开。涵洞分段可以防止由于荷载分布不均及基底土壤性质不同引起的不均匀沉降，避免涵洞开裂。沉降缝的设置是在缝隙间填塞浸涂沥青的木板或浸以沥青的麻絮。对于盖板暗涵和拱涵（图8.5）应再在全部盖板和拱圈顶面及涵台背坡均填筑厚15cm的胶泥防水层。对于圆管涵则应在外面用涂满热沥青的油毛毡圈裹两道，再在圆管外圈填筑厚15cm的胶泥防水层。

3. 山坡涵洞洞身构造

山坡涵洞的洞底坡度大，一般为10%～20%或更大一些。洞底纵坡主要由进水口和出水口处的高程决定。洞身的布置视底坡大小有以下几种形式。

（1）跌水式底槽（适用于底坡小于12.5%）。底槽的总坡度等于河槽或山坡的总坡度。洞身由垂直缝分开的管节组成，每节有独立的底面水平的基础（图8.6）。后一节比前一节垂直降低一定高度，使涵洞得到稳定。为了防止因管节错台在拱圈或盖板间产生缝隙，错台厚度不得大于拱圈或盖板厚度的3/4［图8.6（a）］。当相邻两节的高差大于涵顶厚度时，需加砌挡墙［图8.6（b）］，但两节间高差也不应大于0.7m或1/3涵洞净高，以保证泄水断面不受过大的压缩。管节的长度一般不小于台阶高度的10倍。若小于10倍时，涵洞应按台阶跌水进行水力验算。做成台阶形的涵洞，其孔径应比按设计流量算出的孔径大些。

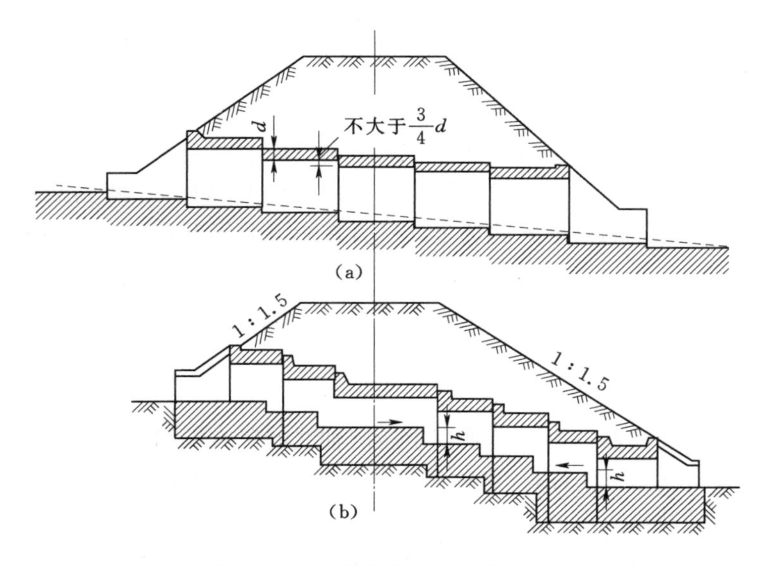


图8.6 带跌水式底槽的涵洞纵断面

（2）急流坡式底槽（适用于坡度大于12.5%）。当跌水式底槽每一管节的跌水高度太

大，不能适应台阶长度的要求时，可建造急流坡式底槽。

急流坡式底槽坡度应等于或接近于天然坡度（图8.7）。涵洞的稳定性主要靠加深管节基础深度来保证，其形式一般为齿形或台阶形。

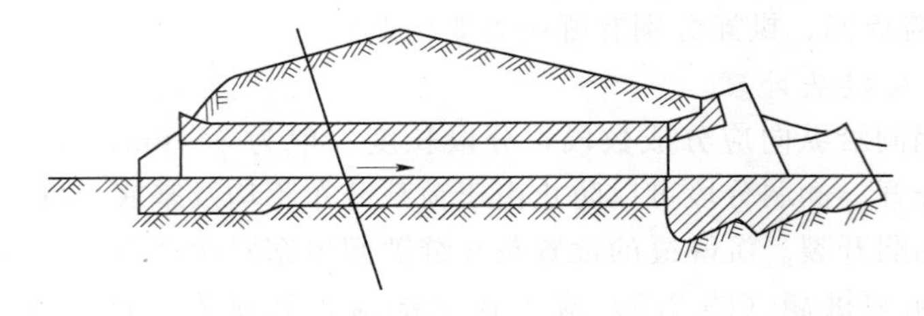

图8.7　常急流坡式底槽的涵洞纵断面

（3）小坡度底槽。如果地质情况不好，不允许修建坡度较大的涵洞时，应改为小坡度底槽，在进出水口设置有消能设备的涵洞（图8.8）。

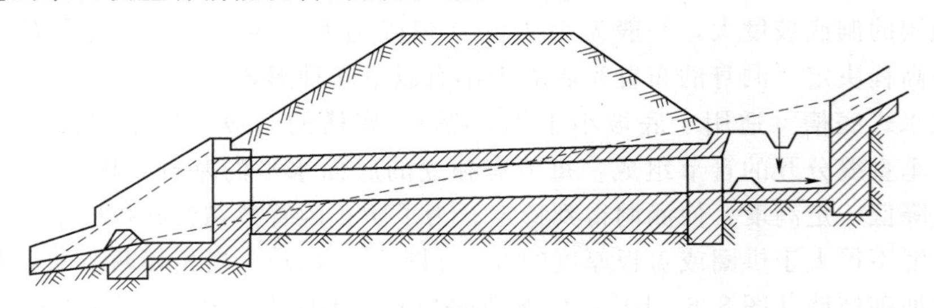

图8.8　小坡度底槽的涵洞纵断面

**【思　　考　　题】**

- 山坡涵洞洞身布置方式有哪几种？

#### 8.1.2.2　洞口建筑

洞口建筑是由进水口和出水口两部分组成。洞口应与洞身、路基衔接平顺，并起到调节水流和形成良好流线的作用，同时使洞身、洞口（包括基础）、两侧路基以及上下游附近河床免受冲刷。另外，洞口形式的选定，还直接影响着涵洞的宣泄能力和河床加固类型的选用。

常用的洞口形式有端墙式、八字式、走廊式和平头式四种。无论采用何种形式，洞口进出水口河床必须铺砌。

1. 正交涵洞的洞口建筑

（1）端墙式。端墙式洞口由一道垂直于涵洞轴线的竖直端墙以及盖于其上的帽石和设在其下的基础组成［图8.9（a）］。这种洞口构造简单，但泄水能力小，适用于流速较小的人工渠道或不宜受冲刷影响的岩石河沟上。

（2）八字式。在洞口两侧设张开成八字形的翼墙［图8.9（b）］。为缩短翼墙长度并便于施工，可将其端部剪成平行于路线的矮墙。八字翼墙与涵洞轴线的夹角，按水力条件最适宜的角度设置，进水口为13°左右，出水口为10°左右。但习惯上都按30°设置。这种

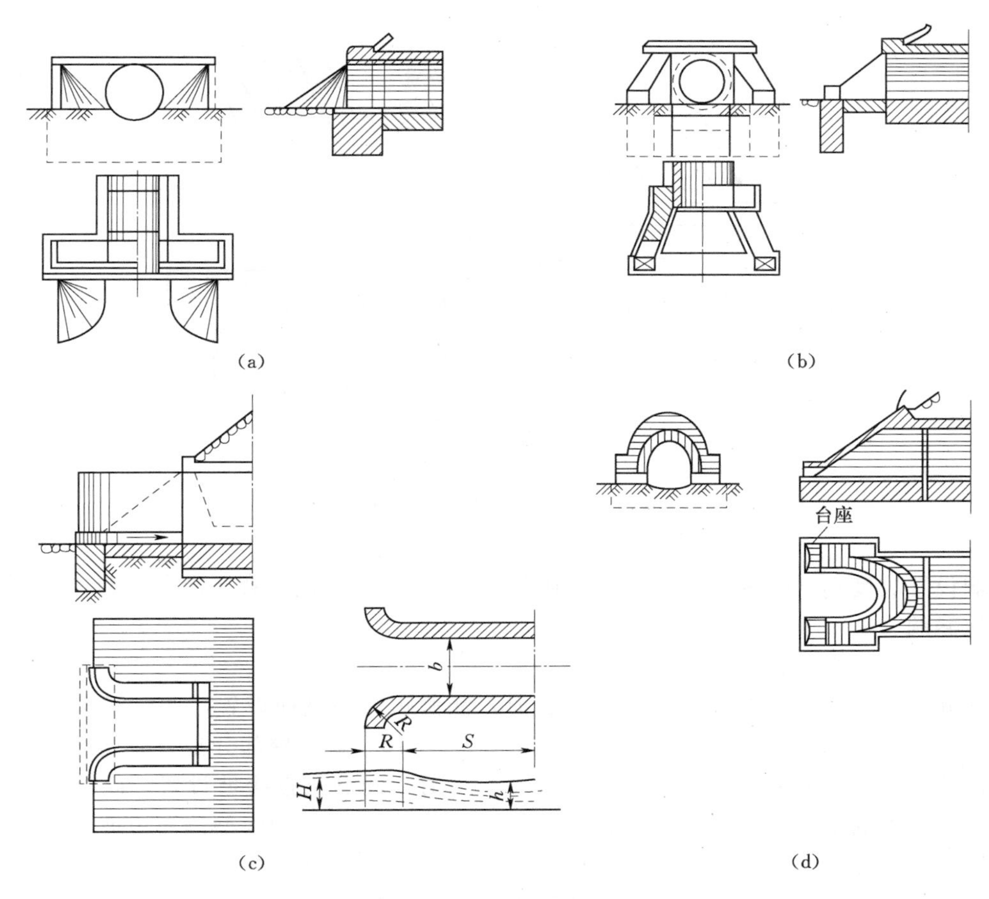


图8.9　正交涵洞的洞口建筑

(a) 端墙式；(b) 八字式；(c) 走廊式；(d) 平头式

洞口工程数量小，水力性能好，施工简单，造价较低，因而是最常用的洞口形式。

(3) 走廊式。走廊式洞口建筑是由两道平行的翼墙在前端展开成八字形或成曲线形构成的［图8.9 (c)］。这种洞口使涵前壅水水位在洞口部分提前收缩跌落，可以降低涵洞的设计高度，提高了涵洞的宣泄能力。但是由于施工困难，目前较少采用。

(4) 平头式。又称领圈式。常用于混凝土圆管涵［图8.9 (d)］。因为需要制作特殊的洞口管节，所以模板耗用较多。但它较八字式洞口可节省材料45%～85%，而宣泄能力仅减少8%～10%。

2. 斜交涵洞的洞口建筑

(1) 斜交斜做［图8.10 (a)］。涵洞洞身端部与路线平行，此种做法称斜交斜做。此法费工较多，但外形美观且适应水流，较常采用。

(2) 斜交正做［图8.10 (b)］。涵洞洞口与涵洞纵轴线垂直，即与正交时完全相同。此做法构造简单。

#### 8.1.2.3　出水口沟床加固处理方法

进出水口沟床加固处理是与涵洞本身设置的坡度和涵洞上下游河沟的纵向坡度有关，

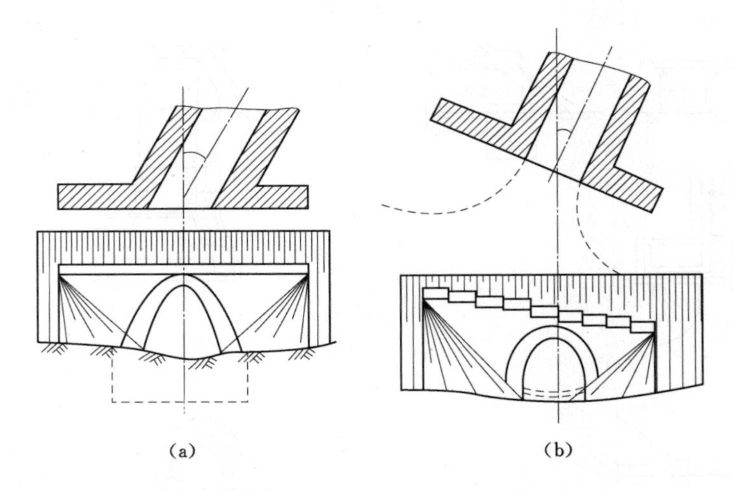


图 8.10　斜交涵洞的洞口建筑

(a) 斜交斜做；(b) 斜交正做

凡涵洞设置坡度小于临界坡度，上下游河沟纵向坡度也较小时，称为缓坡涵洞；反之，称为陡坡涵洞。

1. 缓坡涵洞进水口沟床加固

建涵处河沟纵坡小于10%且河沟顺直时，涵洞顺河沟纵向设置，此时涵前河沟纵坡有时稍作开挖与涵洞衔接，开挖后纵坡可略大于1：10。新开挖部分是否需要加固，视土质和流速而定。涵前天然河沟纵坡为10%～40%时，涵洞仍按缓坡设置，此时涵前河沟开挖的纵坡可取1：4～1：10。除岩石地基外，新开挖的沟底和沟槽侧向边坡均须采取人工加固，加固类型主要根据水流流速确定（图8.11）。由于涵前沟底纵坡较大，水流在进口处产生水跃，故在进口前应设置一段缓坡，其水平距离为（1～2）$l_0$（$l_0$为涵洞孔径，

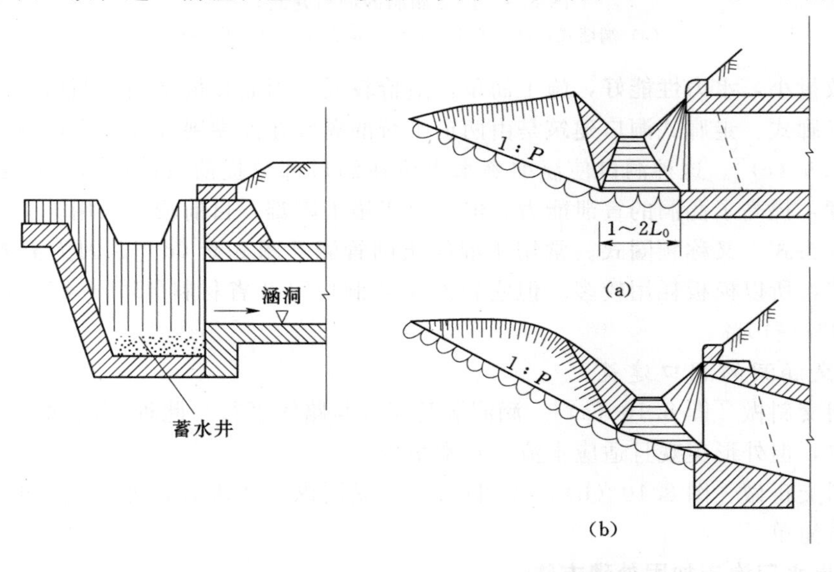


图 8.11　涵洞进水口沟底及沟槽边坡加固

以m计）。当水流挟带泥沙较多时，可在进水口处设深约0.5m的沉沙池，既能沉淀泥沙，又可以起到消能作用。

2. 陡坡涵洞进水口沟床加固

涵前河沟纵坡较陡，但小于50%时，涵洞可按陡坡设置，涵底坡度与涵前沟底纵坡可直接平顺衔接。除了人工铺砌外，无须采取其他措施。

当涵前河沟纵坡大于50%，且水流流速很高时，进口处须设置跌水或消力池、消力槛等，以减缓水流，削弱水能。上游沟槽开挖纵坡率视河沟地质情况确定，以保证土体不致滑动。图8.12（a）为上游沟槽铺砌加固成梯形截面；图8.12（b）为上游沟槽铺砌加固成矩形截面，槽底每隔1.5～2m设防滑墙一道。

3. 缓坡涵洞出水口处理

坡度$i$小于等于15%的天然河沟上设置缓坡涵底（洞底坡度小于5%），出水口流速不大，下游洞口河床可采用一般铺砌形式，在铺砌末端设置截水墙。无压力式涵底下游，为了减小水流速度，可视情况与涵底出水口铺砌相结合分别设置一级、二级或三级挑坎。

4. 陡坡涵洞出水口处理

当天然沟槽纵坡大于15%时，须设置陡坡涵洞。陡坡涵洞出水口一般可采用八字翼墙，同时视地形、地质和水力条件，采用急流槽、跌水、消力池、消力槛、人工加糙等消能设施。其具体形式和彼此衔接方式根据水力计算确定，图8.13为两种出水口布置形式。

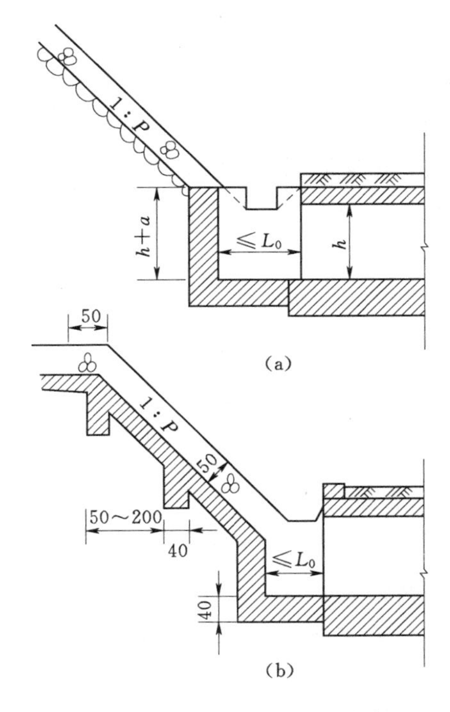


图8.12　陡坡涵进水口的跌水措施（单位：cm）

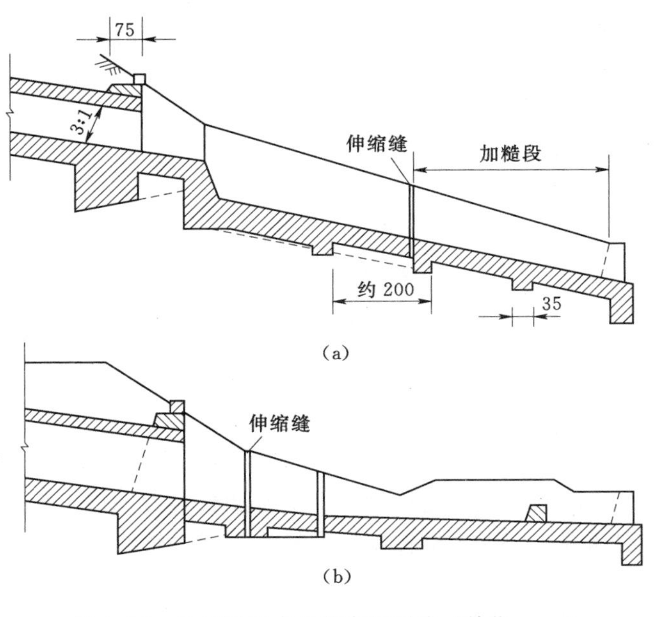


图8.13　陡坡涵出水口的布置形式（单位：cm）

## 【思　考　题】

- 涵洞常用的洞口形式有哪几种？
- 进出水口河床加固处理方法有哪些？

# 学习单元8.2　涵　洞　施　工

## 8.2.1　施工准备工作和施工放样

### 8.2.1.1　准备工作

1. 现场核对

涵洞开工前，应根据设计资料，结合现场实际地形、地质情况，对其位置、方向、孔径、长度、出入口高程以及与灌溉系统的连接等进行核对。核对时，还需注意农田灌溉的要求，需要增减涵洞数量、变更涵型和孔径时，应向监理反映，按照合同有关规定办理。

2. 施工详图

若原设计文件、图纸不能满足施工要求时，例如，地形复杂处的陡峻沟谷涵洞、斜交涵洞、平曲线或大纵坡上的涵洞、地质情况与原设计资料不符处的涵洞等应先绘出施工详图或变更设计图，然后再依图放样施工。

### 8.2.1.2　施工放样

涵洞施工设计图是施工放样的依据，根据设计中心里程，在地面上标定位置并设置涵洞纵向轴线。当涵洞位于路线的直线部分时，其中心应根据线路控制桩的方向和附近百米桩里程来测定，位于曲线部分时，应按曲线测设方法测定。正交涵洞的轴线垂直于路线中线，斜交涵洞的轴线与路线中线前进方向的右侧成斜交角 $\theta$，$\theta$ 角与 90°之差称为斜度 $\varphi$（图 8.14）。

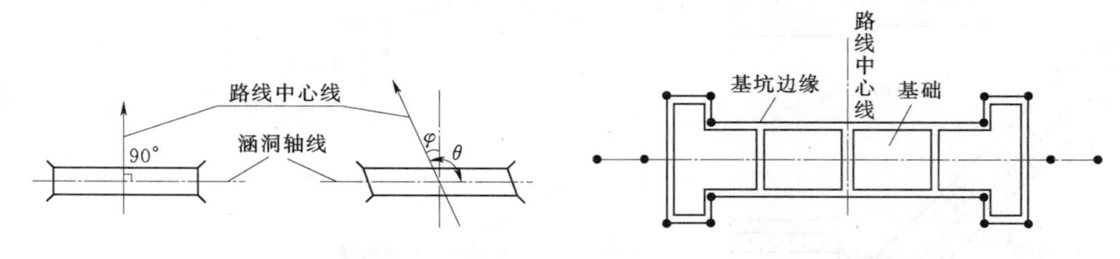


图 8.14　正交与斜交涵洞　　　　图 8.15　涵洞基础放样

涵洞轴线确定后量出上下游涵长，考虑进出口是否顺畅，当无须改善时，用小木桩标定涵端，用大木桩控制涵洞轴线，并以轴线为基准测定基坑和基础在平面上的所有尺寸，用木桩标出（图 8.15）。

测量放样时，应注意涵洞长度、涵底高程的正确性。对位于曲线和陡坡上的涵洞应考虑加宽、超高和纵坡的影响。涵洞各个细部的高程，均用水准仪测定。对基础面的纵坡，当涵洞填土高度在 2m 以上时，应预留拱度，便路堤下沉后仍能保持涵洞应有的坡度，此

种拱度最好做成弧形，其数值可按表8.1所列计算，但应使进水口高程高于涵洞中心高程，以防积水。基础建成后，安装管节或砌筑涵身时均以涵洞轴线为基准详细放样。

**表8.1　　涵洞填土在2m以上的预留拱度**

| 基底土种类 | 涵洞建筑拱度 | 基底土种类 | 涵洞建筑拱度 |
|---|---|---|---|
| 卵石土、砾类土、砂类土 | $H/80$ | 粉质土、黏质土、细黏质土及黄土 | $H/50$ |

注　$H$为线路中心处涵洞流水槽面到路基设计高的填方高度。

## 【思　考　题】

- 涵洞施工准备工作有哪些内容？
- 涵洞施工放样的方法有哪些？

### 8.2.2　各种类型涵洞施工技术

#### 8.2.2.1　混凝土和钢筋混凝土管涵

1. 涵管预制

公路管涵的施工一般先预制成管节，每节长度多为1m，然后运往现场安装。为了保证涵洞管节的质量。涵管宜在工厂中预制。距大城市较近的公路管涵可在城市工厂中订制，否则应在适当地点设置混凝土圆管预制厂。

预制混凝土圆管可采用振动制管法、离心法、悬辊法和立式挤压法。后三种方法制管工效高、速度快、质量好，但制管设备复杂、投资大。如涵管预制数量不多时，可采用第一种制管法，本学习情境主要介绍振动制管法。

振动制管法可分下列两种模式：外模固定、提升内模法；内模固定、提升外模法。这里只介绍前种方法。

（1）模板构造。本法的模板是由可拆装的钢外模与附有振动器的钢内模组成。外模由两片厚约5mm的钢板半圆筒（涵管直径2m时为3片）拼制，半圆管用带楔的销栓连接。内模为一圆筒，下口直径较上口小5mm，以便内模易于取出。同时用上下各三对销子将内、外模板间距固定，以保证涵管的设计厚度。提升内模振动器模板的构造如图8.16和图8.17所示。

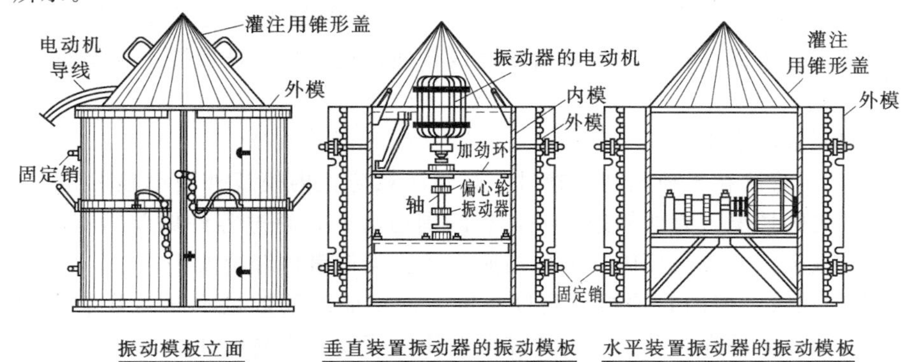


图8.16　提升内模的振动器（一）

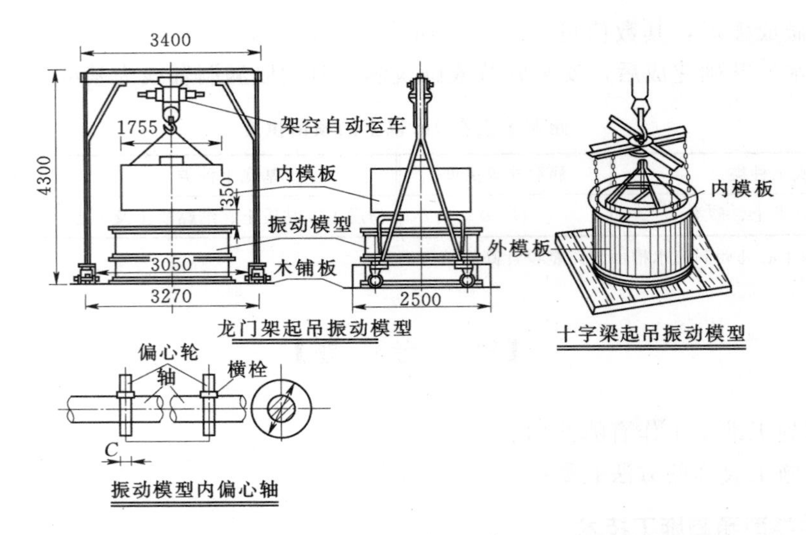


图 8.17 提升内模的振动器（二）（单位：mm）

（2）用提升内模振动制管器制管是在铺放水泥纸袋筑实平整的地坪或振动台上施工，应注意使模板轴线垂直于平整的地坪地盘或振动台。底盘应平整，以保证管节不歪斜。混凝土浇筑前模板与混凝土接触的表面先涂润滑剂（可用废机油）。钢筋放在内外模之间，设法固定后，先振动 10s 左右，使模型贴地密实，以防漏浆。在振动台上浇筑时，不必先振动。每节涵管可分五层浇筑，每层新混凝土摊平后开动振动器振至混凝土冒浆后再浇次一层，最后一层振动冒浆后，抹平顶面，2～3min 后即关闭振动器。模板的固定销在浇筑中逐渐抽出，先抽下边后抽上边，停振抹平后，用链滑车吊起内模。起吊时应保持内模绝对竖直。刚起吊时应辅以振动（振动 2～3 次，每次 1s 左右），使内模与混凝土脱离。内模吊离外模 20cm 高后，即不要再振动。为使吊起的内模能顺利移至另一制管位置，宜配合龙门桁车起吊，如图 8.17 所示。外模在最后一次混凝土浇筑 5～10min 后拆除。如不及时拆除，则需等待至混凝土初凝后才能再拆。外模拆除后，混凝土表面如有缺陷应及时以抹刀修整。

（3）浇筑混凝土的技术要求。制管的混凝土坍落度应不大于 1cm 或工作度为 20～40s；砂率 45%～48%，砂的最大粒径不宜大于 5mm，平均粒径细度模数 2.3～3.0；粗集料粒径 5～10mm，筛余宜为 40%～45%；每立方米混凝土水泥用量视混凝土设计强度等级经试配确定。水泥品种以用硅酸盐水泥或普通水泥为主，长期浸于水中的管涵可用火山灰水泥。

（4）预制涵管注意事项。

1）用振动制管法在工地预制涵管时，必须注意防止内模或外模单独发生水平移动造成管壁厚度不匀的情况（有的周边厚些，有的周边薄些，超过容许偏差），若超过容许偏差，该管节应报废，并查找原因，采取措施，防止类似事件继续发生。

2）同直径涵管，但因管顶填土高度不同，而钢筋配筋数量不同的管节应分别浇筑，分开摊放，脱模后立即在管节上用油漆注明使用的管顶填土高度和浇筑日期，防止装运管节时弄错或因养护期不够，混凝土强度不合要求。对无筋混凝土涵管随填土高度不同而管

壁厚度不同时，也要注明使用的管顶填土高度。

3）每次浇筑涵管混凝土时，应同时浇筑一定数量（按规范规定的数量）的混凝土试件，在试件上注明浇筑日期，并与养护预制涵管的同样条件进行养护。

## 【思　考　题】

- 请问管涵预制有哪些方法？
- 请问管涵预制有哪些注意事项？

2. 管节运输与装卸

(1) 待运的管节其各项质量应符合规范规定的质量标准，应特别注意检查待运管节的管顶填土高度是否符合设计要求，防止错装、错运。

(2) 运输管节的工具，可根据道路情况和设备条件采用汽车、拖拉机拖车，不通公路地段可采用马车。

(3) 管节的装卸可根据工地条件，使用各种起重设备：龙门吊机、汽车吊和小型起重工具滑车、链滑车等。

(4) 在装卸和运输过程中，应小心谨慎。运输途中每个管节底面宜铺以稻草，用木块圆木楔紧，并用绳索捆绑固定，防止管节滚动、相互碰撞破坏。固定方法如图8.18所示。

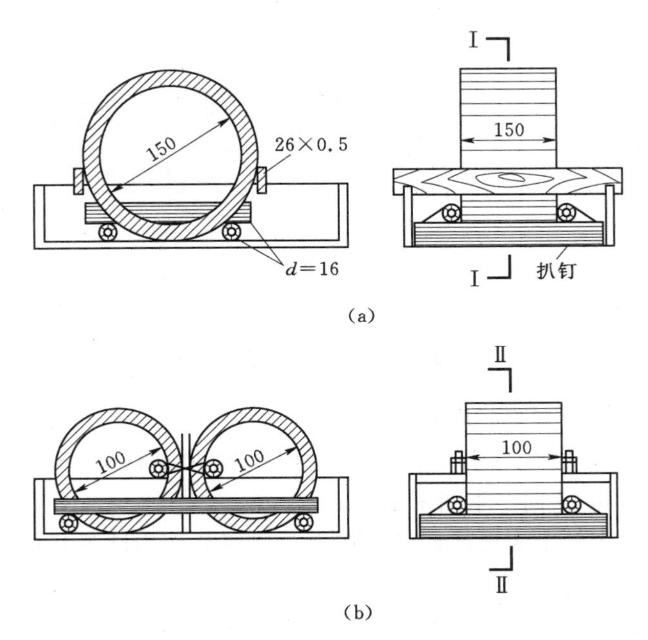


图8.18　涵管固定在车身内的方法（单位：cm）

(a) 断面Ⅰ—Ⅰ；(b) 断面Ⅱ—Ⅱ

(5) 从车上卸下管节时，应采用起重设备。严禁由汽车上将管节滚下，造成管节破裂。

3. 管涵施工

(1) 管涵施工程序。现将单孔、双孔的有圬工基础和无圬工基础管涵的施工程序简介如下。

1）单孔有圬工基础管涵：①挖基坑并准备修筑管涵基础的材料；②砌筑圬工基础或浇筑混凝土基础；③安装涵洞管节，修筑涵管出入口端墙、翼墙及涵底（端墙外涵底铺装）；④铺设涵管防水层及修整；⑤铺设涵管顶部防水黏土（设计需要时），填筑涵洞缺口填土及修建加固工程。

整个程序如图 8.19 所示。对于双孔有圬工基础的管涵可参考图 8.19 和图 8.21 程序进行施工。

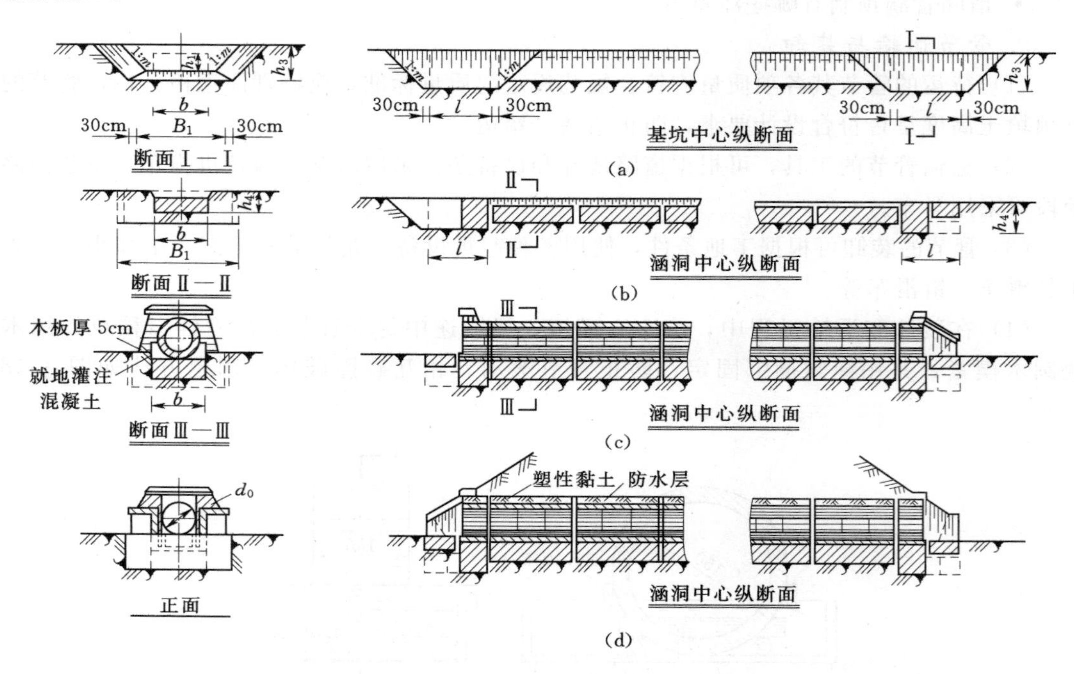


图 8.19　单孔有圬工基础管涵施工程序

## 【思　　考　　题】

- 请问管涵施工程序有哪些内容？

2）单孔无圬工基础管涵。洞身安装程序如图 8.20 所示：

a. 挖基备料与图 8.19 同，本图未示出。

b. 在捣固夯实的天然土表层或矿砂垫层上，修筑截面为圆弧状的管座，其深度等于管壁的厚度。

c. 在圆弧管座上铺设垫层的防水层，然后安装管节，管节间接缝宜留 1cm 宽。缝中填塞防水材料，详见防水层部分。

d. 在管节的下侧再用天然土或砂砾垫层材料作培填料，并捣实至设计高程［图 8.20（c）］，并切实保证培填料与管节密贴。再将防水层向上包裹管节，防水层外再铺设黏质土，水平径线以下的一部分特别填土，应立即填筑，以免管节下面的砂垫层松散，并保证其与管节密贴。在严寒地区这部分特别填土必须填筑不冻胀土料。

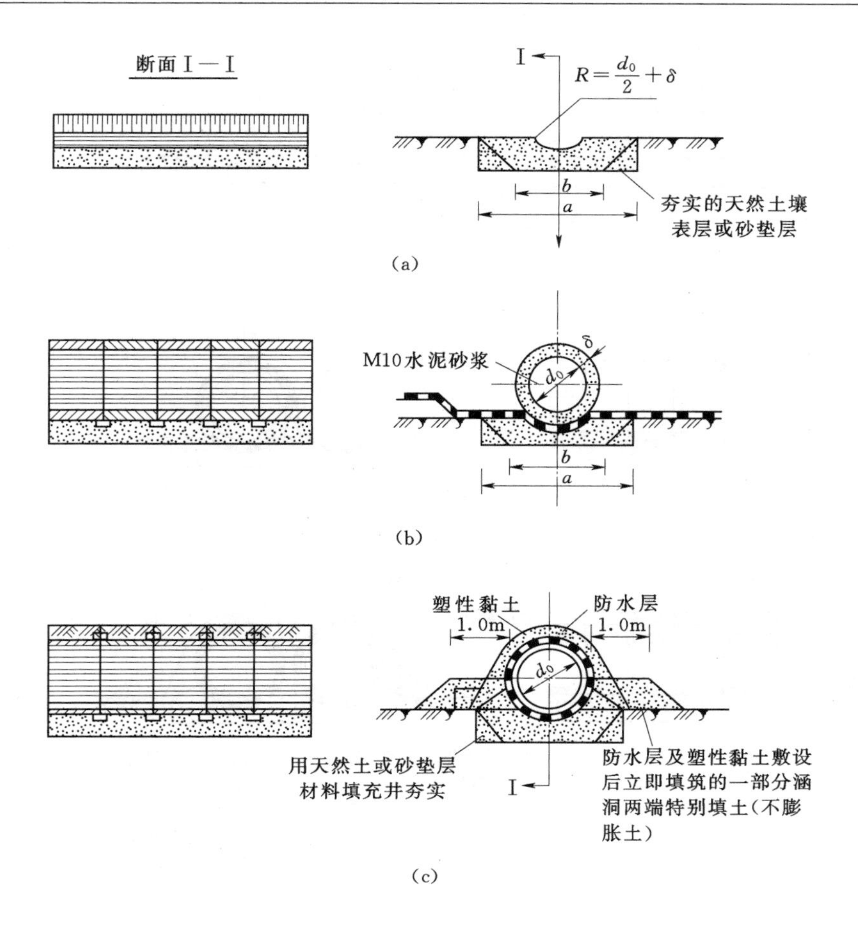


图8.20 洞身安装程序

(砂垫层底宽，非严重冰冻地区为 $b$；严重冰冻地区为 $a$；即上下同宽)

e. 修筑管涵出入口端墙、翼墙及两端涵底和整修工作。

3）双孔无圬工基础管涵。洞身施工程序如图8.21所示。

a. 挖基、备料与前同，本图未示出。

b. 在捣固夯实的天然土表层或砂垫层上修筑圆弧状管座，其深度等于管壁的厚度。

c. 按图8.21（c）的程序，先安装右边管并铺设防水层，在左边一孔管节未安装前，在砂垫层上先铺设垫底的防水层，然后按同样方法安装管节。管节间接缝尽量抵紧，管节内外接缝均以10MPa水泥砂浆填塞。

d. 在管节下侧用天然土或砂垫层材料作填料，夯实至设计高程处［图8.21（c)］，并切实保证与管节密贴。左孔防水层铺设完后，用贫混凝土填充管节间的上部空腔，再铺设软塑状黏性土。防水层及黏土铺设后，涵管两侧水平直径线以下的一部分填土应立即填筑，以免管节下面的砂垫层松散。在严寒地区此部分填土必须填筑不冻胀土料。

e. 修筑出入口两端端墙、翼墙及涵底和整修工作。

4）涵底陡坡台阶式基础管涵。沟底纵坡很陡时，为防止涵洞基础和管节向下滑移，可采用管节为台阶式的管涵，每段长度一般为3～5m，台阶高差一般不超过相邻涵节最小

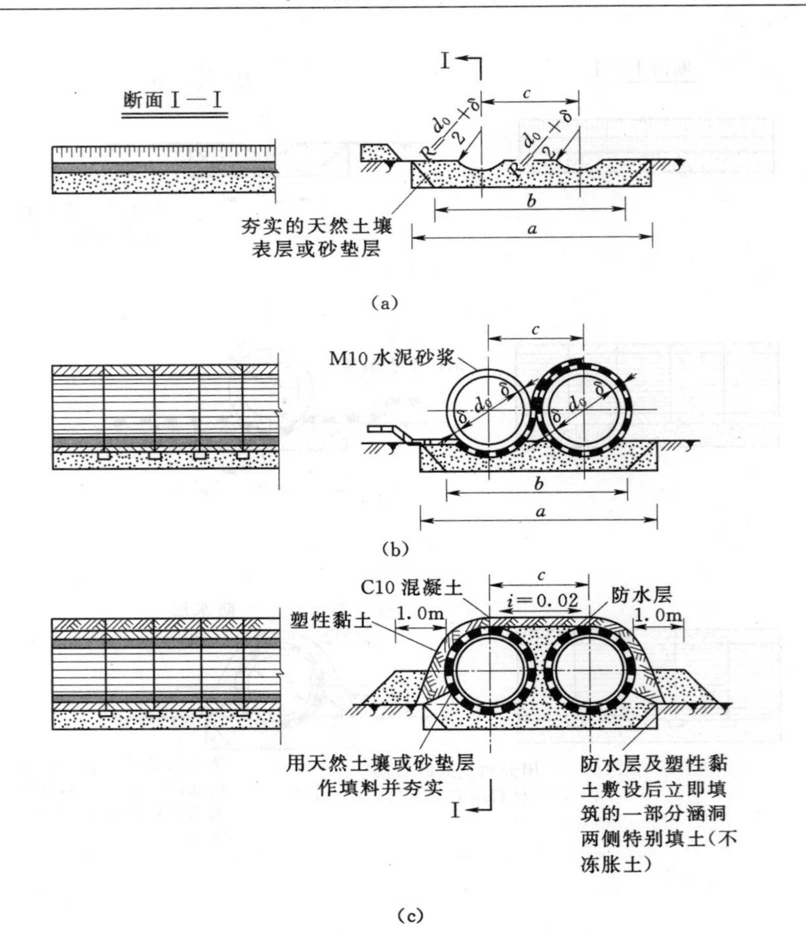


图 8.21　双孔无圬工基础管涵洞身施工程序

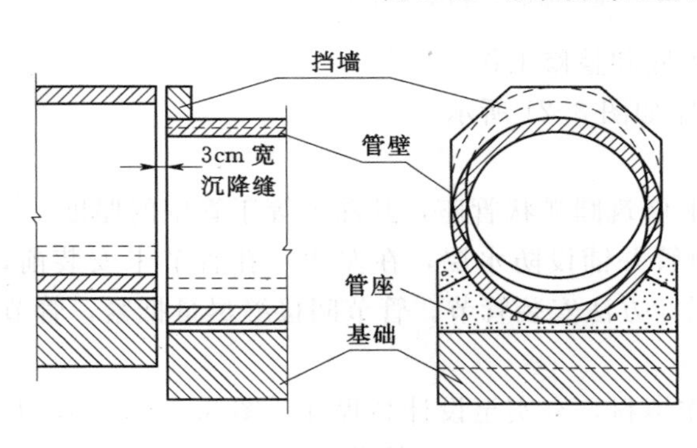


图 8.22　陡坡台阶管涵

壁厚的3/4。如坡度较大，可按2～3m分段或加大台阶高度，但不应大于0.7m，且台阶处的净空高度不应小于1.0m。此时在低处的涵洞顶上应设挡墙，以掩盖可能产生的缝隙，如图8.22所示。

无圬工基础的陡坡涵洞，只可采用管节斜置的办法，斜置的坡度不得大于5%。

(2) 管涵基础修筑。

1) 地基土为岩石，管节下采用无圬工基础，管节下挖去风化层或软层后，填筑0.4m厚砂垫层；出入口两端端墙、翼墙下，在岩石层上用C15混凝土作基础，其埋置深度至风化层下0.15～0.25m，并最小等于管壁厚度加5cm。风化层过深时，可改用片石圬工，最深不大于1m。管节下为硬岩时，可用混凝土抹成与管节密贴的垫层。

2）地基土为砾石土、卵石土或砾砂、粗砂、中砂、细砂或匀质黏性土。管节下一般采用无圬工基础，对砾、卵石土先用砂填充地基土空隙并夯实，然后填筑 0.4m 厚砂垫层；对粗、中、细砂地基土表层应夯实；对匀质黏性地基土应做砂垫层；出入口两端端墙、翼墙的圬工基础埋置深度，设计无规定时为 1.0m，对于匀质黏性土，负温时的地下水位在冻结深度以上时，出入口两端端墙、翼墙圬工基础埋置深度为 1.0～1.5m，当冻结深度不深时，基础埋深宜等于冻结深度的 0.7 倍，当此值大于 1.5m 时，可采用砂夹卵石在圬工基础下换填至冻结深度的 0.7 倍。

3）地基土为黏性土。管节下应采用 0.5m 厚的圬工基础，出入口两端端墙、翼墙基础埋置深度为 1.0～1.5m；当地下水冻结深度不深时，埋深应等于冻结深度；当冻结深度大于 1.5m 时，可在圬工基础下用砂夹卵石换填至冻结深度。

4）必须采用有圬工基础的管涵。①管项填土高度超过 5m；②最大洪水流量时，涵前壅水高度超过 2.5m；③河沟经常流水；④沼泽地区深度在 2.0m 以内；⑤沼泽地区淤积物、泥炭等厚度超过 2.0m 时，应按特别设计的基础施工。

5）严寒地区的管涵基础。常年最冷月份平均气温低于－15℃的地区称严寒地区。①匀质黏性土和一般黏性土的基础均须采用圬工基础；②出入口两端端墙、翼墙基础应埋置在冻结线以下 0.25m；③一般黏性土地区的地下水位在冻结深度以上时，管节下基础埋置深度应为 $H/8$（$H$ 为涵底至路面填土高度），但不小于 0.5m，也不得超过 1.5m。

6）基础砂垫层材料。可采用当地的砂、砾石或碎石，但必须注意清除基底植物层。为避免管节承受冒尖石料的集中应力，当使用碎石、卵石做垫层时，要有一定级配或掺入一定数量的砂，并夯实捣密。

7）软土地区管涵地基处理。管涵地基土如遇到软土，应按软土层厚度分别进行处理。当软土层厚度小于 2m 时，可采取换填法处理，即将软土层全部挖除，换填当地碎石、卵石、砂夹石、土夹石、砾砂、粗砂、中砂等材料并碾压密实，压实度要求 94%～97%。如采用灰土（石灰土、粉煤灰土）换填，压实度要求 93%～95%，换填土的干密度宜用重型击实试验法确定。碎石或卵石的干密度可取 2.2～2.4t/m$^3$。换填层上面再砌筑 0.5m 厚的圬工基础。

当软土层超过 2m 时，应按软土层厚度、路堤高度、软土性质进行特殊设计处理。

（3）管节安装。管节安装可根据地形及设备条件采用下列各种办法。

1）滚动安装法。如图 8.23 所示，管节在垫板上滚动至安装位置前，转动 90°使其与涵管方向一致，略偏一侧。在管节后端用木撬棍拨动至设计位置，然后将管节向侧面推开，取出垫板再滚回原位。

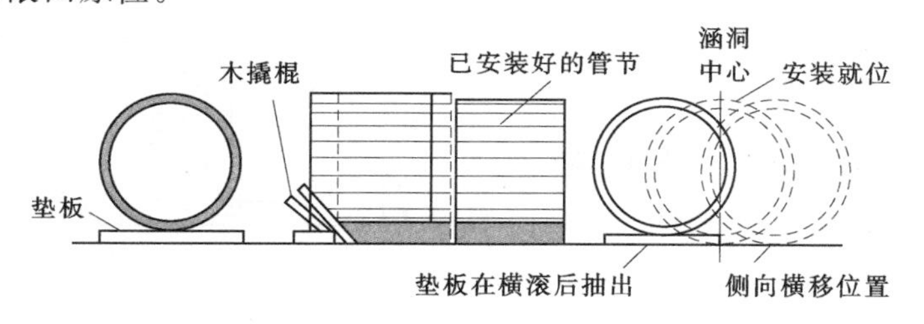


图 8.23　涵管滚动安装法

2）滚木安装法。如图 8.24 所示，先将管节沿基础滚至安装位置前 1m 处，旋转 90°，使与涵管方向一致［图 8.24（a）、（b）］。把薄铁板放在管节前的基础上，摆上圆滚木六根，在管节两端放入半圆形承托木架，以杉木杆插入管内，用力将前端撬起，垫入圆滚木［图 8.24（c）、（d）、（e）］，再滚动管节至安装位置将管节侧向推开，取出滚木及铁板，再滚回来并以撬棍（用硬木护木承垫）仔细调整。

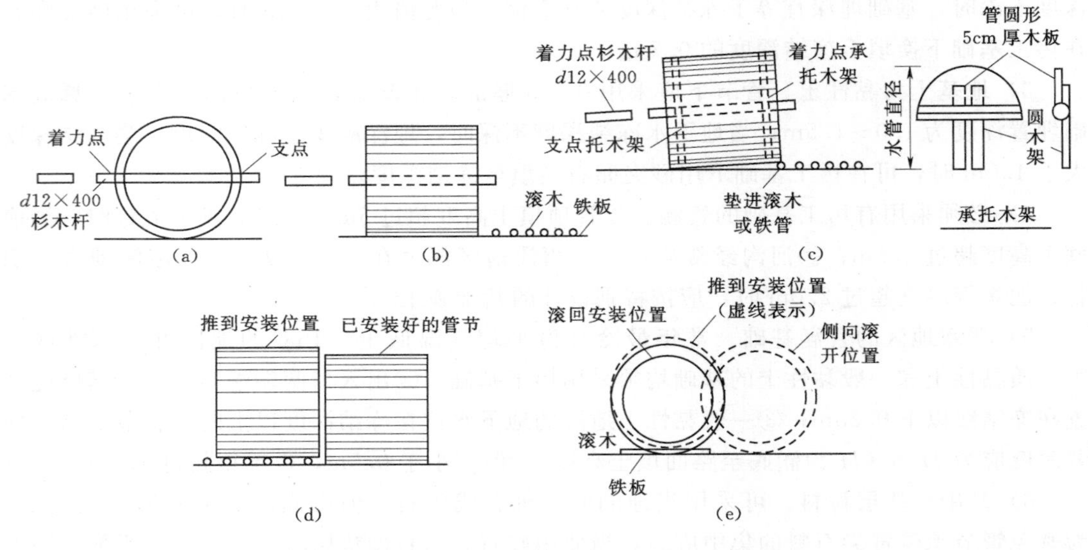


图 8.24　涵管滚木安装法（单位：cm）

3）压绳下管法。当涵洞基坑较深，需沿基坑边坡侧向将管滚入基坑时，可采用压绳下管法，如图 8.25 所示。

压绳下管法是侧向下管的方法之一，下管前，应在涵管基坑外 3～5m 处埋设木桩，木桩直径不小于 25cm，长 2.5m，埋深最少 1m。桩为缠绳用。在管两端各套一根长绳，绳一端紧固于桩上，另一端在桩上缠两圈后，绳端分别用两组人或两盘绞车拉紧。下管时由专人指挥，两端徐徐松绳，管子渐渐由边坡滚入基坑内。大绳用优质麻制成，直径 50mm，绳长应满足下管要求。下管前应检查管子质量及绳子、绳扣是否牢固，下管时基坑内严禁站人。

管节滚入基坑后，再用滚动安装法或滚木安装法将管节准确安装于设计位置。

4）龙门架安装法。如图 8.26 所示，这种方法适用于孔径较大管节的安装，移动龙门架时，可在柱脚下放三根滚杠用撬棒拔移。

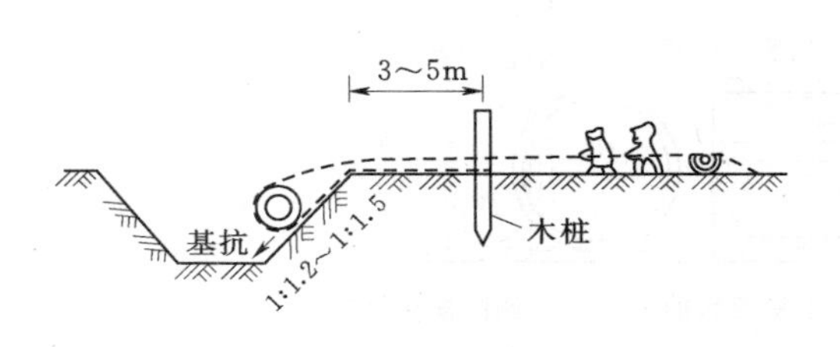


图 8.25　涵管压绳下管法

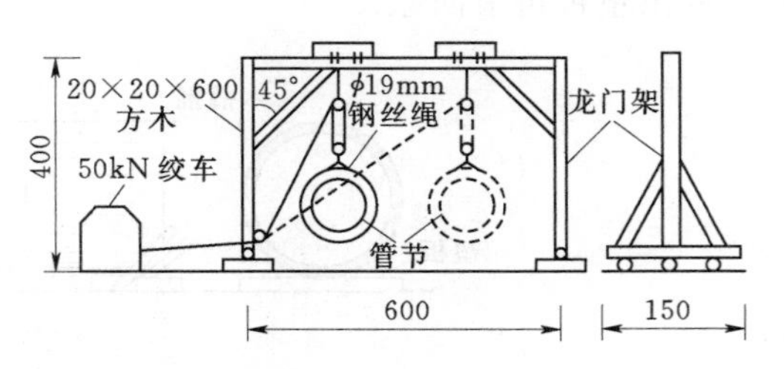


图 8.26　用龙门架安装涵管法（单位：cm）

(4) 管涵施工注意事项。

1) 有圬工基础的管座混凝土浇筑时应与管座紧密相贴，浆砌块石基础应加做一层混凝土管座，使管涵受力均匀，无圬工基础的圆管基底应夯填密实，并做好弧形管座。

2) 无企口的管节接头采用顶头接缝，应尽量顶紧，缝宽不得大于 1cm，严禁因涵身长度不够，将所有接缝宽度加大来凑合涵身长度。管身周围无防水层设计的接缝，须用沥青麻絮或其他具有弹性的不透水材料从内、外侧仔细填塞。设计规定管身外围做防水层的，按前述施工程序施工。

3) 长度较大的管涵设计有沉降缝的，管身沉降缝应与圬工基础的沉降缝位置一致。缝宽为 2～3cm，应采用沥青麻絮或其他具有弹性的不透水材料，从内、外侧仔细填塞。

4) 长度较大、填土较高的管涵应设预拱度。预拱度大小应按照设计规定设置。设计无预拱度大小规定时，可按照前述内容计算。

5) 各管节设预拱度后，管内底面应成平顺圆滑曲线，不得有逆坡。相邻管节如因管壁厚不一致（在允许偏差内）产生台阶时，应凿平后用水泥环氧砂浆抹补。

#### 8.2.2.2 混凝土和钢筋混凝土拱涵、盖板涵和箱涵

混凝土和钢筋混凝土拱涵（包括半环涵即无涵台身的各种曲线的拱涵）、盖板涵、箱涵的施工分为现场浇筑和在工地预制安装两大类，这里主要介绍后一种施工方法。

1. 预制构件结构的要求

(1) 拱圈、盖板、箱涵节等构件预制长度，应根据起重设备和运输能力决定，但应保证结构的稳定性和刚性，一般不小于 1m，但亦不宜太长。

(2) 拱圈构件上应设吊装孔，以便起吊。吊孔应考虑平吊及立吊两种，安装后可用砂浆将吊孔填塞。箱涵节、盖板和半环节等构件，可设吊孔，也可于顶面设立吊环。吊环位置、孔径大小和制环用钢筋应符合设计要求，并要求吊钩伸入吊环内和吊装时吊环筋不断裂。安装完毕，环筋应锯掉或气割掉。

(3) 若采用钢丝绳捆绑起吊可不设吊孔或吊环。

2. 预制构件常用模板

(1) 木模。预制构件木模所用木材应符合现行《公路桥涵施工技术规范》(JTG041—2000) 的有关规定。

木模与混凝土接触的表面应平直，在拼装前，应仔细选择木模厚度，并将模板表面刨光。木模接缝可做成平缝、搭接缝或企口缝。当采用平缝时，应在拼缝内镶嵌塑料管（线）或在拼缝外钉以板条，内压水泥袋纸，以防漏浆。若在模板内侧表面铺一层回纺粗布，可提前拆模。预制拱圈木模如图 8.27 所示，竖向施工支立方法与圆管模板相同。

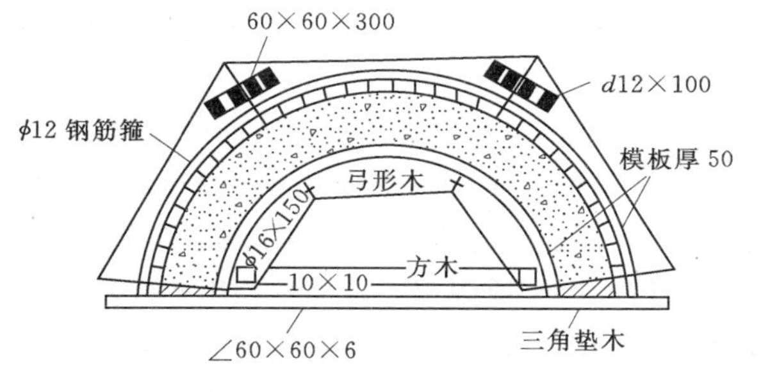


图 8.27 预制拱图木模（单位：mm）

(2) 土模。为了节约木材、钢材，预制构件时，可采用土、砖模。土模分为地下式、半地下式和地上式三类。土模如图 8.28 所示，砖模如图 8.29 所

示。图 8.29 中，砖模外培土夯实，亦可改用木桩，只在构件断面较大时采用；断面小的构件，砖模外侧不必填土。砖模可用泥砌或泥砌一层、干砌一层。

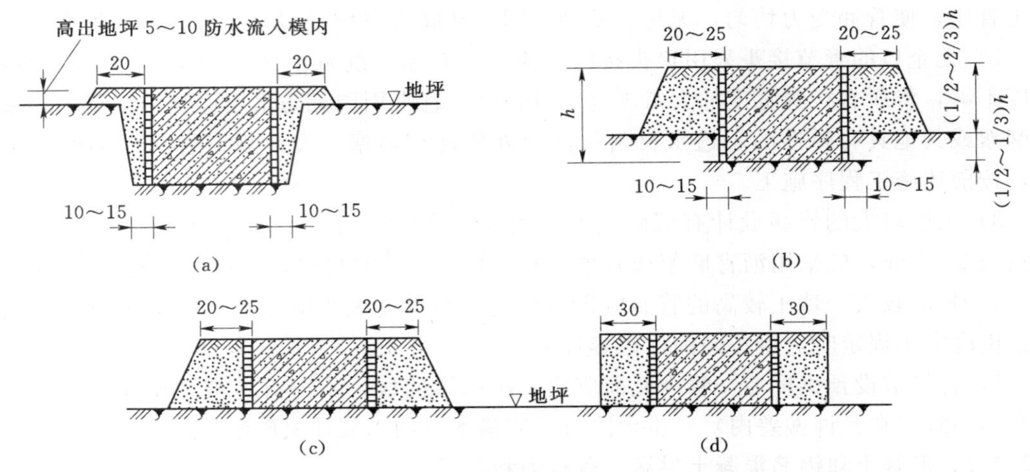


图 8.28　土模（单位：cm）

（a）地下式土模；（b）半地下式培土土模；（c）地上式培土土模；（d）地上式“板打样”土模

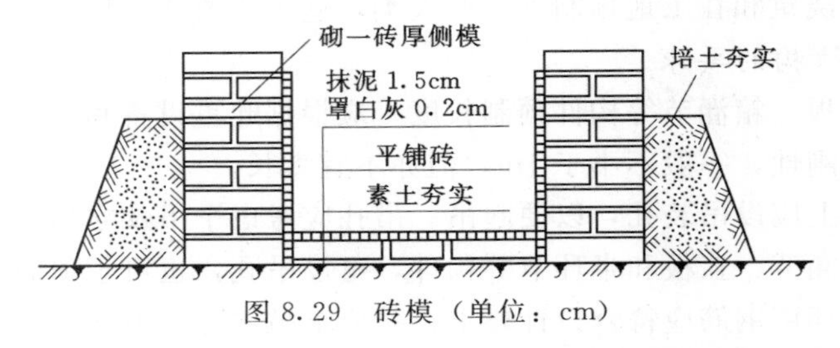


图 8.29　砖模（单位：cm）

土模宜用低液限黏土（$w_1<50$，$w_1$ 为液限），土中不应含杂质，粒径应小于 1.5cm，土的湿度应适当。夯筑土模时含水量一般控制在 20%左右，夏季含水量可高一些，冬季可低一些。

预制土模的场地必须坚实、平整，按照构件的放线位置进行拍底找平。为了减少土方挖填量，一般根据自然地坪拉线顺平即可。如场地土质不好，含砂多，湿度大，可以夯打厚 10cm 灰土（2∶8）后，再行找平、拍实。

当土模需预埋钢件时，应注意以下几点：

1）预埋螺栓时，露出构件外面的螺栓头可插入土模，伸入钢筋骨架的螺栓尾应和骨架钢筋焊牢。

2）预埋钢板时，露出构件表面的钢板应紧贴土模，钢板四周打入铁钉，用铁钉帽挂住钢板。钢板上伸入钢筋的锚固脚应和骨架钢筋焊牢，如图 8.30 所示。

3）预埋插铁时，若插铁伸出构件较短，可将露出部分插进土模，将里面的一段插铁和骨架钢筋绑牢或焊牢。若插铁伸出构件较长不易插入土模时，可将插铁弯成 90°，紧贴在土模表面上，拆模后再按要求扳直，如图 8.31 所示。

土模可与砖模、木模、钢丝网水泥模、钢模等定型模板组成混合模，可快速脱模，流水作业，效果较好。

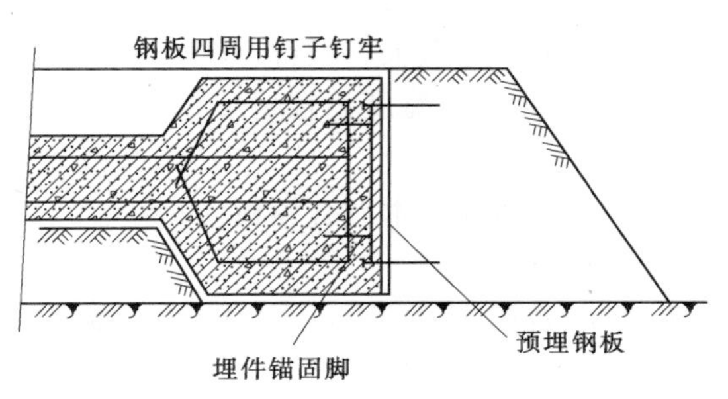


图 8.30　紧贴侧模的钢板埋置方法
（单位：cm）

托铁露出部分
插铁埋入
混凝土部分
土侧模
抹灰面
托铁弯 90°贴底模
插铁弯 90°贴侧模
插铁伸直后的位置

图 8.31　插铁埋置方法

（3）钢丝网水泥模板。用角钢做边框，用直径 6mm 的钢筋或直径 4mm 的冷拔钢丝作横向筋，焊成骨架，铺一层钢丝网，上面抹水泥砂浆制成，其构造如图 8.32 所示。

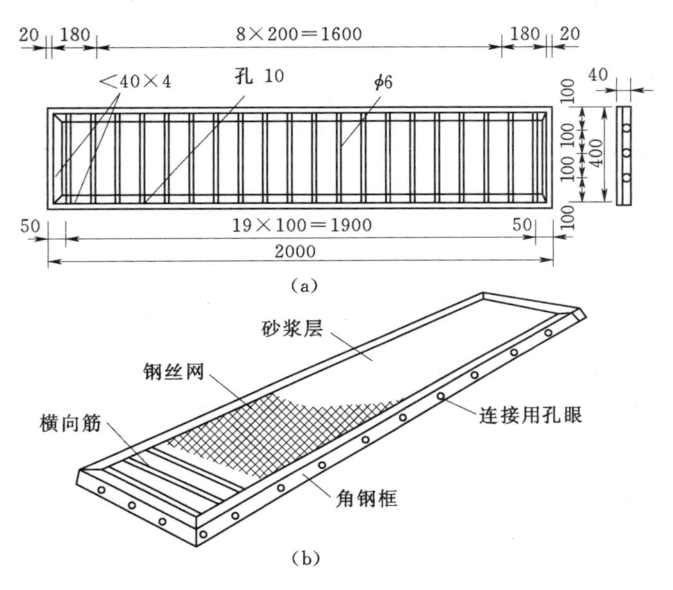


图 8.32　钢丝网水泥模板（单位：mm）
(a) 骨架；(b) 构造

钢丝网水泥模板坚固耐用，可以周转使用，宜做成工具式模板。模板规格不宜过多，质量不能太大，使安装、拆除比较方便，一般采用以下尺寸：模板长度 1500mm、2000mm、2500mm；模板宽度 200mm、300mm、400mm、500mm；模板厚度 10～12mm。

钢丝网水泥模板制作时，应注意以下几点：

1）钢丝网水泥模板的框架必须平直，尺寸准确，框架角钢下料时应用样板划线。

2）钢丝网水泥模板所用钢丝直径为 0.9～1mm（即 20 号），常用钢丝网网孔为 10mm×10mm，最大不超过 15mm×15mm。钢丝网可从市场上采购，也可自己编织。

3）钢丝网水泥模板抹灰时宜用以下几种砂浆配合比：32.5 级水泥：中砂＝1：1.9（质量比）；42.5 级水泥：中砂＝1：2.5（质量比）。

钢丝网上抹水泥砂浆时，应压实、操平、抹光，以保证模板的强度和平整度。

(4) 翻转模板。适用于中、小型混凝土预制构件，如涵洞盖板、人行道块、缘石、栏杆等。构件尺寸不宜过长，对矩形板、梁，长度不宜超过4m，宽度不宜超过0.8m，高度不宜超过0.2m。构件中钢筋直径一般不宜超过14mm。

翻转模板应轻便坚固，制造简单，装拆灵活，一般可做成钢木混合模板。

1) 翻转模板的构造。由翻转架和模板两部分组成。

a. 翻转架。有木制和钢制两种，其构造如图8.33及图8.34所示。翻转架的高度以50～70cm为宜。

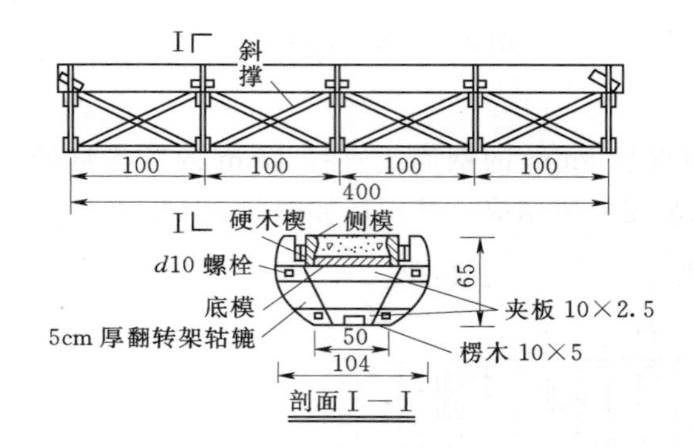


图8.33　木翻转架横板（单位：cm）

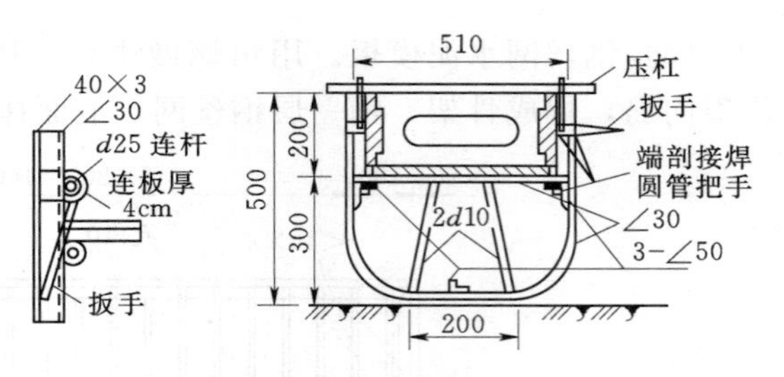


图8.34　钢翻转架横板（单位：cm）

b. 模板。模板由底板、侧模、端模和芯模（预制空心构件时）等组成。

底模用5cm厚木板拼制，应尽量选用整板，减少接缝。底模与翻转架用螺栓或钉子连接。为便于脱模，底模在浇筑混凝土前应铺棉布或油毡、塑料布等。侧模一般采用5cm厚木板制作，在侧模上加钉一根40mm×40mm ×5mm角钢，以增强侧模刚度。为防止模板粘掉构件表面上的混凝土，侧模内侧需铺布。侧模用两侧打进的木楔或钢楔与翻转架固定。

端模可用10～15mm厚的钢板制成，两侧用销钉与侧模预留孔固定。

生产空心构件时，需设置芯模。芯模可采用充气橡胶管或钢管，亦可采用木制芯模。

2) 翻转模板预制构件时的注意事项。

a. 用来翻转模板的场地需辗压整平，然后铺一层砂，砂层厚一般为7～10cm，应摊铺均匀。砂不宜过干或过湿，含水率一般为2%～6%。

b. 模板安装时，应将端模和底模对齐，用木楔或钢楔与翻转架固定，楔子应打紧，以免翻转时松动。两端的楔子要斜着打，中间的楔子要靠底部平着打，打楔子时用力要均匀。

c. 翻转模板的钢筋骨架宜用点焊，以防止钢筋在翻动时错位。构件应使用于硬性混凝土浇筑。

d. 模板翻转时位置要准确，不得用力过猛，模板和构件要缓慢落下，当模板和构件质量较大，人力不易控制时，可在模板两端各加一组滑轮，翻转下落时用滑轮控制，如图8.35所示。翻转后的模板与前一构件的距离不宜小于30cm。

e. 构件翻转后，应立即抽芯（指空心构件）和拆模，拆模时要小心，不要将构件棱

角碰掉。构件如有局部损伤，应立即用与混凝土同强度等级的水泥砂浆修补。

f. 模板拆除后，应立即将构件遮盖，进行养护。当混凝土强度达到设计强度的70%时，再将构件翻身（使毛面朝上）。翻身时，可由两人用撬杠进行。为防止构件翻身时被振坏，构件翻身处的砂垫层可加厚至30cm。翻身后，将构件运至堆放场，继续进行养护。堆放场地同样要求坚实平整，避免因地基不均匀沉陷而造成构件断裂。

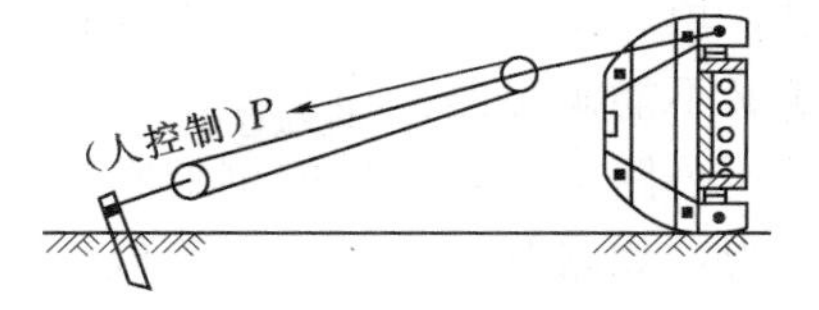


图 8.35　用滑轮控制模板翻转

【思　　考　　题】

- 请问钢筋混凝土盖板涵、箱涵等预制构件常用模板的种类及适用条件是什么？

3. 构件运输

构件达到设计强度并经检查质量和尺寸大小符合要求后，才能搬运，常用的运输方法有：

（1）近距离搬运。可在成品下面垫放托木及滚轴沿着地面滚移，用A形架运输或用摇头扒杆起吊，如图8.36所示。图8.36（a）为平吊的千斤绳拴绑示意；图8.36（b）为立吊的千斤绳示意。立吊时由于靠近起拱线的四个吊孔（兼作平吊之用）在拱圈重心以下，故须另设一根副千斤绳从拱顶吊孔拉紧，以免拱圈翻身（拱顶副千斤绳只需收紧即可，吊重依靠主千斤绳）。

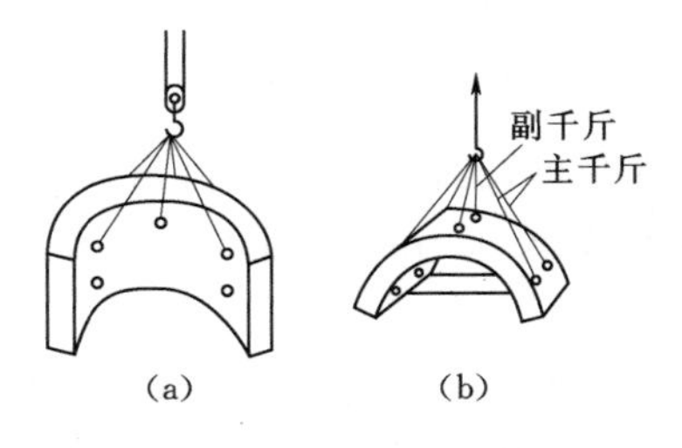


图 8.36　构件起吊

（2）远距离运输。可用扒杆或吊机将构件装上汽车、拖车或平板挂车运输。

4. 施工和安装

（1）基础、拱涵和盖板涵的涵台身。基础根据地基土类别和基础类型采用就地浇筑的施工方法。台身大都采用砌筑结构，可参看有关施工技术规范。

（2）上部构件的安装。拱圈、盖板、箱涵节的安装技术要求如下：

1）安装之前应再检查构件尺寸、涵台尺寸和涵台间距离，并核对其高程，调整构件大小位置使与沉降缝重合。

2）拱座接触面及拱圈两边均应凿毛（沉降缝处除外）并浇水湿润，用灰浆砌筑。灰浆坍落度宜小一些，以免流失。

3）构件砌缝宽度一般为1cm，拼装每段的砌缝应与设计沉降缝重合。

4）构件可用扒杆、链滑车或汽车吊进行吊装。

#### 8.2.2.3　倒虹吸管

1. 适用范围

当遇以下情形时，常修建倒虹吸管：路线穿过沟渠，路堤高度很低或在浅挖方地段通

过，填、挖高度不足，难以修建明涵时或因灌溉需要，必须提高渠底高程，但建筑架空渡槽又不能满足路上净空要求。

公路上通常采用的倒虹吸管为竖井出入口式，如图 8.37 和图 8.38 所示。两者使用场合为：如路基边沟底部高程低于灌溉渠底部高程可采用图 8.37 形式；如路基边沟底部高程高于灌溉渠底部高程则采用图 8.38 形式。两者构造的主要区别在于前者的路基边沟设于倒虹吸管两个竖井出入口之内，多用于需要跨过浅路堑的灌溉渠；后者的路基边沟（或无边沟）设于倒虹吸管两个竖井之外。

2. 施工布置和注意事项

（1）倒虹吸管总长的确定。其长度取决于进出口竖井的位置。对于图 8.37 的形式可按式（8.1）计算：

$$L=[B+2(a+b+c)]/\cos\alpha \tag{8.1}$$

式中　$L$——倒虹吸管总长度，计算至竖井内壁边缘，m；

$B$——路基宽度，m；

$a$——进出水口竖井壁厚度，m；

$b$——路基边沟上口宽度，m；

$c$——井壁至边沟上口边缘的安全距离，一般 $c>0.25$m；

$\alpha$——虹吸管轴线与路线中线的垂线的交角。

对于图 8.38 的形式可按式（8.2）计算：

$$L=(B+2a)/\cos\alpha \tag{8.2}$$

式中符号意义同式（8.1）。

（2）管节结构。一般可采用预制的钢筋混凝土圆管，管径可按有压力式的流量选择，一般为 0.5～1.5m。管节长度一般为 1m，调整管涵长度的管节长 0.5m，有正交、斜交两种，根据实际情况选用。

（3）倒虹吸管埋置深度的确定。埋置深度应适当，埋置深度过浅，则车轮荷载传布影响较大，受力状况不利，管节有可能被压破裂；在严寒地区还受到冻害影响。埋置过深则工程量增加造成浪费。

一般埋置深度要求为：

1）管顶面距路基边缘深度不少于 50cm。

2）管顶距边沟底覆土不少于 25cm（图 8.37）。

3）管节顶部必须埋置在当地最深冰冻线以下。

（4）倒虹吸管底坡。倒虹吸管内水流系有压力式水流，水流状态与管底纵坡大小无关，一般均做成水平。

（5）管基。宜采用外包混凝土管基形式，如图 8.37 右下图所示，图 8.38 未示出。混凝土基础下面宜填筑 15～30cm 砂砾垫层，并用重锤夯实。

（6）防漏接缝。过去对圆管涵的防漏接缝处理，一般采用浸过沥青的麻絮填塞，外用满涂热沥青油毛毡包裹两道。这种渗接缝形式，对有压水流防止渗漏不够安全。比较好的办法是按上述程序处理之后，外包以就地浇筑的钢筋混凝土方形套梁，使形成整体。套梁底设置 15cm 砂砾或碎石基础垫层，如上所述。

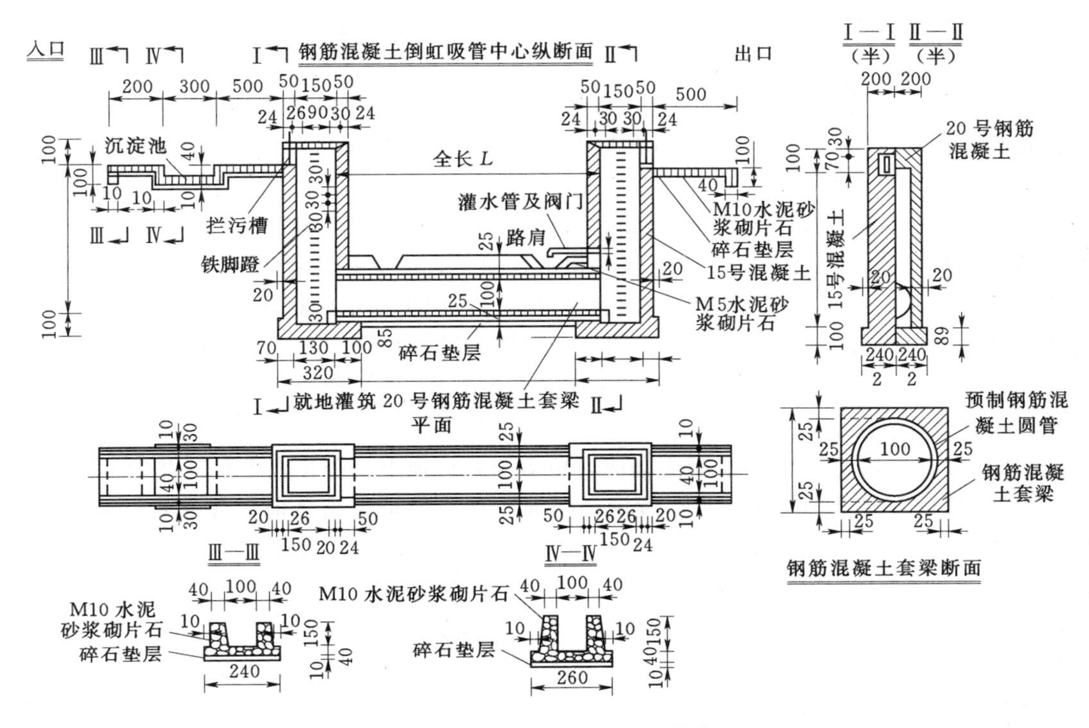


图 8.37 竖井式倒虹吸管（一）（单位：cm）

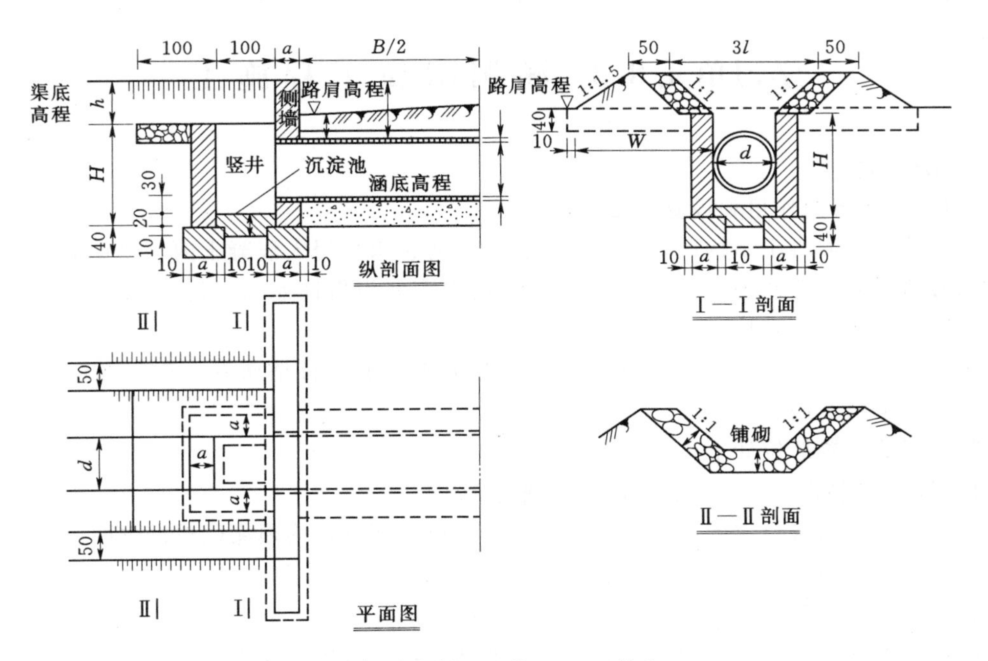


图 8.38 竖井式倒虹吸管（二）（单位：cm）

（7）进出口竖井。倒虹吸管上、下游两端的连接构造物宜用 C15 混凝土就地浇筑，比砌体圬工好。

(8) 沉淀池。水流落入竖井前和进入虹吸管前各设沉淀池一个。图 8.38 未示出渠道沉淀池。一般沉淀池深度为 30cm。

(9) 拦污栅。为防止漂浮物或人、畜吸（跌）入竖井和倒虹吸管内，在竖井进口处设立拦污栅（图 8.37 未示出），其尺寸随竖井进水口尺寸而定，可用钢筋或扁钢制成，用现浇混凝土固定于竖井框壁。

(10) 泄水管及阀门。用直径 150mm 铸铁管制成，附设相应阀门（图 8.38 形式的倒虹吸管可不设）以排除管阀高度以上竖井积水，便于人员下井清除泥污。如能将灌溉水流在进入竖井之临时分流出去，也可不设泄水管阀，而用小抽水机将井管内的水排走后，人员再下井去清除污泥。图 8.38 的形式即可采用抽水机排水法。

(11) 铁脚蹬。每阶距 30cm，用 $\phi$16mm 钢筋制成，施工时浇入井壁，以便清除泥污和检查人员上下。

(12) 井盖。用 C20 钢筋混凝土制成，覆盖于井口顶上，防止人畜跌入井内。

(13) 管槽及井槽回填土。见后续涵洞附属工程。但填土覆盖前应作灌水试验，符合要求后再填土。

**【思　考　题】**

- 请问倒虹吸管涵的适用范围有哪些？
- 请问倒虹吸管涵的施工有哪些注意事项？

# 学习单元8.3　涵洞附属工程施工

## 8.3.1　防水层

### 8.3.1.1　防水层的作用和设置部位

涵洞的钢筋混凝土结构设置防水层的作用是防止水分侵入混凝土内，使钢筋锈蚀，缩短结构寿命。北方严寒地区的无筋混凝土结构也需要设置防水层，防止水分侵入混凝土内，因冻胀造成结构破坏。

防水层的材料多种多样。公路涵洞使用的主要防水材料是沥青，有些部位可使用黏土，以节省工料费用。

防水层的设置部位如下：

*1. 各式钢筋混凝土涵洞（不包括圆管涵）*

此类涵洞的洞身及端墙，在基础以上凡被土掩埋部分，均须涂以热沥青两道，每道厚 1～1.5mm，不另抹砂浆。

*2. 混凝土及石砌涵洞*

此类涵洞的洞身、端墙和翼墙的被土掩埋部分，只需将圬工表面凿平，无凹入存水部分，可不设防水层。但北方严寒地区的混凝土结构仍需设防水层。

*3. 钢筋混凝土圆管涵*

此类管涵的防水层可按图 8.20（单管）或图 8.21（双管）所示敷设。图中管节接头

采用平头对接，接缝中用麻絮浸以热沥青塞满，管节上半部从外往内填塞；下半部从管内向外填塞。管外靠接缝裹以热沥青浸透的防水纸八层，宽度15～20cm。包裹方法：在现场用热沥青逐层黏合在管外壁上接缝处。外面再如图示在全长管外裹以塑性黏土。

在交通量小的低等级公路上，可用质量好的软塑状黏质土掺以碎麻，沿全管敷设20cm厚，代替沥青防水层（接缝处理仍照前述施工）。

4. 钢筋混凝土盖板明涵

此类涵洞的盖板部分表面可先涂抹沥青两次，再于其上设2cm厚的防水水泥砂浆或4～6cm厚的防水混凝土。其上可按照设计铺设路面。涵、台身防水层按照上述方法处理。

5. 砖、石、混凝土拱涵

此类涵洞的上部结构防水层敷设，多用SBS防水卷材，防水效果较好。

**【思　考　题】**

- 请问涵洞防水层的作用有哪些？
- 请问涵洞防水层应设置在哪些位置？

#### 8.3.1.2 沥青的熬制与敷设

沥青可用锅、铁桶等容器以火熬制，或使用电热设备。铁桶装的沥青，应打开桶口小盖，将桶横倒搁置在火炉上，以文火使沥青熔化后，从开口流入熬制用的铁锅或大口铁桶中。熬制用的铁锅或铁桶必须有盖，以便在沥青飞溅或着火时，用以覆盖。熬制处应设在工地下风方向，与一般工作人员、料堆、房屋等保持一定距离，锅内沥青不得超过锅容积的2/3。熬制中应不断搅拌至全部为液态为止。溶化后的沥青应继续加温至175℃（不得超过190℃）。熬好的沥青盛在小铁桶中送至工地使用。使用时的热沥青温度不宜低于150℃。涂敷热沥青的圬工表面应先用刷扫净，消除粉屑污泥。涂敷工作宜在干燥温暖（温度不低于5℃）的天气进行。

#### 8.3.1.3 沥青麻絮、油毡、防水纸的浸制方法和质量要求

沥青麻絮（沥青麻布）可采用工厂浸制的成品或在工地用麻絮以热沥青浸制。浸制后的麻絮，表面应呈淡黑色，无孔眼、无破裂和褶皱，撕断面上应呈黑色，不应有显示未浸透的布层。对成卷布料，边部不应碎裂，不应互相粘叠，布卷端头应平整。

油毡是用一种特制的纸胎（或其他纤维胎）用软化点低的沥青浸透制成，浸渍石油沥青的称石油毡，浸渍焦油沥青的称焦油沥青油毡。为了防止在储存过程中相互粘着，油毡表面应撒上一层云母粉、滑石粉或石棉粉。

防水纸（油纸）是用低软化点的沥青材料浸透原纸做成的，除沥青层较薄，没有撒防粘层外，其他性质与油毡相同。

油毡和防水纸可以从市场上采购，其外观质量应符合如下要求：

（1）油毡和防水纸外表不应有孔眼、断裂、褶皱及边缘撕裂等现象，油毡的表面防粘层应均匀地撒布在油毡表面上。

（2）毡胎或原纸内应吸足油量，表面油质均匀，撕开的断面应是黑色的，无未浸透的空白纸层或杂质，浸水后不起泡、不翘曲。

(3) 气温在25℃以下时，把油毡卷在2cm直径的圆棍上弯曲，不应发生裂缝和防粘层剥落等现象。

(4) 将油毡加热至80℃时，不应有防粘层剥落、膨胀及表面层损坏等现象。夏季在高温下不应粘在一起。

铺设油毡和防水纸所用粘贴沥青应和油毡、防水纸有同样的性能。煤沥青油毡和防水层必须用煤沥青粘贴。同样，石油沥青油毡及防水纸，也一定要用石油沥青来粘贴，否则，过一段时间油毡和防水纸就会分离。

### 8.3.2 沉降缝

1. 沉降缝设置的目的

结构物设置沉降缝的目的是避免结构物因荷载或地基承载力不均匀而发生不均匀沉陷，且产生不规则的多处裂缝，而使结构物破坏。设置沉降缝后，可限定结构物发生整齐、位置固定的裂缝，并可事先在沉降缝处予以处理；如有不均匀沉降，则将其限制在沉降缝处，有利于结构物的安全、稳定和防渗（防止管内水流渗入涵洞基底或路基内，造成土质浸泡松软）。

2. 沉降缝设置的位置和方向

涵洞洞身、洞身与端墙、翼墙、进出水口急流槽交接处必须设置沉降缝，但无圬工管涵仅于交接处设置沉降缝，洞身范围不设。具体设置位置视结构物和地基土的情况而定。

(1) 洞身沉降缝。一般每隔4～6m设置一处，但无基础涵洞仅在洞身涵节与出入口涵节设置。缝宽一般3cm，两端与附属工程连接处也各设置1处。

(2) 其他应设沉降缝处。凡地基土质发生变化、基础埋置深度不一、基础对地基的荷载发生较大变化处、基础填挖交界处、采用填石垫高基础交界处，均应设置沉降缝。

(3) 岩石地基上的涵洞。凡置于岩石地基上的涵洞，不设沉降缝。

(4) 斜交涵洞。斜交涵洞洞口正做的，其沉降缝应与涵洞中心线垂直；斜交涵洞洞口斜做的，沉降缝与路基中心线平行；但拱涵与管涵的沉降缝，一律与涵洞轴线垂直。

3. 沉降缝的施工方法

沉降缝的施工，要求做到使缝两边的构造物能自由沉降，又能严密以防水分渗漏。故沉降缝必须贯穿整个断面（包括基础）。沉降缝具体施工方法如下：

(1) 基础部分。可将原基础施工时嵌入的沥青木板或沥青砂板留下，作为防水之用。如基础施工时，不用木板，也可用黏土填入捣实，并在流水面边缘以1∶3水泥砂浆填塞，深度约15cm。

(2) 涵身部分。缝外侧以热沥青浸制的麻筋填塞，深度约5cm，内侧以1∶3水泥砂浆填塞，深度约15cm，视沉降缝处圬工的厚薄而定。可以用沥青麻絮与水泥砂浆填满；如太厚，亦可将中间部分先填以黏土。

(3) 缝的施工质量要求。沉降缝断面应整齐、方正，基础和涵身上下不得交错，应贯通，嵌塞物应紧密填实。

(4) 保护层。各式有圬工基础涵洞的基础襟边以上，均顺沉降缝周围设置黏土保护层，厚约20cm，顶宽约20cm。对于无圬工基础涵洞，保护层宜使用沥青混凝土或沥青砂胶，厚度10～20cm。

沉降缝的构造如图 8.39 所示。

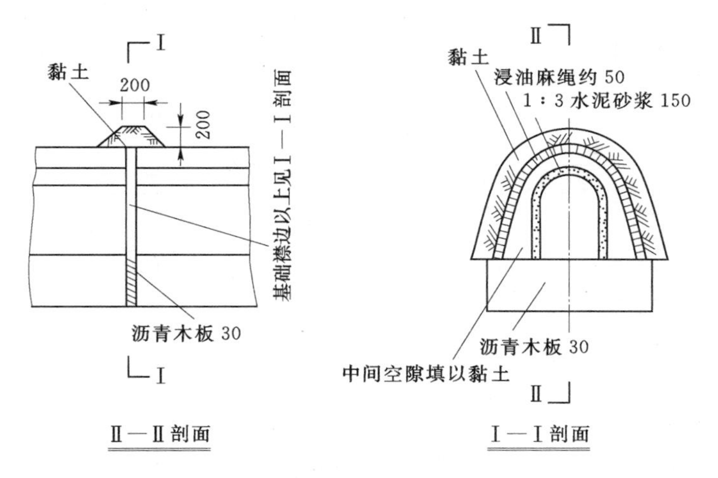


图 8.39　涵洞沉降缝（单位：cm）

## 【思　考　题】

- 请问涵洞为何要设置沉降缝？如何设置？

### 8.3.3 涵洞进出口

涵洞进出水口工程是指涵洞端墙、翼墙（包括八字墙、锥坡、平行廊墙）以外的部分，如沟底铺砌和其他进出水口处理工程。

1. 平原区的处理工程

涵洞出入口的沟床应整理顺直，与上、下排水系统（天沟、路基边沟、排水沟、取土坑等）的连接应圆顺、稳固，保证流水顺畅，避免损害路堤、村舍、农田、道路等。

2. 山丘区的处理工程

在山丘区的涵洞底纵坡超过 5%时，除进行上述整理外，还应对沟床进行干砌或浆砌片石防护，翼墙以外的沟床当坡度较大时，也应铺砌防护。防护长度、砌石宽度、厚度、形状等，应按设计图纸施工。如设计图纸漏列，应按合同规定向业主提出，由业主指定单位作出补充设计。

### 8.3.4　涵洞缺口填土

（1）建成的涵管、圬工达到设计要求的强度后，应及时回填。回填土要切实注意质量，严格按照有关施工规定和设计要求办理。若系拱涵，回填土时，应按照前面有关规定施工。

（2）填土路堤在涵洞每侧不小于两倍孔径的宽度及高出洞顶 1m 范围内，应采用非膨胀的土由两侧对称分层仔细夯实。每层厚度 10～20cm，特殊情况亦可用与路堤填料相同的土填筑。管节两侧夯填土的密实度标准，高速公路和一级公路为 95%；其他公路为 93%。管节顶部其宽度等于管节外径的中间部分填土，其密实度要求与该处路基相同。如为填石路堤，则在管顶以上1.0m的范围内应分三层填筑：下层为20cm厚的黏土；中层为50cm厚的砂卵石；上层为30cm厚的小片石或碎石。在两端的上述范围及两侧每侧宽度不小于孔径的两倍范围内，码填片石，如图8.40所示。

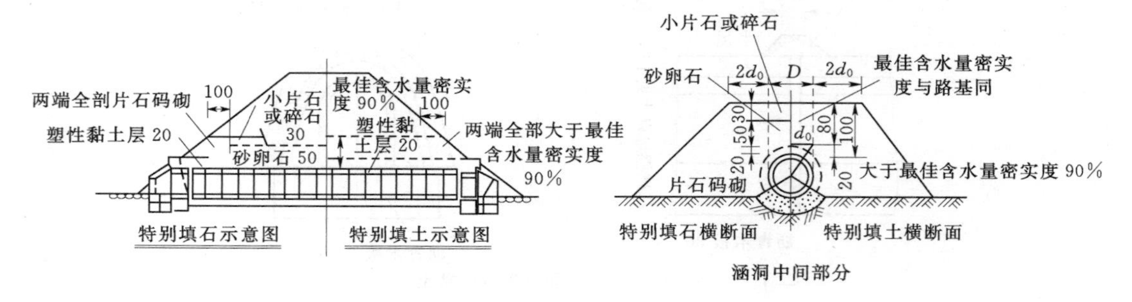


图8.40　涵洞缺口填土（单位：cm）

对于其他各类涵洞的特别填土要求，应分别按照有关的设计要求办理。

（3）用机械填筑涵洞缺口时，须待涵洞圬工达到容许强度后，涵身两侧应用人工或小型机具对称夯填，高出涵顶至少1m，然后再用机械填筑。不得从单侧偏推、偏填，使涵洞承受偏压。

（4）冬季施工时，涵洞缺口路堤、涵身两侧及涵顶1m内，应用未冻结土填筑。

（5）回填缺口时，应将已成路堤土方挖出台阶。

## 项　目　小　结

本项目主要介绍了涵洞的类型与构造、涵洞的施工以及涵洞附属工程的施工。

重点讲述：

1. 涵洞可按建筑材料、构造形式、洞顶填土情况和水力性能等方式分类。

2. 涵洞是由洞身及洞口建筑组成的排水构造物。洞身承受活载压力和土压力并将其传递给地基，它应具有保证设计流量通过的必要孔径，同时本身要坚固而稳定。洞口建筑连接着洞身及路基边坡，应与洞身较好地衔接并形成良好的泄水条件。

3. 不同类型的涵洞应采取相应的施工技术。

4. 涵洞附属工程包括防水层、沉降缝、涵洞进出口和涵洞缺口填土。

## 项　目　测　试

1. 试述涵洞的分类及适用条件。

2. 简述圆管涵、盖板涵、拱涵的主要构造。

3. 山坡涵洞洞身布置方式有哪几种？

4. 涵洞常用的洞口形式有哪几种？进出水口河床加固处理方法有哪些？

5. 试述涵洞施工准备工作的内容和涵洞施工放样的方法。

6. 试述管涵预制的方法及注意事项。

7. 试述管涵施工程序。

8. 试述软土地区管涵地基处理方法。

9. 钢筋混凝土盖板涵、箱涵等预制构件常用模板的种类及适用条件是什么？

10. 简述倒虹吸管涵的适用范围及施工注意事项。

11. 试述涵洞防水层的作用及设置位置。

12. 涵洞为何要设置沉降缝？如何设置？

# 参 考 文 献


[1] JTG D60—2004 公路桥涵设计通用规范．北京：人民交通出版社，2004.

[2] JTG/T D60 - 01—2004 公路桥梁抗风设计规范．北京：人民交通出版社，2004.

[3] JTG/T F50—2011 公路桥涵施工技术规范．北京：人民交通出版社，2011.

[4] 邵旭东．桥梁工程．北京：人民交通出版社，2011.

[5] 田海风．道路桥梁工程概论．北京：化学工业出版社，2011.

[6] 马运朝．城市桥梁工程．北京：人民交通出版社，2008.

[7] 卜建清，严战友．道路桥梁工程施工．重庆．重庆大学出版社，2012.

[8] 周先雁，王解军．桥梁工程．北京：北京大学出版社，2012.

[9] 李辅元．桥梁工程．北京：人民交通出版社，2005.